“

독자의 1초를 아껴주는 정성!

세상이 아무리 바쁘게 돌아가더라도

책까지 아무렇게나 빨리 만들 수는 없습니다.

인스턴트식품 같은 책보다는

오래 익힌 술이나 장맛이 밴 책을 만들고 싶습니다.

땀 흘리며 일하는 당신을 위해

한 권 한 권 마음을 다해 만들겠습니다.

마지막 페이지에서 만날 새로운 당신을 위해

더 나은 길을 준비하겠습니다.

독자의 1초를 아껴주는 정성을 만나보십시오.

”

INSTRUCTIONS

무작정 따라하기 일러두기

이 책은 전문 여행 작가 두 명이 베트남 남부 전 지역을 누비며 찾아낸 관광 명소와 함께, 독자 여러분의 소중한 여행이 완성될 수 있도록 테마별, 지역별 정보와 다양한 여행 코스를 소개합니다. 이 책에 수록된 관광지, 맛집, 숙소, 교통 등의 여행 정보는 2019년 12월 기준이며 최대한 정확한 정보를 싣고자 노력했습니다. 하지만 출판 후 또는 독자의 여행 시점과 동선에 따라 변동될 수 있으므로 주의하실 필요가 있습니다.

1권 미리 보는 테마북

1권은 베트남 남부의 다양한 여행 주제를 소개합니다. 자신의 취향에 맞는 테마를 찾은 후 2권 페이지 연동 표시를 참고, 2권의 지역과 지도에 체크하며 여행 계획을 세우세요.

1권은 베트남 남부의 다양한 여행 주제를 볼거리, 음식, 쇼핑, 체험 호텔&리조트 순서로 소개합니다.

이 책의 지명과 상호 등의 명칭은 현지 발음에 따라 표기했으며, 외래어 표기법을 따랐습니다.
현지에 국한되는 고유명사나 상호 등의 명칭은 현지에서 흔히 쓰이는 발음에 따라 표기했습니다.

볼거리

쇼핑

음식

체험

호텔 & 리조트

MAP
해당 스폿이 소개된 지도 페이지를 안내합니다.

INFO
1권일 경우 2권에서 소개되는 페이지를 명시, 여행 동선을 짤 때 참고하세요! **2권일 경우** 1권에서 소개되는 페이지를 명시했습니다.

찾아가기
대표 랜드마크 기준으로 가장 효율적인 동선을 이용해 찾아갈 수 있는 방법을 설명합니다.

구글지도 GPS
구글지도 검색창에 입력하면 바로 검색되는 위치 좌표를 알려줍니다.

전화
대표 번호 또는 각 지점의 번호를 안내합니다.

2권 가서 보는 코스북

2권은 호치민과 함께 그 근교 지역을 소개합니다.
지역별 지도와 함께 여행 코스를 다양하게 제시합니다. 1권 어떤 테마에 소개된 곳인지 페이지 연동 표시가 되어 있으니, 참고해 알찬 여행 계획을 세우세요.

지역 페이지
각 지역마다 인기도, 관광, 쇼핑, 식도락 등의 테마별로 별점을 매겨 지역의 특징을 한눈에 보여줍니다.

호치민 교통편 한눈에 보기
호치민 내에서 이동하는 방법을 사진과 함께 단계별로 소개하여 쉽고 빠르게 이해할 수 있게 도와줍니다. 또한 근교 이동에 필요한 교통 정보도 상세하게 다뤄 헤매지 않는 여행이 되도록 해줍니다.

아주 친절한 실측 여행 지도
세부 지역별로 소개하는 볼거리, 음식점, 쇼핑숍, 체험 장소 위치를 실측 지도로 자세하게 소개합니다. 지도에는 한글 표기와 영어, 소개된 본문 페이지 표시가 함께 구성되어 길 찾기가 편리합니다.

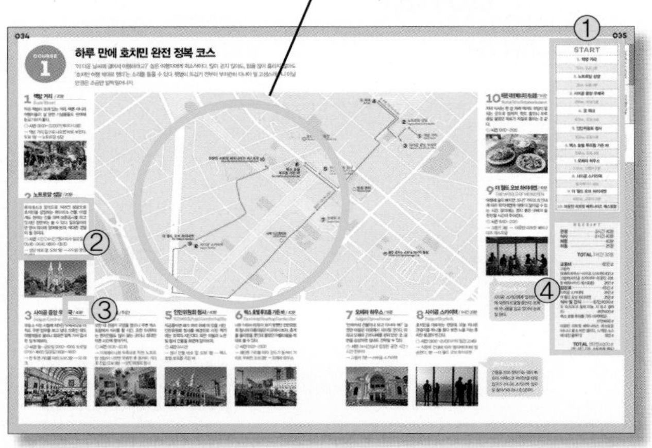

코스 무작정 따라하기
그 지역을 완벽하게 돌아볼 수 있는 다양한 시간별, 테마별 코스를 지도와 함께 소개합니다.

① 여행 코스의 스폿별 이동 거리와 소요 시간을 알려주어 여행의 전체적인 개념을 잡아줍니다.
② 주요 스폿별로 여행 포인트, 기본 정보, 그다음 장소를 찾아가는 방법 등 여행 시 꼭 필요한 정보를 소개합니다.
③ 스폿별로 머물기 적당한 소요 시간을 표시했습니다.
④ 코스별로 교통비, 입장료, 식사 비용 등을 영수증 형식으로 소개해 알뜰한 여행이 되도록 도와줍니다.

지도 한눈에 보기
큐알코드를 검색하면 바로 장소별 위치를 알 수 있는 지도가 등장합니다. 리스트에서 가고 싶은 곳을 클릭하세요(휴대폰 기기나 인터넷 환경에 따라 이용이 어려울 수 있습니다).

트래블 인포
트래블 인포 페이지에는 볼거리, 맛집, 쇼핑, 체험 등의 여행 장소를 여행 중요도 순서로 소개합니다.

시간
해당 장소가 운영하는 시간을 알려줍니다.

휴무
모든 장소의 휴무일을 표기했습니다.

가격
입장료, 체험료, 메뉴 가격 등을 소개합니다.

홈페이지
해당 지역이나 장소의 공식 홈페이지를 기준으로 합니다.

CONTENTS

2권 가서 보는 코스북

INTRO

OUTRO

AREA 1
호치민 HO CHI MINH

AREA 2
나트랑(냐짱) 시내 & 근교 CENTRAL OF NHA TRANG & AROUND

INTRO 베트남 남부 한눈에 보기

AREA 1 호치민 Ho Chi Minh

AREA 1-A 동커이 Dong Khoi

인기도 ♥♥♥♥♥
관 광 ★★★★★
음 식 ★★★★★
쇼 핑 ★★★★☆

호치민의 스카이라인을 선도하는 지역. 높이 솟은 랜드마크들과 수백 년 역사의 문화유산들이 어깨를 나란히 하고 있어 볼거리가 풍성하다. 스타일리시한 맛집과 숍들도 많다.

AREA 1-B 벤탄 Ben Thanh

인기도 ♥♥♥♥♥
관 광 ★★★☆☆
음 식 ★★★★★
쇼 핑 ★★★★★

편안하고 서민적인 분위기를 풍기는 곳. 호치민에서 가장 큰 재래시장과 여행자 거리, 시민들의 쉼터인 공원이 도시 곳곳에 자리 잡고 있어 여유롭게 이 도시의 매력을 훔쳐보기 좋다.

AREA 1-C 3군 & 떤딘 District 3 & Tan Dinh

인기도 ♥♥♥♡♡
관 광 ★★☆☆☆
음 식 ★★★★☆
쇼 핑 ★☆☆☆☆

중저가 호텔과 레지던스가 밀집한 지역. 모든 것이 정신 없는 1군 지역과 달리 좀 더 조용한 분위기다. 현지인이 많이 들르는 마트와 맛집이 구석구석 자리해 로컬 분위기가 짙게 난다.

AREA 1-D 빈홈 & 따오디엔 Vinhomes & Thao Dien

인기도 ♥♥♥♥♡
관 광 ★☆☆☆☆
음 식 ★★★★★
쇼 핑 ★★★★★

서울의 한남동과 비슷한 지역. 호치민에서 내로라하는 부유층과 외국인이 모여 사는 고급 빌라촌이다. 그래서인지 인테리어 · 디자인 쇼핑 스폿과 미식 스폿들이 빼곡히 들어서 있다.

AREA 1-E 호치민 근교 Surburb of Ho Chi Minh

♥ 인기도 ♥♥♥♥♡
관 광 ★★★★☆
음 식 ★★☆☆☆
쇼 핑 ★☆☆☆☆

호치민 여행자들이 가장 많이 찾는 근교 지역만 모았다. 대중교통이 불편해 개별적으로 여행하는 것이 불가능하지만 매우 다양한 업체에서 근교 여행 패키지를 운영하고 있으니 참고하자.

AREA 2 나트랑(냐짱) Nha Trang

♥ 인기도 ♥♥♥♥♡
관 광 ★★★★★
음 식 ★★★★☆
쇼 핑 ★★★☆☆

베트남 남부를 대표하는 해양 여행지. 맑은 바다와 잘 정돈된 도시가 맞닿아 있어 쾌적한 환경에서 여유롭게 휴양을 즐기기에 제격이다. 빈펄 랜드와 리조트도 만나 볼 수 있다.

AREA 3 푸꾸옥 Phu Quoc

♥ 인기도 ♥♥♥♥♡
관 광 ★★★★★
음 식 ★★★☆☆
쇼 핑 ★★★★☆

베트남 최서단에 위치한 섬으로, 베트남의 하와이라 불린다. 불과 몇 년 전까지만 해도 태곳적 모습을 그대로 간직한 어촌에 불과했지만, 월드 브랜드 리조트들이 하나둘 자리 잡으면서 휴양지로서의 위세를 떨치고 있다.

AREA 4 달랏 Da Lat

♥ 인기도 ♥♥♥♡♡
관 광 ★★★★☆
음 식 ★★★☆☆
쇼 핑 ★★★★☆

고산 지대 특유의 서늘한 기후 덕분에 예로부터 여름 휴양지로 이름을 날린 곳. 산과 호수, 폭포 사이에 자리 잡은 아기자기한 도시 풍경을 마주할 수 있다. 베트남 최고의 커피, 와인 등도 이곳을 산지로 한다.

AREA 5 무이네 Mui Ne

♥ 인기도 ♥♥♥♥♡
관 광 ★★★★☆
음 식 ★★★☆☆
쇼 핑 ★☆☆☆☆

함티엔 해변을 따라 늘어선 크고 작은 리조트 안에서 오롯한 쉼을 경험할 수 있는 곳. 화려하기보다는 편안한 분위기의 휴양지로 고즈넉함이 매력이다.

AREA 6 붕따우 Vung Tau

♥ 인기도 ♥♥♡♡♡
관 광 ★★☆☆☆
음 식 ★★★☆☆
쇼 핑 ★☆☆☆☆

호치민 근교의 소도시로 근해 어업이 발달했다. 호치민에서는 버스, 페리 등을 통해 닿을 수 있다. 특별한 볼거리가 있는 것은 아니지만 소박한 바다 풍경, 저렴한 해산물 요리 등을 만나 볼 수 있다.

추천 여행 코스

추천 코스 1 3박 5일 호치민 완전 정복 코스

베트남 남부 여행의 중심, 호치민을 집중적으로 여행하는 코스다. 유서 깊은 건축물과 랜드마크, 소박한 시장과 여행자 거리를 함께 둘러본다. 베트남 여행이 처음이거나, 다이내믹한 도시 여행에 매력을 느끼는 여행자들에게 추천.

뤼진에서 쇼핑 후 커피 한 잔 P.056

벤탄 스트리트 푸드 마켓에서 맥주와 함께 저녁 식사 P.058

공항으로 이동 (택시 또는 그랩)

RECEIPT

교통비	65만 đ
입장료	143만 đ
식사 및 간식	240만 đ
TOTAL	**448만 đ**

(1인 성인 기준, 쇼핑 비용 별도)

추천 코스 2 3박 5일 호치민 + 무이네 완벽 휴양 코스

호치민과 함께 베트남의 대표 휴양 도시 무이네를 여행하는 코스다. 이틀 정도 무이네에서 호젓한 한때를 보내자. 바다와 사구가 선사하는 여유로움도 물론 함께. 이후 호치민으로 돌아와 나이트라이프를 즐기며 여행을 마무리하자.

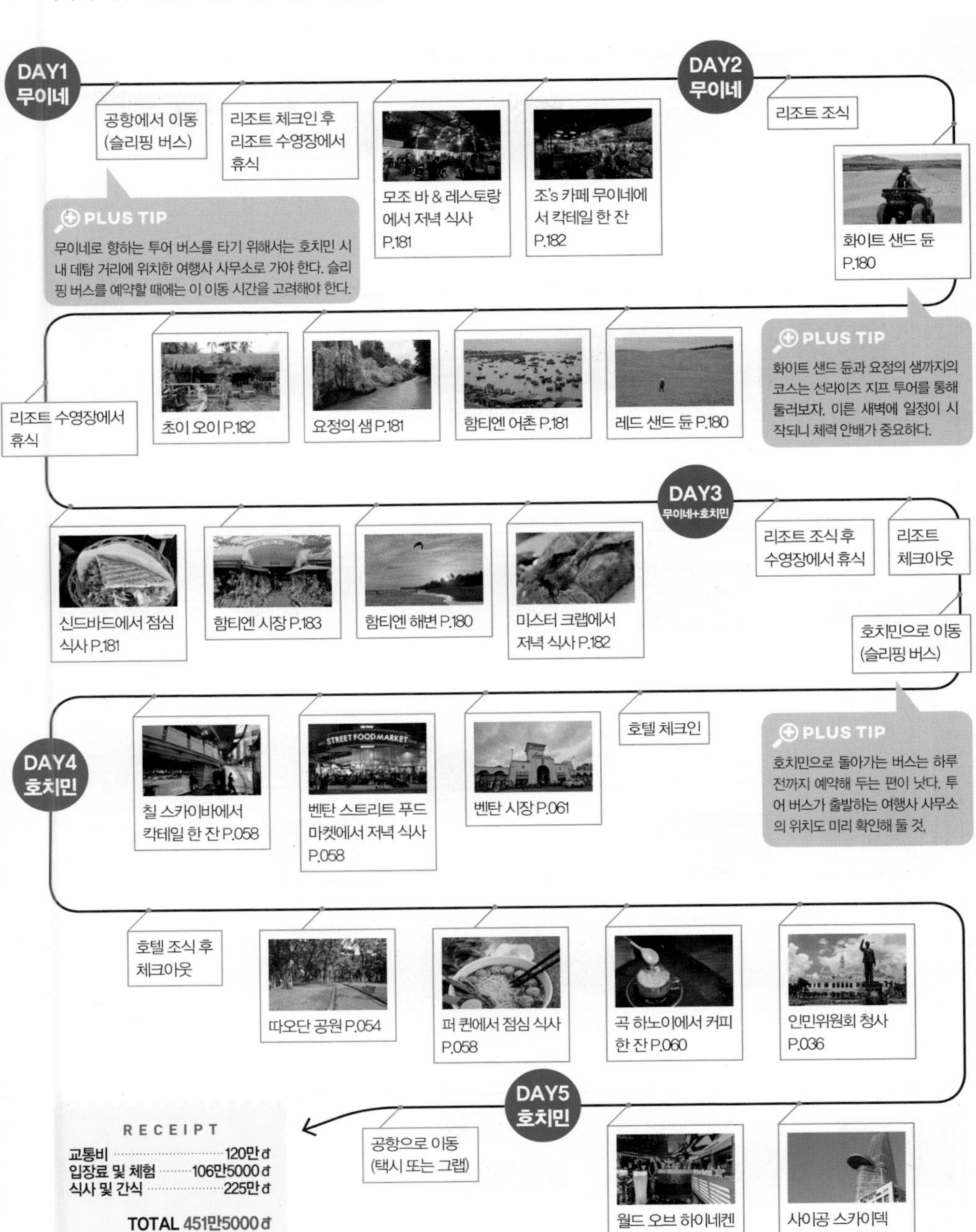

RECEIPT

교통비	120만 đ
입장료 및 체험	106만5000 đ
식사 및 간식	225만 đ

TOTAL 451만5000 đ
(1인 성인 기준, 쇼핑 비용 별도)

추천 코스 3 4박 6일 호치민 + 푸꾸옥 패밀리 트립 코스

호치민과 함께 베트남 최고의 휴양지 푸꾸옥을 여행하는 코스다. 푸꾸옥의 바다를 마주한 리조트에 짐을 풀고 섬의 곳곳을 여행한 뒤, 호치민에서 마지막 밤을 보내자. 호치민과 푸꾸옥을 왕복할 때에는 국내선 항공편을 이용한다.

DAY1 푸꾸옥

- 호치민 떤손녓 국제공항에서 국내선 환승
- 푸꾸옥 공항에서 이동(택시)
- 리조트 체크인 후 수영장에서 휴식

크랩 하우스에서 저녁 식사 P.140

푸꾸옥 야시장 P.142

DAY2 푸꾸옥

- 리조트 조식

호꾸옥 사원 P.136

싸오 비치 P.136

켐 비치 P.136

템푸스 푸깃에서 점심 식사 P.139

디파트먼트 오브 케미스트리 바에서 칵테일 한 잔 P.141

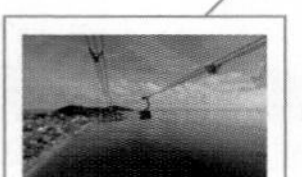
푸꾸옥 케이블카 P.143

혼똠 P.137

선월드 혼똠 네이처 파크 P.143

PLUS TIP
푸꾸옥 케이블카의 경우 운영 시간이 한정적이므로 돌아오는 케이블카 시간을 미리 확인해 두자.

DAY3 푸꾸옥

- 리조트 조식

빈펄 사파리 P.143

빈펄 랜드 P.143

같은 날 빈펄 사파리와 빈펄 랜드를 모두 방문할 예정이므로 조금 더 저렴한 콤보 티켓을 구입하자. 먼저 방문하는 사파리 매표소에서 구입할 수 있다.

붑 레스토랑에서 저녁 식사 P.140

DAY4 푸꾸옥+호치민

- 리조트 조식 후 수영장에서 휴식

마이 조 리파인드 레스토랑에서 점심 식사 P.139

- 리조트 수영장에서 휴식

촌촌 비스트로 & 스카이 바에서 저녁 식사 P.140

RECEIPT

교통비	195만đ
입장료 및 체험	140만đ
식사 및 간식	270만đ

TOTAL 605만đ
(1인 성인 기준, 쇼핑 비용 별도)

공항으로 이동
(택시 또는 그랩)

PLUS TIP
공항으로 이동할 때에는 조금 더 큰 차량의 그랩카를 호출하자. 3인승 소형 차량의 경우 캐리어를 싣는 것조차 힘들 수 있다.

DAY6 호치민

푹롱 커피 & 티 P.057

칠 스카이바에서 칵테일 한 잔 P.058

벤탄 스트리트 푸드 마켓에서 맥주와 함께 저녁 식사 P.058

따오단 공원 P.054

퍼 2000에서 점심 식사 P.057

벤탄 시장 P.061

부이비엔 P.055

DAY5 호치민

호텔 조식 후 체크아웃

홈 파이니스트 사이공에서 저녁 식사 P.056

PLUS TIP
인기가 높은 곳이니 여유 있게 식사를 하려면 예약은 필수. 택시를 잡기 어려운 위치이므로, 식사를 마친 뒤 점원에게 택시 호출을 부탁하자.

노트르담 성당 P.042

인민위원회 청사 P.036

리조트 체크아웃 후 공항으로 이동 (택시)

PLUS TIP
국내선 항공편의 경우 가벼운 음료 서비스만 제공하므로 공항에서 가볍게 점심을 해결하자. 공항 내 음식점은 시내보다 가격이 비싼 편이지만 위생 면에서는 한결 낫다.

호치민으로 이동
(국내선 항공편)

공항에서 이동
(택시 또는 그랩)

호텔 체크인

추천 코스 4 4박 6일 호치민 + 달랏 맛기행 코스

베트남 남부 여행의 중심 도시인 호치민과 함께 고산 도시 달랏을 여행한다. 신의 축복과도 같은 천혜의 자연 환경을 만끽하고, 풍부하고 질 좋은 먹거리들을 맛보자. 택시를 타고 달랏 근교를 돌아보는 일정은 이 여행의 하이라이트!

호치민 떤손녓 국제공항에서 국내선 환승

달랏 공항에서 이동(택시)

PLUS TIP
호치민 공항의 국제선과 국내선 터미널은 도보 5분이면 이동이 가능하다. 단, 국내선 터미널은 24시간 운영하지 않는다는 점을 꼭 기억할 것.

호텔 체크인

달랏 케이블카 P.167

쭉람 선원 P.160

DAY2 달랏

호텔 조식

성 니콜라스 대성당 P.160

달랏 야시장에서 저녁 식사 P.166

뚜옌람 호수 P.162

달랏역 P.162

달랏-짜이맛 관광 열차 P.167

PLUS TIP
관광 열차는 짜이맛역에서 약 30분 정차한 후 달랏으로 돌아온다. 부지런히 걷는다면 린프옥 사원과 다프옥 까오다이교 사원을 함께 둘러볼 수도 있다.

린프옥 사원 P.160

비앙 비스트로에서 점심 식사 P.163

랑비앙산 P.161

DAY3 달랏

메린 커피 가든에서 커피 한 잔 P.164

호텔 조식

PLUS TIP
달랏 외곽에 위치한 메린 커피 가든과 폭포들을 돌아볼 때에는 택시를 이용해야 시간을 아낄 수 있다. 영어가 잘 통하는 호텔 직원에게 이에 맞는 택시를 요청하자.

냐항 쫑동에서 저녁 식사 P.164

라비엣 커피에서 커피 한 잔 P.164

프렌 폭포 P.161

다딴라 폭포 P.161

PLUS TIP
쑤언흐엉 호수까지 택시로 이동하자. 요금은 최종 목적지인 이곳에서 한꺼번에 지불하는 것이 편리하다.

쑤언흐엉 호수 P.161

달랏 시장 P.166

RECEIPT

교통비	180만₫
입장료 및 체험	80만5000₫
식사 및 간식	260만₫

TOTAL 520만5000₫
(1인 성인 기준, 쇼핑 비용 별도)

랑팜 스토어 P.166

PLUS TIP
달랏의 질 좋은 특산품을 판매하는 곳으로 시내에 여러 매장이 있다. 매장에 상관 없이 판매하는 제품의 종류는 비슷한 편.

곡하탄에서 저녁 식사 P.163

DAY4 달랏+호치민

호텔 조식 후 체크아웃

항응아 크레이지하우스 P.162

르 샬레 달랏에서 점심 식사 P.163

공항으로 이동 (택시)

PLUS TIP
달랏 시내에서 공항까지는 택시로도 대략 30분이 소요된다. 비행기를 놓치지 않도록 여유 있게 공항에 도착하자.

호치민으로 이동 (국내선 항공편)

PLUS TIP
국내선 항공편의 경우 가벼운 음료 서비스만 제공하므로 공항에서 점심을 해결하자. 달랏 리엔크엉 공항에는 이렇다 할 식당이 없으므로 호치민 떤손녓 공항 내 식당을 이용할 것을 추천.

공항에서 이동 (택시 또는 그랩)

호텔 체크인

벤탄 시장 P.061

벤탄 스트리트 푸드 마켓에서 저녁 식사 P.058

DAY5 호치민

호텔 조식 후 체크아웃

따오단 공원 P.054

부이비엔 P.055

분짜 145에서 점심 식사 P.056

더 노트 커피에서 커피 한 잔 P.059

미우미우 스파 P.062

PLUS TIP
여행자들에게 특히 인기가 많은 곳이므로 하루 전 예약을 해두자. 홈페이지를 통해 예약이 가능하다.

호치민시 미술관 P.055

파스퇴르 스트리트 브루잉 컴퍼니에서 맥주와 함께 저녁 식사 P.039

DAY6 호치민

공항으로 이동 (택시 또는 그랩)

추천 코스 5 3박 5일 호치민 + 호치민 근교 투어 코스

호치민의 숨은 매력을 제대로 느끼기 위해서는 호치민의 근교도 둘러봐야 한다. 이동 시간이 길고, 많이 걸어야 해 체력 소모가 큰 편이라 상황을 봐서 일정을 조정해도 좋다. 구찌 터널, 메콩 델타는 여행 전에 투어 예약을 하면 일정 정리가 훨씬 쉬워진다. 호치민은 항공편이 다양하니 출국편은 이른 아침으로, 귀국편은 새벽 비행기로 잡으면 꽉 찬 일정을 보낼 수 있다.

DAY1 냐짱

- 공항에서 이동(택시)
- 호텔 체크인

벤탄 시장 P.061

피자 포피스에서 점심 식사 P.057

인민위원회 청사 P.036

PLUS TIP
미국 달러-베트남 동 환전은 벤탄 시장 주변 사설 환전소에서 하자. 공항 환전소보다 환율이 좋다. 추천하는 곳은 하탐 주얼리.

DAY2 구찌 터널+호치민

구찌 터널 P.086

- 호텔 조식

호아뚝 사이공에서 저녁 식사 P.037

오페라 하우스 P.036

렉스 호텔 루프톱 가든 바 P.042

퍼호아 파스티르에서 점심 식사 P.072

떤딘 성당 P.071

통일궁 P.054

콩 카페 P.043

골든 로터스 스파 & 마사지 클럽 P.041

툭툭 타이 비스트로에서 저녁 식사 P.038

DAY3 호치민+메콩 델타

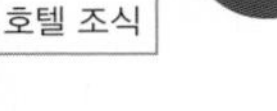
- 호텔 조식

메콩 델타(투어 중 점심 식사 제공) P.088

응안하 이발소 P.063

록꼭에서 저녁 식사 P.059

롯데마트 P.114

DAY4 호치민

- 호텔 조식

따오단 공원 P.054

노트르담 성당 P.042

사이공 중앙 우체국 P.043

꽌부이 가든에서 점심 식사 P.081

아마이 / 레이데이 P.083

후에 카페 로스터리 P.081

목흐엉 스파 P.083

사이공 스카이덱 P.036

- 호텔 체크아웃 후 공항으로 이동(택시)

PLUS TIP
새벽에 출발하는 항공편이므로 호텔을 4박으로 잡아야 마지막 날에 샤워도 하고 쉬면서 짐도 쌀 수 있다.

RECEIPT

교통비	65만9000đ
입장료 및 체험	367만4000đ
식사 및 간식	185만5000đ

TOTAL 608만8000đ
(1인 성인 기준, 쇼핑 비용 별도)

추천 코스 6 4박 6일 나짱 완전 정복 코스

나짱에서 할 일이 없다는 것은 모두 옛말. 요즘 나짱은 먹을 거리, 놀 거리 천지다. 너무 힘들지 않으면서도 어디 가서 '나짱 제대로 여행했다' 칭찬을 들을 만한 코스다. 출발편과 귀국편 모두 새벽 비행기이므로 체력 관리가 관건! 여행 첫 날 호텔은 공항에서 너무 멀지 않은 곳으로 잡는 것도 방법이다.

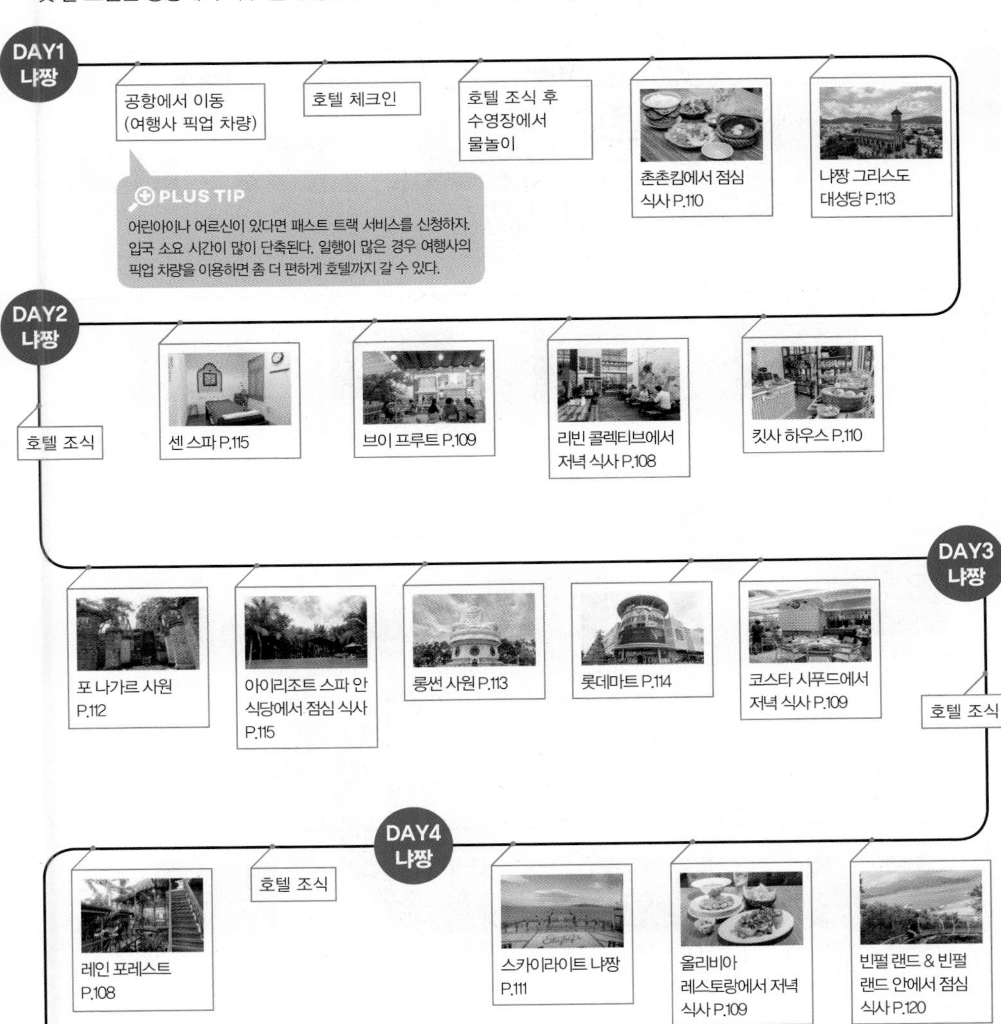

콩 카페 P.043

PLUS TIP
나짱 시내에서 공항까지 거리가 꽤 멀다. 항공편 출발 시간보다 3시간 전에는 출발해야 늦지 않는다.

호텔 체크아웃 후 공항으로 이동 (여행사 픽업 차량)

RECEIPT

교통비 ········ 54만8000đ
+예약비 1만 원 +왕복 25$(나짱 공항-시내)
입장료 및 체험 ········ 170만2000đ
식사 및 간식 ········ 146만đ

TOTAL 370만đ+1만 원+24$
(1인 성인 기준, 쇼핑 비용 별도)

추천 코스 7 5박 6일 호치민 + 냐짱 핵심 코스

우리나라에서 호치민과 냐짱으로 가는 항공편이 많아지며 두 도시를 모두 둘러보는 여행자가 많이 늘었다. 내 일정에 맞게 항공편 스케줄을 정하는 것이 첫 번째 할 일. 호치민(떤손녓 국제공항) IN – 냐짱(깜란 국제공항) OUT으로 스케줄을 정하는 것이 항공편 선택의 폭이 넓으니 참고하자. 출국편은 아침 시간 출발, 귀국편은 새벽 출발 기준 여행 코스다.

DAY1 호치민

공항에서 이동 (택시)

호텔 체크인

PLUS TIP
호치민의 주요 명소가 모여 있는 동커이 지역의 호텔에 머물면 일정을 소화하기 편하다.

퍼 24에서 점심 식사 P.060

통일궁 P.054

노트르담 성당 P.042

사이공 중앙 우체국 P.043

콩 카페 P.043

인민위원회 청사 P.036

오페라 하우스 P.036

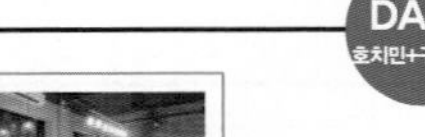
꽌 웃웃에서 저녁 식사 P.059

DAY2 호치민+구찌 터널

구찌 터널 P.086

PLUS TIP
구찌 터널을 좀 더 자세히, 여유롭게 둘러보고 싶다면 소규모 투어에 참여하자. 가격이 비싼 대신 근사한 점심 식사를 제공하는 등 투어의 질이 다르다. 저렴한 가격을 원한다면 신투어리스트에서 진행하는 투어도 괜찮다.

벤탄 시장 P.061

퍼 2000에서 점심 식사 P.057

낀 누 137 발 마사지 P.063

사이공 스카이덱 P.036

더 월드 오브 하이네켄 P.041

반미 후인 호아에서 저녁 식사 P.060

DAY3 냐짱

호텔 조식 후 체크아웃

떤손녓 공항으로 이동(택시)

PLUS TIP
가장 인기 있는 한국 여행사의 공항 픽업 차량을 이용하자. 한국에서 미리 예약을 할 수 있고 믿을 수 있어서 안심이 된다. 왕복으로 예약하면 요금이 조금 더 싸다.

냐짱 깜란 국제 공항에서 냐짱으로 이동 (여행사 픽업 차량)

RECEIPT

교통비 ········ 82만 8000đ
+11만 원 + 25$
입장료 및 체험 ········ 314만2000đ
식사 및 간식 ········ 65만7000đ

TOTAL 462만7000đ
+11만 원+25$
(1인 성인 기준, 쇼핑 비용 별도)

호텔 체크인 후
호텔 식당에서
점심 식사

롱선 사원 P.113

올리비아
레스토랑에서 저녁
식사 P.109

롯데마트 P.114

DAY4 냐짱

호텔 조식

아이리조트
스파 후 스파 안
레스토랑에서 점심
식사 P.115

포 나가르 사원
P.112

냐짱 그리스도
대성당 P.113

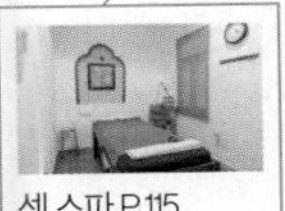
센 스파 P.115

PLUS TIP
원하는 시간에 마사지를 받으려면 홈페이지에서 예약을 하자. 오후 시간이면 손님이 몰린다.

스카이라이트 냐짱
P.111

촌촌킴에서 저녁
식사 P.110

DAY5 냐짱

호텔 조식

빈펄 랜드 &
빈펄 랜드 안
레스토랑에서 점심
식사 P.120

루이지애나에서
저녁 식사 P.111

호텔에서 휴식 후
체크아웃

공항으로 이동
(여행사 픽업 차량)

PLUS TIP
냐짱 시내에서 공항까지 택시로 약 1시간 정도 걸리는 데다 도로 곳곳이 공사 중이기 때문에 늦어도 항공편 출발 시간보다 3시간 전에는 출발해야 차질이 없다.

AREA

1 HO CHI MINH
[호치민]

베트남을 대표하는 메트로폴리탄

이 도시에는 숨겨진 듯 많은 이야기가 담겼다. 이 나라의 오랜 역사가 고스란히 담겨 있고, 이 도시를 사는 이들의 다이내믹한 삶이 또한 오롯이 담겨 있다. 다양한 색채감을 발산하는 예술 세계도, 이들의 오늘을 이야기하는 건축물과 거리들도, 이 도시에서라면 모두 마주할 수 있다. '호치민'이라는 정치가의 이름 뒤에 숨겨진 '사이공'이라는 이 도시의 진짜 이름처럼, 곳곳마다 고이 물든 이 도시의 매력을 발견해 보자.

021

MUST SEE 이것만은 꼭 보자!

No. 1
호치민의
넘버원 랜드마크
인민위원회 청사

No. 2
호치민에서
만나는 유럽
노트르담 성당

No. 3
분단과
통일의 역사
통일궁

No. 4
동남아시아를
대표하는 마천루
랜드마크 81

No. 5
전 세계 여행자들이
모여드는 여행자 거리
데탐 & 부이비엔

MUST EAT 이것만은 꼭 먹자!

No. 1
제대로 된 베트남 가정식
마운틴 리트릿
베트나미즈 레스토랑

No. 2
후에 스타일의
베트남 정찬
덴롱

No. 3
국물이 끝내주는
쌀국수 한 그릇
퍼 2000 & 퍼호아
파스퇴르

No. 4
하노이 스타일의
불 맛 가득한 분짜
분짜 145 & 꽌넴

No. 5
다양하게 즐기는
길거리 음식
벤탄 스트리트 푸드 마켓

MUST BUY 이것만은 꼭 사자!

No. 1
착한 가격과
흥정의 재미까지
벤탄 시장

No. 2
가성비 좋은
현지 물품은 여기에서
껍마트

No. 3
베트남의 분위기를
가득 담은 편집숍
뤼진 & 깅코

MUST EXPERIENCE 이것만은 꼭 경험하자!

No. 1
베트남 전통 의상
아오자이를 입어 보자.
아오자이 체험

No. 2
여행의 피로를
완전히 날려 버리자.
전신 마사지

No. 3
호치민의 야경과
함께하는 흥겨운 밤
루프톱 바

인기
★★★★★

베트남 남부 여행은 이곳에서 시작되고 이곳에서 끝난다.

관광
★★★★★

볼거리도 한가득, 즐길 거리도 한가득! 일주일도 모자랄걸.

쇼핑
★★★★★

길거리 작은 상점부터 화려한 부티크까지, 있을 건 다 있다!

식도락
★★★★★

럭셔리한 한 끼 식사는 물론, 소박한 길거리 음식까지.

복잡함
★★★★★

800만 인구의 대도시인 만큼 복잡하고 정신이 없다.

접근성
★★★★★

베트남 남부 여행의 중심 도시 호치민, 접근성은 최고 중의 최고!

무작정 따라하기

STEP 1 2 3

1 단계 공항에서 시내로 이동하기

호치민 입국하기

PLUS TIP

입국장을 나설 때에는 실제 수하물과 수하물표의 짐 개수가 일치하는지 확인하는 과정을 거쳐야 한다. 도난과 분실을 방지하기 위한 목적이니 당황하지 말자. 이 과정을 거칠 때까지는 수하물표를 잘 보관해 두는 것이 매우 중요하다.

호치민의 관문인 떤손녓 국제공항(Cảng hàng không Quốc tế Tân Sơn Nhất)은 시내 중심부에서 북동쪽으로 약 6킬로미터 떨어진 곳에 위치해 있다. 동측과 서측에 각각 국제선과 국내선 터미널이 위치해 있고 양 터미널은 도보로 5분이면 이동이 가능하다. 국내선 터미널의 경우 24시간 운영하지 않으므로 주의할 것. 입국 심사, 수하물 찾기, 세관 검사 등 일련의 과정을 거치고 나면 현지 유심 구입, 교통편 예약 등을 할 수 있는 통신사 및 여행사 부스 공간을 마주하게 된다. 이 공간을 빠져나가면 외부로 연결되며, 외부는 매우 혼잡하므로 주의하자.

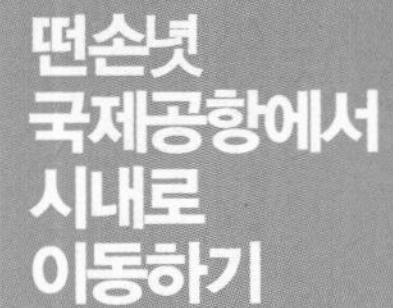

떤손녓 국제공항에서 시내로 이동하기

택시 추천

입국장을 나서면 왼편이 택시 승강장이다. 여러 택시 회사의 택시들이 일렬로 대기하고 있다. 마이린(Mai Linh) 택시나 비나선(Vinasun) 택시가 안전하다는 통념이 있지만, 모든 것은 '케이스 바이 케이스'임을 잊지 말자. 승강장에서 탑승하는 택시는 대체적으로 평이한 서비스와 안전함을 갖추었다고 봐도 무방하다. 시내 중심까지는 약 30분 소요되며, 공항이용료 포함 약 10~18만đ.

PLUS TIP

택시 승차 시 주의할 것

택시를 이용할 예정이라면 입국장을 빠져 나온 뒤, 주저 말고 왼편 택시 승강장으로 향하자. 먼저 말을 걸어오거나 캐리어에 손을 대는 사람들은 사기 택시 브로커일 확률이 높으니 눈길도 주지 말 것.

공항이용료 1만đ을 기억하자

공항을 빠져나가는 모든 차량은 공항이용료 1만đ을 지불해야 한다. 이는 택시도 예외가 아니며, 대부분의 경우 택시 기사가 선지불한 후 주행 요금과 함께 정산한다. 간혹 공항이용료를 냈다며 터무니없는 요금을 요구하는 경우가 있는데, 단호히 거절하자. 미터기 요금에 1만đ만 추가하면 된다.

그랩카

그랩 앱을 이용해 그랩카를 호출하여 시내로 이동할 수 있다. 요금은 택시 대비 약 80~90% 정도로 저렴한 편. 무엇보다 탑승 전 요금을 체크할 수 있어서 바가지를 쓸 염려를 하지 않아도 된다.

PLUS TIP
공항과 시내 간 이동 시에는 조금 더 큰 차를 부르자. 대부분의 그랩카가 '모닝', '마티즈'급 초소형 차여서 캐리어를 실을 공간조차 마땅치 않기 때문.

버스

공항에서 시내로 가는 가장 저렴한 방법은 바로 시내버스를 이용하는 것. 큰 캐리어를 들고 이용하는 것이 쉽지는 않지만, 벤탄 시장, 부이비엔 등 시내 중심지에 목적지가 있다면 가성비 좋은 버스를 이용하자. 단, 버스 내 소매치기가 빈번하니 주의할 것.

버스 노선	운행 시간	요금	목적지
109번	05:30~12:30, 30분 간격	2만 đ (노란색 티켓 부스에서 티켓 구입)	통일궁, 벤탄 시장, 데탐, 팜응우라오, 9월 23일 공원 등
152번	05:30~19:00, 12~18분 간격	5000 đ (캐리어 1개당 5000 đ 추가, 차장에게 티켓 구입)	통일궁, 벤탄 시장, 부이비엔 등

호텔 셔틀

호텔에 따라 다르지만 대부분의 호텔에서 공항과 호텔 간 셔틀을 운행한다. 대개 밴 형태의 크지 않은 차량이므로 예약은 필수. 호텔에 따라 유·무료 여부가 다르므로 미리 확인할 것.

PLUS TIP
입국장 대합실에서 호텔 이름이나 셔틀 예약자 이름을 써 붙인 팻말을 찾자. 호텔에 따라 지정 위치(기둥 번호 등)를 만남의 장소로 정하는 경우도 있다.

시내 교통 한눈에 보기

시내버스가 운행하고는 있지만 여행자들이 이용하기는 쉽지 않아 사실상 호치민 안에서 이용할 수 있는 교통수단은 택시와 그랩카가 전부다.

택시

여행자들에게는 가장 대중적인 교통수단이다. 시내 어디에서나 쉽게 택시를 잡아탈 수 있어 편리하지만 바가지요금이나 고의적인 길 돌아가기, 미터기 조작 등 여행자를 상대로 사기를 치는 택시 기사들도 많아 주의가 필요하다. 유명하지 않은 호텔이나 레스토랑은 잘 모르는 경우가 많아서 구글맵으로 지도와 주소 등을 보여주는 것이 편하다.

택시 회사 종류

엄청나게 다양한 택시 회사가 있다. 그중 마이린(MAILINH)이나 비나선(VINASUN), 티엔사(TIEN SA)가 규모가 가장 크고 믿을 만한 회사. 이름 없는 회사들은 미터기를 조작하거나 멀쩡한 길을 돌아가는 등 바가지요금을 씌우기도 해 조심할 필요가 있다. 특히 교묘하게 대형 택시 회사의 로고를 흉내내거나 택시 회사의 영어 스펠링을 헷갈리게 써 놓은 택시들을 조심하자.

티엔사

비나선

마이린

요금 = 기본요금 +미터 요금 +톨비

장거리 운행이나 택시 대절을 제외하고는 미터기를 켜고 운행하는 것이 기본이다. 우리나라와 마찬가지로 기본요금에 거리 및 시간별로 할증되는 미터 요금을 합산해 요금이 청구된다. 공항이나 유료 도로 등은 톨비를 별도로 내야 하니 참고하자. 요금은 현금 결제만 가능하다.

❶ 기본요금

택시 회사마다 차종에 따라서 요금이 다르다. 소형 5000đ~, 중형 6000~7000đ, 대형 1만đ~ 수준.

❷ 미터 요금

호치민 시내의 가까운 거리는 10만đ 안에서 다닐 수 있다. 출퇴근 시간대에는 교통 체증으로 요금이 더 나오기도 한다.

택시 미터기 읽는 방법

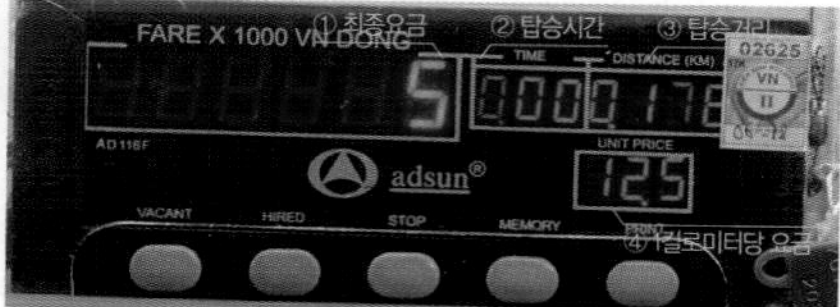

베트남은 화폐 단위가 크기 때문에 가격을 표시할 때 맨 끝 '00' 또는 '000'을 생략하는 경우가 많다. 그래서 택시 미터기 요금만 봐서는 요금이 얼마인지 모를 수 있다. 만약 미터기에 요금이 8.80이라고 나와 있으면 8800đ 또는 8만8000đ이라는 뜻. 미터기의 요금 칸 바로 옆에 숫자 단위가 표시돼 있으니 잘 살펴보자. 일부 악질 택시 기사는 미터기 요금을 잘 읽지 못하는 외국인 여행자들을 대상으로 바가지요금을 씌우기도 한다.

택시 요금 바가지 쓰지 않는 팁 5

❶ 호객 행위를 하는 택시는 의심부터

모두 그런 것은 아니지만 미리 미터기를 조작해 놓고 승객을 태워 부당 요금을 챙기는 기사들이 간혹 있다. 한 자리에 멈춰서 호객 행위를 하는 택시는 가급적 이용하지 않는 것이 좋다.

❷ 호텔 직원에게 택시 호출을 부탁하자

호텔에서 택시를 탈 일이 있을 때는 호텔 직원에게 택시를 불러 달라고 얘기하자. 편한 것은 둘째치고 바가지를 쓸 확률이 줄어든다. 콜비는 따로 내지 않아도 된다.

❸ 택시 앞 좌석에 있는 면허증을 사진으로 남기자

이게 바가지요금과 무슨 상관이 있겠나 싶겠지만 택시 기사에게는 '여차했을 때 택시 회사에 항의할 수 있다'는 심리적인 압박이 의외로 잘 먹힌다.

❹ 구글지도를 보는 척이라도 하자

지리 감각이 떨어지는 외국인이 손쉬운 먹잇감이 되는 것은 어쩔 수 없는 일. 구글지도 애플리케이션을 켜 주기적으로 현재 위치를 확인하는 것만으로도 바가지를 쓸 확률이 줄어든다.

❺ 잔돈을 준비하자

5000₫ 미만의 소액은 거스름돈을 안 주는 경향이 있다(개중에는 아예 기사 팁이라고 생각하는 택시 기사도 있다). 특히 외국인 승객에게는 거스름돈을 안 주는 금액이 높아서 어떨 때는 1만₫ 정도의 금액도 잔돈이 없다면서 얼렁뚱땅 넘어가기도 한다. 소액권을 넉넉히 준비하면 못 받는 금액도 줄어든다.

▶ 조심하고 또 조심해야 할 택시 이용 팁

❶ 마사지 권유는 단칼에 거절하자

택시 기사가 갑자기 친한 척을 하거나 살갑게 굴면서 마사지 업소를 소개해 준다고 하면 단칼에 거절하자. 백이면 백 퇴폐업소를 연결해 주고 중개 수수료를 얻으려는 얄팍한 수법이다. 최근 한국인 남성을 대상으로 암암리에 퇴폐 마사지가 성행하는데 젊은 남자 손님은 물론이고 심한 경우에는 미성년자나 신혼부부에게도 퇴폐 마사지를 권유하기도 하니 각별히 조심하자. 베트남에서 성매매는 불법이며 적발 시 추방 조치 및 재입국 시 입국이 거절될 수 있다.

Case 1 : 오늘 많이 피곤해 보이는데 마사지 잘하는 곳 소개해 줄까?
Case 2 : 오늘 밤에 뭐해? 할 일 없으면 좋은 곳 소개해 줄게.
Case 3 : 붐붐 마사지 받을래? / 붐붐?

❷ 절대로 지갑을 맡기지 말자

베트남 돈에 익숙하지 않은 외국인이 요금을 계산할 때 많이 쓰는 수법이다. 요금 계산을 도와주겠다면서 지갑을 달라는 택시 기사가 종종 있는데, 무슨 일이 있어도 절대로 지갑을 남의 손에 맡기지 말자. 친절하게 계산을 도와주는 척하면서 고액권이나 미국 달러를 스리슬쩍 훔쳐가는 일이 많다. 피해자가 보는 앞에서 돈을 훔쳐가도 워낙 손이 빨라서 아예 눈치를 못 채는 경우도 많다. 특히 승객이 택시 뒷자리에 앉았을 경우 지갑에서 돈을 훔치는 것을 보기가 쉽지 않다.

Case 1 : 돈 계산하는 거 도와줄게.
Case 2 : (짜증을 내거나 급한 척을 하면서) 빨리 좀 계산하세요! 지갑 이리 줘봐요!
Case 3 : 너무 작은 돈을 냈잖아요. 10만₫이 아니고 100만₫짜리 지폐를 내야 해요.

그랩카 & 그랩택시

추천

최근 유행하고 있는 차량 공유 서비스로 우리나라의 카카오택시라고 생각하면 이해가 빠르다. 베트남과 싱가포르를 비롯해 동남아시아 8개국에서 서비스를 하고 있다. 예약자가 스마트폰으로 목적지를 정하면 가까운 차량을 매칭해주는데, 일반 택시와 다르게 운전 기사의 이름과 사진 등 인적 사항과 차종, 차량 번호 등 차량 정보는 물론 목적지까지 요금을 미리 볼 수 있어 안전하고 편리하다. 외국인들이 많이 이용해 그랩카 기사 대부분이 영어를 잘하고, 자동 번역 기능이 있는 애플리케이션 대화함 덕분에 영어를 조금만 할 줄 알아도 누구나 쉽게 이용할 수 있다.

그랩카 & 그랩택시 이용 방법

포켓 와이파이 이용자를 기준으로 한 설명이다. 호치민에 도착해 베트남 심카드를 이용하는 경우, 현지에서 심카드를 교체한 후 진행하면 된다.

한국에서 그랩 애플리케이션 다운로드받기

1 구글플레이 또는 앱스토어에서 그랩 (Grab) 애플리케이션을 다운로드받는다.

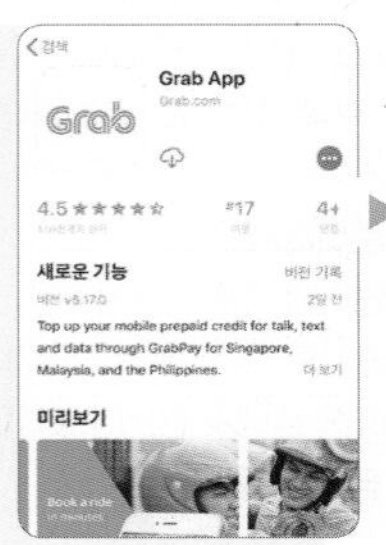

2 그랩 애플리케이션 가동 후 첫 화면에서 본인 인증 방법을 선택한다. 페이스북이나 구글 아이디로 연동하면 본인 인증이 완료된다. 참고로 휴대폰 번호로도 본인 인증을 받지만, 국내에서는 불가능하다.

PLUS TIP

그랩카 차종, 어떤 것이 있을까?

Grab Car 그랩카 영업용 택시가 아닌 개인 소유의 승용차. 4인용(경차)은 4cho, 7인용(승합차)은 7cho로 구분한다. 인원이 많지 않으면 4인승으로 충분하며 짐이 많거나 인원이 많으면 7인승이 편하다. 그랩택시에 비해 요금이 저렴해 인기 있다.

GrabTaxi 그랩택시 영업용 택시. 4인용은 4cho, 7인용은 7cho로 구분한다. 정확한 요금이 제시되는 그랩카와 달리 대략적인 요금 범위만 나오며 미터기를 켜고 운행하기 때문에 목적지에 도착해야 정확한 요금을 알 수 있다. 그랩카가 잘 잡히지 않을 때 이용하면 된다.

Just Grab 저스트그랩 그랩카나 그랩택시 모두 해당. 차종과 관계없이 빨리 이동하고 싶을 때 선택하면 된다.

Grab Bike 그랩바이크 오토바이. 그랩 로고가 찍힌 옷을 입고 있는 기사 뒷자리에 앉아야 한다. 냉방이 전혀 안 되고 매연을 맡아야 하지만, 요금이 가장 저렴해 남자 혼자라면 한 번쯤 이용해볼 만하다.

Grab Car Plus 그랩카 플러스 개인 소유의 세단급 승용차. 그랩카보다 차종이 좀 더 좋다고 보면 된다.

▶그랩카 사기, 이건 조심하세요

주로 그랩카를 이용하는 여행자를 상대로 "그랩카 요금보다 더 적은 금액을 받을게" 또는 "내 친구가 네가 매칭한 그 그랩카 기사인데, 걔가 너무 바빠서 나를 대신 보냈어" 등 별 희한한 핑계로 손님을 가로채 가는데, 어떤 말로 유혹을 하든 간에 의심부터 해보자. 처음에는 친절하게 다가왔다가 나중에 요금을 계산할 때가 되면 사기를 치거나 부당 요금을 강요하기도 한다.

기사 : (엉터리 그랩 애플리케이션 구동 화면을 보여주며) 좀 전에 그랩카 불렀지? 내 친구가 너무 바빠서 내가 대신 왔거든.
승객 : 그러면 그랩 매칭된 건 어떻게 해?
기사 : 스마트폰 좀 이리 줘봐. 너한테는 조금 어려울 거야. 내가 매칭 취소할게.
기사 : (매칭 취소를 하면서 승객의 목적지를 빠르게 본 뒤에) 벤탄 시장까지 가는 거지?

베트남에서 그랩 이용하기

1 첫 화면에서 'Car'를 선택한 뒤 출발 및 목적지를 검색한다. 출발지는 GPS 신호를 기반으로 자동 설정되며 목적지는 'I'm going to…?' 부분을 터치해 주소나 구글맵에 등록된 장소명을 입력한 후 '확인(Confirm)'을 누른다.

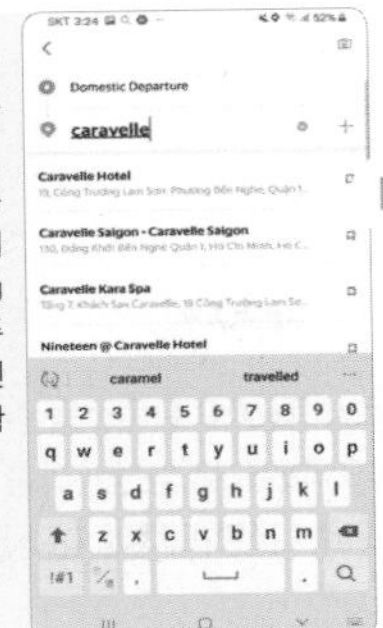

2 화면 아래쪽 바를 터치하면 차종 및 옵션을 선택할 수 있다. 가장 저렴한 것은 그랩카. 차종을 선택한 다음 '예약(Book)'

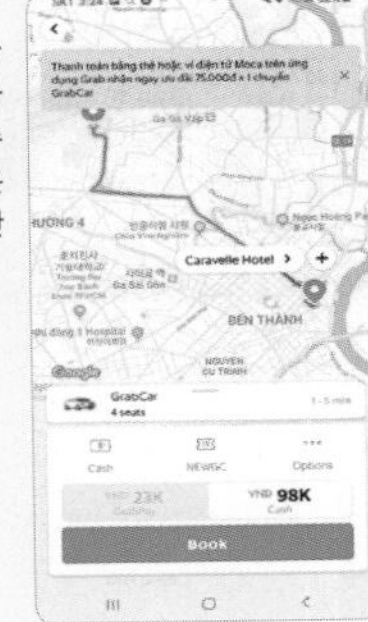

3 화면 전체가 초록색으로 바뀌고 '예약 매칭 중(We are processing your booking)'이라는 메시지가 나온다. 이 상태에서 매칭될 때까지 기다린다.

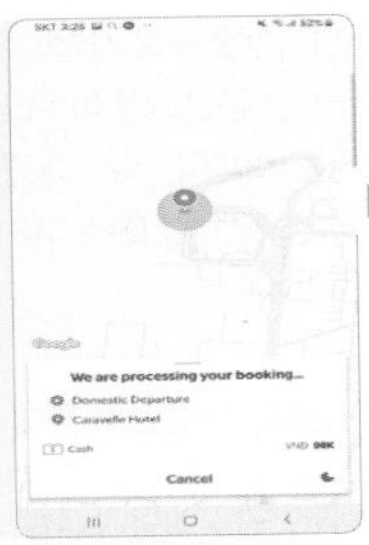

4 잠시 후 매칭이 되면 '매칭 완료(Yay, we found you a driver)'라는 팝업 메시지가 뜬다. 이때 그랩카 운전기사의 사진과 이름, 평점, 차량 번호 및 차종을 확인할 수 있다.

5 위치를 찾기가 어렵거나 호출 위치까지 오는 데 오래 걸리는 경우 그랩 기사가 메시지를 보내준다. 정확한 위치와 인상착의 등을 간단한 영어 메시지로 보내면 된다.

6 예약한 차량이 맞는지 예약 화면에서 본 차량 번호와 실제 번호판을 대조한 뒤 자동차에 탑승한다.

7 운행이 시작되면 '운행 중(In transit)'이라는 메시지와 함께 실시간 위치를 지도에 보여준다.

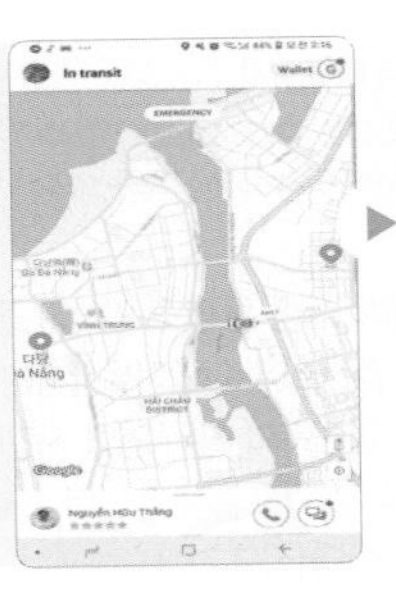

8 목적지에 도착하면 내야 하는 요금을 다시 한 번 보여주며, 도착했다는 메시지가 뜬다. 요금 계산 후 자동차에서 내리면 된다.

3단계 환전하기

국내에서 베트남 동(đ)으로 환전할 수 있는 은행이 많지 않고 환율도 좋지 않다. 여행 전에 미국 달러(USD) 고액권으로 환전한 다음 베트남에서 재환전을 하는 것이 일반적인데, 어느 곳에서 베트남 동으로 환전하느냐에 따라 금액 차이가 은근히 크다.

주요 환전소

떤손녓 공항 환전소 수수료가 없다는 둥, 환율이 싸다는 둥 현란한 문구로 사람들을 현혹하지만 잊지 말자. 공항 환전소가 아무리 싸봐야 시내 환전소보다는 비싸다. 50~100만đ(약 2만 5000~5만 원) 정도만 환전한 뒤 시내 환전소에서 환전하는 것이 낫다.

추천 **롯데마트 커스토머 서비스 카운터** 한국 여행자들이 가장 많이 이용하는 곳. 롯데마트에서 쇼핑도 할 겸, 환전을 할 수 있어 편리하다. 말 그대로 '고객 서비스' 차원에서 환전을 해주는 만큼 환전율이 아주 좋은 것이 장점. 자세한 사항은 1권 P.242 페이지 참고.

벤탄 시장 주변 환전소 벤탄 시장 주변에 사설 환전소가 몇 군데 있다. 시내 중심가에 있고 벤탄 시장, 통일궁 등 유명 관광지와 가까워 짬을 내 환전을 하기 편하다. 추천하는 가게는 '하탐 주얼리'.

[하탐주얼리 HATAM]

구글지도 GPS 10.772228, 106.697418 찾아가기 벤탄 시장 판추틴 거리 방향 출입구 맞은편 주소 2 Nguyễn An Ninh, Phường Bến Thành, Quận 1, Hồ Chí Minh 전화 28-3823-7243 시간 08:00~20:30

동커이 거리 주변 환전소 인파가 몰리는 벤탄 시장 주변 환전소에 비해 여유롭다는 것이 장점이다. 홍렁 환전소의 경우 영업 시간이 길어 언제든 환전할 수 있고 실내에 있어 소매치기 범죄에 안전하다는 이점도 있다.

[홍렁 Hung Long Money Exchange]

구글지도 GPS 10.774698, 106.704038 찾아가기 맥 띠 브어이 거리 주소 86 Mạc Thị Bưởi, Bến Nghé, Quận 1, Hồ Chí Minh 전화 28-3829-7887 시간 07:00~21:45

호텔 호텔 리셉션 카운터나 인포메이션 카운터에서도 환전을 할 수 있다. 환전율이 좋지 않아 급하게 현금이 필요한 경우가 아니라면 굳이 호텔 환전을 이용할 필요는 없다. 1~2성급 호텔은 환전 서비스를 하지 않는 곳이 많고 3성급 이상의 호텔에서는 대부분 환전이 가능하다.

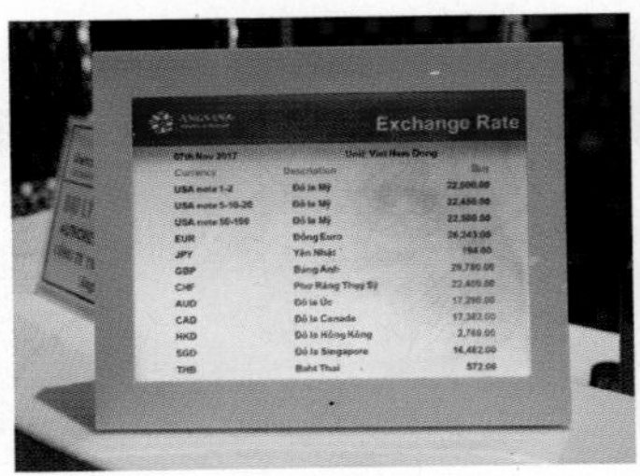

▶ATM 기기로 현금 인출하기

유명 관광지나 번화가, 쇼핑 센터마다 ATM 기기가 설치돼 있어 언제 어디서든 현금을 인출해 쓸 수 있다. 1회당 출금액이 정해져 있고, 이용할 때마다 수수료가 붙어서 환전을 하는 것보다 금전적인 손해를 봐야 하지만 베트남 동(đ)으로 인출되기 때문에 환전한 돈이 부족할 때 이용하기 좋다.

[ATM 기기 이용 방법]

1. 언어(Language)를 영어(ENGLISH)로 바꾼 뒤 카드를 삽입한다.
2. 카드 비밀번호를 입력한다.
3. 이용할 서비스를 선택한다. 현금인출(Cash Withdrawal)을 선택한다.
4. 계좌 종류를 선택한다. 일반 입출금통장은 Checking, 적금통장은 Saving, 신용카드는 Credit을 누르면 되는데, 현금카드인 경우 대부분은 Checking을 선택하면 된다.
5. 명세표를 받을 것인지 선택한다. 받을 것이면 Print receipt를 선택한다.
6. 출금 금액을 다시 한 번 확인한다. 금액이 맞으면 YES를 누른다.
7. 카드와 현금을 잘 챙긴다.

[ATM 기기 이용 시 주의사항]

❶ 비밀번호를 누를 때는 손을 가리고 현금 인출이 다 끝난 뒤에는 종료 버튼을 눌러 초기 화면으로 넘어가는 것을 본 뒤에 밖으로 나가는 것이 안전하다.

❷ 카드 투입구에 카드 복사기가 설치돼 있는지 확인해 보자. 의심스러운 것이 있을 때는 사용하지 않는 것이 좋다. 번화가는 카드 복제 사고가 빈번히 일어나는 곳. 대형 호텔이나 은행, 대형 마트 ATM 기기는 그나마 믿을 만하다.

❸ 체크카드 문자 알림 서비스에 가입돼 있으면 입출금 명세를 바로바로 확인할 수 있어 카드를 분실하거나 도난당했을 경우 바로 알 수 있다.

AREA

1-A DONG KHOI

[동커이]

호치민의 어제와 오늘을 만나는 곳

호치민에서 이곳만큼 다양한 매력이 있는 지역이 또 있을까? 낮에는 100년도 더 된 오랜 건물들을 찾아보는 재미, 밤이 되면 나이트라이프 스폿이나 높은 전망대에서 야경을 보는 즐거움이 쏠쏠하다. 하룻밤에 수십만 원을 호가하는 특급 호텔에서 호캉스를 보내며 시간을 보내도 좋다. 동커이를 딱 하루만 여행해 보면 호치민이 달리 보일 것이다.

031

MUST SEE 이것만은 꼭 보자!

No. 1
베트남에서
가장 아름다운
건축유산
인민위원회 청사

No. 2
호치민의
오페라 가르니에
오페라 하우스

No. 3
호치민을
색다르게
기억하는 방법
사이공 스카이덱

No. 4
눈물을 흘리는
동상이 인상적인
노트르담 성당

No. 5
여행지에서
부쳐 보는 엽서 한 장
사이공 중앙 우체국

MUST EAT 이것만은 꼭 먹자!

No. 1
분위기와 맛,
모두 잡고 싶다면
호아뚝 사이공

No. 2
베트남 음식이 처음이라면
마운틴 리트릿
베트나미즈 레스토랑

No. 3
베트남에서 즐기는
지중해풍 요리
오 파크

MUST BUY 이것만은 꼭 사자!

No. 1
선물 돌리기 딱 좋은
오뎅티크 홈의
도자기 제품

No. 2
컬러풀한 색감이 매력!
사덱 디스트릭트의
주방 용품

MUST EXPERIENCE 이것만은 꼭 경험하자!

No. 1
근육 한 번 제대로
풀어보고 싶다면
골든 로터스 스파 앤
마사지 클럽

No. 2
하이네켄의
모든 것
더 월드 오브 하이네켄

인기
★★★★★

호치민 대표 볼거리가 모두 모여 있다. 유명 호텔도 많이 들어서 항상 여행객으로 붐빈다.

관광
★★★★★

관광지가 모여 있어 걸어 다니며 구경하기 적당하다.

쇼핑
★★★☆☆

동커이 거리 주변에 기념품점 위주의 가게가 많이 들어서 있지만 가격이 비싼 편이다.

식도락
★★★★★

인기 맛집이 모두 모여 있어서 어떤 곳을 가야 하나 선택이 힘들 정도. 대신 가격이 좀 비싸기는 하다.

복잡함
★★☆☆☆

항상 여행객들로 붐빈다. 특히 인민위원회 청사 주변은 소매치기가 기승을 부리기도 하니 주의하자.

접근성
★★★★★

호치민 시내 한가운데에 있어 오가기 좋다. 출퇴근 시간대에는 차량 정체가 발생하기도 하니 주의하자.

MAP
동커이 한눈에 보기

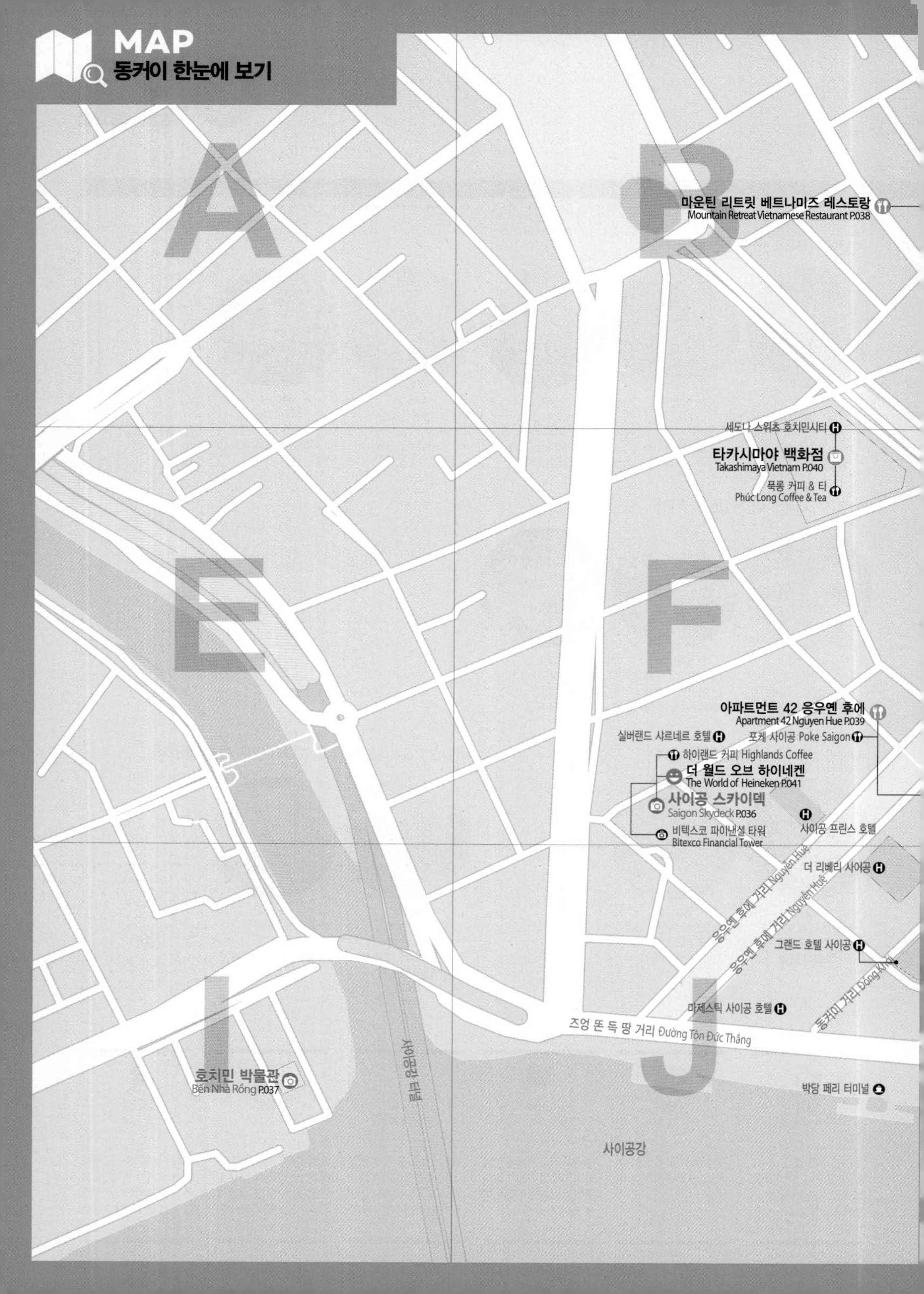

한 투옌 거리 Hàn Thuyên
오 파크
Au Parc P.043
프로파간다
Propaganda P.043
로터스 갤러리
Lotus Gallery P.037
노트르담 성당
Saigon Notre-Dame Basilica P.042
하이랜드 커피
Highland coffee P.039
파스퇴르 거리 Pasteur
호치민시 박물관
Museum of Ho Chi Minh City P.037
책방 거리
Book Street P.043
비아 크래프트
Bia Craft P.039
노포크 호텔 사이공
사이공 중앙 우체국
Saigon Central Post Office P.043
오덴티크 홈
Authentique home P.040
리 뜨 쫑 거리 Lý Tự Trọng
리버티 센트럴 사이공 시티포인트
파스퇴르 스트리트 브루잉 컴퍼니
Pasteur Street Brewing Company P.039
인터콘티넨탈 사이공
렉스 호텔 루프톱 가든 바
Rex Hotel Rooftop
Garden Bar P.042
콩 카페
Cong Cafe P.043
인민위원회 청사
Ho Chi Minh City People's
Committee Head Office P.036
깅코
Ginkgo
렉스 호텔
레 러이 거리 Lê Lợi
레 러이 거리 Lê Lợi
빈컴 센터
Vincom Center P.041
인민위원회 청사 앞 광장
Saigon Times Square P.036
레탄톤 거리 Lê Thánh Tôn
하이 바 쫑 거리 Hai Bà Trưng
응우옌 후에 거리 Nguyễn Huệ
동커이 거리 Đồng Khởi
팍슨 플라자
로얄 호텔 사이공
리 뜨 쫑 거리 Lý Tự Trọng
오페라 하우스
Saigon Opera House P.036
뤼진 L'usine
신 카페(1호점)
Shin Ca Phe P.039
파크하얏트 사이공
카라벨 사이공
더 리파이너리
The Refinery P.038
호아뚝 사이공
Hoa Tuc Saigon P.037
흥롱 환전소
카페 드 르오페라
Cafe de l'Opera P.040
실버랜드 실 호텔 앤드 스파
사덱 디스트릭트
SADEC District P.040
뤼진 L'usine
노포크 맨션
레벨 23
Level 23 P.042
파라곤 사이공 호텔
툭툭 타이 비스트로
Tuk Tuk Thai Bistro P.038
카티낫 사이공 카페
Katinat Saigon Kafe P.038
푹롱 커피 & 티
Phúc Long Coffee & Tea
아프리콧 갤러리
Apricot Gallery P.037
가네시 인디언 레스토랑
Ganesh Indian Restaurant P.039
골든 로터스 스파 & 마사지 클럽
Golden Lotus Spa & Massage Club P.041
미우미우 스파
Miu miu Spa P.041
가르텐슈타트 레스토랑
Gartenstadt Restaurant P.038
하이 바 쫑 거리 Hai Bà Trưng
더 미스트 동커이
실버랜드 사쿄
신 카페(2호점)
Shin Ca Phe P.039
실버랜드 졸리
리버티 센트럴 사이공 리버사이드 호텔
르네상스 리버사이드 호텔 사이공
롯데레전드호텔 사이공
호치민 시티 베이 호텔
더 랜드마크
즈엉 똔 득 탕 거리 Đường Tôn Đức Thắng
르메르디앙 사이공
사이공강
N
0
90m
C
D
G
H
K
L

하루 만에 호치민 완전 정복 코스

'이 더운 날씨에 걸어서 여행하라고?' 싶은 여행자에게 희소식이다. 많이 걷지 않아도, 땀을 많이 흘리지 않아도 '호치민 여행 제대로 했다'는 소리를 들을 수 있다. 햇볕이 뜨겁기 전부터 부지런히 다녀야 덜 고생스러우니 이날 만큼은 조금만 일찍 일어나자.

1 책방 거리 / 20분
Book Street

작은 책방이 모여 있는 거리. 책뿐 아니라 여행자들이 살 만한 기념품들도 판매해 눈요기하기 좋다.

시간 08:00~22:00(가게마다 다름)

→ 책방 거리 입구로 나오면 바로 보인다. 도보 1분 → 노트르담 성당

2 노트르담 성당 / 20분
Saigon Notre-Dame Basilica

로마네스크 양식으로 지어진 성당으로 호치민을 상징하는 랜드마크 건물. 아쉽게도 현재는 건물 외벽 보존공사를 하고 있지만 전면부는 볼 수 있다. 일요일이라면 영어 미사에 참여해 보자. 색다른 경험이 될 것이다.

시간 시간 24시간/영어 미사 일요일 05:30~06:45, 08:00~09:30

→ 성당 바로 옆. 도보 1분 → 사이공 중앙 우체국

3 사이공 중앙 우체국 / 40분
Saigon Central Post Office

프랑스 식민 시절에 지어진 우체국으로 아직도 우편 업무를 보고 있다. 오후만 돼도 여행객들로 붐비니 최대한 일찍 가서 엽서 한 장 부쳐보자.

시간 월~금요일 07:00~19:00, 토요일 07:00~18:00, 일요일 08:00~18:00

→ 한 뚜옌 거리를 따라 도보 3분 → 오 파크

4 오 파크 / 1시간
Au Parc

오전 내 관광지 구경을 했으니 주변 레스토랑에서 식사를 할 시간. 오전 11시부터는 현지인들도 많이 찾는 곳이니 최대한 이른 시간에 찾아가자.

시간 07:30~22:30

→ 가게에서 나와 우측으로 직진. 노트르담 성당이 나오면 우회전 후 동커이 거리로 진입. 도보 8분 → 인민위원회 청사

5 인민위원회 청사 / 40분
Ho Chi Minh City People's Committee Head Office

지금쯤이면 해가 머리 위에 떠 있을 시간. 인민위원회 청사를 배경으로 사진 찍기에는 최적의 시간대다. 파란 하늘과 노란빛 청사 건물을 화면에 담아보자.

시간 24시간

→ 청사 건물 바로 앞. 도보 1분 → 렉스 호텔 로프톱 가든 바

6 렉스 호텔 루프톱 가든 바 / 40분
Rex Hotel Rooftop Garden Bar

너무 더워서 미처 다 보지 못했던 인민위원회 청사의 아름다움은 이곳에서 보자. 층계를 올라왔을 뿐인데 몰랐던 아름다움을 제대로 볼 수 있다.

시간 12:00~23:00

→ 레탄톤 거리를 따라 걷다가 동커이 거리로 우회전. 도보 3분 → 오페라 하우스

7 오페라 하우스 / 15분
Saigon Opera House

'언제까지 건물이나 보고 다녀야 해?' 싶었던 마음은 이곳에서 사라질 것이다. 파리의 오페라 가르니에를 본떠 만든 곳. 공연을 감상하면 실내도 견학할 수 있다.

시간 24시간(실내 입장은 공연 시간 1시간 전부터)

→ 그랩카 7분 → 사이공 스카이덱

8 사이공 스카이덱 / 1시간 30분
Saigon Skydeck

호치민을 대표하는 전망대. 오늘 지나온 관광지를 하나둘 찾다 보면 노을 지는 호치민 풍경이 반긴다.

시간 09:30~21:45(마지막 입장 20:45)

→ 직원의 안내에 따라 엘리베이터에 탑승한다. 1분 → 더 월드 오브 하이네켄

PLUS TIP

건물을 보며 찾아가는 것이 빠르다. 비텍스코 파이낸셜 타워 입구가 아니라 스카이덱 입구로 들어가야 하니 조심하자.

9 더 월드 오브 하이네켄 / 40분
THE WORLD OF HEINEKEN

여행에 술이 빠지면 쓰나? 가이드의 안내에 따라 하이네켄에 대해 더 알아갈 수 있는 시간. 말미에는 경치 좋은 곳에서 술 한잔할 시간이 주어진다.

시간 15:00~21:30

→ 그랩카 3분 → 마운틴 리트릿 베트나미즈 레스토랑

PLUS TIP

사이공 스카이덱에 입장한 뒤에 직원의 도움을 받는다. 초록색 유니폼을 입고 있어서 눈에 잘 띈다.

10 마운틴 리트릿 베트나미즈 레스토랑 / 1시간
Mountain Retreat Vietnamese Restaurant

저녁 식사는 한 상 차려 먹어도 부담이 덜 되는 곳으로 정하자. 맛도 좋으니 하루 종일 쌓였던 피로가 저절로 풀리는 것 같다.

시간 10:00~21:30

START

1. 책방 거리
70m, 도보 1분
2. 노트르담 성당
25m, 도보 1분
3. 사이공 중앙 우체국
250m, 도보 3분
4. 오 파크
600m, 도보 8분
5. 인민위원회 청사
100m, 도보 1분
6. 렉스 호텔 루프톱 가든 바
350m, 도보 3분
7. 오페라 하우스
1.1km, 그랩카 5분
8. 사이공 스카이덱
엘리베이터 탑승
9. 더 월드 오브 하이네켄
650m, 그랩카 3분
10. 마운틴 리트릿 베트나미즈 레스토랑

RECEIPT

관광 ······ 3시간 45분
식사 ······ 2시간 40분
체험 ······ 40분
이동 ······ 25분

TOTAL 7시간 30분

교통비 ······ 65만 đ
그랩카 (오페라 하우스~사이공 스카이덱) 40만 đ
그랩카(사이공 스카이덱~마운틴 리트릿 베트나미즈 레스토랑) 25만 đ
입장료 ······ 45만 đ
사이공 스카이덱 20만 đ
더 월드 오브 하이네켄 25만 đ
식사 및 간식 ······ 87만4000 đ
오 파크(포크 필레 미뇽, 시 망고 샐러드) 41만5000 đ
렉스 호텔 루프톱 가든 바(칵테일) 27만9000 đ
마운틴 리트릿 베트나미즈 레스토랑 (바나나 꽃 & 치킨 샐러드, 느억맘 소스에 데친 꼴뚜기) 18만 đ

TOTAL 197만4000 đ
(1인 성인 기준, 쇼핑 비용 별도)

TRAVEL INFO

동커이

호치민을 여행하며 동커이만 제대로 봐도 절반의 성공이라는 말이 맞다. 호치민을 대표하는 명소가 모여 있는 곳. 걸어 다니며 둘러봐도 하루면 모두 볼 수 있다.

이동시간 기준_인민위원회 청사

현지 물가를 고려해 가격대가 비싼 곳은 ₫₫₫, 보통인 곳은 ₫₫, 싼 곳은 ₫, 무료인 곳은 FREE로 표기했습니다. 또한 인기도는 별로 표기했습니다.

01 인민위원회 청사 FREE

Ho Chi Minh City People's Committee Head Office

★★★★★

호치민 여행 책자나 팸플릿에 항상 등장하는 랜드마크 건물. 프랑스 식민 정부가 코친차이나(베트남 남부) 지배를 본격화하며 당시 수도였던 사이공에 건설한 것이 시초다. 프랑스 건축가 가르가 프랑스 시청사를 본떠 설계했으며 베트남 전쟁 종전 이후부터는 호치민 시청으로 재단장했다.

1권 P.042 **지도** P.033G
구글지도 GPS 10.776501, 106.700986 **찾아가기** 레탄톤 거리와 응우옌 후에 거리가 만나는 교차로 **주소** Số 86 Lê Thánh Tôn, Bến Nghé, Quận 1, Hồ Chí Minh **전화** 28-3829-6052 **시간** 24시간 **가격** 무료

02 오페라 하우스 FREE

Saigon Opera House

★★★★

프랑스 파리의 '오페라 가르니에'를 본떠 만든 오페라 하우스. 화려하고 고풍스러워 당시 선풍적인 인기를 끌었던 '프랑스 제 3공화국' 건축 양식을 따랐다. 실내의 명문과 가구 등은 모두 프랑스에서 공수해 와 장식했다. 공연을 관람해야 실내에 들어갈 수 있다.

1권 P.045 **지도** P.033G
구글지도 GPS 10.776567, 106.703176 **찾아가기** 인민위원회 청사에서 도보 4분 **주소** 07 Công Trường Lam Sơn, Bến Nghé, Quận 1, Hồ Chí Minh **전화** 28-3829-9976 **시간** 24시간(실내 입장은 공연 시간 1시간 전부터) **가격** 무료 **홈페이지** www.hbso.org.vn

03 인민위원회 청사 앞 광장 FREE

Saigon Times Square

★★★★

서울의 광화문 광장을 연상케 하는 대형 광장. 인민위원회 청사부터 사이공강까지 약 750미터의 거리에는 굵직굵직한 행사가 자주 열린다. 소매치기가 기승을 부리고 있는 지역이니 카메라나 스마트폰 등 소지품 관리를 철저히 하자.

1권 P.042 **지도** P.033G
구글지도 GPS 10.776163, 106.701394 **찾아가기** 인민위원회 청사 바로 앞 **주소** Nguyễn Huệ, Bến Nghé, 1, Hồ Chí Minh **시간** 24시간

04 사이공 스카이덱 ₫₫

Saigon Skydeck

★★★★

호치민에서 두 번째로 높은 건물인 68층짜리 비텍스코 파이낸셜 타워(Bitexco Financial Tower) 49층에 들어선 전망대. 시설 관리가 잘 되어 있고 삼각대 반입과 이용이 자유로워 사진을 찍기에 좋다. 입장료가 비싼 감이 있지만 '더 월드 오브 하이네켄' 입장료가 포함된 콤보 티켓을 구입하면 가성비가 나쁘지 않다.

1권 P.046, 083 **지도** P.032F
구글지도 GPS 10.771522, 106.704229 **찾아가기** 인민위원회 청사에서 도보 10분 **주소** 36 Hồ Tùng Mậu, Bến Nghé, Quận 1, Hồ Chí Minh **전화** 28-3915-6156 **시간** 09:30~21:45(마지막 입장 20:45) **가격** 성인 20만₫, 4~12세 어린이 13만₫ **홈페이지** www.saigonskydeck.com

05 호치민시 박물관

Bảo tàng Thành phố Hồ Chí Minh

★★★

호치민이 어떻게 대도시로 성장했는지를 보여주는 박물관으로 건물이 더욱 유명하다. 동양과 서양의 건축 양식을 모두 가지고 있는데, 긴 주랑과 1층 홀, 우아한 계단 등은 바로크 양식에서 힌트를 얻었고, 지붕 끝부분의 용, 잉어, 닭 조각은 동양 사상의 결과물이라고 한다.

1권 P.103 지도 P.033C
구글지도 GPS 10.775869, 106.699663 찾아가기 인민위원회 청사 바로 옆 주소 65 Lý Tự Trọng, Bến Nghé, Quận 1, Hồ Chí Minh 전화 28-3829-9741 시간 08:00~17:00 가격 입장료 3만đ, 카메라 소지 시 카메라 1대당 2만 đ 추가, 6세 이하 어린이 무료 홈페이지 www.hcmc-museum.edu.vn/en-us/home-page.aspx

06 호치민 박물관 FREE

Museum of Ho Chi Minh City

★★★

'베트남의 아버지'라고도 칭송받는 호치민 주석의 생애를 다룬 박물관. 호치민에 관련된 사진 위주로 전시돼 있어 갤러리 같은 느낌이 든다. 박물관 입구에서 외국인에게 팸플릿을 강매하기도 하는데, 입장료가 무료이니 사지 않아도 된다. 우리 입장에서는 볼 만한 전시물이 적다는 것은 아쉽다.

지도 P.032I
구글지도 GPS 10.768220, 106.706828 찾아가기 인민위원회 청사에서 택시 7분 주소 Số 01 Nguyễn Tất Thành, Phường 12, Quận 4, Hồ Chí Minh 전화 28-3940-2060 시간 07:30~11:30, 13:30~17:00 휴무 월요일 가격 무료 홈페이지 www.quan4.hochiminhcity.gov.vn/pages/ben-nha-rong.aspx

07 아프리콧 갤러리 FREE

Apricot Gallery

★

호치민과 하노이에 갤러리를 운영하고 있는 개인 화랑. 홍콩과 싱가포르, 런던 등에서도 전시를 연 만큼, 넓은 스펙트럼의 작품을 보유하고 있다. 특히 베트남 신진 작가들의 회화 작품과 함께 고전 불교 미술품에 중점을 두고 있다. 과거 호치민을 찾았던 빌 클린턴 미국 대통령이 이곳을 방문하여 유명세를 치르기도 했다.

1권 P.097 지도 P.033K
구글지도 GPS 10.775448, 106.704650 찾아가기 인민위원회 청사에서 도보 7분 주소 50-52 Mạc Thị Bưởi, Bến Nghé, Quận 1, Hồ Chí Minh 전화 28-3822-7962 시간 프로그램에 따라 다름 휴무 부정기적 가격 무료(프로그램에 따라 다름) 홈페이지 www.apricotgallery.com.vn

08 로터스 갤러리 FREE

Lotus Gallery

★

미술관이라기보다는 개인 미술상(商)에 가까운 곳. 1991년에 개관한 역사 깊은 곳이다. 베트남의 신진 작가 수십 명과 연을 맺고 있으며 3천여 점이 넘는 그들의 작품을 전시, 판매한다. 수년 전에는 서울에서도 작품전을 열며 우리나라 미술계와도 차차 교류를 넓혀가고 있다.

1권 P.097 지도 P.033C
구글지도 GPS 10.774349, 106.699848 찾아가기 인민위원회 청사에서 도보 4분 주소 100 Nam Kỳ Khởi Nghĩa, Bến Nghé, Quận 1, Hồ Chí Minh 전화 28-3829-2695 시간 프로그램에 따라 다름 휴무 부정기적 가격 무료(프로그램에 따라 다름) 홈페이지 www.lotusgallery.vn

EATING

09 호아뚝 사이공 đđđ

Hoa Tuc Saigon

★★★★★

고풍스러운 분위기와 누구에게나 잘 맞는 맛으로 이름을 알린 파인 다이닝. 지역에서 생산한 철골 구조물과 가구를 이용해 로맨틱한 분위기를 자아낸다. 베트남 전통 음식을 선보이는데 조미료와 향신료 사용을 줄여 부담 없이 식사할 수 있다.

추천 캐러멜 라이즈드 생강치킨 Gà kho gừng với cơm và rau xào 13만5000 đ

1권 P.178 지도 P.033G
구글지도 GPS 10.778297, 106.703828 찾아가기 인민위원회 청사에서 도보 5분 주소 74 Hai Bà Trưng, Bến Nghé, Quận 1, Hồ Chí Minh 전화 28-3825-1676 시간 11:00~22:30 가격 꼴뚜기튀김 29만5000 đ 홈페이지 www.hoatuc.com/wordpress

10 마운틴 리트릿 베트나미즈 레스토랑

Mountain Retreat Vietnamese Restaurant

★★★★

현대식 베트남 음식 전문점. 가격 대비 음식에 대한 만족도가 높다. 바로 옆이 지하철 공사 현장이라 당분간은 시끄럽고, 오픈된 공간이라 냉방이 전혀 안 된다는 점은 아쉽다.

추천 바나나 꽃 & 치킨 샐러드 Chicken Salad with Banana Flower 9만5000đ

1권 P.139 **지도** P.033C

구글지도 GPS 10.774289, 106.700482 **찾아가기** 인민위원회 청사에서 도보 4분 **주소** 36 Lê Lợi, Bến Nghé, Quận 1, Hồ Chí Minh **전화** 090-719-4557 **시간** 10:00~21:30 **가격** 느억맘 소스에 데친 꼴뚜기 8만5000đ

11 더 리파이너리

The Refinery

★★★★

프랑스 음식 전문점. 평일(월~금요일) 오전 11시부터 오후 3시 30분까지만 주문할 수 있는 가성비 좋은 런치 세트 메뉴로 유명하다. 저녁이 되면 와인 바로 운영해 분위기가 더욱 로맨틱하다.

추천 세트 런치 2코스 Set Lunch 2 Course 21만5000đ

지도 P.033G

구글지도 GPS 10.778221, 106.703743 **찾아가기** 인민위원회 청사에서 도보 5분 **주소** 74 Hai Bà Trưng, Bến Nghé, Quận 1, Hồ Chí Minh **전화** 28-3823-0509 **시간** 11:00~23:00 **가격** 세트 런치 3코스 26만5000đ **홈페이지** therefinerysaigon.com

12 툭툭 타이 비스트로

Tuk Tuk Thai Bistro

★★★★

정갈한 맛의 태국 음식을 내놓는 레스토랑. 음식 맛이 자극적이기 쉬운 태국 요리를 깔끔하면서도 요리 본연의 맛을 잘 살려 내놓는다. 그 덕분에 언제 가도 손님이 바글바글. 예약을 하지 않으면 좀 기다려야 한다.

추천 팟 끄라파오 무쌉 Pad Kaprao Moo Sab khai Dow 10만5000đ

1권 P.185 **지도** P.033H

구글지도 GPS 10.779950, 106.704255 **찾아가기** 인민위원회 청사에서 도보 7분 **주소** 17/11 Lê Thánh Tôn(mặt tiền đường), Bến Nghé, Hồ Chí Minh **전화** 28-3521-8513 **시간** 10:00~22:30 **가격** 똠양꿍 14만5000đ **홈페이지** www.tuktukthaibistro.com

13 가르텐슈타트 레스토랑

Gartenstadt Restaurant

★★★

독일 음식 전문점. 소시지와 학센, 시원한 생맥주가 이 집의 효자 메뉴다. 특히 맥주는 독일의 맛을 살리는 데 중점을 두고 독일에서 크롬바커와 슈나이더 바이세 맥주를 수입해 판매하고 있다. 결정적인 흠이 있다면 비싼 가격대.

추천 유어 초이스 오브 소시지 Your choice of Sausage 17만đ

1권 P.183 **지도** P.033K

구글지도 GPS 10.774536, 106.704856 **찾아가기** 인민위원회 청사에서 도보 7분 **주소** 34-36 Đồng Khởi, Street, Quận 1, Hồ Chí Minh **전화** 28-3822-3623 **시간** 10:30~24:00 **가격** 커리 소시지 23만đ **홈페이지** gartenstadtrestaurant.vn

14 카티낫 사이공 카페

Katinat Saigon Kafe

★★★

인스타에서 요즘 핫한 카페. 이국적인 풍경을 배경으로 사진을 찍기 좋은 2층 테라스석이 인기 있다. 오후보다는 오전 시간을 공략하면 빈자리 찾기가 수월하다. 에어컨 바람을 쐴 수 있는 실내석도 마련돼 있다.

추천 아이스 블렌디드 헤이즐넛 커피 Ice blended Hazelnut coffee 4만8000đ

1권 P.205 **지도** P.033G

구글지도 GPS 10.774751, 106.704357 **찾아가기** 인민위원회 청사에서 도보 6분 **주소** 91 Đồng Khởi, Bến Nghé, Quận 1, Hồ Chí Minh **전화** 28-3825-6679 **시간** 06:30~23:00 **가격** 커피 3만2000đ **홈페이지** www.facebook.com/KatinatSaigonKafe

15 신 카페

Shin Ca Phe

★★★

맛있는 스페셜리티 커피와 핸드 드립 커피로 유명한 커피숍. 베트남에서 대중적으로 사용하는 로부스터종 대신 아라비카 커피를 주로 이용한다. 또 커피로 유명한 케산(Khe Sanh)과 달랏(Đà Lạt), 썬라(Sơn La) 지역 커피콩을 직접 블렌딩 하는 것이 철칙.

추천 신 블렌드 SHIN Blend 9만 đ

1권 P.204 지도 P.033G·K

구글지도 GPS 10.775219, 106.703326 **찾아가기** 인민위원회 청사에서 도보 9분 **주소** 18 Hồ Huấn Nghiệp, Bến Nghé, Quận 1, Hồ Chí Minh **전화** 098-902-4362 **시간** 07:30~23:00 **가격** 에스프레소 8만 đ, 에그 커피 9만5000 đ **홈페이지** shincaphe.com

16 하이랜드 커피

Highlands Coffee

★★★

베트남을 대표하는 체인 커피숍. 호치민시 박물관 지점은 박물관 회랑과 연결된 곳에 자리해 고풍스런 분위기를 느낄 수 있다. 절반은 에어컨 바람을 쐬며 박물관 건물을 볼 수 있는 실내석으로, 나머지 절반은 회랑에 앉아 쉴 수 있는 공간으로 이뤄져 있는 것도 특별한 부분.

추천 짜(아이스티) Tea with Lychee Jelly 3만9000 đ

1권 P.208 지도 P.033C

구글지도 GPS 10.775270, 106.699506 **찾아가기** 인민위원회 청사 옆 건물 **주소** Nam Kỳ Khởi Nghĩa, Bến Nghé, Quận 1, Hồ Chí Minh **전화** 없음 **시간** 07:00~22:00 **가격** 핀 쓰어다 커피 3만5000 đ **홈페이지** www.highlandscoffee.com.vn

17 가네시 인디언 레스토랑

Ganesh Indian Restaurant

★★★

베트남 남부에 여러 지점을 두고 있는 인도 요리 전문점. 향이 강하지 않아 인도 요리를 처음 맛보는 사람들도 부담 없이 먹을 수 있다. 특히 난, 탄두리 치킨, 커리는 어떤 것을 주문해도 될 만큼 두루두루 맛있다.

추천 치킨커리 Chicken Curry 9만9000 đ

지도 P.033K

구글지도 GPS 10.777038, 106.704749 **찾아가기** 인민위원회 청사에서 도보 7분 **주소** 38 Hai Bà Trưng, Bến Nghé, Quận 1, Hồ Chí Minh **전화** 096-647-8767 **시간** 11:00~14:30, 17:30~22:30 **가격** 버터치킨 11만 8000 đ **홈페이지** www.ganesh.vn

18 아파트먼트 42 응우옌 후에

Apartment 42 Nguyen Hue

★★★

주상복합 아파트 안에 아기자기한 카페가 모여 있어 SNS 입소문을 타고 유명해진 곳. '아파트 카페'라는 별칭으로 알려져 있다. 톡톡 튀는 인테리어를 자랑하는 카페, 눈과 입이 즐거운 브런치 레스토랑 등 여심을 자극하는 맛집들이 가득하다. 광장을 마주 보고 있는 테라스 카페들이 특히 인기. 엘리베이터 이용료가 별도로 있으니 주의하자.

1권 P.199 지도 P.033G

구글지도 GPS 10.774114, 106.704089 **찾아가기** 인민위원회 청사에서 도보 6분 **주소** 42 Nguyễn Huệ, Bến Nghé, Quận 1, Hồ Chí Minh **전화** 28-3825-6679 **시간** 08:00~22:00(가게마다 다름) **휴무** 가게마다 다름 **가격** 엘리베이터 이용료 3000 đ~

19 파스퇴르 스트리트 브루잉 컴퍼니

Pasteur Street Brewing Company

★★★

호치민을 대표하는 수제 맥주 브루어리로, 열대과일이나 전통차, 커피의 향을 입힌 개성 넘치는 맥주들을 내놓고 있다. 호치민 내에 여러 곳의 탭룸을 두고 있지만, 이곳 파스퇴르 거리에 있는 오리지널 탭룸의 접근성이 가장 좋다.

추천 비어 플라이트 Beer Flight 각 5~10만5000 đ

1권 P.225 지도 P.033G

구글지도 GPS 10.775148, 106.700855 **찾아가기** 인민위원회 청사에서 도보 2분 **주소** 144 Pasteur, Bến Nghé, Quận 1, Hồ Chí Minh **전화** 28-7300-7375 **시간** 16:00~24:00 **가격** 맥주 5만 đ~ **홈페이지** www.pasteurstreet.com

20 비아 크래프트

Bia Craft

★★★

다양한 국적과 지역, 여러 브랜드와 브루어리의 맥주를 함께 맛볼 수 있는 수제 맥주 탭룸이다. 베트남 로컬 브루어리는 물론, 동남아시아 일대와 미국, 유럽 등지의 수입 맥주까지 취급하고 있어 선택의 폭이 넓다.

추천 테테 화이트 에일 Tê Tê White Ale 6만 đ~

1권 P.224 지도 P.033C

구글지도 GPS 10.774617, 106.699710 **찾아가기** 인민위원회 청사에서 도보 3분 **주소** 110 Nam Kỳ Khởi Nghĩa, Bến Nghé, Quận 1, Hồ Chí Minh **전화** 28-3827-4110 **시간** 11:00~23:00 **가격** 맥주 4만 đ~ **홈페이지** www.biacraft.com

21 카페 드 르오페라

Cafe de l'Opera

★★★

12시부터 오후 5시까지 맛볼 수 있는 하이티(High Tea) 메뉴의 가성비가 괜찮다. 오페라하우스를 보며 하이티를 즐길 수 있지만 전망 좋은 좌석에 앉기가 힘들다.

추천 하이티 High Tea 38만 đ

1권 P.214 지도 P.033G

구글지도 GPS 10.776168, 106.703443 **찾아가기** 인민위원회 청사에서 도보 4분. 카라벨 호텔 1층 **주소** 19 Công Trường Lam Sơn, Bến Nghé, Quận 1, Hồ Chí Minh **전화** 없음 **시간** 하이티 12:00~17:00 **가격** 하이티(와인 포함) 59만 đ **홈페이지** www.caravellehotel.com/cafe-de-opera

22 사덱 디스트릭트

SADEC District

★★★★

기념품 삼아 한국으로 들여오기 좋은 소품들을 만나볼 수 있는 곳. 수공예적인 따뜻함과 자연스러움을 물씬 풍겨내는 식기와 도자기, 테이블웨어를 주로 취급한다. 굳이 무언가를 사지 않더라도 눈이 즐거운 곳이므로 잠시 들러 쉬어가도 좋다.

1권 P.274 지도 P.033G

구글지도 GPS 10.774956, 106.704027 **찾아가기** 인민위원회 청사에서 도보 6분 **주소** 101 Đồng Khởi Street Level 4-5, Bến Nghé, Quận 1, Hồ Chí Minh **전화** 28-3822-9909 **시간** 09:00~21:00 **홈페이지** www.sadecdistrict.com

23 오덴티크 홈

Authentique home

★★★★

베트남의 수공예적 전통에 기반을 두고 있는 디자인 숍. 세 명의 장인의 손에서 탄생한 도자기와 목가구, 섬유 제품을 만나볼 수 있다. 제품 하나하나도 아름답지만 숍 자체도 정갈하게 꾸며져 있어, 아기자기한 공방을 보는 즐거움도 맛볼 수 있다.

1권 P.272 지도 P.033C

구글지도 GPS 10.774974, 106.700040 **찾아가기** 인민위원회 청사에서 도보 2분 **주소** 113 Lê Thánh Tôn, Bến Nghé, Quận 1, Hồ Chí Minh **전화** 28-3822-8052 **시간** 09:00~21:00 **홈페이지** www.authentiquehome.com

24 타카시마야 백화점

Takashimaya Vietnam

★★★

호치민 시내 중심에 있는 일본 계열 백화점. 지하 식품 매장이 둘러볼 만한데, 우리에게도 익숙한 로이스 초콜릿, 페바 초콜릿, TWG 등 일본과 동남아시아 유명 식품 브랜드가 입점돼 있다. 가격이 비싼 것이 흠이지만 어딜 가나 흥정을 해야 했던 불편함에 비하면 사막의 오아시스 같다.

지도 P.032F

구글지도 GPS 10.773130, 106.700632 **찾아가기** 인민위원회 청사에서 도보 6분 **주소** 92-94 Nam Kỳ Khởi Nghĩa, Bến Nghé, Quận 1, Hồ Chí Minh **전화** 1800-577-766 **시간** 09:30~21:30 **가격** 제품마다 다름 **홈페이지** www.takashimaya-vn.com

25 빈컴 센터

Vincom Center
★★

빈 그룹에서 운영하는 대형 쇼핑몰. H&M, 자라 등 인기 SPA 브랜드가 입점돼 아이쇼핑하기 좋다. 입점 브랜드 종류는 최근에 생긴 타카시마야 백화점에 밀리는 감이 있지만 둘러보기에는 좀 더 편한 느낌이다. 주변에서 이곳만큼 냉방이 잘 되는 곳이 드물어 쉬었다 가기 좋다.

지도 P.033G
구글지도 GPS 10.778109, 106.701906 **찾아가기** 인민위원회 청사 옆 건물 **주소** 72 Lê Thánh Tôn, Bến Nghé, Quận 1, Hồ Chí Minh **전화** 097-503-3288 **시간** 09:30~22:00 **가격** 제품마다 다름 **홈페이지** www.vincom.com.vn

26 골든 로터스 스파 앤 마사지 클럽

Golden Lotus Spa & Massage Club
★★★★★

마사지 마니아들은 다 아는 마사지 숍. 마사지사 간의 실력이 어느 정도 평준화되어 있으며 만족도도 높다. 태국과 일본, 중국식 마사지 기법이 섞인 '보디 마사지'가 가장 인기 있다. 좀 더 저렴한 마사지를 원한다면 90분짜리 발 마사지도 좋은 선택이다. 최소 3시간 전에는 전화로 예약해야 차질 없이 마사지를 받을 수 있다.

1권 P.316 지도 P.033H

구글지도 GPS 10.779209, 106.704497 **찾아가기** 인민위원회 청사에서 도보 7분 **주소** 15 Thái Văn Lung, Bến Nghé, Quận 1, Hồ Chí Minh **전화** 28-3822-1515 **시간** 09:00~23:00 **가격** 시그니처 골든 로터스 보디 마사지 Signature Golden Lotus Body Massage 90분 49만5000đ **홈페이지** goldenlotusspa.vn/vi/lien-he

27 더 월드 오브 하이네켄

THE WORLD OF HEINEKEN
★★★★

하이네켄 맥주 홍보관. 가이드의 설명에 따라 하이네켄의 역사, 맥주의 특징을 다양한 전시물과 시각 자료로 살펴볼 수 있다. 체험 마지막에는 참가자 전원에게 하이네켄 맥주와 안주를 무료 제공해 멋진 전망을 보며 술 한잔 할 수 있는 시간도 주어진다. 체험이 끝난 뒤에는 1층에서 자신의 이름이 새겨진 병맥주를 받아갈 수 있다. 성인만 입장 가능.

1권 P.046, 083 지도 P.032F
구글지도 GPS 10.771522, 106.704229 **찾아가기** 인민위원회 청사에서 도보 10분 **주소** 36 Hồ Tùng Mậu, Bến Nghé, Quận 1, Hồ Chí Minh **전화** 898-981-873 **시간** 15:00~21:30 **가격** 25만đ **홈페이지** 없음

28 미우미우 스파

Miu miu Spa
★★★★

©miu miu spa

보통의 마사지 숍보다 가격이 조금 비싼 대신에 분위기가 뛰어나다. 호치민 시내에 총 네 곳의 지점이 있는데 분위기는 3호점, 마사지 실력은 1호점이 가장 낫다는 평가. 찾아오는 손님의 수만큼 마사지사가 많은데, 마사지사의 실력 차이가 꽤 크다는 점은 아쉽다. 최소 방문 12시간 전에는 예약해야 원하는 시간에 마사지를 받을 수 있다.

1권 P.316 지도 P.033L
구글지도 GPS 10.781794, 106.704767 **찾아가기** 인민위원회 청사에서 도보 11분 **주소** 4 Chu Mạnh Trinh, Bến Nghé, Quận 1, Hồ Chí Minh **전화** 28-6659-3609 **시간** 09:30~23:30 **가격** 발 마사지 Foot Massage 90분 40만đ, 아로마 마사지 Aroma Massage 120분 63만đ, 타이 마사지 Thai Massage 120분 65만đ **홈페이지** miumiuspa.com/#pgBooking

29 렉스 호텔 루프톱 가든 바

Rex Hotel Rooftop Garden Bar

★★★★ ₫₫₫

칵테일 한 잔 마시며 인민위원회 청사와 광장을 한눈에 볼 수 있어 여행자들에게 인기 있다. 과거 베트남 전쟁 때는 장교클럽으로도 이용됐을 만큼 유서 깊은 곳으로 세월의 흔적을 곳곳에서 느낄 수 있다는 것도 큰 장점. 그늘이 생기는 오후와 저녁 시간을 추천한다.

1권 P.043 지도 P.033G
구글지도 GPS 10.775558, 106.701060 **찾아가기** 인민위원회 청사 바로 앞 **주소** 141 Nguyễn Huệ, Bến Nghé, Quận 1, Hồ Chí Minh **전화** 28-3829-2185 **시간** 12:00~23:00 **가격** 칵테일 27만9000đ **홈페이지** www.rexhotelsaigon.com

30 레벨 23

Level 23

★★★ ₫₫₫

멋진 전망과 로맨틱한 분위기, 저렴한 술값까지 다 챙기고 싶은 사람에게 추천하는 바. 쉐라톤 호텔 23층에 있으며 잔잔한 음악과 차분한 분위기 덕분에 비즈니스 접대용 손님들도 꽤 많다. 시내 유명 루프톱 바보다 술값이 저렴하다.

1권 P.108 지도 P.033G
구글지도 GPS 10.775868, 106.703955 **찾아가기** 인민위원회 청사에서 도보 6분. 쉐라톤 호텔 23층 **주소** 80 Đông Du, Bến Nghé, Quận 1, Hồ Chí Minh **전화** 28-3827-2828 **시간** 12:00~다음 날 02:00 **가격** 칵테일 20만đ **홈페이지** www.marriott.com/hotels/hotel-information/restaurant/sgnsi-sheraton-saigon-hotel-and-towers

TRAVEL INFO

노트르담 성당 주변

인민위원회 청사 건물 뒤쪽으로 가면 조금 다른 호치민이 펼쳐진다. 현대적인 고층 빌딩 대신 프랑스 식민지 시절에 지어진 오랜 건물들이 시선을 채우는 곳. 이곳에선 조금 천천히, 느리게 둘러보자.

이동시간 기준_노트르담 성당

현지 물가를 고려해 가격대가 비싼 곳은 ₫₫₫, 보통인 곳은 ₫₫, 싼 곳은 ₫, 무료인 곳은 FREE로 표기했습니다. 또한 인기도는 별로 표기했습니다.

SIGHTSEEING

01 노트르담 성당

Saigon Notre-Dame Basilica

★★★★★ FREE

로마네스크 양식으로 지어진 성당으로 호치민을 상징하는 랜드마크 건물이다. 프랑스 식민 시절 거의 모든 재료를 프랑스에서 공수해와 건축했다. 특히 성당 외벽은 프랑스 마르세유에서 만든 붉은 벽돌을 이용했는데, 지금도 건축 당시의 빛깔을 그대로 유지하고 있다. 일요일에는 영어 미사도 열려 실내 견학이 가능하다.

1권 P.044, 090 지도 P.033D
구글지도 GPS 10.775954 106.699216 **찾아가기** 동커이 거리와 응우옌 두 거리가 만나는 교차점에 위치 **주소** 01 Công xã Paris, Bến Nghé, Quận 1, Quận 1 Hồ Chí Minh **전화** 없음 **시간** 24시간/영어 미사 일요일 05:30~06:45, 08:00~09:30 **가격** 무료 **홈페이지** btgcp.gov.vn/Plus.aspx/vi/News/38/0/245/0/2232/Nha_tho_Duc_Ba_thanh_pho_Ho_Chi_Minh

02 사이공 중앙 우체국

Saigon Central Post Office

★★★★ FREE

노트르담 성당 바로 옆에 자리한 우체국 건물. 프랑스 식민지 시절인 1866년 착공해 1891년 완공됐다. 프랑스 파리의 에펠탑을 설계한 구스타프 에펠(Gustave Eiffel)이 오르세 미술관을 모델로 철골 설계를 해 더욱 유명세를 얻게 됐다. 실내 견학이 불가능하거나 제한돼 있는 다른 관광지와 달리 지금도 우편 업무를 보고 있어 엽서를 부치려는 여행자들도 많이 찾는다.

1권 P.044 **지도** P.033D **구글지도 GPS** 10.779768, 106.699769 **찾아가기** 노트르담 성당 바로 옆 **주소** Số 125 Công xã Paris, Bến Nghé, Quận 1, Hồ Chí Minh **전화** 28-3822-1677 **시간** 월~금요일 07:00~19:00, 토요일 07:00~18:00, 일요일 08:00~18:00 **가격** 무료 **홈페이지** hcmpost.vn

03 책방 거리

Book Street

★★★★ đđ

중앙 우체국 바로 옆에 자리한 책방 거리. 작은 거리를 따라 20개가 넘는 서점이 들어서 있으며 각종 문화 공간, 쉼터, 이벤트 공간 등이 마련돼 있어 눈이 즐겁다. 중앙 우체국 기념품점보다 훨씬 다양한 디자인의 엽서를 판매하니 엽서를 부칠 예정이라면 이곳부터 샅샅이 뒤져볼 것.

지도 P.033D **구글지도 GPS** 10.780015, 106.699199 **찾아가기** 노트르담 성당과 중앙 우체국 사이 **주소** Nguyễn Văn Bình, Bưu điện, Trung Tâm, Bến Nghé, Bình Tân, Hồ Chí Minh **전화** 없음 **시간** 08:00~22:00(가게마다 다름) **가격** 가게마다 다름 **홈페이지** duongsachtphcm.com

EATING

04 오 파크

Au Parc

★★★★ đđ

지중해식 요리를 선보이는 유러피안 레스토랑. 그래서인지 서양인 손님이 많이 찾는다. 1층보다는 2층의 인테리어가 화사하고 예뻐서 사진이 잘 나온다.

추천 시 망고 샐러드 Sea mango Salad 22만5000 đ

지도 P.033D **구글지도 GPS** 10.778803, 106.698153 **찾아가기** 노트르담 성당에서 도보 1분 **주소** 23 Hàn Thuyên, Bến Nghé, Quận 1, Hồ Chí Minh **전화** 28-3829-2772 **시간** 07:30~22:30 **가격** 포크 필레 미뇽 19만 đ **홈페이지** auparcsaigon.com

05 프로파간다

Propaganda

★★★★ đđ

외국인도 쉽게 베트남 음식을 먹을 수 있도록 향신 채소를 많이 사용하지 않아 깔끔한 맛을 낸다. 주변 레스토랑에 비해 가격이 비싸지만 분위기나 음식 맛이 좋아 호치민 거주 외국인들 중에는 단골도 많다.

추천 분팃느엉 Bun thit nunong 12만5000 đ

지도 P.033D **구글지도 GPS** 10.778803, 106.698153 **찾아가기** 노트르담 성당에서 도보 1분 **주소** 21 Hàn Thuyên, Bến Nghé, Quận 1, Hồ Chí Minh **전화** 28-3822-9048 **시간** 07:30~23:00 **가격** 퍼 13만 5000 đ~ **홈페이지** www.propagandabistros.com

06 콩 카페

Cong Cafe

★★★★ đ

베트남 공산당을 콘셉트로 한 베트남 커피 체인. 공산당원 복장을 한 직원들과 레트로한 느낌의 인테리어 덕분에 유명세를 탔다. 부동의 인기 메뉴인 코코넛 커피를 비롯한 커피 메뉴가 두루두루 인기 있다. 영업 시간이 길고 실내가 시원해 쉬었다 가기 좋다.

추천 코코넛 커피 Coconut milk w. coffee 4만5000 đ

1권 P.209 **지도** P.033G **구글지도 GPS** 10.778210, 106.700931 **찾아가기** 노트르담 성당에서 도보 3분. 건물 2층 **주소** 26 Lý Tự Trọng, Bến Nghé, Quận 1, Hồ Chí Minh **전화** 없음 **시간** 07:00~23:00 **가격** 박씨우 4만 đ **홈페이지** 없음

AREA

1-B BEN THANH

[벤탄]

따뜻한 사람 냄새 풍겨오는 로컬의 삶터

800만 시민들의 삶이 살아 움직이는 벤탄으로 가자. 하늘 높이 솟은 마천루는 없지만, 오래도록 이 도시를 지켜 온 옛 건축물들이 늘어선 거리가 있는 곳. 값비싼 럭셔리 레스토랑은 없지만, 플라스틱 의자만 끌어다 놓으면 그대로 한 테이블이 되는 로컬 식당이 있는 곳. 이 도시의 매일을 살아가는 로컬들의 삶터 벤탄 시장부터, 여행자들의 집합소 부이비엔과 데탐 거리까지. 도시의 주인과 여행자가 한데 어우러져 저마다의 하루를 채워가는 벤탄으로 향하자.

MUST SEE 이것만은 꼭 보자!

No. 1
분단과 통일의
역사
통일궁

No. 2
베트남 전쟁의
뼈아픈 기록
전쟁 유물 박물관

No. 3
도시 속의
푸른 허파
따오단 공원

No. 4
여행자 거리
특유의 흥겨움
데탐 & 부이비엔

MUST EAT 이것만은 꼭 먹자!

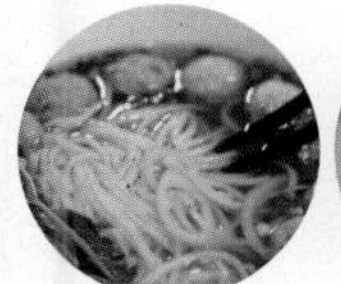

No. 1
베트남의
소울 푸드 쌀국수
퍼 2000 & 퍼 퀸

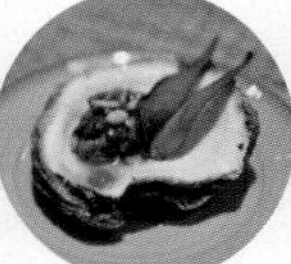

No. 2
분위기 있게
즐기는 만찬
홈 파이니스트 사이공

No. 3
후에 스타일
베트나미즈 퀴진
덴롱

No. 4
하노이 스타일의
분짜
분짜 145

No. 5
한곳에서 맛보는
다양한 길거리 음식
벤탄 스트리트 푸드 마켓

MUST BUY 이것만은 꼭 사자!

No. 1
벤탄 시장
최고의 기념품
커피 원두 & 건과일

No. 2
값싸고 질 좋은
휴양지 잇템
라탄 백

No. 3
베트남 사람들의
만병통치약
풍유정

MUST EXPERIENCE 이것만은 꼭 경험하자!

No. 1
내 맘에 꼭 드는
아오자이를 맞춰 입고
인생샷 찍기
아오자이 체험

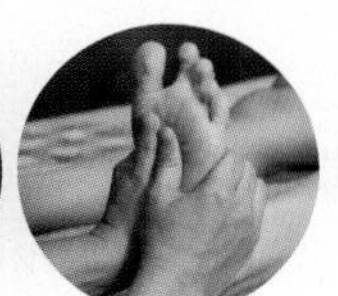

No. 2
가격도
서비스도
대만족!
전신 마사지

인기
★★★★★

이곳을 밟지 않고는 호치민을 여행했다 할 수 없다.

관광
★★★★☆

특별한 관광지가 아니어도 거리마다 골목마다 볼거리가 한가득.

쇼핑
★★★★★

재래시장, 슈퍼마켓, 크고 작은 편집숍까지 여기에 다 있다!

식도락
★★★★★

값싼 쌀국수부터 고급스런 정찬에 이르기까지 모두 맛볼 수 있는 곳.

복잡함
★★★★★

오토바이와 사람들이 북적북적, 한껏 복잡한 벤탄의 거리.

접근성
★★★★★

호치민 여행의 필수 코스! 접근성이야 두말할 필요가 없다.

MAP
벤탄 한눈에 보기
A
B
C
D
E
F
홈 파이니스트 사이공
HOME Finest Saigon P.056
디엔비엔푸 거리 Điện Biên Phủ
쯩딘 거리 Trương Định
응우옌 딘치우 거리 Nguyễn Đình Chiểu
보반딴 거리 Võ Văn Tần
레뀌돈 거리
Lê Quý Đôn
전쟁 유물 박물관
War Remnants Museum P.054
응우옌 티민카이 거리 Nguyễn Thị Minh Khai
하이랜드 커피
Highlands Coffee P.058
남끼코이응아 거리 Nam Kỳ Khởi Nghĩa
통일궁
Independence Palace P.054
후옌짠꽁주아 거리 Huyền Trân Công Chúa
쯩딘 거리 Trương Định
따오단 공원
Tao Dan Park P.054
지 네일
Ji Nail P.062
메콩 퀼트
Mekong Quilts P.062
퍼 24
Phở 24 P.060
대한민국 총영사관
리버티 센트럴 사이공 센터 호텔
11
벤탄 스트리트 푸드 마켓
Bến Thành Street Food Market P.058
레딴똔 거리 Lê Thánh Tôn
뤼진
L'usine P.056
피자 포피스
Pizza 4P's P.057
10
마리암만 사원
Mariamman Temple P.055
깅코 콘셉트 스토어
Ginkgo Concept Store P.061
9
깍망땅 거리 Cách Mạng Tháng
응우옌 티민카이 거리 Nguyễn Thị Minh Khai
퓨전 스위트 사이공
시클로 레스토
Cyclo Resto P.057
리뜨쫑 거리 Lý Tự Trọng
벤탄 시장
Ben Thanh Market P.061
벤탄 야시장
Ben Thanh Night Market P.062
8
사이공 스퀘어
Saigon Square 1
반미 후인 호아
Bánh Mì Huỳnh Hoa P.060
스타벅스
Starbucks P.059
오리 네일 앤드 스파
Ori Nail & Spa P.063
퍼 2000
Phở 2000 P.057
레라이 거리 Lê Lai
팜홍따이 거리 Phạm Hồng Thái
더 크래프트 하우스
The Craft House P.061
13-1
뉴월드 사이공 호텔
레띠리엉 거리 Lê Thị Riêng
찐 누 137 발 마사지
Quynh Nhu 137 foot Massage P.063
호치민시 미술관
Ho Chi Minh City Museum of Fine Arts P.055
포득찐 거리 Phó Đức Chính
칠 스카이바
Chill Skybar P.058
아시아나 푸드 타운
Asiana Food Town P.060
하이랜드 커피
덴롱-홈 쿡트 베트나미즈 레스토랑
Den Long - Home Cooked Vietnamese Restaurant P.056
응우옌 짜이 거리 Nguyễn Trãi
12
응우옌 따이혹 거리 Nguyễn Thái Học
미우미우 스파
Miu miu Spa P.062
6
브이아이피 64 이발소
VIP64 P.0
센스 마켓
Sense Market P.061
레라이 거리 Lê Lai
수반한 거리
붓 찌엔 반 헤 Bột Chiên Bánh Hẹ
타오 비 Thảo Vy
칸 비 Khánh Vy
프엉짱 푸타 버스
9월 23일 공원
September 23rd Park P.055
2
데탐
Đề Thám P.055
챗 커피 로스터즈 & 비스트로
Chất Coffee Roasters & Bistro P.062
7
마르셀 고메 버거
Marcel Gourmet Burger P.057
한 카페 버스
데탐 거리 Đề Thám
신투어리스트 버스
떤손녓 국제공항 방면 버스
꿉마트
Co.opmart P.062
퍼 퀸
Phở Quỳnh P.058
1
4-1
더 노트 커피
The Note Coffee P.059
푹롱 커피 & 티
Phúc Long Coffee & Tea P.057
13-2
꽁퀸 거리 Cống Quỳnh
꼬 하이 사이공
Cô Hai Saigon P.063
부이비엔
Bùi Viện P.055
3
콩 카페
4-2
곡 하노이
Goc Ha Noi P.060
분짜 145
Bún Chả 145 P.056
5
쩐흥다오 거리 Đường Trần Hưng Đạo
응우옌 따이혹 거리 Nguyễn Thái Học
꽌 웃웃
Quán Ụt Ụt P.059
롯데마트
Lotte Mart P.060
빈칸 거리 Vĩnh Khánh
부 시푸드 Vu Seafood
록꼭
Ốc Bà Cô Lốc Cốc P.059
풀먼 사이공 센터
마이 라이프 커피
My Life Coffee P.060
응안하 이발소
Ngân Hà P.063
260m
N
0
140m

COURSE 1-1

씹고 뜯고 맛보고 즐기는 식도락 코스

800만 호치민 시민들의 밥상, 벤탄 지역으로 식도락 여행을 떠나자. 쌀국수 한 그릇으로 입맛을 깨우고, 분짜와 에그 커피 등 다양한 현지의 맛을 경험하자. 여행자 거리를 여유로이 걷고, 마사지를 받으면 더할 나위 없이 좋다.

START
1. 퍼 퀸
400m, 도보 5분
2. 데탐
250m, 도보 3분
3. 부이비엔
140~170m, 도보 2분
4. 더 노트 커피/곡 하노이
50~80m, 도보 1분
5. 분짜 145
850m, 도보 11분
6. 미우미우 스파
80m, 도보 1분
7. 마르셀 고메 버거
450m, 도보 6분
뒷장으로 이어짐 ↓

1 퍼 퀸 / 40분
Phở Quỳnh

24시간 쉬지 않고 쌀국수를 내는 로컬 식당. 십여 가지에 이르는 쌀국수 메뉴가 식도락 여행자들의 미각을 깨운다. 진한 국물과 함께 아침을 열자.

시간 24시간 가격 쌀국수 6만9000~7만9000đ

→ Phạm Ngũ Lão 거리를 따라 도보 5분 → 데탐

2 데탐 / 20분
Đề Thám

9월 23일 공원 남쪽의 거리. 호치민과 근교 도시를 잇는 투어 버스들의 회사들이 밀집해 여행자들로 북적이는 곳이다. 하루 종일 다양한 매력을 뽐내는 데탐 거리를 여유롭게 거닐자.

→ Đề Thám, Bùi Viện 거리를 차례로 따라 도보 3분 → 부이비엔

3 부이비엔 / 20분
Bùi Viện

데탐 거리와 교차하여 동서로 뻗은 또 하나의 여행자 거리. 저렴한 숙소, 이름난 맛집들이 몰려 있어 하루 종일 북적인다. 내게 꼭 맞는 맛집을 찾아볼 것.

→ ❶ Bùi Viện 거리를 따라 도보 2분 → 더 노트 커피

→ ❷ Bùi Viện 거리를 따라 도보 2분 → 곡 하노이

선택

4-1 더 노트 커피 / 30분
The Note Coffee

수많은 메모장들이 벽과 천장, 바닥과 테이블을 가득 메운 곳. 커피 맛은 다소 평범하지만 사진발 하나는 기가 막히는 곳이다. 2층 테라스석에 앉아 커피 한 잔을 마시면 꽤나 근사한 여행의 한때가 완성된다.

시간 08:00~24:00 가격 커피 3만5000~4만8000đ

→ Bùi Viện 거리를 따라 도보 1분 → 분짜 145

선택

4-2 곡 하노이 / 30분
Goc Ha Noi

부이비엔 거리와 연결된 좁디좁은 골목길 끝에 자리한 작은 카페. 하노이 스타일의 제대로 된 에그 커피를 맛볼 수 있는 곳이다. 달걀노른자가 뿜어내는 부드러운 매력의 커피 한 잔을 맛보자.

시간 07:00~19:00 가격 커피 2만5000~4만đ, 콤보 7~9만đ

→ Bùi Viện 거리를 따라 도보 1분 → 분짜 145

5 분짜 145 / 40분
Bún Chả 145

분위기도 좋고, 가격도 좋고, 맛까지 좋은 분짜 맛집. 그래서 현지인들과 여행자들에게 두루 사랑받고 있는 곳이다. '단짠'의 조화가 일품인 분짜를 맛보자.

시간 월~금요일 12:30~20:00, 토~일요일 11:30~20:00 가격 분짜 4만đ, 사이드 1만5000~2만8000đ

→ Bùi Viện, Đường Trần Hưng Đạo 거리를 차례로 따라 도보 11분 → 미우미우 스파

6 미우미우 스파 / 1시간
Miumiu Spa

'가성비' 좋은 마사지 숍으로 그 인기에 힘입어 호치민 5호점을 오픈했다. 미리 예약하지 않는다면 원하는 때에 마사지를 받지 못할 수도 있으니 사전에 예약해 둘 것.

시간 09:30~23:30 가격 발 마사지 20만đ~, 전신 마사지 38만đ

→ 사거리 대각선 방향으로 도보 1분 → 마르셀 고메 버거

7 마르셀 고메 버거 / 1시간
Marcel Gourmet Burger

퀄리티 높은 프렌치 버거를 맛볼수 있는 곳. 브리오슈 번 사이에 육즙 가득한 패티가 두툼히 들었으니, 그 맛이야 두말하면 잔소리. 양이 많은 편이니 프렌치 프라이는 두 사람에 하나면 충분하다.

시간 화~일요일 12:00~22:00 가격 버거 15~18만đ, 음료 3만đ

→ Lê Thị Hồng Gấm, Lê Lợi 거리를 차례로 따라 도보 6분 → 벤탄 시장

뒷장으로 이어짐

전쟁 유물 박물관
War Remnants Museum
통일궁
Independence Palace
따오단 공원
Tao Dan Park
벤탄 스트리트 푸드 마켓 11
Bến Thành Street Food Market
뤼진 10
L'usine
깅코 콘셉트 스토어 9
Ginkgo Concept Store
8 벤탄 시장
Ben Thanh Market
마리암만 사원
Mariamman Temple
스타벅스 13-1
Starbucks
뉴월드 사이공 호텔
12 칠 스카이바
Chill Skybar
덴롱-홈 쿡트 베트나미즈 레스토랑
Den Long – Home Cooked Vietnamese Restaurant
센스 마켓
Sense Market
미우미우 스파
Miu miu Spa
6
7 마르셀 고메 버거
Marcel Gourmet Burger
9월 23일 공원
September 23rd Park
2 데탐
Đề Thám
13-2
1 퍼 퀸
Phở Quỳnh
퓩롱 커피 & 티
Phúc Long Coffee & Tea
4-1 더 노트 커피
The Note Coffee
3 부이비엔
Bùi Viện
곡 하노이 4-2
Goc Hà Noi
5 분짜 145
꽌 웃웃
Quán Ụt Ụt
마이 라이프 커피
My Life Coffee
레뀌돈 Lê Quý Đôn
디엔비엔푸
쯔엉딘 거리 Trương Định
응우옌 딘치유 거리 Nguyễn Đình Chiểu
보반떤 거리 Vo Van Tan
응우옌 띠민카이 거리 Nguyễn Thị Minh Khai
남끼코이응아 거리 Nam Kỳ Khởi Nghĩa
후옌쩐꽁쭈어 거리 Huyền Trân Công Chúa
쯔엉딘 거리 Trương Định
깍망땅 거리 Cách Mạng Tháng
응우옌 띠민카이 거리 Nguyễn Thị Minh Khai
레탄똔 거리 Lê Thánh Tôn
판쭈찐 거리 Phan Chu Trinh
리뜨쫑 거리 Lý Tự Trọng
레라이 거리 Lê Lai
팜홍타이 거리 Phạm Hồng Thái
레띠리엉 거리 Lê Thị Riêng
응우옌 짜이 거리 Nguyễn Trãi
레라이 거리 Lê Lai
응우옌 띠응아 거리 Nguyễn Thị Nghĩa
포득찐 거리 Phó Đức Chính
팜응우라오 거리 Phạm Ngũ Lão
데탐 거리 Đề Thám
부이비엔 거리 Bùi Viện
꽁뀐 거리 Cống Quỳnh
쩐흥다오 거리 Đường Trần Hưng Đạo
응우옌 따이혹 거리 Nguyễn Thái Học

COURSE 1-2

씹고 뜯고 맛보고 즐기는 식도락 코스

벤탄 시장에서 쇼핑을 즐기고 분위기 있는 편집숍도 함께 들러보자. 벤탄 스트리트 푸드 마켓에서 저렴하고 푸짐하게 만찬을 즐긴 뒤, 분위기 좋은 루프톱 바에서 도시의 밤 풍경을 오롯이 만끽한다면, 오늘의 여행도 완성!

앞장에서 이어짐 ↓

- 8. 벤탄 시장
- 130m, 도보 2분
- 9. 깅코 콘셉트 스토어
- 80m, 도보 1분
- 10. 뤼진
- 400m, 도보 5분
- 11. 벤탄 스트리트 푸드 마켓
- 700m, 도보 9분
- 12. 칠 스카이바
- 150~290m, 도보 2~4분
- 13. 스타벅스/푹롱 커피 & 티

앞장에서 이어짐

8 벤탄 시장 / 1시간
Ben Thanh Market

벤탄 여행의 중심, 벤탄 시장으로 향하자. 값싼 먹을거리와 마실 거리는 물론, 기념하기에도 좋고 선물하기에도 좋은 소품들이 가득하다. 흥정에 자신이 있다면 도전! 밑져야 본전이니까.

시간 07:00~19:00

→ Đường Phan Bội Châu 거리를 따라 도보 2분 → 깅코 콘셉트 스토어

9 깅코 콘셉트 스토어 / 30분
Ginkgo Concept Store

베트남의 분위기를 오롯이 간직한 톡톡 튀는 프린팅의 소품들이 가득한 곳. 숄더백이나 플립플롭, 티셔츠 등 여행 중 사용하기에 좋은 아이템들도 많아 실용적인 쇼핑이 가능한 곳이다.

시간 08:30~22:00

→ 진행 방향을 따라 도보 1분 → 뤼진

10 뤼진 / 30분
L'usine

현재 베트남에서 가장 핫한 편집숍이자 카페. 전통과 현대를 아우르는 디자인 제품들은 1층 숍에서 만나볼 수 있으며, 그 정신을 그대로 이어받은 다양한 메뉴의 음식들은 2층 카페에서 맛볼 수 있다.

시간 07:00~22:00

→ Nguyễn Trung Trực, Lê Thánh Tôn, Thủ Khoa Huân 거리를 차례로 따라 도보 5분 → 벤탄 스트리트 푸드 마켓

11 벤탄 스트리트 푸드 마켓 / 1시간
Bến Thành Street Food Market

이제 다시 출출해졌을 시간. 호치민의 내로라하는 길거리 맛집들을 모아 놓은 스트리트 푸드 마켓에서 값싸고 맛 좋은 음식들을 벗 삼아 여유로운 저녁 시간을 보내자. 상점마다 서로 다른 메뉴를 내놓고 있으니, 골라먹는 재미까지 만끽할 수 있다.

시간 09:00~24:00(가게마다 다름)

→ Phan Chu Trinh, Lê Lai 거리를 차례로 따라 도보 9분 → 칠 스카이바

12 칠 스카이바 / 1시간
Chill Skybar

벤탄 지역에서 가장 높은 루프톱 바에 올라 도시의 밤 풍경에 폭 빠져 보자. 막힘없는 야경과 함께 칵테일 한 잔을 들이켜는 호사가 바로 여기에 있다.

시간 17:30~다음 날 02:00 가격 시그니처 칵테일 15~18만 đ+17%, 무알코올 칵테일 9만9000 đ+17%

→ ❶ 로터리 방향으로 도보 2분 → 스타벅스
→ ❷ Nguyễn Thị Nghĩa 거리를 따라 도보 4분 → 푹롱 커피 & 티

선택

13-1 스타벅스 / 30분
Starbucks

세계인의 카페 스타벅스는 호치민에도 있다. 호치민 1호점 스타벅스에서 커피 한 잔을 즐기며 호치민의 한나절 식도락 여행을 마무리하자. 이 아름다운 도시를 기억하기에 딱 좋은 시티 머그 하나쯤 기념으로 구입해도 좋을 듯.

시간 일~목요일 06:30~23:00, 금~토요일 06:30~24:00 가격 커피 3만5000~9만 đ

선택

13-2 푹롱 커피 & 티 / 30분
Phúc Long Coffee & Tea

현지인들에게 사랑받고 있는 카페. 커피도 팔지만 이곳은 차가 훨씬 유명하다. 시원하고 달콤한 피치 티 한 잔과 함께 차분히 호치민 식도락 여행을 끝내는 것도 좋다.

시간 08:00~22:30 가격 커피 3~5만5000 đ, 스페셜 티 3~5만5000 đ

RECEIPT

관광 ········ 3시간 20분
식사 ········ 5시간 40분
이동 ········ 50분

TOTAL 9시간 50분

체험 ········ 40만 đ
미우미우 스파(타이 마사지 1시간) 40만 đ

식사 및 간식 ········ 70만7000 đ
퍼 퀸(미트볼 쌀국수) 6만9000 đ
더 노트 커피(에그 커피) 3만5000 đ
분짜 145(분짜) 4만 đ
마르셀 고메 버거
(시그니처 버거+프라이+음료) 25만 đ
벤탄 스트리트 푸드 마켓
(반쎄오+주스) 13만 đ
칠 스카이바(마르가리타) 10만3000 đ
스타벅스(아이스 카페 모카) 8만 đ

TOTAL 110만7000 đ
(1인 성인 기준, 쇼핑 비용 별도)

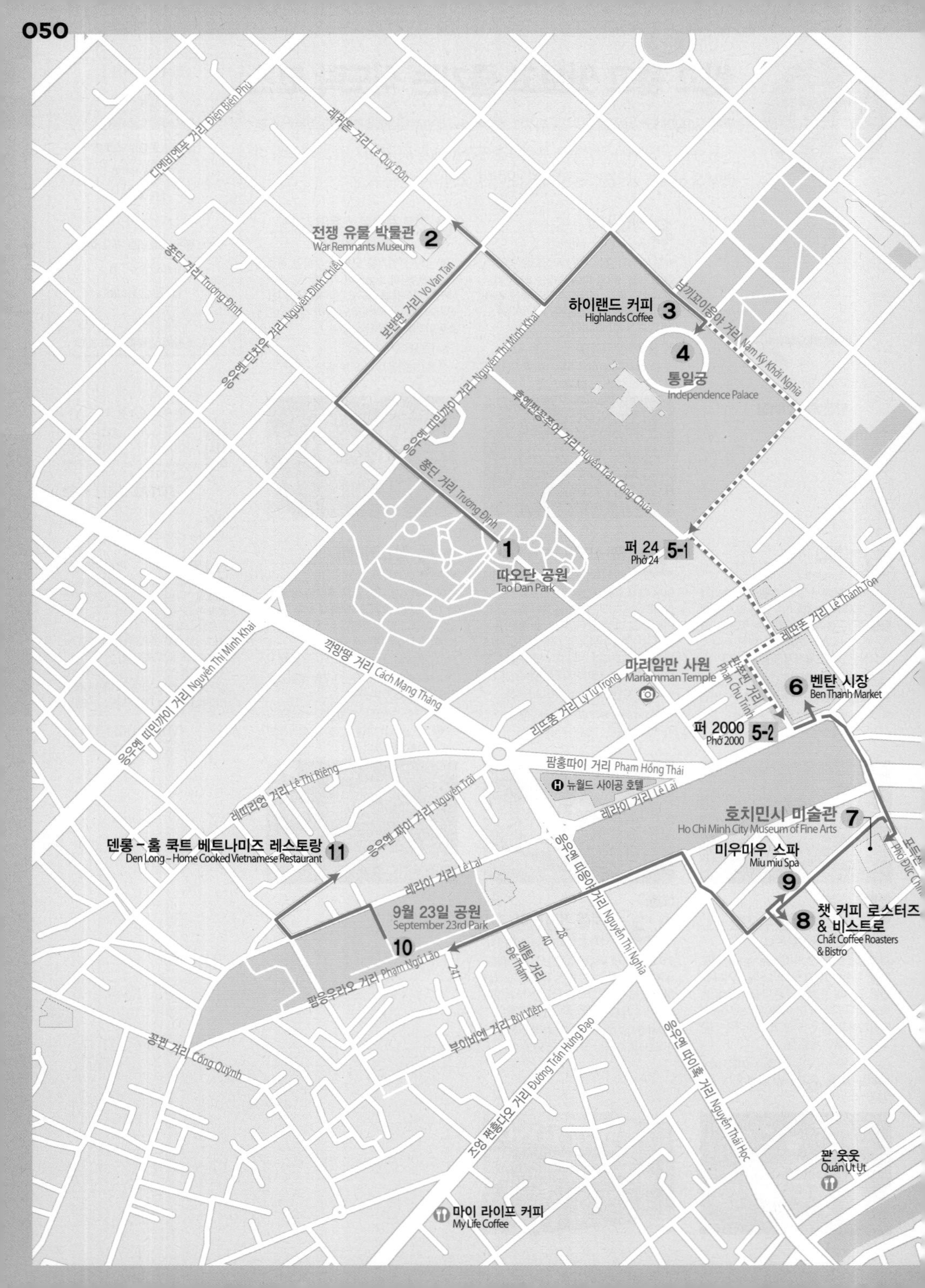

1
따오단 공원
Tao Dan Park
2
전쟁 유물 박물관
War Remnants Museum
3
하이랜드 커피
Highlands Coffee
4
통일궁
Independence Palace
5-1
퍼 24
Phở 24
5-2
퍼 2000
Phở 2000
6
벤탄 시장
Ben Thanh Market
7
호치민시 미술관
Ho Chi Minh City Museum of Fine Arts
8
챗 커피 로스터즈 & 비스트로
Chất Coffee Roasters & Bistro
9
미우미우 스파
Miu miu Spa
10
9월 23일 공원
September 23rd Park
11
덴롱 – 홈 쿡트 베트나미즈 레스토랑
Den Long – Home Cooked Vietnamese Restaurant
마리암만 사원
Mariamman Temple
뉴월드 사이공 호텔
꽌 웃웃
Quán Ụt Ụt
마이 라이프 커피
My Life Coffee
디엔비엔푸 거리 Điện Biên Phủ
레뀌돈 거리 Lê Quý Đôn
쯩딘 거리 Trương Định
보반딴 거리 Vo Van Tan
응우옌 딘치우 거리 Nguyễn Đình Chiểu
응우옌 티민카이 거리 Nguyễn Thị Minh Khai
후옌쩐꽁쭈어 거리 Huyền Trân Công Chúa
남끼커이응이아 거리 Nam Kỳ Khởi Nghĩa
레탄똔 거리 Lê Thánh Tôn
판쭈찐 거리 Phan Chu Trinh
리뜨쫑 거리 Lý Tự Trọng
깍망탕 거리 Cách Mạng Tháng
팜홍타이 거리 Phạm Hồng Thái
레라이 거리 Lê Lai
레티리엥 거리 Lê Thị Riêng
응우옌 짜이 거리 Nguyễn Trãi
응우옌 티응이아 거리 Nguyễn Thị Nghĩa
데탐 거리 Đề Thám
팜응우라오 거리 Phạm Ngũ Lão
부이비엔 거리 Bùi Viện
꽁뀐 거리 Cống Quỳnh
쩐흥다오 거리 Đường Trần Hưng Đạo
응우옌 타이혹 거리 Nguyễn Thái Học
Phó Đức Chính
28
40
241

COURSE 2-1

사이공의 어제를 만날 수 있는 히스토릭 코스

베트남 역사의 살아 있는 증거, 전쟁 유물 박물관과 통일궁을 돌아보는 코스이다. 침략과 전쟁, 승리와 패배를 넘나드는 호치민의 옛이야기들이 가득 담긴 도시를 조금 더 깊이 만끽해 보자.

START
1. 따오단 공원
800m, 도보 10분
2. 전쟁 유물 박물관
650m, 도보 7분
3. 하이랜드 커피
바로 앞
4. 통일궁
550m~1km, 도보 7~12분
5. 퍼24/퍼 2000
60~230m, 도보 1~3분
뒷장으로 이어짐 ↓

1 따오단 공원 / 20분
Tao Dan Park

호치민 벤탄 지역의 역사를 돌아보는 코스의 시작점은 따오단 공원이다. 집단 가무를 즐기는 어여쁜 할머니들의 고운 춤사위를 벗 삼아 아침 공원의 여유를 만끽해 보자.

→ Trương Định, Võ Văn Tần 거리를 차례로 따라 도보 10분 → 전쟁 유물 박물관

2 전쟁 유물 박물관 / 1시간
War Remnants Museum

전쟁의 상흔을 오롯이 간직한 나라. 미국을 상대로 한 전쟁에서 승리한 나라. 베트남을 설명하는 그 모든 수식어들을 증명하고 있는 곳. 전쟁의 피해자는 결국은 힘없는 소시민들임을 처절히 목격할 수 있다.

시간 07:30~18:00 가격 성인 4만 đ, 6세 미만 무료

→ Lê Quý Đôn, Nguyễn Thị Minh Khai 거리를 따라 도보 7분 → 하이랜드 커피

3 하이랜드 커피 / 30분
Highlands Coffee

호치민에서 쉽게 만날 수 있는 로컬 카페 브랜드. 깔끔하고 가격도 저렴하며 맛도 좋은 커피를 맛볼 수 있다. 통일궁의 여유로운 정원을 바라보며 카페 쓰어다 한 잔의 여유를 즐기자.

시간 07:00~22:00 가격 핀 커피 2만9000~3만9000 đ

→ 바로 앞 → 통일궁

4 통일궁 / 1시간
Independence Palace

벤탄 지역 최고의 볼거리이자 랜드마크. 이념에 따라 시시각각 변화하는 운명을 받아들여야 했던 기념비적인 건축물과 화려한 내부 공간들을 두루 마주하고 오자.

시간 07:30~11:30, 13:00~17:00 가격 통일궁 또는 특별전시실 성인 4만 đ, 어린이 1만 đ/통일궁+특별전시실 성인 6만 5000 đ, 어린이 1만5000 đ

→ ❶ Nam Kỳ Khởi Nghĩa, Lý Tự Trọng 거리를 따라 도보 7분 → 퍼 24

→ ❷ Nam Kỳ Khởi Nghĩa, Lê Thành Tôn 거리를 따라 도보 12분 → 퍼 2000

선택

5-1 퍼 24 / 40분
Phở 24

깔끔한 프랜차이즈 쌀국수 가게. 맛에서는 특별한 매력을 발견하기 어렵지만, 중간 이상은 하는 맛과 위생적이고 친절한 분위기에서 편안하게 식사를 즐길 수 있다.

시간 06:00~22:00 가격 쌀국수 3만9000~6만9000 đ

→ Lý Tự Trọng, Thủ Khoa Huân 거리를 따라 도보 3분 → 벤탄 시장

선택

5-2 퍼 2000 / 40분
Phở 2000

미국 전 대통령 빌 클린턴도 찾았다는 쌀국숫집. 벤탄 시장에서 매우 가깝다. 모르는 이와 합석하면 어떤가. 이토록 부드러운 면발과 깊은 국물의 쌀국수를 맛볼 수 있는데.

시간 07:00~22:00 가격 쌀국수 7만5000~8만5000 đ

→ Phan Chu Trinh 거리를 따라 도보 1분 → 벤탄 시장

뒷장으로 이어짐

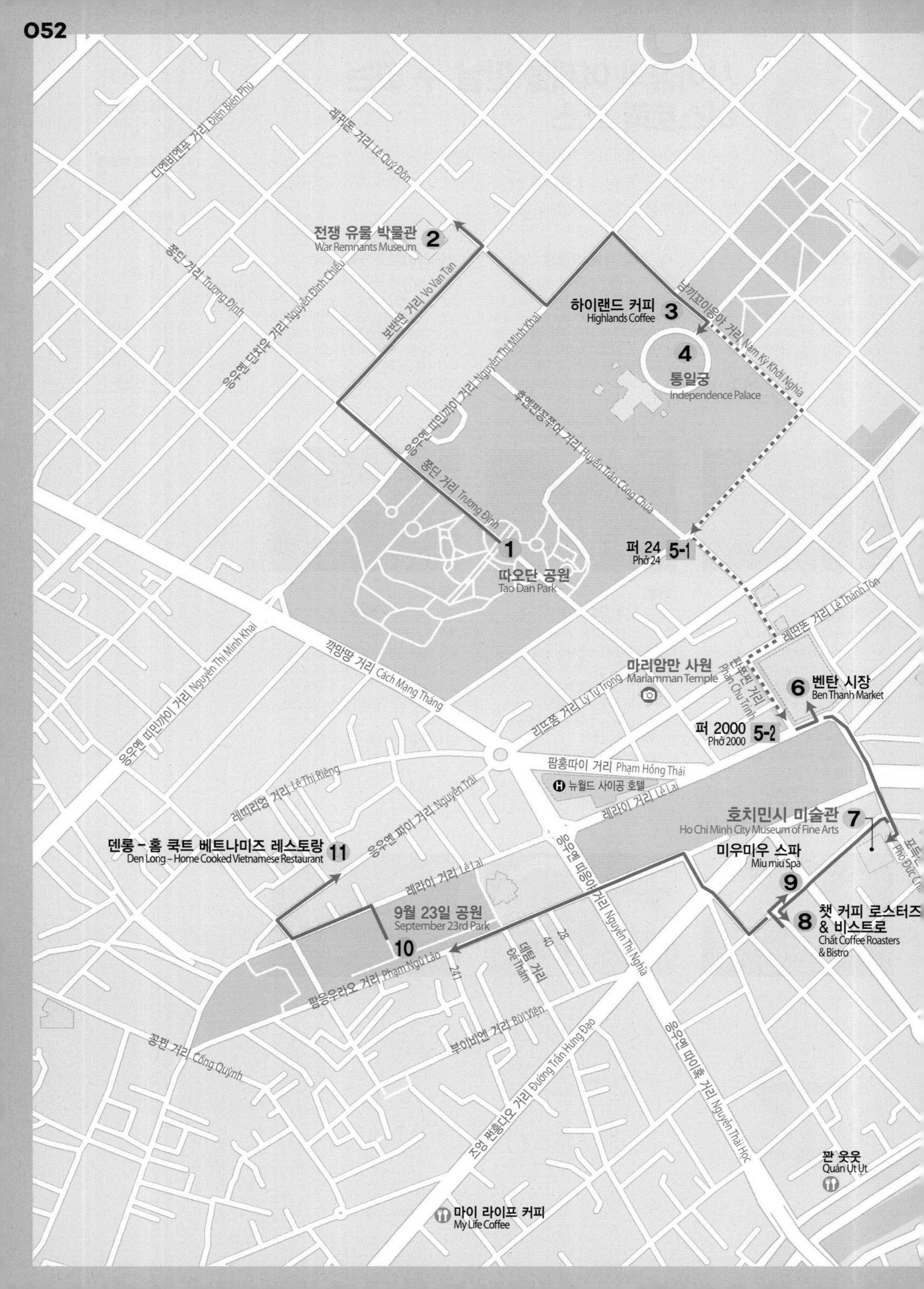

전쟁 유물 박물관 2
War Remnants Museum
하이랜드 커피 3
Highlands Coffee
4
통일궁
Independence Palace
1
따오단 공원
Tao Dan Park
퍼 24 5-1
Phở 24
마리암만 사원
Mariamman Temple
6 벤탄 시장
Ben Thanh Market
퍼 2000 5-2
Phở 2000
뉴월드 사이공 호텔
호치민시 미술관 7
Ho Chi Minh City Museum of Fine Arts
미우미우 스파
Miu miu Spa
9
8 챗 커피 로스터즈 & 비스트로
Chất Coffee Roasters & Bistro
덴롱 – 홈 쿡트 베트나미즈 레스토랑 11
Den Long – Home Cooked Vietnamese Restaurant
9월 23일 공원
September 23rd Park
10
꽌 웃웃
Quán Ụt Ụt
마이 라이프 커피
My Life Coffee
디엔비엔푸 거리 Điện Biên Phủ
레꾸돈 거리 Lê Quý Đôn
쯩딘 거리 Trương Định
응우옌 딘치우 거리 Nguyễn Đình Chiểu
보반딴 거리 Vo Van Tan
응우옌 띠민카이 거리 Nguyễn Thị Minh Khai
후옌쩐꽁쭈어 거리 Huyền Trân Công Chúa
남끼코이응이아 거리 Nam Kỳ Khởi Nghĩa
레탄똔 거리 Lê Thánh Tôn
판쭈찐 거리 Phan Chu Trinh
깍망땅 거리 Cách Mạng Tháng
리뜨쫑 거리 Lý Tự Trọng
팜홍타이 거리 Phạm Hồng Thái
레라이 거리 Lê Lai
레티리엥 거리 Lê Thị Riêng
응우옌 짜이 거리 Nguyễn Trãi
응우옌 띠응이아 거리 Nguyễn Thị Nghĩa
데탐 거리 Đề Thám
팜응우라오 거리 Phạm Ngũ Lão
부이비엔 거리 Bùi Viện
꽁뀐 거리 Cống Quỳnh
즈엉 쩐흥다오 거리 Đường Trần Hưng Đạo
응우옌 따이혹 거리 Nguyễn Thái Học
Phố Đức Chí
28
40
241

COURSE 2-2

사이공의 어제를 만날 수 있는 히스토릭 코스

시장과 미술관, 길거리 카페와 분위기 좋은 스파를 차례로 방문하자. 여행의 끄트머리에서는 도심 속 공원의 여유와 함께 제대로 된 베트남 음식으로 여행을 마무리하자.

앞장에서 이어짐

6 벤탄 시장 / 1시간
Ben Thanh Market

벤탄 지역 여행에 있어서 가장 중요한 곳. 호치민 최대라는 재래시장에서 이 도시의 수백 가지 매력을 발견해 보자. 보는 즐거움, 먹는 즐거움, 사는 즐거움에 더해 흥정하는 즐거움까지. 그 모든 즐거움을 경험해 볼 것.

시간 07:00~19:00

→ Lê Lai, Phó Đức Chính 거리를 따라 도보 4분 → 호치민시 미술관

7 호치민시 미술관 / 1시간
Ho Chi Minh City Museum of Fine Arts

베트남 남부 지역에서 가장 권위 있는 미술관. 시대를 아우르는 베트남의 예술 작품들과 함께 콜로니얼풍의 역사적인 건축물도 함께 둘러볼 것. 슬프지만 미술관 안에서도 에어컨의 냉기를 만날 수 없다.

시간 화~일요일 08:00~18:00 **가격** 성인 3만đ, 학생(6~16세) 1만5000đ

→ Lê Thị Hồng Gấm 거리를 따라 도보 4분 → 챗 커피 로스터즈 & 비스트로

8 챗 커피 로스터즈 & 비스트로 / 30분
Chất Coffee Roasters & Bistro

평범한 골목에 자리한 평범한 카페. 하지만 로컬들의 사랑방으로 통하는 곳이다. 플라스틱 의자에 앉아 거리를 거니는 사람들의 모습을 구경하며 여유로운 한때를 보내자. 진하고 달콤한 커피 한 잔은 필수.

시간 07:00~24:00 **가격** 커피 3~6만8000đ

→ Lê Thị Hồng Gấm 거리를 따라 역방향으로 도보 1분 → 미우미우 스파

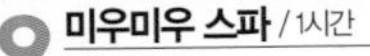

9 미우미우 스파 / 1시간
Miumiu Spa

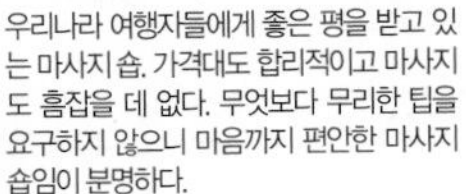

우리나라 여행자들에게 좋은 평을 받고 있는 마사지 숍. 가격대도 합리적이고 마사지도 흠잡을 데 없다. 무엇보다 무리한 팁을 요구하지 않으니 마음까지 편안한 마사지 숍임이 분명하다.

시간 09:30~23:30 **가격** 발 마사지 20만đ~, 전신 마사지 38만đ

→ Lê Thị Hồng Gấm, Ký Con, Phạm Ngũ Lão 거리를 따라 도보 9분 → 9월 23일 공원

10 9월 23일 공원 / 20분
September 23rd Park

여행자 거리와 맞닿은 도심 속의 공원. 아름드리나무들과 호젓한 호수가 있어 한없이 평화로운 분위기를 자아낸다. 북적거리는 호치민에서 몇 안 되는 평화로운 장소이니 잠시 들러 휴식을 취해 보자.

→ Lê Lai, Đường Tôn Thất Tùng, Nguyễn Trãi 거리를 따라 도보 5분 → 덴롱-홈 쿡트 베트나미즈 레스토랑

11 덴롱-홈 쿡트 베트나미즈 레스토랑 / 1시간
Den Long-Home Cooked Vietnamese Restaurant

음식도 분위기도, 서비스도 가격도, 어느 하나 나무랄 데 없는 괜찮은 식당. 후에 스타일 요리법에 기반한 베트남 전통 요리를 맛볼 수 있다. 비주얼까지 사랑스러운 덴롱의 음식들로 최후의 만찬을 완성해 보자.

시간 11:00~22:00 **가격** 메인 7만5000~12만5000đ+10%

앞장에서 이어짐 ↓

6. 벤탄 시장
270m, 도보 4분
7. 호치민시 미술관
350m, 도보 4분
8. 챗 커피 로스터즈 & 비스트로
90m, 도보 1분
9. 미우미우 스파
750m, 도보 9분
10. 9월 23일 공원
400m, 도보 5분
11. 덴롱-홈 쿡트 베트나미즈 레스토랑

RECEIPT

관광	5시간 40분
식사	2시간 40분
이동	50분
TOTAL	**9시간 10분**

입장료	11만đ
전쟁 유물 박물관	4만đ
통일궁	4만đ
호치민시 미술관	3만đ
체험	40만đ
미우미우 스파(타이 마사지 1시간)	40만đ
식사 및 간식	30만1000đ
하이랜드 커피(핀 쓰어다)	2만9000đ
퍼 24(쌀국수)	3만9000đ
챗 커피 로스터즈 & 비스트로(카페 쓰어다)	3만5000đ
덴롱-홈 쿡트 베트나미즈 레스토랑(망고 샐러드+새우 쌀튀김)	19만8000đ
TOTAL	**81만1000đ**

(1인 성인 기준, 쇼핑 비용 별도)

TRAVEL INFO

벤탄

호치민 여행에 있어서 결코 빠질 수 없는 벤탄 시장을 중심으로 다양한 볼 거리와 먹을거리, 즐길 거리가 가득한 지역이다. 가성비 좋은 맛집들이 즐비한 여행자 거리와 함께 옛 역사가 살아 숨쉬는 박물관과 전시관을 찾아가 보자.

이동시간 기준_벤탄 시장

현지 물가를 고려해 가격대가 비싼 곳은 đđđ, 보통인 곳은 đđ, 싼 곳은 đ, 무료인 곳은 FREE로 표기했습니다. 또한 인기도는 별로 표기했습니다.

01 통일궁 đđ

Independence Palace

★★★★★

남과 북 베트남의 근대 역사를 오롯이 간직한 살아 있는 박물관이자 그 자체로 유물과 같은 곳이다. 처음 세워진 것은 프랑스 식민 정부의 베트남 통치를 위한 것이었으며, 프랑스 철수 이후에는 남베트남 대통령의 관저와 집무실로 이용되기도 했다. 베트남 전쟁이 끝난 후, 사회주의 북베트남에 의해 통일이 이루어지면서, 통일궁이라는 현재의 이름과 모습을 갖게 되었다. 북베트남군이 몰고 온 T54 탱크, 남베트남 대통령의 접견실과 회의실 등, 남과 북을 아우르는 베트남의 치열한 역사를 고스란히 보여주고 있어 호치민 여행의 필수 코스로 꼽힌다.

1권 P.040 **지도** P.046B
구글지도 GPS 10.777707, 106.696790 **찾아가기** 벤탄 시장에서 택시 6분 또는 도보 13분 **주소** 135 Nam Kỳ Khởi Nghĩa, Phường Bến Thành, Quận 1, Hồ Chí Minh **전화** 28-3822-3652 **시간** 07:30~11:00, 13:00~17:00 **가격** 통일궁 또는 특별전시실 성인 4만đ, 어린이 1만đ/통일궁+특별전시실 성인 6만5000đ, 어린이 1만5000đ **홈페이지** www.dinhdoclap.gov.vn

02 전쟁 유물 박물관 đđ

War Remnants Museum

★★★★★

우리와 많이 닮아서 그 아픔이 더욱 뼈저리게 느껴지는 나라 베트남, 그들의 전쟁 역사를 고스란히 담은 곳이다. 프랑스의 침략으로부터 시작된 제국주의 역사, 2차 세계대전 중 일본의 점령, 남과 북으로 나뉘어 서로를 죽여야만 했던 베트남 전쟁에 이르는 길고 긴 전쟁의 기록과 유물들이 가득하다. 그중 다양한 항공기와 전차가 전시된 외부 전시장, 전쟁의 참혹함을 오롯이 담은 사진 자료들이 넘쳐나는 WAR CRIME관과 REQUIEM관은 이곳에서 필히 방문해 보아야 할 곳. 무엇보다 사회주의인 북베트남에 의해 통일을 이루었기에 우리와는 다른 시각으로 냉전 시기와 전쟁 역사를 평가하고 있다는 점이 새롭다.

1권 P.047, 102 **지도** P.046A
구글지도 GPS 10.779531, 106.692086 **찾아가기** 벤탄 시장에서 택시 6분 **주소** 28 Võ Văn Tần, Phường 6, Quận 3, Hồ Chí Minh **전화** 28-3930-5587 **시간** 07:30~18:00 **가격** 성인 4만đ, 6세 미만 무료 **홈페이지** www.baotangchungtichchientranh.vn

03 따오단 공원 FREE

Tao Dan Park

★★★★

호치민 중심부에서 가장 큰 규모의 공원으로 통일궁의 후원으로 이용하다가 일반에 개방되었다. 남국의 분위기를 물씬 풍기는 아름드리나무들이 즐비하며, 현지 양식의 크고 작은 건축물들이 자리 잡고 있어 이국적 매력이 묻어난다. 이른 아침에는 집단 체조를 즐기는 인상 좋은 할머니들의 진지하고도 활력 넘치는 표정을 만나볼 수 있다.

지도 P.046C
구글지도 GPS 10.774572, 106.692439 **찾아가기** 벤탄 시장에서 택시 3분 또는 도보 11분 **주소** Công Viên Tao Đàn, Trương Định, Phường Bến Thành, Quận 1, Hồ Chí Minh **전화** 없음 **시간** 07:00~22:00 **가격** 무료

04 데탐 FREE

Đề Thám

★★★★

9월 23일 공원과 벤응에 운하 사이를 남북으로 잇고 있는 900미터 남짓의 거리. 호치민을 대표하는 여행자 거리로 이들을 상대하는 저렴한 숙소와 식당들이 길을 따라 이어진다. 신투어리스트, 풍짱 푸타 버스 등 냐짱, 달랏, 무이네로 향하는 버스 회사 사무실이 위치해 있어서 버스 예약이나 탑승을 위해 이곳을 찾는 여행자들도 많다.

지도 P.046F
구글지도 GPS 10.768092, 106.693585 찾아가기 벤탄 시장에서 택시 4분 또는 도보 11분 주소 Đường Đề Thám, Phường Phạm Ngũ Lão, Quận 1, Hồ Chí Minh 전화 없음 시간 24시간(가게마다 다름) 가격 무료

05 부이비엔 FREE

Bùi Viện

★★★★

약 700미터에 달하는 거리로 데탐 거리와 교차하여 동서로 뻗어 있다. 길의 양쪽으로 크고 작은 레스토랑과 숍, 카페와 펍들이 자리해 이른 아침부터 늦은 밤까지 활기가 넘친다. 데탐과 함께 호치민을 대표하는 여행자 거리로서 1년 365일 호치민을 탐하려는 여행자들로 북적거리는 곳이다. 값싼 숙소와 식당을 찾아볼 수 있지만, 호객꾼들과 소매치기도 많아 항상 조심해야 한다.

지도 P.046E
구글지도 GPS 10.766757, 106.692475 찾아가기 벤탄 시장에서 택시 4분 또는 도보 11분 주소 Bùi Viện, Phường Phạm Ngũ Lão, Quận 1, Hồ Chí Minh 전화 없음 시간 24시간(가게마다 다름) 가격 무료

06 호치민시 미술관 đđ

Ho Chi Minh City Museum of Fine Arts

★★★

호치민은 물론 베트남에서 가장 권위 있는 미술관 중 하나. 약 2만여 점의 미술품을 소장하고 있는데, 고대로부터 현대까지 베트남의 모든 시대를 아우르고 있다 해도 과언이 아니다. 작품과 더불어 미술관 건물 또한 둘러볼 가치가 있는데, 중국인 거부가 소유했던 콜로니얼 풍의 저택은 1920년대 호치민 풍경을 상기시키고도 남는다.

1권 P.095 지도 P.046D
구글지도 GPS 10.769702, 106.699258 찾아가기 벤탄 시장에서 도보 4분 주소 97A Phó Đức Chính, Phường Nguyễn Thái Bình, Quận 1, Hồ Chí Minh 전화 28-3829-4441 시간 화~일요일 08:00~18:00 휴무 월요일 가격 요금 성인 3만 đ, 학생(6~16세) 1만5000 đ

07 9월 23일 공원 FREE

September 23rd Park

★★★

동서로 길게 뻗은 공원으로 동편과 서편에 각각 쇼핑몰과 시내버스 종점 정류장이 있고, 남쪽으로는 데탐 거리가 시작되는 지점에 위치하고 있어 하루 종일 인파로 북적인다. 우거진 나무들과 고즈넉한 호수가 있어 도심 속에서 여유로운 한때를 보내기에 좋으며, 정신 없는 데탐과 부이비엔에서 벗어나 잠시 숨을 돌리기에도 좋다.

지도 P.046E
구글지도 GPS 10.768851, 106.692124 찾아가기 벤탄 시장에서 택시 2분 또는 도보 10분 주소 Công Viên 23 tháng 9, Phường Phạm Ngũ Lão, Quận 1, Hồ Chí Minh 시간 24시간 가격 무료

08 마리암만 사원 FREE

Mariamman Temple

★★

호치민에서는 흔치 않은 힌두교 사원으로, 힌두의 여신인 마리암만을 모시고 있다. 힌두의 여러 신들이 조각된 12미터 높이의 주탑이 압권이며, 그 아래의 문을 통해 내부로 들어가면 중앙의 마리암만 신상과 그 좌우에 각각 자리한 가네샤와 무르가의 신상을 만나볼 수 있다. 내부가 넓지는 않은 편이니, 외부의 화려한 모습만 둘러봐도 좋다.

지도 P.046D
구글지도 GPS 10.772356, 106.695593 찾아가기 벤탄 시장에서 도보 5분 주소 45 Trương Định, Phường Bến Thành, Quận 1, Hồ Chí Minh 전화 없음 시간 07:00~19:00 가격 무료

09 홈 파이니스트 사이공

HOME Finest Saigon

★★★★★

đđđ

친절하면서도 세심한 서비스를 기대할 수 있고 무엇보다 나무랄 데 없는 음식이 있어 더욱 추천할 만한 곳. 날로 혁신을 거듭하는 베트나미즈 퀴진을 만나볼 수 있는 곳이다. 저녁 시간대에는 라이브 연주까지 곁들여지니 더할 나위 없는 훌륭한 만찬이 완성된다. 가격대가 조금 높은 편이지만 분위기 있는 시간을 보내고자 한다면 제격이다.

추천 두 가지 소스를 곁들인 굴구이 Grilled Oysters w/ Spring Onion Salsa & Salted Egg Yolk 18만5000 đ+15%

1권 P.137 지도 P.046A

구글지도 GPS 10.779832, 106.686844 **찾아가기** 벤탄 시장에서 택시 7분 **주소** 252 Điện Biên Phủ, Phường 7, Quận 3, Hồ Chí Minh **전화** 28-3932-2666 **시간** 11:00~14:00, 18:00~22:30 **휴무** 부정기적 **가격** 애피타이저 15만5000~18만5000 đ+15%, 시그니처 디시 19만5000~215만 đ+15% **홈페이지** www.saigonfinest.homevietnameserestaurant.com

10 덴롱-홈 쿡트 베트나미즈 레스토랑

Den Long-Home Cooked Vietnamese Restaurant

★★★★★

đđ

베트남의 천년 고도 후에풍의 가정식을 선보인다. 형형색색 등불로 장식된 아름다운 홀도 특징.

추천 구운 새우와 망고 샐러드 Mango Salad w/ Grilled Shrimps 8만5000 đ+10%

1권 P.140 지도 P.046C

구글지도 GPS 10.769706, 106.690767 **찾아가기** 벤탄 시장에서 택시 5분 또는 도보 12분 **주소** 130 Nguyễn Trãi, Phường Phạm Ngũ Lão, Quận 1 **전화** 909-949-183 **시간** 11:00~22:00 **휴무** 부정기적 **가격** 메인 7만5000~12만5000 đ+10% đ **홈페이지** www.denlongrestaurant.com

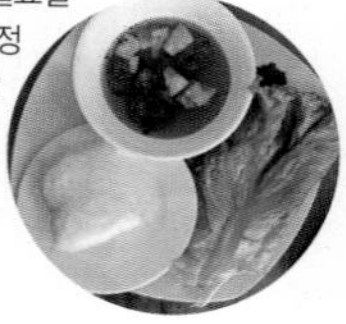

11 뤼진

L'usine

★★★★★

đđ

호치민에서 가장 스타일리시하고 핫한 장소를 찾고 있다면 바로 이곳으로 가야 한다. 뤼진은 카페이자 편집숍이다. 아래층에서는 국적을 불문한 다양한 소품들을 판매하며, 위층에서는 가장 베트남스러우면서도 가장 이국적인 음식들을 내고 있다. 베트남의 젊은 문화를 이끌고 있는 뤼진에서 가장 핫한 호치민을 만나보자.

추천 반미 Grilled Pork Bánh Mì 9만5000 đ+15%

1권 P.203, 267 지도 P.046D

구글지도 GPS 10.773237, 106.699659 **찾아가기** 벤탄 시장에서 도보 3분 **주소** 70B Lê Lợi, Phường Bến Thành, Quận 1, Hồ Chí Minh **전화** 카페 28-3521-0703, 숍 28-3521-0702 **시간** 07:00~22:00 **휴무** 부정기적 **가격** 브렉퍼스트 14~21만 đ+15%, 메인 17만5000~29만 đ+15% **홈페이지** lusinespace.com

12 분짜 145

Bún Chả 145

★★★★

đ

부이비엔 거리에 자리한 분짜 전문점. 불 맛 가득한 돼지고기에 달콤 짭조름한 육수, 야들야들한 쌀국수의 조화는 언제나 여행자들의 입맛을 자극한다.

추천 분짜 Bún Chả 4만 đ

1권 P.154 지도 P.046E

구글지도 GPS 10.766359, 106.691708 **찾아가기** 벤탄 시장에서 택시 5분 **주소** 145 Bùi Viện, Phường Phạm Ngũ Lão, Quận 1, Hồ Chí Minh **전화** 28-3837-3474 **시간** 월~금요일 12:30~20:00, 토~일요일 11:30~20:00 **휴무** 부정기적 **가격** 사이드 1만5000~2만8000 đ **홈페이지** buncha145.restaurantwebx.com

13 퍼 2000

Phở 2000

★★★★

벤탄 시장 바로 옆에 위치한 쌀국숫집. 클린턴 전 미국 대통령이 찾아 유명해지긴 했지만, 그 이전부터 현지인들에게 사랑을 받아온 맛집이다. 직원들도 퉁명스럽고 내부도 좁아 합석은 기본이지만, 제대로 된 쌀국수를 맛보고 나면 모든 게 용서되는 곳이다.

추천 소고기 쌀국수 Phở Bò 7만5000~8만5000đ

1권 P.151 **지도** P.046D

구글지도 GPS 10.771773, 106.697637 **찾아가기** 벤탄 시장에서 도보 1분 **주소** 1-3 Phan Chu Trinh, Phường Bến Thành, Quận 1, Hồ Chí Minh **전화** 28-3822-2788 **시간** 07:00~22:00

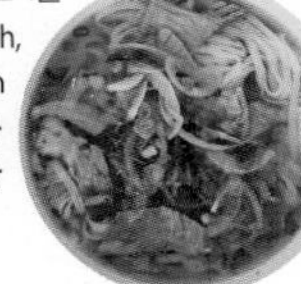

14 마르셀 고메 버거

Marcel Gourmet Burger

★★★★

버터의 풍미가 가득한 프렌치 브리오슈 번을 베이스로 하는 정통 프렌치 스타일의 버거집. 합성 사료 대신 풀만 먹여 기른 100% 호주산 소고기를 미디엄 레어로 조리한 패티는 육즙이 가득하고, 직접 만든 소스를 곁들여 깊고 진한 풍미를 자랑한다. 조금 더 완벽한 만찬을 원한다면 로컬 브루어리 수제 맥주 한 잔을 곁들이자.

추천 시그니처 버거 Le Signature Burger 18만đ+Fries 4만đ

1권 P.182 **지도** P.046F

구글지도 GPS 10.769070, 106.698523 **찾아가기** 벤탄 시장에서 도보 6분 **주소** 132 Calmette, Phường Nguyễn Thái Bình, Quận 1, Hồ Chí Minh **전화** 093-145-4353 **시간** 화~일요일 12:00~22:00 **휴무** 월요일 **가격** 버거 15~18만đ, 음료 3만đ **홈페이지** www.marcelburger.vn

15 피자 포피스

Pizza 4P's

★★★★

피자 체인 전문점으로 화덕에서 갓 구운 피자가 인기. 치즈 토핑이 듬뿍, 저렴한 가격, 두루두루 맛있는 사이드 메뉴가 특징이다. 식사 시간마다 긴 대기 줄이 생기는데, 홈페이지에서 예약을 하면 기다리는 시간을 줄일 수 있다.

추천 소이 갈릭 비프 피자 Soy Garlic Beef Pizza 25만đ

1권 P.182 **지도** P.046D

구글지도 GPS 10.773371, 106.697616 **찾아가기** 벤탄 시장 바로 앞 **주소** 8 Thủ Khoa Huân, Phường Bến Thành, Quận 1, Hồ Chí Minh **전화** 28-3622-0500 **시간** 일요일 10:00~23:00, 월~토요일 10:00~다음 날 02:00 **가격** 피자 18만đ~ **홈페이지** pizza4ps.com

16 푹롱 커피 & 티

Phúc Long Coffee & Tea

★★★★

베트남의 로컬 프랜차이즈로 커피보다는 차가 유명한 곳이다. 녹차, 홍차 등의 기본 차는 물론이고 다양한 열대과일을 곁들여 시원하게 마시는 아이스티가 특히 유명하다. 다양한 패키지 제품들도 함께 판매해 선물용으로 구입하기에도 좋다.

추천 리치 티 Lychee Tea 4만5000đ

1권 P.214 **지도** P.046F

구글지도 GPS 10.768042, 106.695117 **찾아가기** 벤탄 시장에서 도보 10분 **주소** 157-159 Nguyễn Thái Học, Phường Phạm Ngũ Lão, Quận 1, Hồ Chí Minh **전화** 28-3620-3333 **시간** 08:00~22:30 **휴무** 부정기적 **가격** 커피·스페셜 티 3~5만5000đ **홈페이지** phuclong.com.vn

17 시클로 레스토

Cyclo Resto

★★★★

작고 소박한 가정식 식당. 정성스레 준비한 베트남 가정식 식단과 연계된 다양한 근교 투어 프로그램 덕분에 트립어드바이저에서 높은 인지도를 자랑하고 있다. 애피타이저부터 디저트까지 예닐곱 가지의 코스로 된 소박한 가정식을 저렴하게 맛볼 수 있다.

추천 베트남 가정식 7 코스 16만đ/1인

1권 P.144 **지도** P.046D

구글지도 GPS 10.772061, 106.693644 **찾아가기** 벤탄 시장에서 택시 3분 또는 도보 9분 **주소** 6/28 Cách Mạng Tháng 8, Phường Bến Thành, Quận 1, Hồ Chí Minh **전화** 097-551-3011 **시간** 11:00~22:00 **휴무** 부정기적 **홈페이지** www.cycloresto.com.vn

18 하이랜드 커피
Highlands Coffee
★★★★

호치민 시내 어디에서든 쉽게 만나볼 수 있는 로컬 프랜차이즈 카페. 호치민에만 97곳에 매장을 두고 있다. 벤탄 지역에서는 통일궁과 데탐 거리 등지에서 쉽게 만나볼 수 있다. 가격과 맛 두 마리 토끼를 다 잡은 만족스런 커피를 만나볼 수 있으며, 무엇보다 웬만한 로컬 카페보다는 위생적인 만큼 배앓이를 걱정할 필요도 없다.

추천 핀 쓰어다 Phin Sua Da 2만9000đ

1권 P.208 지도 P.046B

구글지도 GPS 10.778423, 106.696073 **찾아가기** 벤탄 시장에서 택시 6분 또는 도보 13분, 통일궁 입구에 위치 **주소** 135 Nam Kỳ Khởi Nghĩa, Phường Bến Thành, Quận 1, Hồ Chí Minh **전화** 28-3620-9980 **시간** 07:00~22:00 **가격** 핀 커피 2만9000~3만9000đ **홈페이지** www.highlandscoffee.com.vn

19 퍼 퀸
Phở Quỳnh
★★★★

9월 23일 공원 남서쪽 모퉁이에 위치한 쌀국숫집. 소박하고 서민적인 분위기와 함께 깊고 진하면서도 깔끔한 쌀국수 국물이 일품이다. 쌀국수를 주력으로 하는 만큼 14종의 쌀국수 메뉴를 보유하고 있다.

추천 소고기 미트볼 쌀국수 Phở Bò Viên 6만9000đ

1권 P.151 지도 P.046E

구글지도 GPS 10.767438, 106.690652 **찾아가기** 벤탄 시장에서 택시 4분 **주소** 323 Phạm Ngũ Lão, Phường Phạm Ngũ Lão, Quận 1, Hồ Chí Minh **전화** 28-3836-8515 **시간** 24시간 **휴무** 부정기적 **가격** 쌀국수 6만9000~7만9000đ

20 칠 스카이바
Chill Skybar
★★★★

AB 타워 26층에 위치한 루프톱 바. 별다른 높은 건물이 없는 벤탄 지역에서 독보적으로 높은 위치에 자리해 있어서, 호치민이 자랑하는 파노라마 뷰를 마주할 수 있다. 발아래로는 복잡한 벤탄의 거리들이, 저 멀리에는 동커이의 마천루들이 이 도시의 매력을 뽐내고 있다. 멋들어진 풍경에 스타일리시한 분위기, 게다가 '착한' 가격의 칵테일까지. 삼박자를 고루 갖춘 칠 스카이바에서 호치민의 밤을 마주해 보자. 바 위층인 27층에는 칠 다이닝(Chill Dining)이 자리해 있다.

추천 블러디 마르가리타 Bloody Margarita 8만8000đ+17%

1권 P.106 지도 P.046D

구글지도 GPS 10.770479, 106.694292 **찾아가기** 벤탄 시장에서 도보 6분 **주소** AB Tower, Tầng 26, 76A Lê Lai, Phường Bến Thành, Quận 1, Hồ Chí Minh **전화** 28-7300-4554 **시간** 17:30~다음 날 02:00 **휴무** 부정기적 **가격** 시그니처 칵테일 15~18만đ+17%, 무알코올 칵테일 9만9000đ+17% **홈페이지** www.chillsaigon.com

21 벤탄 스트리트 푸드 마켓
Bến Thành Street Food Market
★★★★

호치민의 다양한 맛집들을 한데 모아 놓은 곳. 쌀국수, 반미, 반쎄오는 기본. 다양한 BBQ와 글로벌 푸드, 맥주까지 갖추고 있는데, 가격도 저렴하거니와 맛도 나무랄 데 없어서 부담 없이 찾을 수 있다.

추천 반쎄오 Bánh Xèo 8만5000đ

지도 P.046D

구글지도 GPS 10.773771, 106.697465 **찾아가기** 벤탄 시장에서 도보 4분 **주소** 26-30 Thủ Khoa Huân, Phường Bến Thành, Quận 1, Hồ Chí Minh **시간** 09:00~24:00(가게마다 다름) **휴무** 부정기적 **가격** 가게마다 다름 **홈페이지** www.facebook.com/BenThanhstreetfoodmarket

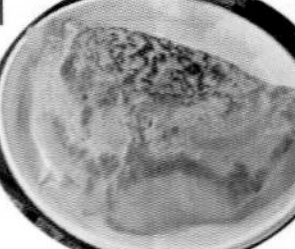

22 챗 커피 로스터즈 & 비스트로 đ

Chất Coffee Roasters & Bistro

★★★

로컬들의 사랑방과 같은 소박한 카페. 벤탄 시장 근처 어느 이름 없는 골목에 자리 잡고 있으며, 카페 앞 간이 의자와 좌판을 채운 사이고니즈들로 늘 북적이는 곳이다. 그 진함에 있어서는 둘째가라면 서러운 커피와 함께 간단한 먹을거리도 내고 있다.

추천 카페 쓰어다 Cà Phê Sữa Đá 3만5000đ

1권 P.204 **지도** P.046F

구글지도 GPS 10.768710, 106.697819 **찾아가기** 벤탄 시장에서 도보 6분 **주소** 55/1 Lê Thị Hồng Gấm, Phường Nguyễn Thái Bình, Quận 1, Hồ Chí Minh **전화** 28-6685-3391 **시간** 07:00~24:00 **휴무** 부정기적 **가격** 커피 3~6만8000đ

23 록꼭 đđ

Ốc Bà Cô Lốc Cốc

★★★

로컬 시푸드 레스토랑에 비해 인테리어가 깔끔하고 음식에 대한 만족도가 높다. 영어 메뉴판은 없지만 점원들의 영어 실력이 괜찮아서 주문하는데 큰 어려움은 없다. 2명기준 5~6가지 메뉴를 주문하면 양이 맞다.

추천 해물 볶음밥 cơm chiên hải sản thái dương 10만8000đ

1권 P.163 **지도** P.046F

구글지도 GPS 10.758971, 106.699113 **찾아가기** 벤탄 시장에서 택시로 10분 **주소** 222 Đường Khánh Hội, Phường 5, Quận 4, Hồ Chí Minh **전화** 099-302-4282 **시간** 11:30~23:30 **가격** 새우구이 8만8000đ

24 더 노트 커피 đ

The Note Coffee

★★★

여행자 거리 부이비엔에 자리 잡고 있는 자그마한 카페. 커피 자체보다도 짙은 빨간색의 외관과 좁은 홀을 뒤덮은 수천 장의 메모장 덕분에 유명해진 곳이다. 2층 테라스석에 앉으면 부이비엔 거리가 한눈에 담긴다.

추천 에그 커피 Egg Coffee 3만5000đ

1권 P.065, 088 **지도** P.046E

구글지도 GPS 10.766688, 106.691976 **찾아가기** 벤탄 시장에서 택시 5분 **주소** 178 Bùi Viện, Phường Phạm Ngũ Lão, Quận 1, Hồ Chí Minh **전화** 093-513-8888 **시간** 08:00~24:00 **휴무** 부정기적 **가격** 커피 3만5000~4만8000đ **홈페이지** www.facebook.com/thenotecoffee183buivien

25 스타벅스 đ

Starbucks

★★★

전 세계인의 커피 전문점 스타벅스를 호치민에서도 만나볼 수 있다. 이곳 뉴월드점은 그 많고 많은 베트남의 스타벅스 중 제 1호점이라는 타이틀을 달고 있다. 호치민을 기념할 수 있는 시티 머그와 전통 모자 논을 쓴 곰인형 등 굿즈들도 인기다.

추천 아이스 카페 모카 Iced Caffé Mocha 8만đ

1권 P.263 **지도** P.046D

구글지도 GPS 10.771147, 106.693834 **찾아가기** 벤탄 시장에서 도보 7분 **주소** 76 Lê Lai, Phường Bến Thành, Quận 1, Hồ Chí Minh **전화** 28-3823-7952 **시간** 일~목요일 06:30~23:00, 금~토요일 06:30~24:00 **가격** 커피 3만5000~9만đ **홈페이지** www.starbucks.vn

26 꽌 웃웃 đđ

Quán Ụt Ụt

★★★

미국식 그릴 요리 전문점. 푸짐한 양과 깔끔한 맛으로 사랑받고 있다. 양에 따라 풀(Full)과 하프(Half)로 나뉘는데, 혼자라면 하프 사이즈를, 두 명은 풀 사이즈가 알맞다. 바비큐 메뉴 주문 시 두 가지 사이드 메뉴가 공짜.

추천 캐슈 스모크 포크립 하프 사이즈 Cashew-Smoked Pork Rips 33만đ

1권 P.170 **지도** P.046F

구글지도 GPS 10.764592, 106.698402 **찾아가기** 벤탄 시장에서 택시 5분 **주소** 168 Võ Văn Kiệt, Phường Cầu Ông Lãnh, Quận 1, Hồ Chí Minh **전화** 28-3914-4500 **시간** 11:00~22:30 **가격** 바비큐(하프 사이즈) 30만đ~ **홈페이지** www.quanutut.com

28 퍼 24

Phở24

★★★

호치민에만 16곳의 매장을 두고 있는 프랜차이즈 쌀국수 가게. 깔끔하고 잡내가 없어 입이 짧은 여행자들에게도 부담 없는 곳. 가격도 저렴하고 위생적이어서 더욱 만족스럽다.

추천 기본 쌀국수 Phở Tái 3만9000đ+스프링 롤 Chả Giò 2만9000đ

1권 P.151 **지도** P.046D

구글지도 GPS 10.774664, 106.698172 **찾아가기** 벤탄 시장에서 도보 6분 **주소** 71 Lý Tự Trọng, Phường Bến Thành, Quận 1, Hồ Chí Minh **전화** 28-3825-1535 **시간** 06:00~22:00 **휴무** 부정기적 **가격** 쌀국수 3만9000~6만9000đ **홈페이지** www.pho24.com.vn

29 반미 후인 호아

Bánh Mì Huỳnh Hoa

★★★

줄을 서 가며 먹는 반미 맛집. 다른 반미집과는 다르게 소시지가 종류별로 들어가 식감과 풍미가 풍부하며 매콤한 비밀 양념은 감칠맛이 돈다. 영업 시작 시간 10분 전에 도착하면 기다리지 않고 반미를 사갈 수 있다.

추천 반미 Bánh Mì 4만2000đ

1권 P.152 **지도** P.046C

구글지도 GPS 10.771515, 106.692393 **찾아가기** 벤탄 시장에서 도보 9분 **주소** 26 Lê Thị Riêng, P, Quận 1, Hồ Chí Minh **전화** 28-3925-0885 **시간** 14:30~23:00 **휴무** 부정기적 **가격** 반미 4만2000đ **홈페이지** 없음

30 곡 하노이

Goc Ha Noi

★★★

곡 하노이는 '작은 하노이'라는 뜻인데, 좁은 골목길 속 아주 작은 카페여서 그런 이름이 붙었다고. 이곳의 대표 메뉴는 크림처럼 부드러운 에그 커피. 그 외에도 하노이풍 오믈렛과 토스트 등 가벼운 식사 메뉴도 있다.

추천 에그 커피 Egg Coffee 4만đ

1권 P.201 **지도** P.046E

구글지도 GPS 10.766088, 106.691440 **찾아가기** 벤탄 시장에서 택시 5분 **주소** 165 Bùi Viện, Phường Phạm Ngũ Lão, Quận 1, Hồ Chí Minh **전화** 090-452-2339 **시간** 07:00~19:00 **휴무** 부정기적 **가격** 커피 2만5000~4만đ, 콤보 7~9만đ

SHOPPING

31 마이 라이프 커피

My Life Coffee

★★★

최근 인기를 얻고 있는 체인 커피숍. 커피 맛보다 분위기 때문에 찾는 사람이 많다. 아무 곳에서나 담배를 피울 수 있는 다른 커피숍과 달리 금연 카페로 운영돼 쾌적하고 깔끔한 것도 플러스 요인이다. 커피보다 시원한 음료가 더 인기 있다.

추천 스위트 베리 레귤러 사이즈 Sweet Berry 5만8000đ

지도 P.046E

구글지도 GPS 10.764321, 106.692327 **찾아가기** 벤탄 시장에서 택시 5분 **주소** 257 Đường Trần Hưng Đạo, Phường Cô Giang, Quận 1, Hồ Chí Minh **전화** 28-3836-4514 **시간** 07:00~다음 날 02:00 **가격** 맛차 6만2000đ **홈페이지** mylifecoffee.vn

32 아시아나 푸드 타운

Asiana Food Town

★★

9월 23일 공원 지하에 자리 잡은 푸드코트로, 베트남의 먹거리는 물론 동남아시아와 동아시아의 음식들까지 두루 만나볼 수 있는 60여 곳의 음식점이 입점해 있다. 주문 후 받은 번호표를 테이블 위에 올려 두면 직원이 직접 음식을 가져다 주는 점이 우리와 다르다는 점을 잊지 말자.

지도 P.046F

구글지도 GPS 10.769068, 106.693737 **찾아가기** 벤탄 시장에서 도보 10분, 9월 23일 공원 내에 위치 **주소** 4 Phạm Ngũ Lão Khu B Công Viên 23/9, Phường Phạm Ngũ Lão, Quận 1, Hồ Chí Minh **시간** 10:00~22:00(가게마다 다름) **휴무** 부정기적 **가격** 가게마다 다름 **홈페이지** www.facebook.com/asianafoodtown

33 롯데마트

Lotte Mart

★★★★★

한국인이 많이 거주하는 푸미흥 지역에 자리한 대형 마트. 물품 진열 방식이 우리나라 사람들에게 익숙하고 한국산 제품 코너를 따로 만드는 등 쇼핑하기 편하다. 호치민 시내에서 꽤 멀리 떨어져 있는데, 물품 배송 서비스를 이용하면 두 손이 가볍다.

1권 P.242 **지도** P.046F

구글지도 GPS 10.740811, 106.702084 **찾아가기** 벤탄 시장에서 택시 20분 **주소** 469 Đường Nguyễn Hữu Thọ, Tân Hưng, Quận 7, Hồ Chí Minh **전화** 28-3775-3232 **시간** 08:00~22:00 **가격** 제품마다 다름 **홈페이지** lottemart.com.vn

34 벤탄 시장

Ben Thanh Market

★★★★★

벤탄 지역 여행의 중심이 되는 곳. 800만 시민이 주인인 도시 호치민에서 가장 규모가 큰 재래시장으로 백 년이 넘는 역사를 지닌 곳이다. 라탄 백, 아오자이, 커피 원두, 건과일 등 호치민에서 선물용으로 사 오기 좋은 것들의 거의 대부분을 이곳에서 구할 수 있다. 다만 흥정의 기술에 따라 가격 또한 천차만별이니 정신을 똑바로 차릴 것. 내부 메인 통로가 교차하는 중앙부에는 저렴한 가격의 현지 음식을 파는 상점들이 여럿 있다. 쌀국수는 기본이요, 쩨와 신또 등 다양한 음료도 이곳에서 맛볼 수 있다.

1권 P.047, 248 지도 P.046D
구글지도 GPS 10.772569, 106.698041 찾아가기 호치민 국제공항에서 택시 30분 주소 Chợ, Lê Lợi, Phường Bến Thành, Quận 1, Hồ Chí Minh 전화 28-6678-6063 시간 07:00~19:00 휴무 부정기적 가격 가게마다 다름 홈페이지 www.chobenthanh.org.vn

35 사이공 스퀘어 원

Saigon Square 1

★★★

타카시마야 백화점과 마주 보고 있는 쇼핑몰. 규모는 크지만, 분위기는 자못 '도떼기시장'을 방불케 한다. 거미줄처럼 얽힌 좁은 통로들 좌우로 짝퉁 티셔츠와 가방, 가죽 제품들을 판매하는 상점들이 나란히 하고 있다. 짝퉁 제품에 관심이 있다면 한 번쯤 들러볼 만하지만, 제품의 질이 썩 좋지는 않아 구매를 추천하지는 않는다.

지도 P.046D
구글지도 GPS 10.772450, 106.700154 찾아가기 벤탄 시장에서 도보 5분 주소 81 Nam Kỳ Khởi Nghĩa, Bến Nghé, Quận 1, Hồ Chí Minh 시간 09:00~21:00 가격 가게마다 다름

36 깅코 콘셉트 스토어

Ginkgo Concept Store

★★★

프랑스와 베트남 디자이너들의 협업으로 만들어진 로컬 디자인 편집숍이다. 자국에 대한 철저한 애정과 자부심으로 탄생한 다양한 패턴의 티셔츠와 가방, 신발 등이 특히 눈여겨볼 만하다. 베트남의 문자와 호치민의 도시 풍경 등을 모티브로 하고 있어 기념품으로도 훌륭하다. 레로이 거리의 콘셉트 스토어 외에 동커이 지역에도 매장을 두고 있다.

1권 P.268 지도 P.046D
구글지도 GPS 10.772757, 106.699268 찾아가기 벤탄 시장에서 도보 2분 주소 92-96 Lê Lợi, Phường Bến Thành, Quận 1, Hồ Chí Minh 전화 28-3823-4099 시간 08:30~22:00 휴무 부정기적 가격 제품마다 다름 홈페이지 www.ginkgo-vietnam.com

37 센스 마켓

Sense Market

★★★

9월 23일 공원 지하에 자리한 작은 규모의 쇼핑몰이다. 크게 구미가 당기지 않는 상점들도 많지만, 아시아나 푸드 타운과 대형 서점, 슈퍼마켓 등이 있어서 이 지역을 여행하는 중에 한 번쯤은 들르게 된다. 약하게나마 냉방을 가동하니, 땀을 식히기에도 좋다.

지도 P.046E
구글지도 GPS 10.769316, 106.693381 찾아가기 벤탄 시장에서 도보 10분, 9월 23일 공원 내에 위치 주소 4 Phạm Ngũ Lão Khu B Công Viên 23/9, Phường Phạm Ngũ Lão, Quận 1, Hồ Chí Minh 전화 090-575-77-57 시간 10:00~22:00 가격 제품마다 다름

38 더 크래프트 하우스

The Craft House

★★★

재래시장의 질 낮은 기념품에 질렸다면 찾아가 볼만 한 기념품점. 가격이 조금 비싸기는 해도 기념품의 질은 확실히 좋다. 티셔츠, 에코백, 머그컵 등 흔한 기념품은 물론이고 지역 브루어리에서 만든 크래프트 맥주, 베트남 전통 과자 등도 판매해 차근차근 둘러보면 살 만한 제품들이 꽤 많다. 손님이 적어 여유롭게 둘러보기에도 좋다.

1권 P.261 지도 P.046C
구글지도 GPS 10.770931, 106.692574 찾아가기 벤탄 시장에서 도보 10분 주소 28 Nguyễn Trãi, Phường Phạm Ngũ Lão, Hồ Chí Minh 전화 28-6273-7628 시간 10:00~22:00 가격 에코백 17만 đ~ 홈페이지 thecrafthouse.vn

39 메콩 퀼트

Mekong Quilts

★★

메콩 플러스라는 NGO에 의해 설립된 디자인 그룹으로 100% 핸드메이드로 제작되는 퀼트 제품을 선보인다. 제품의 디자인이나 질이 완벽하지는 않지만, 소수 민족 여성들의 경제적 자립을 위해 그들의 손을 빌어 만들어지는 제품들인 만큼 그 의미가 깊다. 작은 파우치나 에코백 등은 기념으로 구입하기 좋다.

1권 P.275 지도 P.046D

구글지도 GPS 10.773282, 106.699751 **찾아가기** 벤탄 시장에서 도보 3분 **주소** 68 Lê Lợi, Phường Bến Thành, Quận 1, Hồ Chí Minh **전화** 28-2210-3110 **시간** 09:00~19:00 **휴무** 부정기적 **가격** 제품마다 다름 **홈페이지** 없음

40 꿉마트

Co.opmart

★★

롯데마트와 함께 베트남 사람들의 일상이 깃든 대형 슈퍼마켓이다. 호치민 시내에 여러 지점이 있지만 꽁뀐 거리에 있는 이 지점이 규모가 큰 편이라서 더 다양한 상품을 만날 수 있다. 롯데마트보다는 다소 어수선한 분위기이지만 가격은 저렴하다. 상품에 따라 벤탄 시장보다 더 저렴하게 구할 수 있는 것도 많다.

1권 P.244 지도 P.046E

구글지도 GPS 10.767290, 106.686221 **찾아가기** 벤탄 시장에서 택시 5분 **주소** 189C Cống Quỳnh, Phường Nguyễn Cư Trinh, Quận 1, Hồ Chí Minh **전화** 28-3832-5239 **시간** 07:30~22:00 **가격** 제품마다 다름 **홈페이지** www.co-opmart.com.vn

41 벤탄 야시장

Ben Thanh Night Market

★★

벤탄 시장이 문을 닫고 나면 어디서 쏟아져 나왔는지 모를 온갖 노점이 거리를 채우고 밤을 수놓는다. 저렴한 장난감과 짝퉁 티셔츠들과 함께 스티키 라이스나 열대과일 등 늦은 밤 주린 배를 채울 군것질 거리들이 주를 이룬다. 벤탄 시장의 명성에 비하면 야시장 자체는 실망스러운 편. 큰 기대는 하지 않는 것이 좋다.

1권 P.256 지도 P.046D

구글지도 GPS 10.772048, 106.697644 **찾아가기** 벤탄 시장에서 도보 1분 **주소** Phan Chu Trinh, Phường Bến Thành, Quận 1, Hồ Chí Minh **전화** 없음 **시간** 해 질 무렵~ **휴무** 부정기적 **가격** 제품마다 다름

EXPERIENCE

42 미우미우 스파

Miumiu Spa

★★★★★

깔끔한 환경, 편안한 분위기에서 합리적인 가격으로 만족스러운 마사지를 받을 수 있는 곳. 여행자들의 입소문을 타고 호치민 5호점을 내기에 이르렀다. 길거리에 자리 잡은 다른 마사지 숍들과 비교하면 비싼 가격이지만, 마사지와 서비스에 대한 만족도가 높다. 별도의 팁을 요구하지 않는다는 점도 마음이 놓이는 부분. 인기가 높은 만큼 사전에 예약해야 오래 기다리는 수고로움을 덜 수 있다.

1권 P.316 지도 P.046F

구글지도 GPS 10.769261, 106.697879 **찾아가기** 벤탄 시장에서 도보 5분 **주소** 90 Lê Thị Hồng Gấm, Phường Nguyễn Thái Bình, Quận 1, Hồ Chí Minh **전화** 28-2200-1618 **시간** 09:30~23:30 **휴무** 부정기적 **가격** 발 마사지 20만đ~, 전신 마사지 38만đ~ **홈페이지** www.miumiuspa.com

43 지네일

Ji Nail

★★★

한국인이 운영하는 네일 숍. 경력이 오래된 디자이너 2~3명이 한 팀이 되어 시술을 하기 때문에 시술 시간이 상대적으로 짧고 시술 전에 발 마사지와 각질 제거를 해주는 것이 장점. 스쳐 지나가기 쉬운 곳에 숍이 있으니 눈을 크게 뜨고 찾아야 한다.

1권 P.320 지도 P.046D

구글지도 GPS 10.774967, 106.696821 **찾아가기** 벤탄 시장에서 도보 5분 **주소** 101 Nguyễn Du, P. Bến Thành, Quận 1, Phường Bến Thành, Quận 1, Hồ Chí Minh **전화** 097-526-3564 **시간** 09:00~20:30 **가격** 네일 큐티클 제거 7만5000đ, 베이직 젤 컬러 18만đ **홈페이지** www.facebook.com/NailKorean **카카오톡 Id** Jinailart

44 오리 네일 앤드 스파

Ori Nail & Spa

★★★ đđ

외국인들이 많이 찾는 네일 숍. 다른 네일 숍에 비해 가격은 조금 더 비싸지만 그만한 결과물을 낸다. 전문 분야는 큐티클 제거와 기본 관리, 컬러 매니큐어. 손톱에 장식을 붙이는 네일 아트도 다양하게 준비돼 있지만 만족도가 높지는 않다.

1권 P.320 지도 P.046D

구글지도 GPS 10.771298, 106.695871 **찾아가기** 벤탄 시장에서 도보 3분 **주소** 22 Phạm Hồng Thái, Phường Bến Thành, Hồ Chí Minh **전화** 28-3915-8878 **시간** 월~토요일 08:00~22:00, 일요일 08:00~20:00 **가격** 네일 케어 12만đ, 일반 매니큐어/페디큐어 21만đ/31만đ, 젤 컬러 35만đ **홈페이지** orinailspa.com/lien-he

45 꼬 하이 사이공

Cô Hai Saigon

★★★ đ

아오자이 대여 숍. 1960~1970년대 사이공 아가씨라는 콘셉트로 복고풍의 아오자이를 만나 볼 수 있다. 모든 아오자이를 직접 만드는 것이 철칙인데 통기성이 좋은 원단으로 만들어 덥고 습한 호치민의 날씨에도 시원하게 입을 수 있는 것이 특징. 아오자이 대여 시 농라(베트남 전통 모자)와 신발을 무료로 대여해 주고 매일 세탁하는 등 서비스도 남다르다. 한국어와 영어 의사소통 가능. **(공사중)**

지도 P.046E

구글지도 GPS 10.766724, 106.690725 **찾아가기** 벤탄 시장에서 도보 15분 **주소** 39/7 Đỗ Quang Đẩu, Quận 1, Hồ Chí Minh **전화** 093-852-6607 **시간** 09:00~19:00 **가격** 3시간 대여 1인당 15만đ, 1일 대여 1인당 30만đ(보증금 1인당 60만đ **홈페이지** www.facebook.com/cohai.saigon88

46 응안하 이발소

Ngân Hà

★★★ đđđ

한국인이 운영하는 이발소. 서비스 내용에 따라 5가지 콤보 메뉴가 있는데, 원치 않는 서비스는 그 시간만큼 다른 서비스로 받을 수 있어 손님들의 반응도 좋다. 주말에는 하루 종일 예약이 꽉 차기도 하니 카카오톡이나 전화로 반드시 예약을 해야 한다. 여성용 콤보 메뉴도 있다.

1권 P.321 지도 P.046E

구글지도 GPS 10.762428, 106.691460 **찾아가기** 벤탄 시장에서 택시 5분 **주소** 62A Hồ Hảo Hớn, Phường Cô Giang, Quận 1, Hồ Chí Minh **전화** 077-414-9969 **시간** 09:00~21:00(마지막 입장 19:30) **가격** 콤보A(면도+귀 청소+페이셜+손발톱 정리+마사지+샴푸 90분) 35만đ(팁 포함) **홈페이지** blog.naver.com/eunsungra

47 브이아이피 64 이발소

VIP64

★★★ đđ

한국인이 운영하는 이발소. 서비스 만족도가 항상 일정한 것이 이 집의 최대 장점이다. 면도, 귀 청소, 손발톱 깎기, 마사지, 샴푸를 차례로 해준다. 원치 않는 서비스는 직원에게 이야기하면 된다. 주말에는 전화나 카카오톡으로 예약을 해야 기다리지 않고 서비스를 받을 수 있다. 전화와 카카오톡 모두 한국어 대응 가능.

1권 P.321 지도 P.046F

구글지도 GPS 10.769005, 106.699257 **찾아가기** 벤탄 시장에서 도보 6분 **주소** 64 Nguyễn Thái Bình, Phường Nguyễn Thái Bình, Quận 1, Hồ Chí Minh **전화** 091-631-9064 **시간** 08:00~21:00 **가격** 귀 청소+페이셜+손발톱 정리+면도+샴푸 28만đ

48 뀐 누 137 발 마사지

Quynh Nhu 137 foot Massage

★★★ đ

이 인근에서 마사지를 잘 하기로 소문난 집. 그래서인지 항상 여행객으로 붐빈다. 추천 마사지는 60분 하체 마사지와 90분 보디 마사지. 다른 사람들과 함께 마사지를 받는 것이 싫다면 돈을 좀 더 주더라도 개인실을 신청하자. 인근에 이름이 비슷한 유사 마사지 숍이 많은데, 'Quynh Nhu'라는 상호명이 있는지 확인하자.

지도 P.046D

구글지도 GPS 10.770746, 106.700013 **찾아가기** 벤탄 시장에서 도보 3분 **주소** 149 Hàm Nghi, Phường Nguyễn Thái Bình, Quận 1, Hồ Chí Minh **전화** 28-3821-7362 **시간** 10:00~23:00 **가격** 60분 하체 마사지(휴게실) 28만đ, 90분 보디 마사지(휴게실) 35đ **홈페이지** www.quynhnhu137.com

AREA

1-C DISTRICT 3 & TAN

[3군 & 떤딘]

모든 것이 정신 없이 돌아가는 1군에서 발을 한 발자국만 떼면 조금은 다른 세상이 반긴다. 옴짝달싹할 수 없었던 도로 위 풍경도, 하늘을 가리기 일쑤이던 고층 빌딩도 이곳에서는 쉽게 만나볼 수 없다. 그 대신 평범한 사람들의 삶의 궤적이 곳곳에 녹아 있다. 조금만 천천히, 조금 더 여유 있게 여행하는 것이 이곳을 제대로 즐기는 방법이다.

MUST SEE 이것만은 꼭 보자!

No. 1
인스타 감성으로
남기는 인증샷 한 장
떤딘 성당

No. 2
도심 속에서 보내는
꿀 같은 휴식
레반탐 공원

MUST EAT 이것만은 꼭 먹자!

No. 1
대통령이 머물던 곳에서
근사한 식사
더 찹스틱스 사이공

No. 2
국물 맛에 반하고,
면발에 취하고
퍼호아 파스퇴르

No. 3
고기는
다 맛있지!
꽌넴의 분짜

MUST BUY 이것만은 꼭 사자!

No. 1
베트남 사람들의
장바구니 구경하기
꿉마트

MUST EXPERIENCE 이것만은 꼭 경험하자!

No. 1
한국식 사우나, 찜질방과
베트남식 마사지의 만남
골든 로터스 힐링 스파 월드

인기 ★★★☆☆

1군의 복잡함에 질린 여행자들이 3군을 찾고 있는 추세. 1군의 아성에 도전할 날도 머지않았다.

관광 ★★☆☆☆

유명한 관광지는 거의 없다. 전쟁 박물관과 떤딘 성당 정도가 가볼 만한 관광지이다.

쇼핑 ★☆☆☆☆

여행자가 갈 만한 쇼핑 스폿도, 살 만한 물건도 거의 없다.

식도락 ★★★★☆

여행자보다는 현지인에게 인기 있는 맛집들이 도처에 흩어져 있다.

복잡함 ★★★★☆

출퇴근 시간대만 제외하면 한산한 편이다.

접근성 ★★★★★

시내 중심에서 자동차로 5~10분 거리라 편히 오고 갈 수 있다.

MAP
3군 & 떤딘 한눈에 보기

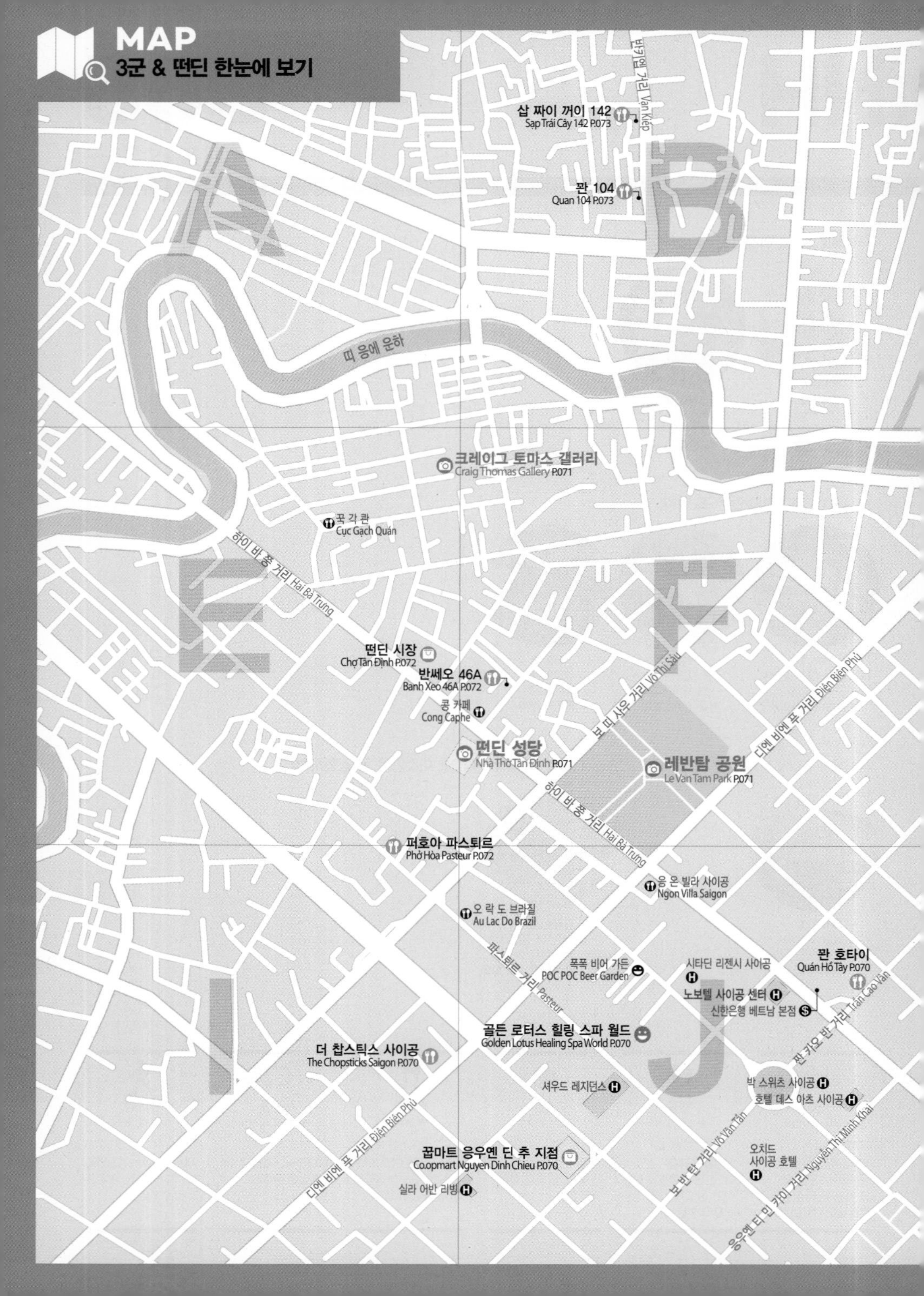

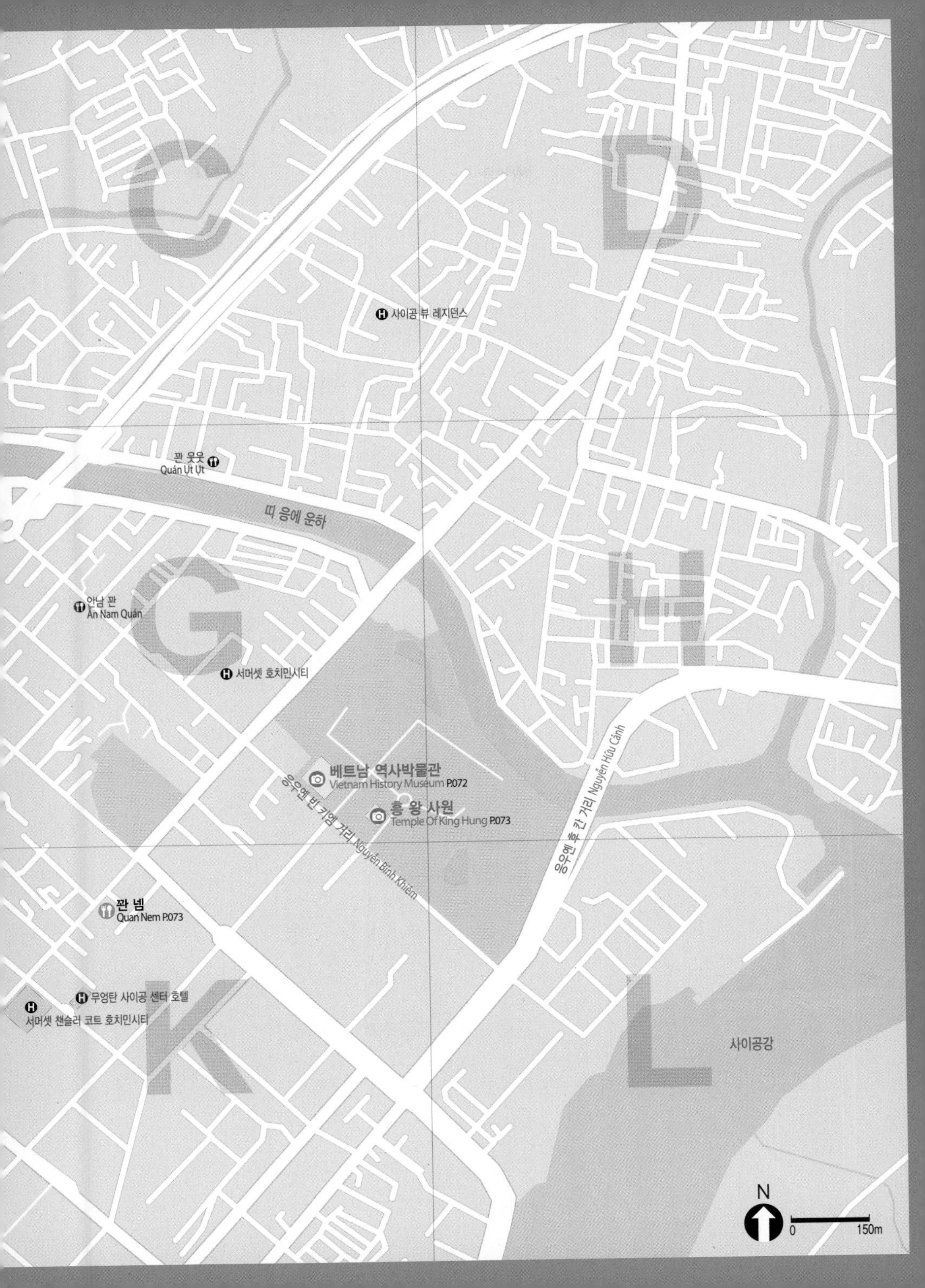
C
D
사이공 뷰 레지던스
꽌 웃웃
Quán Ụt Ụt
띠 응에 운하
G
H
안남 꽌
Ăn Nam Quán
서머셋 호치민시티
베트남 역사박물관
Vietnam History Museum P.072
흥 왕 사원
Temple Of King Hung P.073
응우옌 빈 키엠 거리 Nguyễn Bỉnh Khiêm
응우옌 후 칸 거리 Nguyễn Hữu Cảnh
꽌 넴
Quan Nem P.073
무엉탄 사이공 센터 호텔
서머셋 챈슬러 코트 호치민시티
K
L
사이공강
N
0
150m

삽 짜이 꺼이 142
Sạp Trái Cây 142
꽌 104
Quan 104
크레이그 토마스 갤러리
Craig Thomas Gallery
떤딘 시장 1
Chợ Tân Định
응우옌 흐우 까우 거리
Nguyễn Hữu Cầu
반쎄오 46A 2
Banh Xeo 46A
딘 꽁 짱 거리
Đinh Công Tráng
떤딘성당 3
Nhà Thờ Tân Định
레반탐 공원
Le Van Tam Park
4
하이 바 쯩 거리 Hai Bà Trưng
퍼호아 파스퇴르 6
Phở Hòa Pasteur
파스퇴르 거리 Pasteur
디엔 비엔 푸 거리 Điện Biên Phủ
보 디 싸우 거리 Võ Thị Sáu
팜 응옥 탁 거리 Phạm Ngọc Thạch
골든 로터스 힐링 스파 월드 5
Golden Lotus Healing Spa World

COURSE 1

떤딘에서 잘 먹고 잘 쉬는 코스

템포가 너무 빨라서 지치기 일쑤이던 여행은 이제 그만. 속도를 조금 늦추는 대신 제대로 둘러보자. 조금씩 자주 걸어야 하니 그나마 햇볕이 덜 뜨거운 오전 시간을 잘 활용하면 체력적인 부담이 덜하다.

1 떤딘 시장 / 30분
Chợ Tân Định

시내 중심에 있는 벤탄 시장과는 사뭇 다른 분위기. 외국인 여행자보다는 현지인들이 더 많이 찾는 재래시장이다. 규모는 작지만 호치민 사람들의 일상을 가까이에서 볼 수 있어 새로운 경험이 된다. 이른 시간일수록 현지 분위기가 폴폴 풍긴다.

시간 05:00~23:00(가게마다 다름)

→ Nguyễn Hữu Cầu 거리를 따라 도보 3분 → 반쎄오 46A

2 반쎄오 46A / 40분
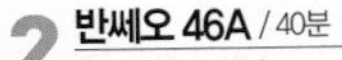
Banh Xeo 46A

소문난 반쎄오 맛집. 혼자 먹기 버거울 만큼 커다란 반쎄오를 내놓는다. 반쎄오 외에도 분팃능(돼지고기 비빔국수), 보룩락(베트남 스타일 소고기 스테이크) 등도 두루두루 맛있다. 식사 시간이면 빈자리가 없을 정도로 인기 있으니 오전 11시 전에 찾아가는 것을 추천. 오후에 브레이크 타임이 있다.

시간 10:00~14:00, 16:00~21:00 **가격** 반쎄오 레귤러 사이즈 8만đ, 분팃능 8만đ, 보룩락 13만đ

→ Đinh Công Tráng 거리를 따라 도보 1분 → 떤딘 성당

3 떤딘 성당 / 40분
Nhà Thờ Tân Định

외벽이 핑크색으로 칠해져 있어 '핑크 성당'이라는 이름으로 더 유명한 성당. 날씨가 좋은 날이면 예쁜 사진을 찍을 수 있어 여행객들이 몰린다. 오후 2시가 넘어가면 역광 때문에 사진을 찍기가 힘들어지니 될 수 있으면 오전에 찾아가자.

시간 미사 일요일 05:00, 06:15, 07:30, 09:00, 16:00, 17:30, 19:00 / 평일 05:00, 17:30 **가격** 무료

→ Hai Bà Trưng 거리를 따라 도보 3분 → 레반탐 공원

4 레반탐 공원 / 20분
Le Van Tam Park

떤딘 지역 한가운데에 자리한 공원. 키가 큰 열대 나무가 공원을 가득 메우고 있어 걷기만 해도 기분이 상쾌해진다.

시간 24시간 **가격** 무료

→ Võ Thị Sáu 거리를 따라 걷다가 Phạm Ngọc Thạch 거리로 우회전. 도보 5분. 공원 끝 부분에서 출발할 경우 걸어서 10분 정도 걸리기 때문에 택시나 그랩카를 타도 좋다. → 골든 로터스 힐링 스파 월드

5 골든 로터스 힐링 스파 월드 / 3시간
Golden Lotus Healing Spa World

하루 동안의 피로는 이곳에서 모두 풀자. 한국식 찜질방과 베트남식 마사지를 모두 즐길 수 있는 곳으로 현지인과 여행자 모두에게 인기 있다. 휴게실, 식당, 영화 상영실 등 부대시설도 다양해 시간을 보내기도 좋다.

시간 09:00~23:00 **가격** 찜질방 33만5000đ, 시그니처 골든 로터스 보디 마사지 90분 49만5000đ

→ Phạm Ngọc Thạch 거리를 따라 걷다가 Điện Biên Phủ 거리로 좌회전. Pasteur 거리로 우회전. 도보 10분 → 퍼호아 파스퇴르

6 퍼호아 파스퇴르 / 30분
Phở Hoà Pasteur

속을 든든히 채워주는 음식을 먹고 싶다면 쌀국수 맛집으로 가자. 푸짐한 고명과 목 넘김이 부드러운 면발, 간이 세지 않아 금세 바닥을 보이게 되는 국물의 조화가 환상적이다. 어쩌면 이곳 때문에 이 다음에 호치민 여행을 꿈꿀지도 모른다.

시간 06:00~24:00 **가격** 쌀국수 7만đ

START

1. 떤딘 시장
230m, 도보 3분
2. 반쎄오46A
110m, 도보 1분
3. 떤딘 성당
180m, 도보 3분
4. 레반탐 공원
450m, 도보 5분
5. 골든 로터스 힐링 스파 월드
750m, 도보 10분
6. 퍼호아 파스퇴르

RECEIPT

관광	1시간 30분
식사	1시간 10분
이동	21분
체험	3시간

TOTAL 6시간 1분

식사 및 간식	23만đ
반쎄오46A(반쎄오+분팃능)	16만đ
퍼호아 파스퇴르(쌀국수)	7만đ
체험	83만đ
골든 로터스 힐링 스파 월드 (찜질방+시그니처 골든 로터스 보디 마사지 90분)	83만đ

TOTAL 106만đ
(1인 성인 기준, 쇼핑 비용 별도)

TRAVEL INFO

노보텔 주변

1군 지역에 미처 둥지를 틀지 못한 호텔들이 이곳에 모두 모여 있다. 그 덕분인지 호텔에서 한 발자국만 나가도 호텔 투숙객을 겨냥한 맛집이 가득. 주변에 마트도 있어 여행객이 지내기에는 더 없이 좋다.

이동시간 기준_노보텔

현지 물가를 고려해 가격대가 비싼 곳은 đđđ, 보통인 곳은 đđ, 싼 곳은 đ, 무료인 곳은 FREE로 표기했습니다. 또한 인기도는 별로 표기했습니다.

EATING

01 더 찹스틱스 사이공 đđđ

The Chopsticks Saigon
★★★★

베트남 남북 분단 시절의 대통령 자택을 리모델링한 파인 다이닝. 서양식과 접목한 베트남 요리를 선보인다. 그중 인기 메뉴만 추려서 구성한 '베트나미즈 세트 메뉴'가 가장 인기 있다.

추천 베트나미즈 세트 메뉴 Vietnamese set meun 99만 đ

1권 P.176 **지도** P.066I
구글지도 GPS 10.783033, 106.689877 **찾아가기** 노보텔에서 택시 5분 **주소** 216/4 Điện Biên Phủ, Phường 7, Quận 3, Hồ Chí Minh **전화** 28-3932-2889 **시간** 11:00~14:00, 18:00~22:00 **휴무** 부정기적 **가격** 메인 요리 25만 5000 đ~ **홈페이지** www.thechopsticksaigon.com

02 꽌 호타이 đ

Quán Hồ Tây
★★★

동네 주민들만 찾는 분짜 전문점. 메인 메뉴는 분짜와 반톰(새우튀김), 짜조. 새우 껍질째 튀긴 반톰은 우리 입맛에 안 맞을 수 있지만 짜조와 분짜는 '이 가격에 이런 맛이?'라는 생각이 절로 든다.

추천 분짜 Bún chả 4만 đ

1권 P.155 **지도** P.066J
구글지도 GPS 10.784324, 106.697396 **찾아가기** 노보텔에서 도보 2분 **주소** 20 Trần Cao Vân, Đa Kao, Quận 1, Hồ Chí Minh **전화** 28-3824-3814 **시간** 08:00~14:00, 16:00~다음 날 02:00 **가격** 반톰 4만8000 đ, 짜조 4만 8000 đ **홈페이지** 없음

SHOPPING

03 꿉마트 응우옌 딘 추 지점 FREE

Co.opmart Nguyen Dinh Chieu
★★★

현지인들이 많이 들르는 대형 마트. 여행자를 위한 상품보다는 현지인이 많이 찾는 물건들로 채워져 있어 베트남 사람들의 장바구니를 훔쳐보는 재미가 있다. 귀국 선물이나 기념품 쇼핑을 하기에는 부적절하고, 간단히 장을 보기엔 좋다.

1권 P.244 **지도** P.066J
구글지도 GPS 10.781385, 106.692574 **찾아가기** 노보텔에서 도보 6분 **주소** 168 Nguyễn Đình Chiểu, Phường 6, Quận 3, Hồ Chí Minh **전화** 28-3930-1384 **시간** 07:30~21:30 **가격** 제품마다 다름 **홈페이지** www.co-opmart.com.vn

EXPERIENCE

04 골든 로터스 힐링 스파 월드 đđ

Golden Lotus Healing Spa World
★★★★

스파·마사지 시설, 족욕 시설, 찜질방, 사우나를 모두 갖춘 복합 스파랜드다. 가격이 비싸도 시설이 호치민에서 손꼽히는 수준이라 돈이 아깝다는 생각은 들지 않는다. 한국에서 먹는 것과 거의 비슷한 한식을 내놓는 식당들도 이곳의 자랑거리. 밤늦은 시간까지 영업해 여행 마지막 날에 들러 피로를 풀기 좋다.

1권 P.317 **지도** P.066J
구글지도 GPS 10.783663, 106.693567 **찾아가기** 노보텔에서 도보 3분 **주소** 27 Phạm Ngọc Thạch, Phường 6, Quận 3, Hồ Chí Minh **전화** 28-3823-9000 **시간** 09:00~23:00 **가격** 찜질방 33만5000 đ, 세신 29만 đ, 시그니처 골든 로터스 보디 마사지 90분 49만5000 đ **홈페이지** goldenlotusspa.vn

TRAVEL INFO

떤딘

여행객들이 많이 찾지 않는 곳이라 현지인의 삶을 가까이에서 볼 수 있는 것이 이곳의 장점. 시 외곽에서 1군으로 가는 길목에 있어 출퇴근 시간에는 극심한 차량 정체가 일어나기도 해 늦은 오전 시간에 가보는 것을 추천.

이동시간 기준_노보텔

현지 물가를 고려해 가격대가 비싼 곳은 ₫₫₫, 보통인 곳은 ₫₫, 싼 곳은 ₫, 무료인 곳은 FREE로 표기했습니다. 또한 인기도는 별로 표기했습니다.

01 떤딘 성당 FREE

Nhà Thờ Tân Định

★★★★

'핑크 성당'이라는 별칭으로 더 잘 알려진 성당. 성당의 외벽이 핑크색으로 칠해져 SNS에서 '호치민 포토 스폿'으로 입소문 났다. 흐리거나 비 오는 날보다 날씨가 맑을 때 가면 예쁜 사진을 찍을 수 있다. 오전 시간대가 사진 찍기 가장 좋은 타이밍. 미사 시간과 오전 11시부터 오후 1시까지의 점심시간에는 입장이 제한된다.

1권 P.092 **지도** P.066F
구글지도 GPS 10.788469, 106.690730 **찾아가기** 노보텔에서 택시 5분 **주소** 289 Hai Bà Trưng, Phường 8, Quận 3, Hồ Chí Minh **전화** 28-3829-0093 **시간** 미사 일요일 05:00, 06:15, 07:30, 09:00, 16:00, 17:30, 19:00, 평일 05:00, 17:30 **가격** 무료

02 레반탐 공원 FREE

Le Van Tam Park

★★★

떤딘 지역 한가운데 자리한 공원. 관광객보다는 현지인들의 운동 장소로 사랑받고 있다. 그 덕분에 매일 아침이면 조깅을 하거나, 에어로빅이나 체조를 하는 사람들이 모여드는 진풍경이 펼쳐진다. 키가 큰 열대 나무가 빽빽이 심어져 있어 한낮의 더위를 피하기에도 제격!

지도 P.066F
구글지도 GPS 10.788199, 106.693851 **찾아가기** 노보텔에서 도보 7분 **주소** Võ Thị Sáu, Đa Kao, Quận 1, Hồ Chí Minh **전화** 없음 **시간** 24시간 **가격** 무료 **홈페이지** 없음

03 크레이그 토마스 갤러리 FREE

Craig Thomas Gallery

★★★

호치민을 대표하는 사설 미술관으로 미국의 저명한 변호사였던 크레이그 토마스에 의해 설립, 운영되고 있다. 호치민을 근거로 한 베트남의 신진 작가들을 발굴하고 그들의 작품들을 대중에게 소개하는 역할을 톡톡히 하고 있다. 때에 따라 도전적이며 혁신적인 기획전을 개최해 현지의 미술 애호가들에게도 두루 사랑받고 있다.

1권 P.096 **지도** P.066E
구글지도 GPS 10.793305, 106.690251 **찾아가기** 노보텔에서 택시 6분 **주소** 27i Đường Trần Nhật Duật, Tân Định, Quận 1, Hồ Chí Minh **전화** 090-388-8431 **시간** 월~토요일 11:00~18:00, 일요일 12:00~17:00 **휴무** 부정기적 **가격** 무료(프로그램에 따라 다름) **홈페이지** www.cthomasgallery.com

EATING

04 반쎄오 46A

Banh Xeo 46A
★★★★

여러 매체에 소개되며 인기를 얻고 있는 반쎄오 맛집. 큼지막하게 부친 반쎄오와 짜조가 가장 인기 있는 메뉴다. 식사 시간을 조금만 피해서 방문하면 여유롭게 식사할 수 있다.

추천 반쎄오 Banh Xeo 9만 đ

1권 P.157 **지도** P.066F

구글지도 GPS 10.789552, 106.691358 **찾아가기** 노보텔에서 택시 5분 **주소** 46A Đinh Công Tráng, Tân Định, Quận 1, Hồ Chí Minh **전화** 28-3824-1110 **시간** 10:00~14:00, 16:00~21:00 **가격** 짜조 7만5000 đ **홈페이지** www.facebook.com/banhxeo46adinhcongtrang

05 퍼호아 파스퇴르

Phở Hòa Pasteur
★★★★

현지인과 관광객 모두가 사랑하는 쌀국숫집. 국물 맛이 너무 진한 감이 있는 로컬 퍼 집에 비해 간이 약하다는 것이 특징. 그 덕분에 국물까지 부담 없이 마실 수 있다. 특이하게 사이드 메뉴가 테이블마다 기본적으로 놓여 있어 주문을 거치지 않고 일단 먹고 나서 계산하는 시스템이다.

추천 퍼 친 Phở Chín 7만 đ

1권 P.150 **지도** P.066E

구글지도 GPS 10.786695, 106.689250 **찾아가기** 노보텔에서 택시 5분 **주소** 260C Pasteur, Phường 8, Quận 3, Hồ Chí Minh **전화** 28-3829-7943 **시간** 06:00~12:00 **가격** 퍼(보통 사이즈) 7만 đ

SHOPPING

06 떤딘 시장

Chợ Tân Định
★★

현지인들의 장바구니에는 어떤 것이 들어있는지 궁금하다면 이곳으로 가자. 규모는 작지만 현지인들이 많이 찾는 재래시장으로 벤탄 시장에 비해 좀 더 저렴하다. 하지만 바가지가 완전히 없는 것은 아니어서 흥정을 해야 한다는 것만 알아두자.

지도 P.066E

구글지도 GPS 10.789917, 106.689977 **찾아가기** 노보텔에서 택시 4분 **주소** 48 Mã Lộ, Tân Định, Quận 1, Hồ Chí Minh **전화** 없음 **시간** 05:00~23:00 **가격** 가게마다 다름 **홈페이지** 없음

TRAVEL INFO

베트남 역사 박물관 주변

호치민 시민들의 나들이 장소로 사랑받고 있는 지역이다. 박물관 주변에 사원, 동물원 등이 모여 있어 아이들과 함께 시간을 보내기도 좋다.

이동시간 기준_노보텔

현지 물가를 고려해 가격대가 비싼 곳은 đđđ, 보통인 곳은 đđ, 싼 곳은 đ, 무료인 곳은 FREE로 표기했습니다. 또한 인기도는 별로 표기했습니다.

지도 한눈에 보기

SIGHTSEEING

01 베트남 역사박물관

Vietnam History Museum
★★

독립 투쟁기부터 응우옌 왕조에 이르기까지의 베트남 역사를 다루고 있는 박물관. 다른 박물관에 비해 규모가 크고 전시물이 많아서 역사에 관심이 있는 사람이라면 한 번쯤은 들러볼 만하다. 참파 왕조의 조각, 호치민에서 발굴된 쏨까이 미이라 등은 놓치지 말 것. 추가 요금을 내면 수상인형극을 볼 수 있는 야외 극장도 있다.

1권 P.103 **지도** P.067G

구글지도 GPS 10.787935, 106.704749 **찾아가기** 노보텔에서 택시 5분 **주소** 2 Nguyễn Bỉnh Khiêm, Bến Nghé, Quận 1, Hồ Chí Minh **전화** 28-3829-8146 **시간** 08:00~11:30, 13:30~17:00 **가격** 3만 đ **홈페이지** 없음

02 흥 왕 사원 FREE

Temple Of King Hung

★

1927년 제 1차 세계대전에 참전한 베트남 군인들을 기리기 위해 세운 사원. 1954년에 흥 왕과 공자, 쩐 흥다오, 레 반 뚜옛 장군을 기리기 위한 사원으로 바뀌었다. 베트남 역사박물관의 후문과 붙어 있어 함께 둘러보기 좋다.

지도 P.067G

구글지도 GPS 10.787264, 106.705681 **찾아가기** 노보텔에서 택시 5분 **주소** 2 Nguyễn Bỉnh Khiêm, Bến Nghé, Quận 1, Hồ Chí Minh **전화** 없음 **시간** 08:00~11:30, 13:30~16:30 **휴무** 월요일 **가격** 무료 **홈페이지** 없음

03 꽌넴 đđ

Quan Nem

★★★★

분짜 전문점. 고기 완자는 따뜻하게 먹을 수 있도록 화로에 나오고, 고기가 완자와 슬라이스 모양으로 따로 나오는 것이 이곳만의 특징. 오전 11시 30분 전이나 오후 1시 30분 이후에 가면 기다리지 않고 식사할 수 있다.

추천 분짜 꽌넴 Bún chả Quán Nem 6만8000đ

1권 P.155 **지도** P.067K

구글지도 GPS 10.785759, 106.700984 **찾아가기** 노보텔에서 택시 4분 **주소** 15E Nguyễn Thị Minh Khai, Bến Nghé, Quận 1, Hồ Chí Minh **전화** 28-6299-1478 **시간** 10:00~22:00 **가격** 넴 끄어 비엔 5만8000đ **홈페이지** quannem.com.vn/index.php/vi

TRAVEL INFO

반키엡 거리

베트남 젊은이에게 인기 있는 길거리 음식 골목. 저녁이면 온 거리에 간이 테이블이 펼쳐지고 사람들이 삼삼오오 모여든다. 이곳에서 반드시 맛봐야 할 것이 있다면 해산물 꼬치. 시내에서 거리가 조금 있기 때문에 그랩카를 타고 오는 것이 편하다.

이동시간 기준_노보텔

현지 물가를 고려해 가격대가 비싼 곳은 đđđ, 보통인 곳은 đđ, 싼 곳은 đ, 무료인 곳은 FREE로 표기했습니다. 또한 인기도는 별로 표기했습니다.

EATING

01 꽌 104 đđ

Quan 104

★★★

젊은 사람들이 좋아하는 꼬치집. 싹싹하고 밝은 짱(Trang)네 식구가 총동원돼 노점을 운영하는데, 주문 즉시 재료에 따라 직화와 그릴에 나눠 요리해 맛이 뛰어나다. 다른 건 몰라도 문어구이는 절대 놓치지 말자.

추천 박 뚜엇 느엉 Bạch tuộc nướng 10만đ

1권 P.190 **지도** P.066B

구글지도 GPS 10.798175, 106.693574 **찾아가기** 노보텔에서 택시 10분 **주소** 230 Vạn Kiếp, Phường 3, Bình Thạnh, Hồ Chí Minh **전화** 없음 **시간** 16:30~밤늦게 **가격** 묵 쫑 10만đ, 씨엔 꿰 9만đ **홈페이지** 없음

02 삽 짜이 꺼이 142 đ

Sạp Trái Cây 142

★★★

과육 100% 신또를 판매하는 집. 주문하면 즉석에서 과일을 갈아 신또를 만들어 준다. 메뉴판에 과일 그림이 그려져 있어 주문은 쉽다. 테이크아웃도 가능.

추천 망고 신또 Xoài sinh tố 1만5000đ

1권 P.190 **지도** P.066B

구글지도 GPS 10.799597, 106.693519 **찾아가기** 노보텔에서 택시 10분 **주소** 152 Vạn Kiếp, Phường 3, Bình Thạnh, Hồ Chí Minh **전화** 없음 **시간** 17:00~밤늦게 **가격** 신또 1만5000đ~ **홈페이지** 없음

AREA 1-D VINHOMES & THA

[빈홈 & 따오디엔]

요즘 뜨는 핫플레이스

아무리 유명하다고는 하지만 남들 다 간다는 곳, 남들 다 먹는 음식만 먹을 수는 없는 법. 시선을 조금만 바꾸면 새로운 호치민이 다가온다. 시내에서 찾아오기가 힘들어 그렇지 한 번 발을 디뎠다 하면 다시 돌아가기가 퍽 힘드는 곳. 따오디엔은 지금이 가장 뜨겁다.

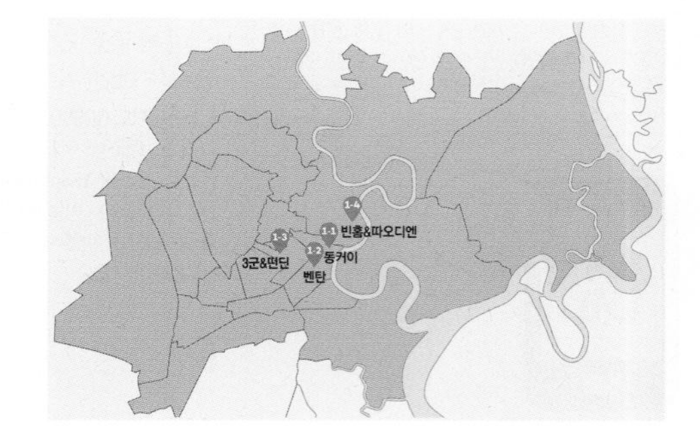

MUST SEE 이것만은 꼭 보자!

No. 1
베트남에서 가장
높은 빌딩
랜드마크 81 스카이뷰

PLUS TIP

전망대 요금이 부담이라면 블랭크 라운지로 가자.
아무리 새로 생긴 전망대라고 하지만 입장료가 비싸도 너무 비싸다. 성인 기준 우리 돈으로 약 4만 원에 달하지만 볼 수 있는 풍경이 제한적이라는 평가. 하지만 걱정말자. 이보다 저렴한 가격에 술 한잔할 수 있는 곳이 같은 건물에 들어섰다. 바로 '블랭크 라운지'. 층수가 조금 낮기는 하지만 전망을 감상하기에는 더 낫다.

MUST EAT 이것만은 꼭 먹자!

No. 1
잘 가꾼 정원에서
꿀 같은 시간
꽌부이 가든

No. 2
입맛 없을 때는
분짜가 특효약
하이 호이 콴

No. 3
맥주 한 잔이
간절해지는 맛
디스트릭트 페더럴

No. 4
분위기 합격,
맛 합격!
펜돌라스코

No. 5
동네 커피숍이
이렇게 맛있다고?
후에 카페

MUST BUY 이것만은 꼭 사자!

No. 1
아이디어 넘치는
잡화 득템
레이데이

No. 2
색감 때문에 자꾸만
손이 가는 키친웨어
아마이

No. 3
비싼 걸 알면서도
마음이 흔들리는
사덱 디스트릭트

MUST EXPERIENCE 이것만은 꼭 경험하자!

No. 1
흘러가는
시간이 아까운
목흐엉 스파

No. 2
호치민의 밤을
좀 더 로맨틱하게
블랭크 라운지

인기
★★★★☆

요즘 뜨는 곳답게 유행에 민감한 젊은 층에게 특히 인기 있는 지역이다.

관광
★☆☆☆☆

관광지는 거의 없다고 봐도 무방하다.

쇼핑
★★★★★

은근히 쇼핑 스폿이 많다. 특히 디자인, 인테리어 소품에 관심이 있다면 빼놓지 말자.

식도락
★★★★★

베트남 음식부터 이탈리아, 프랑스, 아메리카 등 전 세계의 음식이 식탁에 올라온다. 맛은? 두말할 것 없이 Thumbs up!

복잡함
★★★★★

절반은 관광지화된 빈홈을 제외하면 어딜 가나 조용하다. 오토바이보다 차량 통행량이 많은 곳이라 길을 건너기도 쉽다.

접근성
★☆☆☆☆

교통비가 많이 들 각오는 해야 한다. 한 번 올 때 계획을 잘 짜서 모두 둘러보는 것이 좋다.

MAP
빈홈 & 따오디엔 한눈에 보기

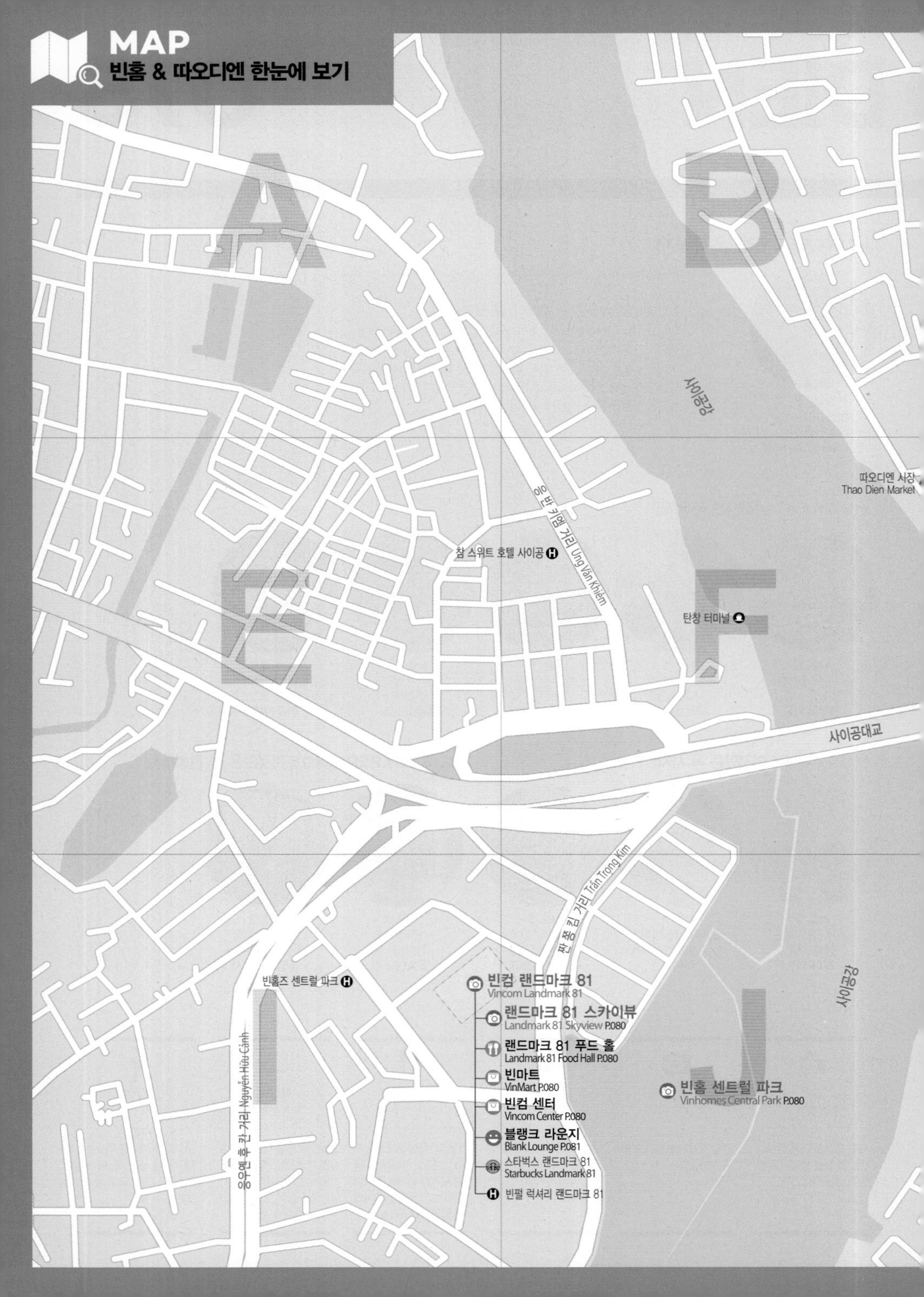

사이공강
오로라 웨스턴 빌리지
글렌우드 스위츠
꾸옥 흐엉 거리 Quốc Hương
똥 후 딘 거리 Tống Hữu Định
즈엉 레 반 미엔 거리 Đường Lê Văn Miến
펜돌라스코 Pendolasco P.082
후에 카페 로스터리 Hue Cafe Roastery P.081
안 푸 슈퍼마켓 An Phu Supermarket
꽌 부이 가든 Quan Bui Garden P.081
3 투하 구르망 3 Trois Gourmand
400m
더 덱 사이공 The Deck Saigon P.082
사덱 디스트릭트 2군 지점 SADÉC DISTRICT TWO P.083
아마이 Amaï P.083
레이데이 Laidday P.083
반미362 Bánh Mì 362 P.082
라 플란차 La Plancha
꽌웃웃 2군 지점 Quán Ụt Ụt P.082
응오 꽝 후이 거리 Ngô Quang Huy
인벤토리 에어리어 Inventory Area P.083
플랜 K Plan K
퍼 24 PHỞ 24 P.083
쑤안 투이 거리 Xuân Thủy
메콩 머천트 사이공 Mekong Merchant Saigon
즈엉 따오디엔 거리 Đường Thảo Điền
쩐 응옥 디엔 거리 Trần Ngọc Diện
퍼 부이지아 Phở Bùi Gia P.082
디스트릭트 페더럴 District Federal P.081
안 카페 사이공 An Cafe Saigon
하이 호이 콴 Hải Hội Quán P.081
빌라 420
더 커피하우스 The Coffee House P.082
빈컴 메가 몰 따오디엔 Vincom Mega Mall Thao Dien
목흐엉 스파 Moc Huong Spa P.083
따오디엔 펄 Thao Dien Pearl
빅씨 따오디엔 Big C Thao Dien
도쿄 델리 TOKYO Deli
파파스 치킨 Papa's Chicken
조엉 짠 나오 거리 Đường Trần Não
N
0
130m

힙스터가 사랑하는 따오디엔

'호치민에서 멋 좀 부릴 줄 아는 사람들은 어디에 있을까?' 궁금하다면 일단 택시를 타자. 고층 빌딩 사이를 지나 사이공강을 건너 따오디엔 지역으로 오면 또 다른 호치민이 반긴다. 가벼운 마음으로 들렀다가 양손이 무겁게 돌아가는 곳. 나도 모르는 사이에 두꺼웠던 지갑이 홀쭉해졌다.

1 꽌부이 가든 / 1시간
Quán Bụi Garden

똑같은 음식이라도 예쁜 그릇에 담긴 것에 눈이 더 간다. 평범한 베트남 음식이지만 음식 데커레이션에 신경을 쓴 티가 난다. 베트남 가정식을 전문으로 건강한 맛을 잘 내고 있다.

시간 08:00~23:00 **가격** 고이 꽌부이 하이싼 14만9000₫, 카이 비 꽌부이 18만9000₫

→ Ngô Quang Huy 거리를 따라 걷다가 Hẻm89 골목길로 좌회전. 쑤안 뚜이 Xuân Thủy 거리와 만나는 교차로에 위치. 도보 3분 → 아마이

2 아마이 / 20분
amaï

키친 · 리빙 용품 전문 숍. 슥 둘러봐도 눈에 띄는 제품들이 많아 구경만 해도 재미있다. 특히 파스텔톤의 접시와 머그컵은 놓치지 말아야 할 아이템. 외국인이라고 이야기 하면 포장도 꼼꼼히 해준다.

→ 바로 옆 → 레이데이

3 레이데이 / 20분
Laiday

오가닉 화장품 리필 스테이션. 샴푸, 린스, 세안폼, 토너 등 기초 화장품을 용량에 따라 판매한다. 아이디어와 실용성을 모두 갖춘 생활용품도 꼼꼼히 보자. 좁은 진열장에 아이디어 제품이 빼곡히 전시돼 있어 놓치기 십상이다.

시간 09:00~19:00

→ Xuân Thủy 거리를 따라 도보 2분 → 후에 카페 로스터리

4 후에 카페 로스터리 / 30분
Hue Cafe Roastery

쇼핑도 체력이 있어야 하는 법. 떨어진 당 보충은 이곳에서! 현지인들도 많이 찾는 커피숍으로 달걀을 넣은 에그 커피가 맛있다. 시원한 곳을 찾는다면 가까운 거리에 있는 더 커피 하우스를 추천.

시간 06:30~22:00 **가격** 에그 커피 4만₫

→ Xuân Thủy 거리를 따라 도보 1분 → 사덱 디스트릭트 2군 지점

5 사덱 디스트릭트 2군 지점 / 20분
SADÉC DISTRICT TWO

디자인과 인테리어 분야에 관심이 있다면 들러볼 만한 숍. 1군 지점에 비해 품목 종류는 적지만 인기 제품들만 진열해 오히려 쇼핑이 한결 쉬운 느낌은 있다. 일부 제품은 우리나라에서 사는 것보다 더 비싸기도 하니 조심하자.

시간 09:00~20:30

→ Xuân Thủy 거리를 따라 도보 1분 → 목흐엉 스파

6 목흐엉 스파 / 1시간
Moc Huong Spa

인기 있는 스파로 예약을 하지 않으면 받기 힘들다. 마사지에 앞서 샤워와 사우나를 즐기고, 온몸의 근육을 풀어주는 마사지사의 손놀림에 하루의 피곤함도 싹 가신다.

시간 09:00~22:30 **가격** 목흐엉 시그니처 보디 마사지 90분 50만₫

→ Xuân Thủy 거리를 따라 도보 1분 → 하이 호이 콴

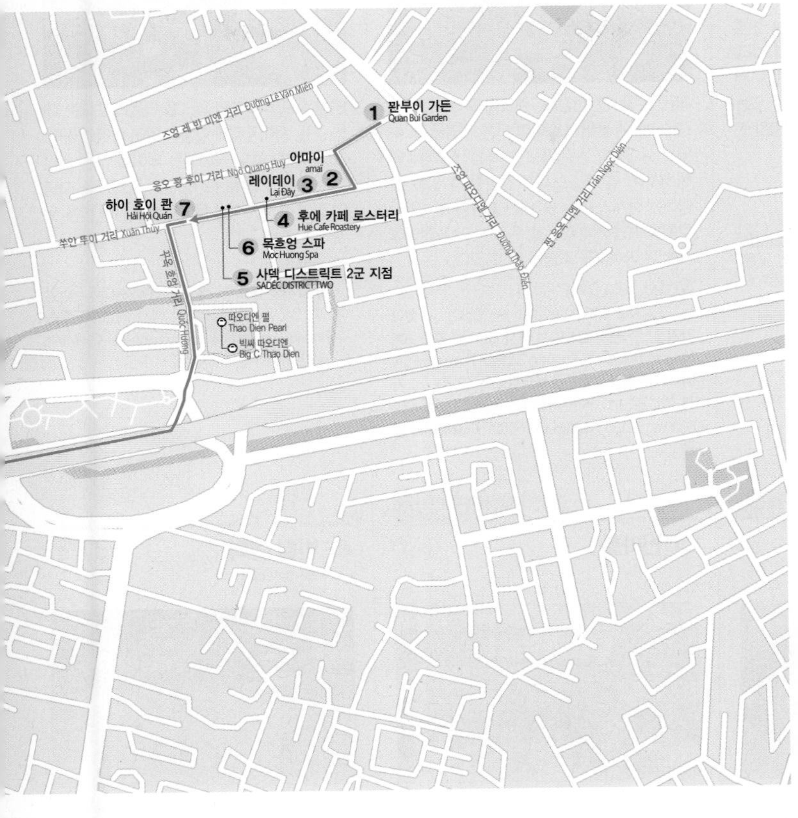

START
1. 꽌부이 가든
210m, 도보 3분
2. 아마이
10m, 도보 1분
3. 레이데이
150m, 도보 2분
4. 후에 카페 로스터리
75m, 도보 1분
5. 사덱 디스트릭트 2군 지점
15m, 도보 1분
6. 목흐엉 스파
75m, 도보 1분
7. 하이 호이 콴
3km, 택시 6분
8. 블랭크 라운지

RECEIPT

식사 ············ 1시간 50분
쇼핑 ············ 1시간
체험 ············ 3시간
이동 ············ 15분

TOTAL 5시간 5분

식사 및 간식 ········ 60만1000 đ
꽌부이 가든(고이 꽌부이 하이싼+카이비 꽌부이) 33만8000 đ
후에 카페 로스터리(에그 커피) 4만 đ
하이 호이 콴(분짜 하노이+넴잔) 7만3000 đ
블랭크 라운지(맥주) 15만 đ

마사지 ········ 50만 đ
목흐엉 시그니처 보디 마사지 90분 50만 đ

교통비 ········ 6만 đ
하이 호이 콴 → 블랭크 라운지 그랩카 6만 đ

TOTAL 116만1000 đ
(1인 성인 기준, 쇼핑 비용 별도)

7 하이 호이 콴 / 20분
Hải Hội Quán

제대로 된 분짜로 인기를 얻고 있는 집. 1만 đ만 더 내면 곱빼기로 먹을 수 있어서 양이 많은 사람도 오케이. 스프링롤 튀김인 넴잔을 추가하면 맛있는 한 끼 완성이다.

시간 07:30~22:00 **가격** 분짜 하노이 5만5000 đ, 넴잔 1만8000 đ

→ 택시 6분 → 블랭크 라운지

8 블랭크 라운지 / 1시간
Blank Lounge

하루의 마지막은 화려하게, 품격 있게! 최근 새로 생긴 라운지로 호치민의 풍경을 발아래 두는 호사를 누릴 수 있어 SNS에서 인기를 얻었다. 소위 '사진발'이 잘 받는 곳은 야외 좌석. 사진을 어떻게 찍어도 인생샷 몇 장 쯤은 문제없다.

시간 09:30~23:00 **가격** 맥주 15만 đ

TRAVEL INFO

빈홈

호치민에서 가장 비싼 아파트로 꼽히는 '빈홈 센트럴 파크'를 필두로 고급 아파트와 빌라, 국제학교가 들어서 호치민에서 제일가는 부촌으로 떠올랐다. 에어비앤비로 묵을 수 있는 세대가 많은데, 생각보다 숙박비도 저렴한 편이라서 여행자들도 많이 찾는다.

이동시간 기준_인민위원회 청사

현지 물가를 고려해 가격대가 비싼 곳은 đđđ, 보통인 곳은 đđ, 싼 곳은 đ, 무료인 곳은 FREE로 표기했습니다. 또한 인기도는 별로 표기했습니다.

SIGHTSEEING

01 랜드마크 81 스카이뷰 đđđ

Landmark 81 Skyview

★★★

최근 문을 연 전망대. 랜드마크 81 건물의 79~81층에 들어서 층마다 다른 전망을 볼 수 있게 설계됐다. 사이공 스카이덱 전망대에 비해 높이가 높지만 실제로 감상할 수 있는 전망에는 한계가 있는 편. 대신 최상층에는 안전장치를 착용해야 입장할 수 있는 야외 전망대가 있어 아쉬움을 조금은 덜 수 있다.

1권 P.080 **지도** P.076I

구글지도 GPS 10.795106, 106.721901 **찾아가기** 인민위원회 청사에서 택시 15분 **주소** 208 Nguyễn Hữu Cảnh, Phường 22, Bình Thạnh, Hồ Chí Minh **전화** 없음 **시간** 08:30~22:00 **가격** 성인 81만đ, 어린이(키 100~140센티미터) 40만 5000đ, 키 100센티미터 이하 무료 **홈페이지** 없음

02 빈홈 센트럴 파크 FREE

Vinhomes Central Park

★★★

인천 송도의 센트럴 파크를 떠올리게 되는 대형 공원. 사이공강과 맞닿아 있어 풍경이 좋다. 그래서인지 주말 저녁에는 데이트 나온 연인들로 공원이 붐비는 진풍경이 펼쳐진다. 저녁이 되면 경관 조명이 들어와 분위기가 한층 로맨틱해진다.

지도 P.076J

구글지도 GPS 10.793752, 106.724045 **찾아가기** 인민위원회 청사에서 택시 15분 **주소** Vinhomes Central Park, Bình Thạnh, Hồ Chí Minh **시간** 24시간 **가격** 무료

EATING

03 랜드마크 81 푸드 홀 đ

Landmark 81 Food Hall

★★

랜드마크 81 지하 1층에 자리한 푸드코트. 모든 것이 비싼 랜드마크 81에서 그나마 저렴하게 식사를 할 수 있어 항상 손님이 많다. 푸드 홀 입구에서 선불 카드를 구입한 뒤에 각각의 가게에서 주문을 하는 식이다. 식사보다는 간단히 먹을 수 있는 간식과 마실 거리의 만족도가 높다.

지도 P.076I

구글지도 GPS 10.794768, 106.722154 **찾아가기** 인민위원회 청사에서 택시 15분. 랜드마크 81 지하 1층 **주소** B1-K8 LandMark81, 208 Nguyễn Hữu Cảnh, Phường 22, Bình Thạnh, Hồ Chí Minh **전화** 없음 **시간** 09:00~21:30 **가격** 가게마다 다름 **홈페이지** 없음

SHOPPING

04 빈마트 đđ

VinMart

★★

최근 생긴 랜드마크 81 빌딩에 들어선 대형 마트. 물품 진열 방식이나 구조가 롯데마트와 흡사해 원하는 물건을 금방 찾을 수 있으며 다양한 판촉 행사가 열려 볼거리가 많은 편. 숙소가 근처이거나 랜드마크 81 빌딩 구경을 겸해서 들른다면 나쁘지 않은 선택이다.

1권 P.245 **지도** P.076I

구글지도 GPS 16.071701, 108.230493 **찾아가기** 인민위원회 청사에서 택시 15분. 랜드마크 81 지하 1층 **주소** B1 Landmark 81, 208 Nguyễn Hữu Cảnh, Phường 22, Bình Thạnh, Hồ Chí Minhh **전화** 없음 **시간** 08:00~22:00 **가격** 제품마다 다름 **홈페이지** 없음

05 빈컴 센터 đđđ

Vincom Center

★★

랜드마크 81에 입점한 대형 쇼핑몰. 입구에 들어서면 페라리 자동차 두 대가 가장 먼저 보인다. 입점 브랜드가 다양하기는 하지만 우리나라 가격과 큰 차이가 없어서 살 만한 것은 많지 않다. 실내 아이스링크 정도가 볼만하다.

지도 P.076I

구글지도 GPS 10.794868, 106.721949 **찾아가기** 인민위원회 청사에서 택시 15분 **주소** số 772 Điện Biên Phủ, Phường 22, Quận Bình Thạnh, Hồ Chí Minh **전화** 28-3639-9999 **시간** 09:30~22:00 **가격** 제품마다 다름 **홈페이지** vincom.com.vn/vi/tttm/vincom-center-landmark-81

06 블랭크 라운지

Blank Lounge
★★★★

'가성비 좋은 루프톱 바'로 알려지면서 정식 오픈을 하자마자 호치민에서 가장 인기 있는 루프톱 바가 됐다. 특히 호치민 시내 전체를 볼 수 있는 야외 좌석은 누구나 앉고 싶어 하지만 일찌감치 예약하지 않으면 앉기조차 힘들다.

1권 P.107 **지도** P.076I
구글지도 GPS 10.795027, 106.722066 **찾아가기** 인민위원회 청사에서 택시 15분 **주소** 75-76F, 208 Nguyễn Hữu Cảnh, Phường 22, Bình Thạnh, Hồ Chí Minh **전화** 090-367-2944 **시간** 09:30~23:00 **가격** 맥주 15만đ **홈페이지** www.facebook.com/blankloungelandmark

TRAVEL INFO

따오디엔

고급 저택이 골목골목 들어선 부촌으로 주로 외국인과 손꼽히는 거부들이 모여 산다. 그래서인지 이곳에서는 오토바이보다 고급 승용차 찾기가 쉬울 정도. 다른 지역보다 치안이 좋은 것은 덤이다.

이동시간 기준_인민위원회 청사

현지 물가를 고려해 가격대가 비싼 곳은 đđđ, 보통인 곳은 đđ, 싼 곳은 đ, 무료인 곳은 FREE로 표기했습니다. 또한 인기도는 별로 표기했습니다.

01 꽌부이 가든

Quán Bụi Garden
★★★★★

체인 파인 다이닝. 실내는 현대적이고 개방감 있는 인테리어로, 야외는 청량한 느낌이 절로 드는 정원으로 꾸며져 분위기 좀 따진다 하는 현지인들에게 인기 있다. 레스토랑의 모토인 '건강한 베트남 가정식 요리'에 충실하다는 평.

추천 고이 꽌부이 하이싼 Gỏi quán bụi hải sản 14만9000đ

1권 P.175 **지도** P.077D
구글지도 GPS 10.805124, 106.735784 **찾아가기** 인민위원회 청사에서 택시 20분 **주소** 55A Ngô Quang Huy, Thảo Điền, Quận 2, Hồ Chí Minh **전화** 28-3898-9088 **시간** 08:00~23:00 **가격** 카이 비 꽌부이 18만9000đ, 읍 가 쏫맏옹 8만9000đ **홈페이지** quan-bui.com

02 하이 호이 콴

Hải Hội Quán
★★★★★

숨은 분짜 맛집. 외국인들도 부담스럽지 않게 먹을 수 있는 분짜를 선보인다. 분짜 하노이와 넴잔 조합을 추천. 1만đ만 더 내면 곱빼기(닥비엣)도 해줘 양이 많은 사람도 부담 없이 식사할 수 있다. 냉방 시설이 잘 갖춰져 있지 않다는 것이 단점.

추천 분짜 하노이 Bún chả Hà Nội 5만5000đ(닥비엣 6만5000đ)

1권 P.155 **지도** P.077C
구글지도 GPS 10.803477, 106.732666 **찾아가기** 인민위원회 청사에서 택시 20분 **주소** 51 Xuân Thủy, Thảo Điền, Quận 2, Hồ Chí Minh **전화** 090-918-4479 **시간** 07:30~22:00 **가격** 넴잔 1만8000đ **홈페이지** 없음

03 디스트릭트 페더럴

District Federal
★★★★

동네 주민들에게 인기 있는 멕시칸 펍. 음식 재료 대부분을 직접 만드는데, 소스는 물론이고 나초와 칩까지도 직접 만든다. 어떤 것을 주문해도 평균 이상. 달마다 바뀌는 셰프 스페셜 메뉴도 호평을 받고 있다. 음식 양이 많아 1인 1메뉴면 적당하다. 남은 음식은 포장도 가능.

추천 포크 카니따스 나초 Pork Carnitas Nachos 24만5000đ

1권 P.185 **지도** P.077C
구글지도 GPS 10.803601, 106.733999 **찾아가기** 인민위원회 청사에서 택시 20분 **주소** 84 Xuân Thủy, Thảo Điền, Quận 2, Hồ Chí Minh **전화** 28-2217-3596 **시간** 11:00~23:00 **가격** 덕컨핏 타코 16만đ **홈페이지** dfed.vn/df

04 후에 카페 로스터리

Huế Café Roastery
★★★★★

인근에서 커피 맛 좋기로 유명한 곳답게 항상 손님이 꽉꽉. 바로 옆에 유명 커피 체인점이 두 개나 더 있는 데도 이곳만 손님으로 북적댄다. 폭신한 거품과 진한 커피 맛이 잘 어울리는 '에그 커피'와 슬러시한 코코넛 밀크와 커피를 섞은 '코코넛 커피'가 인기.

추천 에그 커피 Egg Coffee 4만đ

1권 P.205 **지도** P.077C
구글지도 GPS 10.803724, 106.733993 **찾아가기** 인민위원회 청사에서 택시 20분 **주소** 67b Xuân Thủy, Thảo Điền, Quận 2, Hồ Chí Minh **전화** 28-8887-7779 **시간** 06:30~22:00 **가격** 코코넛 커피 4만5000đ **홈페이지** 없음

05 꽌웃웃 2군 지점 ₫₫

Quán Ụt Ụt

★★★★

미국식 그릴 요리 전문점. 푸짐한 양과 깔끔한 맛으로 사랑받고 있다. 바비큐 메뉴 주문 시 두 가지 사이드 메뉴가 공짜. 메뉴판에서 입맛대로 고르면 된다. 1군 지점에 비해 대기 시간이 짧고 분위기도 조금 더 좋다.

추천 캐슈 스모크 포크립 하프 사이즈 Cashew-smoked Pork Ribs 33만₫

지도 P.077C

구글지도 GPS 10.764592, 106.698402 **찾아가기** 인민위원회 청사에서 택시 20분 **주소** 47 Xuân Thủy, P, Quận 2, Hồ Chí Minh **전화** 28-3744-6947 **시간** 11:00~22:30 **가격** 바비큐 22~33만₫ **홈페이지** www.quanutut.com

06 퍼 부이지아 ₫

Phở Bùi Gia

★★★★

동네에서 입소문 나고 있는 집. 외국인 입에 맞는 쌀국수를 내놓는다. 맑은 국물에 파를 듬뿍 넣고 향신료와 조미료 사용은 줄여 첫맛은 깔끔하고 끝맛은 알싸하다. 돼지 미트볼을 넣은 퍼 비엔과 소고기 양지머리가 듬뿍 들어간 퍼 친(Phở chin)을 추천.

추천 퍼 비엔 스몰 사이즈 Phở viên 4만₫

1권 P.150 **지도** P.077G

구글지도 GPS 10.803065, 106.731678 **찾아가기** 인민위원회 청사에서 택시 20분 **주소** 56 Xuân Thủy, Thảo Điền, Quận 2, Hồ Chí Minh **전화** 28-2200-3076 **시간** 06:00~13:30, 16:30~22:00 **가격** 퍼 4~6만₫ **홈페이지** 없음

07 팬돌라스코 ₫₫

Pendolasco

★★★★

분위기 좋은 이탈리안 레스토랑. 화덕에서 구운 피자와 파스타가 이 집의 대표 메뉴. 분위기와 접객 수준이 좋아 같은 돈을 쓰고도 만족도가 두 배는 된다. 우리 입맛에는 다소 짤 수 있는데, 덜 짜게 해달라고 하면 입에 딱 맞게 먹을 수 있다.

추천 프루티 디 마레 피자 Frutti Di Mare 22만₫

지도 P.077C

구글지도 GPS 10.806276, 106.734170 **찾아가기** 인민위원회 청사에서 택시 20분 **주소** 36 Tống Hữu Định, Thảo Điền, Ho Chi Minh City, Hồ Chí Minh **전화** 28-6253-2828 **시간** 10:30~22:00 **가격** 피자 13만₫~ **홈페이지** www.pendolasco.vn

08 반미 362 ₫

Bánh Mì 362

★★★

TV 프로에 소개되면서 이름을 알린 반미 가게. 육류 특유의 비릿함이 나지 않는다는 것이 장점. 인기 메뉴는 일찌감치 동이 난다는 것과 테이크아웃만 가능하다는 것은 아쉬운 부분.

추천 반미 362 Banh mi 362 3만5000₫

1권 P.152 **지도** P.077D

구글지도 GPS 10.804611, 106.736689 **찾아가기** 인민위원회 청사에서 택시 20분 **주소** 33 Đường Thảo Điền, Thảo Điền, Quận 2, Hồ Chí Minh **전화** 28-7300-0362 **시간** 06:00~21:00 **가격** 반미 씨우마이 3만₫ **홈페이지** www.banhmi362.com/en

09 더 덱 사이공 ₫₫₫

The Deck Saigon

★★★

사이공 강변에 자리한 레스토랑. 세비체(ceviche)와 햄버거 종류가 인기 있다. 호치민 시내에서 프라이빗 보트를 타고 와 식사할 수 있는 보트 대여 패키지가 있다.

추천 와규 비프버거 Wagyu Beef Burger 29만5000₫

1권 P.179 **지도** P.077D

구글지도 GPS 10.807026, 106.744569 **찾아가기** 인민위원회 청사에서 택시 25분 **주소** 38 Nguyễn Ư Dĩ, St, Quận 2, Hồ Chí Minh **전화** 28-3744-6632 **시간** 08:00~23:00 **가격** 세비체 3가지 선택 48만₫ **홈페이지** www.thedecksaigon.com

10 더 커피 하우스 ₫

The Coffee House

★★★

베트남의 유명 커피 체인. 호치민 시내에 많은 체인점이 있지만 이곳 특유의 여유로운 분위기 덕분에 오래도록 머물고 싶어진다. 커피와 마실 거리의 맛은 무난한 편. 사진을 어떻게 찍어도 인생 사진 한 장쯤은 쉽게 건질 수 있는 창가 자리는 은근히 경쟁이 치열하다.

추천 카페 쓰어다 Cafe Suada 3만₫

지도 P.077C

구글지도 GPS 10.803512, 106.732772 **찾아가기** 인민위원회 청사에서 택시 20분 **주소** 57 Xuân Thủy, Thảo Điền, Quận 2, Hồ Chí Minh **전화** 28-7303-9079 **시간** 07:00~22:30 **가격** 커피 2만5000₫~ **홈페이지** www.thecoffeehouse.com

11 퍼 24

Pho24
★★

저렴한 가격에 퍼(쌀국수)와 고이꾸온(월남쌈)을 판매하는 체인 레스토랑. 혼자 먹어도 든든한 콤보 메뉴가 대표적인 인기 메뉴. 향신료 냄새가 거의 나지 않아 쌀국수를 처음 접하는 사람도 쉽게 한 그릇을 비울 수 있다.

추천 콤보2(스페셜 사이즈 퍼+음료) Combo2 7만9000đ

1권 P.151 지도 P.077C

구글지도 GPS 10.803596, 106.731993 **찾아가기** 인민위원회 청사에서 택시 20분 **주소** 16 Quốc Hương, Thảo Điền, Quận 2, Hồ Chí Minh **전화** 28-3636-5590 **시간** 06:00~22:00 **가격** 고이꾸온 1만9000đ **홈페이지** www.pho24.com.vn/en

12 인벤토리 에어리어

inventory Area
★★★★

여러 개의 부티크 숍이 입점된 작은 쇼핑 스트리트. 규모가 크지는 않지만 여심을 흔드는 숍들이 여럿 포진해 있어 샅샅이 뒤져보면 의외의 득템을 하게 될지도 모른다. 일단 용기를 갖고 한 집, 한 집 들어가 보자.

지도 P.077C

구글지도 GPS 10.804033, 106.735133 **찾아가기** 인민위원회 청사에서 택시 20분 **주소** 83 Xuân Thủy, Thảo Điền, Quận 2, Hồ Chí Minh **전화** 없음 **시간** 가게마다 다름 **휴무** 가게마다 다름 **가격** 제품마다 다름 **홈페이지** inventory.com.vn

13 레이데이

Laiday
★★★★

오가닉 화장품, 생활용품 전문 숍. 각종 자연 성분으로 만든 화장품을 용량 단위(g)로 판매하는데, 스킨·로션 등 기초 화장품은 물론이고 리무버, 샤워 젤, 선크림, 토너 등 종류가 매우 다양하다. 플라스틱 등 인공 화학 원료를 거의 사용하지 않은 생활용품들도 꼼꼼히 살펴보자.

1권 P.260 지도 P.077C

구글지도 GPS 10.804156, 106.734897 **찾아가기** 인민위원회 청사에서 택시 20분. 인벤토리 에어리어 가장 안쪽 매장 **주소** 83 Xuân Thủy, Thảo Điền, Quận 2, Hồ Chí Minh **전화** 28-6270-2141 **시간** 09:00~19:00 **가격** 빨대 꽂이가 있는 일회용 컵홀더 2만9000đ **홈페이지** 없음

14 아마이

amaï
★★★★

키친, 리빙 제품을 판매하는 숍. 벨기에와 독일 디자이너 손끝에서 탄생한 파스텔톤의 그릇이 이곳의 베스트셀러. 실용성과 내구성을 꼼꼼히 따져보기도 전에 홀린 듯 쇼핑을 할 수 있는 곳이니 일단 마음을 단단히 먹자. 아직까지 지점을 내지 않아 색다른 쇼핑 스폿을 찾고 있다면 추천.

1권 P.262 지도 P.077C

구글지도 GPS 10.804033, 106.735133 **찾아가기** 인민위원회 청사에서 택시 20분 **주소** 83 Xuân Thủy, Thảo Điền, Quận 2, Hồ Chí Minh **전화** 28-3636-4169 **시간** 09:00~20:30 **가격** 제품마다 다름 **홈페이지** www.amaisaigon.vn

15 사덱 디스트릭트 2군 지점

SADÉC DISTRICT TWO
★★★

여성들에게 인기를 얻고 있는 디자인 & 인테리어 숍. 1군 지점에 비해 규모는 작지만 좁은 가게 안에 인기 상품들을 꽉 채워 넣어 구경하다 보면 나도 모르게 지갑에 손이 간다. 주변에 다른 소품, 디자인 가게도 여럿 있으니 겸사겸사 함께 둘러보자.

1권 P.274 지도 P.077C

구글지도 GPS 10.803587, 106.733226 **찾아가기** 인민위원회 청사에서 택시 20분 **주소** 63 Xuân Thủy, Thảo Điền, Quận 2, Hồ Chí Minh **전화** 28-3620-3814 **시간** 09:00~20:30 **가격** 제품마다 다름 **홈페이지** sadecdistrict.com

EXPERIENCE

16 목흐엉 스파

Moc Huong Spa
★★★★★

아는 사람은 아는 마사지 숍. 마사지 전에 샤워와 사우나 먼저 한 뒤에 마사지를 해 인기 있다. 근육이 풀어진 상태로 마사지를 받으니 잠이 솔솔. 마사지 요금에 팁이 포함돼 있다는 것을 알면서도 지갑을 여는 것만 봐도 호치민 최고의 마사지 숍에 오를 날도 머지않았다.

1권 P.317 지도 P.077C

구글지도 GPS 10.803610, 106.733368 **찾아가기** 인민위원회 청사에서 택시 20분 **주소** 61 Xuân Thủy, Thảo Điền, Quận 2, Hồ Chí Minh **전화** 28-3519-1052 **시간** 09:00~22:30 **가격** 목흐엉 시그니처 보디 마사지 90분 50만đ, 120분 65đ **홈페이지** mochuongspa.com

AREA 1-E

SURBURB OF HO

[호치민 근교]

호치민의 색다른 매력

색다른 호치민을 만나보고 싶었다면 근교 여행을 떠나볼 차례. 베트남 전쟁이 얼마나 치열하게 전개됐는지를 온몸으로 체험할 수 있는 '구찌 터널', 메콩강에 기대어 살아가는 사람들의 삶을 어깨너머로 엿볼 수 있는 '메콩 델타', 맹그로브 나무가 빽빽한 정글 속에서 야생 원숭이를 만나보는 '껀저'까지 '호치민이 이렇게 매력적인 곳이었나?' 하는 생각이 머리에서 떠나지 않는다.

구찌 터널

인기	관광	쇼핑	식도락	복잡함	접근성
★★★★★	★★★★★	★☆☆☆☆	★☆☆☆☆	★☆☆☆☆	★★☆☆☆
호치민을 찾는 여행자들이 가장 많이 들르는 근교 지역이다.	구찌 터널 전체가 거대한 관광지. 체험할 수 있는 곳도 있어 지겹지 않다.	쇼핑할 곳은 거의 없다.	레스토랑이 없다. 호치민으로 돌아오는 길에 점심 식사를 하는 것이 보통이다.	이른 아침 시간을 제외하고는 항상 관광객으로 붐빈다.	근교 여행지 중에서는 그나마 가까운 편.

메콩 델타

인기	관광	쇼핑	식도락	복잡함	접근성
★★★★☆	★★★☆☆	★★☆☆☆	★★☆☆☆	★★☆☆☆	★☆☆☆☆
하루짜리 코스부터 2박 3일짜리 코스까지 다양해 많은 여행자들이 찾는다.	관광보다는 체험 위주다. 그래서 가족 단위 여행자들이 많은 편.	지역 특산품을 판매하는 곳이 많다. 라이스페이퍼, 캔디 등은 사볼 만하다.	메콩강에서 잡히는 생선으로 만든 요리는 꼭 맛보자.	주말에는 어딜 가도 사람이 많지만 평일에는 견딜 만한 수준이다.	아침 일찍 출발해 오후 늦게 호치민으로 돌아오는 일정의 패키지가 많다.

껀저

인기	관광	쇼핑	식도락	복잡함	접근성
★★★☆☆	★★★★☆	★☆☆☆☆	★★★☆☆	★★★☆☆	★☆☆☆☆
다른 근교 여행지에 비해 인기는 덜하다.	'원숭이 섬'으로도 유명한 롱싹 자체로 큰 볼거리가 된다.	쇼핑할 만한 곳이 없다.	껀저 주변 바다에서 잡힌 수산물 요리가 유명하다.	한산하게 둘러볼 수 있다.	버스를 타고, 배를 타야 하는 일정이라 멀미를 할 수 있다.

PLUS INFO 호치민에서 근교가기

대중교통이 발달돼 있지 않아 일반 여행자가 개별적으로 근교 여행지를 찾아가는 것은 불가능하다. 매우 다양한 업체에서 근교 여행 패키지 투어를 운영한다. 가장 무난한 곳은 신투어리스트. 대형 여행사답게 참여 인원이 많고 투어의 종류도 다양하다. 그 대신 너무 전형적인 패키지 여행이라서 가이드의 뒤꽁무니만 따라다니다 보면 어느새 여행이 끝나기도 한다. 하나를 보더라도 좀 더 재미있게, 더 자세한 설명을 듣고 싶다면 소형 여행사를 선택하자. 가격이 몇 배 더 비싸기는 해도 식사와 투어 내용의 질이 달라진다. 픽업/드롭 서비스를 제공하고 참여 인원이 적어서 훨씬 여유롭게 둘러볼 수 있다는 장점도 있다.

지역		여행사	교통수단	이동소요시간(왕복)	투어 가격
구찌 터널	벤딘	원트립 (1권 P.116) 추천	오토바이	6시간	$85
		신투어리스트	버스	4~5시간	11만9000đ (입장료 11만đ 별도)
	벤즈억	피시아이 트래블(1권 P.118)	스피드 보트	3시간	180만đ
껀저		신투어리스트(1권 P.120) 추천	버스	5시간	64만9000đ
메콩 델타		사이공 리버 투어(1권 P.124)	스피드 보트	4시간 30분	230만đ
		신투어리스트(1권 P.122)	버스	4시간	22만9000đ

TRAVEL INFO

구찌 터널 CỦ CHI TUNNELS

베트남 전쟁을 승리로 이끌었던 역사적인 장소. 터널의 길이가 무려 250킬로미터에 이르는데, 캄보디아 국경 인근부터 사이공(현재의 호치민)까지 광범위하게 땅굴이 뻗어 있었다고 한다. 게릴라전을 위한 전초기지뿐 아니라 미군의 폭격으로부터 피신하기 위한 목적도 있었기 때문에 땅굴의 깊이는 최소 3미터부터 최대 8미터 정도였다. 현재 7곳의 터널이 남아 있으며 그중 두 곳의 터널은 일반에 공개하고 있다. 대부분의 여행사는 벤딘 터널을 들르고, 피시아이투어 등의 일부 여행사에서만 벤즈억 터널을 들른다.

1권 P.112

구찌 터널(벤딘)

구글지도 GPS 11.062036, 106.529128 **찾아가기** 벤탄 시장에서 택시 약 1시간 40분 **주소** TL15, Nhuận Đức, Củ Chi, Hồ Chí Minh **전화** 28-3794-6442 **시간** 07:00~17:00 **가격** 입장료 11만đ(대부분의 여행사는 입장료가 투어 비용에 포함돼 있음) **홈페이지** 없음

구찌 터널(벤즈억)

구글지도 GPS 11.142242, 106.462322 **찾아가기** 벤탄 시장에서 택시 약 2시간 **주소** TL15, Phú Hiệp, Củ Chi, Hồ Chí Minh **전화** 28-3794-8830 **시간** 07:00~17:00 **가격** 입장료 11만đ(대부분의 여행사는 입장료가 투어 비용에 포함돼 있음) **홈페이지** diadaocuchi.com.vn

SIGHTSEEING

01 부비 트랩

Booby Trap

★★★★

구찌 터널 인근의 지상에는 다양한 종류의 살상용 함정이 설치돼 있었다. 함정 바닥에는 뾰족하게 깎은 대나무나 예리한 쇠창을 설치해 함정을 밟는 순간 부상을 입도록 만들었다. 병사 한 명이 심각한 부상을 당하게 되면 부상당한 병사를 안전한 곳으로 대피시키기 위해 1~2명의 병사가 더 필요했기 때문에 결과적으로는 3~4명의 병력 손실을 입어야 했다고 한다. 터널 견학 후반부에는 더욱 다양한 함정들을 만날 수 있다.

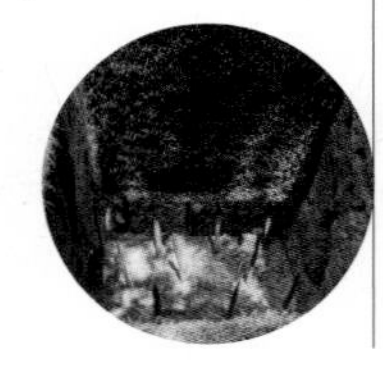

02 땅굴 입구

Entrance of Tunnels

★★★★

땅굴 입구는 성인 남성이 겨우 들어갈 정도로 매우 좁았다. 입구 위에는 낙엽을 두껍게 깔았기 때문에 적에게 발각되기 쉽지 않았으며, 설령 터널 입구를 미군이 발견했다 치더라도 베트콩에 비해 체구가 훨씬 컸던 미군이 터널 안에 들어가기는 상당히 힘들었다고 한다. 땅굴 입구로 어떻게 들어가는지를 직원들이 시범을 보이고 난 뒤에 관광객들도 체험할 수 있다.

03 숨구멍
Windpipe
★★★★

많은 베트콩이 땅굴 안에서 생활하기 위해서는 신선한 바깥 공기가 들어올 수 있는 숨구멍이 필요했다. 자칫 터널의 위치가 발각될 수 있어서 숨구멍은 터널에서 먼 곳에 뚫었는데, 주로 바위에 구멍을 뚫어 터널 곳곳을 연결했다고 한다. 숨구멍을 통해 베트콩의 체취가 새어 나오는 것을 알아챈 미군이 탐지견을 동원해 터널을 찾으려고 했지만 작전은 실패로 끝났다. 탐지견이 냄새를 분간할 수 없도록 숨구멍 주변에 미군이 사용하는 샴푸나 비누를 뿌려 뒀기 때문이었다.

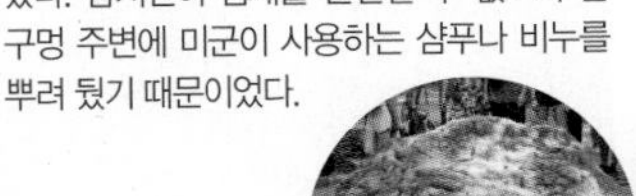

04 부엌
Kitchen
★★★

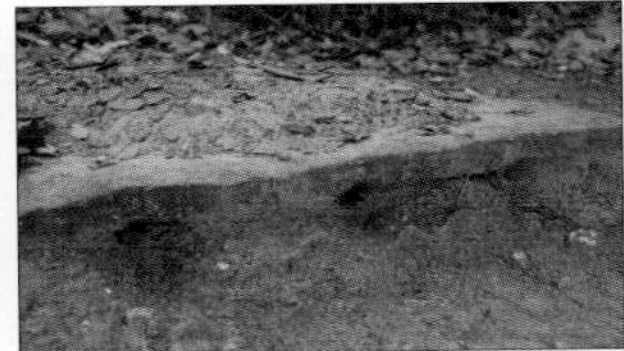

땅굴 안에는 부엌도 있어 취사를 할 수 있었다. 하지만 불을 때면서 나오는 연기 때문에 미군에게 정체가 발각될 수도 있었기 때문에 연기가 빠져나가는 통로를 따로 만들었다. 다량의 연기가 빠져나갈 수 없도록 통로 중간마다 연기가 모이는 방을 만들어 극소량의 연기만 외부로 빠져나갈 수 있었다. 결국 안개와 분간할 수 없어서 터널 위치를 알아내는 데 애를 먹었다고 한다.

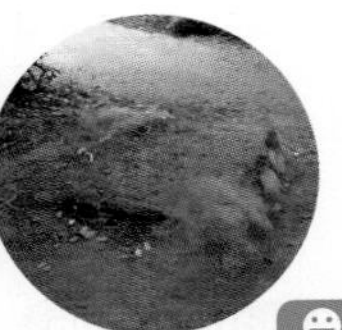

05 터널
Tunnels
★★★

관광객들도 구찌 터널 안에 들어갈 수 있다. 비록 실제 전쟁 중에 사용했던 터널이 아니라, 관광객들의 이해를 돕기 위해 만든 터널이라서 실제보다 넓고 쾌적(?)하기는 해도 '좁고 더운 터널 속에서 기나긴 베트남 전쟁을 어떻게 치렀을까?' 하는 경외심이 들기에는 무리가 없다. 실제 터널과 다르게 전등이 설치돼 있고, 터널이 직선으로 뻗어 있으며 갈림길도 없지만 터널에 한 번 들어갔다 나오면 온몸이 흙투성이가 되니 어두운 색깔의 옷을 입고 가자.

EXPERIENCE

06 사격 체험장
Shooting Range
★★★★

실제 베트남 전쟁 때 썼던 총기로 사격 체험을 할 수도 있다. 총기는 취향에 따라(?) 선택할 수 있으며 여행사의 여행 프로그램에 포함되지 않는 체험이므로 체험비는 개인적으로 부담해야 한다. 안내 조교가 친절하게 설명을 해 주기 때문에 총기를 다뤄보지 않은 사람도 쉽게 체험할 수 있으며, 사격 중에는 조교가 지켜보고 있어서 안전하다. 성인만 체험 가능.

가격 1발당 5만5000~6만đ(10발 단위로 체험 가능)

TRAVEL INFO

메콩 델타 MEKONG DELTA

메콩강 사람들의 삶을 가까이에서 볼 수 있는 체험 여행지. 짧게는 하루, 길게는 3박 4일 동안 메콩강 유역을 둘러보는 패키지 프로그램이 있는데, 하루짜리 여행이 가장 인기 있다. 벌꿀 체험, 전통 공연 관람, 라이스페이퍼 공장 견학, 코코넛 캔디 공장 견학, 마차 타기, 나무배 타기 체험 등으로 이뤄져 있다. 여행사마다 체험 내용이 거의 같기 때문에 여행자 몇 명을 모아서 가는지, 픽업/드롭 서비스가 되는지, 어떤 교통수단으로 다녀오는지 정도만 체크하면 된다. 여러 가지 체험 프로그램을 묶어서 둘러보는 것이라서 개별 여행으로는 갈 수 없다.

1권 P.113

SIGHTSEEING

01 라이스페이퍼 공장

Ricepaper House

★★★

어떤 방식으로 라이스페이퍼를 만드는지 보여주는 곳. 맷돌에 쌀을 넣고 곱게 갈아 묽은 반죽을 만들고, 그 반죽을 뜨거운 팬 위에 얇게 두른 뒤에 스팀을 이용해서 찌면 조리 과정은 끝. 쪄진 반죽을 나무 막대로 잘 떼어내 대나무 발에 펴 꼬득꼬득하도록 말리면 라이스페이퍼가 완성된다. 가이드의 설명이 끝나면 지역 주민이 시범을 보여주는 식으로 견학을 진행해 이해를 돕는다. 견학 후에는 라이스페이퍼 관련 제품을 구입하는 시간도 짧게나마 주어진다.

EATING

02 메콩강 전통 음식

Mekong River Traditional Food

★★★

몇 가지 체험이 끝나면 슬슬 배고플 시간. 점심은 메콩강 인근의 식당에서 해결한다. 메콩강에서 잡히는 '까 따이뜨엉 지엔 쑤(Cá tai tượng chiên xù)'라는 코끼리 귀를 닮은 생선 튀김과 지역 농수산물로 만든 음식들이 한 상 가득 올라온다. 먹기 힘든 음식은 직원이 즉석에서 손질을 해줘 대접받는 기분도 든다. 여행사마다 식사를 하는 식당이 다른데, 수십 명의 손님이 한꺼번에 식사를 해야 하는 대형 여행사보다 투어 참가자가 5~6명 정도로 작은 중소 규모 여행사의 식사가 더욱 푸짐하고 맛도 좋다.

EXPERIENCE

03 나무배 타기 체험

Mekong River Boat

★★★★

메콩 델타 투어의 하이라이트. 작은 나무배를 타고 맹그로브 숲속을 느긋이 유람하는 시간이다. 3~4명이 한 조가 되어 승선하는데, 가장 앞 자리가 사진을 찍기 좋은 명당자리. 배를 타기 전에는 유네스코 인류 무형 문화유산에도 등재된 메콩 지역의 민요인 '돈 까 따이 뚜 Don Ca Tai Tu' 공연을 갖가지 열대과일을 먹으며 감상하는 호사도 누릴 수 있다.

TRAVEL INFO

껀저 CẢN GIỜ

호치민에서 남쪽으로 약 45킬로미터 떨어진 곳에 위치한 섬으로 사이공강과 바다가 만나는 곳에 있다. 베트남 전쟁 기간 동안 미군의 주요 보급로였는데, 미군의 보급 작전을 저지하려는 베트콩과 치열한 전투가 벌어지던 곳이었다. 전쟁이 끝난 지금은 완전한 평화를 되찾았고, 베트남에서 가장 인기 있는 에코 투어 여행지로 인기가 있다. 다양한 여행사에서 여행 프로그램을 진행하지만 모객 인원이 다 차지 않으면 출발하지 못하거나 10배 가까이 비싼 단독 투어만 진행하는 중소 규모 여행사보다 신투어리스트의 껀저 투어가 가성비가 높다.

1권 P.112

SIGHTSEEING

01 룽 싹
Rừng Sác
★★★★★

껀저 여행의 하이라이트. 이곳에 들어서면 울창한 맹그로브 숲과 야생 원숭이가 여행자를 반긴다. 음식이나 반짝거리는 것은 무엇이든 훔쳐가는 야생 원숭이에게 겁을 먹은 채 돌아다니는 것도, 맹그로브 숲을 시원하게 질주하는 모터보트도, 깊은 숲속에서 작전을 펼쳤다던 베트콩의 활약상을 듣는 것도 이곳에서만 할 수 있는 새로운 경험이다.

구글지도 GPS 10.405626, 106.891013 **찾아가기** 벤탄 시장에서 택시 2시간 **주소** Long Hoà, Cần Giờ, Hồ Chí Minh **전화** 28-3987-6155 **시간** 07:00~17:00 **가격** 7만đ(대부분의 여행사 프로그램에 입장료가 포함돼 있음) **홈페이지** 없음

02 껀저 해변
Bãi biển Cần Giờ
★

껀저 최남단에 자리한 해변. 뻘과 모래가 섞인 해변이 길게 뻗어 있다. 파도가 높지 않아 물놀이를 하기는 좋지만 쓰레기가 많아서 그냥 구경하는 것으로 만족하는 게 낫다.

구글지도 GPS 10.387440, 106.923089 **찾아가기** 벤탄 시장에서 택시 2시간 10분 **주소** Long Hoà, Cần Giờ, Hồ Chí Minh **전화** 없음 **시간** 24시간 **가격** 무료

EATING

03 항 즈엉 수산 시장
Chợ Hải Sản Hàng Dương
★★

껀저 해변가에 자리한 작은 수산 시장. 껀저 인근 바다에서 잡힌 다양한 수산물을 저렴한 가격에 판매해 현지인들도 일부러 찾아온다. 여행자가 살 만한 것은 거의 없고, 노점에서 판매하는 저렴한 해산물 요리 정도는 경험 삼아 먹어볼 만하다. 수산 시장 안쪽보다는 해변을 따라 길게 늘어선 노점상 거리에 볼 것이 더 많다.

구글지도 GPS 10.386879, 106.919464 **찾아가기** 벤탄 시장에서 택시 2시간 10분 **주소** Thạnh Thới, Long Hoà, Cần Giờ, Hồ Chí Minh **전화** 28-2217-3596 **시간** 05:00~21:00 **가격** 음식마다 다름 **홈페이지** 없음

AREA

2-A CENTRAL OF NHA

[나트랑(냐짱) 시내 & 근교]

냐짱 여행의 시작과 끝

냐짱 여행은 이곳에서 시작해 이곳에서 끝맺는다. 노보텔을 기준으로 반경 1킬로미터 안에 냐짱이 자랑하는 맛집과 호텔, 여행자 편의 시설이 한데 모여 있다. 골목골목 숨어 있는 현지인들의 맛집을 찾는 것도 재미있다. 두꺼운 지갑 대신 두둑한 모험심만 있으면 여행 준비 끝.

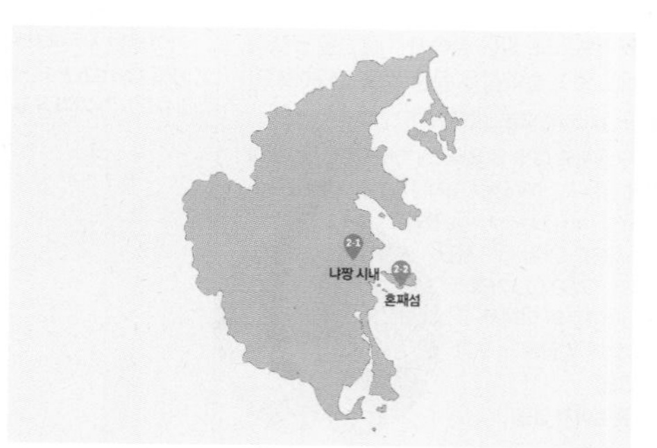

MUST SEE 이것만은 꼭 보자!

No. 1
냐짱에도
이런 곳이 있었나?
포 나가르 사원

No. 2
고즈넉한 운치에
흠뻑 젖어봐!
냐짱 그리스도 대성당

No. 3
냐짱의 푸른 바다를
실컷 구경해 보자!
냐짱 해변

MUST BUY 이것만은 꼭 사자!

No. 1
냐짱 쇼핑의 성지
롯데마트

No. 2
베트남 인기 기념품을
모두 모은
킷사 하우스

MUST EAT 이것만은 꼭 먹자!

No. 1
땀 흘리면서 먹는 고기는
언제나 진리!
리빈 콜렉티브

No. 2
맛깔나는
집밥이 생각날 때
촌촌킴

No. 3
이 가격에 이 정도의 맛!
상상도 못 했을걸요?
브이 프루트 아이스크림

MUST EXPERIENCE 이것만은 꼭 경험하자!

No. 1
온몸이 찌뿌둥할 때
**아이리조트 스파 &
탑바온천**

No. 2
높은 곳에서 바라보는
냐짱의 경치
스카이라이트 냐짱

PLUS TIP 환전하기

❶ 깜란 공항 환전소

수수료가 없다는 둥, 환율이 싸다는 둥 현란한 문구로 사람들을 현혹하지만 잊지 말자. 공항 환전소가 아무리 싸 봐야 시내 환전소보다는 비싸다. 50만 đ(약 2만5000원) 정도만 환전한 뒤 시내 환전소에서 환전하는 것이 낫다.

❷ 롯데마트 게스트 서비스 카운터 추천

한국 여행자들이 가장 많이 이용하는 곳. 롯데마트에서 쇼핑도 할 겸, 환전을 할 수 있어 편리하다. 말 그대로 '고객 서비스' 차원에서 환전을 해주는 만큼 환전율이 아주 좋은 것이 장점.

❸ 냐짱 센터 1층 헬프데스크 

환전 때문에 롯데마트까지 가기는 싫다면 이곳을 추천. 시내 중심가에 있고 실내라서 소매치기 위험이 적다.

❹ 호텔

호텔 리셉션 카운터나 인포메이션 카운터에서도 환전을 할 수 있다. 환전율이 좋지 않아 급하게 현금이 필요한 경우가 아니라면 굳이 호텔 환전을 이용할 필요는 없다. 1~2성급 호텔은 환전 서비스를 하지 않는 곳이 많고, 3성급 이상의 호텔에서는 대부분 환전이 가능하다.

인기
★★★★☆

인기 호텔이 해변을 따라 모여 있다. 여행자에게 인기 있는 맛집과 마사지 숍 등도 가까이 있어 늘 여행자로 붐빈다.

관광
★★★★★

시내에는 관광지가 없지만 시 외곽에 인기 관광지가 흩어져 있다.

쇼핑
★★★☆☆

장을 보려면 롯데마트로, 기념품은 킷사 하우스 등의 소규모 숍을 제외하고는 쇼핑할 만한 곳이 적다.

식도락
★★★★★

인기 맛집이 모두 모여 있어서 어떤 곳을 가야 하나 선택이 힘들 정도.

복잡함
★★☆☆☆

항상 여행객들로 붐빈다. 특히 중국과 러시아 단체 여행객들이 많아 더더욱 복잡한 느낌도 든다.

접근성
★★★★★

관광지는 북부 지역에, 여행자 편의 시설은 남쪽에 모여 있어 동선을 정리하기가 좋다.

1 단계 냐짱, 이렇게 간다

비행기 타고 냐짱 가기

최근 냐짱 여행 붐이 일면서 직항 항공편이 많아졌다. 인천, 김해(부산), 대구, 무안(부정기) 등에서 직항편을 운항하며 대한항공 등 대형 항공사부터, 제주항공이나 티웨이항공 등 저가 항공사까지 항공편도 다양하다. 대부분은 밤늦게 한국을 출발해 새벽에 냐짱 깜란공항에 도착하는 스케줄이다.

냐짱 입국 절차 따라하기

입국 절차는 호치민(P.022)과 동일하다. 호치민 떤손녓 국제공항과 다른 점이 있다면 패스트 트랙 서비스를 이용할 수 있다는 것.

PLUS TIP

입국 심사 대기 시간을 줄이려면 '패스트 트랙'이 정답!

냐짱은 우리나라 사람들뿐 아니라 중국인과 러시아인에게도 인기 있는 휴양지입니다. 항상 엄청나게 많은 관광객이 몰려들어 입국 심사를 받기까지 시간이 오래 걸리는 것으로도 악명이 높은데요(빠르면 30분, 느리면 1시간까지 기다려야 하기도 합니다). 입국 심사 대기 시간을 줄이려면 다른 사람들보다 우선으로 입국 심사를 받을 수 있는 '패스트 트랙' 서비스를 신청해 가는 것이 좋아요. 대기 인원수와 상관없이 VIP 창구로 가서 입국 심사를 받을 수 있어 어린아이들이나 노약자가 있는 가족이라면 신청해 볼 만합니다. 입국 2일 전까지 신청할 수 있으니 주의하세요!

가격 (2019년 기준) 2008년 이전 출생자 1인당 $20(약 2만2000원), 2009년 이후 출생자 무료

홈페이지 cafe.naver.com/zzop

냐짱 깜란공항에서 시내 가기

한국인 여행자에게 가장 인기 있는 교통수단은 여행사의 픽업 차량. 요금이 정해져 있어 바가지를 쓸 위험이 없고, 편안해서 가족 단위 여행자들이 많이 이용한다. 단, 묵는 호텔이 공항에서 가깝거나 택시의 바가지요금이 무섭다면 그랩카가 경제적이다.

택시

가장 편한 방법이지만 시내까지 거리가 멀어 미터기 요금은 비싸다. 탑승 전에 요금 흥정을 한 뒤에 탑승하는 것이 좋은데, 그랩카 요금과 비슷한 금액으로 흥정을 시작해 보자. 마이린(MAILINH)이나 비나선(VINA SUN), 선(SUN) 등 유명 택시 회사를 골라 타면 된다. 공항 입국장을 빠져 나와 건물 밖으로 나가면 택시 타는 곳이 있다. 자세한 이용 방법은 P.024 참고.

그랩카 & 그랩택시

미터기를 켜지 않거나 미터기 조작을 해서 부당 요금을 청구할 수 있는 택시와 달리 예상 요금을 미리 고지해 바가지 쓸 일이 없다는 것이 가장 큰 장점. 거스름돈도 잘 내준다. 그랩카 기사와 만날 장소를 정할 때 입국장 기둥에 써있는 숫자를 기준으로 정하면 만나기가 훨씬 쉽다. 자세한 이용 방법은 P.026 참고.

여행사 픽업 차량 추천

한국인이 운영하는 여행사라서 한국어로 예약과 문의를 할 수 있는 것은 기본이고, 믿을 수 있다는 것이 큰 장점이다. 가격이 조금 비쌀 수는 있지만 일행이 많을수록 가격 부담은 줄어든다. 네이버 카페에 예약 신청글을 남긴 후 담당 직원의 안내에 따르면 된다.

[추천 여행사 나트랑 도깨비의 가격표]

구분	차량	요금	탑승 인원	예약금(별도)
공항↔나짱(편도)	4인승	$15	• 4인승 최대 2명(짐이 없을 경우 3명) • 7인승 최대 4명 • 16인승 최대 10명	5000원
	7인승	$20		
	16인승	$35		
공항↔나짱(왕복)	4인승	$25		1만 원
	7인승	$35		
	16인승	$65		

홈페이지 cafe.naver.com/zzop/363535

호텔 픽업 차량

4성급 이상 호텔 대부분은 숙박 예약 시 공항 픽업 차량을 함께 예약할 수 있다. 예약은 이메일로 가능하며 도착 예상 날짜 및 시간, 항공편명, 인원수, 영어 이름 등의 정보가 필요하다. 약속된 시간에 예약자의 이름이 적힌 네임보드를 들고 입국장에서 기다리고 있는다. 일부 특급 호텔에서는 고급 외제 차량으로 픽업을 해주기도 하는데, 물수건과 웰컴 드링크, 무료 와이파이를 제공한다. 차종에 따라 요금이 다르다. **가격** 호텔마다 다름(대략 50만 đ)

버스

배낭 여행자들이 주로 이용하는 교통수단. 공항과 나짱 시내 주요 지역을 잇는 노선 버스로 요금이 매우 저렴하다. 어느 정류장에서 내려야 할지 모르겠다면 직원의 도움을 받자. 가고자 하는 목적지의 주소를 보여주면 어디에서 내려야 하는지 알려준다. 공항 건물을 나오면 버스 매표소와 탑승장이 보인다.

가격 10킬로미터 이내 1만 đ, 10~20킬로미터 2만 đ, 20~30킬로미터 3만 đ, 30킬로미터 이상 5만 đ

무작정 따라하기

STEP 1 2 3

2단계 주요 도시에서 냐짱 가기

호치민에서 냐짱 가기

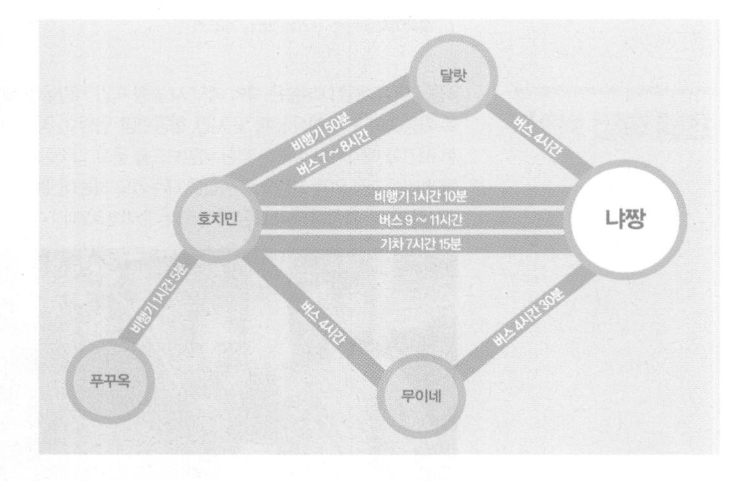

냐짱까지 거리가 먼 호치민이나 푸꾸옥에서는 항공편을 이용하는 것을 추천한다. 저가 항공사들도 많이 취항해 항공료가 저렴하고 피로도가 낮기 때문. 거리가 상대적으로 가까운 달랏과 무이네에서는 여행사 버스 이외의 교통편은 사실상 없다.

항공편

비엣젯 에어

가장 보편적인 방법. 이동 시간이 적게 걸리고 항공 요금이 저렴하다. 다양한 항공사에서 매일 1~2시간 간격으로 운항해 원하는 시간대에 출발할 수 있어 편리하다. 냐짱 깜란공항에서 한국으로 가는 연결 항공편도 있어 여행 계획을 짜기에도 수월하다. 기내식 서비스는 제공하지 않는다.

소요시간 1시간 10분 **가격** 편도 5만 원~ (요일, 시즌별로 변동)

여행사 슬리핑 버스

가격 부담이 적고 슬리핑 버스로 운행돼 이동하며 숙박을 해결할 수 있어 배낭 여행자들이 주로 이용한다. 다양한 여행사에서 버스를 운행하지만 신투어리스트(Shin Tourist)와 풍짱 버스(Phuong Trang)가 가장 인기 있다. 두 곳 모두 홈페이지에서 좌석 지정 예약 및 결제를 할 수 있으니 미리 예약을 해두자.

❶ 신투어리스트 Shin Tourist

호치민 여행자의 거리에 있는 신투어리스트 사무실 앞에서 출발해 냐짱 신투어리스트 사무실까지 운행하며 원하는 장소에서 픽업/드롭은 불가능하다. 홈페이지에서 예약 및 결제 가능.

[신투어리스트 호치민 지점]

구글지도 GPS 10.768134, 106.693681 **찾아가기** 벤탄 시장에서 택시 5분
주소 246 Đường Đề Thám, Phường Phạm Ngũ Lão, Quận 1, Hồ Chí Minh
전화 283-838-9597 **시간** 06:30~22:30 **홈페이지** www.thesinhtourist.vn

[신투어리스트 나짱 지점]

구글지도 GPS 12.235973, 109.195414 찾아가기 나짱 센터에서 택시 4분
주소 130 Hùng Vương, Lộc Thọ, Thành phố Nha Trang, Khánh Hòa
전화 258-352-4329 시간 06:00~22:00 홈페이지 www.thesinhtourist.vn

	호치민→나짱	나짱→호치민
요금	19만9000 đ~(요일, 시즌별로 변동)	
출발지	호치민 신투어리스트 사무실 MAP. 046F	나짱 신투어리스트 MAP. 101D
도착지	나짱 신투어리스트 사무실	호치민 신투어리스트 사무실
운행시간	07:00, 21:00	07:15, 20:00, 20:15(추가 운행편)
소요시간	9~11시간(심야 버스편은 7~9시간 소요)	

PLUS TIP

슬리핑 버스, 이건 꼭 챙겨가자

① **이어플러그** 버스 경적 소리가 커서 소음에 예민한 사람은 잠들기가 힘들 수 있어요.
② **마스크** 여러 명이 좁은 공간 안에 있다 보니 냄새가 나기도 해요.
③ **얇은 긴 옷** 에어컨 바람이 세서 감기 걸리기 십상. 버스에서 나눠주는 담요가 있긴 해도 위생상 개인 옷을 챙겨가는 것이 나아요.
④ **수면 안대** 야간 버스를 탈 때 꿀잠을 자려면 필요합니다. 특히 창가 자리라면 더더욱.

신투어리스트 홈페이지 예약 시 노선은 꼼꼼히 확인해 보세요

호치민→나짱 버스 편을 예약할 때 노선 선택(Select Route) 부분에서 두 개의 노선 중 하나를 선택하게끔 나와 있는데요. 출발지를 'Saigon'으로 선택해야 합니다. 또, 그 아래의 세부 픽업 포인트(Select pickup point)는 'BX Mien Tay'를 선택해야 합니다.

슬리핑 버스 좌석 선택하기

① 앞 vs 중간 vs 뒤
앞 열은 버스를 타고 내리기 가장 편리하지만 다른 승객들이 많이 지나다녀서 도난 위험이 있고, 버스의 경적음이 더 크게 들려서 시끄러워요. 중간 열은 멀미가 있는 사람이라면 피해야 할 자리인데요. 특히 2층은 말할 것도 없죠. 뒤 열은 버스를 타고 내리기 불편하지만 도난 위험이 적고 비교적 조용한 편입니다. 에어컨을 강하게 틀 때는 조금 추울 수 있고, 벌레가 출몰하기도 해요.

② 창가 vs 복도
풍경을 감상할 수 있다는 점에서 양옆 창가 자리가 가장 좋아요. 하지만 햇빛이 강하게 들기는 합니다.

③ 1층 vs 2층
멀미가 심한 사람이라면 2층 좌석은 피하세요. 1층 좌석이 흔들림이 적고 편합니다. 대신 발 냄새가 좀 많이 날 수는 있어요.

장거리 버스 탈 때는 도난 사고를 당하지 않도록 조심하세요!

장거리 버스를 탈 때 큰 짐은 모두 짐칸에 넣는데요. 중간중간 휴게소에 정차할 때 도난 사고가 많이 발생한다고 합니다. 정차 때마다 승객들이 짐을 꺼낼 수 있도록 버스 짐칸을 열어 두는데, 이때 도둑이 볼펜이나 날카로운 것으로 여행 트렁크 지퍼 부분을 찢은 뒤에 물건을 훔쳐가는 사고가 종종 발생하곤 합니다. 캐리어 잠금 장치는 반드시 해야 하고, 고가의 물건들은 최대한 안쪽에 넣어야 해요. 가장 확실한 방법은 버스가 휴게소에 정차할 때마다 내 가방이 잘 있는지 확인하거나 고가의 물건은 소지한 채 버스에 탑승하는 것입니다. 잠깐 눈을 붙일 때도 품 안에 꼭 넣는 것 잊지 마시구요!

❷ 풍짱 버스 Phương Trang(FUTA)

베트남 전국 버스 노선망을 갖고 있는 여행사. 다른 여행사보다 버스 시간대가 다양하고 버스 시설이 좀 더 좋다. 매표소와 터미널 건물이 따로 나눠져 있는데, 출발 30분 전에 매표소 맞은편에 있는 터미널에서 체크인을 한 뒤에 버스 시간이 되면 승합차를 타고 슬리핑 버스를 탈 수 있는 곳으로 이동 후 슬리핑 버스로 갈아타는 식이다. 냐짱 중심지에 내려주는 다른 여행사와 달리 냐짱 외곽에 있는 버스 터미널에 도착한 뒤에 승합차로 시내까지 데려다주는데, 그 시간이 오래 걸리고 과정이 조금 복잡하다는 것은 아쉽다.

[풍짱 버스 호치민 사무실]

구글지도 GPS 10.768446, 106.693527 **찾아가기** 벤탄 시장에서 택시 5분
주소 272 Đường Đề Thám, Phường Phạm Ngũ Lão, Quận 1, Hồ Chí Minh
전화 1900-6067 **시간** 08:00~24:00 **홈페이지** futabus.vn

[풍짱 버스 냐짱 사무실]

구글지도 GPS 12.251671, 109.185940 **찾아가기** 냐짱 센터에서 택시 6분
주소 176 Trần Quý Cáp, Phương Sài, Thành phố Nha Trang, Khánh Hòa
전화 1900-6067 **시간** 08:00~24:00 **홈페이지** futabus.vn

	호치민→냐짱	냐짱→호치민
요금	22만5000 đ~(요일, 시즌별로 변동)	
출발지	호치민 풍짱 버스 터미널 MAP. 046F	냐짱 풍짱 버스 사무실 MAP. 101A
도착지	원하는 드롭 포인트 또는 냐짱 풍짱 버스 사무실	원하는 드롭 포인트 또는 호치민 풍짱 버스 사무실
운행시간	08:00, 10:00, 12:00, 20:00, 21:00, 22:00, 23:00, 24:00	11:00, 12:00, 19:00, 20:00, 21:00, 21:30, 22:00, 23:00

호치민 풍짱 버스 사무실

기차

일부 모험심이 강한 여행자들이 이용하는 교통수단. 출발/도착 시간이 비교적 잘 지켜지는 버스와 달리 출발/도착 시간 지연이 잦고 시설이 노후돼 불편한 점이 많다. 냐짱까지 7시간 넘게 소요돼 야간에 탑승하면 이동과 숙박을 모두 해결할 수 있다.

소요시간 약 7시간 15분 **가격** 하드 시트 22만3000 đ, 소프트 시트 33만8000 đ, 하드 버스 40만2000 đ~, 소프트 버스 47만6000 đ~ (요금은 시간대, 시기에 따라 변동)

호치민역

나짱역

냐짱행 기차

[열차 예매 방법]

1 베트남 철도 홈페이지(dsvn.vn)에 접속한다. 홈페이지 우측 상단의 영국 국기를 눌러 언어를 영어로 설정한다.

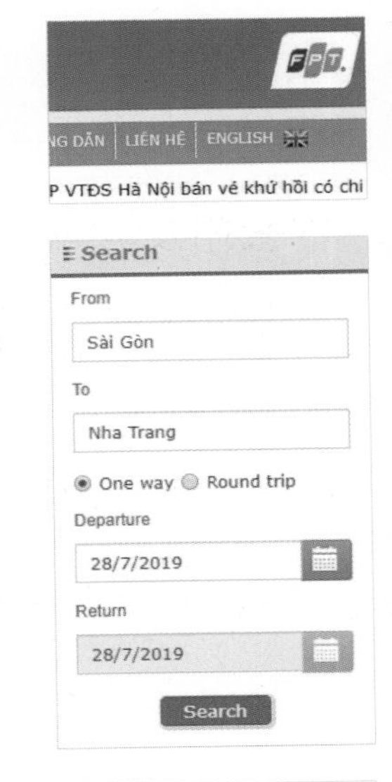

2 From 부분에 출발지를, To 부분에 도착지를 입력한 뒤 편도(One Way)와 왕복(Round Trip) 중 하나를 선택한다. 그 아래 출발 일자(Departure)와 돌아오는 날짜(Return/편도를 선택했을 경우 활성화되지 않음)를 선택한 뒤 검색(Search) 버튼을 누른다. 참고로 호치민은 사이공(Sài Gòn)이라고 검색해야 한다.

3 컴퓨터가 아닌지 확인해달라는 팝업창이 뜨면 네모 박스에 체크를 하면 검색 결과를 볼 수 있다.

Confirm to buy tickets
reCAPTCHA
Privacy - Terms

4 출발 시간 및 열차 종류별로 상세히 나오는데, 가장 위쪽부터 차근차근 선택하면 된다. 좌석 색깔이 빨간 것은 이미 예약된 좌석, 보라색은 장거리 탑승객을 위한 좌석이고, 선택한 구간에서 이용할 수 있는 좌석은 흰색으로 표시돼 있다.

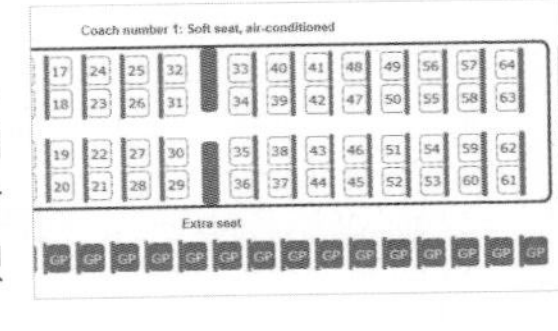

5 원하는 좌석 선택이 끝났으면 화면 우측 상단의 표 구입하기(Buy Ticket) 버튼을 눌러 예약 페이지로 들어간다.

PLUS TIP

베트남 기차 좌석 종류

❶ 하드 시트 Hard Seat
공원 벤치처럼 생긴 딱딱한 나무 의자. 입석 승객들도 많이 타서 복잡한 데다 일단 위생적인 부분은 반쯤 포기하는 것이 속 편해요. 대부분 선풍기가 달려 더울 수 있어요.

❷ 소프트 시트 Soft Seat
운이 안 좋으면 시트가 더럽거나 낡은 자리에 앉을 수도 있어요. 에어컨이 설치돼 쾌적합니다. 단시간 타기에는 괜찮은 수준이에요.

❸ 하드 버스 Hard Berth
침대 매트리스가 조금 딱딱한 칸입니다. 보통 3층으로 이뤄져 있는데, 드나들기가 편한 아래쪽 침대 좌석 요금이 조금 더 비싸요.

❹ 소프트 버스 Soft Berth
침대 매트리스가 더 푹신푹신한 칸. 2층으로 이뤄져 개인 공간이 조금 더 넓어요.

달랏에서 나짱 가기

꼬불꼬불한 산길이라 여행사 버스 이외의 선택지가 거의 없다. 다른 버스 노선에 비해 단거리이지만 길이 험해서 멀미약을 미리 복용하는 것을 추천.

소요시간 약 4시간 **가격** 11만9000 đ~

여행사 버스

❶ 신투어리스트 Shin Tourist

원하는 장소에서 픽업/드롭은 불가능하다. 운행편이 적어 일정 자유도가 떨어지는 편. 홈페이지에서 예약 및 결제 가능.

[신투어리스트 달랏 지점]

Ⓖ **구글지도 GPS** 10.768134, 106.693681 Ⓢ **찾아가기** 벤탄 시장에서 택시 5분 Ⓐ **주소** 22 Đường Bùi Thị Xuân, Phường 2, Thành phố Đà Lạt, Lâm Đồng Ⓣ **전화** 263-382-2663 Ⓣ **시간** 06:30~22:30 Ⓗ **홈페이지** www.thesinhtourist.vn

[신투어리스트 냐짱 지점]

Ⓖ **구글지도 GPS** 12.235973, 109.195414 Ⓢ **찾아가기** 냐짱 센터에서 택시 4분 Ⓐ **주소** 130 Hùng Vương, Lộc Thọ, Thành phố Nha Trang, Khánh Hòa Ⓣ **전화** 258-352-4329 Ⓣ **시간** 06:00~22:00 Ⓗ **홈페이지** www.thesinhtourist.vn

	달랏→냐짱	냐짱→달랏
요금	11만9000đ~(요일, 시즌별로 변동)	
출발지	달랏 신투어리스트 사무실 MAP. 151H	냐짱 신투어리스트 사무실 MAP.101D
도착지	냐짱 신투어리스트 사무실	달랏 신투어리스트 사무실
운행시간	07:30, 13:30	07:30, 13:00

❷ 풍짱 버스 Phương Trang(**FUTA**)

1일 10회 슬리핑 버스를 운행해 내 일정에 맞춰 버스를 탈 수 있다는 것이 가장 큰 장점. 미리 예약하면 냐짱 시내에서 슬리핑 버스를 타는 곳까지 무료로 픽업 서비스를 제공한다. 달랏 외곽의 버스 터미널에 도착한 뒤 다시 승합차로 갈아타야 하는 번거로움은 있다.

[달랏 풍짱 버스 매표소 & 터미널]

Ⓖ **구글지도 GPS** 11.926414, 108.445989 Ⓢ **찾아가기** 달랏 시장에서 택시 7분 Ⓐ **주소** Phường 3, Thành phố Đà Lạt Ⓣ **전화** 263-358-5858 Ⓣ **시간** 24시간 Ⓗ **홈페이지** futabus.vn

[풍짱 버스 냐짱 사무실]

Ⓖ **구글지도 GPS** 12.251671, 109.185940 Ⓢ **찾아가기** 냐짱 센터에서 택시 6분 Ⓐ **주소** 176 Trần Quý Cáp, Phương Sài, Thành phố Nha Trang, Khánh Hòa Ⓣ **전화** 1900-6067 Ⓣ **시간** 08:00~24:00 Ⓗ **홈페이지** futabus.vn

	달랏→냐짱	냐짱→달랏
요금	13만5000đ~(요일, 시즌별로 변동)	
출발지	달랏 풍짱 버스 터미널 MAP. 150B	냐짱 풍짱 버스 터미널 MAP. 101A
도착지	원하는 드롭 포인트	원하는 드롭 포인트
운행시간	07:00, 08:00, 09:00, 10:00, 11:00, 12:00, 13:00, 14:30, 15:30, 17:00	07:00, 08:00, 09:00, 10:30, 11:30, 13:00, 14:00, 14:30, 15:30, 16:30

무이네에서 냐짱 가기

여행사 버스

여행사 버스 이외의 교통편은 없다고 봐도 된다. 다른 노선에 비해 운행 편수가 적고, 운행하는 여행사도 한정적이기 때문에 일정을 잘 맞춰야 한다.

Ⓣ **소요시간** 약 4시간 30분 Ⓓ **가격** 12만9000đ~

❶ 신투어리스트 Shin Tourist

[신투어리스트 무이네 지점]

Ⓖ **구글지도 GPS** 10.954959, 108.235043 Ⓢ **찾아가기** 무이네 한가운데 위치. 어디서나 찾아가기 쉽다. Ⓐ **주소** 144 Nguyễn Đình Chiểu, khu phố 2, Thành phố Phan Thiết, Bình Thuận Ⓣ **전화** 252-384-7542 Ⓣ **시간** 07:00~22:00 Ⓗ **홈페이지** www.thesinhtourist.vn

	무이네→냐짱	냐짱→무이네
요금	12만9000đ~(요일, 시즌별로 변동)	
출발지	무이네 신투어리스트 사무실 MAP. 175G	냐짱 신투어리스트 사무실 MAP. 101D
도착지	냐짱 신투어리스트 사무실	무이네 신투어리스트 사무실
운행시간	13:00	07:15, 20:00

무작정 따라하기

STEP 1 2 3

3단계 냐짱 시내 교통 한눈에 보기

시내버스가 운행하고는 있지만 여행자들이 이용하기는 쉽지 않아 사실상 냐짱 안에서 이용할 수 있는 교통수단은 택시와 그랩카, 차량 대절이 전부다.

택시

여행자들에게는 가장 대중적인 교통수단이다. 시내 어디에서나 쉽게 택시를 잡아탈 수 있으며 바가지요금이나 고의적인 길 돌아가기 등도 다른 베트남 대도시보다 적어 안심하고 탈 수 있다. 택시 기사 대부분은 간단한 영어 소통이 가능한 것도 장점. 유명하지 않은 호텔이나 레스토랑은 잘 모르는 경우가 많아서 구글맵으로 지도와 주소 등을 보여주는 것이 편하다.

비나선 택시

마이린 택시

택시 회사 종류

엄청나게 다양한 택시 회사가 있다. 그중 마이린(MAILINH)이나 비나선(VINASUN), 티엔사(TIEN SA), 선(SUN)이 규모가 가장 크고 믿을 만한 회사. 이름 없는 회사들은 미터기를 조작하거나 멀쩡한 길을 돌아가는 등 바가지요금을 씌우기도 해 조심할 필요가 있다. 특히 교묘하게 대형 택시 회사의 로고를 바꾸거나 택시 회사의 영어 스펠링을 헷갈리게 써 놓은 택시들을 조심하자.

그랩카 & 그랩택시

최근 유행하고 있는 차량 공유 서비스로, 우리나라의 카카오택시라고 생각하면 이해가 빠르다. 예약자가 스마트폰으로 목적지를 정하면 가까운 거리에 있는 차량을 매칭해주는데, 일반 택시와 다르게 운전기사의 이름과 사진 등 인적 사항과 차종, 차량 번호 등 차량 정보는 물론 목적지까지의 요금을 미리 볼 수 있어 안전하고 편리하다.

전세 차량

한국인이 운영하는 여행사에서 차량 대절 서비스를 이용하면 정해진 시간 안에 운전기사가 딸린 차량을 타고 다닐 수 있어 매우 편리하다. 운전기사 대부분은 영어와 한국어 의사소통이 힘들지만 차량을 예약할 때 대략적인 여행 일정을 알려주면 운전기사와 일정을 공유한다. 의사소통에 문제가 있을 때는 여행사 카카오톡으로 연락을 하면 돼 편하다.

PLUS TIP

일방통행이 많은 냐짱 시내
쩐푸(Trần Phú) 거리를 제외한 냐짱 시내 대부분의 도로는 일방통행이다. 택시나 그랩카가 멀쩡한 길을 빙빙 돌아가는 것도 복잡한 교통체계 때문. 출퇴근 시간대나 걸어서 10분 이하의 거리는 걷는 것이 오히려 더 빠른 경우도 종종 있다.

[추천 여행사]

나트랑 도깨비

네이버에서 큰 규모의 카페를 운영하고 있는 여행사로 호텔 예약 및 각종 투어를 진행한다. 그중 차량 렌트는 이용해 본 사람들이 입을 모아 칭찬하는 서비스. 공항, 원숭이섬, 양베이 등 외곽 지역으로 가는 경우 추가 요금이 붙는다.

카카오톡(플러스 친구) 나트랑 도깨비 투어

가격 7인승 4시간 $20, 8시간 $40/ 16인승 4시간 $30, 8시간 $55(예약금 별도)

홈페이지 cafe.naver.com/zzop/363400

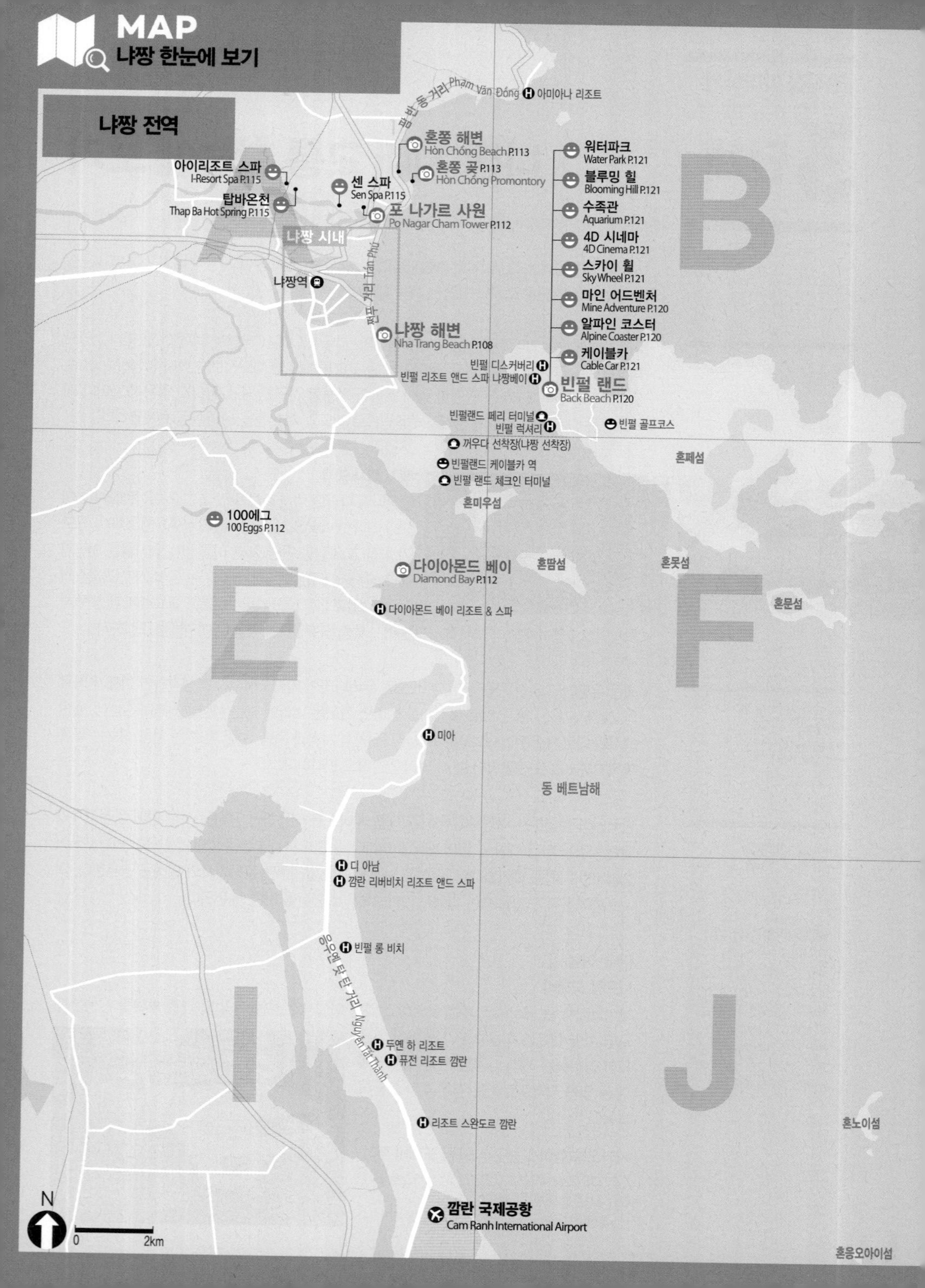
MAP
냐짱 한눈에 보기
냐짱 전역
팜 반 동 거리 Phạm Văn Đồng
아미아나 리조트
혼쫑 해변
Hòn Chồng Beach P.113
혼쫑 곶 P.113
Hòn Chồng Promontory
아이리조트 스파
I-Resort Spa P.115
센 스파
Sen Spa P.115
탑바온천
Thap Ba Hot Spring P.115
포 나가르 사원
Po Nagar Cham Tower P.112
냐짱 시내
냐짱역
쩐푸 거리 Trần Phú
냐짱 해변
Nha Trang Beach P.108
워터파크
Water Park P.121
블루밍 힐
Blooming Hill P.121
수족관
Aquarium P.121
4D 시네마
4D Cinema P.121
스카이 휠
Sky Wheel P.121
마인 어드벤처
Mine Adventure P.120
알파인 코스터
Alpine Coaster P.120
케이블카
Cable Car P.121
빈펄 디스커버리
빈펄 리조트 앤드 스파 냐짱베이
빈펄 랜드
Back Beach P.120
빈펄랜드 페리 터미널
빈펄 럭셔리
빈펄 골프코스
꺼우다 선착장(냐짱 선착장)
빈펄랜드 케이블카 역
빈펄 랜드 체크인 터미널
혼페섬
혼미우섬
100에그
100 Eggs P.112
다이아몬드 베이
Diamond Bay P.112
혼땀섬
혼못섬
혼문섬
다이아몬드 베이 리조트 & 스파
미아
동 베트남해
디 아남
깜란 리버비치 리조트 앤드 스파
빈펄 롱 비치
응우옌 탓 탄 거리 Nguyễn Tất Thành
두옌 하 리조트
퓨전 리조트 깜란
리조트 스완도르 깜란
혼노이섬
깜란 국제공항
Cam Ranh International Airport
N
0
2km
혼응오아이섬
A
B
E
F
I
J

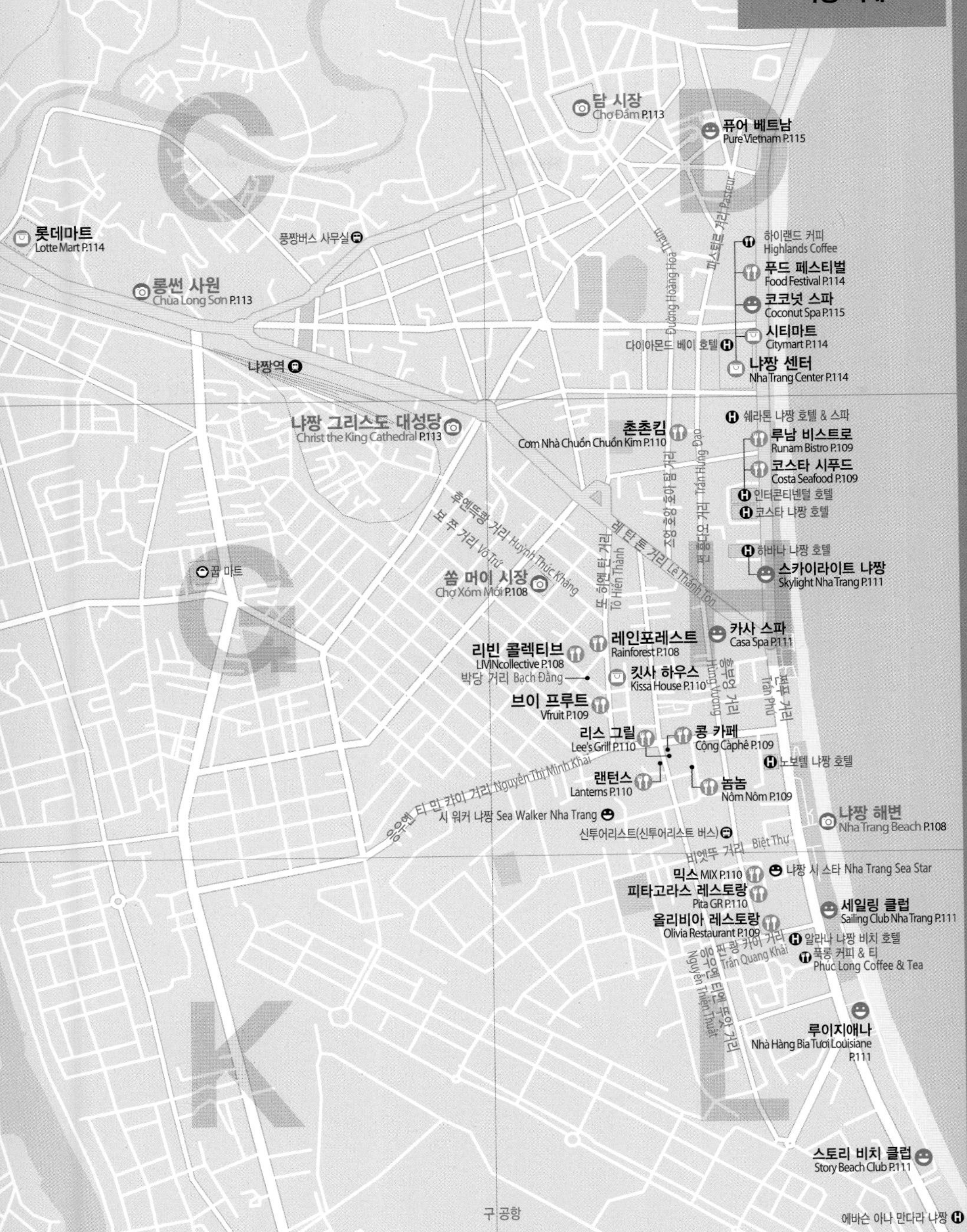

나짱 시내
담 시장
Chợ Đầm P.113
퓨어 베트남
Pure Vietnam P.115
롯데마트
Lotte Mart P.114
풍짱버스 사무실
롱썬 사원
Chùa Long Sơn P.113
하이랜드 커피
Highlands Coffee
푸드 페스티벌
Food Festival P.114
코코넛 스파
Coconut Spa P.115
시티마트
Citymart P.114
다이아몬드 베이 호텔
나짱 센터
Nha Trang Center P.114
나짱역
나짱 그리스도 대성당
Christ the King Cathedral P.113
쉐라톤 나짱 호텔 & 스파
촌촌킴
Cơm Nhà Chuồn Chuồn Kim P.110
루남 비스트로
Runam Bistro P.109
코스타 시푸드
Costa Seafood P.109
인터콘티넨털 호텔
코스타 나짱 호텔
하바나 나짱 호텔
스카이라이트 나짱
Skylight Nha Trang P.111
꿉 마트
쏨 머이 시장
Chợ Xóm Mới P.108
카사 스파
Casa Spa P.111
리빈 콜렉티브
LIVINcollective P.108
레인포레스트
Rainforest P.108
박당 거리 Bạch Đằng
킷사 하우스
Kissa House P.110
브이 프루트
Vfruit P.109
리스 그릴
Lee's Grill P.110
콩 카페
Cộng Càphê P.109
노보텔 나짱 호텔
랜턴스
Lanterns P.110
놈놈
Nôm Nôm P.109
시 워커 나짱 Sea Walker Nha Trang
나짱 해변
Nha Trang Beach P.108
신투어리스트(신투어리스트 버스)
비엣뚜 거리 Biệt Thự
믹스 MIX P.110
나짱 시 스타 Nha Trang Sea Star
피타고라스 레스토랑
Pita GR P.110
세일링 클럽
Sailing Club Nha Trang P.111
올리비아 레스토랑
Olivia Restaurant P.109
알라나 나짱 비치 호텔
쩐 꽝 카이 거리 Trần Quang Khải
푹롱 커피 & 티
Phúc Long Coffee & Tea
루이지애나
Nhà Hàng Bia Tươi Louisiane
P.111
스토리 비치 클럽
Story Beach Club P.111
구 공항
에바슨 아나 만다라 나짱
N
0
230m
파스퇴르 거리 Pasteur
Đường Hoàng Hoa Thám
쩐 흥 다오 거리 Trần Hưng Đạo
레 탄 톤 거리 Lê Thánh Tôn
후인툭캉 거리 Huỳnh Thúc Kháng
보 쯔 거리 Võ Trứ
또 히엔 탄 거리 Tô Hiến Thành
훙브엉 거리 Hùng Vương
쩐푸 거리 Trần Phú
응우옌 티 민 카이 거리 Nguyễn Thị Minh Khai
Nguyễn Thiện Thuật
C
D
G
H
K
L

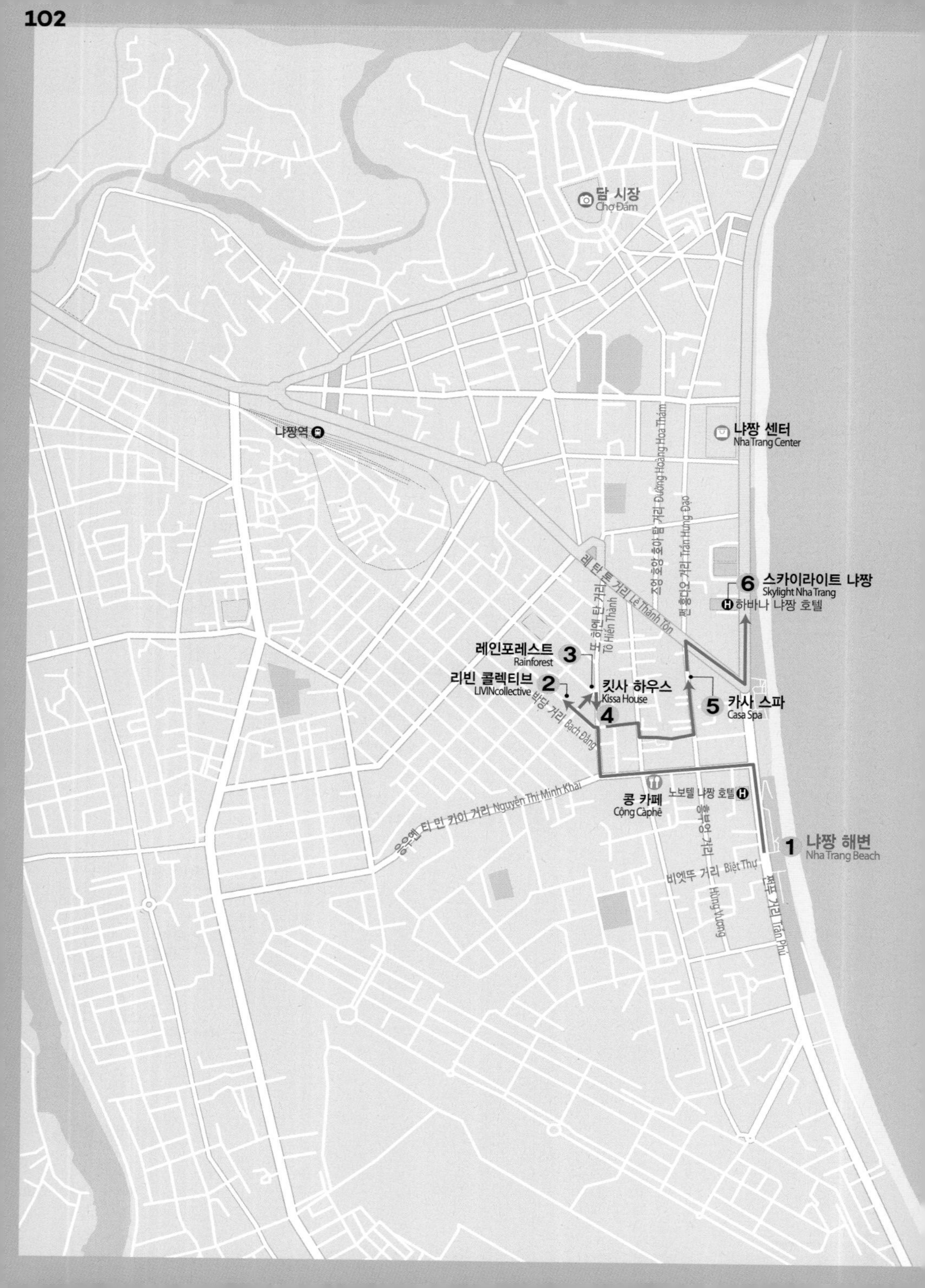

담 시장
Chợ Đầm
냐짱역
냐짱 센터
Nha Trang Center
조엉 호앙 호아 탐 거리 Dương Hoàng Hoa Thám
쩐 흥다오 거리 Trần Hưng Đạo
레 탄 톤 거리 Lê Thánh Tôn
또 히엔 탄 거리 Tô Hiến Thành
6 스카이라이트 냐짱
Skylight Nha Trang
하바나 냐짱 호텔
레인포레스트 3
Rainforest
리빈 콜렉티브 2
LIVINcollective
킷사 하우스
Kissa House
4
5 카사 스파
Casa Spa
박당 거리 Bach Đằng
콩 카페
Cộng Càphê
노보텔 냐짱 호텔
응우옌 티 민 카이 거리 Nguyễn Thị Minh Khai
1 냐짱 해변
Nha Trang Beach
비엣뚜 거리 Biệt Thự
흥브엉 거리 Hùng Vương
쩐푸 거리 Trần Phú

냐짱 시내 인기 스폿 완전 정복 코스

남들 하는 건 다 하고 싶고, 요즘 인기 있는 곳이라면 한 번은 가봐야 직성이 풀린다면? 남들이 찜해 놓은 곳, 요즘 입소문 난 곳부터 둘러보자. 걷는 시간이 짧아서 더위에 취약인 사람도 쉽게 둘러볼 수 있다.

1 냐짱 해변 / 30분
Nha Trang Beach

4.7킬로미터 길이로 쭉 뻗은 냐짱의 대표 해변. 냐짱에 왔다는 인증 사진을 찍기에는 이곳만 한 곳도 없다.

시간 24시간

→ 응우옌 티 민 카이 거리를 따라 직진. 또 히엔 탄 거리로 우회전. 박당 거리가 나오면 좌회전 도보 10분. 택시를 타도 좋다. → 리빈 콜렉티브

2 리빈 콜렉티브 / 50분
LIVINcollective

바비큐 요리 전문점. 대부분의 메뉴가 우리 입맛에 잘 맞다. 주문 즉시 굽기 때문에 음식이 늦게 나오는 편이지만 주방을 완전히 공개해 구경하는 재미가 있다.

시간 10:00~22:00

→ 가게에서 나와 좌측 방향으로 직진 첫 번째 교차로에서 좌회전 도보 2분 → 레인포레스트

3 레인포레스트 / 1시간
Rainforest

밀림을 콘셉트로 한 카페. 독특한 인테리어 덕분에 SNS 핫플레이스로 유명세를 탔다. 야외 좌석과 실내석으로 구분돼 있는데, 사진이 잘 나오는 건 야외 좌석이다.

시간 07:00~23:00

→ 또 히엔 탄 거리를 따라 도보 1분 → 킷사 하우스

4 킷사 하우스 / 20분
Kissa House

부부가 운영하는 작은 기념품점. 정찰제로 운영해 바가지 쓸 걱정 없이 쇼핑할 수 있다. 이 책 199페이지의 쿠폰을 내면 무료 음료도 제공한다.

시간 08:00~22:00

→ 박당 거리 끝에서 우회전 후 두 번째 갈림길로 좌회전. 흥 부엉 거리가 나오면 좌회전 도보 7분 → 카사 스파

PLUS TIP

짐이 많아서 움직이기가 불편하다면 필요없는 짐은 맡겨두자. 이야기만 잘 하면 영업 시간에 한해 작은 크기의 짐은 맡겨둘 수 있다.

5 카사 스파 / 2시간
Casa Spa

하루 종일 움직였으니 조금 쉬어갈 차례. 오픈한 지 얼마 되지 않은 마사지 & 네일 숍. 유명 마사지 숍 못지않은 실력을 자랑한다.

시간 10:00~23:00

→ 가게에서 나와 우측으로 직진. 레탄톤 거리가 나오면 우회전 후 쩐푸 거리로 좌회전 도보 8분 → 스카이라이트 냐짱

6 스카이라이트 냐짱 / 1시간
Skylight Nha Trang

냐짱의 멋진 전경을 볼 수 있는 루프톱 바. 술을 마시지 않더라도 하루의 끝을 보내기에 이곳만 한 곳도 많지 않다. 해가 지기 전에 도착하면 더 멋진 풍경을 볼 수 있다.

시간 전망대 09:00~14:00, 루프톱 바 16:30~24:00

PLUS TIP

카메라 삼각대 사용이 비교적 자유로운 편이다. 다른 손님에게 피해가 가지 않는 선에서 사용할 수 있으며 크기가 크지 않은 삼각대로도 무리 없이 야경 사진을 찍을 수 있다. 일몰 시간에는 해를 등지고 있어 빨리 어두워지는 편이니 일몰 시간을 체크하고 방문하자. 참고로 오후 8시가 넘어가면 입장료가 비싸지고 손님이 많아져 사진도 찍기 힘들다.

RECEIPT

관광	30분
식사	2시간 50분
이동	28분
쇼핑	20분
마사지	2시간
TOTAL	**6시간 8분**

입장료	16만 đ
스카이라이트 냐짱(루프톱 비치 클럽)	16만 đ
식사 및 간식	52만 đ
리빈 콜렉티브(풀드 포크+스페어립)	43만5000 đ
레인포레스트(클럽 샌드위치)	8만5000 đ
마사지	46만 đ
카사 스파(아로마 테라피 보디 마사지 90분)	46만 đ
TOTAL	**114만 5000 đ**

(1인 성인 기준, 쇼핑 비용 별도)

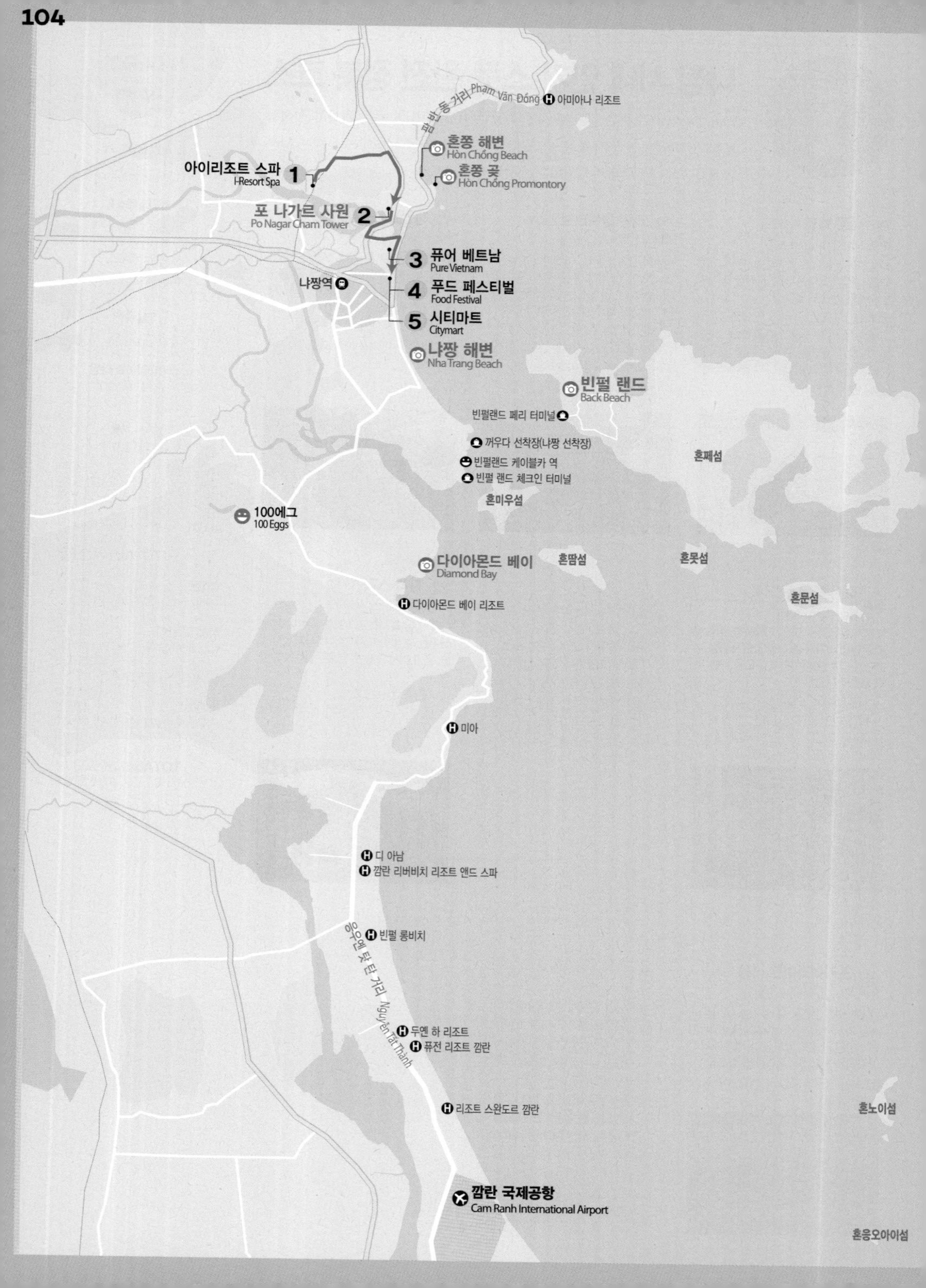

팜 반 동 거리 Phạm Văn Đồng
아미아나 리조트
혼쫑 해변
Hòn Chồng Beach
혼쫑 곶
Hòn Chồng Promontory
아이리조트 스파 1
I-Resort Spa
포 나가르 사원 2
Po Nagar Cham Tower
3 퓨어 베트남
Pure Vietnam
나짱역
4 푸드 페스티벌
Food Festival
5 시티마트
Citymart
나짱 해변
Nha Trang Beach
빈펄 랜드
Back Beach
빈펄랜드 페리 터미널
꺼우다 선착장(나짱 선착장)
빈펄랜드 케이블카 역
빈펄 랜드 체크인 터미널
혼째섬
혼미우섬
100에그
100 Eggs
다이아몬드 베이
Diamond Bay
혼땀섬
혼못섬
혼문섬
다이아몬드 베이 리조트
미아
디 아남
깜란 리버비치 리조트 앤드 스파
빈펄 롱비치
응우옌 탓 탄 거리 Nguyễn Tất Thành
두옌 하 리조트
퓨전 리조트 깜란
리조트 스완도르 깜란
혼노이섬
깜란 국제공항
Cam Ranh International Airport
혼옹오아이섬

COURSE 2 냐짱에서 먹고 쉬고 노는 코스

호텔에서 이만큼 쉬었으면 됐지, 또 쉰다고(?) 생각했다면 냐짱을 몰라서 하는 말. 쉬엄쉬엄 여행하는 것이 냐짱 여행의 진짜 매력이다. 흐르는 시간에 애태우지 않아도 되고, 지나간 시간에 미련 갖지 않아도 되니 걸음이 한결 가볍다.

START
1. 아이리조트 스파
4.2km, 자동차 10분
2. 포 나가르 사원
2.4km, 자동차 5분
3. 퓨어 베트남
800m, 도보 10분
4. 푸드 페스티벌
같은 건물, 도보 1분
5. 시티마트

1 아이리조트 스파 / 5시간
i-resort spa

머드 스파와 미네랄 스파를 즐길 수 있는 온천. 늦은 오전 시간만 되어도 단체 손님이 많아지니 최대한 이른 시간에 방문하자. 시내의 '신투어리스트' 여행사의 셔틀버스를 이용하면 오가기 쉽다. 점심 식사는 이곳에서 해결하자.

시간 08:00~18:00

→ 매표소 앞 주차장에 대기 중인 신투어리스트 여행사 셔틀버스에 탑승한다. 운전기사에게 목적지를 이야기하면 그곳에 세워준다. 자동차 10분 → 포 나가르 사원

PLUS TIP

방수팩을 챙겨가자. 스파 안에서 식사를 하려면 추가 비용이 드는데, 현금을 꺼내러 탈의실까지 왔다갔다 하기가 번거롭다. 스마트폰, 현금, 머드스파 티켓 등은 방수팩에 넣어다니면 훨씬 편리하다. 워터파크도 즐길 예정이라면 머드스파와 온천은 스파에 입장하자마자 손님이 없을 때 즐기고, 워터파크는 점심 식사 후에 입장하면 패키지 여행자와 동선이 엇갈려서 제대로 놀 수 있다.

2 포 나가르 사원 / 40분
Po Nagar Cham Tower

참파 왕국이 지은 사원. 비교적 온전히 보존돼 있어 당시의 위용이 잘 전해진다. 사원의 기둥이 일렬로 늘어서 있는 곳이 사진 찍기 좋은 포인트.

시간 06:00~18:00

→ 자동차 5분 → 퓨어 베트남

3 퓨어 베트남 / 2시간 10분
Pure Vietnam

한나절이나 움직였으니 잠시 몸을 풀 차례. 하와이 전통 마사지인 '로미로미 마사지'를 잘한다고 입소문 난 곳이다.

시간 10:00~23:00

→ 쩐푸 거리를 따라 도보 10분 → 푸드 페스티벌

4 푸드 페스티벌 / 20분
Food Festival

슬슬 출출할 시간. 저녁 식사는 이곳에서 하자. 냐짱 해변이 그림처럼 펼쳐진 풍경을 볼 수 있는 창가 자리는 경쟁이 치열하니 일단 자리부터 맡아 둬야 안심이 된다.

시간 가게마다 다름

→ 도보 1분 → 시티마트

5 시티마트 / 40분
CITIMART

호텔로 돌아가기 전, 간단한 장을 보기에 딱 좋은 마트. 다른 건 몰라도 열대과일은 꼭 사 갖고 가자. 낱개로 포장돼 먹기 간편하다.

시간 09:00~22:00

PLUS TIP

환전을 하려면 냐짱 센터 1층 버거킹 매장 옆의 헬프 데스크로 가자. 환전율이 좋고, 손님이 많지 않아 편하게 환전할 수 있다.

RECEIPT

관광	40분
식사	20분
이동	26분
쇼핑	40분
온천	5시간
마사지	2시간 10분

TOTAL 9시간 16분

교통비	7만3000 đ
신투어리스트 셔틀버스 왕복	4만 đ
포 나가르 사원→푸드 페스티벌 그랩카	3만3000 đ
입장료	2만2000 đ
포 나가르 사원	2만2000 đ
체험	82만 đ
아이리조트 스파(핫 미네랄 머드 배스)	30만 đ
퓨어 베트남(로미로미 마사지 90분)	52만 đ
식사 및 간식	16만 đ
아이리조트 스파 내 음식점	15만 đ
푸드 페스티벌	1만 đ

TOTAL 107만5000 đ
(1인 성인 기준, 쇼핑 비용 별도)

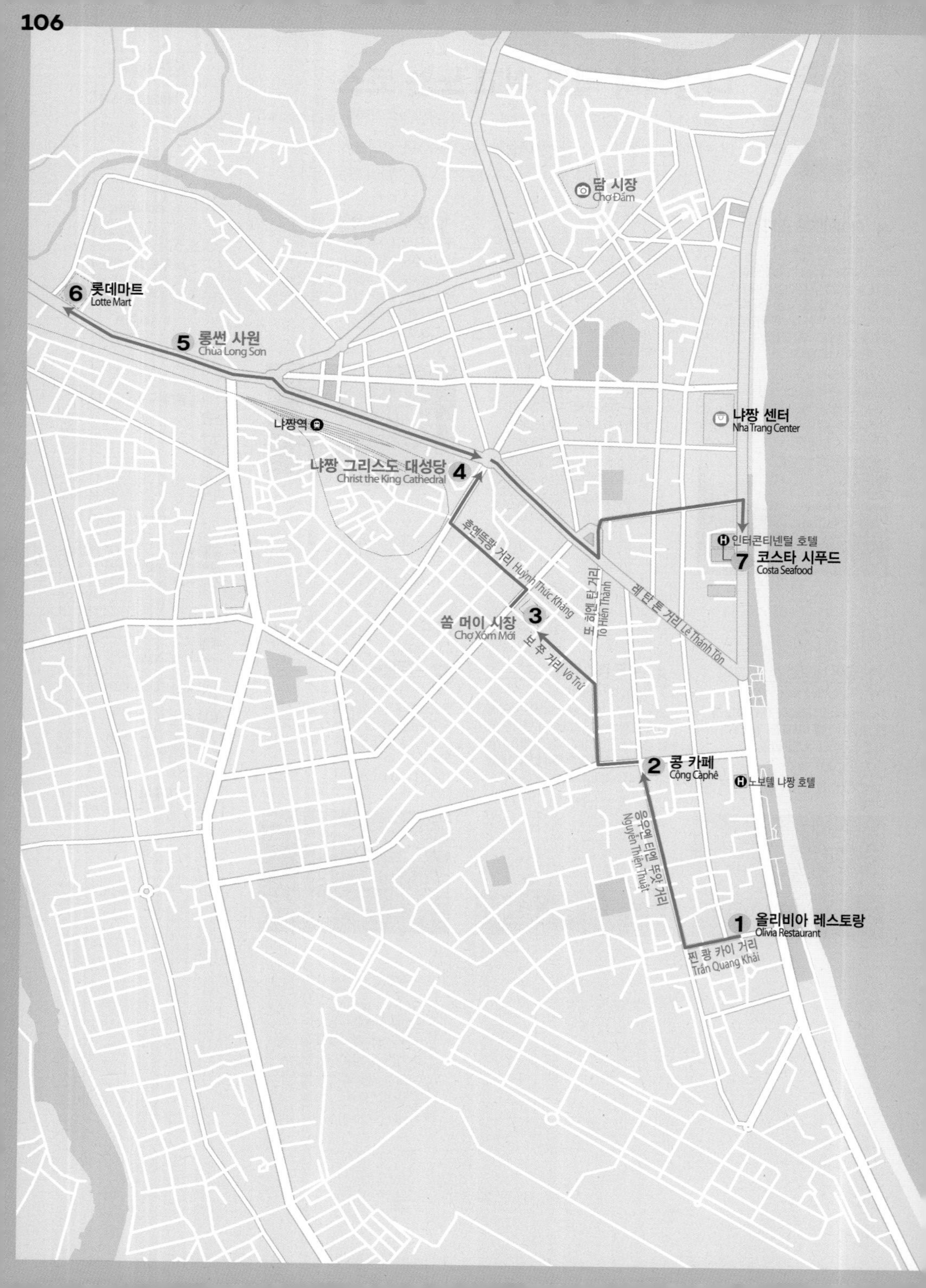

담 시장
Chợ Đầm
6 롯데마트
Lotte Mart
5 롱썬 사원
Chùa Long Sơn
냐짱역
냐짱 센터
Nha Trang Center
냐짱 그리스도 대성당 4
Christ the King Cathedral
인터콘티넨털 호텔
7 코스타 시푸드
Costa Seafood
후옌툭캉 거리 Huỳnh Thúc Kháng
쏨 머이 시장 3
Chợ Xóm Mới
또 히엔 타인 거리
Tô Hiến Thành
레 탄 톤 거리 Lê Thánh Tôn
보 쭈 거리 Võ Trứ
2 콩 카페
Cộng Càphê
노보텔 냐짱 호텔
응우옌 티엔 투엇 거리
Nguyễn Thiện Thuật
1 올리비아 레스토랑
Olivia Restaurant
쩐 쾅 카이 거리
Trần Quang Khải

냐짱 구석구석 매력 코스

냐짱이 갖고 있는 의외의 매력을 알기 위해서는 일단 바다에서 멀어져야 한다. 푸른 바다에 가려 제 빛을 발하지 못했던 매력들을 하나씩 찾다 보면 그제야 냐짱이 조금 달라 보일 것이다.

1 올리비아 레스토랑 / 1시간
Olivia Restaurant

피자와 파스타가 맛있는 이탈리안 레스토랑. 가격도 저렴해 여러 명이 가도 부담되지 않는다. 전채로 부르스게타와 수프, 메인은 피자나 파스타를 주문하는 것을 추천.

시간 10:00~22:00

→ 쩐 꽝 카이 거리를 따라 걷다 응우옌 띠옌 투앗 거리로 우회전. 도보 10분 → 콩 카페

2 콩 카페 / 30분
Cộng cà phê

식후 커피타임은 이곳에서. 실내에 들어가 보면 왜 관광객이 많이 들르는지 알 것 같다. 베트남 공산당을 모티브로 한 인테리어 하며, 우리 입에 잘 맞는 커피 맛까지. 마음에 안 드는 구석이 하나도 없다.

시간 07:30~23:30

→ 사거리에서 좌회전 후 또 히엔 딴 거리로 우회전. 다시 보 쭈 거리로 직진. 도보 10분 → 쏨 머이 시장

3 쏨 머이 시장 / 40분
Chợ Xóm Mới

현지인들도 많이 들르는 재래시장. 여행객이 살 만한 물건이 그렇게 많지는 않아도 냐짱 사람들의 일상을 관찰하기에 이곳보다 좋은 곳은 없다. 열대과일이 저렴한 편이니 일단 담고 보자. 아 참, 흥정은 필수다.

시간 06:00~17:00

→ 후엔 뜩 콩 거리를 따라 도보 8분 → 냐짱 그리스도 대성당

4 냐짱 그리스도 대성당 / 1시간
Christ the King Cathedral

냐짱에도 이런 곳이 있었나? 싶다. 고즈넉한 분위기에, 유럽 어딘가에서 본 듯한 이국적인 성당이 여행자의 마음을 흔들어 놓기 충분하다. 시간을 가지고 천천히 봐야 그 맛을 제대로 느낄 수 있다.

시간 07:00~11:00, 14:00~17:00

→ 그랩카로 7분 → 롱썬 사원

5 롱썬 사원 / 30분
Chùa Long Sơn

100년 된 오랜 고찰답다. 방금 전과는 사뭇 다른 분위기, 사원의 엄숙함이 전해져 온다. 냐짱의 랜드마크라고 할 수 있는 좌불상이 가장 큰 볼거리이다.

시간 07:30~17:00

→ 도보 4분 → 롯데마트

6 롯데마트 / 1시간
Lotte Mart

제대로 된 쇼핑은 이곳에서. 뭘 사든 우리나라보다 훨씬 저렴해서 나도 모르게 쇼핑 카트를 가득 채우게 된다. 특히 커피와 과자, 기념품 종류가 많아서 귀국 선물을 고르기 좋다. 배송 서비스와 환전 서비스도 놓치지 말 것.

시간 08:00~22:00

→ 그랩카로 10분 → 코스타 시푸드

7 코스타 시푸드 / 1시간 20분
Costa Seafood

하루 종일 발바닥에 땀이 차도록 걸었으니 저녁 식사만큼은 호화롭게. 길거리 싸구려 해산물 식당보다 가격은 훨씬 비싸지만 낸 돈 이상의 맛을 자랑한다. 1인당 메뉴 두 가지 정도만 주문해도 배부르게 먹을 수 있다.

시간 06:00~22:00

START

1. 올리비아 레스토랑
   - 750m, 도보 10분
2. 콩 카페
   - 700m, 도보 10분
3. 쏨 머이 시장
   - 600m, 도보 8분
4. 냐짱 그리스도 대성당
   - 2km, 자동차 7분
5. 롱썬 사원
   - 350m, 도보 4분
6. 롯데마트
   - 2.8km, 자동차 10분
7. 코스타 시푸드

RECEIPT

관광 ······ 1시간 30분
식사 ······ 2시간 50분
쇼핑 ······ 1시간 40분
이동 ······ 49분

TOTAL 6시간 49분

교통비 ······ 8만8000₫
냐짱 그리스도 대성당→롱썬 사원 그랩카 4만₫
롯데마트→코스타 시푸드 4만8000₫

식사 및 간식 ······ 73만8000₫
올리비아 레스토랑(부르스케타, 펌킨 수프, 봉골레 스파게티) 21만3000₫
콩 카페(코코넛 커피) 4만5000₫
코스타 시푸드(타이거프론 위드 갈릭, 타이거프론 레드커리 타이 스타일) 48만₫

TOTAL 82만6000₫
(1인 성인 기준, 쇼핑 비용 별도)

TRAVEL INFO

냐짱 시내

냐짱에서 가장 활기 넘치는 지역이다. 유명 맛집, 스파, 여행사 등이 길마다 들어서 있어 걸어 다니며 여행하기 좋다. 오토바이 통행량이 가장 많은 곳이니 길을 건널 때 조심하자.

이동시간 기준_노보텔

현지 물가를 고려해 가격대가 비싼 곳은 ₫₫₫, 보통인 곳은 ₫₫, 싼 곳은 ₫, 무료인 곳은 FREE로 표기했습니다. 또한 인기도는 별로 표기했습니다.

SIGHTSEEING

01 냐짱 해변 FREE

Nha Trang Beach

★★★★★

까이 강(Sông Cái)에서 구공항까지 약 4.7킬로미터 길이로 길게 뻗은 해변. 해변을 따라 냐짱의 유명한 호텔들이 모여 있어 항상 여행자들로 붐빈다. 해변이 정동쪽을 바라보고 있어 매일 아침 근사한 일출 풍경을 마주할 수도 있다. 파도가 높지 않고 편의 시설이 잘 갖춰져 해수욕을 하기도 알맞다. 시원시원한 바다 풍경을 질리도록 보고 싶다면 해변가 호텔의 시뷰(Sea View) 객실을 예약하자.

1권 P.053 **지도** P.101H
구글지도 GPS 12.240820, 109.197319 **찾아가기** 노보텔 바로 앞 **주소** Lộc Thọ, Thành phố Nha Trang, Khánh Hòa **시간** 24시간 **가격** 무료

02 쏨 머이 시장 FREE

Chợ Xóm Mới

★★★

관광객들은 잘 모르는 재래시장. 1960년대 지어져 60년 가까운 역사를 자랑한다. 시장에 들어서자마자 생선 비린내가 진동하지만 현지인들의 생활상을 엿보기에는 이곳만 한 곳이 없다. 시내에서 가깝고 과일 가격이 저렴하다는 것이 장점. 외국인에게는 바가지를 씌우기도 하니 흥정은 필수다.

지도 P.101H
구글지도 GPS 12.242762, 109.190398 **찾아가기** 노보텔에서 택시 7분 **주소** 49 Ngô Gia Tự, Tân Lập, Thành phố Nha Trang, Khánh Hòa **전화** 258-351-5364 **시간** 06:00~17:00 **가격** 제품마다 다름

EATING

03 리빈 콜렉티브 ₫₫

LIVINcollective

★★★★★

트립어드바이저 2위에 이름을 올린 바비큐 전문점. 원하는 부위만 주문할 수 있는 것이 이곳의 가장 큰 장점. 맥주와 곁들이면 더욱 맛있다.

추천 풀드 포크 Pulled Pork 15만₫

1권 P.171 **지도** P.101H
구글지도 GPS 12.240619, 109.191373 **찾아가기** 노보텔에서 택시 4분 **주소** 77 Bạch Đằng, Tân Lập **전화** 091-863-8349 **시간** 10:00~22:00 **휴무** 일요일 **가격** 스페어립(싱글 사이즈) 20만₫ **홈페이지** www.livincollective.com

04 레인포레스트 ₫₫

Rainforest

★★★★★

독특한 분위기로 단번에 냐짱 명소로 떠오른 카페. 층계와 바닥, 창틀까지 모두 나무로 지어져 밀림에 들어온 것 같은 느낌이 든다. 자리 경쟁이 치열하고 중국인 단체 관광객이 모여들면 분위기는 기대하기 어려워진다는 게 흠. 인기에 비해 음식에 대한 만족도가 낮은 편이니 간단하게 먹을 수 있는 디저트나 음료수만 주문하자.

추천 프루트 요거트 Fruit Yogurt 6만3000₫

1권 P.200 **지도** P.101H
구글지도 GPS 12.240795, 109.192057 **찾아가기** 노보텔에서 택시 4분 **주소** 146 Võ Trứ, Tân Lập **전화** 098-698-0629 **시간** 07:00~23:00 **가격** 클럽 샌드위치 8만5000₫ **홈페이지** www.rainforestnt.com/welcome

05 놈놈

Nôm Nôm

★★★★

골목 안에 자리한 작은 레스토랑. 향신료가 적게 들어간 베트남 요리와 서양 요리를 선보인다. '날고 있는 면'이라고 이름 붙인 '플라잉 누들(Flying Noodle)'이 이 집의 인기 메뉴.

추천 플라잉 누들 Flying Noodle 8만 đ

지도 P.101H

구글지도 GPS 12.237778, 109.194467 **찾아가기** 노보텔에서 도보 6분 **주소** 17/6 Nguyễn Thị Minh Khai, Lộc Thọ **전화** 090-191-0202

시간 08:00~22:00 **가격** 코코넛 슈림프 5만5000 đ

06 콩 카페

Cộng Càphê

★★★★

베트남 공산당을 콘셉트로 한 베트남 커피 체인. 공산당원 복장을 한 직원들과 레트로한 느낌의 인테리어 덕분에 유명세를 탔다. 부동의 인기 메뉴인 코코넛 커피를 비롯한 커피 메뉴가 두루두루 인기 있다. 영업 시간이 길고 실내가 시원하다.

추천 코코넛 커피 Coconut milk w. coffee 4만 5000 đ

1권 P.209 **지도** P.101H

구글지도 GPS 12.238258, 109.193710 **찾아가기** 노보텔에서 도보 4분 **주소** 97 Nguyễn Thiện Thuật, Lộc Thọ

전화 091-181-1166 **시간** 07:30~23:30

07 올리비아 레스토랑

Olivia Restaurant

★★★★

피자와 파스타가 맛있는 이탈리안 레스토랑. 전채용으로 부르스게타와 수프를, 메인으로 피자나 파스타를 선택하는 것이 주문 불변의 법칙. 일행이 여럿이라면 피자를 추가하자.

추천 봉골레 스파게티 Spaghetti Vongole 11만9000 đ

지도 P.101L

구글지도 GPS 12.233453, 109.196369 **찾아가기** 노보텔에서 도보 8분 **주소** 14 Trần Quang Khải, Lộc Thọ **전화** 258-352-2752

시간 10:00~22:00

가격 부르스케타 3만 9000 đ, 펌킨수프 5만 5000 đ

08 코스타 시푸드

Costa Seafood

★★★★

고급 시푸드 전문점. 의외로 해산물 요리가 맛없는 냐짱에서 흔치 않게 맛으로는 알아주는 곳이다. 손님이 너무 많아서인지 직원들의 접객 수준이 떨어진다는 것은 아쉬운 대목. 인터콘티넨털 호텔 투숙객은 10% 할인 혜택이 있다.

추천 타이거프론 위드 갈릭 Tiger Prawn with Garlic 24만 đ

1권 P.162 **지도** P.101H

구글지도 GPS 12.244638, 109.196169 **찾아가기** 노보텔에서 도보 10분. 인터콘티넨털 호텔 1층 **주소** 36 Trần Phú, Lộc Thọ

전화 258-373-7777

시간 06:00~22:00 **가격** 타이거프론 레드커리 타이스타일 24만 đ **홈페이지** www.costaseafood.com.vn/en

09 루남 비스트로

Runam Bistro

★★★★

고급스러운 분위기의 체인 카페로 여행자들의 사랑을 받고 있다. 커피도, 음료도 다른 곳에 비해 비싸지만 분위기와 친절한 직원들 덕분에 비싸게 느껴지지는 않는다. 베트남의 신선한 아라비카를 로스팅해 만드는 커피와 음료, 조각 케이크가 괜찮다.

추천 콘케이크 Corn Cake 8만 đ

1권 P.203 **지도** P.101H

구글지도 GPS 12.244638, 109.196169 **찾아가기** 노보텔에서 도보 10분. 인터콘티넨털 호텔 1층 **주소** 32-34 Trần Phú, Lộc Thọ **전화** 258-352-3186 **시간** 08:00~23:00 **가격** 카페스어 8만 đ **홈페이지** caferunam.com

10 브이 프루트

Vfruit

★★★★

현지인과 관광객 모두가 사랑하는 아이스크림 전문점. 아보카도와 코코넛 아이스크림이 가장 인기 있고 우리 입에도 잘 맞는다. 냉방 시설이 갖춰져 있지 않아 조금 더울 수 있다.

추천 아보카도 아이스크림 Avocado Ice cream 3만 đ

지도 P.101H

구글지도 GPS 12.239382, 109.192144 **찾아가기** 노보텔에서 도보 9분 **주소** 24 Dương Tô Hiến Thành, Tân Lập, Tp. **전화** 090-506-8910

시간 13:00~22:00

가격 아이스크림 3만 đ

11 촌촌킴

Cơm Nhà Chuồn Chuồn Kim

★★★★

베트남 가정식 전문 레스토랑. 냐짱에서 드물게 현지인과 관광객 모두가 사랑하는 밥집이다. 항상 손님이 많아서 응대가 느린 것이 흠이지만 음식을 맛보고 나면 모든 것이 용서가 된다. 에어컨이 없지만 덥지는 않다.

추천 생강오징어볶음 Squid cooked with ginger 12만5000 đ

지도 P.101H

구글지도 GPS 12.246509, 109.194059 **찾아가기** 노보텔에서 택시 6분 **주소** 89 Đường Hoàng Hoa Thám, Lộc Thọ **전화** 093-563-3882 **시간** 10:00~21:00 **가격** 두부 부침 5만 đ **홈페이지** facebook.co/comnhachuonchuonkim

12 믹스

MIX

★★★

©MIX

그리스 요리 전문 레스토랑. 향신료로 맛을 내기 때문에 우리 입맛에 안 맞을 수 있다. 대기 시간이 긴 편이라 식사 시간을 피해서 방문하는 것을 추천.

추천 믹스 미트 플레이트 Mix Meat Plate 1인분 26만 đ

지도 P.101L

구글지도 GPS 12.234853, 109.195804 **찾아가기** 노보텔에서 도보 6분 **주소** 77 Hùng Vương, P, Thành phố **전화** 035-945-9197 **시간** 11:00~22:00 **휴무** 수요일 **가격** 믹스 미트 플레이트 2인분 46만 đ **홈페이지** www.mix-restaurant.com

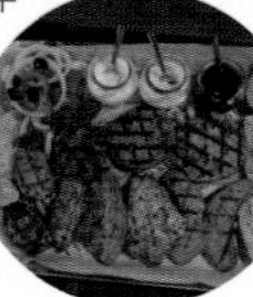

13 피타고라스 레스토랑

Pita GR Restaurant

★★★

그리스식 레스토랑. 직원이 친절하고 식후에는 후식까지 챙겨주는 점은 엄지척. 다만 우리 입맛에는 조금 느끼할 수 있다는 점, 사방이 뻥 뚫려 있어 덥고 매연이 들어온다는 점은 좋은 점수를 줄 수 없는 부분.

추천 폴리아 Folia 16만9000 đ

1권 P.184 **지도** P.101L

구글지도 GPS 12.234510, 109.195901 **찾아가기** 노보텔에서 도보 7분 **주소** 7G3 Hùng Vương, Lộc Thọ **전화** 032-770-6852 **시간** 08:00~23:00 **휴무** 월요일

14 리스 그릴

Lee's Grill

★★★

한국인이 운영하는 바비큐 집. 한국인 입맛에 꼭 맞춘 음식들이 이곳만의 장점이다. 해산물이 들어간 메뉴는 평가가 좋지 못한 편이니 바비큐와 볶음밥 종류로 주문하자.

추천 리스 그릴 바비큐 스페셜 Lee's Grill Barbecue Special 55만 đ

1권 P.171 **지도** P.101H

구글지도 GPS 12.238047, 109.193767 **찾아가기** 노보텔에서 도보 6분 **주소** 45 Nguyễn Thiện Thuật, Lộc Thọ **전화** 258-352-3009 **시간** 12:00~23:00

15 랜턴스

Lanterns

★★★

한국인에게 유명한 레스토랑. 예전에는 맛이 괜찮았지만 시간이 지날수록 유명세에 비해 맛은 그저 그런 레스토랑이 되어 버렸다. 맥주잔을 얼려서 주기 때문에 저녁쯤에 술 한잔하기에는 괜찮다. 그때그때 맛의 편차가 크고, 손님이 너무 많아 분위기는 포기해야 한다.

추천 스프링 롤 Spring Roll 7만 đ

지도 P.101H

구글지도 GPS 12.237916, 109.193516 **찾아가기** 노보텔에서 도보 6분 **주소** 30A Nguyễn Thiện Thuật, Tân Lập **전화** 258-247-1674 **시간** 07:00~23:00 **홈페이지** www.lanternsvietnam.com

SHOPPING

16 킷사 하우스

Kissa House

★★★★

쿠폰 P.199

부부가 함께 운영하는 기념품 숍 겸 카페. 1층은 베트남 곳곳에서 공수해 온 기념품을 판매하고, 2층은 조용한 분위기의 카페로 운영한다. 비록 규모는 작지만 직원의 영어 실력이 뛰어나며 다른 곳에서는 쉽게 찾아볼 수 없는 기념품들도 많아 한참을 머무르게 된다. 음료도 생각보다 맛있다.

1권 P.259 **지도** P.101H

구글지도 GPS 12.239953, 109.192336 **찾아가기** 노보텔에서 도보 10분 **주소** 45 Dương Tô Hiến Thành, Tân Lập **전화** 033-735-6076 **시간** 08:00~22:00 **가격** 제품마다 다름

17 카사 스파

Casa Spa

★★★★

쿠폰 P.199

마사지, 네일, 왁싱, 페이셜 트리트먼트 등을 서비스하는 뷰티 숍이다. 새로 생긴 마사지 숍 치고는 마사지 만족도가 높은데, 압력이 강한 것을 좋아하는 우리나라 사람들은 아로마 테라피 보디 마사지를 선호한다. 샤워룸이 하나뿐인 것은 아쉬운 부분. 한국어 메뉴판이 있다.

1권 P.319 지도 P.101H

구글지도 GPS 12.241196, 109.194880 찾아가기 노보텔에서 도보 7분 주소 9 Hùng Vương, Lộc Thọ 전화 093-589-7186 시간 10:00~23:00 가격 아로마 테라피 보디 마사지 Aroma Therapy Body Massage 90분 46만đ, 카사 보디 마사지 Casa Body Massage 90분 46만đ 카카오톡 ID casaspa

18 스카이라이트 나짱

Skylight Nha Trang

★★★★

나짱의 대표적인 루프톱 바. 손에 잡힐 듯 가까운 나짱 앞바다와 해변을 따라 이어진 도시 전경을 볼 수 있어 인기가 높다. 시간대별로 입장료 차이가 있으며 입장료에는 음료 한 잔이 포함돼 있다. 바 안에 음식물과 물 등의 반입이 금지된다.

1권 P.109 지도 P.101H

구글지도 GPS 12.243465, 109.196185 찾아가기 노보텔에서 도보 8분 주소 38 Trần Phú Lộc Thọ Premier Havana, Lộc Thọ 전화 258-352-8988 시간 전망대 09:00~14:00, 루프톱 바 16:30~24:00 가격 스카이덱 6만đ, 루프톱 비치 클럽 16만đ(16:30~20:00), 25만đ(20:00~24:00) 홈페이지 skylightnhatrang.com

19 세일링 클럽

Sailing Club Nha Trang

★★★★

© Sailing Club Nha Trang

나짱 해변에 있는 비치 클럽. 코앞에서 넘실대는 바다에 자꾸만 마음이 설렌다. 좋은 분위기 하며 주기적으로 열리는 이벤트들로 여행 온 기분이 팍팍. 물가 대비 몇 배쯤 비싼 가격은 잊게 된다. 인생 사진을 남기고 싶다면 해 질 무렵에, 재미있게 놀고 싶다면 저녁에 찾는 것을 추천. 중국인 단체 여행객이 없다는 것도 플러스 요인.

1권 P.060 지도 P.101L

구글지도 GPS 12.233957, 109.197860 찾아가기 노보텔에서 도보 6분 주소 72-74 Trần Phú, Lộc Thọ 전화 258-352-4628 시간 07:30~다음 날 02:30 가격 맥주 7만đ~ 홈페이지 www.sailingclubnhatrang.com

20 루이지애나

Nhà Hàng Bia Tươi Louisiane

★★★

© louisianebrewhouse

높은 가성비의 비치 바를 찾고 있다면 이곳으로. 분위기 대비 맥주와 안주류가 저렴하다. 특히 수제 맥주 라인업이 꽤 탄탄해서 맥주 애호가들도 즐겨 찾는다. 여러 가지 맥주를 맛보고 싶다면 4가지 종류의 맥주를 맛볼 수 있는 샘플러를 주문하거나 작은 용량을 여러 번 주문하는 것을 추천. 손님이 많을 때는 음식이 나오는 시간이 길다는 점, 흡연자가 많다는 점은 아쉽다.

1권 P.060 지도 P.101L

구글지도 GPS 12.231482, 109.198677 찾아가기 노보텔에서 도보 10분 주소 Lô 29 Trần Phú, Lộc Thọ 전화 258-352-1948 시간 07:00~다음 날01:00 가격 맥주 9만đ~ 홈페이지 www.louisianebrewhouse.com.vn/findus.html

21 스토리 비치 클럽

Story Beach Club

★★

© Story Beach Club

전용 수영장이 딸린 비치 클럽. 해변 수영장 하나만으로도 수영장 시설이 없는 호텔에 묵는 여행객이라면 가볼 만한 곳이다. 다른 비치 클럽에 비해 손님들의 연령대가 있다 보니 비교적 조용한 것도 장점. 단 음식 맛과 가격에 대해서는 혹평이 많은 편이니 기대를 하지 않는 것이 좋다.

지도 P.101L

구글지도 GPS 12.227707, 109.200310 찾아가기 노보텔에서 택시 3분 혹은 도보 15분 주소 B4, Trần Phú, Lộc Thọ 전화 097-424-2437 시간 07:00~24:00 가격 맥주 8만đ~ 홈페이지 storybeach.club

TRAVEL INFO

프옥 동

냐짱 시내에서 자동차로 약 20분 떨어진 곳으로 깜란 국제공항으로 가는 길목에 있다. 높은 산이 병풍처럼 둘러 싸여 있어 멋진 풍경이 있는 곳이지만 그 풍경을 아무나 쉽게 탐할 수는 없다.

이동시간 기준_노보텔

현지 물가를 고려해 가격대가 비싼 곳은 đđđ, 보통인 곳은 đđ, 싼 곳은 đ, 무료인 곳은 FREE로 표기했습니다. 또한 인기도는 별로 표기했습니다.

SIGHTSEEING

01 다이아몬드 베이

Diamond Bay

★★ FREE

아는 사람만 아는 숨은 해변. 좁은 길을 따라 한참을 들어가야 그 모습을 볼 수 있다. 그래서인지 언제 가도 조용한 것이 장점. 작은 해변이지만 샤워 시설이나 화장실 같은 기본적인 시설을 갖추고 있어 물놀이하기 편하다. 인근의 다이아몬드 베이 리조트 앤드 스파 투숙객은 리조트까지 무료 셔틀 서비스를 이용할 수 있다.

지도 P.100E
구글지도 GPS 12.174188, 109.205136 **찾아가기** 노보텔에서 택시 약 22분 **주소** Phước Đồng, Thành phố Nha Trang **시간** 24시간 **가격** 무료

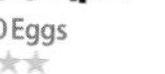

EXPERIENCE

02 100에그

100 Eggs

★★★ đđ

달걀을 테마로 한 머드 스파. 스파 곳곳이 달걀 모양 장식물로 장식되어 있어서 사진을 찍기에는 좋지만 온천의 규모가 작고 중국인 단체 여행객이 많아 조용히 온천을 하기엔 부족함이 많다. 대신 깜란 지역 호텔과 리조트에 묵고 있는 여행자라면 지리적인 이점이 분명히 있다.

지도 P.100E
구글지도 GPS 12.185145, 109.160182 **찾아가기** 노보텔에서 택시 약 20분 **주소** Phước Đồng, Thành phố Nha Trang **전화** 258-371-1733 **시간** 08:00~19:00 **가격** 에그 머드 배스 성인 30만đ, 어린이 20만đ **홈페이지** tramtrung.vn

TRAVEL INFO

냐짱 북부

냐짱이 자랑하는 이색 볼거리와 머드 스파를 체험하려면 이곳으로 가자. 이곳만 꼼꼼히 둘러봐도 냐짱 여행은 절반의 성공. 얼마나 쫀쫀하게 둘러보느냐가 관건이다.

이동시간 기준_냐짱 센터

현지 물가를 고려해 가격대가 비싼 곳은 đđđ, 보통인 곳은 đđ, 싼 곳은 đ, 무료인 곳은 FREE로 표기했습니다. 또한 인기도는 별로 표기했습니다.

SIGHTSEEING

01 포 나가르 사원

Po Nagar Cham Tower

★★★★★ đ

참파 왕국이 지은 사원. '참파의 어머니'로 불리는 얀 포 나가르에게 봉납된 사원으로 농사법과 직조술을 가르쳐준 여신으로 전해진다. 또, 힌두교 3대 신위 중 하나인 시바(Shiva) 신의 아내 파르바티(Parvati)로, 열 개의 팔이 달린 신으로 더욱 유명하다. 25미터 높이의 위용을 자랑하는 사원의 중심 건물 탑찐(tháp Chính)의 문설주 장식에서 그녀의 모습을 찾아볼 수 있다.

1권 P.086 **지도** P.100A
구글지도 GPS 12.019264, 108.424378 **찾아가기** 냐짱 센터에서 택시 10분 **주소** 2 Tháng 4, Vĩnh Phước **시간** 06:00~18:00 **가격** 2만 2000đ **홈페이지** thap-ba-ponagar.business.site

02 롱썬 사원 FREE

Chùa Long Sơn

★★★★★

냐짱역 서쪽 짜이뚜이(Trại Thủy)산의 야트막한 산자락에 자리 잡은 불교 사원으로 100년이 넘는 역사를 자랑하는 고찰이다. 1886년 창건 당시에는 바로 옆 산자락에 자리해 있었는데, 1990년 불어닥친 거대한 폭풍에 사원이 크게 훼손되어 이를 복구하며 현재의 자리로 옮겨온 것이라 전해진다. 사원 뒤쪽 언덕 위에서는 24미터의 거대한 좌불상을 만나볼 수 있다. 거대한 콘크리트 좌불상이 산자락에 걸터앉아 있어 멀리서도 눈에 잘 띈다.

1권 P.088 지도 P.101C

구글지도 GPS 12.251340, 109.180594 찾아가기 냐짱 센터에서 택시 6분 주소 20 Đường 23/10, Phương sơn 전화 258 382 2558 시간 07:30~17:00 가격 무료

03 냐짱 그리스도 대성당 FREE

Christ the King Cathedral

★★★★

1934년 네오고딕 양식으로 지어진 성당. 양쪽으로 12사도의 조각상과 신자들의 이름이 새겨진 석판이 늘어선 언덕길을 오르다 보면 자연스럽게 성당을 한 바퀴 돌게 된다. 이곳의 자랑인 스테인드글라스 또한 절대 놓쳐서는 안 될 중요한 볼거리. 프랑스의 성인들과 예수의 생애를 그 안에 담고 있다.

1권 P.092 지도 P.101G

구글지도 GPS 12.246808, 109.188066 찾아가기 냐짱 센터에서 택시 5분 주소 1 Thái Nguyên, Phước Tân 전화 258-382-3335 시간 07:00~11:00, 14:00~17:00 / 미사 월~토요일 05:45, 17:15, 일요일 05:00, 07:00, 11:00, 16:30 가격 무료

04 담 시장 FREE

Chợ Đầm

★★★

냐짱을 대표하는 재래시장. 의류, 기념품, 과일 등 관광객이 많이 찾는 물건은 물론 현지인들도 장을 보러 오는 곳이라 없는 것이 없을 만큼 상품이 다양하다. 흥정에 자신이 있다면 가격을 깎는 재미도 느낄 수 있는 곳. 건어물, 생선을 판매하는 곳이 붙어 있어서 악취가 난다는 것은 아쉽다.

1권 P.252 지도 P.101D

구글지도 GPS 12.255024, 109.191786 찾아가기 냐짱 센터에서 택시 4분 주소 Vạn Thạnh, Thành phố Nha Trang, Khánh Hòa 전화 258-381-2388 시간 05:00~18:30 가격 제품마다 다름

05 혼쫑 해변 FREE

Hòn Chồng Beach

★★

사람이 너무 많은 해변이 내키지 않는다면 이곳으로 가자. 냐짱 시내에서 조금 떨어져 있어 비교적 한적한 분위기다. 주변에 음식점과 편의 시설도 나름 잘 갖춰져 있어 한나절 시간을 보내기도 적당한 편. 해변이 넓지는 않아서 큰 볼거리를 기대하긴 어렵다.

지도 P.100A

구글지도 GPS 12.275032, 109.202276 찾아가기 냐짱 센터에서 택시 13분 주소 Phạm Văn Đồng, Tp. Nha Trang, Khánh Hòa 시간 24시간 가격 무료

06 혼쫑 곶 đđ

Hòn Chồng Promontory

★

혼쫑 해변 끄트머리에 있는 작은 곶. 산책하듯 걸으며 아름다운 풍경을 볼 수 있어 단체 여행자들이 몰려든다. 하지만 사진 몇 장 찍고 나면 할 게 없다는 것이 흠. 운이 없으면 시끄러운 중국인 관광객 사이에서 관람을 하게 될 수도 있다. 전통 악기 연주회가 수시로 열리니 놓치지 말자.

지도 P.100A

구글지도 GPS 12.272809, 109.206407 찾아가기 냐짱 센터에서 택시 13분 주소 Vĩnh Phước, Thành phố Nha Trang, Khánh Hòa 시간 06:00~18:00 가격 입장료 2만2000đ

07 푸드 페스티벌
Food Festival
★★

냐짱 센터 4층(3F)에 위치한 푸드코트. 저렴한 가격에 식사를 할 수 있는 것도 매력적이지만, 바다가 보이는 전망으로 유명세를 타고 있다. 입구의 캐셔(Cashier) 부스에서 플라스틱 식권을 구입한 뒤 매장에 가서 주문 및 결제하는 시스템이다. 음식 맛이 특출한 가게는 없어서 입맛 따라 고르면 된다.

추천 보룩락 볶음밥 Diced Beef Fried Rice 8만đ

지도 P.101D
구글지도 GPS 12.248080, 109.196100 **찾아가기** 냐짱 센터 4층 **주소** 20 Trần Phú, Lộc Thọ **전화** 없음 **시간** 가게마다 다름 **홈페이지** www.nhatrangcenter.com/

08 롯데마트
Lotte Mart
★★★★★

냐짱에서 쇼핑을 하려면 이곳으로. 식료품과 기념품, 생필품을 판매하는 대형 마트로 여행자들이 살 만한 물건들을 눈에 잘 띄는 곳, 손이 가기 쉬운 곳에 배치해 놓아 편리하다. 환전 서비스, 물품 배달 서비스, 짐 보관 서비스 등도 훌륭하다.

1권 P.242 **지도** P.101C

구글지도 GPS 12.251909, 109.177072 **시간** 08:00~22:00 **찾아가기** 냐짱 센터에서 택시 7분 **주소** 58 Đường 23/10, Phương sơn **전화** 258-381-2522 **시간** 08:00~22:00 **가격** 제품마다 다름 **홈페이지** lottemart.com.vn

09 시티마트
CITIMART
★★★

교통만큼은 이곳이 롯데마트보다 한 수 위다. 냐짱 시내 한가운데 자리해 급하게 쇼핑을 해야 할 때 유용하다. 규모가 작지만 여행자들이 주 고객이다 보니 여행에 필요할 만한 것은 모두 있으며 가격도 그럭저럭 괜찮은 수준. 필요한 것만 간단히 사기에 적당하다.

지도 P.101D
구글지도 GPS 12.248099, 109.195848 **찾아가기** 냐짱 센터 2층 **주소** Tầng 2, Nha Trang Center, 20 Trần Phú, Lộc Thọ, Thành phố Nha Trang, Khánh Hòa **전화** 258-625-0286 **시간** 09:00~22:00 **가격** 제품마다 다름 **홈페이지** aeoncitimart.vn

10 냐짱 센터
Nha Trang Center
★★★

냐짱 중심가에 위치한 복합 쇼핑몰. 규모가 크지는 않아도 쇼핑몰, 마트, 마사지 숍, 푸드코트, 바 등 여행자에게 필요한 것은 이곳에 다 있다고 봐도 된다. 건물 1층 KFC 매장 바로 옆에는 환전율이 좋은 환전소도 있으니 참고하자. 냐짱 근교의 호텔 셔틀버스가 이곳을 출발/도착 장소로 이용해 항상 여행객들로 붐빈다.

지도 P.101D
구글지도 GPS 12.248080, 109.196100 **찾아가기** 노보텔에서 택시로 7분 **주소** 20, Lộc Thọ **전화** 258-626-1999 **시간** 가게마다 다름 **가격** 가게마다 다름 **홈페이지** www.nhatrangcenter.com

11 아이리조트 스파
i-resort spa
★★★★★

최근 문을 열어 대중적인 인기를 얻고 있는 스파. 온천탕의 종류가 다양하고 추가 요금만 내면 워터파크도 이용할 수 있어 하루 종일 시간을 보내도 지겹지 않다. 마실 물 한 병을 무료로 제공하며 수건과 수영복도 무료 대여해 준다. 온천과 머드 스파를 즐길 수 있는 핫 미네랄 머드 배스(Hot Mineral Mud Bath) 입장권을 추천.

1권 P.328 지도 P.100A
구글지도 GPS 12.273087, 109.175791 **찾아가기** 나짱 센터에서 택시 20분. 신투어리스트 여행사 셔틀버스를 이용하면 편리하다. **주소** Tổ 19, thôn Xuân Ngọc, Vĩnh Ngọc, Thành phố Nha Trang, Khánh Hòa **전화** 258-383-0141 **시간** 08:00~18:00 **가격** 핫 미네랄 머드 배스 1~3인 성인 1명당 30만đ, 4~5인 성인 1명당 25만đ, 6명 이상 성인 1명당 23만đ, 어린이 1명당 15만đ **홈페이지** www.i-resort.vn

12 탑바온천
Thap Ba Hot Spring
★★★★★

냐짱에서 처음 문을 연 머드 스파. 특색 있고 다양한 패키지 프로그램을 내세워 가족 단위의 여행자들을 모으고 있다. 특히 누이 스파(Núi Spa)라는 프리미엄 스파를 함께 운영하는데 온천 수영장과 마사지실을 제외한 모든 시설이 독채로 이뤄져 조용히 온천을 즐길 수 있다. 가족이라면 릴렉스 패키지(RELAX)를 추천.

1권 P.326 지도 P.100A
구글지도 GPS 12.270194, 109.177604 **찾아가기** 냐짱 센터에서 택시 16분 **주소** 438 Ngô Đến Ngọc Hiệp Ngọc Hiệp **전화** 258-383-5335 **시간** 07:00~19:00 **가격** 릴렉스 패키지 1명 190만đ, 2명 280만đ, 4명 410만đ, 6명 510만đ **홈페이지** thodianhatrang.vn

13 센 스파
Sen Spa
★★★★

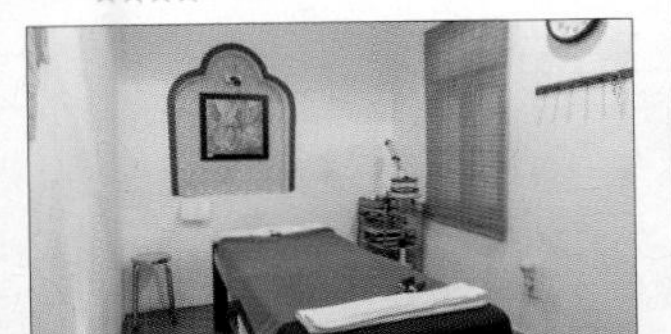

관광객이 몰리는 인기 마사지 숍. 모든 마사지사가 전담 트레이너에게 주기적으로 훈련을 받고 있어 마사지사 간의 실력 차이가 크지 않아 마사지 만족도가 고른 편이다. 샤워실이 많지 않지만 프라이빗룸을 예약하면 마사지 전후로 샤워를 할 수 있다. 예약 추천.

1권 P.318 지도 P.100A
구글지도 GPS 12.268588, 109.187241 **찾아가기** 냐짱 센터에서 택시 4분 **주소** 241 Ngô Đến, Ngọc Hiệp **전화** 090-825-8121 **시간** 09:00~20:30 **가격** 아로마 테라피 전신 마사지 90분 50만đ, 딥 티슈 마사지 90분 50만đ, 센 스파 전신 마사지 90분 55만đ **홈페이지** senspanhatrang.com(**예약** 카카오톡 ID senspanhatrang 또는 홈페이지)

14 퓨어 베트남
Pure Vietnam
★★★★

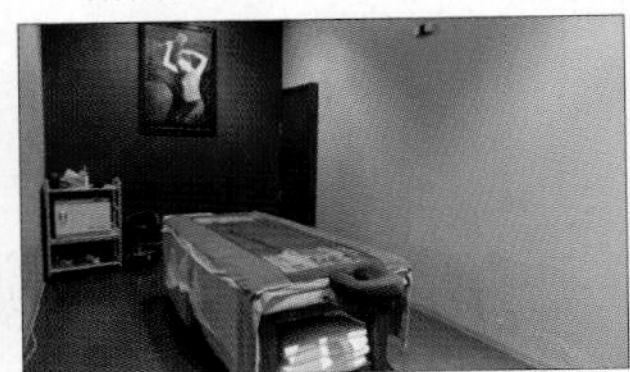

마니아 층이 두터운 마사지 숍. 가장 인기 있는 마사지는 하와이 전통 마사지 기법인 '로미로미 마사지'. 팔꿈치에 체중을 실어 마사지를 하는 부분이 있는데 이 부분만 한 단계 약하게 해달라고 이야기하면 강도를 조절해준다. 전체적인 마사지 강도가 강한 편이라 보통의 한국 사람이라면 강하게, 강한 마사지가 싫은 사람은 보통 세기면 알맞다.

1권 P.319 지도 P.101D
구글지도 GPS 12.254368, 109.195373 **찾아가기** 냐짱 센터에서 택시 4분 **주소** 14 Ngô Quyền, Xương Huân **전화** 258-381-0010 **시간** 10:00~23:00 **가격** 로미로미 마사지 90분 52만đ, 120분 69만đ, 2시간 30분 패키지(설탕 보디 스크럽+초콜릿 전신 팩+로미로미 마사지) 2 1/2 Hour Package 103만đ **홈페이지** www.purevietnam.com.vn

15 코코넛 스파
Coconut Spa
★★★★

최근 한국인 여행자에게 인기 있는 마사지 숍. 한국어를 곧잘 하는 직원이 있어 의사소통이 쉽다는 것에서 일단 가산점. 한국인에게 가장 인기 있는 마사지는 90분 코코넛 스페셜 마사지. 지압점을 제대로 짚어줘 압력이 센 마사지를 선호하는 한국 사람에겐 인기가 있을 수밖에 없다.

1권 P.318 지도 P.101D
구글지도 GPS 12.248080, 109.196100 **찾아가기** 냐짱 센터 2층 **주소** Nha Trang Center, 20 Trần Phú, Lộc Thọ **전화** 258-625-8661 **시간** 09:00~23:00 **가격** 코코넛 스페셜 마사지 90분 40만đ(**예약** 이메일 coconut.footmassage@gmail.com)

AREA

2-B HON TRE ISLAND

[혼쩨섬]

잘 먹고 잘 쉬고 잘 노는 것이 휴양 여행의 기본 소양! 하지만 온 가족의 입맛을 다 맞추기에는 부족한 부분이 하나씩은 생기기 마련이다. 가족 모두가 만족하는 휴양 여행을 꿈꾼다면 혼쩨섬으로 가자. 아이들은 신나게 뛰어 놀 수 있는 테마파크로, 어른들은 시원한 바다와 수영장에서 시간을 보내다 보면 나짱의 색다른 매력이 가까이 다가온다.

PLUS TIP 빈펄 랜드 제대로 즐기기

❶ 혼쩨섬 안에 있는 호텔에 투숙하자

빈펄 랜드에서 가장 인기 있는 어트랙션인 '알파인 코스터'를 기다리지 않고 타려면 개장 직후를 노리세요. 하지만 육지와 혼쩨섬을 잇는 케이블카의 운행 시간이 빈펄 랜드 개장 시간보다 늦어서 케이블카를 아무리 빨리 탄다고 해도 알파인 코스터를 기다리지 않고 타는 것은 사실상 불가능해요. 혼쩨섬 안에 있는 호텔에 투숙하면 빈펄 랜드 개장 시간에 맞춰 입장할 수 있어서 알파인 코스터를 기다리지 않고 세 번까지는 탈 수 있어요. 이때를 놓치면 1시간 이상은 대기 줄에 서서 기다려야 합니다.

❷ 더위 대책을 세우자

빈펄 랜드 안에 냉방 시설을 갖춘 곳이 많지 않고, 야외에 그늘이 거의 없어요. 여름철에는 양산과 쿨토시, 자외선 차단제, 휴대용 선풍기 등이 반드시 필요합니다. 어린아이가 있다면 차광막이 설치된 접이식 유모차도 고려해볼 만해요. 직사광선이 가장 강한 오후 12시에서 오후 2시까지는 수족관, 식당 등 실내에서 보내거나 워터파크에서 시간을 보내는 것이 현명합니다.

❸ 식사는 어디에서 할까?

혼쩨섬 안으로 외부 음식물은 반입할 수 없어요. 어쩔 수 없이 빈펄 랜드 안에서 식사를 사 먹어야 하는데, 불행하게도 음식에 대한 만족도가 모두 낮아요. 게다가 인기 메뉴는 일찌감치 매진되기 일쑤라서 남들보다 빨리 식사를 하는 것을 추천합니다. 창문과 출입문을 열어놓아 냉방이 거의 안 되는 것은 기본, 비둘기 떼가 제집처럼 드나드는 등 위생적인 측면에서 문제가 되는 곳들도 있으니 조심하세요. 인적이 드문 블루밍 힐 주변 식당들이 그나마 쾌적합니다.

❹ 현금은 소액권을 넉넉히 준비하자

기념품 구입, 기념사진 구입, 식사 등 현금을 써야 할 일이 은근히 많아요. 신용카드 결제가 불가능한 매장이 더러 있어 현금이 더 편리합니다. 소액권을 권종별로 준비하면 거스름돈을 주고받는 번거로움이 없어요.

❺ 지도를 챙기자

빈펄 랜드가 생각보다 넓고 어트랙션도 많아요. 안내 표지판 설치가 잘 안 되어 있어서 길을 헤매기 쉬운데, 지도가 있으면 길 찾기가 훨씬 쉽습니다. 그림지도가 있는 팸플릿은 케이블카역 앞에서 구할 수 있는데, 빈펄 랜드 곳곳에 있는 지도 표지판을 스마트폰으로 촬영해 뒀다가 길을 찾을 때마다 보는 것도 나쁘지 않은 방법이에요.

인기 ★★★★☆

빈펄 랜드와 빈펄 계열 호텔, 리조트가 모여 있어 가족 단위 여행자와 단체 여행자들이 많이 찾는다.

관광 ★★★★☆

빈펄 랜드 자체가 거대한 관광지이다.

쇼핑 ★☆☆☆☆

쇼핑을 할 만한 곳은 없다. 마트와 편의점도 없기 때문에 미리 장을 봐 오는 것이 좋다.

식도락 ★★☆☆☆

각 호텔 내 레스토랑과 빈펄 랜드에 입점된 레스토랑을 제외하고는 찾아보기 힘들다.

복잡함 ★★★★☆

주말을 제외하면 조용한 편이다. 그 덕분에 휴양을 하기에도 적당하다.

접근성 ★☆☆☆☆

섬에 들어가기가 쉽지 않다. 냐짱 시내에서 출발하든 공항에서 출발하든 애매하게 멀어 택시와 케이블카, 페리를 갈아타야 하기 때문.

1단계 혼쩨섬 교통 한눈에 보기

냐짱 시내에서 혼쩨섬으로 가는 방법은 크게 두 가지다. 케이블카와 스피트 보트가 그것. 케이블카 승강장과 스피드 보트 선착장이 걸어서 약 7분 정도 거리만큼 떨어져 있어 택시나 그랩카 기사에게 정확한 주소를 알려줘야 길을 헤매지 않는다. 특히 혼쩨섬 안에 있는 호텔 및 리조트 투숙객과 비투숙객 간에 찾아가는 방법이 서로 달라 유의해야 한다. 투숙객은 빈펄 랜드 선착장(Vinpearl Check-in Terminal)으로 가야 한다.

케이블카

냐짱과 혼쩨섬을 잇는 해상 케이블카. 냐짱 앞바다와 냐짱 시내, 빈펄 랜드를 한눈에 볼 수 있어 여행자들에게 인기 있다. 빈펄 랜드 한가운데에 케이블카 도착 플랫폼이 있어 동선이 매끄럽다. 투숙객과 비투숙객 모두 이용할 수 있다.

		일반 요금	야간 요금(16:00 이후)	운행시간
비 투숙객	성인(키 1.4m 이상)	88만 đ	45만 đ	08:30~21:00 (소요시간 약 12분)
	어린이(키 1~1.4m 이하)	70만 đ	35만 đ	
	어린이(키 1m 이하)	무료		
호텔/리조트 투숙객		무료 (숙박비에 포함. 숙박 플랜에 따라 빈펄 랜드 입장권이 포함돼 있지 않을 수 있음)		

* **요금**(빈펄 랜드 입장권 포함)

스피드 보트

케이블카에 비해 소요시간이 짧고 큰 짐을 실을 수 있어 편리하다. 혼쩨섬 선착장에서 각 호텔로 가는 셔틀버스가 있어서 빈펄 랜드보다 호텔 먼저 들르는 여행객들이 주로 이용한다. 혼쩨섬 안에 있는 호텔 및 리조트 투숙객만 이용할 수 있다.

가격 투숙객 무료 **운행시간** 24시간(매시 정각 및 30분) **소요시간** 약 7분

혼쩨섬 들어가기 (혼쩨섬 호텔/리조트 투숙객)

투숙객은 페리와 케이블카 중 하나를 선택해 이용할 수 있다. 섬까지의 왕복 교통편이 숙박비에 포함돼 있는데, 호텔에 들어가 쉬고 싶은 여행자라면 페리를 이용하는 것이 좋고, 빈펄 랜드 먼저 둘러보고 싶다면 케이블카를 이용하는 것을 추천. 혼쩨섬 내에서는 빈펄 그룹이 운영하는 버기카를 누구나 무료로 탑승할 수 있다. 각 호텔 및 리조트에서 출발해 빈펄 랜드와 페리 선착장을 경유하는 편으로 운영하고 있으며 운행시간도 잘 지키는 편이다.

케이블카 또는 스피드 보트

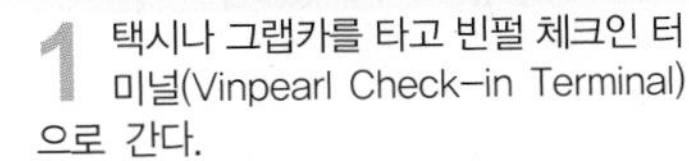

1 택시나 그랩카를 타고 빈펄 체크인 터미널(Vinpearl Check-in Terminal)으로 간다.

2 터미널 건물 안으로 들어서면 호텔/리조트별 체크인 카운터가 있는데, 그곳에서 체크인을 진행한다.

3 짐을 부친다. 파손될 수 있는 물건, 고가의 물건은 반드시 소지해야 하며 짐표는 반드시 잘 보관하도록 하자. 부치는 짐은 호텔로 바로 배송된다.

4 셀프 키오스크로 카드키 입력용 사진을 찍는다. 사진 촬영이 끝나면 호텔과 빈펄 랜드에서 자유롭게 사용할 수 있는 카드키를 수령한다.

5 스피드 보트와 케이블카 중 어떤 교통수단으로 섬에 갈 것인지 선택한다. 스피드 보트를 이용할 경우 스피드 보트가 올 때까지 그 자리에서 기다리면 되고, 케이블카를 탈 경우 케이블카 승강장까지 운행하는 무료 버기카를 타면 된다.

[빈펄 체크인 터미널 Vinpearl Check-in Terminal]

MAP P.100E 구글지도 GPS 12.197901, 109.215355 주소 Vinpearl Check-in Terminal, Khánh Hòa, Thành phố Nha Trang, Vĩnh Trường

혼쩨섬 들어가기 (비투숙객)

비투숙객은 케이블카를 타고 혼쩨섬(빈펄 랜드)으로 이동할 수 있다. 요금에는 왕복 케이블카 탑승 요금과 빈펄 랜드 입장권이 포함돼 있어 조금 비싼 편. 비싼 요금이 부담이라면 티켓 가격이 훨씬 저렴한 오후 4시 이후를 추천하지만 이 경우 빈펄 랜드를 제대로 즐길 수 없으니 주의하자. 케이블카 운행 시작 시간에 맞춰 방문하는 것이 가장 좋다.

혼쩨섬 내의 교통편

혼쩨섬 내에서는 빈펄 그룹이 운영하는 버기카를 누구나 무료로 탑승할 수 있다. 각 호텔 및 리조트에서 출발해 빈펄 랜드와 페리 선착장을 경유하는 편으로 운영하고 있으며 운행시간도 잘 지키는 편이다.

TRAVEL INFO

혼쩨섬

냐짱 인근의 여러 섬 중에서 가장 큰 면적을 자랑하는 곳. 섬의 약 20%가 휴양지로 개발되었는데, 5성급 호텔과 리조트, 빈펄 랜드, 골프 코스 등이 들어서 있다. 섬의 뒤쪽은 천혜의 자연 환경이 남아 있어 스노클링과 다이빙 마니아들이 즐겨 찾는다.

01 빈펄 랜드

Vinpearl Land

★★★★★

놀이공원, 워터파크, 동식물원, 수족관 등이 들어선 복합 테마파크. 입장권을 구입하면 빈펄 랜드 안에 있는 모든 시설을 무료로 무제한 이용할 수 있어 가족 단위 여행자들에게 인기 있다. 모두 둘러보는 데 하루로는 부족하니 혼쩨섬 안에 있는 호텔이나 리조트에 묵는 것도 좋다.

가격

홈페이지 nhatrang.vinpearlland.com

		일반 요금	야간 요금(16:00 이후)	운행시간
비투숙객	성인(키 1.4m 이상)	88만 đ	45만 đ	08:30~21:00 (소요시간 약 12분)
	어린이(키 1~1.4m 이하)	70만 đ	35만 đ	
	어린이(키 1m 이하)	무료		
호텔/리조트 투숙객		무료 (숙박비에 포함. 숙박 플랜에 따라 빈펄 랜드 입장권이 포함돼 있지 않을 수 있음)		

01-1 알파인 코스터

Alpine Coaster

★★★★★

빈펄 랜드에서 가장 인기 있는 어트랙션. 레일을 따라 내려오는 1인용 롤러코스터로 총 길이 1760미터로 동남아 최장 길이를 자랑한다. 133미터의 높이를 지그재그로 내려오는 동안 냐짱의 아름다운 풍경이 그림처럼 펼쳐져 재미를 더한다. 대기 줄이 긴 것으로도 유명한데, 개장 직후 찾아가면 세 번 정도는 기다리지 않고 탑승할 수 있다. 이때를 놓치면 최소 1시간 이상은 기다려야 한다.

지도 P.100B

구글지도 GPS 12.215902, 109.240454

시간 08:30~19:45

01-2 마인 어드벤처

Mine Adventure

★★★★

빈펄 랜드에서 가장 인기 있는 롤러코스터 중 하나. 탑승 시간이 짧지만 광산을 탐험하는 콘셉트로 만들어져 재미있다. 그렇게 무섭지는 않아서 아이들도 좋아한다. 신장 110센티미터 이상만 탑승할 수 있으며 130센티미터 이하의 어린이는 보호자가 동승해야 한다.

지도 P.100B

구글지도 GPS 12.216262, 109.242589

시간 08:30~20:45

01-3 스카이 휠

Sky Wheel

★★★★

높이 120미터의 관람차로 빈펄 랜드와 냐짱 풍경을 한눈에 볼 수 있어 인기가 높다. 정상에 다다르면 냐짱의 푸르른 바다가 거짓말처럼 펼쳐진다. 전망칸 안에 에어컨이 설치돼 있어 더위를 피하기도 좋다. 키 80센티미터 이상만 탑승할 수 있으며 130센티미터 이하의 어린이는 보호자가 동승해야 한다.

지도 P.100B

구글지도 GPS 12.221829, 109.242879 **시간** 10:00~19:25, 주말 09:00~19:25

01-4 4D 시네마

4D Cinema

★★★

바다 생물과 인어의 모험을 그린 4D 영상. 베트남어로 진행하지만 영상만 보고도 줄거리를 따라가는 데는 문제가 없어서 누구나 가볍게 볼 수 있다. 상영 시간은 15분. 120센티미터 이하 어린이와 65세 이상 노약자는 보호자가 있어야 한다.

지도 P.100B

구글지도 GPS 12.218301, 109.241412 **시간** 10:00~18:00까지는 매시 정각, 18:30, 19:30

01-5 수족관

Aquarium

★★

더위를 피할 곳을 찾으려면 이곳이 정답. 우리나라 수족관에 비해 볼 것이 많지는 않아도 아이들의 눈높이에는 잘 맞는다. 보유 어종이 다양하지 않지만 사진을 찍을 만한 곳이 많다. 더 리틀 머메이드 쇼, 피딩 쇼 등 두 가지 쇼도 진행하니 시간 맞춰 방문해 보자.

지도 P.100B

구글지도 GPS 12.219336, 109.241005 **시간** 09:00~19:00(더 리틀 머메이드 쇼 11:00~11:10, 15:00~15:10 / 피딩 쇼 10:00~10:15, (17:00~17:15)

01-6 블루밍 힐

Blooming Hill

★★

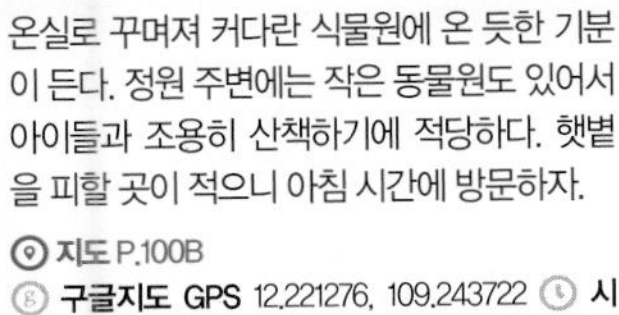

빈펄 랜드에서 가장 높은 곳에 자리한 구역으로 꽃과 나무가 가득한 3개의 정원과 5개의 온실로 꾸며져 커다란 식물원에 온 듯한 기분이 든다. 정원 주변에는 작은 동물원도 있어서 아이들과 조용히 산책하기에 적당하다. 햇볕을 피할 곳이 적으니 아침 시간에 방문하자.

지도 P.100B

구글지도 GPS 12.221276, 109.243722 **시간** 월~금요일 10:00~18:00, 주말 및 공휴일 09:00~18:00/ 동물원 09:00~17:30

01-7 워터파크

Water Park

★★

다양한 워터 슬라이드와 풀장, 웨이브 풀을 갖춘 워터파크로 이용객이 많지 않아 대기 시간 없이 즐길 수 있다는 것이 큰 장점이다. 카약, 바나나보트, 패러 세일링 등 워터 스포츠도 추가 요금만 내면 이용할 수 있다. 대부분의 시설은 오전 10시부터 운행한다.

지도 P.100B

구글지도 GPS 12.219679, 109.241357 **시간** 09:00~18:00 **가격** 물품 보관함 1만đ(보증금 10만đ), 수건 대여 1만5000đ(보증금 15만đ)

EXPERIENCE

01 케이블카

Cable Car

★★★★★

길이 3320미터의 해상 케이블카로 냐짱과 혼쩨섬을 연결한다. 케이블카를 타는 12분 동안 냐짱 시내와 혼쩨섬의 풍경이 그림처럼 지나간다. 낮에는 푸르른 냐짱 앞바다를, 밤이 되면 냐짱의 야경을 볼 수 있어 시간에 따라 다른 매력이 있다. 빈펄 랜드 입장권에 케이블카 왕복 탑승 요금이 포함돼 있다.

지도 P.100B

구글지도 GPS 12.216284, 109.241401 **찾아가기** 냐짱 센터에서 택시 약 16분. 그랩카 이용 시 목적지에 'Cáp treo Vinpearl Nha Trang'을 검색하면 된다. **주소** Trần Phú, Vĩnh Trường **시간** 08:30~21:00

AREA 3

PHU QUOC [푸꾸옥]

남국의 최서단, 진주처럼 빛나는 비밀한 섬

오래도록 숨겨진 섬이었다. 마치 모래 속에 감추어진 진주알처럼. 그리하여 오늘날 당신이 마주하게 될 이 섬은 때 묻지 않은 모습으로, 가꾸지 않은 날것 그대로의 모습으로 당신을 기다리고 있다. 베트남 속 하와이라 불리는 남국 최서단의 섬, 로컬들의 허니문 여행지 제 1순위, 햇살 머금어 별처럼 반짝거리는 낮의 해변과 함께 수천 가지 노을빛으로 한없이 일렁거리는 밤의 해변이 있는 곳. 더없는 아름다움으로 여행자들에게 손짓하는 푸꾸옥을 향해 지금 여행을 떠나보자.

MUST SEE 이것만은 꼭 보자!

No. 1
베트남이 자랑하는
쪽빛 바다
롱 비치 & 싸오 비치

No. 2
푸꾸옥의 바다를
마주한 호젓한 사원
호꾸옥 사원

No. 3
베트남의 슬픈 역사를
오롯이 간직한 곳
푸꾸옥 감옥

No. 4
그 어느 곳보다 풍성하고
흥겨운 야시장
푸꾸옥 야시장

MUST EAT 이것만은 꼭 먹자!

No. 1
베트남 최고의
향신료 후추를
맛볼 수 있는
더 스파이스 하우스

No. 2
푸꾸옥의
풍성한 해산물을
값싸게 즐기는
붑 레스토랑

No. 3
소박한 로컬 식당에서
즐기는 가벼운
베트나미즈 퀴진
사이고니즈 이터리

No. 4
5성급 럭셔리
리조트에서 즐기는
고급 만찬
템푸스 푸깃

MUST BUY 이것만은 꼭 사자!

No. 1
짙은 향이 알싸하게
차오르는
백후추 & 흑후추

No. 2
베트남 최대의
진주 산지 푸꾸옥에서
값싸게 만나보는
천연 진주

No. 3
수십 가지 맛과 향을
덧입힌 최고의
맥주 안주
맛땅콩

MUST EXPERIENCE 이것만은 꼭 경험하자!

No. 1
베트남 최고의
동물원에서 만나보는
기린과 코뿔소
빈펄 사파리

No. 2
롤러코스터와
워터파크가 한곳에
빈펄 랜드

No. 3
푸꾸옥 최장, 베트남 최장,
세계 최장!!!
푸꾸옥 케이블카

인기
★★★★☆

갈수록 푸꾸옥의 인기는 하늘 높은 줄 모르고 치솟는 중!

관광
★★★★☆

베트남에서 가장 맑은 바다와 베트남 최고의 동물원까지, 볼거리가 끝이 없다.

쇼핑
★★★☆☆

천연 진주, 후추, 땅콩 등 천혜의 자연이 선사하는 특산물이 한가득.

식도락
★★★★☆

풍성한 해산물을 꼭 맛보자.

복잡함
★☆☆☆☆

섬의 면적에 비해 도로도 단순하고 차량 통행도 적다.

접근성
★★★★☆

2019년 인천발 직항 항공편이 개설되어 접근성이 한결 좋아졌다.

1 단계 푸꾸옥, 이렇게 간다

다른 도시에서 푸꾸옥 가기

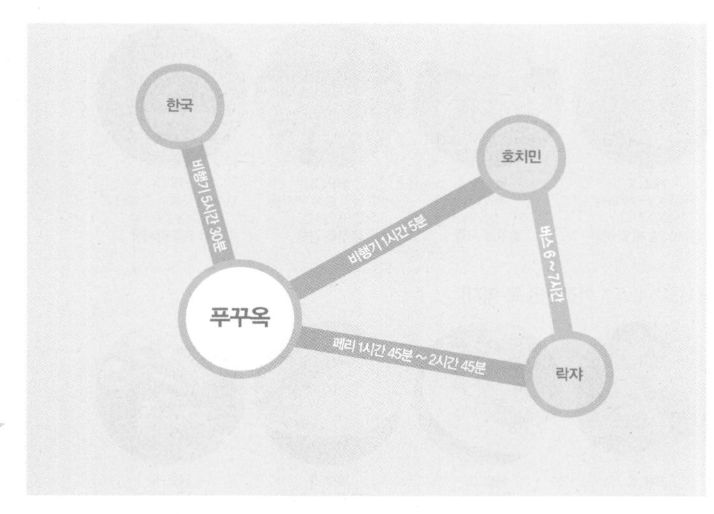

PLUS TIP

인천국제공항에서 푸꾸옥까지 대한항공(주 2회), 아시아나항공(주 4회), 이스타항공과 제주항공, 비엣젯에서 직항편을 운항하고 있다(각 주 7회).

푸꾸옥은 섬이기 때문에 호치민을 기착지로 하는 항공편을 이용하는 편이 좋다. 페리도 운항하고 있지만, 시간적으로 매우 비효율적이다.

이동수단별 특징 및 장단점

	비행기 추천	페리
특징	호치민을 기착지로 하여 국내의 여러 도시들을 연결하고 있다.	베트남 반도 서쪽 끝 도시인 락쟈(Rạch Giá), 하티엔(Hà Tiên) 등지에서 푸꾸옥까지 운항한다.
장점	빠르고 효율적이다.	• 가격이 저렴하다. • 메콩 델타 지역 여행과 연계할 수 있다.
단점	가격이 다소 비싸다.	시간이 너무 오래 걸려 비효율적이다.
구입방법	www.vietnamairlines.com www.vietjetair.com www.jetstar.com/vn	www.bookaway.com

호치민에서 푸꾸옥 가기

교통수단 비교하기

	비행기	페리
소요시간	1시간 5분	1시간 45분~2시간 45분 +6~7시간(버스 이동)
운행편수(1일)	15~17편	8편(락쟈 경유)
요금	130만 đ~	28~35만 đ (버스 요금 미포함)

❶ 비행기 추천

베트남항공, 비엣젯, 젯스타 등의 항공사가 호치민에서 직항 항공편을 운항한다. 푸꾸옥 국제공항(Cảng Hàng Không Quốc Tế Phú Quốc)은 섬 중앙부에 위치한다.

항공사	출발시각	소요시간	요금
베트남항공, 비엣젯, 젯스타	05:40~19:45(1일 15~17편)	1시간 5분	130만 đ~

❷ 페리

다수의 페리 노선이 푸꾸옥섬과 본토를 잇고 있다. 본토 서단의 락쟈(Rạch Giá), 하티엔(Hà Tiên) 등에 페리 터미널이 있으며, 호치민까지는 버스로 5~6시간이 추가로 소요되어 비효율적이다.

노선	출발시각	소요시간	요금
패스트 페리 (Fast Ferry)	08:00, 08:10, 08:30, 08:45, 12:40, 12:45, 13:00	2시간 30분~2시간 45분	28~35만 đ
푸꾸옥 익스프레스 (Phu Quoc Express)	08:45	1시간 45분	34만 đ

PLUS TIP

호치민-락쟈 간 버스

프엉짱 푸타(Phương Trang FUTA) 버스가 24시간 두 도시를 연결하며, 그 외에도 신 투어리스트(The Sinh Tourist) 등이 운행하고 있다. 약 6시간 소요되며 요금은 16만5000 đ.

그 외 도시에서 푸꾸옥 가기

❶ 비행기

나짱, 달랏 등 공항이 있는 도시에서 항공편을 이용하면, 호치민을 경유하여 푸꾸옥에 도착할 수 있다. 소요시간은 약 3시간부터(환승 시간 포함).

출발지역	출발시각	소요시간	요금
나짱	04:05 ~ 14:30	3시간 10분 (환승 시간 포함)	240만 đ~
달랏	07:10 ~ 17:25	3시간 15분 (환승 시간 포함)	240만 đ~

공항에서 시내로 이동하기

푸꾸옥 국제공항(Cảng Hàng Không Quốc Tế Phú Quốc)에서 시내 중심부인 즈엉동(Dương Đông)까지는 약 7.5킬로미터 떨어져 있으며, 대부분의 리조트가 위치한 롱 비치까지는 약 4.5킬로미터 떨어져 있다. 택시와 리조트 무료 셔틀을 이용해 시내로 이동할 수 있다.

❶ 택시

입국장을 나서면 여러 택시 회사의 택시들이 일렬로 대기하고 있다. 즈엉동까지는 약 15~20분 소요되며, 통행료 포함 약 20만 đ.

❷ 버스

공항과 즈엉동 사이를 운행한다. 푸꾸옥의 대표적 택시 회사인 사스코(Sasco)에서 운영한다. 입국장 밖에 위치한 붉은색 카운터에서 티켓을 구입할 수 있다. 시간은 항공편에 따라 유동적이므로, 새벽 시간에 도착한다면 리조트 셔틀이나 택시를 이용하자. 요금은 5만 đ.

❸ 리조트 무료 셔틀 추천

5성급 특급 호텔과 리조트가 밀집해 있는 만큼 각 리조트와 공항 사이를 오가는 무료 셔틀버스를 이용할 수 있다. 한국인들이 특히 많이 투숙하는 빈펄, 노보텔, 퓨전 리조트 등이 셔틀버스를 운행 중이다. 각 리조트별 셔틀버스 운행 시간을 미리 확인하자.

2단계 푸꾸옥 시내 교통 한눈에 보기

푸꾸옥 내에서 이동하기

❶ 택시 추천

택시는 푸꾸옥을 여행하는 대다수 여행자의 발이다. 여러 택시 회사가 있지만 초록색의 마이린(Mai Linh) 택시와 붉은색의 사스코(Sasco) 택시가 가장 흔하다. 요금은 택시 회사별로 다르지만 큰 차이는 없으며, 차량 크기에 따라 요금이 달라진다. 즈엉동 내에서는 1~5만 đ 정도면 이동이 가능하며 롱 비치에서 즈엉동까지는 약 25만 đ 정도 소요된다.

❷ 그랩

푸꾸옥에서는 그랩 이용이 보편적이지 않아 배차가 잘 되지 않는다. 일반 택시를 잡아타는 것이 편리하다.

❸ 버스

27, 28, 29번의 세 노선이 운영되고 있지만, 행선지와 운행시간이 매우 제한적이어서 여행자들이 효율적으로 이용하는 것은 거의 불가능하다. 무엇보다 섬 외곽을 순환하는 노선이 대부분이어서 여행지들과는 거리가 멀다. 웬만해서는 택시를 이용하는 것이 좋다.

❹ 리조트 무료 셔틀버스

일부 리조트에서는 투숙객의 편의를 위해 리조트와 즈엉동 간 무료 셔틀을 운행한다. 좌석이 제한적이므로 하루 전까지 예약이 필요하다.

리조트	운행
빈펄 리조트	빈펄 리조트 & 골프 : 15:00, 17:00
	빈펄 리조트 & 스파 : 15:10, 17:10
	즈엉동 : 19:00, 21:00
노보텔 푸꾸옥 리조트	리조트 : 10:00, 17:00, 19:30
	즈엉동 : 11:00, 18:00, 21:00

* 그 외 리조트는 호텔 문의

MAP
푸꾸옥 한눈에 보기

푸꾸옥 전역

A
B
E
F
I
J

Koh Seh
빈펄 리조트 & 스파 푸꾸옥
빈펄 리조트 & 골프 푸꾸옥
빈펄 디스커버리
빈 오아시스
빈펄 랜드
Vinpearl Land Phu Quoc P.143
빈펄 사파리
Vinpearl Safari Phu Quoc P.143
쇼하우스 카지노 빈펄
다총 항구
푸꾸옥 국립공원
퓨전 리조트 푸꾸옥
그린 베이 푸꾸옥 리조트 & 스파
마이 조 리파인드 레스토랑
Mai Jo Refined Restaurant P.139
더 셸스 리조트 & 스파 푸꾸옥
중심부
쉐라톤 푸꾸옥 리조트
수어이짠 유원지
Khu Du Lịch Suối Tranh P.138
함닌 부두
Ham Ninh Pier P.138
갈리나 머드배스 & 스파
Galina Mudbath & Spa P.143
푸꾸옥 국제공항
Phu Quoc International Airport
응옥히엔 진주 농장
Pearl Farm Ngoc Hien P.142
선셋 사나토 리조트 & 빌라
솔 비치 하우스 푸꾸옥
바이봉 항구
선셋 사나토 비치 클럽
Sunset Sanoto Beach Club P.140
므엉탄 럭셔리 푸꾸옥 호텔
워킹 스트리트 푸꾸옥
노보텔 푸꾸옥 리조트
풀만 푸꾸옥 비치 리조트
호꾸옥 사원
Ho Quoc Pagoda P.136
인터콘티넨털 푸꾸옥 롱 비치 리조트
옴브라
Ombra P.141
싸오 비치
Sao Beach P.136
푸꾸옥 감옥
Phu Quoc Prison P.137
켐 비치
Khem Beach P.136
순교자 기념비
프리미어 레지던스 푸꾸옥 에메랄드 베이
푸꾸옥 케이블카
Phu Quoc Cable Car P.143
Mini Mart
프리미어 빌리지 푸꾸옥 리조트
JW 메리어트 푸꾸옥 에메랄드 베이 리조트 & 스파
혼두아
디파트먼트 오브 케미스트리 바
Department of Chemistry Bar P.1
혼로이
템푸스 푸깃
Tempus Fugit P.139
차오 비치
Chao Beach P.137
혼똠
Thom Island P.137
선월드 혼똠 네이처 파크
Sun World Hon Thom Nature Park P.143
혼방

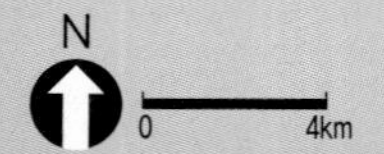

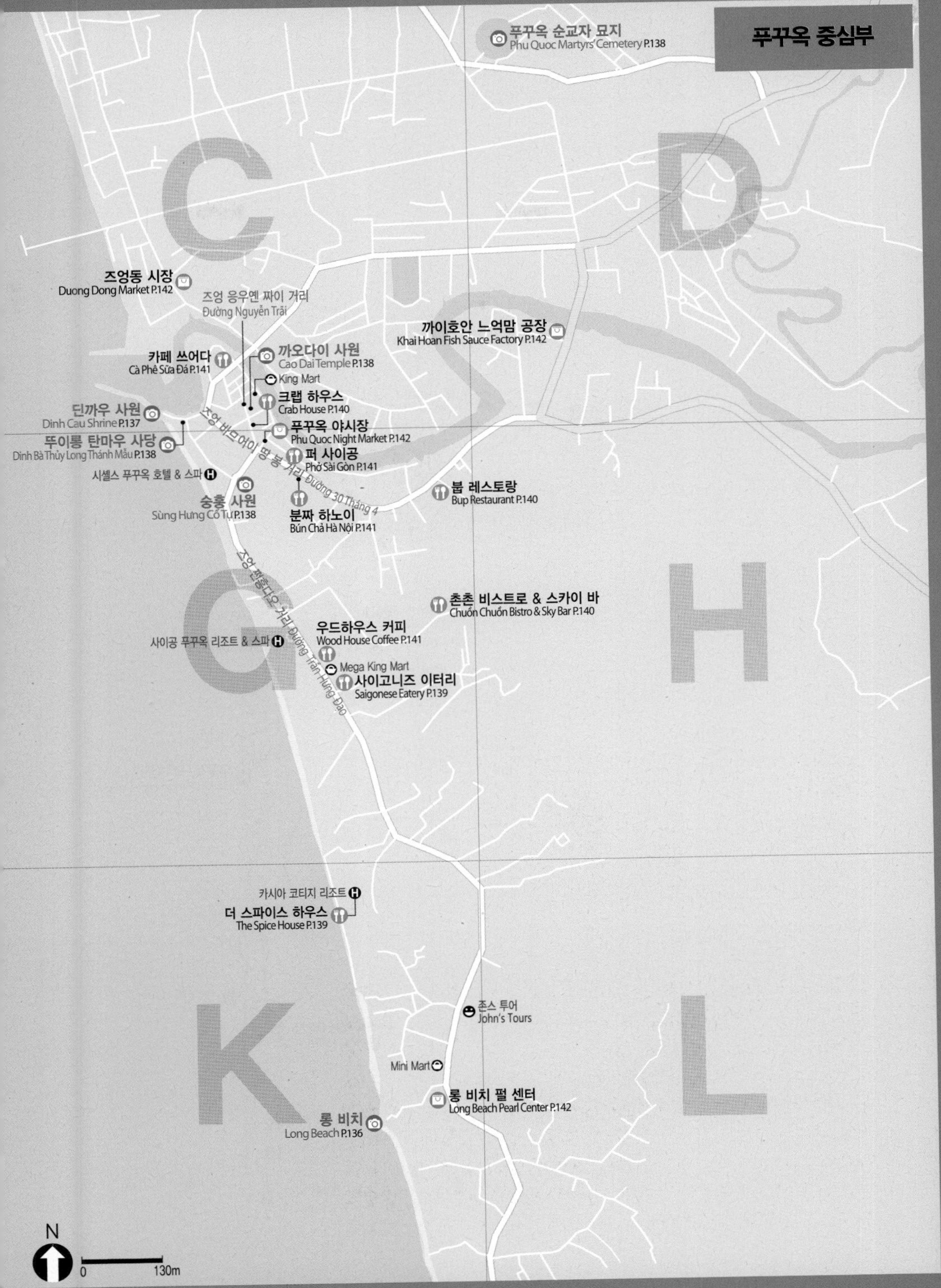

푸꾸옥 중심부

푸꾸옥 순교자 묘지
Phu Quoc Martyrs' Cemetery P.138

즈엉동 시장
Duong Dong Market P.142

즈엉 응우옌 짜이 거리
Đường Nguyễn Trãi

까이호안 느억맘 공장
Khai Hoan Fish Sauce Factory P.142

카페 쓰어다
Cà Phê Sữa Đá P.141

까오다이 사원
Cao Dai Temple P.138

King Mart

크랩 하우스
Crab House P.140

딘까우 사원
Dinh Cau Shrine P.137

뚜이롱 탄마우 사당
Dinh Bà Thủy Long Thánh Mẫu P.138

푸꾸옥 야시장
Phu Quoc Night Market P.142

퍼 사이공
Phở Sài Gòn P.141

즈엉 바므어이 땅 뜨 거리 Đường 30 Tháng 4

시셀스 푸꾸옥 호텔 & 스파

숭흥 사원
Sùng Hưng Cổ Tự P.138

붑 레스토랑
Bup Restaurant P.140

분짜 하노이
Bún Chả Hà Nội P.141

즈엉 쩐흥다오 거리 Đường Trần Hưng Đạo

춘촌 비스트로 & 스카이 바
Chuồn Chuồn Bistro & Sky Bar P.140

우드하우스 커피
Wood House Coffee P.141

사이공 푸꾸옥 리조트 & 스파

Mega King Mart

사이고니즈 이터리
Saigonese Eatery P.139

카시아 코티지 리조트

더 스파이스 하우스
The Spice House P.139

존스 투어
John's Tours

Mini Mart

롱 비치 펄 센터
Long Beach Pearl Center P.142

롱 비치
Long Beach P.136

C D G H K L

N

0 130m

Koh Thmei
Koh Seh
다촘 항구
푸꾸옥 국립공원
빈펄 랜드 3
Vinpearl Land Phu Quoc
2 빈펄 사파리
Vinpearl Safari Phu Quoc
마이 조 리파인드 레스토랑 1
Mai Jo Refined Restaurant
12 푸꾸옥 야시장
Phu Quoc Night Market
크랩 하우스 11-1
Crab House
11-2 붑 레스토랑
Bup Restaurant
딘까우 사원 5
Dinh Cau Shrine
분짜 하노이 4
Bún Chả Hà Nội
푸꾸옥 국제공항
Phu Quoc International Airport
6 푸꾸옥 감옥
Phu Quoc Prison
푸꾸옥 케이블카 7
Phu Quoc Cable Car
혼똠 8
Thom Island
차오 비치 10
Chao Beach
선월드 혼똠 네이처 파크 9
Sun World Hon Thom Nature Park

원데이 패밀리 트립 코스

가족과 함께라면 더욱 좋은 섬 푸꾸옥. 그중에서도 가장 즐거운 시간을 선사할 장소들만 고르고 골랐다. 섬 북쪽에 위치한 가족 식당에서 푸짐하게 식사를 즐기고 빈펄 사파리와 빈펄 랜드에서 신나는 시간을 보내자.

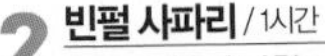

START

1. 마이 조 리파인드 레스토랑

17km, 택시 22분

2. 빈펄 사파리

4.2km, 셔틀 6분

3. 빈펄 랜드

21km, 택시 33분

4. 분짜 하노이

700m, 도보 8분

5. 딘까우 사원

25km, 택시 33분

6. 푸꾸옥 감옥

4.4km, 택시 8분

7. 푸꾸옥 케이블카

바로 앞

뒷장으로 이어짐 ↓

1 마이 조 리파인드 레스토랑 / 1시간
Mai Jo Refined Restaurant

섬의 북쪽을 향해 여행을 시작하자. 길가에 자리한 가족 식당에서 소박한 아침 식사로 아침을 연다면 더없이 좋다.

시간 09:00~22:00 **가격** 면 요리 8만đ~, 메인 8만đ~

→ 택시로 22분 이동 → 빈펄 사파리

2 빈펄 사파리 / 1시간
Vinpearl Safari Phu Quoc

'열린 동물원'을 지향하는 베트남 최대, 최고의 동물원으로 향하자. 최고의 하이라이트는 다름 아닌 사파리! 그곳에서 사자, 호랑이와 인사를 나누자.

시간 09:00~16:00(사파리 입장 09:30~13:20) **가격** 성인 65만đ, 키 100~140센티미터 어린이 및 60세 이상 50만đ

→ 무료 셔틀로 6분 이동 → 빈펄 랜드

3 빈펄 랜드 / 1시간 40분
Vinpearl Land Phu Quoc

베트남 테마파크의 최고봉, 푸꾸옥에 새로이 문을 연 빈펄 랜드에서 가족들과 즐거운 한때를 보내자. 더운 여름이라면 입장객 누구나 이용할 수 있는 워터파크 존을 집중 공략할 것.

시간 09:00~21:00(각 존과 어트랙션에 따라 다름) **가격** 성인 50만đ, 키 100~140센티미터 어린이 및 60세 이상 40만đ

→ 택시로 33분 이동 → 분짜 하노이

4 분짜 하노이 / 40분
Bún Chả Hà Nội

액티브한 반나절을 보냈으니 조금은 출출해졌을 시간. 즈엉동의 분짜 하노이에서 불 맛, 불 향 가득한 분짜를 맛보자. 남녀노소 누구나 분짜와 사랑에 빠지게 된다.

시간 24시간 **가격** 분짜 5~8만đ

→ Đường 30 Tháng 4 거리를 따라 즈엉동 시내를 거쳐 도보 8분 → 딘까우 사원

5 딘까우 사원 / 20분
Dinh Cau Shrine

바다로부터 즈엉동 항구로 들어오는 길목을 지키는 딘까우 사원. 바위 위에 올라앉아 더없이 특별하고 소박한 사원에서 기념사진 한 컷!

시간 07:00~18:00

→ 택시로 33분 이동 → 푸꾸옥 감옥

6 푸꾸옥 감옥 / 40분
Phu Quoc Prison

제국주의와 남북 분단, 100년이 넘도록 이 나라를 찢고 할퀴었던 슬픈 역사가 고스란히 담긴 푸꾸옥 감옥. 그 처절한 투쟁과 분쟁의 역사를 마음 깊이 새겨 보자.

시간 07:00~11:00, 13:00~17:00

→ 택시로 8분 이동 → 푸꾸옥 케이블카

7 푸꾸옥 케이블카 / 1시간
Phu Quoc Cable Car

푸꾸옥섬과 혼똠을 연결하는 세계 최장 케이블카. 끝도 없이 하늘 위로 올라갈 것만 같은 대형 캐빈을 타고 내려다보는 푸꾸옥의 바다 풍경은 그야말로 장관이고 절경이다!

시간 07:30~12:00, 13:30~15:00, 16:30~17:30, 19:00~19:30 **가격** 성인 50만đ, 키 100~130센티미터 어린이 35만đ

→ 하차 정류장 바로 앞 → 혼똠

뒷장으로 이어짐

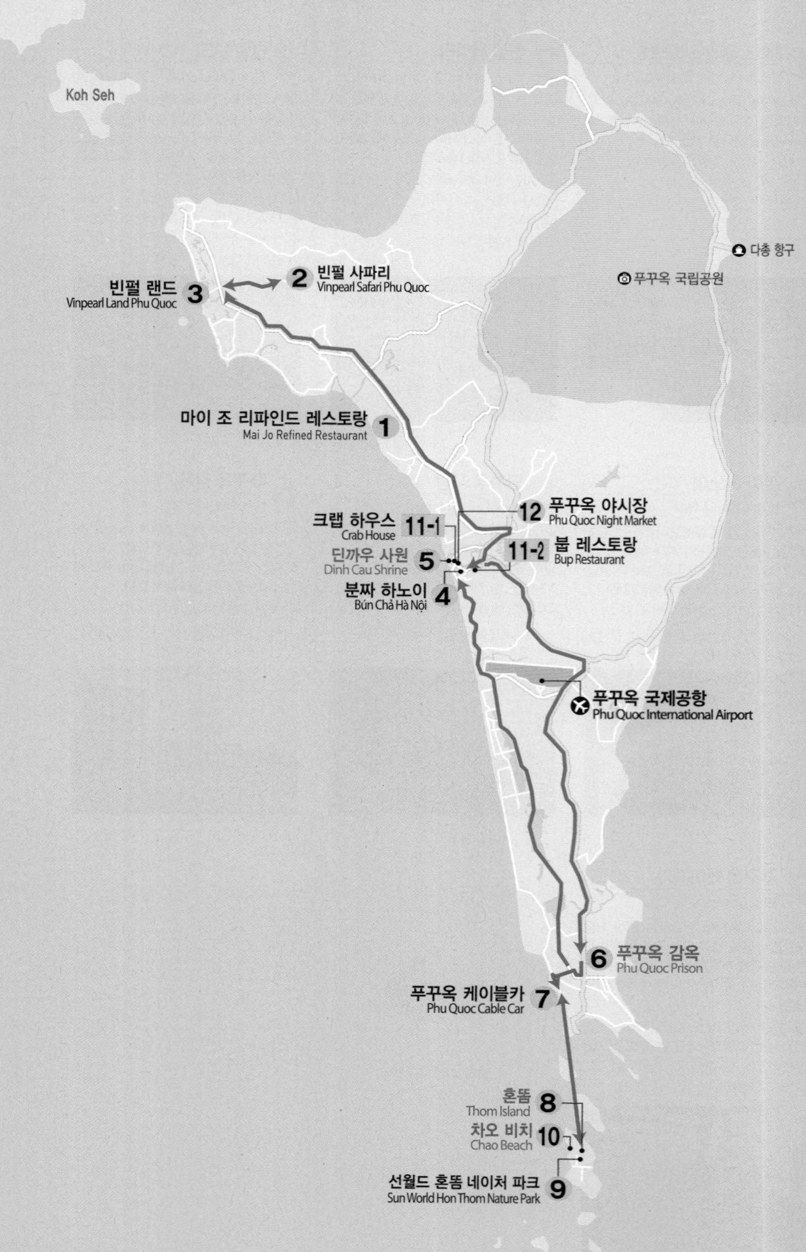
Koh Thmei
Koh Seh
다총 항구
푸꾸옥 국립공원
2 빈펄 사파리
Vinpearl Safari Phu Quoc
빈펄 랜드 3
Vinpearl Land Phu Quoc
마이 조 리파인드 레스토랑 1
Mai Jo Refined Restaurant
12 푸꾸옥 야시장
Phu Quoc Night Market
크랩 하우스 11-1
Crab House
11-2 붑 레스토랑
Bup Restaurant
딘까우 사원 5
Dinh Cau Shrine
분짜 하노이 4
Bún Chả Hà Nội
푸꾸옥 국제공항
Phu Quoc International Airport
6 푸꾸옥 감옥
Phu Quoc Prison
푸꾸옥 케이블카 7
Phu Quoc Cable Car
혼똠 8
Thom Island
차오 비치 10
Chao Beach
선월드 혼똠 네이처 파크 9
Sun World Hon Thom Nature Park

COURSE 1-2

원데이 패밀리 트립 코스

푸꾸옥이 자랑하는 세계 최장 케이블카를 타고 혼똠 섬으로 향한다. 섬 안에 자리 잡은 테마파크를 둘러본 뒤, 차오 비치에서 노을을 바라보자. 즈엉동 시내로 돌아와 해산물 만찬과 야시장의 흥겨움으로 하루를 마무리 하자.

앞장에서 이어짐 ↓
8. 혼똠
바로 앞
9. 선월드 혼똠 네이처 파크
750m, 카트 5분
10. 차오 비치
27~29km, 택시 37분
11. (선택)크랩 하우스/붑 레스토랑
130~850m, 도보 2~8분
12. 푸꾸옥 야시장

앞장에서 이어짐

PLUS TIP
푸꾸옥에서 케이블카를 타고 이동해야만 들어갈 수 있다. 돌아오는 케이블카시간을 꼭 확인하자.

8 혼똠 / 30분
Thom Island

푸꾸옥 케이블카를 타고 도착하는 곳. 섬 자체가 하나의 테마파크로 지정된 혼똠 구석구석을 낱낱이 파헤쳐 보자.

시간 24시간(푸꾸옥 케이블카 시간에 유의)

→ 혼똠 내 위치 → 선월드 혼똠 네이처 파크

9 선월드 혼똠 네이처 파크 / 30분
Sun World Hon Thom Nature Park

혼똠에 자리 잡은 테마파크로 푸꾸옥 케이블카를 타는 순간 이곳으로의 여행은 이미 시작! 아기자기하게 가꾸어진 테마파크의 곳곳을 즐거이 누비자. 섬을 구석구석 연결하는 무료 전동 카트를 잘 활용할 것.

시간 07:00~21:00(시설 및 계절에 따라 다름)

→ 무료 카트로 5분 이동 → 차오 비치

10 차오 비치 / 20분
Chao Beach

혼똠섬 서쪽을 향해 열린 해변. 이곳에서 마주하는 일몰 풍경은 그야말로 예술이다. 야자수 줄기에 내걸린 그네 위에서의 인증샷은 필수!

시간 24시간(푸꾸옥 케이블카 시간에 유의)

→ ❶ 택시로 37분 이동 → 크랩 하우스
→ ❷ 택시로 37분 이동 → 붑 레스토랑

선택

11-1 크랩 하우스 / 1시간
Crab House

남녀노소 누구나 좋아하는 게, 로브스터, 새우 등을 전문으로 하는 해산물 레스토랑. 완벽한 냉방이 되어 있어 편안한 식사는 덤이다! 그런 만큼 얼마간의 대기는 필수.

시간 11:00~22:00 **가격** 크랩 하우스 콤보 89~345만₫+5%

→ Đường Nguyễn Trãi 거리를 따라 도보 2분 → 푸꾸옥 야시장

선택

11-2 붑 레스토랑 / 1시간
Bup Restaurant

로컬들과 어깨를 맞대고 조금 더 저렴하게 해산물을 맛보고자 한다면 붑 레스토랑을 선택하자. 말이 잘 통하지 않아도, 영어 메뉴판이 있어 주문은 어렵지 않다.

시간 11:00~23:30 **가격** 음료 1만5000₫~, 해산물 4만9000₫~

→ Đường 30 Tháng 4 거리를 따라 도보 8분 → 푸꾸옥 야시장

12 푸꾸옥 야시장 / 1시간
Phu Quoc Night Market

반짝반짝 빛나는 푸꾸옥 야시장에서 하루 여행을 마무리하자. 시원하고 달콤한 베트남 전통 디저트와 간식거리, 저렴한 휴양지 패션 아이템들이 당신을 기다린다.

시간 해 질 무렵~

RECEIPT

관광	7시간
식사	2시간 40분
이동	2시간 40분
TOTAL	**12시간 20분**
교통비	220만₫
택시	220만₫
체험	140만₫
푸꾸옥 케이블카 왕복 티켓	50만₫
빈펄 사파리 & 빈펄 랜드 콤보 티켓	90만₫
식사 및 간식	115만4500₫
마이 조 리파인드 레스토랑 (에그 누들+주스)	17만₫
분짜 하노이(분짜)	5만₫
크랩 하우스(크랩 하우스 콤보)	93만4500₫
TOTAL	**475만4500₫**

(1인 성인 기준, 쇼핑 비용 별도)

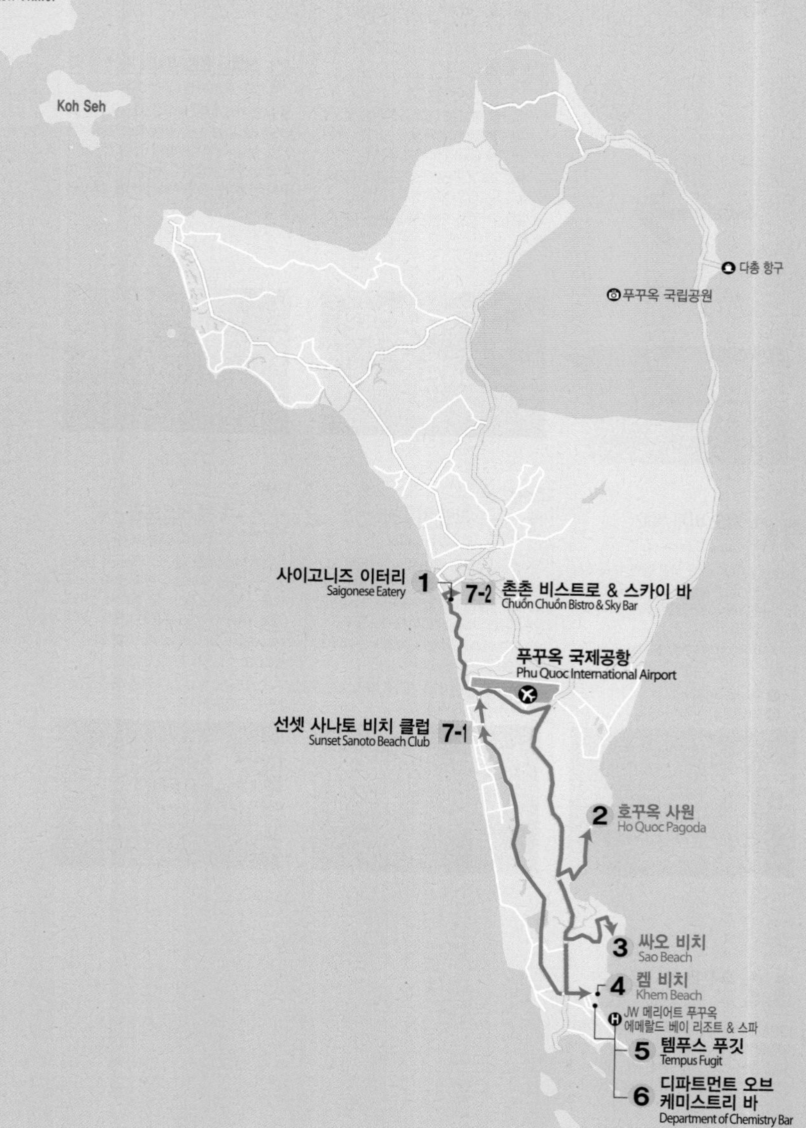
Koh Thmei
Koh Seh
다층 항구
푸꾸옥 국립공원
사이고니즈 이터리
Saigonese Eatery
1
7-2
촌촌 비스트로 & 스카이 바
Chuồn Chuồn Bistro & Sky Bar
푸꾸옥 국제공항
Phu Quoc International Airport
선셋 사나토 비치 클럽
Sunset Sanoto Beach Club
7-1
2
호꾸옥 사원
Ho Quoc Pagoda
3
싸오 비치
Sao Beach
4
켐 비치
Khem Beach
JW 메리어트 푸꾸옥
에메랄드 베이 리조트 & 스파
5
템푸스 푸깃
Tempus Fugit
6
디파트먼트 오브
케미스트리 바
Department of Chemistry Bar

COURSE 2

스타일리시 & 로맨틱 코스

아름다운 바다, 멋스러운 레스토랑과 분위기 좋은 바까지 다 갖춘 코스다. 사랑하는 이와 함께 스타일리시하고 로맨틱한 하루를 여행해 보자.

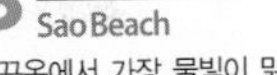

START

1. 사이고니즈 이터리
 23km, 택시 31분
2. 호꾸옥 사원
 10km, 택시 18분
3. 싸오 비치
 6.4km, 택시 13분
4. 켐 비치
 185m, 도보 2분
5. 템푸스 푸깃
 바로 앞
6. 디파트먼트 오브 케미스트리 바
 17~27km, 택시 22~35분
7. (선택)선셋 사나토 비치 클럽/촌촌 비스트로 & 스카이 바

1 사이고니즈 이터리 / 1시간
Saigonese Eatery

상쾌한 아침을 열기에 더없이 좋은 작은 식당. 베트남을 중심으로 아시아와 유럽의 레시피를 조화시킨 깔끔한 한 끼 식사가 차려진다.

시간 08:00~22:00 가격 브렉퍼스트 5만đ~, 런치 6만đ~

→ 택시로 31분 이동 → 호꾸옥 사원

2 호꾸옥 사원 / 30분
Ho Quoc Pagoda

푸꾸옥의 동쪽 바다를 향해 한껏 열린 불교 사원. 불당을 향해 연결된 계단을 오르고 또 올라 파노라마처럼 펼쳐지는 푸꾸옥의 풍경을 오롯이 눈에 담자.

시간 05:00~17:00

→ 택시로 18분 이동 → 싸오 비치

3 싸오 비치 / 1시간
Sao Beach

푸꾸옥에서 가장 물빛이 맑기로 소문이 자자한 해변이다. 사설 비치 하우스가 자리해 있어, 액티비티를 즐기거나 간단한 식사를 해결할 수도 있다.

시간 24시간

→ 택시로 13분 이동 → 켐 비치

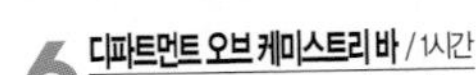

4 켐 비치 / 30분
Khem Beach

수년 전까지만 해도 군사보호구역으로 지정되어 있었기에 더없이 맑은 바다. 크림처럼 곱다 하여 붙은 그 이름처럼, 잘게 부서지는 파도와 고운 모래가 일품이다.

시간 24시간

→ 해변을 따라 JW 메리어트 푸꾸옥 에메랄드 베이 리조트 방향으로 도보 2분 → 템푸스 푸깃

5 템푸스 푸깃 / 1시간
Tempus Fugit

5성급 리조트 JW 메리어트에 위치한 웨스턴 레스토랑. 다소 혁신적인 메뉴들을 합리적인 가격으로 만나볼 수 있다. 한 세기 전 실존했던 대학교를 콘셉트로 하는 인테리어도 눈여겨 보자.

시간 06:30~10:30, 12:00~22:00 가격 애피타이저 20만đ+15%~, 메인 35만đ+15%~

→ 바로 앞 → 디파트먼트 오브 케미스트리 바

6 디파트먼트 오브 케미스트리 바 / 1시간
Department of Chemistry Bar

템푸스 푸깃 바로 옆에 자리한 비치사이드 바. '화학과'라는 독특한 콘셉트를 지닌 만큼 도전적인 칵테일 레시피를 보유하고 있는 것으로 정평이 나 있다. 이곳에서 바라보는 바다 풍경 또한 일품.

시간 16:00~다음 날 00:30 가격 칵테일 25만đ+15%~

→ ❶ 택시로 22분 이동 → 선셋 사나토 비치 클럽

→ ❷ 택시로 35분 이동 → 촌촌 비스트로 & 스카이 바

선택

7-1 선셋 사나토 비치 클럽 / 1시간
Sunset Sanoto Beach Club

푸꾸옥의 첫 바다라고 일컬어지는 롱 비치에 자리 잡은 비치 바, 비치 클럽. 풍성한 먹을거리와 마실 거리는 물론이고, 즐길 거리까지 가득해 여유로운 한때를 보내기에 제격이다.

시간 09:00~21:00 가격 커피 4만đ+15%~, 맥주 4만5000đ+15%~

선택

7-2 촌촌 비스트로 & 스카이 바 / 1시간
Chuồn Chuồn Bistro & Sky Bar

즈엉동 남쪽 언덕 위에 자리 잡은 곳. 널따란 테라스 위에서는 푸꾸옥의 바다와 즈엉동 마을의 풍경이 한눈에 담긴다. 제값을 하고도 남는 이곳의 음식들과 함께 반짝거리는 푸꾸옥의 밤 풍경을 오롯이 눈에 담자.

시간 07:30~22:30 가격 브렉퍼스트 7만đ~, 커피 5만đ~

RECEIPT

관광	2시간
식사	4시간
이동	1시간 30분
TOTAL	**7시간 30분**

교통비	120만đ
택시	120만đ
식사 및 간식	102만6500đ
사이고니즈 이터리(돼지고기 꼬치 데리야끼 덮밥+코코넛 커피)	21만đ
템푸스 푸깃 (오징어 먹물 링귀니)	33만3500đ
디파트먼트 오브 케미스트리 바 (시그니처 칵테일)	34만5000đ
선셋 사나토 비치 클럽 (클래식 칵테일)	13만8000đ
TOTAL	**222만6500đ**

(1인 성인 기준, 쇼핑 비용 별도)

SIGHTSEEING

TRAVEL INFO

푸꾸옥

푸꾸옥의 주요 명소들은 섬 전체에 고르게 분포한다. 생각보다 섬이 큰 편이므로 여유 있게 코스를 잡아야 한다.

이동시간 기준_푸꾸옥 국제공항 및 푸꾸옥 야시장

현지 물가를 고려해 가격대가 비싼 곳은 ₫₫₫, 보통인 곳은 ₫₫, 싼 곳은 ₫, 무료인 곳은 FREE로 표기했습니다. 또한 인기도는 별로 표기했습니다.

01 롱 비치

FREE

Long Beach

★★★★★

이름이 모든 것을 설명하는 푸꾸옥의 대표 해변. 장장 20킬로미터에 달하는 긴 해변이 남북으로 길게 뻗어 섬의 서쪽 해안선 대부분을 차지하고 있다. 풍광 좋은 비치 바와 레스토랑 등 다양한 먹거리들이 주변에 자리 잡고 있다. 푸꾸옥의 내로라하는 호텔과 리조트 대부분이 이 롱 비치 근방에 있다고 해도 과언이 아닐 정도. 해변에서 바라보는 노을이 특히 압권이다.

1권 P.054 **지도** P.129K
구글지도 GPS 10.190108, 103.964280 **찾아가기** 푸꾸옥 국제공항에서 택시 11분 **주소** Bãi Trướng, Dương Tơ, Phú Quốc, Kiên Giang **시간** 24시간

02 싸오 비치

FREE

Sao Beach

★★★★★

푸꾸옥에서 가장 아름다운 물빛을 자랑하는 해변. 섬 중부 동쪽 해안선에 자리 잡고 있다. 'sao'는 베트남어로 '별'을 뜻한다는데, 그래서일까. 이른 아침이나 늦은 오후 즈음에는 일광욕을 즐기는 불가사리가 종종 출몰하기도 한다. 해변에는 식당, 화장실, 샤워실 등을 갖춘 비치 하우스가 있어서 편리하게 이용할 수 있다. 대부분의 리조트로부터 멀리 떨어져 있다는 게 흠이라면 흠!

1권 P.051 **지도** P.128J
구글지도 GPS 10.057419, 104.036353 **찾아가기** 푸꾸옥 국제공항에서 택시 22분 **주소** Bãi Sao, An Thới, Phú Quốc, Kiên Giang **시간** 24시간

03 켐 비치

FREE

Khem Beach

★★★★

'크림 비치'라는 별칭을 가진 해변이다. 곱디고운 모래, 맑고 영롱한 바다가 그림처럼 펼쳐져 있다. 수년 전까지만 하더라도 군사보호구역으로 지정되어 있었기 때문에 오히려 지금의 이 아름다운 해변이 존재하는지도 모른다. 최근 JW 메리어트 푸꾸옥 에메랄드 베이 리조트가 문을 엶과 동시에 해외의 여행자들에게 더욱 각광받고 있다.

1권 P.054 **지도** P.128J
구글지도 GPS 10.035415, 104.030443 **찾아가기** 푸꾸옥 국제공항에서 택시 24분 **주소** Bãi Khem, An Thới, Phú Quốc, Kiên Giang **시간** 24시간

04 호꾸옥 사원

FREE

Ho Quoc Pagoda

★★★★

2012년 문을 연 '신상' 불교 사원이다. 그래서 사원에서 으레 마주하게 되는 예스러움은 결코 찾아볼 수 없지만 불당과 마주한 푸꾸옥의 푸른 바다 풍경이 그 아쉬움을 대신 채우고도 남는 매력적인 곳이다. 10미터가 넘는 관음불, 영롱한 옥색의 청옥불 등 볼거리도 풍성하지만, 섬 동쪽에 치우쳐 있어 찾아가기가 조금 까다로운 게 흠이다.

1권 P.088 **지도** P.128F
구글지도 GPS 10.110416, 104.028335 **찾아가기** 푸꾸옥 국제공항에서 택시 21분 **주소** Thiền viện Trúc Lâm Hộ Quốc, Dương Tơ, Phú Quốc, Kiên Giang **시간** 05:00~17:00 **휴무** 부정기적 **가격** 무료

05 딘까우 사원 FREE

Dinh Cau Shrine
★★★

바다가 곧 삶인 푸꾸옥의 단면을 고스란히 보여주는 곳. 즈엉동 항구 초입에 위치한 작은 사원인 딘까우는 해변 바위 위에 자리를 잡아 '바위 사원'이라고도 불린다. 바다의 신에게 봉헌된 사원 위로 항구의 밤을 지키는 등대가 자리한 것 또한 흥미롭다. 낮에는 신을 향한 기도로, 밤에는 바다를 밝히는 등대로, 24시간 푸꾸옥의 바다를 지키는 딘까우 사원을 만나보자.

1권 P.089 **지도** P.129C
구글지도 GPS 10.217327, 103.956422 **찾아가기** 푸꾸옥 야시장 앞 사거리에서 도보 5분 **주소** Dinh Cậu, khu phố 2, Phú Quốc, Kiên Giang **시간** 07:00~18:00 **휴무** 부정기적 **가격** 무료

06 푸꾸옥 감옥 FREE

Phu Quoc Prison
★★★

프랑스 제국주의의 산물로 과거 '코코넛 나무 감옥'으로 불리던 곳을 1967년 남베트남 정부가 재건했다. 남베트남 내에서 간첩 활동이나 이적 행위를 벌였던 베트콩과 북베트남 군인들을 수감하였는데, 많을 때에는 그 수가 4만 명에 이르기도 했다. '호랑이 사육장'이라 불리는 작은 철조망 우리에 포로를 가두고 고문을 자행하기도 했던 서글픈 역사의 살아 있는 증거이기도 하다.

지도 P.128J
구글지도 GPS 10.043518, 104.018477 **찾아가기** 푸꾸옥 국제공항에서 택시 23분 **주소** Nhà tù Phú Quốc, 350 Nguyễn Văn Cừ, An Thới, Phú Quốc, Kiên Giang **전화** 28-2260-0009 **시간** 07:00~11:00, 13:00~17:00 **휴무** 부정기적 **가격** 무료 **홈페이지** www.phuquocprison.org

07 혼똠 FREE

Thom Island
★★★

푸꾸옥 남쪽 10여 개의 군도 중에서 가장 규모가 큰 섬. 푸꾸옥 케이블카가 도착하는 곳이며 섬 전체가 선월드 혼똠 네이처 파크로 조성된 곳이기도 하다. 군도 주변의 바다는 보기 드물게 맑고 투명하여 스노클링 포인트로 유명하다. 케이블카를 통해 섬에 들어가거나 보트 투어를 통해 섬 주변에서 해양 액티비티를 즐길 수 있다.

지도 P.128J
구글지도 GPS 9.958402, 104.016665 **찾아가기** 푸꾸옥 케이블카를 탑승하여 혼똠 정류장 하차, 약 30분 소요 **주소** Hòn Thơm, Phu Quoc, Kiên Giang **시간** 24시간(푸꾸옥 케이블카 시간에 유의)

08 차오 비치 FREE

Chao Beach
★★

푸꾸옥 남쪽에 자리 잡은 혼똠섬에 자리한 비밀스런 해변이다. 이 먼 곳까지 닿는 일이 여간 어려운 일이 아니지만, 막상 그 아름다운 바다에서 수만 가지 노을빛을 마주하게 된다면 그간의 여정쯤이야 금세 잊게 될지도 모른다. 따로 해변만 찾기보다는 선월드 혼똠 네이처 파크와 함께 방문하는 것이 여러모로 효율적이다.

1권 P.055 **지도** P.128J
구글지도 GPS 9.961490, 104.012794 **찾아가기** 푸꾸옥 케이블카 혼똠 정류장에서 무료 카트 5분 **주소** Bài Chào, Hòn Thơm, Phu Quoc, Kiên Giang **시간** 24시간(푸꾸옥 케이블카 시간에 유의)

09 수어이짠 유원지 ⓓ
Khu Du Lịch Suối Tranh
★★

섬 중부의 울창한 숲 가운데에 조성된 유원지로, 우리나라로 치자면 유료로 운영되는 계곡과 비슷하다. 주차장과 매점, 다소 조악한 조형물들이 인사하는 유원지의 초입을 지나 숲 안쪽으로 조금 더 들어가면 높고 낮은 폭포들이 이어지는 계곡을 마주하게 된다. 굳이 이곳에서 물놀이를 즐길 이유는 없으니, 섬 동부로 넘어갈 때 잠깐 들르는 정도면 좋다.

지도 P.128F
구글지도 GPS 10.176617, 104.012478 **찾아가기** 푸꾸옥 국제공항에서 택시 7분 **주소** Khu Du Lịch Suối Tranh, Dương Tơ, Phu Quoc, Kiên Giang **전화** 0773-703-779 **시간** 07:00~18:30 **휴무** 부정기적 **가격** 성인 1만 đ, 어린이 5000 đ

10 함닌 부두 FREE
Ham Ninh Pier
★

섬 동쪽에 위치한 소박한 부두. 섬 서쪽의 즈엉동, 섬 남쪽의 안또이와 함께 푸꾸옥의 어업을 책임지고 있는 곳이다. 부두 초입에는 각종 건어물과 해산물을 재료로 하는 식료품 판매상들이 줄지어 있고, 부두 위에는 갓 잡아 올린 해산물을 즉석에서 요리해 내는 해산물 레스토랑이 둥둥 떠 있다. 바다 위에서의 한 끼 식사를 위해 들러도 좋다.

지도 P.128F
구글지도 GPS 10.181613, 104.052018 **찾아가기** 푸꾸옥 국제공항에서 택시 13분 **주소** Bến Tàu Hàm Ninh, Hàm Ninh, Phú Quốc, Kiên Giang **시간** 24시간 **휴무** 부정기적 **가격** 무료

11 까오다이 사원 FREE

Cao Dai Temple
★

베트남 국민 중 약 5%가 믿고 따르는 것으로 추산하는 토착 종교 까오다이교의 사원으로 즈엉동에 있다. 그들의 신 까오다이의 신성한 눈을 종교적 상징으로 하고 있어, 사원 내부 정면에 커다란 눈 그림을 걸어두고 있다. 생각보다 엄숙한 분위기에 안으로 들어가기가 꺼려진다면 바깥에서 건축물의 장식과 벽화들을 둘러보는 것으로 관람을 마치자.

지도 P.129C
구글지도 GPS 10.217470, 103.959999 **찾아가기** 푸꾸옥 야시장 앞 사거리에서 도보 2분 **주소** 40 Đường Nguyễn Trãi, Dương Đông, Phú Quốc, Kiên Giang **전화** 297-3864-578 **시간** 일정에 따라 다름 **휴무** 부정기적 **가격** 무료

12 숭훙 사원 FREE

Sùng Hưng Cổ Tự
★

19세기에 지어진 것으로 알려진 작은 불교 사원으로 즈엉동 남쪽, 야시장 근처에 위치해 있다. 현존하는 것으로는 푸꾸옥에서 가장 오래된 사원으로 전해진다. 정면의 아미타불과 함께 좌우에는 대세지보살과 관세음보살상이 있다. 큰 사원은 아니지만, 다양한 조각과 모자이크가 있어 볼거리는 풍부한 편이다.

지도 P.129G
구글지도 GPS 10.214853, 103.959727 **찾아가기** 푸꾸옥 야시장 앞 사거리에서 도보 2분 **주소** 7 Trần Hưng Đạo, Dương Đông, Phú Quốc, Kiên Giang **시간** 일정에 따라 다름 **휴무** 부정기적 **가격** 무료

13 뚜이롱 탄마우 사당 FREE
Dinh Bà Thủy Long Thánh Mẫu
★

탄마우, 즉 성모(聖母)를 모시는 사당이다. 뚜이롱 탄마우는 캄보디아 왕족의 후손으로, 그 왕국의 멸망 즈음에 이곳으로 와 농경과 목축의 문을 연 것으로 전해진다. 그래서 푸꾸옥 사람들은 그녀를 천모로 추앙하고 사당을 지어 기리게 된 것이다. 여신을 모시는 사원이라 그런지 매우 화려하고 아름다우며, 안에서는 가녀린 탄마우의 신상도 만나볼 수 있다.

지도 P.129C
구글지도 GPS 10.216934, 103.957353 **찾아가기** 푸꾸옥 야시장 앞 사거리에서 도보 5분 **주소** Dinh Bà Thủy Long Thánh Mẫu, Đường Võ Thị Sáu, Dương Đông, Phú Quốc, Kiên Giang **전화** 846-647-707 **시간** 일정에 따라 다름 **휴무** 부정기적 **가격** 무료

14 푸꾸옥 순교자 묘지 FREE
Phu Quoc Martyrs' Cemetery
★

즈엉동 북쪽 근교에 위치한 곳으로 푸꾸옥섬과 그 근방에서 목숨을 잃은 국가 영웅 3천여 명의 넋이 고이 잠든 곳이다. 별다른 볼거리가 있는 곳은 아니지만 기념탑을 중심으로 방사형으로 자리한 영웅 묘소의 군집은 퍽 포토제닉한 풍경을 선사한다. 섬의 북쪽을 여행할 때 잠시 들렀다 가기에 좋다.

지도 P.129D
구글지도 GPS 10.230671, 103.968751 **찾아가기** 푸꾸옥 국제공항에서 택시 22분 **주소** Nghĩa Trang Liệt Sĩ, Đường Cách Mạng Tháng Tám, Dương Đông, Phú Quốc, Kiên Giang **시간** 24시간 **가격** 무료

15 템푸스 푸깃

Tempus Fugit

★★★★★

JW 메리어트 푸꾸옥 리조트가 자랑하는 파인 다이닝으로 일식, 베트남식을 접목한 도전적인 웨스턴 퀴진을 선보인다. 5성급 리조트가 보장하는 맛과 서비스, 분위기를 합리적인 가격으로 즐길 수 있다.

추천 오징어 먹물 링귀니 파스타 Squid Ink Lunguini Vongole 29만 đ+15%

1권 P.365 지도 P.128J

구글지도 GPS 10.033694, 104.029985 **찾아가기** 푸꾸옥 국제공항에서 택시 23분, JW 메리어트 리조트 내에 위치 **주소** JW Marriott Phu Quoc Emerald Bay Resort & Spa, An Thới, Phú Quốc, Kiên Giang **전화** 297-377-9999 **시간** 06:30~10:30, 12:00~22:00 **가격** 애피타이저 20만 đ+15%~, 메인 35만 đ+15%~ **홈페이지** www.jwmarriottphuquocresort.com/en/dining/tempus-fugit

16 더 스파이스 하우스

The Spice House

★★★★★

캐시아 커티지 리조트 내에 위치한 지중해풍 레스토랑. 푸꾸옥 특산품인 후추를 비롯, 여러 향신료를 가미한 풍미 넘치는 음식이 특징.

추천 양배추로 감싼 버섯과 돼지고기 Cabbage Rolls 15만5000 đ

1권 P.373 지도 P.129K

구글지도 GPS 10.198264, 103.963443 **찾아가기** 푸꾸옥 국제공항에서 택시 14분, 캐시아 커티지 리조트 내에 위치 **주소** Cassia Cottage Resort, Đường Trần Hưng Đạo, Dương Tơ, Phú Quốc, Kiên Giang **전화** 297-3848-395 **시간** 07:00~22:00 **가격** 메인 15~54만 đ **홈페이지** cassiacottage.com/en/the-spice-house

17 마이 조 리파인드 레스토랑

Mai Jo Refined Restaurant

★★★★★

즈엉동에서 북쪽으로 이어지는 길가에 위치한 소박한 레스토랑. 아버지와 다섯 딸, 세 명의 사위가 함께 꾸리는 가족 식당이다. 깔끔한 베트남식을 주메뉴로 하는데 맛도 맛이지만 풍성한 양이 특히 만족스럽다. 해산물 메뉴도 '가성비'가 좋은 편.

추천 웍 프라이드 Wok Fried Egg Noodles 9만 đ

1권 P.141 지도 P.128F

구글지도 GPS 10.263989, 103.937109 **찾아가기** 푸꾸옥 국제공항에서 택시 29분 **주소** Mai Jo Fusion Treat Restaurant, Đường Lê Thúc Nha, Cửa Dương, Phú Quốc, Kiên Giang **전화** 096-536-51-87 **시간** 09:00~22:00 **휴무** 부정기적 **가격** 면 요리 8만 đ~, 메인 8만 đ~ **홈페이지** www.maijorestaurant.com

18 사이고니즈 이터리

Saigonese Eatery

★★★★★

작고 소박하지만 음식 하나는 정말 괜찮은 식당. 흔히 맛볼 수 있는 서양식 조식과 브런치 메뉴들은 물론 베트남과 아시아의 풍미를 더한 퓨전 메뉴들도 선보이고 있다.

추천 돼지고기 꼬치 데리야끼 덮밥 Grilled Pork Skewers-Teriyaki Sauce and Brown Rice 15만 đ

1권 P.138 지도 P.129G

구글지도 GPS 10.206879, 103.962833 **찾아가기** 푸꾸옥 국제공항에서 택시 14분 **주소** 73 Đường Trần Hưng Đạo, Dương Đông, Phú Quốc, Kiên Giang **전화** 93-805-96-50 **시간** 08:00~22:00 **휴무** 부정기적 **가격** 브렉퍼스트 5만 đ~, 런치 6만 đ~ **홈페이지** www.facebook.com/saigoneseeatery

19 선셋 사나토 비치 클럽

Sunset Sanoto Beach Club

★★★★

롱 비치에서 가장 핫하고 활기 넘치는 비치 클럽이다. 다양한 먹을거리와 마실 거리, 볼거리, 즐길 거리가 있어, 반나절쯤 여유로운 시간을 만끽하기에도 제격인 곳이다. 가격대가 조금 높다는 것이 흠이라면 흠이지만, 이토록 멋진 풍경에 더해 로맨틱한 분위기까지 품고 있으니 결코 비싸다는 느낌은 들지 않는다.

추천 해산물 볶음면 Stir Fried Noodles Seafood 20만đ

1권 P.059 **지도** P.128F

구글지도 GPS 10.153103, 103.973585 **찾아가기** 푸꾸옥 국제공항에서 택시 8분 **주소** Sunset Sanoto Beach Club, Dương Tơ, Phú Quốc, Kiên Giang **전화** 297-6266-662 **시간** 09:00~21:00 **휴무** 부정기적 **가격** 커피 4만đ+15%~, 맥주 4만5000đ+15%~ **홈페이지** www.sunsetsanato.com

20 붑 레스토랑

Bup Restaurant

★★★★

현지인들로 북적거리는 꾸밈 없는 해산물 식당. 푸꾸옥 해산물을 다양한 요리법으로 즐길 수 있어 선택의 폭이 넓다. 가격은 저렴한 편이지만, 영어 의사소통이 다소 어렵다.

추천 갯가재튀김 Stir-fried Mantis Shrimp w/ Garlic 시가

1권 P.145 **지도** P.129G

구글지도 GPS 10.214222, 103.966847 **찾아가기** 푸꾸옥 야시장 앞 사거리에서 택시 2분 또는 도보 11분 **주소** 108 Ba Mươi Tháng Tư, Khu 1, Dương Đông, Phú Quốc, Kiên Giang **전화** 090-268-79-90 **시간** 11:00~23:30 **휴무** 부정기적 **가격** 해산물 4만9000đ~ **홈페이지** bup-restaurant.business.site

21 크랩 하우스

Crab House

★★★★

즈엉동의 해산물 식당으로, 게와 로브스터 등 갑각류를 주메뉴로 한다. 가격대가 높은 편이지만 깔끔하고 무엇보다 '빵빵'한 에어컨이 있어 편안히 식사를 즐길 수 있다.

추천 새우와 블루 크랩 콤보 Combo 2 (Shrimp 500g+2 Blue Crabs+Potatoes+Corn) 115만đ+5%

1권 P.164 **지도** P.129C

구글지도 GPS 10.216722, 103.960071 **찾아가기** 푸꾸옥 야시장 앞 사거리에서 도보 1분 **주소** 26 Đường Nguyễn Trãi, Dương Đông, Phú Quốc, Kiên Giang **전화** 2973-845-067 **시간** 11:00~22:00 **휴무** 부정기적 **가격** 크랩 하우스 콤보 89~345만đ+5%

22 촌촌 비스트로 & 스카이 바

Chuồn Chuồn Bistro & Sky Bar

★★★★

남국의 정취를 물씬 풍겨내는 내부 공간과 함께 넓은 테라스가 마련되어 있어 푸꾸옥의 서쪽 바다 풍경을 내다보기에 더없이 좋다. 서양식 메뉴와 함께 베트남 전통 음식을 현대적으로 재해석한 가벼운 요리들도 꽤 만족스럽다.

추천 믹스 베리 무알코올 칵테일 Mixed Berry Mocktail w/ Berries & Pineapple 6만5000đ

1권 P.207 **지도** P.129G

구글지도 GPS 10.209769, 103.966576 **찾아가기** 푸꾸옥 국제공항에서 택시 17분 **주소** Chuồn Chuồn Bistro & Sky Bar, khu 1, Dương Đông, Phú Quốc, Kiên Giang **전화** 2973-608-883 **시간** 07:30~22:30 **휴무** 부정기적 **가격** 브렉퍼스트 7만đ~, 커피 5만đ~ **홈페이지** www.chuonchuonbistro.com

23 디파트먼트 오브 케미스트리 바 đđ

Department of Chemistry Bar
★★★

마치 화학 실험실을 방불케 하는 독특한 콘셉트를 가지고 있는데, 화학자들의 연구 결과물 같은 독창적인 칵테일들이 두루 사랑받고 있다.

추천 시그니처 칵테일 Signature Cocktails 27만5000~30만 đ+15%

1권 P.058 지도 P.128J

구글지도 GPS 10.034364, 104.030170 **찾아가기** 푸꾸옥 국제공항에서 택시 23분, JW 메리어트 리조트 내에 위치 **주소** JW Marriott Phu Quoc Emerald Bay Resort & Spa, An Thới, Phú Quốc, Kiên Giang **전화** 297-377-9999 **시간** 16:00~다음 날 00:30 **가격** 칵테일 25만 đ+15%~ **홈페이지** www.jwmarriottphuquocresort.com/en/dining/department-of-chemistry-bar

24 분짜 하노이 đ

Bún Chả Hà Nội
★★

분짜의 본고장, 하노이 스타일의 분짜를 내는 자그마한 현지 식당이다. 숯불에 직접 구워 강력한 불 맛과 불 향을 풍기는 제대로 된 분짜를 맛볼 수 있는 곳. 양이 많지는 않지만 그런 만큼 가격 또한 저렴하니 특별 메뉴를 주문하는 것도 좋다.

추천 분짜 Bún Chả 5만 đ

지도 P.129G

구글지도 GPS 10.214836, 103.961984 **찾아가기** 푸꾸옥 야시장 앞 사거리에서 도보 1분 **주소** Bún Chả Hà Nội, Đường 30 Tháng 4, Khu 1, Dương Đông, Phú Quốc, Kiên Giang **시간** 24시간 **휴무** 부정기적 **가격** 분짜 5~8만 đ

25 퍼 사이공 đ

Phở Sài Gòn
★★

푸꾸옥에서 드물게 쌀국수를 전문적으로 하는 곳. 여행자들보다는 푸꾸옥을 삶터 삼은 현지인들이 즐겨 찾는 곳이기에 더욱 믿음이 간다. 일반적인 담백한 쌀국수와 함께 후에 스타일의 매콤한 쌀국수인 Bún Bò Huế도 맛볼 수 있다.

추천 특 쌀국수 Phở Đặc Biệt 7만 đ

지도 P.129G

구글지도 GPS 10.215422, 103.961224 **찾아가기** 푸꾸옥 야시장 앞 사거리에서 도보 1분 **주소** Phở Sài Gòn, Đường 30 Tháng 4, Khu 1, Dương Đông, Phú Quốc, Kiên Giang **전화** 0773-846-338 **시간** 07:00~23:00 **휴무** 부정기적 **가격** 쌀국수 4~7만 đ

26 옴브라 đđđ

Ombra
★★

5성급 럭셔리 리조트인 인터콘티넨털 롱 비치 리조트의 풀사이드 바. 발리풍의 럭셔리한 수영장과 휴양지의 분위기를 만끽하기에 좋다. 이탈리아인 수석 셰프의 손에서 탄생하는 정통 이탈리안 푸드도 수준급.

추천 푸꾸옥 해산물 피자 Phu Quoc Seafood Pizza 55만 đ+15%

1권 P.059 지도 P.128F

구글지도 GPS 10.112621, 103.982435 **찾아가기** 푸꾸옥 국제공항에서 택시 14분 **주소** InterContinental Phu Quoc Long Beach Resort, Dương Tơ, Phú Quốc, Kiên Giang **전화** 297-397-8888 **시간** 07:00~19:00 **가격** 음료 6만 đ+15%~, 푸드 25만 đ+15%~ **홈페이지** phuquoc.intercontinental.com/ombra

27 카페 쓰어다 đ

Cà Phê Sữa Đá
★★

즈엉동에 위치한 깔끔한 카페로 즈엉동강을 사이에 두고 시장과 마주하고 있다. 메뉴야 별다를 것이 없지만, 푸꾸옥에서는 드물게 냉방이 갖추어져 있다는 점이 매력이다. 가격도 저렴한 카페 쓰어다 한 잔으로 남국의 더위를 날려보자.

추천 카페 쓰어다 Cafe Sữa Đá 2만5000 đ

지도 P.129C

구글지도 GPS 10.219222, 103.959357 **찾아가기** 푸꾸옥 야시장 앞 사거리에서 도보 6분 **주소** 68 Đường Bạch Đằng, Dương Đông, Phú Quốc, Kiên Giang **시간** 07:00~22:00 **휴무** 부정기적 **가격** 커피 2만2000 đ~, 주스 3만8000 đ~

28 우드하우스 커피 đ

Wood House Coffee
★

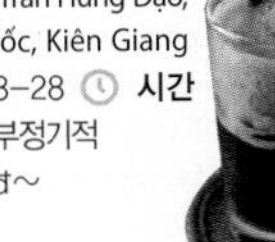

즈엉동과 푸꾸옥 국제공항을 잇는 도로변에 위치해 있는 카페로 현지인들에게 사랑받는 곳이다. 위치가 다소 애매한 편이어서, 롱 비치에 있는 숙소와 즈엉동 사이를 오갈 때에 잠시 들르면 좋다. 베트남 스타일의 핀 드립 커피류를 추천.

추천 카페 덴다 Cà Phê Đen Đá 2만5000 đ

지도 P.129G

구글지도 GPS 10.207498, 103.962392 **찾아가기** 푸꾸옥 국제공항에서 택시 14분 **주소** 51 Đường Trần Hưng Đạo, Dương Đông, Phú Quốc, Kiên Giang **전화** 97-528-28-28 **시간** 06:30~23:30 **휴무** 부정기적 **가격** 커피 2만5000 đ~

29 즈엉동 시장

Duong Dong Market
★★★★

섬 주민들의 삶이 투영된 재래시장으로 즈엉동 강가를 따라 자리 잡고 있다. 곡물과 채소, 육류와 해산물 등의 먹거리는 물론 다양한 생필품도 판매한다. 다른 지역의 재래시장과 달리 여행자들의 접근이 쉽지 않은 편인데, 그게 오히려 이곳의 매력이다. 여행자들을 상대로 한 기념품들을 대신해 현지인들에게 필요한 것만이 그득히 들어찬, 삶터 그 자체다.

1권 P.253 지도 P.129C
구글지도 GPS 10.221974, 103.957200 **찾아가기** 푸꾸옥 야시장 앞 사거리에서 도보 7분 **주소** Chợ Dương Đông, Đường Trần Phú, Phú Quốc, Kiên Giang **시간** 03:00~19:00 **휴무** 부정기적 **가격** 상점마다 다름

30 푸꾸옥 야시장

Phu Quoc Night Market
★★★★

밤의 볼거리, 즐길 거리가 많지 않은 이곳 푸꾸옥 여행자들의 아쉬운 마음을 달래주는 곳. 1년 365일 즈엉동의 밤을 밝혀주고 있는데, 다른 지역과 비교해 규모도 크고 활기가 넘쳐서 여행자들에게 인기가 높다. 다양한 길거리 음식, 후추나 땅콩 등의 지역 특산품, 값싼 휴양지 의류 등을 만나볼 수 있다. 해산물 식당에서 신선한 해산물을 양껏 먹어볼 수도 있다.

1권 P.256 지도 P.129G
구글지도 GPS 10.215982, 103.960367 **찾아가기** 푸꾸옥 국제공항에서 택시 17분 **주소** Đường Lý Tự Trọng, Khu 1, Dương Đông, Phú Quốc, Kiên Giang **시간** 해 질 무렵~ **휴무** 부정기적 **가격** 상점마다 다름

31 롱 비치 펄 센터

Long Beach Pearl Center
★★

푸꾸옥 최대의 진주 양식장을 보유한 롱 비치 그룹에서 운영하는 진주 판매장과 전시장이다. 진주 양식 과정을 보여주는 전시장과 함께 이곳에서 생산된 진주 제품을 비교적 값싸게 구입할 수 있는 판매장이 위치해 있다. 베트남 내에서 최고로 친다는 해수 진주는 물론, 조금 더 저렴한 담수 진주까지 다양한 진주 제품을 구경할 수 있다.

지도 P.129K
구글지도 GPS 10.191029, 103.966595 **찾아가기** 푸꾸옥 국제공항에서 택시 10분 **주소** 124 Đường Trần Hưng Đạo, Dương Tơ, Phú Quốc, Kiên Giang **전화** 98-585-85-53 **시간** 07:00~22:00 **가격** 제품마다 다름 **홈페이지** www.longbeachpearl.com

32 응옥히엔 진주 농장

Pearl Farm Ngoc Hien
★★

응옥히엔사의 진주 제품 판매장이다. 초대형 백화점 한 층과 맞먹는 드넓은 매장에 온갖 진주 제품들이 가득하다. 해수와 담수 진주를 모두 취급하고 있으며 그 등급에 따라 서로 다른 색상과 영롱한 빛깔을 자랑하는 진주들은 구경만으로도 즐겁다. 금 제품의 가격이 부담스럽다면 은 제품을 선택하면 좋고, 롱 비치 펄 센터보다 조금 더 저렴한 편이다.

지도 P.128F
구글지도 GPS 10.170125, 103.970699 **찾아가기** 푸꾸옥 국제공항에서 택시 6분 **주소** Ngọc Trai Ngọc Hiền, Đường Trần Hưng Đạo, Dương Tơ, Phú Quốc, Kiên Giang **전화** 2976-259-259 **시간** 08:00~22:00 **가격** 제품마다 다름 **홈페이지** www.ngochienpearl.com

33 까이호안 느억맘 공장

Khai Hoan Fish Sauce Factory
★

베트남 제일로 친다는 푸꾸옥의 피시 소스 느억맘(Nước mắm)을 제조하고 판매하는 곳이다. 바다와 이어진 즈엉동강을 통해 공장 바로 앞까지 어선이 들어오며, 강과 맞닿은 공장 안에서는 느억맘 소스가 만들어지고 숙성된다. 베트남 요리에 관심이 많다면 작은 느억맘 소스를 사 오는 것도 좋은데, 시장에서 파는 것과 가격 차이는 없다.

지도 P.129D
구글지도 GPS 10.219704, 103.971776 **찾아가기** 푸꾸옥 국제공항에서 택시 18분 **주소** 11 Cầu Hùng Vương, Dương Đông, Phú Quốc, Kiên Giang **전화** 297-3993-235 **시간** 07:00~16:00 **휴무** 부정기적 **가격** 느억맘 소스 4만5000đ~ **홈페이지** www.khaihoanphuquoc.com.vn

34 빈펄 사파리

Vinpearl Safari Phu Quoc

★★★★★

아이들과 함께라면 꼭 찾아야 하는 푸꾸옥 체험 여행의 일번지. 베트남 최대, 최다, 최고 등 그 규모로도 충분히 찾을 만한 가치가 있지만, '열린 동물원'을 지향하는 만큼 인위적인 구조물을 최소화하고 최대한 자연 그대로의 모습을 구현한 것으로도 높은 평가를 받고 있다. 최고 인기 스폿인 사파리와 함께 기린과 코끼리에게 직접 먹이를 주는 체험도 가능하다.

1권 P.299 지도 P.128A
구글지도 GPS 10.337034, 103.891066 **찾아가기** 푸꾸옥 국제공항에서 택시 50분 **주소** Vinpearl Safari Phú Quốc, Gành Dầu, Phú Quốc, tỉnh Kiên Giang **전화** 297-3636-699 **시간** 09:00~16:00(사파리 입장 09:30~13:20) **가격** 성인 65만đ, 키 100~140센티미터 어린이 및 60세 이상 50만đ **홈페이지** safari.vinpearlland.com

35 빈펄 랜드

Vinpearl Land Phu Quoc

★★★★★

베트남 최고의 테마파크라 일컬어지는 곳. 전국 4곳의 빈펄 랜드 중 가장 최근에 문을 열어 시설도 환경도 깔끔하다. 롤러코스터를 비롯한 여러 종의 어트랙션은 기본, 대규모 아쿠아리움과 워터파크도 함께 이용할 수 있다. 매일 밤 7시와 8시에 상연되는 분수 쇼도 놓칠 수 없는 볼거리. 빈펄 사파리와 빈펄 랜드를 같은 날짜에 방문할 예정이라면 콤보 티켓을 이용하자.

1권 P.302 지도 P.128A
구글지도 GPS 10.334398, 103.857104 **찾아가기** 푸꾸옥 국제공항에서 택시 46분 **주소** Vinpearl Land Phú Quốc, Gành Dầu, Phú Quốc, tỉnh Kiên Giang **전화** 1900-6677 **시간** 09:00~21:00(각 존과 어트랙션에 따라 다름) **가격** 성인 50만đ, 키 100~140센티미터 어린이 및 60세 이상 40만đ **홈페이지** phuquoc.vinpearlland.com

36 푸꾸옥 케이블카

Phu Quoc Cable Car

★★★★★

기점인 푸꾸옥섬으로부터 종점인 혼똠섬까지 바다 위로 4개의 섬을 잇는 케이블카. 총연장 7899미터로 세계 최장 케이블카 타이틀을 보유하고 있다. 20명쯤은 거뜬히 태울 수 있을 초대형 캐빈을 타고 섬과 섬을 넘나드는 황홀한 경험은 30분 동안이나 계속된다. 이 케이블카를 통해 선월드 혼똠 네이처 파크가 있는 혼똠섬에 닿을 수 있다.

1권 P.306 지도 P.128J
구글지도 GPS 10.028150, 104.008202 **찾아가기** 푸꾸옥 국제공항에서 택시 23분 **주소** Cáp Treo Phú Quốc, Bãi Đất Đỏ, Phú Quốc, Kiên Giang **전화** 886-045-888 **시간** 07:30~12:00, 13:30~15:00, 16:30~17:30, 19:00~19:30 **가격** 성인 50만đ, 키 100~130센티미터 어린이 35만đ **홈페이지** honthom.sunworld.vn

37 선월드 혼똠 네이처 파크 FREE

Sun World Hon Thom Nature Park

★★★

베트남 전역에 5곳의 테마파크를 운영하고 있는 선그룹이 2018년 섬 속의 섬 혼똠섬에 문을 연 테마파크다. 섬 전체가 하나의 테마파크로 되어 있는데, 다양한 편의 시설이 있는 자연 해변, 레스토랑, 산책로 등이 아기자기하게 조성되어 있다. 혼똠섬을 드나들 때에는 푸꾸옥 케이블카를 이용하며, 섬 안에서는 무료로 운영되는 오픈 카트를 타고 이동할 수 있다.

지도 P.128J
구글지도 GPS 9.956877, 104.017490 **찾아가기** 푸꾸옥 케이블카를 탑승하여 혼똠 정류장 하차, 약 30분 소요 **주소** Hòn Thơm, Phu Quoc, Kiên Giang **전화** 029-7352-6666 **시간** 07:00~21:00(시설 및 계절에 따라 다름) **가격** 무료 **홈페이지** honthom.sunworld.vn

38 갈리나 머드배스 & 스파

Galina Mudbath & Spa

★★

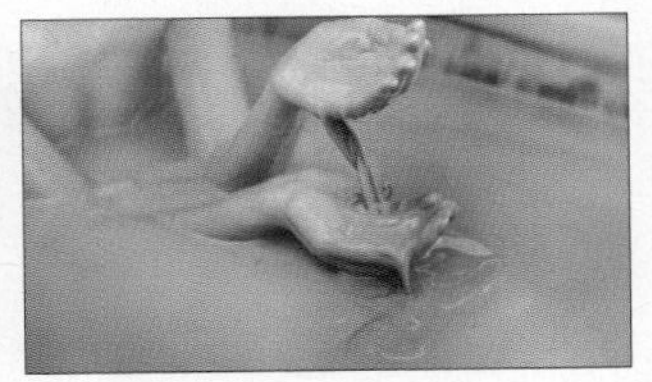

미네랄 함량이 풍부해 피부를 부드럽게 하고 해독 효과도 풍부한 천연 진흙으로 목욕과 마사지를 즐길 수 있는 곳. 실내 탕과 노천탕이 함께 있는데 약 150여 명이 한꺼번에 이용할 수 있을 만큼 규모는 크지만 시설은 다소 낙후되어 있다. 따뜻한 진흙 목욕과 함께 마사지도 받을 수 있는 패키지가 인기다!

지도 P.128F
구글지도 GPS 10.181721, 103.967699 **찾아가기** 푸꾸옥 국제공항에서 택시 8분 **주소** Galina Mudbath & Spa, Đường Trần Hưng Đạo, Cửa Lấp, Phú Quốc, Kiên Giang **전화** 84-969-72-54-54 **시간** 09:00~17:00 **휴무** 부정기적 **가격** 머드배스 60분 29~35만đ **홈페이지** www.galinaphuquoc.com/en

AREA

4 DA LAT [달랏]

산과 호수, 보랏빛 꽃의 도시

웅장한 산과 고즈넉한 호수가 감싸 안은 도시. 곳곳마다 보랏빛 라벤더 꽃이 만발한 도시. '어떤 이에게는 즐거움을, 어떤 이에게는 쾌적함을'이라는 의미의 라틴어 'Dat Aliis Laetitiam Aliis Temperiem'에서 온 그 이름 달랏. 수백 년간 많은 이들에게 즐거움과 쾌적한 기후를 선사해 온 달랏은 해발 고도 1500미터를 넘나들어 예로부터 피서지와 휴양지로 이름난 곳이다. 자 이제 베트남의 고도(高都) 달랏을 여행하자. 매혹적인 아름다움과 숨겨진 즐거움을 기대하면서.

145

MUST SEE 이것만은 꼭 보자!

No. 1
이 도시가
자랑하는 화려한 사원
쭉람 선원 & 린프옥 사원

No. 2
백 년 가까이 달랏을
지켜온 대성당
성 니콜라스 대성당

No. 3
달랏의
영산(靈山)
랑비앙산

No. 4
다딴라, 프렌,
그리고 코끼리까지!
달랏의 3대 폭포

MUST EAT 이것만은 꼭 먹자!

No. 1
커피 농장에서 즐기는
커피 한 잔의 여유
메린 커피 가든

No. 2
현지인과 여행자들에게
두루 사랑받는
곡하탄

No. 3
숲속 테라스에서 즐기는
베트남식 브런치 타임
비앙 비스트로

No. 4
고원 우유의
신선함
달랏 유제품

MUST BUY 이것만은 꼭 사자!

No. 1
베트남 최고의
달랏 와인

No. 2
커피 농장에서
갓 수확한
커피 원두

MUST EXPERIENCE 이것만은 꼭 경험하자!

No. 1
백 년 전 기차를 타고
떠나는 시간 여행
달랏-짜이맛 관광 열차

No. 2
보는 폭포가 아닌
경험하는 폭포 속으로
캐녀닝 투어

인기
★★★★☆

예나 지금이나 고원 휴양지의 명성은 그대로!

관광
★★★★☆

산과 호수와 폭포, 여러 사원과 성당 등 볼거리가 다양하다.

쇼핑
★★★☆☆

커피, 와인, 차 등 다양한 달랏 특산품을 쇼핑하자.

식도락
★★★★☆

맛있는 식사부터 향 좋은 커피까지, 다양한 먹거리가 풍부!

복잡함
★★★☆☆

언덕을 따라 이어지는 구시가지의 구불구불한 도로는 헤매기 쉽다.

접근성
★★☆☆☆

직항편이 없어서 호치민이나 하노이를 통해 들어가야 한다.

1 단계 달랏, 이렇게 간다

다른 도시에서 달랏 가기

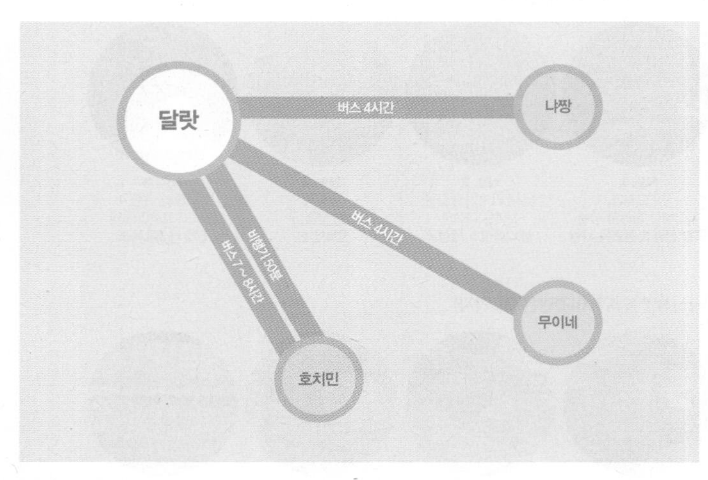

PLUS TIP

인천국제공항에서 달랏까지 대한항공에서 직항편을 운항하고 있다(주 2회).

달랏은 내륙 고원 지대에 위치해 있어 교통편이 발달하지 않았다. 도로 사정도 좋지 않아 육상 교통편을 이용하면 거리 대비 소요시간이 오래 걸린다는 점을 감안하자.

이동수단별 특징 및 장단점

	비행기	버스	렌터카(기사 포함)
특징	우리나라에서 직항편을 운항하지만 주 2회만 운항하므로 이용이 어렵다. 호치민이나 하노이 등 대도시로부터 국내선이 연결된다.	2단으로 된 슬리핑 버스나 일반 좌석 버스가 각 도시를 연결한다.	• 탑승객 수에 따라 소형차부터 밴까지 다양하게 선택할 수 있다. • 기사가 딸려 있어 편리하다.
장점	빠르고 효율적이다.	• 가격이 저렴하다. • 숙소 근처에서 하차할 수 있다.	원하는 출발지에서 도착지까지 원스톱 이동이 가능하다.
단점	• 공항과 시내가 떨어져 있다. • 비싸다.	• 멀미를 한다면 힘들 수 있다. • 시간이 오래 걸리는 편이다.	요금이 비싼 편이다.
구입방법	www.vietnamairlines.com www.vietjetair.com www.jetstar.com/vn	www.vietnambustickets.com 등 각 여행사 사무소	www.vietnamprivatecar.com www.muinego.com www.klook.com

호치민에서 달랏 가기

교통수단 비교하기

	비행기	버스	렌터카
소요시간	50분	7~8시간	6시간 30분~7시간 30분
운행 편수(1일)	8~9편	업체마다 다름	예약에 따름
요금	60만đ~	17만9000~23만đ	USD100~120

❶ 비행기 추천

베트남항공, 비엣젯, 젯스타 등의 항공사가 직항 항공편을 운항한다. 달랏의 관문 공항은 리엔크엉 국제공항(Cảng Hàng Không Quốc Tế Liên Khương)으로 달랏 남쪽 약 23킬로미터 지점에 위치한다.

항공사	출발시각	소요시간	요금
베트남항공, 비엣젯, 젯스타	05:45~20:10(1일 8~9편)	50분	60만đ~

❷ 버스

여러 업체의 투어 버스가 호치민과 달랏 사이를 운행하고 있다. 프엉짱 버스가 운행 편수가 많아 이용하기 편리하다. 단, 시내 중앙부와 다소 떨어져 있는 터미널에서 하차해야 하므로 불편할 수 있다.

PLUS TIP

버스 시간 및 배차 간격 등은 수시로 변경될 수 있으며, 승차 및 하차 지점에 따라 소요 시간이 다를 수 있다.

여행사	출발시각	소요시간	요금	비고
신투어리스트(The Sinh Tourist)	08:30, 22:00	7시간	17만9000~22만9000đ	슬리핑
프엉짱 푸타(Phương Trang FUTA)	05:00~02:00(1일 27편)	8시간	23만đ	슬리핑

❸ 렌터카

기사가 딸려 있고 어디서든 픽업과 드롭이 가능해 편리하지만, 요금이 다소 높다. 미리 예약해야 한다. 가족 단위 여행자나 일행이 많다면 합리적인 대안이 될 수 있다. 요금 약 USD200~220(업체 및 차종에 따라 다름).

냐짱에서 달랏 가기

교통수단 비교하기

	버스	렌터카
소요시간	4시간	3시간 30분~4시간
운행 편수(1일)	업체마다 각 2~8편	예약에 따름
요금	17만9000~23만đ	USD100~120

❶ 버스 추천

여러 업체가 냐짱 – 달랏 간 투어 버스를 운영하고 있지만, 편수가 적다. 출발 시간을 숙지하고 미리 예약해 두는 것이 좋다.

여행사	출발시각	소요시간	요금	비고
신투어리스트(The Sinh Tourist)	07:30, 13:00	4시간	17만9000~22만9000đ	좌석
프엉짱 푸타(Phương Trang FUTA)	07:00~16:30(1일 8편)	4시간	11만9000đ	슬리핑
한 카페(Hanh Café)	07:30, 13:00	4시간	12만đ	슬리핑

❷ 렌터카

버스 운행 편수가 적은 만큼 내 맘대로 일정 조정이 가능한 기사 포함 렌터카를 이용한다면 효율적인 이동이 가능하다. 요금 약 USD100~120(업체 및 차종에 따라 다름).

푸꾸옥에서 달랏 가기

비행기

베트남항공, 비엣젯, 젯스타 등의 항공사가 호치민을 경유하는 항공편을 운항하고 있다. 호치민 공항 환승 시간을 고려하여 항공편을 예약하자.

항공사	출발시각	소요시간	요금
베트남항공, 비엣젯, 젯스타	06:35~20:25	2시간 55분 ~	200만đ~

무이네에서 달랏 가기

교통수단 비교하기

	버스	렌터카
소요시간	4시간~4시간 30분	3시간 30분~4시간
운행 편수(1일)	업체마다 각 2편	예약에 따름
요금	17만9000~23만đ	USD80~120

❶ 버스

무이네 – 달랏 간 이동 수요가 적은 만큼 운행 편수가 많지 않다. 소요시간이 짧아 좌석 버스가 운행한다.

여행사	출발시각	소요시간	요금	비고
신투어리스트(The Sinh Tourist)	07:30, 12:30	4시간	11만9000đ	좌석
한 카페(Hanh Café)	07:30, 13:00	4시간 30분	10만đ	좌석

❷ 렌터카

선택지가 많지 않으므로 렌터카도 좋은 대안일 수 있다. 미리 예약해 이용하자. 요금 약 USD80~120(업체 및 차종에 따라 다름).

공항에서 시내로 이동하기

리엔크엉 국제공항(Cảng Hàng Không Quốc Tế Liên Khương)에서 달랏 시내까지는 약 23킬로미터 떨어져 있다. 노선 버스와 택시를 이용해 시내로 이동할 수 있다.

❶ 버스

리엔크엉 국제공항과 달랏 시내의 응옥팟 호텔(Ngọc Phát Hotel) 사이를 운행한다. 시간은 항공편에 따라 유동적. 도착 홀에 위치한 카운터에서 티켓을 구매한다. 요금 약 4만đ.

❷ 택시 추천

도착 홀에 택시 회사의 카운터가 위치해 있다. 이곳에서 택시 요금을 조율한 뒤 바깥으로 나가 같은 회사의 택시를 이용하면 된다. 약 40분 소요되며, 통행료 포함 약 20만đ. 미터 요금이 훨씬 비싸므로 주의하자.

무작정 따라하기

STEP ❶❷

2단계 달랏 시내 교통 한눈에 보기

달랏 내에서 이동하기

❶ 택시 추천

여러 택시 회사가 있지만 초록색의 마이린(Mai Linh) 택시와 흰색의 라도(Lado), 노란색의 비나골드(Vina Gold) 택시가 가장 흔하다. 요금은 택시 회사마다 다르지만 큰 차이는 없으며, 차량이 클수록 요금이 다소 올라간다. 시내에서는 1~5만đ 정도면 이동이 가능하며 달랏 중심부에서 다딴라 폭포까지는 7만đ, 랑비앙산 입구까지는 18만đ 정도 소요된다.

PLUS TIP
다딴라 폭포 등 3대 폭포와 메린 커피 가든 등을 둘러볼 예정이라면 시내에서 택시를 대절해 다니는 것도 좋은 방법! 물론 요금은 미터 요금으로 하는 것이 여러모로 안전하다.

❷ 그랩

호치민에 비해 그랩택시가 흔하지는 않지만, 교외에서 시내로 돌아오거나 할 때 호출할 수 있어서 유용하다. 호치민과 달리 미터 요금에 따라 후불하는 경우가 일반적이다. 요금은 일반 택시와 크게 다르지 않다.

❸ 버스

여러 시내버스 노선이 운영되고 있지만, 교외 구간은 배차 간격이 길어서 여행자들이 이용하기에는 어려운 편이다. 60번(Bảo Lộc 행), 70번(Đức Trọng 행) 버스는 달랏 케이블카, 다딴라 & 프렌 폭포를 경유하며, 48번(Lạc Dương 행) 버스는 랑비앙산을 경유한다. 요금은 7000đ~(거리에 따라 다름).

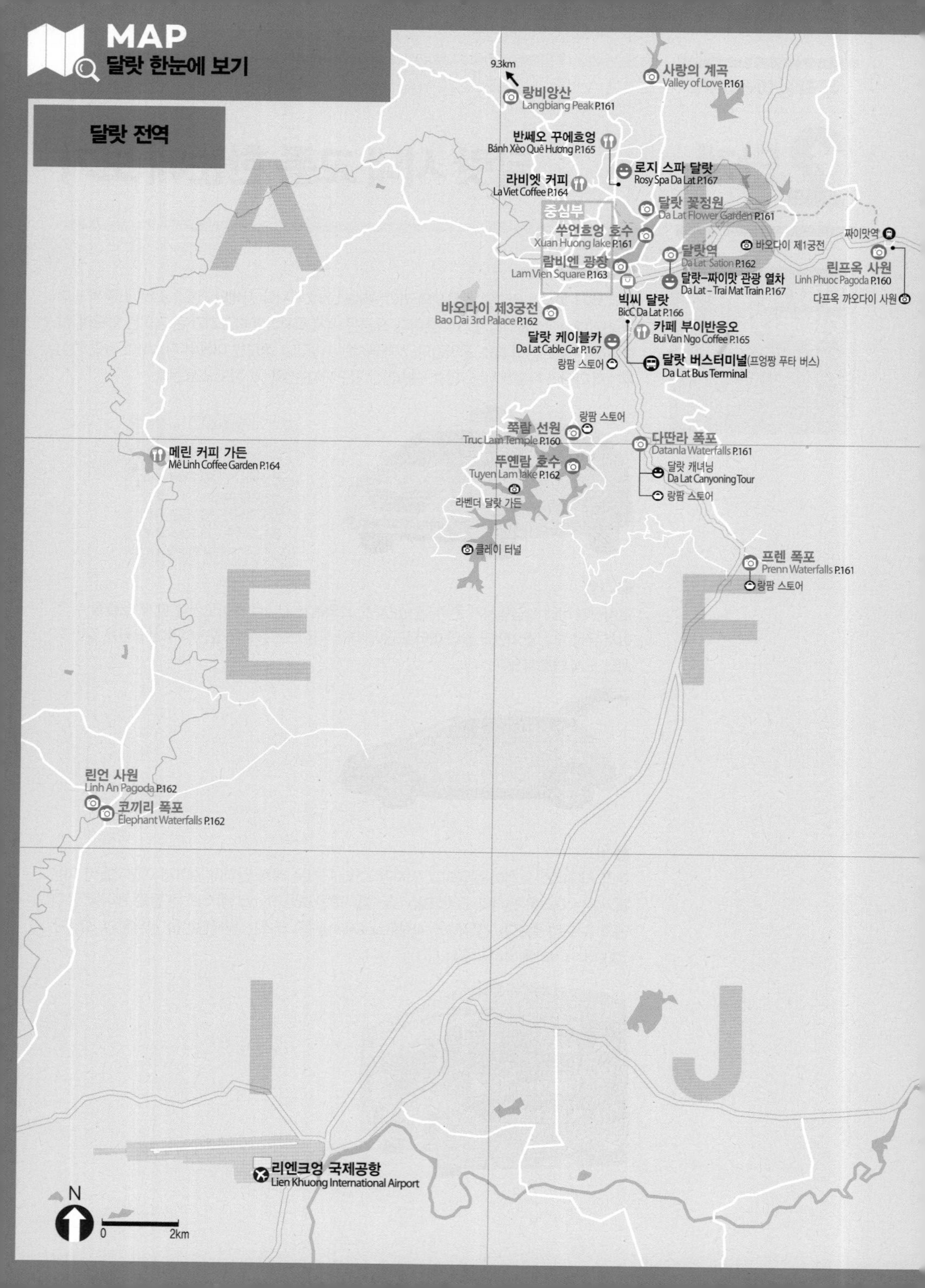
MAP
달랏 한눈에 보기
달랏 전역
9.3km
랑비앙산
Langbiang Peak P.161
사랑의 계곡
Valley of Love P.161
반쎄오 꾸에흐엉
Bánh Xèo Quê Hương P.165
로지 스파 달랏
Rosy Spa Da Lat P.167
라비엣 커피
La Viet Coffee P.164
달랏 꽃정원
Da Lat Flower Garden P.161
중심부
쑤언흐엉 호수
Xuan Huong lake P.161
짜이맛역
바오다이 제1궁전
달랏역
Da Lat Sation P.162
린프옥 사원
Linh Phuoc Pagoda P.160
람비엔 광장
Lam Vien Square P.163
달랏-짜이맛 관광 열차
Da Lat – Trai Mat Train P.167
다프옥 까오다이 사원
빅씨 달랏
BicC Da Lat P.166
바오다이 제3궁전
Bao Dai 3rd Palace P.162
카페 부이반응오
Bui Van Ngo Coffee P.165
달랏 케이블카
Da Lat Cable Car P.167
랑팜 스토어
달랏 버스터미널(프엉짱 푸타 버스)
Da Lat Bus Terminal
랑팜 스토어
쭉람 선원
Truc Lam Temple P.160
다딴라 폭포
Datanla Waterfalls P.161
메린 커피 가든
Mê Linh Coffee Garden P.164
뚜옌람 호수
Tuyen Lam lake P.162
달랏 캐녀닝
Da Lat Canyoning Tour
라벤더 달랏 가든
랑팜 스토어
클레이 터널
프렌 폭포
Prenn Waterfalls P.161
랑팜 스토어
A
B
E
F
린언 사원
Linh An Pagoda P.162
코끼리 폭포
Elephant Waterfalls P.162
I
J
리엔크엉 국제공항
Lien Khuong International Airport
N
0
2km

달랏 중심부
린썬 사원
냐항 쫑동
Trong Dong Restaurant P.164
달랏 대성당
C
D
럼동종합병원
비앙 비스트로
Biang Bistro P.163
윈드밀 커피
껌땀 메이
Cơm tấm Mei P.165
조엉 쯔엉꽁딘 거리 Đường Trương Công Định
조엉 쿠호아빈 거리 Đường Khu Hoà Bình
곡하탄
Góc Hà Thành P.163
퍼 히에우
Phở Hiếu P.164
신투어리스트
(신투어리스트 버스)
랑팜 스토어
달랏 시장
Da Lat Market P.166
리엔호아 베이커리
Lien Hoa Bakery P.165
윈드밀 커피
Windmills Coffee P.165
바땅하이 거리 Ba Tháng Hai
랑팜 스토어
랑팜 스토어
L'angfarm Store P.166
달랏 야시장
Da Lat Night Market P.166
Trần Quốc Toản
안 카페
An Café P.164
카페 딴뚜이
Café Thanh Thuỷ P.165
TTC 호텔 프리미엄 달랏
랑팜 스토어
레다이한 거리 Lê Đại Hành
랑팜 뷔페
쩐꾸옥또안 거리
쑤언흐엉 호수
Xuan Huong lake P.161
G
H
롯데리아
달랏 분수대
한 카페
(한 카페 버스)
꽃 공원
사이공 달랏 호텔
빛 공원
랑팜 뷔페
하이랜드 스포츠 트래블
Highland Sport Travel P.167
달랏 팰리스 헤리티지 호텔
조엉 쩐푸 거리 Đường Trần Phú
성 니콜라스 대성당
St. Nicholas of Bari Cathedral P.160
르 샬레 달랏
Le Chalet Dalat P.163
새미 호텔
오트 케어
Ốt Care P.167
항응아 크레이지하우스
Hang Nga Villa P.162
K
L
N
0
200m

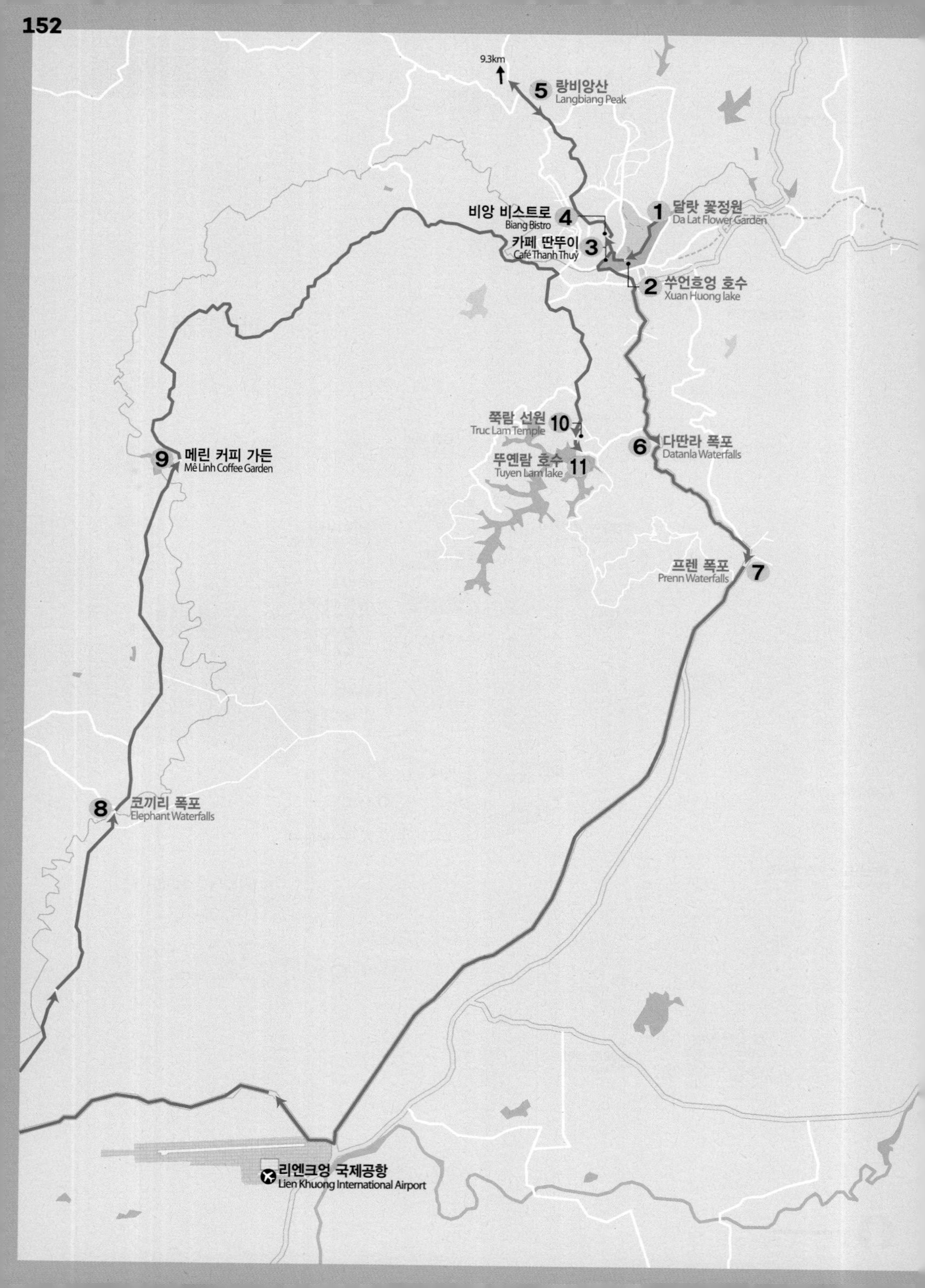
9.3km
5 랑비앙산
Langbiang Peak
비앙 비스트로 4
Biang Bistro
1 달랏 꽃정원
Da Lat Flower Garden
카페 딴뚜이 3
Café Thanh Thuỷ
2 쑤언흐엉 호수
Xuan Huong lake
쭉람 선원 10
Truc Lam Temple
6 다딴라 폭포
Datanla Waterfalls
9 메린 커피 가든
Mê Linh Coffee Garden
뚜옌람 호수 11
Tuyen Lam lake
프렌 폭포
Prenn Waterfalls
7
8 코끼리 폭포
Elephant Waterfalls
리엔크엉 국제공항
Lien Khuong International Airport

달랏 절경 유유자적 코스

유유자적 코스의 전반부로, 달랏 시내 중심부에서 여행을 시작한다.
여유로운 브런치 타임과 전망 좋은 카페에서의 커피 한 잔은 필수.

START
1. 달랏 꽃정원
1.6km, 택시 4분
2. 쑤언흐엉 호수
300m, 도보 4분
3. 카페 딴뚜이
850m, 택시 3분
4. 비앙 비스트로
10.8km, 택시 22분
5. 랑비앙산
18.3km, 택시 34분
6. 다딴라 폭포
5.6km, 택시 8분
뒷장으로 이어짐 ↓

1 달랏 꽃정원 / 40분
Da Lat Flower Garden

만발한 꽃과 함께 아침을 열어보자. 핑크빛 수국부터 보랏빛 라벤더에 이르기까지 온갖 다양한 꽃들이 당신을 기다린다. 'I ♥ DALAT' 조형물 앞에서의 인증샷은 필수!

시간 07:30~18:00 **가격** 성인 4만đ, 키 120센티미터 이하 어린이 2만đ

→ 택시로 4분 이동 → 쑤언흐엉 호수

2 쑤언흐엉 호수 / 30분
Xuan Huong lake

달랏의 모습을 비추는 호젓한 쑤언흐엉 호숫가를 걸으며 여유로운 시간을 보내자. 이른 아침이라면 물안개가 피어오르는 모습을, 한낮이라면 둥둥 떠다니는 오리배들의 군집을 볼 수 있다.

→ 호수를 따라 서쪽으로 도보 4분 → 카페 딴뚜이

3 카페 딴뚜이 / 40분
Café Thanh Thuỷ

쑤언흐엉 호수를 발치에 둔 카페이자 레스토랑. 호수를 마주한 기다란 테라스에서 바라보는 호수의 풍경이 일품이다. 가벼운 음료와 함께 잠시 쉬어가자.

시간 06:30~22:30(금~일요일 06:30~23:00) **가격** 커피 5만5000đ~, 신또(스무디) 6만đ~

→ 택시로 3분 이동 → 비앙 비스트로

4 비앙 비스트로 / 1시간
Biang Bistro

북적거리는 도심을 살짝 벗어난 곳에 자리 잡은 분위기 만점의 레스토랑. 초록의 나무가 둘러싼 테라스에 앉아 여유로운 한 끼 식사를 즐길 수 있다. 건강하게 차려진 런치 세트 메뉴는 가성비 또한 합격점.

시간 07:00~22:00 **가격** 브렉퍼스트 3만5000đ+5%~, 런치 세트 12만5000~17만5000đ+5%

→ 택시로 22분 이동 → 랑비앙산

5 랑비앙산 / 1시간
Langbiang Peak

달랏을 지키고 있는 수호신과 같은 산에 오르자. 초록색 유료 지프를 타면 해발 1950미터 높이의 전망대까지 쉬이 오를 수 있다. 생각보다 추울 수 있으니 얇은 겉옷을 하나 준비하자.

시간 06:00~18:00 **가격** 성인 3만đ, 키 120센티미터 이하 어린이 1만5000đ, 전망대 왕복 지프 8만đ/1인

→ 택시로 34분 이동 → 다딴라 폭포

6 다딴라 폭포 / 30분
Datanla Waterfalls

산을 보았으니 이제 폭포를 만날 차례. 달랏의 3대 폭포 중 대장 격이라 할 수 있는 다딴라 폭포군(群)의 모습을 눈에 담자. 케이블카와 알파인 코스터로 협곡 이곳저곳을 누벼야 비로소 폭포 여행이 완성된다는 사실을 잊지 말자!

시간 07:00~17:00 **가격** 성인 3만đ, 키 120센티미터 이하 어린이 1만5000đ

→ 택시로 8분 이동 → 프렌 폭포

뒷장으로 이어짐

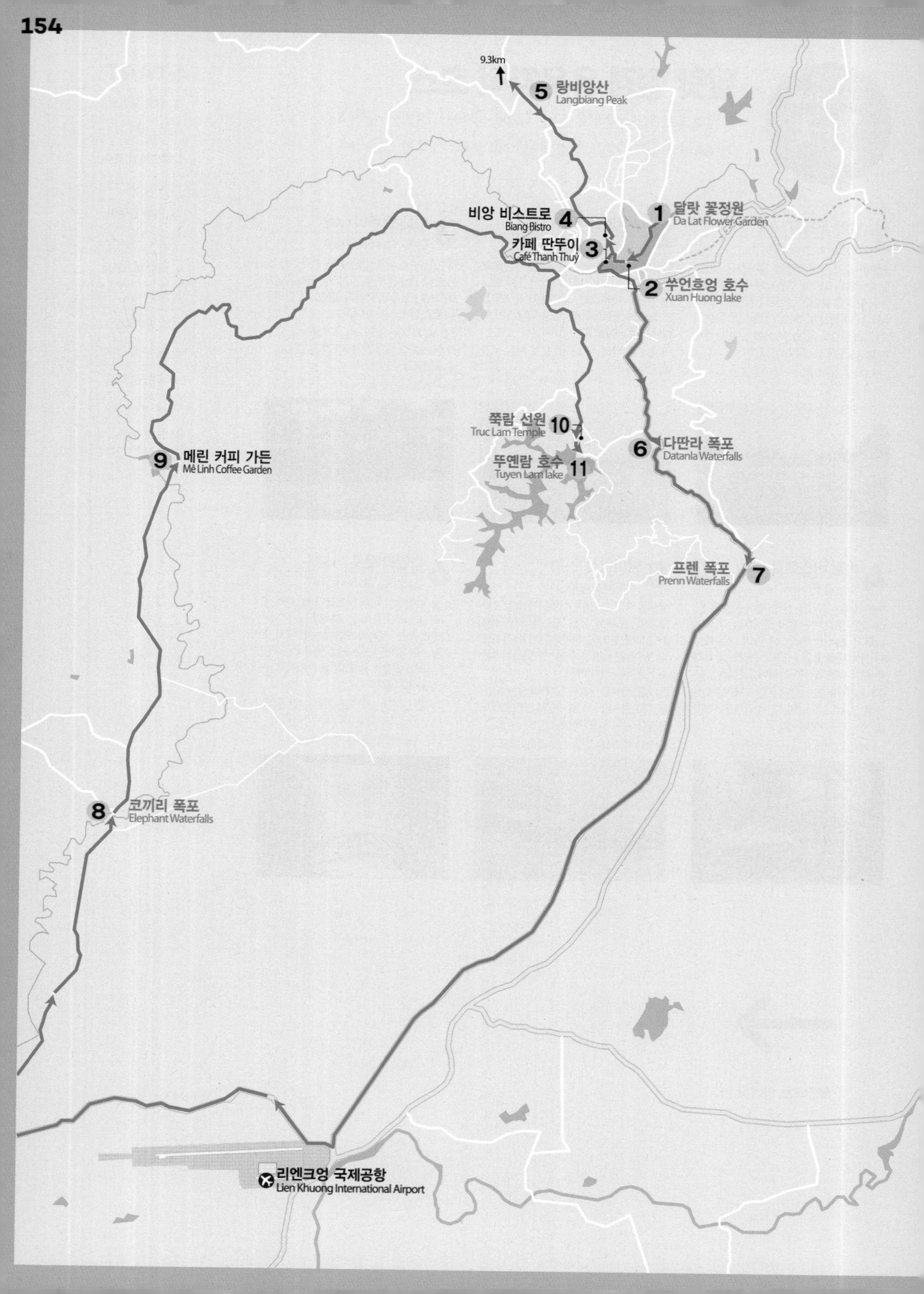
9.3km
5 랑비앙산
Langbiang Peak
1 달랏 꽃정원
Da Lat Flower Garden
비앙 비스트로 4
Biang Bistro
카페 딴뚜이 3
Café Thanh Thuỷ
2 쑤언흐엉 호수
Xuan Huong lake
쭉람 선원 10
Truc Lam Temple
뚜옌람 호수 11
Tuyen Lam lake
6 다딴라 폭포
Datanla Waterfalls
9 메린 커피 가든
Mê Linh Coffee Garden
프렌 폭포 7
Prenn Waterfalls
8 코끼리 폭포
Elephant Waterfalls
리엔크엉 국제공항
Lien Khuong International Airport

COURSE 1-2

달랏 절경 유유자적 코스

택시를 이용해 근교 지역으로 여행을 이어가자. 미리 가야할 곳들을 기사에게 얘기한 후 대절이 가능한지 물어보는 것이 좋다.

앞장에서 이어짐 ↓
7. 프렌 폭포
36.5km, 택시 50분
8. 코끼리 폭포
9.4km, 택시 15분
9. 메린 커피 가든
22.2km, 택시 41분
10. 쭉람 선원
1km, 도보 14분
11. 뚜옌람 호수

앞장에서 이어짐

7 프렌 폭포 / 30분
Prenn Waterfalls

다딴라 폭포와 멀지 않은 곳에 자리한 또 하나의 폭포. 폭포 아래, 폭포수가 떨어지는 뒤쪽까지 걸어 들어갈 수 있어 인기가 높다.

시간 09:00~17:00 **가격** 성인 4만đ, 어린이 2만đ

→ 택시로 50분 이동 → 코끼리 폭포

8 코끼리 폭포 / 10분
Elephant Waterfalls

쏟아지는 물의 양은 여기가 최고다! 낙수가 빚어내는 어마어마한 소리에 정신이 아득해질지도 모른다. 계단이 미끄러우니 늘 조심, 또 조심!

시간 07:30~17:00 **가격** 2만đ

→ 택시로 15분 이동 → 메린 커피 가든

9 메린 커피 가든 / 40분
Mê Linh Coffee Garden

달랏이 품은 최고의 커피 정원에서 갓 볶아 갓 내린 커피 한 잔의 여유를 즐겨 보자. 발아래로 끝없이 펼쳐진 커피나무의 모습들을 눈에 담으며 커피 향에 빠져든다면 더없이 행복하다. 신선한 원두도 저렴하게 구입할 수 있다.

시간 07:00~18:30 **가격** 커피 3만 5000đ~

→ 택시로 41분 이동 → 쭉람 선원

10 쭉람 선원 / 40분
Truc Lam Temple

소나무 숲 사이에 자리 잡은 고즈넉한 사원. 불교의 중요한 덕목인 선(禪)을 수행하기 위해 마련된 곳이다. 건축물 사이사이 화원마다 자리 잡은 꽃들도 아름다워 현지인들도 많이 찾는다.

시간 07:00~17:00

→ 선원 정문에서 경사 아래쪽 방향으로 도보 14분 → 뚜옌람 호수

11 뚜옌람 호수 / 20분
Tuyen Lam lake

하루의 긴 여행이 끝나고, 태양도 산 너머로 넘어갈 준비를 시작할 때 뚜옌람 호수까지 천천히 걸어 내려간 다음, 호수 위로 일렁이는 노을빛에 빠져들어 보자.

RECEIPT

관광	4시간 20분
식사	2시간 20분
이동	3시간 15분
TOTAL	**9시간 55분**

교통비	120만đ
택시	120만đ
입장료	24만đ
달랏 꽃정원	4만đ
랑비앙산	3만đ
	(+왕복 지프 8만đ)
다딴라 폭포	3만đ
프렌 폭포	4만đ
코끼리 폭포	2만đ
식사 및 간식	22만6250đ
카페 딴뚜이(신또)	6만đ
비앙 비스트로(런치 메뉴)	13만1250đ
메린 커피 가든(카페 쓰어농)	3만5000đ
TOTAL	**166만6250đ**

(1인 성인 기준, 쇼핑 비용 별도)

COURSE 2-1

달랏 문화유산 족집게 코스

달랏의 수백 년 전으로 시간 여행을 떠나자. 관광 열차를 타고 근교의 사원을 방문하고 돌아와 베트남의 전통 음식들을 맛보자.

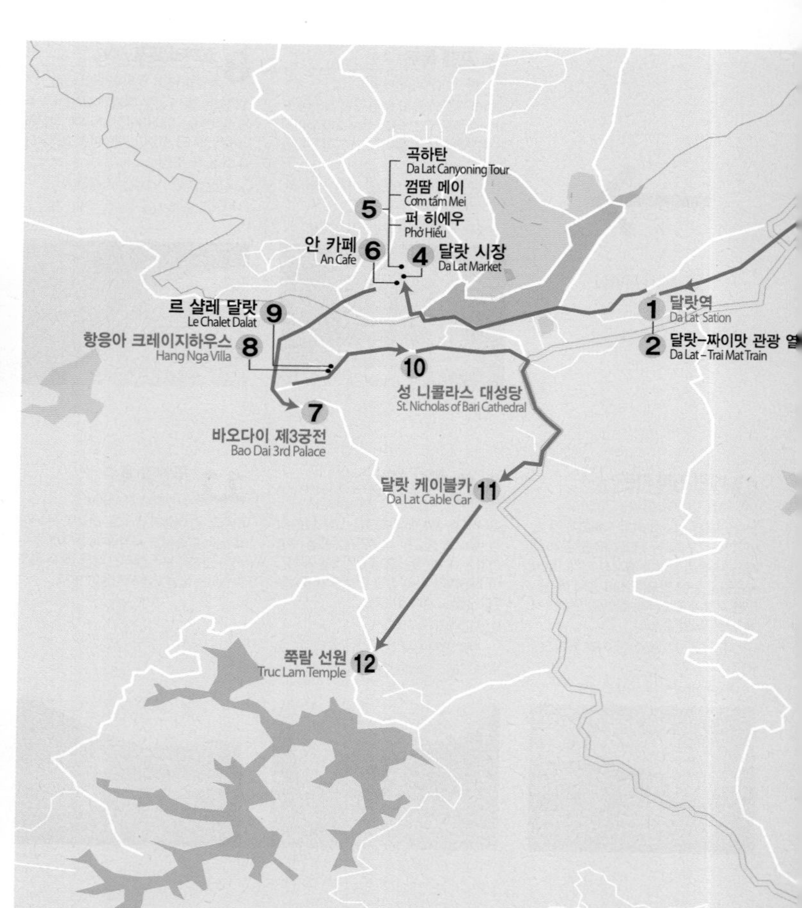

1 달랏역 / 10분
Da Lat Station

달랏과 짜이맛을 잇는 관광 열차의 시발점 달랏역에서 여행을 시작하자. 아르 데코 양식의 건축물과 옛 기차들을 함께 눈에 담는 것도 놓쳐서는 안 된다.

시간 기차 운행 시각에 따라 다름
가격 5000đ

→ 플랫폼에서 열차 탑승 → 달랏-짜이맛 관광 열차

2 달랏-짜이맛 관광 열차 / 30분+30분
Da Lat - Trai Mat Train

달랏과 린프옥 사원이 자리한 짜이맛을 연결하는 관광 열차로 매일 6회 왕복 운행한다. 기차는 기관차를 필두로 두 량의 객차를 연결하여 달리는데, 하나는 1등석이고 또 다른 하나는 2등석이다.

시간 05:40, 07:45, 09:50, 11:55, 14:00, 16:05 달랏역 출발(각 1시간 후 짜이맛역 출발) **가격** 왕복 1등석 15만đ, 2등석 13만5000đ

→ 열차 진행 반대 방향으로 도보 5분 → 린프옥 사원

3 린프옥 사원 / 20분
Linh Phuoc Pagoda

깨진 유리병, 반짝거리는 모자이크 타일로 만들어진 불교 사원. 베트남 최고, 베트남 최대 등 온갖 기록을 갖춘 사원을 속속들이 둘러보고 오자. 단, 돌아오는 관광 열차의 출발 시각을 꼭 기억해 두어야 한다.

시간 08:00~17:00

→ 왔던 길을 되돌아 달랏역까지 간 후 택시로 7분 이동 → 달랏 시장

4 달랏 시장 / 30분
Da Lat Market

달랏 시민들의 밥상이라고 할 수 있는 초대형 재래시장. 남대문시장처럼 여러 개의 건물이 연결되어 하나의 시장을 이룬다. 커피 원두나 마른 과일 따위의 소박한 기념품을 저렴하게 구입하기에도 좋다.

시간 06:30~23:00

→ ❶ 시장 왼편 계단을 오른 뒤 Lê Đại Hành, Đường Khu Hoà Bình, Đường Trương Công Định 거리를 따라 도보 5분 → 곡하탄

→ ❷ 시장 왼편 계단을 올라 도보 4분 → 껌땀 메이

→ ❸ 시장 왼편 계단을 올라 도보 4분 → 퍼 히에우

선택

5-1 곡하탄 / 40분
Góc Hà Thành

달랏 최고의 맛집으로 입소문이 자자한곳. 우리 입맛에도 잘 맞는다.

시간 11:00~21:30 **가격** 스타터 5만9000đ~, 메인 8만9000đ~

→ Đường Trương Công Định, Ba Tháng Hai 거리를 따라 도보 5분 → 안 카페

START
1. 달랏역
바로 앞
2. 달랏 – 짜이맛 관광 열차
400m, 도보 5분
3. 린프옥 사원
2.3km, 택시 7분
4. 달랏 시장
270~350m, 도보 4~5분
5. 곡하탄 / 껌땀 메이 / 퍼 히에우
350~400m, 도보 5~6분
뒷장으로 이어짐 ↓

선택

5-2 껌땀 메이 / 40분

Cơm tấm Mei

불맛 가득한 돼지갈비덮밥 껌숭을 맛보자. 가격도 저렴하고 우리 입맛에도 딱이다.

시간 07:00~19:00 가격 껌땀 3만 5000đ

→ Đường Trương Công Định, Ba Tháng Hai 거리를 따라 도보 6분 → 안 카페

선택

5-3 퍼 히에우 / 40분

Phở Hiếu

깊은 맛을 자랑하는 퍼 히에우의 쌀국수를 맛보자. 기본에 충실한 국물이 일품이다.

시간 06:00~13:00 가격 쌀국수 3만 7000~5만 đ

→ Đường Trương Công Định, Ba Tháng Hai 거리를 따라 도보 5분 → 안 카페

뒷장으로 이어짐

COURSE 2-2

달랏 문화유산 족집게 코스

코스의 후반부에서는 달랏 시내의 옛 궁전과 성당을 돌아본 뒤 케이블카를 타고 고즈넉한 사원으로 향하자. 동서양의 매력을 함께 발견할 수 있다.

앞장에서 이어짐

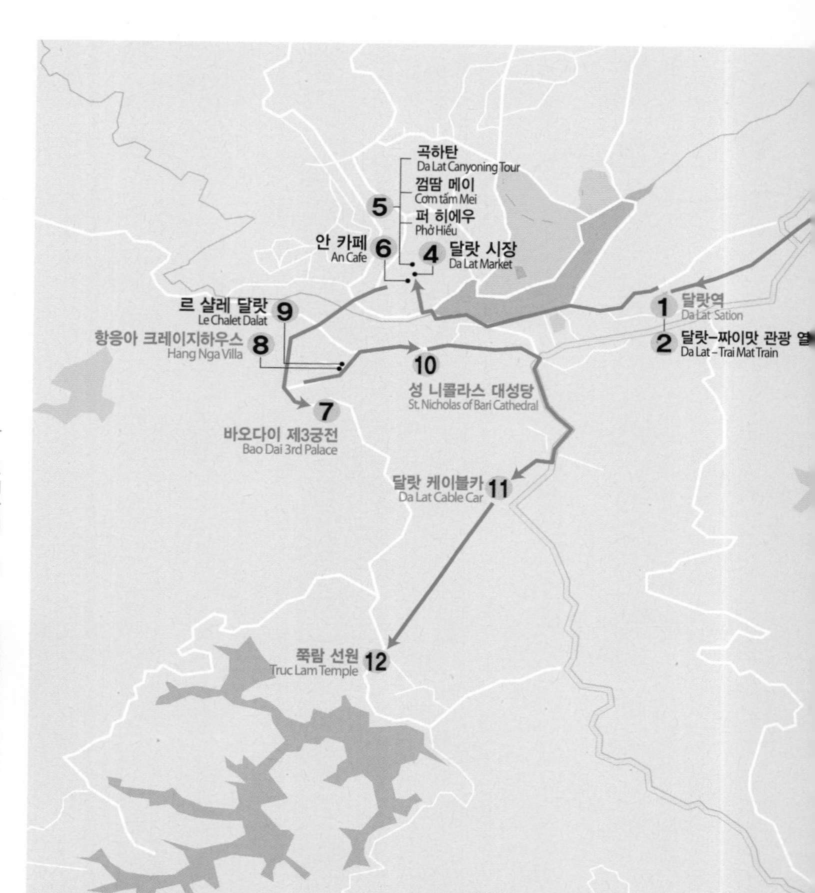

6 안 카페 / 40분
An Café

도시 한가운데에 자리 잡은 소박한 카페. 그네 의자와 수백의 화분들이 만들어내는 따뜻한 분위기 때문에 SNS에서도 핫한 곳이다. 이곳에서 직접 제조하는 과일 주스나 신또(스무디) 등이 추천 메뉴.

시간 07:00~22:00 **가격** 커피 3만1000đ~, 신또(스무디) 3만9000đ~

→ 택시로 6분 이동 → 바오다이 제3궁전

7 바오다이 제3궁전 / 40분
Bao Dai 3rd Palace

응우옌 왕조 최후 시대의 분위기를 이곳에서 오롯이 느껴 보자. 마지막 황제 바오다이의 여름 별장으로 사용되던 곳인데 당시의 모습을 고스란히 보존·재현하고 있다. 여름에도 서늘한 휴양지 달랏의 위상을 다시 한 번 확인할 수 있다.

시간 07:00~17:00 **가격** 성인 3만đ, 키 120센티미터 이하 어린이 1만5000đ

→ 택시로 5분 이동 → 항응아 크레이지하우스

8 항응아 크레이지하우스 / 30분
Hang Nga Villa

'미친 집'이라 불리며 달랏의 중요한 여행 코스로 자리 잡은 곳. 이곳 출신 건축가 당비엣 응아 작품으로 자연의 형태를 건축물에 그대로 녹여낸 것으로 유명하다.

시간 08:30~19:00 **가격** 성인 5만đ

→ 길 건너편으로 이동 → 르 샬레 달랏

9 르 샬레 달랏 / 40분
Le Chalet Dalat

마치 유리온실 같은 식당 안은 열대 식물이 가득해 싱그러운 분위기를 자아낸다.

시간 월~금요일 09:00~21:00, 토~일요일 07:00~21:00 **가격** 브렉퍼스트 5만9000đ~

→ 택시로 3분 이동 → 성 니콜라스 대성당

10 성 니콜라스 대성당 / 20분
St. Nicholas of Bari Cathedral

달랏의 언덕 위에 자리 잡은 가톨릭 성당. 신고딕 양식으로 지어졌다.

시간 화~일요일 08:00~11:15, 14:00~17:15 / 미사 월~토요일 05:15, 17:15, 일요일 05:15, 07:00, 08:30, 16:00, 18:00

→ 택시로 6분 이동 → 달랏 케이블카

앞장에서 이어짐 ↓

6. 안 카페
2.0km, 택시 6분
7. 바오다이 제3궁전
1.2km, 택시 5분
8. 항응아 크레이지하우스
바로 앞
9. 르 살레 달랏
850m, 택시 3분
10. 성 니콜라스 대성당
2.6km, 택시 6분
11. 달랏 케이블카
260m, 도보 4분
12. 쭉람 선원

짜이맛역

3 린프옥 사원 Linh Phouc Pagoda

RECEIPT

관광	4시간 30분
식사	2시간
이동	50분
TOTAL	**7시간 20분**

교통비	25만 đ
택시	25만 đ
입장료	8만5000 đ
달랏역	5000 đ
바오다이 제3궁전	3만 đ
항응아 크레이지하우스	5만 đ
체험	21만 đ
달랏-짜이맛 관광 열차 왕복 티켓	15만 đ
달랏 케이블카 편도 티켓	6만 đ
식사 및 간식	22만1000 đ
곡하탄(넴느엉+음료)	10만9000 đ
안 카페(수박 주스)	4만3000 đ
르 살레 달랏(옐로 누들)	6만9000 đ
TOTAL	**76만6000 đ**

(1인 성인 기준, 쇼핑 비용 별도)

11 달랏 케이블카 / 20분
Da Lat Cable Car

달랏 시내 외곽과 쭉람 선원 입구를 잇는 케이블카로 편도로만 15분이 소요된다.

시간 07:30~17:00 **가격** 성인 편도 6만 đ, 키 120센티미터 이하 어린이 편도 4만 đ

→ 케이블카 하차 지점에서 도보 4분 → 쭉람 선원

12 쭉람 선원 / 40분
Truc Lam Temple

케이블카 도착지를 나서면 바로 선원의 입구가 나온다. 짧은 하의를 입었다면 입구에 비치된 대여용 가운으로 몸을 가리자. 잘 가꾸어진 산사의 경내를 천천히 걷는 것으로 하루의 여행을 마무리하자.

시간 07:00~17:00

TRAVEL INFO

달랏

대부분의 명소와 맛집들은 달랏 시가지 내에 있지만, 3대 폭포나 랑비앙산 등은 외곽에 위치한다. 택시와 케이블카, 관광열차 등을 적절히 활용해 시내와 외곽을 둘러보자.

이동시간 기준_달랏 분수대 (쑤언흐엉 호수 서편)

현지 물가를 고려해 가격대가 비싼 곳은 ₫₫₫, 보통인 곳은 ₫₫, 싼 곳은 ₫, 무료인 곳은 FREE로 표기했습니다. 또한 인기도는 별로 표기했습니다.

01 성 니콜라스 대성당

St. Nicholas of Bari Cathedral

★★★★★ FREE

1932년부터 달랏을 지키고 있는 가톨릭 성당이다. 고딕과 로마네스크 건축 양식을 따라 지어졌지만 그 뼈대는 철근 콘크리트로 되어 있다는 사실. 성당 뒤쪽에는 가톨릭 신자들의 묘지가 자리해 있고, 이곳에서 바라보는 달랏의 풍경도 빼어나다. 건축물의 아름다움과 이국적인 분위기 때문인지 웨딩 촬영을 하는 현지인의 모습을 심심치 않게 만나볼 수 있다.

1권 P.093 **지도** P.151L
구글지도 GPS 11.936271, 108.437654 **찾아가기** 달랏 분수대에서 도보 7분 **주소** 15 Đường Trần Phú, Phường 3, Thành phố Đà Lạt, Lâm Đồng **전화** 263-3821-421 **시간** 화~일요일 08:00~11:15, 14:00~17:15 / 미사 월~토요일 05:15, 17:15, 일요일 05:15, 07:00, 08:30, 16:00, 18:00 **휴무** 부정기적 **가격** 무료

02 린프옥 사원

Linh Phuoc Pagoda

★★★★★ FREE

1952년 건축된 불교 사원으로 달랏 근교 짜이맛에 위치해 있다. 수십만 조각의 반짝이는 모자이크 타일로 장식해 더없는 화려함을 뽐내고 있으며, 베트남 최고 높이 종탑과 베트남 최고 무게 동종 등 다양한 기록을 보유하고 있다. 무엇보다 65만 송이의 생화로 장식한 불상은 기네스북에 등재되기도 했다.

1권 P.087 **지도** P.150B
구글지도 GPS 11.944601, 108.499672 **찾아가기** 달랏 분수대에서 택시 14분 **주소** 7 Tự Phước, Phường 11, Thành phố Đà Lạt, Lâm Đồng **시간** 08:00~17:00 **휴무** 부정기적 **가격** 무료

03 쭉람 선원

Truc Lam Temple

★★★★★ FREE

달랏 외곽 소나무 숲으로 둘러싸인 고즈넉한 언덕에 자리 잡은 산사다. 선원(禪院)이라고 이름 붙인 것처럼 이곳은 불교의 중요 덕목인 선(禪)을 수양하는 공간이다. 대웅전과 종루 등 건축물도 아름답지만 꽃이 만발한 정원이 더욱 빛을 발한다. 그래서 꽃과 함께 사진을 찍으려는 소녀 감성 여행자들에게 특히 사랑받고 있다. 입구에 비치된 가리개용 가운으로 짧은 하의를 가려야만 입장이 가능하다.

1권 P.089 **지도** P.150B
구글지도 GPS 11.903676, 108.435682 **찾아가기** 달랏 분수대에서 택시 14분 **주소** Thiền viện Trúc Lâm, Trúc Lâm Yên Tử, Phường 3, Thành phố Đà Lạt, Lâm Đồng **전화** 263-3827-565 **시간** 07:00~17:00 **휴무** 부정기적 **가격** 무료

04 랑비앙산
Langbiang Peak
★★★★★

달랏 북쪽에서 이 도시를 지키는 수호신과 같은 산으로, 해발 최고 높이가 2167미터에 달한다. 한라산 정상과 맞먹는 1950미터에 위치한 전망대까지는 지프 투어를 통해 손쉽게 오를 수 있는데, 이곳에서 바라보는 달랏의 고즈넉한 풍경이 특히 매력적이다. 랑비앙이라는 이름이 비롯된 '끌랑'과 '호 비앙'의 슬픈 사랑 이야기와 함께 장엄한 산에 올라 보자.

1권 P.064 지도 P.150B
구글지도 GPS 12.019264, 108.424378 **찾아가기** 달랏 분수대에서 택시 25분 **주소** Langbiang, Thị trấn Lạc Dương, Lạc Dương, Lâm Đồng **전화** 263-3839-088 **시간** 08:00~18:00 **가격** 성인 3만đ, 키 120센티미터 이하 어린이 1만5000đ, 전망대 왕복 지프 8만đ/1인

05 쑤언흐엉 호수
Xuan Huong lake
★★★★ FREE

길이 약 2킬로미터, 폭 300미터에 달하는 호수로 달랏 시가지와 맞닿아 있어 시민들의 휴식처로 사랑받고 있다. 볕이 좋은 날이면 오리배를 타는 현지인들의 웃음소리가 호수를 가득 메운다. 주변으로는 산책로가 이어지고, 노천 테라스를 갖춘 카페들도 있어 호젓한 여유로움을 만끽하기에 제격이다.

지도 P.151H
구글지도 GPS 11.940797, 108.441521 **찾아가기** 달랏 분수대 바로 옆 **주소** Hồ Xuân Hương, Phường 1, Thành phố Đà Lạt, Lâm Đồng **가격** 무료

06 달랏 꽃정원
Da Lat Flower Garden
★★★★

꽃의 도시 달랏의 매력이 만발한 곳으로, 수십만 송이의 생화로 가득한 프랑스식 정원이다. 연중 온화한 기후를 자랑하는 달랏이기에 1년 365일 꽃을 볼 수 있고, 계절과 시기마다 다른 종의 꽃을 만날 수 있어서 더욱 좋다. 장미류, 국화류 등 300여 종의 다양한 꽃과 함께, 무엇보다 보랏빛 가득한 라벤더 정원의 모습이 사랑스럽다.

지도 P.150B
구글지도 GPS 11.950315, 108.449750 **찾아가기** 달랏 분수대에서 택시 5분 **주소** Vườn Hoa Đà Lạt, Đường Trần Quốc Toản, Phường 8, Thành phố Đà Lạt, Lâm Đồng **전화** 263-3837-771 **시간** 07:30~18:00 **휴무** 부정기적 **가격** 성인 4만đ, 키 120센티미터 이하 어린이 2만đ

07 사랑의 계곡
Valley of Love
★★★

'사랑'을 주제로 한 거대한 사설 공원이다. 잘 가꿔진 꽃과 나무, 조형물, 장식품으로 가득한 정원이 이어져 있어 현지인 사이에는 커플들의 '인증샷' 명소로 알려져 있다. 나지막한 언덕 너머에는 호젓한 호수가 자리 잡고 있고, 그 옆의 산책로를 따라 무료 카트를 타고 계곡의 끝까지 다녀올 수 있다. 꽃을 좋아하는 이와 함께하는 여행이라면 더없이 좋은 곳이다.

지도 P.150B
구글지도 GPS 11.977942, 108.449827 **찾아가기** 달랏 분수대에서 택시 11분 **주소** Thung lũng Tình Yêu, Phường 8, Thành phố Đà Lạt, Lâm Đồng **전화** 263-3821-448 **시간** 06:00~20:00 **휴무** 부정기적 **가격** 성인 10만đ, 어린이 5만đ **홈페이지** www.thunglungtinhyeu.business.site

08 다딴라 폭포
Datanla Waterfalls
★★★

달랏의 크고 작은 폭포들 중에서 가장 유명한 곳. 하나의 폭포가 아니라 자그마치 일곱의 폭포가 계곡을 따라 이어져 장관을 이루고 있다. 경사가 매우 급하지만 알파인 코스터와 케이블카(요금 별도)가 마련되어 있어 편안히 폭포들을 둘러볼 수 있다. 달랏의 대표 액티비티인 캐녀닝 투어의 주 무대이기도 하다.

1권 P.068 지도 P.150B
구글지도 GPS 11.901946, 108.449846 **찾아가기** 달랏 분수대에서 택시 10분 **주소** QL20 Đèo Prenn, Phường 3, Thành phố Đà Lạt, Lâm Đồng **전화** 263-3533-899 **시간** 07:00~17:00 **휴무** 부정기적 **가격** 성인 3만đ, 키 120센티미터 이하 어린이 1만5000đ

09 프렌 폭포
Prenn Waterfalls
★★★

달랏 시가지와 리엔크엉(Liên Khương) 국제공항 사이를 잇는 14번 도로변에 자리한 폭포. 우아한 폭포의 안쪽까지 걸어 들어갈 수 있다는 점 때문에 더욱 사랑받는 곳이다. 폭포와 함께 난초 식물원이나 코끼리 타기 체험 등 즐길 거리가 마련되어 있어, 러시아 단체 관광객들에게 특히 인기가 높다.

1권 P.069 지도 P.150F
구글지도 GPS 11.876684, 108.470246 **찾아가기** 달랏 분수대에서 택시 19분 **주소** 20 Đường cao tốc Liên Khương - Prenn, Phường 3, Thành phố Đà Lạt, Lâm Đồng **전화** 263-3530-785 **시간** 09:00~17:00 **휴무** 부정기적 **가격** 성인 4만đ, 어린이 2만đ **홈페이지** www.kdlprenn.com.vn

10 코끼리 폭포 ₫

Elephant Waterfalls

★★★

이름 참 잘 지었다. 그 이름만 들어도 이 폭포의 웅장함을 상상할 수 있을 만큼. 수량이 어마어마해 달랏의 여러 폭포들 중 가장 다이내믹한 풍경을 선사한다. 다른 폭포들과 달리 잘 가꿔진 부대시설이 있지도 않고, 폭포 아래쪽으로 내려가는 계단도 험해 조심해야 한다. 시내와 멀고 교통편도 불편해 택시를 불러 방문하는 것이 좋다.

1권 P.070 지도 P.150E
구글지도 GPS 11.823976, 108.334684 찾아가기 달랏 분수대에서 택시 48분 주소 Khu Du Lịch Thác Voi, Điện Biên Phủ, TT. Nam Ban, Lâm Hà, Lâm Đồng 시간 07:30~17:00 휴무 부정기적 가격 2만₫

11 뚜옌람 호수 FREE

Tuyen Lam lake

★★

달랏 외곽 시가지 남서쪽에 위치한 고즈넉한 호수. 따로 찾아가기에는 애매한 위치지만 쭉람 선원이 근처에 있어서 함께 다녀오기 좋다. 쑤언흐엉 호수와 달리 높고 낮은 산들이 호수 주변을 에워싸고 있어, 한적한 풍경 속에 오롯이 빠져들기 좋다. 이른 아침에는 물안개가 피어오르고, 늦은 오후에는 석양이 지는 풍경을 감상할 수 있어 현지인들도 즐겨 찾는다.

지도 P.150F
구글지도 GPS 11.898928, 108.434175 찾아가기 달랏 분수대에서 택시 12분 주소 Hồ Tuyền Lâm, Phường 4, Thành phố Đà Lạt, Lâm Đồng

12 항응아 크레이지하우스 ₫₫

Hang Nga Villa

★★

원래의 이름은 '빌라'지만 그 괴기스러운 모습 때문에 '크레이지하우스', 즉 '미친 집'으로 더 유명한 곳이다. 달랏 출신 건축가 당비엣 응아(Đặng Việt Nga)의 작품으로 버섯이나 거미줄, 나무와 동굴 등 자연의 소재를 건축에 반영하였다. 공간적인 재미는 분명하지만 아름다움에 대해서는 글쎄?

지도 P.151K
구글지도 GPS 11.934783, 108.430639 찾아가기 달랏 분수대에서 택시 4분 주소 Số 3 Đường Huỳnh Thúc Kháng, Phường 4, Thành phố Đà Lạt, Lâm Đồng 전화 263-3822-070 시간 08:30~19:00 가격 성인 5만₫, 키 120센티미터 이하 어린이 2만₫

13 바오다이 제3궁전 ₫₫

Bao Dai 3rd Palace

★★

응우옌 왕조의 마지막 황제이자 남베트남의 초대 국가 원수였던 바오다이(Bảo Đại, 保大)의 여름 별장으로 사용되던 곳. 이곳과 함께 달랏에만 총 세 곳의 여름 궁전이 존재하는데, 관광객들이 들어가 볼 수 있는 곳은 여기 뿐이다. 왕가가 여름을 나던 곳이었으므로 달랏의 여름이 얼마나 시원했을지 짐작하고도 남는다.

지도 P.150B
구글지도 GPS 11.930148, 108.429585 찾아가기 달랏 분수대에서 택시 7분 주소 Dinh III Bảo Đại, Đường Triệu Việt Vương, Phường 4, Thành phố Đà Lạt, Lâm Đồng 전화 263-3826-858 시간 07:00~17:00 가격 성인 3만₫, 키 120센티미터 이하 어린이 1만5000₫

14 린언 사원 FREE

Linh An Pagoda

★★

달랏 교외에 위치한 사원으로 코끼리 폭포와 인접해 함께 둘러보기 좋다. 역사가 오래된 사찰은 아니지만, 1999년 건축된 1400제곱미터에 달하는 본전(本殿)의 규모로 유명하다. 본전과 함께 12.5미터 높이의 관음불 입상과 호탕한 표정을 짓고 있는 거대 좌불상 등이 볼거리다.

지도 P.150E
구글지도 GPS 11.824458, 108.333592 찾아가기 달랏 분수대에서 택시 48분 주소 Chùa Linh Ẩn, TT. Nam Ban, Lâm Hà, Lâm Đồng 전화 263-3852-713 가격 무료

15 달랏역 ₫

Da Lat Station

★★

1938년 완공된 아르 데코(Art Deco) 양식의 건축물. 19세기 초 달랏까지 연결된 옛 철도의 종착역이었으나 베트남 전쟁으로 오래도록 폐허로 남아 있었다. 지금은 달랏과 짜이맛을 잇는 관광 열차의 시발역으로 이용되고 있다. 100년 전의 흔적이 고스란히 남은 건축물과 철도 시설, 기관차와 객차들을 볼 수 있다.

지도 P.150B
구글지도 GPS 11.941496, 108.454509 찾아가기 달랏 분수대에서 택시 5분 주소 Ga Đà Lạt, Đường Quang Trung, Phường 10, Tp. Đà Lạt, Lâm Đồng 시간 기차 운행 시각에 따라 다름 휴무 부정기적 가격 5000₫

16 람비엔 광장 FREE

Lam Vien Square
★

쑤언흐엉 호수와 맞닿아 있는 거대한 광장. '람비엔'은 숲을 의미하는데 사실은 커다란 나무 한 그루 없는, 말 그대로 광장뿐이다. 광장 계단에서는 때때로 공연이 열리며 호수를 바라보며 담소를 나누는 사람들로 활기가 넘친다. 지하에는 쇼핑몰과 대형 마트가 있어 가볍게 식사를 해결하기 좋다.

지도 P.150B
구글지도 GPS 11.939167, 108.445223 **찾아가기** 달랏 분수대에서 택시 3분 또는 호수를 따라 도보 12분 **주소** Quảng Trường Lâm Viên, Đường Đường Trần Quốc Toản, Phường 1, Thành phố Đà Lạt, Lâm Đồng **가격** 무료

17 곡하탄

Góc Hà Thành
★★★★★

트립어드바이저 등을 통해 여행자들의 맛집으로 유명하지만, 실은 현지인 단골도 많은 맛집 중의 맛집. 괜찮은 '가성비'의 검증받은 식당을 찾는다면 바로 이곳이다.

추천 넴느엉 Nem Nướng 8만9000đ

1권 P.145 **지도** P.151G
구글지도 GPS 11.943920, 108.434576 **찾아가기** 달랏 분수대에서 택시 3분 또는 도보 8분 **주소** 51 Đường Trương Công Định, Phường 1, Thành phố Đà Lạt, Lâm Đồng **전화** 94-699-7925 **시간** 11:00~21:30 **휴무** 부정기적 **가격** 스타터 5만9000đ~, 메인 8만9000đ~

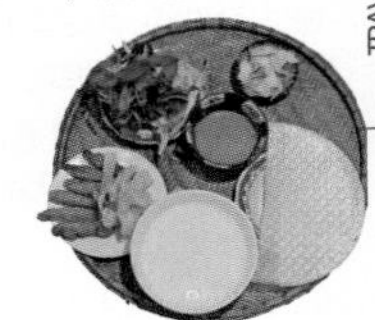

18 비앙 비스트로

Biang Bistro
★★★★★

맛과 건강, 정갈함의 삼박자를 고루 갖춘 먹거리들과 함께 편안하고 아늑한 분위기의 정원에서 한가로이 햇살을 만끽할 수 있는 곳. 랑비앙 산자락에 위치해 있어 그 이름 또한 비앙 비스트로다.

추천 런치 세트 메뉴 Choose Your Lunch w/ Fresh Tofu Spring Roll, Sugarcane Chicken & Seasonal Fruit 12만5000đ+5%

1권 P.136 **지도** P.151D
구글지도 GPS 11.946432, 108.439111 **찾아가기** 달랏 분수대에서 택시 4분 **주소** 94A Đường Lý Tự Trọng, Phường 2, Thành phố Đà Lạt, Lâm Đồng **전화** 90-106-61-63 **시간** 07:00~22:00 **휴무** 부정기적 **가격** 브렉퍼스트 3만5000đ+5%~, 런치 세트 12만5000~17만5000đ+5% **홈페이지** www.facebook.com/biangbistro

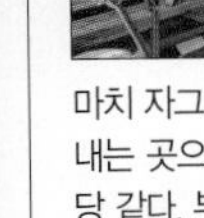

19 르 샬레 달랏

Le Chalet Dalat
★★★★

마치 자그마한 식물원과 같은 분위기를 자아내는 곳으로, 유리온실 속에 만든 소박한 식당 같다. 부족함 없는 맛에 양도 푸짐하고 보기에도 좋은 음식들을 내고 있어 여행자들로부터 호평이 이어지고 있다.

추천 르 샬레 스페셜 옐로 누들 Le Chalet Special 6만9000đ

1권 P.142 **지도** P.151K
구글지도 GPS 11.935020, 108.430874 **찾아가기** 달랏 분수대에서 택시 4분 **주소** 6 Đường Huỳnh Thúc Kháng, Phường 4, Thành phố Đà Lạt, Lâm Đồng **전화** 96-765-97-88 **시간** 월~금요일 09:00~21:00, 토~일요일 07:00~21:00 **휴무** 부정기적 **가격** 브렉퍼스트 5만9000đ~

20 냐항 쫑동

Trong Dong Restaurant

★★★★

다양한 베트남 요리를 맛볼 수 있는 소박한 레스토랑. 지역을 불문한 베트남의 대표 요리 100여 종을 내놓고 있는데, 외국인들의 입맛에도 잘 맞아 론리플래닛과 트립어드바이저 등 여행 전문 사이트에 연달아 소개되고 있다.

추천 새우칩과 연꽃 줄기 샐러드 Lotus Stem Salad w/ Shrimp & Pork 7만 đ

지도 P.151C

구글지도 GPS 11.949795, 108.435273 **찾아가기** 달랏 분수대에서 택시 5분 **주소** 220 Phan Đình Phùng, Phường 2, Thành phố Đà Lạt, Lâm Đồng **전화** 263-3821-889 **시간** 11:00~21:00 **휴무** 부정기적 **가격** 애피타이저 5만 đ~, 메인 6만5000 đ~

21 메린 커피 가든

Mê Linh Coffee Garden

★★★★

커피의 고장 달랏에서 제대로 된 커피를 맛보고자 한다면 메린 커피 가든으로 향하자. 탁 트인 테라스에 앉아 푸른 커피나무들의 군집을 내려다보며 갓 볶아 갓 내린 커피를 맛볼 수 있으니까. 신선한 원두도 값싸게 구입할 수 있다.

추천 우유를 넣은 아라비카 커피 Cà Phê Arabica Sữa Nóng 3만5000 đ

1권 P.206 **지도** P.150E

구글지도 GPS 11.899679, 108.347854 **찾아가기** 달랏 분수대에서 택시 33분 **주소** Hội trường thôn 4, Tổ 20, Tà Nung, Thành phố Đà Lạt, Lâm Đồng **전화** 91-961-98-88 **시간** 07:00~18:30 **휴무** 부정기적 **가격** 커피 3만5000 đ~

22 라비엣 커피

La Viet Coffee

★★★★

성수동의 창고 카페가 떠오르는 곳. 베트남식 커피 일색의 달랏에서 에스프레소나 콜드 브루 따위의 커피를 제대로 맛볼 수 있는 곳이다. 중심지에서 조금 먼 것이 흠이라면 흠.

추천 진토닉 콜드브루 Gin Tonic Cold Brew 6만5000 đ

1권 P.202 **지도** P.150B

구글지도 GPS 11.956850, 108.435164 **찾아가기** 달랏 분수대에서 택시 6분 **주소** 200 Nguyễn Công Trứ, Phường 8, Thành phố Đà Lạt, Lâm Đồng **전화** 96-659-29-42 **시간** 07:30~21:30 **휴무** 부정기적 **가격** 커피 2만5000 đ~ **홈페이지** www.laviet.coffee

23 안 카페

An Café

★★★★

층층이 자리 잡은 계단식 테라스 공간과 그 주변을 채운 초록빛 화분들로 편안하고 따뜻한 분위기다. 베트남식 과일 주스나 신또 등이 추천 메뉴.

추천 수박 주스 Nước Ép Dưa Hấu 4만3000 đ

1권 P.199 **지도** P.151G

구글지도 GPS 11.941725, 108.433853 **찾아가기** 달랏 분수대에서 택시 4분 또는 도보 9분 **주소** 63 Bis Ba Tháng Hai, Phường 1, Thành phố Đà Lạt, Lâm Đồng **전화** 97-573-55-21 **시간** 07:00~22:00 **휴무** 부정기적 **가격** 커피 3만1000 đ~, 신또(스무디) 3만9000 đ~ **홈페이지** www.ancafe.vn

24 퍼 히에우

Phở Hiếu

★★★

시장 뒷골목에 자리 잡은 소박한 쌀국수 가게. 삼삼오오 모여 앉아 국수 맛을 즐기는 이들 덕분에 쉽게 눈에 띈다. 메뉴는 단 세 개! 작은 것과 큰 것, 그리고 특별 메뉴뿐이며, 진한 국물 맛이 일품이다.

추천 소고기 쌀국수 Phở Bò Tô Lớn 4만 đ

지도 P.151G

구글지도 GPS 11.943549, 108.435423 **찾아가기** 달랏 분수대에서 택시 3분 또는 도보 7분 **주소** 23 Đường Tăng Bạt Hổ, Phường 1, Thành phố Đà Lạt, Lâm Đồng **전화** 263-3830-580 **시간** 06:00~13:00 **휴무** 부정기적 **가격** 쌀국수 3만7000~5만 đ

25 반쎄오 꾸에흐엉

Bánh Xèo Quê Hương

★★★

반쎄오 하나로 달랏을 평정하고 우리나라 여행자들에게까지 익히 알려진 곳. 위생 상태로는 꺼려지지만, 잘 튀겨낸 쌀가루 반죽의 바삭거림과 아낌없이 채워 넣은 소의 풍성함이 만들어내는 식감은 타의 추종을 불허한다.

추천 특 반쎄오 Bánh Xèo Đặc Biệt 2만5000đ

1권 P.157 **지도** P.150B

구글지도 GPS 11.957516, 108.442640 **찾아가기** 달랏 분수대에서 택시 5분 **주소** 10 Đường P. Đ Thiên Vương, Phường 8, Thành phố Đà Lạt, Lâm Đồng **시간** 15:00~21:00 **휴무** 부정기적 **가격** 반쎄오 1만7000~2만5000đ

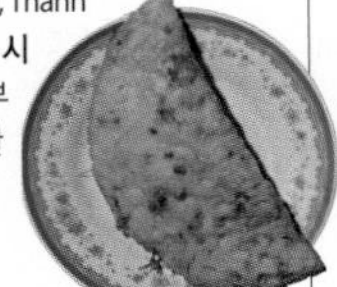

26 껌땀 메이

Cơm tấm Mei

★★★

인기 많은 로컬 식당으로, 베트남 사람들의 간단한 아침 식사로 유명한 갈비덮밥 껌땀(Cơm Tấm)을 맛볼 수 있다. 밥과 함께 곁들일 주메뉴로는 돼지갈비, 닭봉, 닭날개 등을 선택할 수 있으며, 베트남 소시지 등을 추가할 수 있다.

추천 돼지갈비덮밥 Cơm Sườn 3만5000đ

지도 P.151H

구글지도 GPS 11.944227, 108.436137 **찾아가기** 달랏 분수대에서 택시 3분 또는 도보 8분 **주소** Cơm tấm Mei, Nguyễn Văn Trỗi, Phường 1, Thành phố Đà Lạt, Lâm Đồng **전화** 263-3822-825 **시간** 07:00~19:00 **휴무** 부정기적 **가격** 껌땀 3만5000đ

27 리엔호아 베이커리

Tiệm Bánh Liên hoa Hoa

★★

달랏 사람이라면 모르는 이가 없다는 대표 빵집. 여러 곳의 지점이 성업 중이다. 아래층에서는 빵을 직접 구매할 수 있고, 위층에서는 커피와 함께 가벼운 식사가 가능하다. 값싸고 질 좋은 빵 맛을 자랑한다.

추천 블루베리 치즈케이크 Blueberry Cheesecake 2만5000đ

지도 P.151G

구글지도 GPS 11.942806, 108.435105 **찾아가기** 달랏 분수대에서 택시 3분 또는 도보 7분 **주소** 17-19 Ba Tháng Hai, Phường 1, Thành phố Đà Lạt, Lâm Đồng **전화** 263-3837-303 **시간** 06:00~09:00 **휴무** 부정기적 **가격** 빵류 7000~2만5000đ

28 카페 딴뚜이

Café Thanh Thuỷ

★★

쑤언흐엉 호숫가에 자리한 카페이자 레스토랑. 먹거리와 마실 거리에 대한 만족도는 평이하지만 호수를 바로 앞에 둔 테라스의 풍경만으로도 방문해 볼 가치가 있는 곳이다.

추천 달랏 러버 칵테일 Dalat Lover Cocktail 13만đ

지도 P.151H

구글지도 GPS 11.941617, 108.439370 **찾아가기** 달랏 분수대에서 도보 3분 **주소** 02 Nguyễn Thái Học, Phường 1, Thành phố Đà Lạt, Lâm Đồng **전화** 263-3531-668 **시간** 월~목요일 06:00~22:30, 금~일요일 06:30~23:00 **휴무** 부정기적 **가격** 커피 5만5000đ~, 신또(스무디) 6만đ~

29 윈드밀 커피

Windmills Coffee

★★

달랏에만 세 곳의 지점을 두고 있는 로컬 프랜차이즈 카페. 풍차를 모티브로 한 편안한 분위기의 인테리어로 현지 젊은 층으로부터 인기다. 진하게 내려주는 베트남식 드립 커피가 나쁘지 않다.

추천 윈드밀 쓰어다 Windmills Sữa Đá 3만2000~3만9000đ

지도 P.151G

구글지도 GPS 11.942849, 108.435309 **찾아가기** 달랏 분수대에서 택시 3분 또는 도보 7분 **주소** 7a Đường 3 Tháng 2, Phường 1, Thành phố Đà Lạt, Lâm Đồng **전화** 263-3540-580 **시간** 08:00~22:00 **휴무** 부정기적 **가격** 커피 2만9000đ~

30 카페 부이반응오

Bui Van Ngo Coffee

★★

달랏 케이블카 하부 정류장 입구에 위치한 카페. 달랏의 분위기와는 살짝 동떨어진 현대적인 모습과 함께 멋스런 풍경을 선사하는 테라스 자리가 마련되어 있다. 메뉴는 다양하지만 그 맛은 평범한 편.

추천 카페 쓰어다 Cà Phê Sữa Đá 3만2000~5만đ

지도 P.150B

구글지도 GPS 11.924818, 108.446891 **찾아가기** 달랏 분수대에서 택시 15분 **주소** Cà phê Bùi Văn Ngọ, Đèo Prenn, Phường 3, Thành phố Đà Lạt, Lâm Đồng **전화** 90-375-28-89 **시간** 06:30~22:00 **휴무** 부정기적 **가격** 커피 3만đ~ **홈페이지** www.buivanngo.com.vn

31 달랏 시장
Da Lat Market
★★★★

달랏 시민들의 밥상이라고 할 수 있는 대형 재래시장. 이른 아침부터 늦은 저녁 때까지 로컬들과 여행자들로 북적인다. 말린 과일, 커피 원두, 찻잎 등 여행자들이 기념품으로 사 오기 좋은 제품들을 두루 만나볼 수 있다. 로터리 북쪽에 있는 주 건물 외에도 뒤쪽으로 크고 작은 건물들이 이어져 있는데, 로컬들은 주로 이 뒤쪽의 시장을 이용한다.

1권 P.251 지도 P.151H
구글지도 GPS 11.943049, 108.436870 **찾아가기** 달랏 분수대에서 도보 5분 **주소** Chợ Đà Lạt, Nguyễn Thị Minh Khai, Phường 1, Thành phố Đà Lạt, Lâm Đồng **시간** 06:30~23:00 **휴무** 부정기적 **가격** 상점마다 다름

32 달랏 야시장
Da Lat Night Market
★★★

달랏의 밤을 밝히는 달랏 야시장은 매일 밤 달랏 시장 앞의 응우옌 티민카이(Nguyễn Thị Minh Khai) 거리에서 열린다. 과일, 꼬치구이, 반짱느엉 등의 먹거리와 함께 싸구려 장난감이나 장신구, 짝퉁 티셔츠 등을 파는 노점이 늘어선다. 현지인들과 어깨를 맞대고 노천 식당에 앉아 달랏의 밤을 즐겨 보자.

1권 P.256 지도 P.151H
구글지도 GPS 11.942637, 108.436919 **찾아가기** 달랏 분수대 바로 앞 **주소** Nguyễn Thị Minh Khai, Phường 1, Thành phố Đà Lạt, Lâm Đồng **시간** 해 질 무렵 **휴무** 부정기적 **가격** 상점마다 다름

33 랑팜 스토어
L'angfarm Store
★★★

고산 도시 달랏의 특산품 매장으로 시내 곳곳에 17개의 매장을 두고 있다. 달랏 대표 특산품인 와인과 커피를 비롯해, 각종 차, 식재료, 건강 음료 등 100여 종의 상품을 판매하고 있다. 재래시장 상품에 비해 가격은 비싸지만, 품질이 균일하고 패키지가 고급스러워 기념품이나 선물용으로 구입하기에 좋다. 달랏 농산품을 주재료로 하는 뷔페 레스토랑도 운영한다.

지도 P.151H
구글지도 GPS 11.942466, 108.436377 **찾아가기** 달랏 분수대에서 도보 6분 **주소** Cầu thang Mộng Đẹp, Phường 1, Thành phố Đà Lạt, Lâm Đồng **전화** 263-3912-501 **시간** 07:30~10:30 **가격** 제품마다 다름 **홈페이지** www.langfarm.com

34 빅씨 달랏
Bic C Da Lat
★★

달랏에서 가장 규모가 큰 대형 슈퍼마켓으로 쑤언흐엉 호수를 마주한 람비엔 광장 지하에 위치해 있다. 태국계 슈퍼마켓으로 베트남과 라오스 등지에도 매장을 두고 있는 대형 체인이다. 같은 건물 안에는 현대식 쇼핑몰과 푸드코트 등이 함께 있어, 부담 없이 식사를 해결하기에도 제격이다.

지도 P.150B
구글지도 GPS 11.938636, 108.445417 **찾아가기** 달랏 분수대에서 택시 3분 또는 호수를 따라 도보 12분 **주소** Quảng Trường Lâm Viên, Đường Đường Trần Quốc Toản, Phường 1, Thành phố Đà Lạt, Lâm Đồng **전화** 263-3545-088 **시간** 07:30~22:30 **가격** 제품마다 다름 **홈페이지** www.bigc.vn

35 달랏 케이블카

Da Lat Cable Car

★★★

달랏의 도시 풍경과 산자락의 아름다움을 볼 수 있는 케이블카로 총연장 2.3킬로미터, 편도 탑승 시간 약 15분에 달하는 길이를 자랑한다. 달랏 시내 외곽에서 출발해 소나무 숲을 가로질러 산 위로 오르는데, 상부 정류장 바로 앞에 쭉람 선원이 위치해 함께 들르기 좋다. 생각보다 일찍 운행이 종료되는데, 시내로 돌아올 때에는 택시를 타는 것도 좋은 방법.

1권 P.307 지도 P.150B
구글지도 GPS 11.923030, 108.443688 **찾아가기** 달랏 분수대에서 택시 7분 **주소** Cáp Treo Đà Lạt, Phường 3, Thành phố Đà Lạt, Lâm Đồng **전화** 263-3837-934 **시간** 07:30~17:00 **휴무** 부정기적 **가격** 성인 왕복 8만₫, 편도 6만₫, 키 120센티미터 이하 어린이 왕복 5만₫, 편도 4만₫

36 로지 스파 달랏

Rosy Spa Da Lat

★★★

깨끗하고 밝아 안심하고 찾을 수 있는 스파 & 마사지 숍이다. 시내의 저렴한 마사지 숍을 이용하기가 꺼려지는 여행자라면 찾아가 볼 만하다. 시설도 좋고 마사지 또한 나무랄 데가 없지만 그런 만큼 가격대는 조금 높은 편. 전신 마사지나 발 마사지도 좋지만, 미용 전문 숍이므로 페이셜 마사지도 함께 받아볼 것을 추천.

지도 P.150B
구글지도 GPS 11.959265, 108.442680 **찾아가기** 달랏 분수대에서 택시 5분 **주소** 50 Đường P. Đ Thiên Vương, Phường 8, Thành phố Đà Lạt, Lâm Đồng **전화** 263-3560-633 **시간** 06:00~22:00 **가격** 발 마사지 20만₫+10%~, 전신 마사지 30만₫+10%~ **홈페이지** www.spa.rosyspa.vn

37 오트 케어

Ớt Care

★★★

시내 뒷골목에 숨겨진 소박한 마사지 숍. 여행자들이 많이 찾는 새미 호텔(Sammy Hotel) 뒤쪽 거리 안쪽에 위치해 있다. 조명은 살짝 어둡지만, 쾌적하고 편안한 분위기이며 마사지도 '가성비'가 훌륭한 편이다. 건식 또는 습식 사우나를 함께 이용할 수 있는 콤보 프로그램을 선택한다면 저렴하게 충분한 휴식을 만끽할 수 있다.

지도 P.151K
구글지도 GPS 11.935003, 108.433034 **찾아가기** 달랏 분수대에서 택시 4분 **주소** 25/10 Đường Trần Phú, Phường 3, Thành phố Đà Lạt, Lâm Đồng **전화** 263-3833-893 **시간** 10:00~22:00 **가격** 발 마사지 6만₫~, 전신 마사지 10만₫ **홈페이지** www.facebook.com/otcaredalat

38 달랏-짜이맛 관광 열차

Da Lat - Trai Mat Train

★★★

19세기 초 달랏의 모습을 상상하고 싶다면 이 열차에 오르자! 1932년 개통했다가 전쟁으로 폐허가 된 철도를 복원하여 달랏과 짜이맛(Trại Mát) 사이 약 7킬로미터 구간을 잇고 있다. 한 세기 전 실제로 이곳을 달리던 디젤 기관차와 옛 객차가 달린 관광 열차는 달랏을 출발한 지 30분 만에 짜이맛역에 도착한다. 1일 6회 왕복 운행.

1권 P.307 지도 P.150B
구글지도 GPS 11.941496, 108.454509 **찾아가기** 달랏 분수대에서 택시 5분 **주소** Ga Đà Lạt, Đường Quang Trung, Phường 10, Tp. Đà Lạt, Lâm Đồng **시간** 05:40, 07:45, 09:50, 11:55, 14:00, 16:05 달랏역 출발(각 1시간 후 짜이맛역 출발) **휴무** 부정기적 **가격** 왕복 1등석 15만₫, 2등석 13만5000₫

39 하이랜드 스포츠 트래블(달랏 캐녀닝)

Highland Sport Travel(Dalat Canyoning)

★★

다딴라 폭포를 제대로 느끼는 방법, 바로 캐녀닝 투어다. 안전 로프에 의지해 협곡 사이를 오가며, 25미터 높이의 폭포에 오르기도 하고, 12미터 높이의 폭포에서 아래로 뛰어내리기도 하는 대표적 익스트림 스포츠다. 몇 해 전 인명 사고가 있은 뒤로 인기가 식긴 했지만, 이후 안전 규정이 더욱 강화되어 안전하게 즐길 수 있다.

1권 P.293 지도 P.150B
구글지도 GPS 11.937728, 108.428935 **찾아가기** 달랏 분수대에서 택시 5분 또는 각 호텔 픽업 **주소** B17 KQH Hoang Van Thu W4, Phường 4, Thành phố Đà Lạt, Lâm Đồng **전화** 96-533-1182 **시간** 08:30(픽업)~16:00(드롭) **휴무** 부정기적 **가격** USD72 **홈페이지** highlandsporttravel.com

AREA 5

MUI NE [무이네]

쉼, 오롯한 쉼이 있는 진정한 휴양지

이토록 개성 넘치는 휴양지가 어디 또 있으랴. 한 발짝 앞에서는 시원한 바닷바람이 빚은 파도가 너울거리고, 또 뒤에서는 끝도 없이 펼쳐진 금빛 모래 언덕이 남국의 햇살을 마주해 반짝거리는. 화려함은 없지만 넉넉한 바다의 아름다움이 있고, 대단한 볼거리는 없지만 장엄한 땅의 풍경이 있는 곳. 그래서 더없이 빛이 나는 곳, 무이네. 이제 오롯한 쉼이 있는 진정한 휴양지 무이네로의 여행을 떠나자.

MUST SEE 이것만은 꼭 보자!

No. 1
파도와 바람이
아름다운
무이네의 바다
함티엔 해변

No. 2
무이네가 자랑하는
모래 언덕
화이트 샌드 듄
& 레드 샌드 듄

No. 3
기암괴석을 벗 삼은
물 위의 산책
요정의 샘

MUST EAT 이것만은 꼭 먹자!

No. 1
보케 거리의
해산물 식당에서 만나는
저렴하고 다양한 해산물
미스터 크랩

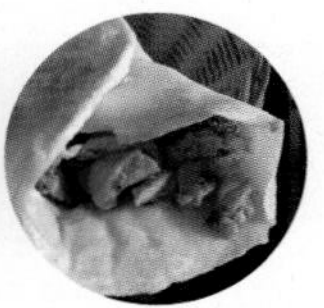

No. 2
맛과 양,
가격까지 만족스러운
그리스식 케밥
신드바드

MUST EXPERIENCE 이것만은 꼭 경험하자!

No. 1
거대한 사구 위에서
마주하는 황홀한
일출과 일몰
선라이즈 & 선셋 지프 투어

PLUS TIP

무이네는 어떤곳이에요?

무이네는 판티엣 시에 속한 인구 2만5천의 작은 마을이다. 주요 산업이라고는 연근해 어업이 전부였던 무이네가 유명해진 것은 1995년 10월 24일의 일. 그날은 달이 태양을 완전히 가리는 개기일식이 있었던 날로, 온전한 일식을 보기 위해 많은 이들이 무이네에 모여들었다고 한다. 그후 해변을 따라 하나둘 리조트들이 자리를 잡으면서 오늘날과 같은 유명 휴양지의 모습을 갖게 된 것이다. 휴양의 완성은 바다라지만, 무이네 해변의 파도는 거칠기로 유명하니 깊은 바다까지는 나가지 않는 것이 여러모로 좋다. 또한 무이네에는 공항이 없으므로 호치민이나 냐짱 등을 경유하여 여행을 할 수 밖에 없다. 도시간 이동에 많은 시간이 소요되기 때문에 넉넉하게 일정을 짜는 것이 좋다.

인기 ★★☆☆☆

냐짱이나 푸꾸옥 등 화려한 휴양지에 비하면 인기는 낮은 편.

관광 ★★★☆☆

바다와 사구를 비롯해 다양한 자연 경관들은 무이네의 자랑거리!

쇼핑 ☆☆☆☆☆

쇼핑은 기착지인 호치민에서 즐기도록 하자.

식도락 ★★☆☆☆

선택의 폭이 넓지는 않지만, 신선한 해산물을 즐길 수 있다.

복잡함 ★☆☆☆☆

해변을 따라 뻗어 있는 거리 주위로 대부분의 스폿들이 밀집해 있어 찾기 쉽다.

접근성 ★☆☆☆☆

호치민에서 대여섯 시간은 가야 하니 큰 맘 먹고 출발해야 한다.

1 단계 무이네, 이렇게 간다

다른 도시에서 무이네 가기

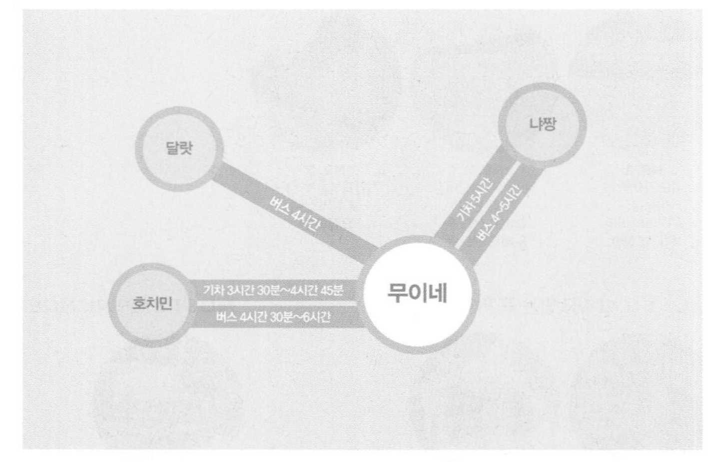

무이네에는 공항이 없어 접근성이 좋지 않다. 우리나라에서 항공편으로 닿을 수 있는 호치민이나 냐짱을 경유하여야 한다.

이동수단별 특징 및 장단점

	기차	버스 추천	렌터카(기사 포함)
특징	호치민과 하노이를 남북으로 잇는 철도를 통해 무이네 근교까지 이동할 수 있다.	2단으로 된 슬리핑 버스나 일반 좌석 버스가 각 도시를 연결한다.	탑승객 수에 따라 소형차부터 밴까지 다양하게 선택할 수 있다. 기사가 딸려 있어 편리하다.
장점	• 출도착 시간이 정확한 편이다. • 슬리핑 버스 대비 빠르다.	• 가격이 저렴하다. • 숙소 근처에서 하차할 수 있다.	• 빠른 이동이 가능하다. • 공항에서 바로 출발할 수 있다.
단점	• 기차역과 시내가 떨어져 있다. • 위생적으로 열악하다.	• 멀미를 한다면 힘들 수 있다. • 시간이 오래 걸리는 편이다.	요금이 가장 비싸다.
구입방법	www.vietnam-railway.com 등 각 기차역 매표소	www.vietnambustickets.com 등 각 여행사 사무소	www.vietnamprivatecar.com www.muinego.com www.klook.com

호치민에서 무이네 가기

교통수단 비교하기

	기차	버스	렌터카
소요시간	3시간 30분~4시간 45분	4시간 30분~6시간	4~5시간
운행편수(1일)	4편	업체마다 다름	예약에 따름
요금	USD14~23	17만9000~23만đ	USD100~180

❶ 기차

호치민 사이공역을 출발한 기차는 무이네 근교의 빈투안역(Binh Thuan Station/Ga Bình Thuận) 또는 판티엣역(Phan Thiet Station/Ga Phan Thiết)에 도착한다. 빈투안역은 상대적으로 더 많은 편수가 운행하지만 시내로부터의 거리가 멀고, 판티엣역은 시내와 가깝지만 하루 1편밖에 운행하지 않는다. 일정과 상황을 고려해 기차 편을 선택하자.

	출발시각	소요시간	요금	비고
빈투안행	06:00, 09:00, 11:50	3시간 30분~4시간 45분	USD14~23	좌석/침대
판티엣행	06:40	4시간 45분	USD16~18	좌석

❷ 버스 추천

데탐 거리에 위치한 각 여행사(버스 운행사) 사무소를 출발한 버스는 판티엣을 경유해 무이네에 도착한다. 함티엔 해변에 위치한 리조트 바로 앞에서 하차할 수 있어 편리하다.

PLUS TIP
버스 시간 및 배차 간격 등은 수시로 변경될 수 있으며, 승차 및 하차 지점에 따라 소요 시간이 다를 수 있다.

출발시각		소요시간	요금	비고
신투어리스트 (The Sinh Tourist)	07:00, 14:00, 21:00, 22:15	약 5시간	9만9000~11만9000đ	슬리핑/좌석
탐한 트래블 (Tâm Hạnh Travel)	07:00~22:00 (약 1시간 간격)	약 4시간 30분	12만đ	슬리핑
프엉짱 푸타 (Phương Trang FUTA)	06:30~23:30 (약 1시간 간격)	약 6시간	14만đ	슬리핑
한 카페 (Hanh Café)	07:00~20:00(1일 7편)	약 4시간 30분~5시간	11만đ	슬리핑

❸ 렌터카

호치민으로 입국해 바로 무이네로 이동하는 여행자들의 경우 여행사의 투어 버스를 이용하게 되면 이동에 너무 많은 시간이 소요된다. 공항에서 바로 픽업할 수 있는 렌터카를 이용하면 이동시간을 현저히 줄일 수 있다. 요금 약 USD100~180(업체 및 차종에 따라 다름).

냐짱에서 무이네 가기

교통수단 비교하기

	기차	버스	렌터카
소요시간	5시간	4~5시간	3시간 30분~4시간 30분
운행편수(1일)	4편	업체마다 각 2편	예약에 따름
요금	USD15~24	11만~11만9000đ	USD80~100

❶ 기차

냐짱역에서 출발한 열차는 빈투안역(Binh Thuan Station/Ga Bình Thuận)에 도착한다. 판티엣 역에는 정차하지 않는다.

	출발시각	소요시간	요금	비고
빈투안행	08:39, 20:43	약 5시간	USD15~24	좌석/침대

❷ 버스 추천

냐짱의 각 여행사 사무소에서 출발한 버스는 약 4~5시간 후 판티엣과 무이네에 도착한다. 예약한 숙소 앞이나 가까운 리조트에서 하차한다.

	출발시각	소요시간	요금	비고
신투어리스트(The Sinh Tourist)	07:30, 20:00	약 5시간	11만9000đ	슬리핑
한 카페(Hanh Café)	08:00, 20:30	약 4시간~4시간 30분	11만đ	슬리핑

❸ 렌터카

냐짱-무이네 간 버스의 출발 시각이 다양하지 않으므로 렌터카를 이용하는 것도 좋다. 요금 약 USD80~100(업체 및 차종에 따라 다름).

달랏에서 무이네 가기

교통수단 비교하기

	버스	렌터카
소요시간	4시간	3시간 30분~4시간
운행편수(1일)	업체마다 각 2편	예약에 따름
요금	11만~11만9000đ	USD90~120

❶ 버스 

달랏의 각 여행사 사무소에서 출발한 버스는 약 4시간 후 판티엣과 무이네에 도착한다. 예약한 숙소 앞이나 가까운 리조트에서 하차한다.

	출발시각	소요시간	요금	비고
신투어리스트(The Sinh Tourist)	07:30, 13:00	4시간	11만9000đ	슬리핑
한 카페(Hanh Café)	07:30, 13:00	4시간	11만đ	슬리핑

❷ 렌터카

기사가 딸린 렌터카 서비스를 이용하면 편리하게 목적지에 도착할 수 있다. 요금 약 USD80~100(업체 및 차종에 따라 다름).

무작정 따라하기

STEP ❶❷

2단계 무이네 시내 교통 한눈에 보기

무이네 내에서 이동하기

❶ 택시

여러 택시 회사가 있지만 초록색의 마이린(Mai Linh) 택시와 하늘색의 국제(Quốc Tế) 택시가 가장 흔하다. 요금은 택시 회사별로 다르지만 큰 차이는 없으며, 차량 크기에 따라 요금이 달라진다. 무이네와 함티엔 내에서는 1~5만 đ, 롯데마트나 꿉마트까지는 10만 đ 정도 소요된다.

PLUS TIP
호치민과 같은 대도시보다는 요금에 대한 사기가 적은 편이다. 택시를 타고 시 외곽으로 나갈 때에는 돌아올 차편도 미리 확인하는 것이 좋다. 얼마의 요금을 더 내고 택시를 대기하게 하는 것도 방법!

❷ 그랩

호치민에 비해 그랩택시는 흔하지 않은 편. 그랩오토바이는 잡기 수월하지만 안전을 위해서라면 택시를 이용하는 편이 낫다. 요금 역시 일반 택시와 크게 다르지 않다.

❸ 버스

판티엣 시내버스 노선 중 1번과 9번 버스가 무이네 중심 거리인 응우옌 딘 치우(Nguyễn Đình Chiểu)를 경유한다. 1번 버스는 레드 샌드 듄, 꿉마트까지 운행하며, 9번 버스는 롯데마트와 판티엣역까지 운행한다. 요금은 6000 đ~(거리에 따라 다름). 무이네 내에는 따로 버스 정류장이 없으며, 손을 들어 탑승 의사를 표시한다. 요금이 매우 저렴하지만 여행자들이 이용하기에 수월하지는 않다.

PLUS TIP
시내버스의 경우 거리에 따라 요금이 다르지만, 외국인에게는 무턱대고 장거리 비용을 요구하기도 한다. 막무가내라 웬만한 기술과 배짱이 없다면 당할 수밖에 없다.

PLUS TIP
대부분의 명소와 식당은 함티엔 해변을 따라 이어진다. 간혹 주소가 명확하지 않은 곳들도 많은데, 그럴 때에는 목적지와 가까운 리조트 이름이나 주소를 보여주는 것도 좋은 방법이다.

MAP
무이네 한눈에 보기

무이네 중심부

A
B
E
F
I
J
모조 바 & 레스토랑
Modjo Bar & Restaurant P.181
탐한 트래블
(탐한 트래블 버스)
조's 카페 무이네
Joe's Café Muine P.182
포레스트 레스토랑
Forest Restaurant P.182
풀문 비치
리조트 무이네
무이네 카이트서프 스쿨
Muine Kitesurf School P.183
한 카페
(한 카페 버스)
뱀부 빌리지 비치 리조트 & 스파
초이 오이
Chời Ơi P.182
베트남 벌룬즈
Vietnam Balloons
테라코타 리조트
RD 와인 캐슬
미아 무이네 리조트
서니 비치 리조트 & 스파
코코 비치 리조트
시 링크 골프 컨트리 클럽
샌들스 레스토랑 & 바
Sandals Restaurant & Bar P.181
사이공 무이네 리조트
시 링크 비치 호텔
블루 오션 리조트
미스터 크랩(Lâm Viên)
알레즈부 비치 리조트 & 스파
아난타라
무이네 리조트
미스터 크랩
Mr. Crab(Bờ Kè) P.182
시 링크 오션 비스타
포사이누 사원
Po Sah Inu Cham Towers P.181
로터스 무이네 리조트
데솔 비치 리조트
함티엔 해변
Ham Tien Beach
P.180
나항 보케 888
더 클리프 리조트 & 레지던스
푸하이 비치 리조트 & 스파
제스트 스파
Zest Spa P.183
로마나 리조트 & 스파

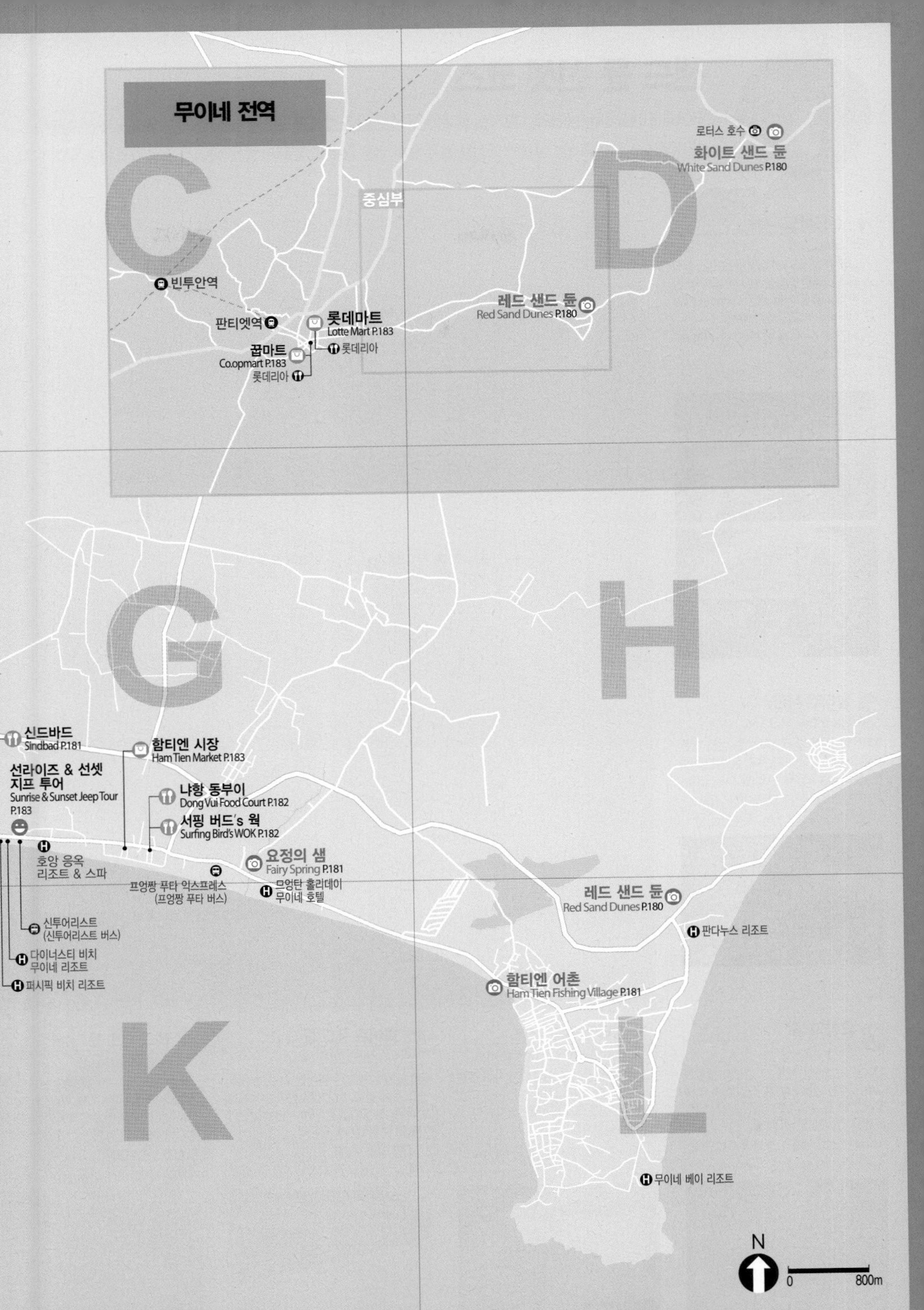
무이네 전역
C
D
G
H
K
L
중심부
로터스 호수
화이트 샌드 듄
White Sand Dunes P.180
빈투안역
판티엣역
롯데마트
Lotte Mart P.183
롯데리아
꿉마트
Co.opmart P.183
롯데리아
레드 샌드 듄
Red Sand Dunes P.180
신드바드
Sindbad P.181
선라이즈 & 선셋
지프 투어
Sunrise & Sunset Jeep Tour
P.183
함티엔 시장
Ham Tien Market P.183
냐항 동부이
Dong Vui Food Court P.182
서핑 버드's 웍
Surfing Bird's WOK P.182
호앙 응옥
리조트 & 스파
요정의 샘
Fairy Spring P.181
프엉짱 푸타 익스프레스
(프엉짱 푸타 버스)
므엉탄 홀리데이
무이네 호텔
레드 샌드 듄
Red Sand Dunes P.180
판다누스 리조트
신투어리스트
(신투어리스트 버스)
다이너스티 비치
무이네 리조트
퍼시픽 비치 리조트
함티엔 어촌
Ham Tien Fishing Village P.181
무이네 베이 리조트
N
0
800m

샌드 듄 선셋 코스

무이네를 대표하는 볼거리인 요정의 샘과 여러 사구들을 함께 둘러보는 코스로, 사구 위에서 맞는 일몰이 하이라이트다. 저녁에는 신선한 해산물로 두둑히 배를 채우고, 분위기 좋은 바에서 휴양지의 밤에 젖어 보자.

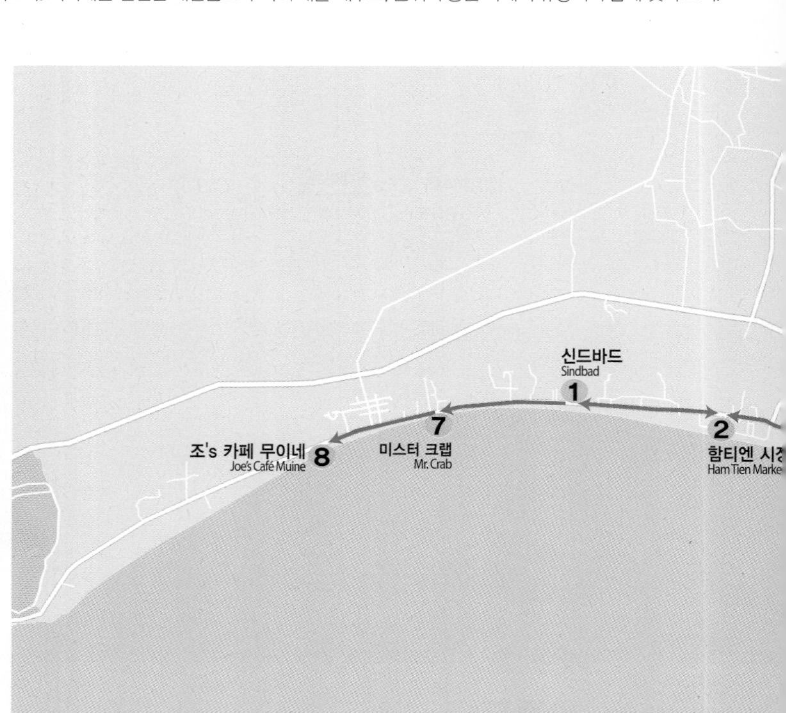

1 신드바드 / 40분
Sindbad

건강한 한 끼 식사의 대명사 그리스 음식과 함께 나른한 점심을 깨우자. 피타 빵 안에 온갖 재료를 가득 채운 그리스풍 케밥은 신드바드 최고의 인기 메뉴!

시간 11:00~다음 날 01:00 **가격** 케밥 4만5000₫

→ 택시로 3분 이동 → 함티엔 시장

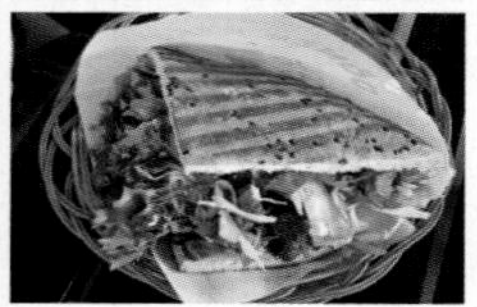

2 함티엔 시장 / 20분
Ham Tien Market

함티엔 시장에 들러 무이네를 삶터 삼은 이들의 하루를 엿보자. 우리 돈 몇천 원이면 베트남 고깔모자 '논'을 살 수도 있다.

시간 05:00~19:30(상점마다 다름)

→ 투어 지프로 3분 이동 → 요정의 샘

3 요정의 샘 / 1시간
Fairy Spring

기이한 모양새의 석벽. 그 옆으로 졸졸거리며 흐르는 얕은 시냇물. 신발을 벗고 냇물에 발을 담그자. 보드라운 모래가 당신의 발을 간질인다.

시간 06:00~18:00 **가격** 1만5000₫

→ 투어 지프로 5분 이동 → 함티엔 어촌

4 함티엔 어촌 / 20분
Ham Tien Fishing Village

활발한 어촌 풍경을 눈에 담는 재미 또한 놓칠 수 없다. 바구니처럼 생긴 둥근 고깃배들의 군집은 포토제닉하기까지 하다.

시간 부정기적

→ 투어 지프로 34분 이동 → 화이트 샌드 듄

5 화이트 샌드 듄 / 1시간
White Sand Dunes

무이네가 자랑하는 광활한 사구, 화이트 샌드 듄을 밟자. 태양빛을 받아 눈부시게 반짝거리는 모래벌판 위에 서면 답답했던 가슴이 뻥 뚫릴지도 모른다.

시간 일출~일몰

→ 투어 지프로 27분 이동 → 레드 샌드 듄

6 레드 샌드 듄 / 40분
Red Sand Dunes

오늘 여행의 하이라이트! 레드 샌드 듄 위에 올라 노을을 바라보자. 미리 해넘이 시간을 확인해 두고 여유 있게 도착한다면 더할 나위 없는 여행의 한 순간이 완성된다.

시간 일출~일몰

→ 투어 지프로 13분 이동 → 미스터 크랩

START

1. 신드바드
1.4km, 택시 3분
2. 함티엔 시장
1.3km, 지프 3분
3. 요정의 샘
2.7km, 지프 5분
4. 함티엔 어촌
27km, 지프 34분
5. 화이트 샌드 듄
24km, 지프 27분
6. 레드 샌드 듄
12km, 지프 13분
7. 미스터 크랩
1.0km, 택시 2분
8. 조's 카페 무이네

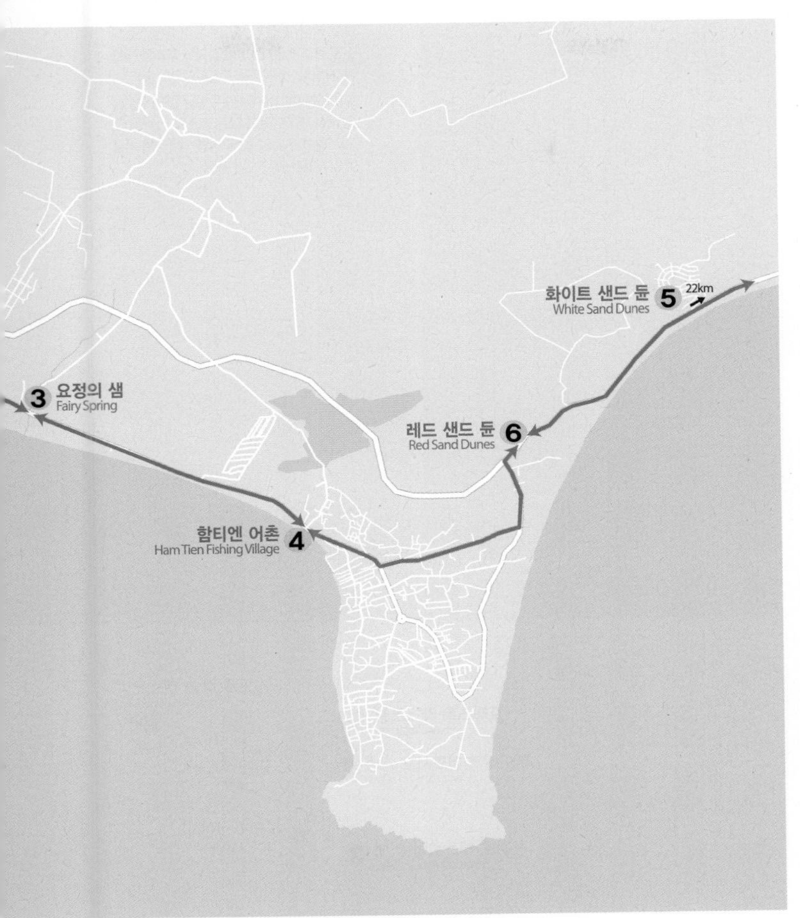

RECEIPT

관광	3시간 20분
식사	2시간 40분
이동	1시간 27분

TOTAL 7시간 27분

교통비	3만5000 đ
택시	3만5000 đ
입장료	1만5000 đ
요정의 샘	1만5000 đ
체험	90만 đ
지프 투어	60만 đ
화이트 샌드 듄 ATV	30만 đ
식사 및 간식	43만 đ
신드바드(케밥+음료)	6만 đ
미스터 크랩(해산물)	30만 đ
조's 카페 무이네(칵테일)	7만 đ

TOTAL 138만 đ
(1인 성인 기준, 쇼핑 비용 별도)

7 미스터 크랩 / 1시간
Mr. Crab

해산물 맛집 거리인 보케 거리로 향하자. 여행자들에게 특히 인기 많은 미스터 크랩에서 값싸게 로브스터구이를 맛볼 수 있다.

시간 15:00~23:00(유동적) **가격** 예산 30만 đ

→ 택시로 2분 이동 → 조's 카페 무이네

8 조's 카페 무이네 / 1시간
Joe's Café Muine

분위기 좋기로 유명한 라이브 바. 음악과 함께 휴양지의 여유로운 밤을 만끽하자.

시간 24시간 **가격** 파스타 6만 9000 đ~, 버거 9만9000 đ~, 칵테일 7만 đ~

PLUS TIP

1. 택시를 이용해 다음 목적지를 향할 때에는 이동 방향을 고려해 택시를 잡는 것이 좋다. 길은 좁고 통행량은 많아 택시 한 대가 유턴하는 일조차 쉬운 일이 아니기 때문.

2. 특별한 쇼핑 스폿이 없는 것 같지만 거리를 따라 자리한 리조트와 식당 사이사이마다 크고 작은 로컬 상점들이 있어 여행자들의 눈을 즐겁게 한다. 갓 짜낸 과일 주스를 맛보거나 가벼운 기념품을 구입하기에도 좋다.

3. 함티엔 해변에서 해수욕이나 일광욕을 즐길 예정이라면 묵고 있는 숙소와 가까운 곳으로 향하는 것이 좋다. 이렇다할 샤워 시설이 갖추어져 있지 않기 때문.

COURSE 2

무이네 해변 유유자적 코스

오롯한 휴양의 도시 무이네의 바다를 온전히 만끽하자. 바다 위 액티비티를 즐겨도 좋고, 선베드 위에 누워 하염없이 뒹굴어도 좋다. 깔끔한 베트남 음식이나 SNS 맛집에 찾아가 배를 채운다면 무이네 휴양 여행도 완성이다.

START
1. 초이 오이
1.3km, 택시 2분
2. 무이네 카이트서프 스쿨
350m, 도보 4분
3. 샌들스 레스토랑 & 바
850m, 도보 10분
4. 함티엔 해변
400m~1.8km, 도보 5분/택시 4분
5. (선택)모조 바 & 레스토랑/포레스트 레스토랑

1 초이 오이 / 40분
Chơi Ơi

아침을 열기에 더없이 좋은 소박한 식당. 쌀국수나 볶음밥 따위의 간편하고 담백한 베트남식 요리는 초이 오이의 자랑거리. 달콤하고 시원한 카페 쓰어다 한 잔 곁들인다면 든든한 아침 식사 완성!

시간 월~토요일 07:30~19:30, 일요일 08:30~16:00 **가격** 메인 5만đ~

→ 택시로 2분 이동 → 무이네 카이트서프 스쿨

2 무이네 카이트서프 스쿨 / 3시간
Muine Kitesurf School, MKS

거친 파도를 자랑하는 무이네의 바다를 즐기자. 카이트 서핑은 이곳 바다를 즐기는 가장 좋은 방법. 두 시간짜리 입문자 코스가 당신을 위해 준비되어 있다.

시간 09:00~17:00 **가격** 장비 대여 USD40~

→ 서쪽 방향으로 미아 무이네 리조트까지 도보 4분 → 샌들스 레스토랑 & 바

3 샌들스 레스토랑 & 바 / 1시간
Sandals Restaurant & Bar

반나절 동안 무이네의 바람과 씨름했으니 이제 조금 출출해질 시간. 바다와 수영장을 벗 삼은 샌들스 레스토랑 & 바에서 간단히 점심 식사를 하자.

시간 07:00~22:30 **가격** 음료 5만đ+15%~, 식사 15만đ+15%~

→ 동쪽 방향으로 도보 10분 → 함티엔 해변

4 함티엔 해변 / 3시간
Ham Tien Beach

선베드 위에 한량처럼 누워 있어도 좋고, 바닷물 속에 몸을 담가도 좋다. 마치 이 순간이 여행의 마지막인 것처럼 오롯이 이 바다를 즐기자.

시간 24시간

→ ❶ 택시로 4분 이동 → 모조 바 & 레스토랑

→ ❷ 도보 5분 → 포레스트 레스토랑

선택

5-1 모조 바 & 레스토랑 / 1시간
Modjo Bar & Restaurant

수년간 줄곧 트립어드바이저의 무이네 맛집 순위에서 1위를 차지하고 있는 스위스 레스토랑. 핫스톤 스테이크나 치즈 퐁듀 등의 값비싼 음식도 이곳에서라면 저렴하게 즐길 수 있다. 물론 맛도 좋다.

시간 11:00~23:00 **가격** 음료 2만đ~, 메인 11만đ~

선택

5-2 포레스트 레스토랑 / 1시간
Forest Restaurant

이름처럼 숲 속에 들어온 듯한 착각을 불러 일으키는 곳. 특히 밤의 분위기가 좋은 곳이다. 때때로 전통 복장을 차려 입은 전통 악단이 라이브 공연을 펼친다.

시간 14:00~23:00 **가격** 맥주 2만9000đ~, 커피 4만9000đ~, 메인 14만9000đ+15%~

RECEIPT

관광	6시간
식사	2시간 40분
이동	20분
TOTAL	**9시간**

교통비	3만5000đ
택시	3만5000đ
체험	180만đ
카이트서프 입문자 클래스	180만đ
식사 및 간식	65만2000đ
초이 오이(비빔쌀국수 분팃느엉)	5만5000đ
샌들스 레스토랑 & 바(월남쌈+음료)	32만2000đ
모조 바 & 레스토랑(핫스톤 스테이크)	27만5000đ
TOTAL	**248만7000đ**

(1인 성인 기준, 쇼핑 비용 별도)

TRAVEL INFO

무이네

무이네의 명소들은 대부분 함티엔 해변을 따라 동서로 늘어서 있다. 택시와 도보를 이용해 여행을 하고, 화이트 샌드 듄과 레드 샌드 듄을 방문할 때에는 지프 투어를 활용하는 것이 좋다.

이동시간 기준_모조 바 & 레스토랑 앞 삼거리

현지 물가를 고려해 가격대가 비싼 곳은 ₫₫₫, 보통인 곳은 ₫₫, 싼 곳은 ₫, 무료인 곳은 FREE로 표기했습니다. 또한 인기도는 별로 표기했습니다.

01 함티엔 해변

FREE

Ham Tien Beach

★★★★★

무이네 여행이 시작되고 끝나는 곳. 초승달 모양의 해변이 동서로 뻗어 있는데 그 길이가 10여 킬로미터에 달한다. 해변 뒤로는 100여 곳의 리조트들이 어깨를 맞대고 있다. 해변 서쪽은 해수욕을 즐기거나 카이트 서핑 체험에 열중하는 여행자들로, 동쪽은 고기 낚는 고깃배들과 어부들로 늘 북적거린다.

1권 P.057 **지도** P.174J
구글지도 GPS 10.946090, 108.202340 **찾아가기** 모조 바 앞 삼거리에서 도보 20분 또는 택시 4분 **주소** Bãi Biển Hàm Tiến, Phường Hàm Tiến, Thành phố Phan Thiết, Bình Thuận **시간** 24시간

02 화이트 샌드 듄

FREE

White Sand Dunes

★★★★★

무이네 북동쪽에 위치한 거대한 사구. 모래가 하얗게 반짝거려 화이트 샌드 듄이라 불린다. 이른 새벽부터 해 질 녘에 이르기까지 여행자들로 붐비는데, 특히 모래 언덕 위에서 일출을 보는 장소로 유명하다. 입장은 무료지만 사구 꼭대기에 쉽게 오르려면 ATV(30만₫/1인 왕복)를 이용하는 것도 좋다. 사구에서 내려올 때의 스릴 넘치는 라이딩은 덤!

1권 P.073 **지도** P.175D
구글지도 GPS 11.064381, 108.427069 **찾아가기** 모조 바 앞 삼거리에서 택시 40분 **주소** Đồi cát trắng, Hoà Thắng, Bắc Bình, Bình Thuận **시간** 일출~일몰 **가격** 입장료 무료, ATV 왕복 30만₫/1인

03 레드 샌드 듄

FREE

Red Sand Dunes

★★★★★

화이트 샌드 듄과 함께 무이네를 대표하는 사구. 노란 모래 빛깔 때문에 옐로 샌드 듄이라 불리기도 한다. 규모는 화이트 샌드 듄보다 작지만 사구 위에서 바다와 함께 노을 지는 풍경을 볼 수 있어 여행자들이 많이 찾는다. 베트남 전통 모자 '논'을 쓰고 어깨에 짐을 멘 상인들이 간단한 주전부리와 음료를 팔고 있는데, 사구 위 이들의 모습이 장관을 이룬다.

1권 P.074 **지도** P.175L
구글지도 GPS 10.948038, 108.296553 **찾아가기** 모조 바 앞 삼거리에서 택시 12분 **주소** Đồi cát Mũi Né, Võ Nguyên Giáp, Mũi Né, Thành phố Phan Thiết, Bình Thuận **시간** 일출~일몰

04 요정의 샘

đđ

Fairy Spring

★★★★

모래가 쌓여 만들어진 기암괴석과 고운 모래가 비단결처럼 깔린 야트막한 시냇물이 이어져 있는 곳. 이곳을 제대로 즐기려면 누구든 신을 벗어야 한다. 시원한 개울물에 발을 담그고 그 아래 곱디고운 퇴적토를 밟는 느낌은 말로는 설명이 힘들다. 끝까지 갔다 돌아 나오는 데에는 40분 정도가 소요된다.

1권 P.077 지도 P.175G
구글지도 GPS 10.951003, 108.256399 찾아가기 모조 바 앞 삼거리에서 택시 9분 주소 Suối Tiên, Huỳnh Thúc Kháng, Phường Hàm Tiến, Thành phố Phan Thiết, Bình Thuận 전화 90-810-98-25 시간 06:00~18:00 휴무 부정기적 가격 1만5000 đ

05 함티엔 어촌

FREE

Ham Tien Fishing Village

★★

함티엔 해변 동쪽 언저리에 위치해 있다. 바다 위에는 전통 고깃배 뚱차이(Thúng Chai)들의 군집이 장관을 이루고 해변에는 온갖 해산물을 사고파는 장이 열린다. 대단한 볼거리는 아니지만 이름난 휴양지이기 이전에 작은 어촌이었던 무이네의 진면목을 볼 수 있는 곳이니, 가벼운 마음으로 잠시 들러 보는 것도 좋다.

지도 P.175L
구글지도 GPS 10.940819, 108.279371 찾아가기 모조 바 앞 삼거리에서 택시 14분 주소 175 Huỳnh Thúc Kháng, Mũi Né, Thành phố Phan Thiết, Bình Thuận 시간 부정기적 휴무 부정기적

06 포사이누 사원

FREE

Po Sah Inu Cham Towers

★

8~9세기경에 건축된 힌두교 사원으로 과거 인도차이나반도를 호령하던 참파 왕국의 유산이다. 당초 힌두교의 시바(Shiva)를 숭배하는 장소였고, 이후 참파 왕국의 공주였던 포사이누(Po Sah Inu) 공주를 기리기 위한 탑이 추가되었다. 여러 시대에 걸쳐 많은 탑과 사당이 건축되었는데, 현재는 높이 15미터의 주탑을 포함해 세 개의 탑만 남아 있다.

지도 P.174I
구글지도 GPS 10.936038, 108.146090 찾아가기 모조 바 앞 삼거리에서 택시 11분 주소 Tháp Chăm Po Sah Inư, Phú Hài, Thành phố Phan Thiết, Bình Thuận 시간 07:00~17:00 휴무 부정기적 가격 무료

EATING

07 모조 바 & 레스토랑

đđđ

Modjo Bar & Restaurant

★★★★★

합리적인 가격으로 꽤 괜찮은 양식을 맛볼 수 있다. 스테이크와 햄버거를 기본 메뉴로 하며, 스위스에서 공수해 온 치즈 퐁듀도 맛볼 수 있다.

추천 핫스톤 스테이크 Hot Stone Entrecôte Parisienne, 27만5000 đ

지도 P.174F
구글지도 GPS 10.953263, 108.215512 찾아가기 응우옌 딘 치우(Nguyễn Đình Chiểu) 거리와 응우옌 딴 딘(Nguyễn Tấn Định) 거리가 만나는 삼거리 앞 주소 139 Nguyễn Đình Chiểu, Phường Hàm Tiến, khu phố 1, Thành phố Phan Thiết, Bình Thuận 전화 91-818-90-14 시간 11:00~23:00 휴무 부정기적 가격 음료 2만 đ~, 메인 11만 đ~

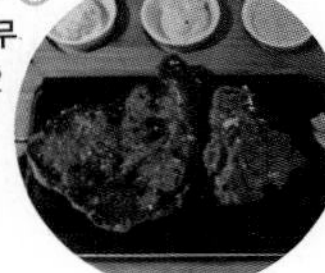

08 샌들스 레스토랑 & 바

đđđ

Sandal's Restaurant & Bar

★★★★★

함티엔 해변에 자리 잡은 미아 무이네 리조트에 속한 풀사이드 레스토랑. 깔끔한 베트남 음식과 함께 로컬 수제 맥주 등을 맛볼 수 있다.

추천 월남쌈 Fresh Summer Rolls 23만 đ+15%

1권 P.061, P.385 지도 P.174J
구글지도 GPS 10.943079, 108.196403 찾아가기 모조 바 앞 삼거리에서 택시 5분, 미아 무이네 리조트 내에 위치 주소 Mia Mui Ne Resort, 24 Nguyễn Đình Chiểu, Phường Hàm Tiến, Thành phố Phan Thiết, Bình Thuận 전화 252-3847-440 시간 07:00~22:30 휴무 부정기적 가격 음료 5만 đ+15%~, 푸드 15만 đ+15%~ 홈페이지 www.miamuine.com/dine.html

09 신드바드

đ

Sindbad

★★★★

건강함이 물씬 풍기는 그리스 음식을 주메뉴로 하는 자그마한 식당. 두툼한 피타 빵 안에 신선한 재료를 듬뿍 넣은 케밥이 주메뉴. 저렴한 가격에 맛도 양도 모자람이 없어 배고픈 여행자들에게 열렬한 지지를 받고 있다.

추천 도너 케밥 Döner Kebap 4만5000~6만 5000 đ

1권 P.184 지도 P.175G
구글지도 GPS 10.955345, 108.232604 찾아가기 모조 바 앞 삼거리에서 택시 3분 주소 233 Nguyễn Đình Chiểu, Phường Hàm Tiến, Thành phố Phan Thiết, Bình Thuận 전화 399-915-245 시간 11:00~다음 날01:00 휴무 부정기적 가격 케밥 3만5000 đ~

10 초이 오이 ⓓ

Chơi Ơi

★★★

'고마워'라는 이름의 베트남 식당. 쌀국수나 볶음밥 등의 흔한 메뉴지만, 왠지 모르게 색다르고 깔끔하다. 쿠킹 클래스를 함께 운영하고 있다.

추천 베트남식 비빔쌀국수 Bún Thịt Nướng 5만5000đ

1권 P.143 지도 P.174F

구글지도 GPS 10.950957, 108.209484 **찾아가기** 모조 바 앞 삼거리에서 택시 1분 또는 도보 8분 **주소** Chơi Ơi, khu phố 1, Thành phố Phan Thiết, Bình Thuận **전화** 252-3741-428 **시간** 월~토요일 07:30~19:30, 일요일 08:30~16:00 **휴무** 부정기적 **가격** 메인 5만đ~

11 조's 카페 무이네 ⓓⓓ

Joe's Café Muine

★★★

작은 노천 바일 뿐이지만 그 분위기만큼은 인정. 때때로 로컬 연주자들의 라이브를 들을 수 있고, 현지의 수제 맥주와 칵테일, 물담배 등 베트남의 밤 시간을 채우기 좋은 것들로 가득하다.

추천 쿠바 리브레 Cuba Libre 8만đ

지도 P.174F

구글지도 GPS 10.951483, 108.212232 **찾아가기** 모조 바 앞 삼거리에서 택시 1분 또는 도보 5분 **주소** 86 Nguyễn Đình Chiểu, khu phố 1, Phường Hàm Tiến, Thành phố Phan Thiết, Bình Thuận **전화** 252-3847-177 **시간** 24시간 **휴무** 부정기적 **가격** 파스타 6만9000đ~, 버거 9만9000đ~, 칵테일 7만đ~ **홈페이지** www.joescafemuine.com

12 미스터 크랩 ⓓⓓⓓ

Mr. Crab

★★★

해산물 맛집 거리인 보케(Bờ Kè) 거리에 자리한 해산물 식당으로 그나마 위생 상태가 나은 곳이다. 수조의 해산물을 직접 고르는 방식으로 주문하는데, 직원들이 웬만한 우리말 단어를 알고 있어 쉽게 주문이 가능하다.

추천 맛조개 버터구이 Ốc Móng Tay Xào Bơ Tỏi 약 9만đ

1권 P.165 지도 P.174F

구글지도 GPS 10.954284, 108.221106 **찾아가기** 모조 바 앞 삼거리에서 택시 1분 또는 도보 7분 **주소** 179 Nguyễn Đình Chiểu, Phường Hàm Tiến, Thành phố Phan Thiết, Bình Thuận **전화** 394-924-345 **시간** 15:00~23:00(유동적) **휴무** 부정기적 **가격** 예산 30만đ

13 포레스트 레스토랑 ⓓⓓ

Forest Restaurant

★★

그 이름처럼 울창한 숲속에 차려진 것 같은 분위기 좋은 레스토랑. 베트남 전통 음식과 음료를 주메뉴로 한다. 저녁이 되면 소수 민족의 음악을 라이브로 연주한다. 분위기가 좋은 만큼 가격대도 높은 편이니, 여유롭게 음료만 주문하는 것도 좋은 방법.

추천 아이리시 커피 Irish Coffee 7만9000đ

지도 P.174J

구글지도 GPS 10.946747, 108.199747 **찾아가기** 모조 바 앞 삼거리에서 택시 4분 **주소** 65 Nguyễn Đình Chiểu, Phường Hàm Tiến, Thành phố Phan Thiết, Bình Thuận **전화** 98-399-87-49 **시간** 14:00~23:00 **휴무** 부정기적 **가격** 맥주 2만9000đ~, 커피 4만9000đ~, 메인 14만9000đ+15%~ **홈페이지** www.forestmuine.com

14 냐항 동부이 ⓓⓓ

Dong Vui Food Court

★★

야외에 위치한 푸드코트로 저렴하고 다양한 음식을 손쉽게 맛볼 수 있는 식당들이 모여 있는 곳이다. 베트남 요리를 기본으로 스페인, 중국, 인도 요리 등 여러 나라의 음식과 음료를 맛볼 수 있다. 쌀국수 등의 흔한 음식을 시작으로 뱀구이까지 있다.

추천 패션푸르트 레모네이드 Passion Fruit Lemonade 2만5000đ

지도 P.175G

구글지도 GPS 10.953858, 108.247089 **찾아가기** 모조 바 앞 삼거리에서 택시 7분 **주소** 246 Nguyễn Đình Chiểu, Phường Hàm Tiến, Thành phố Phan Thiết, Bình Thuận **전화** 394-924-345 **시간** 08:00~23:00(상점에 따라 다름) **휴무** 상점에 따라 다름 **가격** 8~15만đ

15 서핑 버드's 웍 ⓓⓓ

Surfing Bird's WOK

★★

냐항 동부이 안에 위치한 식당으로 퓨전 중식을 주로 한다. 중식 볶음 팬인 웍을 활용한 볶음밥과 볶음면 등이 주요리. 가격도 저렴하고 맛 또한 깔끔해 베트남 음식에 지친 여행자에게 추천.

추천 스윗 & 사워 포크 Sweet & Sour Pork 8만đ

지도 P.175G

구글지도 GPS 10.953805, 108.247196 **찾아가기** 냐항 동부이 내에 위치 **주소** 246/2B Nguyễn Đình Chiểu, Phường Hàm Tiến, Thành phố Phan Thiết, Bình Thuận **전화** 385-578-167 **시간** 수~월요일 12:00~22:00 **휴무** 화요일 **가격** 커리 7만đ~, 메인 6만5000đ~

16 롯데마트

Lotte Mart

★★★

우리가 아는 그 롯데마트가 무이네에까지 진출했다. 규모도 크고 정리도 잘 되어 있는 편. 상품도 다양해 값싸고 질 좋은 기념품을 구매하기에 좋다. 하지만 꿉마트에 비하면 가격대가 높게 책정되어 있다. 무이네 서쪽 판티엣(Phan Thiết)에 위치하며 아래층에는 롯데리아도 입점해 있다.

1권 P.242 지도 P.175C

구글지도 GPS 10.938771, 108.111025 찾아가기 모조 바 앞 삼거리에서 택시 17분 주소 Lotte Mart, Phú Thuỷ, Thành phố Phan Thiết, Bình Thuận 전화 252-3939-616 시간 08:00~22:00 가격 제품마다 다름 홈페이지 www.lottemart.com.vn

17 꿉마트

Co.opmart

★★

현지인들에게는 롯데마트보다 더 친숙한 대형 마트로, 판티엣에 위치해 있다. 롯데마트가 고급화 전략을 쓰고 있다면 꿉마트는 실용성으로 승부한다. 분위기가 다소 어수선하다는 평이 있지만, '가성비'를 최고의 미덕으로 여기는 여행자라면 롯데마트보다는 이쪽을 공략하는 편이 낫다.

1권 P.244 지도 P.175C

구글지도 GPS 10.929862, 108.105528 찾아가기 모조 바 앞 삼거리에서 택시 21분 주소 1A Nguyễn Tất Thành, Bình Hưng, Thành phố Phan Thiết, Bình Thuận 전화 252-3835-440 시간 08:00~22:00 가격 제품마다 다름 홈페이지 www.co-opmart.com.vn

18 함티엔 시장

Ham Tien Market

★

무이네와 함티엔을 터전 삼은 이들의 삶이 묻어나는 재래시장으로 함티엔 해변과 맞닿아 있다. 각종 먹거리들과 공산품, 여행자들도 눈여겨 볼만 한 전통 아이템 등을 저렴하게 판매한다. 다만 별다른 볼거리가 없고, 다른 여행지와도 동떨어져 있으니 일정이 짧다면 굳이 방문할 필요는 없다.

지도 P.175G

구글지도 GPS 10.954249, 108.245118 찾아가기 모조 바 앞 삼거리에서 택시 6분 주소 Chợ Hàm Tiến, Nguyễn Đình Chiểu, Phường Hàm Tiến, Thành phố Phan Thiết, Bình Thuận 전화 252-3835-440 시간 05:00~19:30(상점마다 다름) 휴무 부정기적 가격 상점마다 다름

EXPERIENCE

19 선라이즈 & 선셋 지프 투어

Sunrise & Sunset Jeep Tour

★★★★★

오픈톱 지프를 타고 무이네를 대표하는 두 곳의 사구와 요정의 샘, 함티엔 어촌을 한 번에 둘러본다. 사구 위에서 일출을 보는 선라이즈 투어와 일몰을 보는 선셋 투어 중 선택할 수 있는데 대개 일출은 화이트 샌드 듄에서, 일몰은 레드 샌드 듄에서 보는 게 정석. 주차장마다 100여 대의 지프가 모여 있으므로 내가 타고 온 지프를 기억해 두어야 당황하지 않는다.

1권 P.076, 290 지도 P.175G

구글지도 GPS 10.955182, 108.234754 찾아가기 모조 바 앞 삼거리에서 택시 4분 주소 243A Nguyễn Đình Chiểu, Phường Hàm Tiến, Thành phố Phan Thiết, Bình Thuận 전화 93-3565-263 시간 선라이즈 투어 04:30~, 선셋 투어 13:30~ 가격 USD29~34/1인 홈페이지 www.muine-explorer.com

20 무이네 카이트서프 스쿨

Muine Kitesurf School, MKS

★★★

바람과 파도가 좋기로 유명한 함티엔 해변을 대표하는 해양 액티비티 카이트 서핑을 즐길 수 있는 곳. 카이트서프 장비를 대여해 주는 것은 물론, 레벨과 시간에 따라 다양하게 구성된 강습 프로그램을 함께 운영하고 있다. 난이도가 꽤 높은 만큼 강습은 필수인데, 두 시간으로 구성된 입문자 코스도 있으니 관심이 있다면 한 번쯤 경험해 보자.

1권 P.287 지도 P.174J

구글지도 GPS 10.945526, 108.199136 찾아가기 모조 바 앞 삼거리에서 택시 4분 주소 42 Nguyễn Đình Chiểu, khu phố 1, Muine, Bình Thuận 전화 128-601-3101 시간 09:00~17:00 가격 장비 대여 USD40~ 홈페이지 www.muinekitesurfschool.com

21 제스트 스파

Zest Spa

★★★

더 클리프 리조트 & 레지던스에 자리 잡은 스파 숍. 리조트가 럭셔리하고 모던한 만큼 스파 숍도 그러한데, 리조트 정원 내 독채 빌라에서 조용하고 프라이빗하게 마사지를 받을 수 있다. 상대적으로 높은 요금이지만, 시설과 마사지의 수준이 그만큼 높기 때문에 아쉽지는 않을 듯. 투숙객에게는 할인이 적용된다.

1권 P.379 지도 P.174I

구글지도 GPS 10.774974, 106.700040 찾아가기 모조 바 앞 삼거리에서 택시 8분 주소 The Cliff Resort & Residences, Phú Hài, Thành phố Phan Thiết, Bình Thuận 전화 252-3719-111 시간 09:00~21:30 가격 120분 제스트 스파 패키지 84만đ 홈페이지 www.thecliffresort.com.vn/facilities/fac-zest-spa

AREA

6 VUNG TAU [붕따우]

'호치민 사람들은 주말을 어디에서 보낼까?' 궁금하다면 붕따우에 가보자. 끝없이 이어진 해변, 구석구석 숨어 있는 분위기 좋은 카페, 보고도 믿기지 않는 가격에 먹을수록 맛있는 해산물 요리. 사람 반, 오토바이 반이던 호치민에서 한 시간 반 거리에 이런 곳이 있었나 싶다.

MUST SEE 이것만은 꼭 보자!

No. 1
끝없이
펼쳐진 바다
백 비치

No. 2
예수님 머리 위에서 보는
붕따우 풍경
예수그리스도상

No. 3
산책하듯 구경하는
황제의 별장
화이트 팰리스

MUST EAT 이것만은 꼭 먹자!

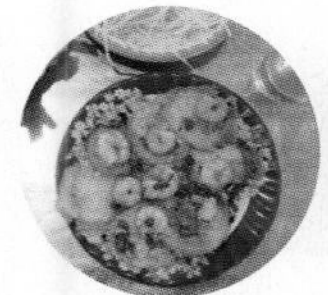

No. 1
붕따우에서만
맛볼 수 있는
붕따우식 반쎄오
관 반콧 곡 부 스어

No. 2
즉석에서 만드는
달걀빵
반 봉란 쫑 므어이
곡 콧 디엔

No. 3
이곳에서 인증 사진
한 장은
선택이 아닌 필수!
라이트룸 커피 스튜디오

PLUS INFO

붕따우는 어떤 곳이에요?

붕따우는 베트남 역사에서 중요한 무대가 됐다. 남중국해에서 호치민으로 들어가는 길목에 있어서 프랑스가 베트남 침략을 할 때 붕따우를 포격하기도 했으며, 식민 지배를 하는 동안 코친차이나(프랑스령 베트남 남부 지역) 정부는 붕따우를 자치주로 분리해 통치했다. 또 베트남 전쟁을 치르는 동안은 한국군과 미군의 사령부와 휴양 시설이 들어서며 휴양지로서 이름을 알리기도 했다. 종전 이후에는 유전이 발견돼 지금은 호치민에서 가장 가까운 휴양지이자 원유 수출 기지로 개발되어 명성을 떨치고 있다. 그 덕분에 붕따우는 베트남의 다른 도시에 비해 소득 수준이 높다고 한다.

인기
★★☆☆☆

호치민 사람들의 주말 나들이 장소로 인기 있을 뿐, 외국인 여행자는 거의 없다.

관광
★☆☆☆☆

관광지 몇 군데가 있긴 하지만 큰 볼거리는 없다. 오히려 잘 먹고 잘 노는 것이 붕따우 여행의 핵심!

쇼핑
★☆☆☆☆

붕따우에도 롯데마트가 있지만 굳이 붕따우에서 쇼핑을 할 이유가 없다.

식도락
★★★☆☆

해산물 전문 레스토랑이 많다. 가격도 호치민에 비해 저렴하고 신선도도 높다.

복잡함
★★★★☆

유명 관광지를 제외하고는 어딜 가도 사람이 적다.

접근성
★★★★☆

호치민에서 가장 가까운 해변 도시다. 버스 배차 시간이 촘촘해서 여행 일정을 짜기도 좋다.

1단계 붕따우, 이렇게 간다

다른 도시에서 붕따우 가기

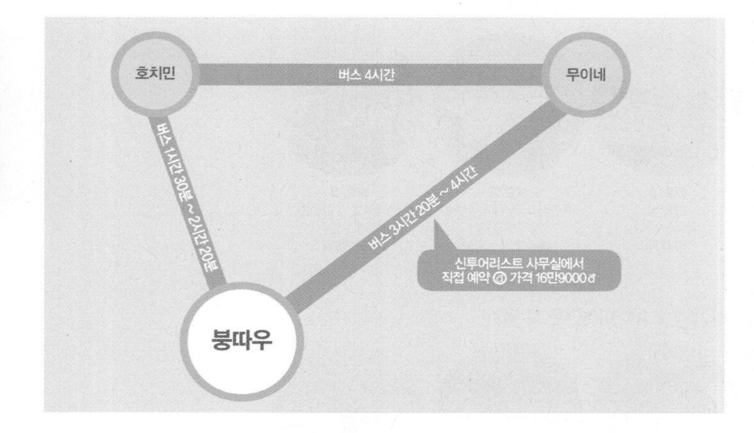

붕따우는 여행자보다 현지인이 많이 찾는 근교 여행지라서 호치민에서 출발하는 버스와 페리가 거의 유일한 교통편이다. 무이네에서 출발하는 신투어리스트 버스도 있지만 인기 노선이 아니라서 탑승율은 높지 않다.

여행사 버스

호치민에서 붕따우까지는 고속도로가 뚫려 있어 육로로 쉽게 오갈 수 있다. 여행자들이 가장 많이 이용하는 교통수단은 여행사 버스. 이른 새벽 시간부터 저녁 시간까지 짧은 배차 간격을 두고 버스를 운행해 언제든 오갈 수 있다는 것이 장점이다. 다양한 여행사에서 버스를 운행하지만 호아마이의 VIP 버스가 가장 인기 있다.

소요시간 1시간 30분~2시간 20분 **가격** 16만 đ~

PLUS TIP

VIP와 일반 차량은 매표소도, 버스를 타는 장소도 달라요!

호아마이의 16인승 일반 차량과 9인승 VIP 차량은 매표소와 버스를 타는 장소가 다릅니다. VIP 차량을 예약/탑승 하려면 호아마이가 아닌, 호아마이 VIP라고 적힌 간판을 찾아야 합니다. 같은 길에 두 곳의 매표소가 약 70미터 거리에 붙어 있어서 혼동하기 십상이니 조심하세요.

호아마이 HOA MAI

붕따우 버스편을 운행하는 업체들 중 평판이 가장 좋다. 일반 버스와 VIP 버스를 운행하는데, 돈을 조금 더 주더라도 VIP 버스를 타자. 마실 물이 무료로 제공되고 전자기기를 충전할 수 있는 USB포트와 안마 의자가 설치돼 있는 등 시설이 남다르다. 또, 좌석이 훨씬 크고 편해서 흔들림이 덜 느껴진다. 홈페이지에서 예약 및 결제를 할 수 있는 대형 여행사와 달리 사무실에 방문해 예약을 해야 한다. 붕따우로 가는 도중에 휴게소에 한 번 들르는데 이때 요금을 지불하고, 목적지를 이야기해야 원하는 곳에 내려주니 주의하자. 영어가 통하지 않으니 목적지 주소나 전화번호를 알아가면 도움이 된다.

[호아마이 호치민 지점]

구글지도 GPS 10.769147, 106.699750 **찾아가기** 벤탄 시장에서 레러이 거리를 따라 도보 5분 **주소** 44 Nguyễn Thái Bình, Phường Nguyễn Thái Bình, Quận 1, Hồ Chí Minh **전화** 096-220-0200 **시간** 06:00~18:00

	호치민→붕따우	붕따우→호치민
요금	VIP 버스 16만 đ(요일, 시간대별로 변동)	
출발지	호치민 호아마이 VIP 사무실 MAP. 046F	붕따우 호아마이 사무실 MAP. 191
도착지	원하는 장소	호치민 호아마이 사무실
운행시간	06:00~19:00(20~30분에 한 대꼴로 운행)	

호치민 호아마이 VIP 사무실

호아마이 일반 버스

호아마이 VIP 버스

스피드 페리

붕따우 스피드 페리 매표소

여행사 버스에 비해 인기는 덜하지만 시간이 덜 걸리고 사이공강을 따라 이동하며 풍경을 감상할 수 있다는 것이 장점이다. 단, 날씨에 따라 뱃멀미를 할 수 있고 운항 편수가 한정적이라는 것은 명확한 단점이다. 홈페이지에서 예약 및 결제를 할 수 있다.

소요시간 2시간 **가격** 성인(12~62세) 24만 đ, 어린이(6~11세) 12만 đ, 노약자(63세 이상) 17만 đ

[호치민 박당 스피드 페리 터미널]

구글지도 GPS 10.773578, 106.707145 **찾아가기** 벤탄 시장에서 택시 5분 **주소** Đường Tôn Đức Thắng, Bến Nghé, Quận 1, Hồ Chí Minh **전화** 098-800-9579 **시간** 07:00~17:00 **홈페이지** greenlines-dp.com/en

	호치민→붕따우	붕따우→호치민
요금	성인(12~62세) 24만 đ, 어린이(6~11세) 12만 đ, 노약자(63세 이상) 17만 đ	
출발지	호치민 박당 스피드 페리 터미널 MAP. 032J	붕따우 호메이 항구 MAP. 191
도착지	붕따우 호메이 항구	호치민 박당 스피드 페리 터미널
운행시간	월~금요일 08:00, 10:00, 12:00, 14:00/ 토요일, 일요일 08:00, 09:00, 10:00, 12:00, 14:00, 16:00	월~금요일 10:00, 12:00, 14:00, 16:00/ 토요일, 일요일 10:00, 12:00, 13:00, 14:00, 15:00, 16:00

스피드 페리

호치민 박당 스피드 페리 터미널

붕따우 시내 교통 한눈에 보기

붕따우 안에서 이용할 수 있는 교통수단은 택시와 그랩카가 전부다. 그랩 매칭이 잘 되기 때문에 사실상 택시를 탈 일은 많지 않다.

그랩택시

최근 유행하고 있는 차량 공유 서비스로 우리나라의 카카오택시라고 생각하면 이해가 빠르다. 그랩카, 그랩택시, 그랩바이크 등 다양한 옵션을 선택할 수 있는 호치민과 달리 그랩택시만 매칭이 된다. 정확한 요금이 표기되는 그랩카와 다르게 그랩택시는 예상 요금대가 표시된다는 것을 알아두자.

택시

시내 어디에서나 쉽게 택시를 잡아탈 수 있다. 하지만 호치민에 비해 택시가 많지 않아서 시내를 벗어나면 택시를 발견하기가 쉽지는 않다는 것이 문제. 여행객이 붕따우의 지리를 잘 모른다는 약점을 악용해 바가지를 씌우는 택시 기사도 꽤 많다. 특별한 상황이 아니면 그랩카를 이용하는 것을 추천한다.

선 택시

TRAVEL INFO

붕따우 시내

붕따우는 크게 백 비치 주변과 페리 터미널 주변으로 나뉜다. 두 지역의 분위기가 미묘하게 달라 비교하며 여행하기 좋다. 주요 볼거리와 음식점이 반경 3킬로미터 안에 분포돼 있어 여행 계획만 촘촘히 짜면 하루 안에 붕따우를 모두 둘러볼 수 있다.

이동시간 기준_백 비치

현지 물가를 고려해 가격대가 비싼 곳은 đđđ, 보통인 곳은 đđ, 싼 곳은 đ, 무료인 곳은 FREE로 표기했습니다. 또한 인기도는 별로 표기했습니다.

01 백 비치

Back Beach

★★

FREE

길이가 10킬로미터가 넘는 해변으로, 피서객이 모여 드는 명소다. 하지만 바닷물이 탁하고 물놀이 시설이 갖춰져 있지 않아 우리나라 사람이 해수욕을 하기에는 여러모로 부족하다. 베트남 사람들은 어떻게 피서를 하는지 보고 싶다면 한 번쯤은 가볼 만하다.

지도 P.191

구글지도 GPS 10.334366, 107.090402 **찾아가기** 뚜이 반(Thùy Vân) 거리를 따라 해변이 길게 뻗어 있다. **주소** Thùy Vân, Phường Thắng Tam, Thành phố Vũng Tầu **시간** 24시간 **가격** 무료

02 예수그리스도상

Tượng đài Chúa Kitô vua

★★

FREE

붕따우를 대표하는 랜드마크. 847개나 되는 계단을 등산하듯 걸어 올라가면 마침내 예수의 평온한 미소를 만날 수 있다. 규모는 작지만 포토존으로 인기 있다. 동상 머리 부분에 올라가 붕따우 시내를 한눈에 볼 수 있다. 입구에서 가방과 신발을 맡겨야 하기 때문에 귀중품은 몸에 지니는 것을 추천. 노출이 심한 의상으로는 예수상 안에 들어갈 수 없다.

지도 P.191

구글지도 GPS 10.326495, 107.084560 **찾아가기** 백 비치에서 뚜이 반(Thùy Vân) 거리를 따라 택시 3분 **주소** 01, Phường 2, Thành phố Vũng Tầu **시간** 07:00~17:00, 예수상 입장시간 07:15~11:30(마지막 입장 11:15), 13:30~16:30(마지막 입장 16:15) **가격** 무료

03 화이트 팰리스

White Palace

★★

응우옌 왕조의 마지막 황제였던 바오 다이 국왕(1926~1945)의 별장. 건물 외관이 흰색이라 '화이트 팰리스'라고 불린다. 국왕이 머물던 침실, 응접실 등이 보전돼 있으며 별장에서 쓰던 골동품들도 전시돼 있어 잠시 시간을 내볼만 하다. 낮은 산 중턱에 자리해 산책 나온 듯한 기분도 든다.

지도 P.191

구글지도 GPS 10.350665, 107.068522 **찾아가기** 백 비치에서 택시 9분 **주소** 10 Trần Phú, Phường 1, Thành phố Vũng Tầu **전화** 254-351-2560 **시간** 07:30~17:30 **가격** 1만5000 đ

04 붕따우 등대 FREE

Hải đăng Vũng Tàu
★★

붕따우의 전경을 한눈에 볼 수 있는 곳. 가파른 산길을 따라 올라가야 해 걸어서 가기는 힘들고 택시나 오토바이를 타면 쉽게 갈 수 있다. 20분가량 계단을 올라가야 경치를 볼 수 있는 예수그리스도상보다 훨씬 편하게 전망을 감상할 수 있다는 점에서 추천. 전망대를 좋아하는 사람이 아니라면 굳이 갈 필요는 없다.

지도 P.191
구글지도 GPS 10.333966, 107.077528 **찾아가기** 백 비치에서 택시 15분 **주소** núi Nhỏ, Phường 2, Thành phố Vũng Tầu **시간** 07:00~22:00 **가격** 무료

05 호머이 공원 đđđ

Hồ Mây Park
★★★

산 중턱에 자리한 테마파크. 공원으로 올라가는 케이블카 비용에 공원 입장료가 포함되어 있어 놀이기구를 마음껏 탈 수 있다. 놀이기구 종류가 매우 한정적이지만 알파인 코스터와 짚라인의 인기가 대단하다. 붕따우의 탁 트인 전경도 발길을 붙잡는다. 둘러보는 데 꽤 오래 걸리기 때문에 시간 여유를 갖고 다녀오기 좋다.

지도 P.191
구글지도 GPS 10.359523, 107.068074 **찾아가기** 백 비치에서 택시로 10분 **주소** 12/2A Trần Phú, Phường 1, Thành phố Vũng Tầu **전화** 254-385-6078 **시간** 07:30~22:00 **가격** 성인 40만đ, 어린이(키 1m~1.3m) 20만đ, 유아(키 1m미만) 무료đ **홈페이지** homaypark.com/en/

EATING

06 꽌 반쾃 곡 부 스어 đ

Quán Bánh khọt Gốc Vú Sữa
★★★★

붕따우에서만 맛볼 수 있는 반쎄오인 '반쾃'으로 유명한 곳. 건물 1, 2층을 모두 식당으로 사용하지만 주말에는 빈자리 없이 손님이 가득 차기도 해 반쾃의 저력(?)마저 느껴진다. 주방과 식당 건물이 따로 나눠져 있는데, 구글지도에 나온 곳은 주방 건물이니 주의하자.

추천 반쾃 Bánh khọt 6만đ

1권 P.157 지도 P.191
구글지도 GPS 10.340301, 107.078621 **찾아가기** 백 비치에서 택시 5분 **주소** 14 Nguyễn Trường Tộ, Phường 2, Thành phố Vũng Tầu **전화** 090-307-3304 **시간** 07:00~20:00 **가격** 느억미아(사탕수수 주스) 8000đ

07 반 봉란 쯩 므어이 곡 콧 디엔 đ

Bánh Bông Lan Trứng Muối Gốc Cột Điện
★★★★

베트남식 달걀 과자인 '반 봉란(Bánh Bông Lan)'으로 유명한 집. 화덕에 코코넛 껍질 땔감을 넣어 센 불로 구워 만드는데 빵을 굽는 과정을 누구나 볼 수 있도록 공개해 그 자체로 볼거리가 된다. 속에 들어가는 재료에 따라 명칭이 달라지는데, 치즈(phô mai)를 넣은 3번 메뉴가 가장 인기 있다.

추천 치즈 반 봉란 Bánh Bông Lan phô mai 2만5000đ

지도 P.191
구글지도 GPS 10.340412, 107.078651 **찾아가기** 백 비치에서 택시 5분 **주소** 17 Nguyễn Trường Tộ, Phường 2, Thành phố Vũng Tầu **전화** 091-381-5096 **시간** 06:00~22:00 **가격** 반 봉란 2만5000đ

08 라이트룸 커피 스튜디오 (đđ)

Lightroom Coffee Studio

★★★★

최근 SNS에서 유명세를 타고 있는 카페. 좁은 산길을 한참이나 올라가야 하는 곳에 자리해 풍경이 좋다. 특히 건물 옥상의 루프톱 자리는 여행 온 기분을 팍팍 느끼게 해주는 곳. 붕따우의 푸른 바다와 동네 사원이 공존하는 모습이 비현실적으로 다가온다. 해 질 무렵이 사진 찍기 가장 좋다.

추천 애플 스트로베리 파인애플 Apple-Strawberry-Pineapple 4만5000đ

지도 P.191
구글지도 GPS 10.336761, 107.072298
찾아가기 백 비치에서 택시 8분
주소 2 Ngõ 23 - Hải Đăng, Phường 2, Tp. Vũng Tàu **전화** 098-911-7464
시간 07:00~22:30 **가격** 음료 4만 2000đ~

09 꽌 꼬 넨 (đđ)

Quán cô Nên

★★★

현지인이 많이 찾는 시푸드 레스토랑. 메뉴 가짓수가 엄청나게 다양한데, 그 많은 메뉴가 평균 이상은 해 어떤 것을 주문해도 실패하지 않는다. 문어와 오징어류가 무난히 먹기 좋은 메뉴. 야외 좌석이라 덥고 날파리가 많이 날아다닌다는 것은 감안하자.

추천 문어구이 Grilled Octopus 8만đ

1권 P.167 **지도** P.191
구글지도 GPS 10.352483, 107.064999 **찾아가기** 백 비치에서 택시 9분 **주소** 20 Trần Phú, Phường 1, Thành phố Vũng Tầu **전화** 090-709-0606 **시간** 토·일요일 10:00~22:00, 월~금요일 16:00~22:00 **가격** 꼴뚜기 튀김 8만đ~

10 냐 항 깐 하오 (đđđ)

Nhà hàng Gành Hào

★★

가족 단위 여행객들이 즐겨 찾는 시푸드 레스토랑. 코앞에 바다가 있어서 경치는 좋은데, 멋진 경치만큼 가격도 비싸다는 것이 흠이다. 복작복작한 분위기가 좋다면 야외 좌석으로, 분위기를 따진다면 실내 좌석에 앉자. 음식의 종류와 맛은 평범하다.

추천 새우구이 Grilled Shrimp 16만đ

지도 P.191
구글지도 GPS 10.360646, 107.060443 **찾아가기** 백 비치에서 택시 11분
주소 03 Trần Phú, Phường 5, Vũng Tàu 5
전화 254-355-0909
시간 10:00~21:30
가격 짜조 6만đ~

SHOPPING

11 쏨 루어이 시장 (đđ)

Chợ Xóm Lưới

★★

시내 중심가에 있는 수산 시장. 시장에서 산 해산물을 조리해 주는 식당들이 곳곳에 있어 저렴한 가격에 해산물을 맛볼 수 있다. 단, 외국인에게는 바가지를 씌우는 상인들이 많아서 베트남 현지인과 동행을 하던지, 흥정에 자신이 있는 것이 아니면 바가지 쓰기 일쑤라는 점만 알아두자.

지도 P.191
구글지도 GPS 10.341722, 107.076465 **찾아가기** 백 비치에서 택시 6분 **주소** Nguyễn Công Trứ, Phường 1, Thành phố Vũng Tầu **시간** 05:00~22:00 **가격** 가게마다 다름

12 롯데마트

Lotte Mart

★★

급하게 필요한 물건이 있다면 구경삼아 가보자. 호치민의 롯데마트에 비해 규모가 작고 가격이 더 비싸지만 필요한 물건들은 모두 갖추고 있다. 특히 한국 제품들만 모아 놓은 코너가 따로 마련돼 있어 편리하다. 동전 노래방, 오락실, 영화관 등의 오락 시설도 입점돼 시간을 때우기도 좋다.

지도 P.191

구글지도 GPS 10.350133, 107.093989 **찾아가기** 백 비치에서 택시 3분 **주소** 3 Tháng 2, Phường 8, Thành phố Vũng Tầu **전화** 254-356-5773 **시간** 08:00~22:00 **가격** 제품마다 다름 **홈페이지** lottemart.com.vn

13 파인애플 비치 바

Pineapple Beach Bar

★★★★

© pineapple beach bar

조용한 분위기의 비치 바. 넘실대는 파도를 코앞에서 볼 수 있어 연인들의 데이트 코스로 인기 있다. 햄버거와 프렌치 프라이 등 가볍게 먹을 수 있는 메뉴로 구성돼 부담 없이 식사하기에도 괜찮다. 해 질 무렵에는 붕따우에서 가장 아름다운 석양을 볼 수 있으니 놓치지 말자.

지도 P.191

구글지도 GPS 10.327900, 107.080482 **찾아가기** 백 비치에서 택시 4분 **주소** 24 Halong, Building 46, Phường 2, Thành phố Vũng Tầu **전화** 없음 **시간** 수·목요일 17:00~23:00, 금~일요일 17:00~24:00 **휴무** 월·화요일 **홈페이지** www.pineapplebeachbar.info

MAP 붕따우 한눈에 보기

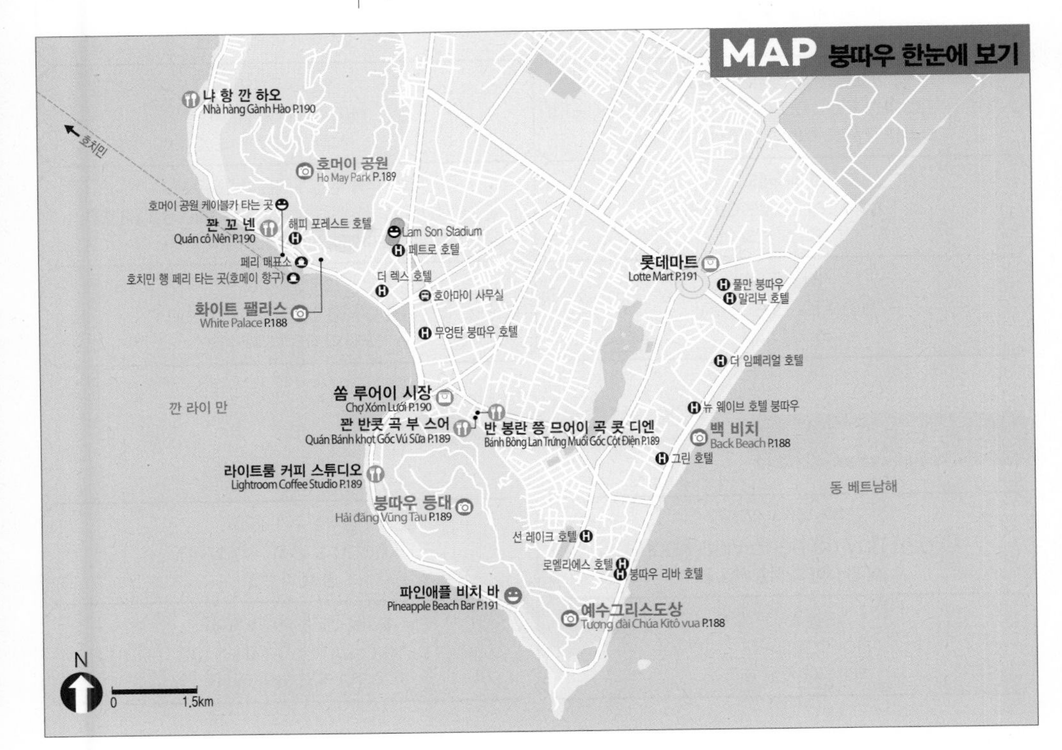

OUTRO

무작정 따라하기 : 상황별 여행 회화

인사

안녕하세요. Xin chào. 신 짜오.	실례합니다. / 죄송합니다. Xin lỗi. 신 로이.	고맙습니다. Cảm ơn. 깜 언.
저기요. Này. 나이.	네. Vâng 방.	아니요. Không. 콩.

식당

주문 좀 받아 주세요. Cho chúng tôi gọi món. 쪼 쭝 또이 고이 몬.	좀 있다가 주문할게요. Một lát nữa tôi sẽ gọi món. 못 랏 느어 또이 쎄 고이 몬.
가장 인기 있는 메뉴는 뭐예요? Ở nhà hàng này thực đơn hấp dẫn nhất là cái gì? 어 냐 항 나이 특 던 헙 전 녓 라 까이 지?	포장해 주세요. Hãy gói cho tôi. 나하이 고이 쪼 또이.
콜라 주세요. Cho tôi cô ca cô la. 쪼 또이 꼬 까 꼬 라.	덜어 먹을 수 있게 작은 그릇을 주세요. Cho tôi cái bát nhỏ để có thể sẻ ra ăn. 쪼 또이 까이 밧 뇨 데 꼬 테 쎄 자 안.
계산서 주세요. Cho tôi hóa đơn. 쪼 또이 화 던.	모두 얼마예요? Tất cả là bao nhiêu tiền? 떳 까 라 바오 니에우 띠엔?

응급 상황

근처에 병원이 있어요? Ở gần đây có bệnh viện không? 어 건 더이 꼬 베잉 비엔 콩?	움직일 수가 없어요. Không thể di chuyển. 콩 테 디 쭈옌.
경찰을 불러 주세요. Hãy gọi công an giúp tôi. 하이 고이 꽁 안 줍 또이.	분실물 센터는 어디에 있어요? Văn phòng quản lý đồ thất lạc ở đâu ạ? 반 퐁 꾸안 리 도 텃 락 어 더우 아?

사람 살려! Cứu với! Cứu tôi với! 끄우 버이! 끄우 또이 버이!	도와주세요! Giúp tôi với! 즙 또이 버이!
도난 신고를 하고 싶어요. Tôi muốn trình báo mất cắp. 또이 무온 찡 바오 멋 깝.	지갑을 소매치기당했어요. Tôi bị móc túi mất ví. 또이 비 목 뚜이 멋 비.
지금 한국 대사관으로 연락해 주세요. Bây giờ hãy liên hệ với Đại sứ quán Hàn Quốc giúp tôi. 버이 지어 하이 리엔 헤 버이 다이 쓰 꾸안 한 꾸옥 즙 또이.	배가 아파요. Tôi đau bụng. 또이 다우 붕.
여기가 아파요. Đau ở đây. 다우 어 더이.	배탈이 났어요. Bị rối loạn tiêu hóa. 비 조이 롼 띠에우 화.
콧물이 나요. Nước mũi chảy liên tục. 느억 무이 짜이 리엔 뚝.	열이 있어요. Bị sốt. 비 쏫.
발목을 삐었어요. Cổ chân bị trật khớp. 꼬 쩐 비 쩟 컵.	멀미약 있어요? Có thuốc chống say không ạ? 꼬 투옥 쫑 싸이 콩 아?

교통

실례합니다. 여기가 어디예요?! Xin lỗi, đây là đâu ạ? 신 로이, 더이 라 더우 아?	여기가 이 지도에서 어디인가요? Chỗ này là ở đâu trên bản đồ này? 쪼 나이 라 어 더우 쩬 반 도 나이?
공중화장실은 어디에 있어요? Nhà vệ sinh công cộng ở đâu ạ? 냐 베 씽 꽁 꽁 어 더우 아?	저를 그곳까지 데려다 주시겠어요? đưa tôi đến chỗ đó được không ạ? 드어 또이 덴 쪼 도 드억 콩 아?
걸어서 얼마나 걸려요? Đi bộ thì mất bao lâu ạ? 디 보 티 멋 바오 러우 아?	늦었어요. 빨리 가 주세요. Muộn rồi. Đi nhanh giúp. 무온 조이. 디 냐잉 즙.
여기에 세워 주세요. Dừng xe lại đây cho tôi. 증 쎄 라이 더이 쪼 또이.	거리에 비해 요금이 비싸요. Cước phí đắt so với chặng đường. 끄억 피 닷 쏘 버이 짱 드엉.

쇼핑

이건 뭐예요? Cái này là cái gì? 까이 나이 라 까이 지?	이거 두 개 주세요. Cho tôi 2 cái cái này. 쪼 또이 하이 까이 까이 나이.

가장 인기 있는 건 어떤 거예요? Cái đang được ưa thích nhất là cái nào? 까이 당 드억 드어 틱 녓 라 까이 나오?	좀 깎아 주세요. Giảm giá cho tôi. 잠 쟈 쪼 또이.
이건 얼마예요? Cái này bao nhiêu? 까이 나이 바오 니에우?	비싸요. Đắt quá. 닷 꾸어.
다른 가게에서 더 싸게 팔던데요. Cửa hàng khác bán rẻ hơn mà. 끄어 항 칵 반 제 헌 마.	덤 좀 주세요. Cho tôi quà khuyến mại. 쪼 또이 꾸어 쿠옌 마이.
영수증 주세요. Cho tôi hóa đơn. 쪼 또이 화 던.	여기 금액이 틀려요. Số tiền này sai rồi. 쏘 띠엔 나이 싸이 조이.

베트남 숫자 읽기

1 một 못	2 hai 하이	3 ba 바	4 bốn 본	5 năm 남
6 sáu 싸우	7 bảy 바이	8 tám 땀	9 chín 찐	10 mười 므어이
100 một tram 못 짬	1000 nghìn 응인	1만 mười nghìn 므어이 응인	10만 trăm nghìn 짬 응인	100만 triệu 찌에우

요일

월요일 Thứ hai 트 하이	화요일 Thứ Ba 트 바	수요일 Thứ tư 트 뜨
목요일 Thứ năm 트 남	금요일 Thứ sáu 트 싸우	토요일 Thứ bảy 트 바이
일요일 Chủ nhật 쭈 녓		

INDEX

COUPON

와이파이도시락

Widemobile ➜ 1권 P.393

포켓 와이파이
대여료 10% 할인

이용 방법

① wjstkdgussla.widemobile.com
또는 QR코드 접속
② 접속 시 노출되는 페이지 하단 10% 할인된 국가별 임대료 확인
③ 여행 국가 선택 후 예약하기
④ 약관 동의 및 정보 입력 후 예약하기

COUPON

카사 스파

Casa spa ➜ 2권 P.111

마사지 10% 할인
네일 5% 할인

① 쿠폰 사용을 원하는 경우 예약 시 알려주어야 합니다.
② 현장에서 쿠폰 원본 제시
③ 쿠폰 유효기간 : 2020년 12월 31일

COUPON

킷사 하우스

Kissa House ➜ 2권 P.110

코코넛 밀크 커피
한 잔 무료

① 쿠폰당 코코넛 밀크 커피 한 잔 무료
② 현장에서 쿠폰 원본 제시
③ 쿠폰 유효기간 : 2020년 12월 31일

COUPON

사이공 쿠킹 클래스

Saigon Cooking Class ➜ 2권 P.312

서비스 요금 10% 할인

① 최소 2인 이상 마켓 투어·쿠킹 클래스·스트리트 푸드 투어
예약 시 쿠폰 할인 적용(프라이빗 투어는 사용 불가)
② 쿠폰 사용을 원하는 경우 예약 시 알려주어야 합니다.
③ 현장에서 쿠폰 원본 제시
④ 쿠폰 유효기간 : 2020년 12월 31일

카사 스파
Casa spa

쿠폰 이용 약관 Terms & Conditions

1. 예약 1건당 1개 쿠폰만 사용할 수 있습니다. 일반적인 예약 이용 약관이 적용되며 모든 예약은 상황에 따라 달라질 수 있습니다.
2. 쿠폰은 해당 이용 약관에 따라 상환되는 경우를 제외하고 현금 가치가 없으며 환불되지 않습니다. 쿠폰은 현금 또는 현금에 상응하는 금액으로 돌려받을 수 없습니다. 쿠폰은 선불 예약 비용 또는 기타 부대 비용에 사용할 수 없습니다.
3. 일회용 쿠폰은 해당 예약에 한 번 사용되면 완전히 사용된 것으로 간주하고 반환 또는 교환되지 않습니다. 쿠폰이 일부만 사용된 경우에도 환불되지 않습니다.
4. 다른 프로모션과 중복할인 되지 않습니다.

10% discount for massage or 5% discount for nail care services.
Please let us know when you book that you benefit the vouchers and show give us the original voucher when you arrive at your tour.
No return, no refund, no exchange. Only one coupon is available per reservation.
Not valid on other promotion.

와이파이도시락
Widemobile

이용 약관

1. 이용일 기준 최소 4일 전까지 예약하셔야 이용 가능합니다.
2. 본 서비스는 방문하는 국가의 통신 음영 지역 발생, 통신 환경 등에 따라 서비스가 원활하지 않을 수 있습니다.
3. 분실 파손비에 대한 처리 규정은 예약 페이지 약관 확인 부탁드립니다.
4. 상세한 내용은 와이드 모바일 공식 홈페이지 (www.widemobile.com)에서 확인 부탁드립니다.

사이공 쿠킹 클래스

쿠폰 이용 약관 Terms & Conditions

1. 예약 1건당 1개 쿠폰만 사용할 수 있습니다. 일반적인 예약 이용 약관이 적용되며 모든 예약은 상황에 따라 달라질 수 있습니다.
2. 쿠폰은 해당 이용 약관에 따라 상환되는 경우를 제외하고 현금 가치가 없으며 환불되지 않습니다. 쿠폰은 현금 또는 현금에 상응하는 금액으로 돌려받을 수 없습니다. 쿠폰은 선불 예약 비용 또는 기타 부대 비용에 사용할 수 없습니다.
3. 일회용 쿠폰은 해당 예약에 한 번 사용되면 완전히 사용된 것으로 간주하고 반환 또는 교환되지 않습니다. 쿠폰이 일부만 사용된 경우에도 환불되지 않습니다.
4. 다른 프로모션과 중복할인 되지 않으며, 부티크 아이템 구입, 프라이빗 투어는 할인 혜택을 받을 수 없습니다.

Book at least 2 person and enjoy 10% off on the chosen service (market tour, cooking class or street food tour). Please let us know when you book that you benefit the vouchers and show give us the original voucher when you arrive at saigon cooking class.
Restriction: not valid on other promotion, boutique items and private class. No return, no refund, no exchange. Only one coupon is available per reservation.

킷사 하우스

쿠폰 이용 약관 Terms & Conditions

1. 1인당 1개 쿠폰만 사용할 수 있습니다.
2. 쿠폰은 해당 이용 약관에 따라 상환되는 경우를 제외하고 현금 가치가 없으며 환불되지 않습니다. 쿠폰은 현금 또는 현금에 상응하는 금액으로 돌려받을 수 없습니다.

Original voucher need to bring to shop. No return, no refund, no exchange. Only one coupon is available per 1 person.

HCM 쿠킹 클래스
HCM Cooking Class ➜ 1권 P.313

서비스 요금 10% 할인
쿠폰 번호 HCMCookingclass31122021

① 쿠폰 사용을 원하는 경우 예약 시 알려주어야 합니다.
② 현장에서 쿠폰 원본 제시
③ 쿠폰 유효기간 : 2020년 12월 31일

베트남 벌룬
Vietnam Balloons ➜ 1권 P.295

열기구 투어 10% 할인 (16$ 상당)

① 쿠폰 사용을 원하는 경우 예약 시 알려주어야 합니다.
② 현장에서 쿠폰 원본 제시
③ 쿠폰 유효기간 : 2020년 12월 31일

하이랜드 스포츠 트래블
Highland Sport Travel ➜ 1권 P.293

투어 비용 10% 할인

① 쿠폰 사용을 원하는 경우 예약 시 알려주어야 합니다.
② 현장에서 쿠폰 원본 제시
③ 쿠폰 유효기간 : 2020년 12월 31일

지네일
JiNail ➜ 2권 P.062

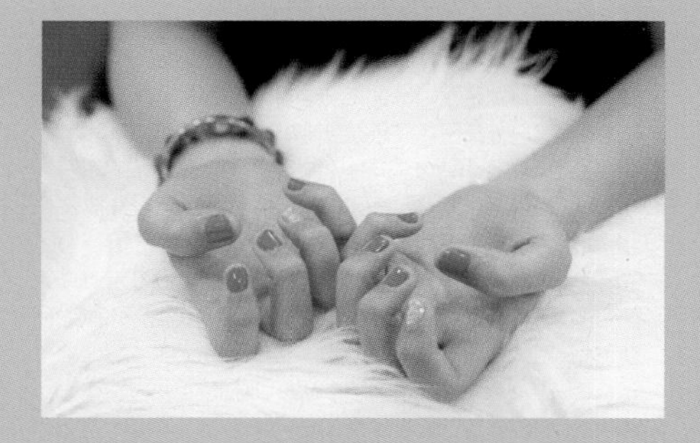

모든 서비스 20% 할인

① 쿠폰 사용을 원하는 경우 예약 시 알려주어야 합니다.
② 현장에서 쿠폰 원본 제시
③ 쿠폰 유효기간 : 2020년 12월 31일

베트남 벌룬
Vietnam Balloons

쿠폰 이용 약관 Terms & Conditions

1. 예약 1건당 1개 쿠폰만 사용할 수 있습니다. 일반적인 예약 이용 약관이 적용되며 모든 예약은 상황에 따라 달라질 수 있습니다.
2. 쿠폰은 해당 이용 약관에 따라 상환되는 경우를 제외하고 현금 가치가 없으며 환불되지 않습니다. 쿠폰은 현금 또는 현금에 상응하는 금액으로 돌려받을 수 없습니다. 쿠폰은 선불 예약 비용 또는 기타 부대 비용에 사용할 수 없습니다.
3. 일회용 쿠폰은 해당 예약에 한 번 사용되면 완전히 사용된 것으로 간주하고 반환 또는 교환되지 않습니다. 쿠폰이 일부만 사용된 경우에도 환불되지 않습니다.
4. 타 프로모션과 중복할인 받으실 수 없습니다.

HCM 쿠킹 클래스
HCM Cooking Class

쿠폰 이용 약관 Terms & Conditions

1. 예약 1건당 1개 쿠폰만 사용할 수 있습니다. 일반적인 예약 이용 약관이 적용되며 모든 예약은 상황에 따라 달라질 수 있습니다.
2. 쿠폰은 해당 이용 약관에 따라 상환되는 경우를 제외하고 현금 가치가 없으며 환불되지 않습니다. 쿠폰은 현금 또는 현금에 상응하는 금액으로 돌려받을 수 없습니다. 쿠폰은 선불 예약 비용 또는 기타 부대 비용에 사용할 수 없습니다.
3. 일회용 쿠폰은 해당 예약에 한 번 사용되면 완전히 사용된 것으로 간주하고 반환 또는 교환되지 않습니다. 쿠폰이 일부만 사용된 경우에도 환불되지 않습니다.

10% discount for anyone join our cooking class in any program in our website when they read from this coupon.
The coupon Number is HCMCookingclass31122021
Please let us know when you book that you benefit the vouchers and show give us the original voucher when you arrive at HCM cooking class.
No return, no refund, no exchange. Only one coupon is available per reservation.

지네일
JiNail

쿠폰 이용 약관 Terms & Conditions

1. 예약 1건당 1개 쿠폰만 사용할 수 있습니다. 일반적인 예약 이용 약관이 적용되며 모든 예약은 상황에 따라 달라질 수 있습니다.
2. 쿠폰은 해당 이용 약관에 따라 상환되는 경우를 제외하고 현금 가치가 없으며 환불되지 않습니다. 쿠폰은 현금 또는 현금에 상응하는 금액으로 돌려받을 수 없습니다.
3. 일회용 쿠폰은 해당 예약에 한 번 사용되면 완전히 사용된 것으로 간주하고 반환 또는 교환되지 않습니다. 쿠폰이 일부만 사용된 경우에도 환불되지 않습니다.
4. 타 프로모션과 중복할인 받으실 수 없습니다.
5. 인원수 상관없이 할인을 받을 수 있습니다.

하이랜드 스포츠 트래블
Highland Sport Travel

쿠폰 이용 약관 Terms & Conditions

1. 예약 1건당 1개 쿠폰만 사용할 수 있습니다. 일반적인 예약 이용 약관이 적용되며 모든 예약은 상황에 따라 달라질 수 있습니다.
2. 쿠폰은 해당 이용 약관에 따라 상환되는 경우를 제외하고 현금 가치가 없으며 환불되지 않습니다. 쿠폰은 현금 또는 현금에 상응하는 금액으로 돌려받을 수 없습니다. 쿠폰은 선불 예약 비용 또는 기타 부대 비용에 사용할 수 없습니다.
3. 일회용 쿠폰은 해당 예약에 한 번 사용되면 완전히 사용된 것으로 간주하고 반환 또는 교환되지 않습니다. 쿠폰이 일부만 사용된 경우에도 환불되지 않습니다.
4. 타 프로모션과 중복할인 받으실 수 없습니다.

10% discount for anyone join our Canyoning tour in our website when they read from this coupon.
Please let us know when you book that you benefit the vouchers and show give us the original voucher when you arrive at your tour.
No return, no refund, no exchange. Only one coupon is available per reservation.
Not valid on other promotion.

RESTAURANT
&
COFFEE
10%
DISCOUNT

NHATRANG DOKKAEBI

RESTAURANT
&
COFFEE
10%
DISCOUNT

NHATRANG DOKKAEBI

RESTAURANT
&
COFFEE
10%
DISCOUNT

NHATRANG DOKKAEBI

제휴업체
촌촌킴 _ 베트남식
89 Hoàng Hoa Thám, Lộc Thọ

제휴업체
랑가1 _ 베트남식
Biệt Thự, Lộc Thọ

NHATRANG DOKKAEBI

제휴 맛집 리스트는
네이버 자유여행카페
나트랑도깨비에서
확인하세요!!

주문시 쿠폰 제시

NAVER 나트랑도깨비

NHATRANG DOKKAEBI

제휴 맛집 리스트는
네이버 자유여행카페
나트랑도깨비에서
확인하세요!!

주문시 쿠폰 제시

NAVER 나트랑도깨비

NHATRANG DOKKAEBI

제휴 맛집 리스트는
네이버 자유여행카페
나트랑도깨비에서
확인하세요!!

주문시 쿠폰 제시

NAVER 나트랑도깨비

나트랑 도깨비
Nha Trang Dokkaebi

〈이용 약관〉

1. 나트랑도깨비(CAFE.NAVER.COM/ZZOP)의 제휴 음식점에서 사용 가능합니다. 계산 후에는 할인이 불가할 수 있으니, 반드시 주문 전에 쿠폰을 제시해 주세요. 할인율은 10%(촌촌킴만 5%).
2. 그룹당 1개 쿠폰만 사용할 수 있습니다. 일반적인 예약 이용 약관이 적용되며 모든 예약은 상황에 따라 달라질 수 있습니다.
3. 쿠폰은 해당 이용 약관에 따라 상환되는 경우를 제외하고 현금 가치가 없으며 환불되지 않습니다. 쿠폰은 현금 또는 현금에 상응하는 금액으로 돌려받을 수 없습니다. 쿠폰은 선불 예약 비용 또는 기타 부대 비용에 사용할 수 없습니다.
4. 일회용 쿠폰은 해당 예약 및 제출에 한 번 사용되면 완전히 사용된 것으로 간주하고 반환 또는 교환되지 않습니다. 쿠폰이 일부만 사용된 경우에도 환불되지 않습니다.
5. 타 프로모션과 중복 할인 받으실 수 없습니다.
6. 2019년 12월 26일 기준 당시 제휴이며, 제휴사는 변동될 수 있습니다.

구글 지도 GPS 사용하는 법

길을 잃지 않도록 도와주는 여행 필수 앱 '구글 GPS' 사용법을 소개합니다. 이 책에서는 장소의 이름만으로는 검색되지 않는 작은 맛집까지 위치 검색을 할 수 있도록 구글 GPS 좌표를 모두 넣었습니다. 큐알코드로 검색해 내가 원하는 스폿만 쏙쏙 골라 편리하게 사용하세요.

1. 지역별 QR코드를 입력하고 검색합니다.
2. 가고 싶은 장소를 확인하고 이름을 누릅니다.
3. 아래에 있는 별표를 눌러 위치를 저장합니다.
4. 여행지에서 내 위치를 선택한 뒤 저장 리스트에서 목적지를 선택하고 경로를 찾아가세요.

당신의 여행 목적이 무엇이든! 고민할 필요 없이 GO!

무작정 따라하기 시리즈 사용법

STEP 1

어디를 가고 무엇을 먹을까?

미리 보는 테마북(1권)을 펼친다.
관광, 식도락, 쇼핑, 체험 등
나의 여행 목적과 취향에 맞는
테마를 체크한다.

STEP 2

어떻게 여행할까?

가서 보는 코스북(2권)을 펼친다.
1권에서 체크한 테마 장소를
2권 지도에 표시해
나만의 여행 동선을 정한다.

1권에서 소개하는 모든 장소에는
관련 여행 정보가 기재된 2권 코스북
페이지가 표시되어 있어요.

STEP 3

드디어 출국!

이제부터 가벼운 여행 시작~
2권만 여행 가방 속에
쏙 넣는다.

1권은 숙소에 두고
다음 날 일정을 체크할 때
사용하세요!

13980
9 791160 508949
ISBN 979-11-6050-894-9

무작정 따라하기 호치민 · 나트랑(냐짱) · 푸꾸옥
The Cakewalk Series-
HO CHI MINH · NHA TRANG · PHU QUOC

값 16,800원

HO CHI MINH · NHA TRANG PHU QUOC

달랏 | 무이네 | 붕따우

김승남 · 전상현 지음

Vietnam

1

미리 보는 테마북

동양의 파리'라고 불리는
호치민 9대 명소 총집합

혀끝으로 베트남을 기억하는 방법
로컬 푸드&카페

세상에서 제일 재미있는 쇼핑
대형마트&재래시장

초향저격 체험 즐기기
해양 · 육상 액티비티&마사지

HO CHI MINH · NHA TRANG PHU QUOC

달랏 | 무이네 | 붕따우

김승남 · 전상현 지음

길벗

무작정 따라하기 호치민 · 나트랑(냐짱) · 푸꾸옥
The Cakewalk Series-HO CHI MINH·NHA TRANG·PHU QUOC

초판 발행 · 2019년 9월 3일
초판 2쇄 발행 · 2020년 1월 6일

지은이 · 김승남 · 전상현
발행인 · 이종원
발행처 · (주)도서출판 길벗
출판사 등록일 · 1990년 12월 24일
주소 · 서울시 마포구 월드컵로 10길 56(서교동)
대표전화 · 02)332-0931 | **팩스** · 02)323-0586
홈페이지 · www.gilbut.co.kr | **이메일** · gilbut@gilbut.co.kr

편집팀장 · 민보람 | **기획 및 책임편집** · 방혜수(hyesu@gilbut.co.kr) | **제작** · 이준호, 손일순, 이진혁
영업마케팅 · 한준희 | **웹마케팅** · 이정, 김진영 | **영업관리** · 김명자 | **독자지원** · 송혜란, 홍혜진

진행 · 김소영 | **표지 디자인** · 황애라 | **디자인** · 김효진 | **교정교열** · 한인숙 | **일러스트** · 이희숙
CTP 출력 · **인쇄** · **제본** · 보진재

• 이 책의 국립중앙도서관 출판예정도서목록(CIP)은 서지정보유통지원시스템 홈페이지(http://seoji.nl.go.kr)와 국가자료공동목록시스템(http://www.nl.go.kr/kolisnet)에서 이용할 수 있습니다. (CIP제어번호 : 2019032499)

ISBN 979-11-6050-894-9(13980)
(길벗 도서번호 020098)

정가 16,800원

“

독자의 1초를 아껴주는 정성!

세상이 아무리 바쁘게 돌아가더라도

책까지 아무렇게나 빨리 만들 수는 없습니다.

인스턴트식품 같은 책보다는

오래 익힌 술이나 장맛이 밴 책을 만들고 싶습니다.

땀 흘리며 일하는 당신을 위해

한 권 한 권 마음을 다해 만들겠습니다.

마지막 페이지에서 만날 새로운 당신을 위해

더 나은 길을 준비하겠습니다.

독자의 1초를 아껴주는 정성을 만나보십시오.

”

INSTRUCTIONS

무작정 따라하기 일러두기

**이 책은 전문 여행 작가 두 명이 베트남 남부 전 지역을 누비며 찾아낸 관광 명소와 함께,
독자 여러분의 소중한 여행이 완성될 수 있도록 테마별, 지역별 정보와 다양한 여행 코스를 소개합니다.
이 책에 수록된 관광지, 맛집, 숙소, 교통 등의 여행 정보는 2019년 12월 기준이며 최대한 정확한 정보를 싣고자 노력했습니다.
하지만 출판 후 또는 독자의 여행 시점과 동선에 따라 변동될 수 있으므로 주의하실 필요가 있습니다.**

1권 미리 보는 테마북

1권은 베트남 남부의 다양한 여행 주제를 소개합니다. 자신의 취향에 맞는 테마를 찾은 후
2권 페이지 연동 표시를 참고, 2권의 지역과 지도에 체크하며 여행 계획을 세우세요.

1권은 베트남 남부의 다양한 여행 주제를 볼거리, 음식, 쇼핑, 체험, 호텔&리조트 순서로 소개합니다.

THEME 04 랜드마크

호치민 랜드마크 완전 정복

이 책의 베트남 남부 지명과 상호 등의 명칭은 현지 발음에 따라 표기했으며, 외래어 표기법을 따랐습니다. 현지에 국한되는 고유명사나 상호 등의 명칭은 현지에서 흔히 쓰이는 발음에 따라 표기했습니다.

볼거리

음식

쇼핑

체험

호텔 & 리조트

MAP

해당 스폿이 소개된 지도 페이지를 안내합니다.

INFO

1권일 경우 2권에서 소개되는 페이지를 명시, 여행 동선을 짤 때 참고하세요! **2권일 경우** 1권에서 소개되는 페이지를 명시했습니다.

찾아가기

대표 랜드마크 기준으로 가장 효율적인 동선을 이용해 찾아갈 수 있는 방법을 설명합니다.

구글지도 GPS

구글지도 검색창에 입력하면 바로 검색되는 위치 좌표를 알려줍니다.

전화

대표 번호 또는 각 지점의 번호를 안내합니다.

2권 가서 보는 코스북

2권은 호치민과 함께 그 근교 지역을 소개합니다.
지역별 지도와 함께 여행 코스를 다양하게 제시합니다. 1권 어떤 테마에 소개된 곳인지 페이지 연동 표시가 되어 있으니, 참고해 알찬 여행 계획을 세우세요.

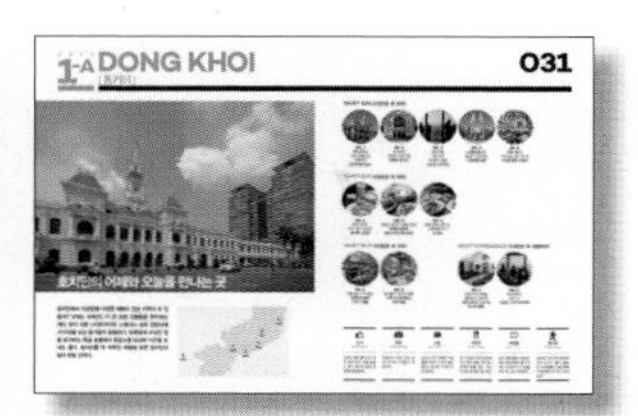

지역 페이지

각 지역마다 인기도, 관광, 쇼핑, 식도락 등의 테마별로 별점을 매겨 지역의 특징을 한눈에 보여줍니다.

호치민 교통편 한눈에 보기

호치민 내에서 이동하는 방법을 사진과 함께 단계별로 소개하여 쉽고 빠르게 이해할 수 있게 도와줍니다. 또한 근교 이동에 필요한 교통 정보도 상세하게 다뤄 헤매지 않는 여행이 되도록 해줍니다.

아주 친절한 실측 여행 지도

세부 지역별로 소개하는 볼거리, 음식점, 쇼핑숍, 체험 장소 위치를 실측 지도로 자세하게 소개합니다. 지도에는 한글 표기와 영어, 소개된 본문 페이지 표시가 함께 구성되어 길 찾기가 편리합니다.

코스 무작정 따라하기

그 지역을 완벽하게 돌아볼 수 있는 다양한 시간별, 테마별 코스를 지도와 함께 소개합니다.

① 여행 코스의 스폿별 이동 거리와 소요 시간을 알려주어 여행의 전체적인 개념을 잡아줍니다.
② 주요 스폿별로 여행 포인트, 기본 정보, 그다음 장소를 찾아가는 방법 등 여행 시 꼭 필요한 정보를 소개합니다.
③ 스폿별로 머물기 적당한 소요 시간을 표시했습니다.
④ 코스별로 교통비, 입장료, 식사 비용 등을 영수증 형식으로 소개해 알뜰한 여행이 되도록 도와줍니다.

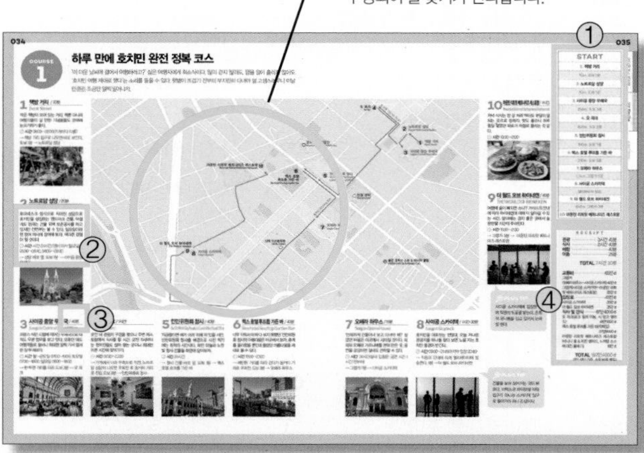

지도 한눈에 보기

큐알코드를 검색하면 바로 장소별 위치를 알 수 있는 지도가 등장합니다. 리스트에서 가고 싶은 곳을 클릭하세요(휴대폰 기기나 인터넷 환경에 따라 이용이 어려울 수 있습니다).

트래블 인포

트래블 인포 페이지에는 볼거리, 맛집, 쇼핑, 체험 등의 여행 장소를 여행 중요도 순서로 소개합니다.

시간

해당 장소가 운영하는 시간을 알려줍니다.

휴무

모든 장소의 휴무일을 표기했습니다.

가격

입장료, 체험료, 메뉴 가격 등을 소개합니다.

홈페이지

해당 지역이나 장소의 공식 홈페이지를 기준으로 합니다.

CONTENTS

1권 미리 보는 테마북

INTRO

OUTRO

STORY

Part. 1

SIGHTSEEING

Part. 2

EATING

Part. 3

SHOPPING

Part. 4

EXPERIENCE

Part. 5

HOTELS & RESORTS

PROLOGUE

작가의 말

'여행'이라는 짧은 단어가 주는 떨림과 울림을 독자들과 함께 나누고 싶습니다. – 김승남

낯선 도시 호치민을 처음 만난 것은 뜨거운 칠월이었습니다. 조금 상기된 채 입국장을 나서자, 마치 '맛 좀 봐라' 하는 듯 뜨겁고 습한 공기가 훅 밀려 들어왔지요. 낯선 이들, 또 그들이 내뱉는 낯선 말들도 함께였습니다. 첫 만남이 선사하는 아찔함을 뒤로한 채 마주한 진짜 호치민, 그곳에서도 고난은 계속되었습니다. '0'이 잔뜩 붙은 가격표는 머리를 괴롭히고, 거리를 가득 메운 오토바이 떼는 저의 두 다리를 떨게 했지요. 마치 하나의 세포처럼 움직이는 그들의 모습은 놀라움을 넘어 경이로움이었어요. 저에게 호치민의 첫인상은 바로 그런 것이었습니다. 그리고 문득 그런 생각이 떠오르더군요. 아, 이토록 정신 산만한 도시를 별 탈 없이 여행할 수 있을까. 그리고, 결코 친해지지 않을 것 같은 이 도시를 사랑하게 될까.

호치민의 안내자가 되어달라는 달콤한 제안은 2018년의 이른 여름 갑작스레 찾아왔습니다. 두 권의 여행 책 작업이 막 끝난 즈음이었지요. 평소라면 넙죽 '좋아요'를 외쳤을 테지만 이번만큼은 쉽지 않았습니다. 왜냐고요? 그건 제가 베트남 '생초보'였기 때문입니다. 수십의 여행을 통해 수많은 나라를 밟아왔지만 베트남은 아니었어요. 숨겨둔 버킷리스트처럼 '언젠가 한 번쯤 여행해보고 싶다'는 생각, 그뿐이었지요. 조금은 긴 고민 끝에 저는 호치민의 안내자가 되기로 했습니다. 뜨거운 여름을 시작으로 여전히 뜨거웠던 그해 겨울에 이르기까지 온몸과 맘을 다해 취재하고 여행했습니다. '생초보' 여행자였으니 더더욱 그랬을 테지요. 담당하는 도시와 구역의 거의 모든 골목들을 뛰듯이 걸었습니다. 더 많은 새로운 맛집들을 독자들께 선물하고 싶은 마음에 하루에도 대여섯 끼를 먹는 일이 허다했지요. 결국 아찔함은 익숙함이 되고, 익숙함은 애틋함이 되었습니다. 그리고 끝내 사랑하게 되더군요. 이 정신 산만한 도시를요.

여행 작가라는 거창한 타이틀을 대신해 여러분보다 조금 먼저 이곳을 누빈 선배 여행자로서 이 매력 넘치는 도시를 여러분께 추천합니다. 제아무리 멋들어진 글과 사진으로도 이 도시 본연의 매력을 오롯이 표현할 수 없겠지만, 오감을 총동원해 만끽했던 호치민의 색채감 넘치는 매력들을 책 안에 고스란히 담고자 했습니다. 그런 마음이 담긴 책 〈무작정 따라하기 호치민〉을 통해 여러분의 여행도 한없이 반짝이게 되길 응원하고 기대합니다.

Special Thanks to

저의 여행 속, 그 짧은 조우에도 옅은 미소로 힘을 북돋워 준 모든 이들에게 여행의 설렘을 담아 감사를 전합니다. 길벗과 연을 맺게 해 준 민보람 과장님께도 같은 마음을 전해요. 꼼꼼하며 감각적인 에디터이자 채찍과 당근을 적절히 쓸 줄 아는 방혜수 대리님, 매일 아침마다 게으른 작가를 다독여 준 김소영 님, 부족한 글을 잘 다듬어 주신 한인숙 교정자님, 쉬운듯 하면서도 범접할 수 없는 맛깔스러운 글로 늘 좋은 자극제가 되어 준 베트남 전문가 전상현 작가님, 함께 일할 수 있어서 감사했습니다.

아들이 뛰어 놀기에 더없이 넓은 울타리를 만들어 이 멋진 일을 할 수 있는 바탕을 만들어준 사랑하는 아빠, 엄마. 베트남 전문가로 아무나 알 수 없는 깨알 팁들을 전수해 주신 장인, 장모님. 마지막으로 긴 취재의 반 이상을 함께해 준 여행 동반자이자, 언제나 나의 글이 최고라 하는 응원자이며, 한 권의 책이 나오기까지 가장의 빈틈을 오롯이 기다려준 저의 첫 독자 지혜와 온유에게 마음 다해 따뜻한 감사 인사를 전합니다.

'호치민, 너는 내 운명' –전상현

벌써 10년 전쯤 됐나 봅니다. 그때만 해도 풋풋한(?) 대학생이던 저는 호치민으로 여행을 떠났습니다. '배낭여행의 로망'이 비로소 실현되는 역사적인 순간이었죠. 소문난 집돌이가 겁도 없이 배낭 하나 덜렁 메고 배낭여행을 떠날 결심을 하게 된 건 뮤지컬《김종욱 찾기》덕분이었습니다. 극 중 두 주인공이 인도 배낭여행을 떠났다가 사랑에 빠지게 되었고, 다시 만날 날을 기약하지만 결국 흐지부지되는… 뭐 그런 내용의 로맨스 뮤지컬이었죠. (아, 그런데 왜 뮤지컬 주인공들처럼 인도로 가지 않고 호치민으로 갔냐구요? 쥐꼬리만 한 아르바이트 시급으로는 인도행 비행기를 끊을 수 없었어요. 꿩 대신 닭이라고, 인도와 비슷한 느낌의 여행지이면서, 항공권과 물가가 저렴한 베트남이 대체 여행지로 딱 이겠다 싶었던 거죠.) 그렇게 떠난 배낭여행에서 첫사랑을 만날 수는 없었습니다. 첫사랑을 만나기도 전에 소매치기를 만나버렸거든요. 편의점 야간 아르바이트로 어렵게 모은 여행 경비의 절반을 여행 첫날에 잃어버리는 바람에 운명의 짝을 찾기에는 실패하고 말았지만 진짜 배낭여행을 즐길 수 있었습니다. 관광객들만 가는 비싸고 근사한 레스토랑 대신 현지인들의 진짜 식탁을 맛볼 수 있는 로컬 식당에서 끼니를 해결했고, 엄청 먼 거리가 아니면 발품 팔아 걸으며 호치민의 구석구석을 보았습니다. 여행 초반에는 '소매치기범 때문에 안 해도 될 고생을 해야 하나' 짜증이 나고 억울해 미칠 지경이었는데, 여행 막바지가 되니 그 또한 용서가 되더군요. 여행 경비가 절반으로 줄어든 덕분에 얻은 것이 분명 있었거든요. 잃은 돈만큼 크게 얻은 것은 사람이었습니다. 제 사정을 전해 들은 호스텔 사람들이 한 명씩 돌아가며 밥을 사준다거나, 어디 나갈 일이 있으면 같이 택시를 타는 등 많은 도움을 받아 여행을 무사히 끝낼 수 있었어요. 뮤지컬보다 더 뮤지컬 같았던 그 여행 덕분에 호치민은 일 년에 한두 번 정도는 꼬박꼬박 다녀오는 애증의 여행지가 됐습니다. 이제 더 이상 웬만큼 숙련된 기술이 아니면 어리숙하게 소매치기를 당하지 않지만 호치민을 여행할 때면 20대 초반의 멋모르던 때로 돌아간 것만 같아 설렙니다. 그 초년의 설렘을 꾹꾹 눌러 담아 책을 썼습니다. 부디 이 책을 매개로 또 다른 누군가에게 설렘이 전해지면 좋겠습니다.

Special Thanks to

이 책 한 권에 얼마나 많은 사람들의 노력이, 또 얼마나 긴 시간이 들어갔는지 잘 알고 있습니다. 사실 몇 마디 말로는 감사함을 모두 표현할 수 없어요. 방송국의 연말 시상식에서 상을 받은 연예인들이 수상 소감을 왜 그렇게 길게 하는지 백 번 이해되는 심정이랄까요. 결코 짧지 않은 취재와 집필, 수정 작업 기간 동안 힘써 주신 모든 분들께 감사의 말씀 올립니다. 원고 마감 때마다 마감 시간을 안 지키기 일쑤에, 빼먹은 게 많아 항상 가슴 졸였을 방혜수 편집자님과 김소영 님, 항상 꼼꼼하게 교정과 교열을 봐 주셔서 '믿고 보는' 한인숙 님, 깔끔한 지도와 디자인을 책임져 주시는 디자이너님 감사합니다. 이미지 파일 일부가 날아가버려서 발을 동동 구르고 있는 중에 고퀄리티 사진을 선뜻 제공해주신 오원호 작가님 정말 감사합니다! 사람 한 명 살리셨어요. 제 여행을 고독하지 않게 비춰주신 길 위의 모든 인연들 모두 고맙습니다. 마지막으로, 본업과 가정이 있음에도 언제나 수준 높은 글과 사진을 척척 내놓아 저를 감탄하게 했던 공저자, 김승남 작가님께도 무한한 감사와 존경을 표합니다.

INTRO

무작정 따라하기 베트남 국가 정보

국가명
베트남
Việt Nam · Viet Nam

수도
하노이 Hanoi · Hà Nội

국기
금성홍기
배경의 빨간색은 혁명의 피와 조국 정신을, 노란 별 다섯 개의 모서리는 각각 노동자, 농민, 지식인, 청년, 군인을 의미했다. 하지만 통일 이후에 붉은 바탕은 프롤레타리아의 혁명을, 노란 별은 베트남 공산당의 리더십을 나타낸다.

언어
베트남어
베트남어를 사용하며 글씨는 20세기 이전에는 중국에서 들여온 한자를 사용했으나 프랑스의 식민 지배 영향으로 로마자 표기로 바꾸었다. 현재 6개의 성조가 있다.

위치와 면적
베트남 면적은 33만1210㎢, 그중 베트남 남부는 10만9833㎢이며 남북으로 1600킬로미터에 걸쳐 길쭉하게 뻗어 있는 베트남의 최남단에 해당한다. 남부의 중심 도시인 호치민의 면적(2061.2㎢)은 서울(605.21㎢) 대비 약 3배 이상 더 넓지만 대부분의 관광지가 1군에 모여 있어 체감 면적은 훨씬 좁다.

109,833㎢

인구
베트남의 인구는 9649만1000명(2018년 기준)으로 세계에서 13번째로 인구가 많다. 그중 호치민의 인구는 863만명(2019년 기준)으로 베트남에서 인구가 가장 많은 도시다.

시차 & 소요 시간
시차 : -2시간
소요 시간 : 5시간 20분~6시간
한국과의 시차는 2시간. 한국이 오후 4시라면 베트남은 오후 2시다. 호치민 떤손녓 국제공항 기준 직항 항공편으로 5시간 20분에서 6시간가량 걸리며 공항 활주로의 혼잡도와 기류 상황에 따라 소요 시간이 달라진다.

비자 & 여권
무비자 15일 체류
대한민국 여권을 소지한 한국인은 비자 없이 15일간 체류할 수 있다. 단, 무비자 입국은 한 달 이내 15일로 제한되기 때문에 최근 한 달 안에 베트남을 방문한 적이 있거나 15일 이상 체류해야 하는 경우 비자가 필요하다. 여권은 유효기간이 6개월 이상 남아 있어야 베트남 입국이 가능하다.

PASS

전기 & 전압
220v, 50Hz
대부분의 호텔과 레스토랑에서 한국에서 쓰던 전자기기를 그대로 이용할 수 있어 변압기를 쓸 일이 거의 없다. 전기 인심이 넉넉한 편이라 식당이나 카페 직원에게 부탁을 하면 전자 제품 충전을 할 수 있다.

화폐

1만 đ = 약 500원

베트남 동(VND/đ)은 세계에서 화폐 가치가 낮은 화폐다. 모든 화폐에 베트남 구국의 영웅 '호찌민'이 그려져 있는 것이 특징. 권종은 100đ, 200đ, 500đ, 1000đ, 2000đ, 5000đ, 1만đ, 2만đ, 5만đ, 10만đ, 20만đ, 50만đ이 있으며 가장 많이 이용되는 권종은 1~20만đ. 동전은 사용되지 않는다. 일부 호텔에서는 숙박 대금이나 디포짓을 미국 달러(USD)로 받기도 한다. 참고로 베트남에서 화폐에 낙서를 했다가 적발되면 법적인 처벌을 받을 수 있으니 조심하자.

대한민국 총영사관

여권 분실 등의 사고를 당하면 총영사관으로 가면 된다. 호치민 시내 중심가에 있어 찾아가기 좋다.

호치민 대한민국 총영사관

구글지도 GPS 10.774316, 106.695694 **주소** 107 Nguyễn Du, Phường Bến Thành, Quận 1, Hồ Chí Minh **전화** 28-3822-5757 **시간** 월~금요일 08:30~12:00, 13:30~17:30 **휴무** 베트남 휴일 및 한국 휴일 **홈페이지** overseas.mofa.go.kr/vn-hochiminh-ko/index.do

교통수단

시내버스가 있기는 하지만 활성화가 되어 있지는 않다. 여행자가 실질적으로 이용할 수 있는 교통수단은 택시와 그랩카, 여행사에서 운영하는 셔틀버스, 전세 차량 정도가 전부.

화장실

유명 관광지는 공중화장실을 갖추고 있지만 시설이 좋지 않고 이용하기 편리하지 않다. 급한 볼일을 봐야 할 때는 4성급 이상 호텔 1층에 있는 화장실을 이용하자. 커피 한 잔 마실 겸 카페에 들르는 것도 좋은 방법이다.

신용카드 & 체크카드

대부분의 호텔, 레스토랑, 쇼핑몰에서 신용카드와 체크카드 이용이 보편화되어 있지만 실제로 카드 결제를 하는 사람은 드물다. 요즘은 숙박비도 호텔 예약사이트에서 선결제를 하기 때문에 사실상 신용카드를 쓸 일은 호텔 숙박 보증금을 낼 때를 제외하고는 없다고 봐도 무방할 정도. 만일의 사태에 대비해 한두 장쯤 갖고 있는 것이 좋다. 해외 결제 및 현금 인출이 가능한 카드인지 카드사에 전화해 미리 확인해 보자. 마스터카드와 비자카드가 무난하다.

환전

국내에서도 베트남 동으로 환전은 가능하지만 환율이 좋지 않아 **미국 달러(USD)로 환전한 다음 베트남에서 재환전**을 거친다. 높은 액수의 권종일수록 환전율이 좋으니 될 수 있으면 고액권으로 환전하자. 환전율이 가장 좋은 곳은 벤탄 시장 주변의 금은방과 롯데마트. 공항 사설 환전소도 썩 나쁘진 않다. 4성급 이상 호텔에서도 환전 서비스를 제공하지만 환율이 비싼 편. 정말 급한 것이 아니라면 이용하지 말자.

와이파이

와이파이 환경이 좋은 편이다. 4~5성급 호텔은 물론이고 허름한 호텔에도 속도 빠른 와이파이를 이용할 수 있다. 여행자들이 많이 이용하는 여행사 셔틀버스 등에도 와이파이를 설치해 두고 있어 잠깐씩 이용하기에는 편리하다. 하지만 그랩(GRAB), 구글맵(Google Map) 애플리케이션을 이용해야 한다면 유심카드를 구입하거나 포켓 와이파이 기기를 대여해야 한다.

공휴일

공휴일은 6일밖에 되지 않아 선진국에 비해 공휴일 수가 짧다. 다른 나라들은 공휴일은 물론 주말에 문을 닫는 가게가 많지만 베트남은 웬만하면 문을 닫는 일이 없다. www.timeanddate.com/holidays/vietnam에서 연도별 공휴일을 조회해볼 수 있다.

1월 1일 신정
음력 12월 31일~1월 5일 구정 연휴
음력 3월 10일 건국절(국조기일)
4월 30일 해방기념일
5월 1일 노동절
9월 2일 독립기념일

INTRO 베트남 남부 한눈에 보기

AREA1 호치민 Ho Chi Minh

AREA1-A 동커이 Dong Khoi

♥ 인기도 ♥♥♥♥♥
관 광 ★★★★★
음 식 ★★★★★
쇼 핑 ★★★★☆

호치민의 스카이라인을 선도하는 지역. 높이 솟은 랜드마크들과 수백 년 역사의 문화유산들이 어깨를 나란히 하고 있어 볼거리가 풍성하다. 스타일리시한 맛집과 숍들도 많다.

AREA1-B 벤탄 Ben Thanh

♥ 인기도 ♥♥♥♥♥
관 광 ★★★☆☆
음 식 ★★★★★
쇼 핑 ★★★★★

편안하고 서민적인 분위기를 풍기는 곳. 호치민에서 가장 큰 재래시장과 여행자 거리, 시민들의 쉼터인 공원이 도시 곳곳에 자리 잡고 있어 여유롭게 이 도시의 매력을 훔쳐보기 좋다.

AREA1-C 3군 & 떤딘 District 3 & Tan Dinh

♥ 인기도 ♥♥♥♡♡
관 광 ★★☆☆☆
음 식 ★★★★☆
쇼 핑 ★☆☆☆☆

중저가 호텔과 레지던스가 밀집한 지역. 모든 것이 정신 없는 1군 지역과 달리 좀 더 조용한 분위기다. 현지인이 많이 들르는 마트와 맛집이 구석구석 자리해 로컬 분위기가 짙게 난다.

AREA1-D 빈홈 & 따오디엔 Vinhomes & Thao Dien

♥ 인기도 ♥♥♥♥♡
관 광 ★☆☆☆☆
음 식 ★★★★★
쇼 핑 ★★★★★

서울의 한남동과 비슷한 지역. 호치민에서 내로라하는 부유층과 외국인이 모여 사는 고급 빌라촌이다. 그래서인지 인테리어 · 디자인 쇼핑 스폿과 미식 스폿들이 빼곡히 들어서 있다.

AREA 1-E **호치민 근교** Surburb of Ho Chi Minh

♥ 인기도 ♥♥♥♥♡
관 광 ★★★★☆
음 식 ★★☆☆☆
쇼 핑 ★☆☆☆☆

호치민 여행자들이 가장 많이 찾는 근교 지역만 모았다. 대중교통이 불편해 개별적으로 여행하는 것이 불가능하지만 매우 다양한 업체에서 근교 여행 패키지를 운영하고 있으니 참고하자.

AREA 2 **나트랑(냐짱)** Nha Trang

♥ 인기도 ♥♥♥♥♡
관 광 ★★★★★
음 식 ★★★★☆
쇼 핑 ★★★☆☆

베트남 남부를 대표하는 해양 여행지. 맑은 바다와 잘 정돈된 도시가 맞닿아 있어 쾌적한 환경에서 여유롭게 휴양을 즐기기에 제격이다. 빈펄 랜드와 리조트도 만나 볼 수 있다.

AREA 3 **푸꾸옥** Phu Quoc

♥ 인기도 ♥♥♥♥♡
관 광 ★★★★★
음 식 ★★★☆☆
쇼 핑 ★★★★☆

베트남 최서단에 위치한 섬으로, 베트남의 하와이라 불린다. 불과 몇 년 전까지만 해도 태곳적 모습을 그대로 간직한 어촌에 불과했지만, 월드 브랜드 리조트들이 하나둘 자리 잡으면서 휴양지로서의 위세를 떨치고 있다.

AREA 4 **달랏** Da Lat

♥ 인기도 ♥♥♥♡♡
관 광 ★★★★☆
음 식 ★★★☆☆
쇼 핑 ★★★★☆

고산 지대 특유의 서늘한 기후 덕분에 예로부터 여름 휴양지로 이름을 날린 곳. 산과 호수, 폭포 사이에 자리 잡은 아기자기한 도시 풍경을 마주할 수 있다. 베트남 최고의 커피, 와인 등도 이곳을 산지로 한다.

AREA 5 **무이네** Mui Ne

♥ 인기도 ♥♥♥♥♡
관 광 ★★★★☆
음 식 ★★★☆☆
쇼 핑 ★☆☆☆☆

함티엔 해변을 따라 늘어선 크고 작은 리조트 안에서 오롯한 쉼을 경험할 수 있는 곳. 화려하기보다는 편안한 분위기의 휴양지로 고즈넉함이 매력이다.

AREA 6 **붕따우** Vung Tau

♥ 인기도 ♥♥♡♡♡
관 광 ★★☆☆☆
음 식 ★★★☆☆
쇼 핑 ★☆☆☆☆

호치민 근교의 소도시로 근해 어업이 발달했다. 호치민에서는 버스, 페리 등을 통해 닿을 수 있다. 특별한 볼거리가 있는 것은 아니지만 소박한 바다 풍경, 저렴한 해산물 요리 등을 만나 볼 수 있다.

INTRO

무작정 따라하기 호치민 여행 캘린더

Jan Feb Mar Apr May Jun

WINTER SPRING

12~2월

겨울이라고 해 봐야 덥디 더운 남쪽 나라다. 일 최저 기온은 20℃ 초반까지 떨어지지만 최고 기온은 30℃를 넘나든다. 큰 비는 내리지 않는 편이나 어느 순간 갑자기 소나기가 몰려올지도 모른다.

3~5월

의외로 최고 기온이 연중 최고치를 기록해 일일 기온이 25~35℃를 넘나든다. 한낮의 무더위만 피한다면 그래도 여행하기에는 나쁘지 않은 기간. 무엇보다 습도가 낮고 강우 일수가 적어 비교적 쾌적하게 여행을 이어갈 수 있다.

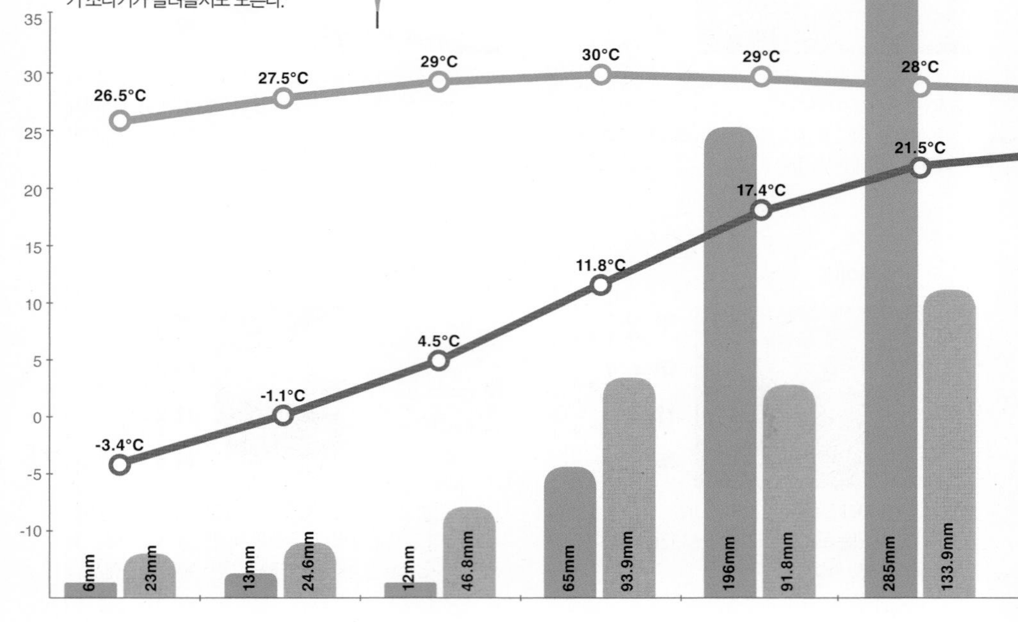

호치민은 연중 고온 다습한 열대 사바나 기후대에 속한다. 연간 평균 기온은 25~30℃, 상대 습도는 70~85%를 유지하고 있어서 1년 365일 항상 찜통 같은 더위와 싸우며 여행해야 하는 곳이기도 하다. 피해야 할 시기는 다름 아닌 우기. 대개 5월부터 10월 사이에 많은 비가 집중되는데, 사흘 중 이틀은 비가 내린다고 할 만큼 그 빈도가 잦다. 다만 우기에도 우리나라의 장마처럼 하루 종일 비가 내리는 경우는 드물며, 열대성 폭우인 스콜(Squall)이 잠깐 쏟아진 뒤 맑게 개는 경우가 많다.

6~8월

이 시기는 비가 많이 내리는 우기에 속한다. 한 달 30일 중 22~23일 정도는 비가 내리지만 갑작스런 스콜만 피한다면 충분히 여행을 즐길 수 있다. 일 최고 기온은 오히려 3~5월보다 낮다.

9~11월

역시 우기다. 다만 10월 중순까지는 비가 자주 내리지만 하순이 되면 강우 일수가 급격히 줄어든다. 이른 아침이나 늦은 밤이 되면 기온이 20℃ 초반까지 떨어져 여행하기에 좋다. 얇은 바람막이나 카디건을 챙기는 센스를 발휘하자.

호치민
서울

300
250
200
150
100
50

27.5°C
24.6°C
28°C
25.4°C
27.5°C
20.6°C
27.5°C
14.3°C
27°C
6.6°C
26.5°C
-0.4°C

242mm
369.4mm
277mm
294.2mm
292mm
168.7mm
259mm
49.5mm
122mm
53.3mm
37mm
21.4mm

STORY

무작정 따라하기 베트남 이야기

Chapter 1. 프랑스 식민지 역사

18세기 후반 세계 정세는 승자 독식이었다. 서구 열강들이 아프리카와 아시아 곳곳을 침략해 경쟁적으로 식민지를 늘렸는데, 동남아시아를 차지하기 위한 대립이 최고점을 찍던 때였다. 인도 식민지 경쟁에서 패배하고 중국에서의 패권마저 영국에 내어준 프랑스는 조급해지기 시작했다. 오죽했으면 당시 황제였던 나폴레옹 3세가 "프랑스가 동아시아에 세력을 확장하지 않는다면 2류 국가로 전락할지도 모른다"는 불안감을 가졌다고 기록돼 있을까. 식민지 점령 경쟁에서 도태될까 조급했던 프랑스는 베트남에 관심을 보이기 시작했다. 지리적으로 중국과 국경을 맞대고 있고, 캄보디아, 라오스, 중국까지 동남아 각국을 관통하는 메콩강이 매우 중요한 교역로이자 요충지였기 때문이었다. 프랑스의 중국 진출을 위해서 베트남은 필히 거쳐가야 할 교두보였던 셈이다.

동남아시아의 젖줄, 메콩강. 18세기 서구 열강은 동남아시아의 패권을 장악하기 위해 메콩 델타(메콩강 하류)에 관심을 가졌다.

메콩강을 사수하라!

1858년 천주교 박해를 빌미로 프랑스는 베트남을 침략하게 된다. 근대식 무기로 무장한 프랑스군은 순식간에 베트남 중부의 다낭과 현재의 호치민인 사이공을 점령했고 마지막까지 버티던 베트남 군대도 메콩강 하류에서 모두 격파했다. 1862년 어쩔 도리가 없었던 응우옌 왕조의 뜨득 황제는 항복을 하고 만다. 이 항복으로 불평등 조약인 '사이공 조약'을 체결하기에 이른다. 사이공 조약의 주요 내용은 이렇다.

- 막대한 전쟁 피해 보상금 지불
- 프랑스를 제외한 다른 나라에 영토를 할양하지 않을 것
- 메콩강 유역을 항해 및 조사할 수 있는 권리 보장

조약 체결 이후 메콩강을 자유롭게 드나들 수 있게 된 프랑스군은 메콩강을 따라 캄보디아와 라오스 침략에 박차를 가했다. 아이러니하게도 메콩강 하구에 위치한 사이공(현재 호치민)은 프랑스 식민지 점령 기간 동안 눈부신 성장을 이뤄 내기도 했다. 프랑스 식민 정부는 사이공이 메콩강의 곡창 지대에서 가깝다는 이점을 이용해 접안 시설과 항구, 열차 시설을 건설한 것이다. 시설 건설이 마무리된 1930년대 사이공은 전체 프랑스 제국에서 6번째로 물동량이 많은 항구로, 동남아시아에서는 싱가포르 다음으로 물동량이 많은 항구 도시로 이름을 날렸다.

베트남의 고무 농장 덕분에 미슐랭이 성장할 수 있었다?

프랑스의 식민지 정책은 두 갈래로 나눠 진행됐다. 늘어나는 프랑스의 인구를 분산하기 위한 '정착 식민지'와 물자 확보를 위한 '경제 식민지'가 그것. 프랑스에서 가까웠던 북부 아프리카 지방은 100만 명이 넘는 프랑스인이 이주했을 정도로 정착 식민지로 완전히 자리 잡았던 반면, 프랑스령 인도차이나는 경제 식민지로 더 부각되었다. 프랑스에서 지리적으로 너무 멀었기 때문이었다. 프랑스는 베트남과 캄보디아, 라오스 등 코친차이나 지역에서 아편, 곡주, 소금의 전매권을 가짐과 동시에 이로 발생하는 세금을 거둬들였는데, 1920년대 식민 정부 전체 예산의 44%를 차지하는 어마어마한 금액이었다고 한다. 1930년대부터는 쌀, 차, 커피, 후추 등 고부가 가치 작물들을 베트남 지역에서 재배하기 시작했다. 20세기에 들어 자동차 산업이 발전을 하면서 고무 산업이 함께 성장했는데, 베트남 전역에 고무 농장과 고무 공장이 들어섰고, 베트남은 전 세계의 고무 산업을 이끌어가는 국가가 될 수 있었다. 베트남의 질 좋은 고무로 자동차 타이어를 생산할 수 있게 되자 프랑스산 타이어 그중 유명 타이어 회사인 '미슐랭(Michelin)'은 전 세계적인 회사로 발전하기도 했다. 지금도 고무는 쌀, 카사바, 커피와 함께 베트남 4대 수출 품목이다.

베트남에서 흔히 볼 수 있는 고무 농장

베트남 어디에서나 쉽게 맛볼 수 있는 쌀국수, '퍼'

프랑스에서 건너온 바게트 안에
베트남 식재료가 가득, '반미'

세계 여러 제도의 종교를 다루는 까오다이교, 베트남의 식문화로 정착한 반미와 퍼

유럽 문화의 전파는 베트남 사람들의 생활에도 적지 않은 영향을 미쳤다. 베트남에서 생긴 신흥종교인 까오다이교(Đạo Cao Đài)가 대표적인 예. 까오다이교는 아시아 문화권의 조상 숭배, 유럽 문화권의 실증적 심령주의 등 두 가지 문화권에 기초를 두고 있으며, 많은 부분이 유럽권을 비롯한 세계 곳곳의 종교가 혼합된 형태다. 중국의 쑨원, 영국의 윈스턴 처칠 등의 인물을 성인으로 모시는 것도 기존 종교와 다른 점이다.

베트남의 식문화도 변화를 맞게 됐다. 프랑스에서 빵이 전파되면서 베트남 사람들도 빵을 먹기 시작한 것이다. 바삭한 바게트 사이에 베트남 땅에서 나는 채소와 소시지 등을 넣어 만드는 반미와 프랑스의 곰탕 요리인 포토푀의 국물 내는 법을 본떠 만든 쌀국수(퍼)는 프랑스 식민지 시기를 거치며 베트남 국민이 가장 사랑하는 음식이 됐다.

Chapter 2. 베트남 전쟁사

제 2차 세계대전이 발발하자 프랑스 정부는 세계 각지의 식민지에 주둔하던 병력들을 철수하고 본국으로 송환한다. 그리고 이를 틈타 프랑스군을 몰아낸 일본은 베트남을 지배하게 된다. 이때 호치민이 이끄는 베트남 공산주의자들이 힘을 모아 혁명을 일으켰고, 베트남 민주 공화국을 수립하게 된다. 하지만 그 평화는 오래가지 못했다. 베트남에서 철수했던 프랑스가 베트남을 지배할 권리를 주장하며 베트남과 프랑스 간의 전쟁이 8년 동안이나 이어졌기 때문이다. 베트남의 승전으로 프랑스는 결국 베트남에서 철수할 수밖에 없었고, 열강의 이해 관계에 따라 베트남은 북위 17도를 기준으로 남과 북으로 분단된다. 북베트남의 지도자였던 호치민은 베트남 국민들이 외세를 몰아내고 남북 통일을 하기를 주장했으나 베트남 전체가 공산화되는 것이 두려웠던 미국이 가만히 보고 있을 리 없었다. 결국 1964년 통킹만 앞바다를 순찰하던 미군의 군함이 북베트남의 공격을 받았다는 이유로 베트남 전쟁이 격화된다(사실 현재까지도 실제 공격을 받았는지에 대해 알려진 것이 없다).

베트남은 비교적 어린 나라다. 최근 조사에 따르면 베트남의 평균 연령은 30.1세로 전세계에서 가장 젊은 국가로 꼽힌다.

베트남에서 60대 이상의 노인을 쉽게 볼 수 없는 이유

1965년 6월부터 미군은 대대적인 공습 작전을 폈다. 북베트남의 중심 도시였던 하노이의 주요 시설에 100만 톤에 달하는 폭탄과 미사일이 투하됐다. 호치민으로 향하는 통로를 파괴하기 위해 주변국인 라오스와 캄보디아까지 무차별 폭격을 했을 정도였다. 베트콩의 반격도 대단했다. 정글에 은신해 있다가 공격하고 다시 땅굴이나 정글에 숨어버리는 게릴라전에 미군은 고전을 거듭할 수밖에 없었다. 자신들이 생각했던 것보다 장기전으로 갈 것을 알게 된 미국은 18만 명 수준이던 파병 인원을 최대 54만 명까지 늘리고 한국과 호주, 필리핀 등의 동맹국에 파병을 요청하기도 했다. 구석구석 숨은 베트콩을 토벌할 목적으로 고엽제를 뿌리고 민간인이 사는 마을을 급습해 베트콩을 보호해줬다는 이유로 민간인 학살을 한 것도 그 즈음이다. 하지만 승기가 미국으로 기울기는커녕 수세에 몰리기만 했다. 긴 전쟁을 치르느라 미국의 국가 재정은 날이 갈수록 안 좋아졌고, 처음에는 전쟁에 찬성하던 여론도 등을 돌렸다. 엎친 데 덮친 격으로 1972년에는 북베트남군이 남하하며 대대적인 반격에 나서자 양국 간의 교섭이 진행되었다. 이 교섭을 통해 비로소 베트남에 주둔 중이던 미군도 완전히 철수하게 된다. 전쟁이 남긴 상처는 컸다. 베트남 사람은 400만 명 가까이 희생되었으며 미군 6만 명, 한국군 5000명 등 수많은 전사자와 부상자가 발생했으며, 베트남의 전 국토가 고엽제와 폭탄으로 초토화되었다.

STORY

INTERVIEW 호치민과 냐짱을 사랑하는 사람들

"

데이브 Dave One Trip 직원

땀키(Tam Ky)라는 작은 어촌 마을에서 돈을 벌기 위해 호치민으로 왔어요. 제 고향과는 다르게 호치민은 조금만 부지런히 살면 기회가 있는 도시거든요. 말레이시아 쿠알라룸푸르에서 1년간 유학하며 중국어와 영어를 배웠고, 지금은 여행 가이드 일을 하고 있어요. 매일 새로운 사람들을 만날 수 있어 매일이 새로워요.

"

"

루 응옥 안 LU Ngoc Anh Caravelle Hotel 직원

저는 베트남과 중국 혼혈이에요. 할아버지가 중국인이거든요. 제 고향은 메콩 델타 지역입니다. 호치민과 달리 아주 평화롭고 조용한 시골 마을이죠. 한 프랑스인 관광객이 제게 "너 정말 미소가 예쁜데 호텔리어로 일하면 정말 잘할 것 같다"고 말한 것이 호텔리어가 되어야겠다고 결심한 계기가 됐답니다. 그때부터 영어 공부를 열심히 해서 결국 꿈을 이뤘어요. 세계 각지에서 온 여행객들에게 최고의 서비스를 제공하는 것에 늘 자부심을 갖고 있습니다. 호치민은 늘 바쁘고 복잡하지만 조금만 열심히 살면 누구나 꿈을 이룰 수 있는 곳이기도 합니다.

"

"

짱 Trang Quan 104 주인

호치민은 저희 가족에게 삶의 터전 입니다. 온 가족이 함께 식당을 운영하고 있는데요. 식재료를 손질하고 요리한 다음 손님상에 서빙하기까지 우리 가족의 손을 거칩니다. 그 과정이 솔직히 좀 힘들다 느낄 때도 많지만 단골손님이 늘어가는 재미가 있답니다.

"

'당신이 살고 있는 이 도시를 좋아하세요?'라는 질문에 주저 없이 '그렇다'라고 대답했다. 지금 하고 있는 일에 대한 자부심과 만족도도 대단했다. 어쩌면 베트남의 내일이 기대되는 것도 사람 때문일지도 모르겠다.

케이티 Katie Casa Spa 매니저

"어렸을 때 호치민에서 살다가 15년간 호주와 뉴질랜드에서 살았어요. 지금의 남편을 만나 남편의 고향인 냐짱에서 스파 숍을 차리게 됐죠. 호치민에서의 삶은 항상 바빴던 것 같아요. 베트남의 경제 중심지라서 원하는 모든 것이 있는 도시입니다. 이곳저곳 탐험하는 재미가 있어 살수록 매력적이죠. 냐짱은 나 역시 잘 모르는 도시라서 아직까지 여행 온 기분이 들어요. 그게 냐짱의 매력입니다."

칸 호아 Khan Hoa Novotel 마케팅팀 직원

"일단 제 이름이 정말 독특합니다. 냐짱이 속해 있는 칸 호아 성(城)이 제 이름이죠(냐짱보다 제 이름이 더 큽니다!). 냐짱은 제게 많은 의미를 갖고 있는 도시입니다. 직장과 집이 있고, 1년 중 300일 이상 맑고, 멋진 해변도 있어서 많은 관광객들이 찾는 도시이기도 하죠. 개인적으로 동남아에서 가장 멋진 해변을 가진 곳입니다. 한국 사람들도 냐짱으로 많이 왔으면 좋겠어요. 아 그리고 박항서 감독님 사랑해요. 우리의 영웅입니다!"

요시다 사토시 Yoshida Satoshi 前 Intercontinental 사업개발 담당 직원

"꽤 오랫동안 일본 도쿄에서 있다가 어학연수로 호주, 그 이후에 필리핀 등의 동남아시아 국가를 거쳐 냐짱 인터콘티넨털 호텔에서 근무하고 있습니다. 이곳에 있으며 가장 큰 수확은 지금의 아내를 만난 것입니다. 제 고국인 일본이 그리울 만도 한데, 아내 덕분에 냐짱이라는 도시도 좋아졌어요. 지금은 이곳이 더 고향 같아요."

STORY

HOT & NEWS

랜드마크 81 전망대 오픈

동남아시아에서 가장 높은 빌딩으로 완공 전부터 유명세를 떨쳤던 랜드마크 81의 전망대가 2019년 5월, 긴긴 공사를 마치고 드디어 문을 열었습니다. 건물의 79~81층을 전망대로 사용하는데요. 톱 오브 베트남(TOP OF VIETNAM)이라는 스카이다이빙 가상 체험도 할 수 있습니다. 아쉬운 점이라면 비싼 입장료인데요. 같은 건물의 블랭크 라운지(P.107)에 가면 훨씬 저렴한 가격에 술, 커피 한잔과 함께 전망을 즐길 수 있어 인기몰이를 하고 있습니다.

호치민 지하철 1호선 공사 중

벤탄역부터 수어이띠엔공원역까지 14개역, 총길이가 14킬로미터에 달하는 지하철 1호선 공사가 한창입니다. 지하철 개통으로 1군과 2군 지역의 교통 편의성이 나아질 것으로 예상이 되는데요. 당초 목표는 2020년 개통, 2021년부터 운행이었지만 수차례 자금난을 겪는 등 공사 진행 과정이 지지부진해 앞으로 몇 년은 더 걸릴 것이라고 합니다. 공사로 인해 벤탄 시장과 오페라 하우스 주변 도로의 차량 정체가 심한 편이니 참고하세요.

STORY

냐짱과 푸꾸옥 직항편 신설

요즘 핫한 휴양지답습니다. 다낭에 비해 여행자의 관심에서 멀리 떨어져 있던 냐짱과 푸꾸옥 직항편이 많아지고 있습니다. 인천공항(이스타항공 – 냐짱, 푸꾸옥 매일)은 물론이고 대구공항(티웨이항공 – 냐짱 주 4회)과 김해공항(비엣젯항공 – 냐짱 주 4회) 등 지방에서 출발하는 항공편도 다양해져 베트남으로 가는 하늘길이 훨씬 넓어졌어요. 또, 하늘길이 좁아 오가기 힘들었던 푸꾸옥도 노선 확대와 증편을 꾸준히 하고 있어 여행객들의 편의가 대폭 향상되었습니다.

노트르담 성당 재단장 공사 중

호치민의 대표 관광 명소인 노트르담 성당이 개보수 공사를 진행하고 있습니다. 건물 노후화로 인해 성당 건물 전체를 재단장할 계획인데요. 2020년 6월 말까지 공사 기간이 잡혀 있어 방문 시기에 따라 성당의 외관을 못 볼 확률이 커요. 미사 시간을 제외하고는 실내 견학도 할 수 없다고 합니다.

냐짱(냐짱) 깜란 국제공항에서는 패스트 트랙이 답!

냐짱공항은 입국 수속에 걸리는 시간이 긴 것으로 악명이 높습니다. 공항 규모가 크지 않은데 비해 중국과 러시아, 한국 관광객이 비슷한 시간대에 도착을 하기 때문입니다. 냐짱 직항 항공편으로 베트남 입국을 할 여행객이라면 패스트 트랙(Fast-track) 서비스를 이용해보시길 강력 추천합니다.
패스트 트랙 서비스는 공항에서 일반 여행자보다 우선적으로 입국 심사를 받을 수 있는 VIP서비스인데요. 1인당 약 1만8000원을 내면 기다리지 않고 입국 심사를 받을 수 있어 가족 단위 여행자와 새벽에 도착하는 항공편 탑승객들이 많이 이용하고 있습니다. 패스트 트랙 서비스 가입은 국내의 여행사에서 할 수 있습니다(2권 P.092).

소매치기를 조심할 것

예전에 비해 많이 줄었다고는 하지만 베트남을 방문하는 한국인 관광객이 늘어나며 한국인 대상 소매치기 범죄도 덩달아 늘어나고 있습니다. 공항, 유명 관광지, 호텔 주변 등 관광객이 많은 곳에서는 각별히 조심해야 합니다. 스마트폰, 여권, 지갑 등의 귀중품은 사용하지 않을 경우 가방 깊숙한 곳에 넣고, 가방은 항상 눈에 보이도록 메는 것으로도 어느 정도 예방이 됩니다.

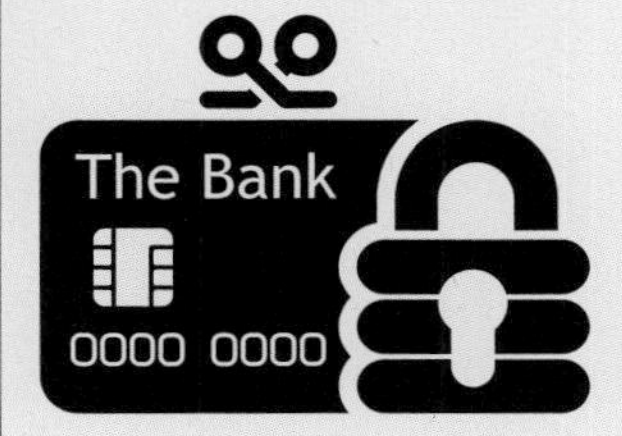

1

HO CHI MINH
사이공 강변에 늘어선,
호치민 랜드마크
Ho Chi Minh Landmarks

SIGHTSEEING BEST

베트남 남부에서 꼭 봐야 할 볼거리 BEST 10

HO CHI MINH
베트남 역사의 살아있는 유산, 통일궁
Independence Palace

2

3

HO CHI MINH

호치민에서 만나는 고딕과 로마네스크의 유산,
노트르담 성당

Saigon Notre-Dame Basilica

4

HO CHI MINH

800만 메트로폴리탄의 중심,
인민위원회 청사

Ho Chi Minh City
People's Committee Head Office

NHA TRANG

도시와 이웃한 푸르고 푸른 바다, 냐짱 비치

Nha Trang Beach

5

6

NHA TRANG
냐짱에서 만나는 또 하나의 앙코르와트, 포 나가르 사원
Po Nagar Cham Tower

7

DA LAT
모자이크 타일이 영롱히 빛나는, 린프옥 사원
Linh Phuoc Pagoda

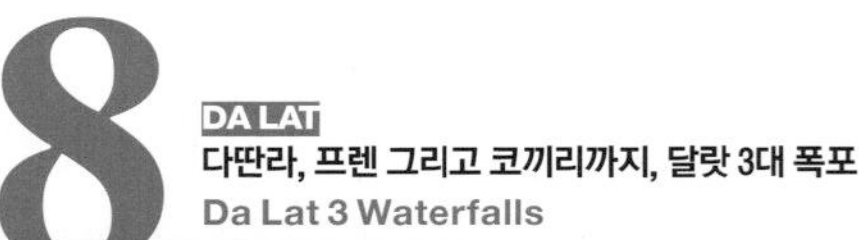

8

DA LAT
다딴라, 프렌 그리고 코끼리까지, 달랏 3대 폭포
Da Lat 3 Waterfalls

9

PHU QUOC
별처럼 빛나는 코발트 빛 바다, 싸오 비치
Sao Beach

10

MUI NE
바다를 마주한 모래 언덕, 화이트 & 레드 샌드 듄
White & Red Sand Dunes

1

기본 중의 기본,
베트나미즈의 소울 푸드, 쌀국수
Pho Bo

2

바삭한 바게트 사이에 온갖 재료가
가득한 오픈 샌드위치, 반미
Banh Mi

EATING BEST

베트남 남부에서 꼭 먹어봐야 할 음식 BEST 10

풍부한 소와 바삭한 튀김의 환상 조화, 반쎄오
Banh Xeo

3

4

베트남해에서 갓 잡아 올린
신선한, 해산물
Seafoods

5

풍미 깊은 커피와 달달한 연유의 찰떡궁합, 카페 쓰어다
Ca Phe Sua Da

6

코코넛 특유의 달콤함이 더위를 날린다,
코코넛 커피
Coconut Coffee

7

생과일을 그대로 갈아 넣은
베트남식 스무디, 신또
Sinh To

8

수백 가지 재료
수만 가지 레시피의
전통 디저트, 쩨
Che

9

메추리 알부터
수제 소시지까지,
길거리 꼬치
Skewers

10

젊고 도전적인 맛과
깊은 풍미를 자랑하는,
로컬 수제 맥주
Local Craft Beer

1

열대 덩굴 식물의 줄기를 엮어 만든,
라탄
Rattan

질 좋고 값싼,
도자기
Ceramics

2

SHOPPING BEST

베트남 남부에서 꼭 사야 할 쇼핑 BEST 7

3

형형색색 내 몸에 꼭 맞춘 전통 의상,
아오자이
Ao Dai

4

세계적인 커피 왕국 베트남이 빚은, 커피 원두

Coffee Beans

5

열대과일의 달콤함을 내 집까지, 건과일

Dried Fruits

6

와그작와그작! 값싸고 질 좋은, 견과류

Nuts

7

모기에 물려도 어깨가 뻐근해도 이것!
베트남 사람들의 만병통치약, 풍유정

Green Oil

EXPERIENCE BEST

베트남 남부에서 꼭 해봐야 할 체험 BEST 8

1

NHA TRANG / PHU QUOC

베트남 최고의 테마파크와 동물원, 빈펄 랜드 & 사파리

Vinpearl Land & Safari

2

MUINE

모래 언덕 위에서 마주하는 일출과 일몰, 선라이즈 & 선셋 투어

Sunrise & Sunset Tour

3

HO CHI MINH

가성비 최고! 하루의 피로를 날려 줄, 마사지

Massage

4

NHA TRANG / PHU QUOC

비밀스런 섬들을 차례로 돌아보자, 보트 투어

Boat Tour

5

NHA TRANG / PHU QUOC
맑고 투명한 바닷속 별세상을 마주하자,
스노클링
Snorkeling

6

SURBURB OF HO CHI MINH
투쟁의 역사를 고스란히 담은, 구찌 터널 투어
Cu Chi Tunnels Tour

7

PHU QUOC
세계에서 가장 길다는 케이블카를 타자,
푸꾸옥 케이블카
Phu Quoc Cable Car

NHA TRANG / PHU QUOC
미네랄을 가득 품어 피부에 더없이 좋다,
머드 스파
Mud Spa

SIGHTSE

EING
38.27 27 27
VINASUN TAXI
56K 9885

안전하게 여행하는 꿀팁

보행자의 안전이 어느 정도 보장되는 우리나라와 다르게 베트남에서는 보행자의 안전이 완전히 보장되지 않는다. 신호등과 횡단보도가 적고 거리마다 오토바이가 많기 때문인데, 몇 가지만 잘 지켜도 안전 사고의 위험으로부터 벗어날 수 있다.

소매치기도 한 수 접고 들어가는

스마트폰 안전 이용법

01 야외에서는 스마트폰을 양손으로 꼭 잡고 가슴에 밀착해서 조작하는 것이 안전하다. 스마트폰 뒷면에 키링을 부착해 사용하는 것도 좋은 방법이다.

02 구글지도 확인 등은 실내에서 미리미리 하자. 어쩔 수 없이 야외에서 확인을 해야 한다면 도로에서 최대한 멀리 떨어져서 확인하자. 전봇대나 벽 등 몸을 숨길 수 있는 장애물에 딱 달라붙어 스마트폰을 이용하면 좀 더 안전하다.

03 행인에게 길을 물어볼 때는 더더욱 조심해야 한다. 스마트폰을 다른 사람의 손에 맡기지 않도록 조심할 것.

04 절대로 바지 주머니에 넣지 말자. 소매치기범에게는 "제발 훔쳐가 주세요"라는 메시지로 인식되기 때문. 식당이나 카페에 앉아 있을 때 테이블 위에 스마트폰을 올려 두는 것 역시 매우 위험한 행동이다.

05 길을 걸으며 음악을 듣거나 팔을 뻗어 셀카를 찍는 등의 행위는 삼가자. 소매치기범의 먹잇감이 되기 쉽다.

초보 여행자의 첫 번째 난관

안전하게 길 건너는 방법

01 신호등이 있는 곳에서는 신호를 지켜서 건너자. 호치민 시내 교차로에는 생각보다 신호등이 많이 설치돼 있고 신호를 잘 지키는 편이다.

02 신호등이 없는 곳에서는 교통의 흐름을 잘 본 뒤에 건너자. 길을 건널 때는 손을 어깨 높이 정도로 살짝 들어주는 것만으로도 안전에 가까이 다가갈 수 있다. 길 건너는 것이 도저히 자신이 없을 때는 무리하게 건너지 말고 다른 사람이 길을 건널 때까지 기다렸다가 함께 건너는 것이 확실하고 속 편한 방법이다.

03 길을 건너다가 뒷걸음질 치는 것은 절대 금물. 자칫 충돌 사고가 일어나기 쉽다. 좌우 전방을 주시하며 일정한 속도로 건너는 것이 중요하다. 상황이 여의치 않을 때는 가던 길을 돌아가는 것보다 잠시 멈추는 것이 낫다.

04 어린이는 위험하므로 안은 채 길을 건너자.

훔쳐 가려면 훔쳐 가 보시지!

내 귀중품 안전히 지키는 방법

01 현금은 그날그날 쓸 만큼만 갖고 다니는 것이 좋다. 그 외의 현금과 여권, 지갑 등의 귀중품은 호텔에 보관하도록 하자. 4성급 이상 호텔에는 객실에 세이프티박스(금고)가 있어 유용한데, 여행용 캐리어에 자물쇠를 달아서 금고 대용으로 이용하면 더욱 편리하다.

02 카메라, 숄더백, 크로스백은 대각선으로, 백팩은 가방이 앞으로 오게 메자. 낚아채 갈 것을 대비해 길을 걸을 때 가방끈을 한 손으로 쥐면 쉽게 훔쳐가지 못한다.

03 귀중품은 가방 가장 안쪽에 넣고 지퍼를 꼭 닫아야 한다.

04 길을 걸을 때는 도로에서 최대한 떨어져서 걷고, 낯선 사람이 말을 걸 때에도 긴장을 늦춰서는 안 된다. 특히 여행객들이 많이 모이는 유명 관광지, 유흥가, 환전소 주변은 관광객 대상 소매치기 범죄가 자주 일어난다.

05 어린이, 여성은 범죄의 표적이 되기 쉽다. 중요한 물건은 건장한 남성에게 맡기는 편이 더 안전하다.

06 값비싼 선글라스, 목걸이, 반지 등은 애초에 착용하지 않는 것이 좋다.

07 ATM 기기를 사용할 때는 주변에 보안요원이 있는지 확인하자. 야외에 설치된 ATM 기기보다는 부스 안에 설치된 ATM 기기를 이용하면 좀 더 안전하다.

조심해야 할 것이 더 남았어요!

길을 걸을 때 주의해야 할 것

01 출퇴근 시간대 도로는 그야말로 전쟁터. 오토바이가 도로를 가득 메우는 것은 물론이고 성격 급한 오토바이 운전자들은 도로가 아닌 인도를 달리기도 한다. 오토바이가 인도에 진입하는 것을 막기 위해 진입 방지 장애물(볼라드)을 설치했지만 큰 효과를 보지 못하고 있는 상황. 도로가 혼잡한 시간대에는 도로뿐 아니라 인도에서도 오토바이와 충돌할 수 있어 조심해야 한다. 높이가 낮은 볼라드에 걸려 넘어질 수 있으니 바닥을 잘 보며 걷자.

02 공사장 주변을 걸을 때는 좀 더 조심해야 한다. 추락 안전망이 설치돼 있지 않거나 어설프게 설치된 곳들이 더러 있어서 보행자의 안전이 보장되지 않는다.

03 나짱 중심가를 걷다 보면 질 나쁜 러시아인들이 치나(중국인을 얕잡아 부르는 속어)라 부르면서 시비를 걸 때가 간혹 있는데, 이럴 때는 그냥 무시하는 것이 좋다. 괜히 시비에 휘말렸다가 골치 아픈 일이 생길 수 있다.

1 통일궁
Independence Palace

관람 소요 시간 1~3시간 • **볼거리** ★★★★

프랑스 식민 정부가 코친차이나(베트남 남부) 통치를 위해 1873년 세운 건물. 4층 구조이지만 천장을 높게 지어 실제 높이는 8층 건물과 맞먹는다. 제네바 협정(1954) 이후 프랑스군이 철수하고 베트남공화국(남베트남)이 세워지면서부터는 남베트남 대통령의 집무실과 관저로 이용되었다. 각종 회의실과 연회장, 집무실, 관저 및 침실 등 100개가 넘는 방이 갖춰져 있으며 게임실, 영화관, 도서실 등의 여가 시설도 마련하고 있다. 베트남 전쟁 발발 이후 지하에 벙커를 만들어 유사 시 대피할 수 있는 공간 등을 마련하여 전쟁을 총괄 지휘하는 장소로 탈바꿈하게 되었다. 오후 시간에는 관람객이 많고 더워서 될 수 있으면 오전 일찍 돌아보는 것을 추천. 오전 11시부터 오후 1시까지는 폐관하니 유의하자.

2권 Ⓑ **INFO** P.054 Ⓜ **MAP** P.046B Ⓖ **구글지도 GPS** 10.777707, 106.696790 Ⓣ **시간** 07:30~11:00, 13:00~17:00 Ⓓ **가격** 통일궁 성인 4만đ, 어린이 1만đ/특별전시실 성인 4만đ, 어린이 1만đ/통일궁+특별전시실 성인 6만5000đ, 어린이 1만5000đ/오디오 가이드 7만5000đ

Tip!

오디오 가이드 대여하기

같은 것을 보더라도 알고 보는 것이 나은 법. 오디오 가이드를 대여하면 위치에 따라 자세한 설명을 들을 수 있어 많은 도움이 된다. 한국어, 영어 등 10개 언어를 제공하고 있으며 한국어 발음도 또박또박해 알아듣기 수월하다.

STEP 1 매표소에서 오디오 가이드 티켓을 구입한다.

STEP 2 통일궁 건물 1층의 오디오 가이드(AUDIO GUIDE) 부스에 티켓을 제출한 뒤 보증금을 낸다. 보증금은 현금 50만đ이나 여권 중 원하는 것으로 제출하면 된다.

STEP 3 원하는 언어를 이야기하고 기기와 안내도를 수령한다.

STEP 4 사용이 끝난 후 반납하면 보증금을 되돌려 받을 수 있다.

통일궁에서 반드시 봐야 할 곳 BEST 6

1 T54 탱크

Tank T54 (야외)

1975년 4월 30일 11시 30분 소련제 북베트남 탱크 두 대가 통일궁 정문을 부수고 들어왔다. 남베트남의 마지막 대통령이던 즈엉반민은 항복을 하고 길고 긴 베트남 전쟁이 종전됐다. 당시 통일궁으로 진격한 탱크가 도색을 새로 한 채 전시돼 있어 인증사진 장소로도 인기가 높다.

2 내각 회의실

Cabinet Room (1층)

대통령과 장관들이 회의를 하던 장소. 1967년부터 마지막 내각 총리 임명이 있었던 1975년 4월까지 총 5번의 내각 개편을 진행했다. 월남의 마지막 대통령이던 즈엉반민 대통령은 1975년 4월 30일 오전 10시, 이곳에서 베트남전 항복과 권력이양 방송을 했다.

3 대통령 응접실

Presidential Reception Rooms (2층)

남베트남 국기를 상징하는 줄무늬 패널 앞에 대통령이 앉는 의자가 있으며 맞은편 의자에는 주로 영빈이 앉았다. 두 의자에는 황제를 상징하는 용이 조각돼 있으며 다른 의자에는 불사조가 새겨져 있다. 베트남 전쟁 정전을 이끌어낸 '파리 평화 협정(1973)'의 승인을 위한 6번의 회의도 이곳에서 열렸다.

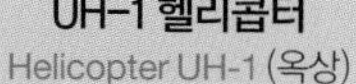

4 UH-1 헬리콥터

Helicopter UH-1 (옥상)

대통령이 언제든 사용할 수 있도록 헬기장에 헬리콥터가 있었으며 정찰이나 시찰 및 피난 작전에 투입되었다고 한다. 옥상 바닥의 빨간색 원은 월남의 엘리트 공군 중위이자 북베트남의 간첩이었던 '응우옌 탄 쭝'이 임무수행 중 편대를 이탈해 통일궁을 폭격했던 위치이다.

5 벙커

Bunker (지하)

3개월에 걸쳐 지어졌으며 길이가 72.5미터에 달한다. 핵심 시설인 작전참모실은 0.6미터 깊이에 500킬로그램의 폭탄도 버틸 수 있도록 콘크리트로 지어졌다. 최고 보안 시설은 2.5미터 깊이에 폭발벽을 설치해 최대 2000킬로그램의 폭발에도 버틸 수 있었다고 한다.

6 대나무 모양의 창틀

창문 밖의 대나무 모양 창틀은 후에 왕궁의 전통 건축양식에서 힌트를 얻어 만들었다. 강한 햇빛을 조절하고 건물 내부로 바람이 더 세게 들어오는 기능도 있다고 한다. 건물 옥상의 조각돌 역시 건물의 온도를 낮추는 효과가 있어 통일궁 실내가 한층 시원하게 느껴진다.

2 인민위원회 청사
Ho Chi Minh City People's Committee Head Office

관람 소요 시간 15분 • **볼거리** ★★★★

호치민 여행 책자나 팸플릿에 항상 등장하는 랜드마크 건물. 프랑스 식민 정부가 코친차이나(베트남 남부) 지배를 본격화하며 당시 수도였던 사이공에 건설한 것이 시초다. 프랑스인 건축가 가르(Gardes)가 프랑스 시청사를 본떠 설계했으며 베트남 전쟁 종전(1975) 이후부터는 호치민 시청으로 재단장했다. 당시 유럽 식민지에서 흔히 볼 수 있었던 '콜로니얼 양식'으로 지어져 우아하고 아름답지만 아쉽게도 실내 견학은 불가능. 건물 주변으로 접근이 힘들어 도로 건너편에서 사진을 찍는 수밖에 없다. 청사 앞 광장에는 호치민 청동 동상이 서 있어 서울의 광화문 광장이 생각난다. 소매치기가 기승을 부리고 있는 지역이니 카메라나 스마트폰 등 소지품 관리를 철저히 하자.

2권 INFO P.036 **MAP** P.033G **구글지도 GPS** 10.776501, 106.700986 **시간** 24시간 **가격** 무료

인민위원회 청사 건물 뜯어보기

1

인민위원회 청사 건물

프랑스 콜로니얼 양식이 가장 잘 드러난 건물로 평가되고 있다. 건물 곳곳을 뜯어보면 그 아름다움을 두 배, 세 배 더 느낄 수 있다.

2

노란색 외관

당시 프랑스에서 노란색은 황금색과 비슷해 왕실에서 주로 사용하던 색깔이었다. 왕실의 권력과 위엄을 나타내기 위해 주요 관공서들은 온통 노란색으로 칠했다.

3

박공형 지붕과 그 위의 조각, 건물 가운데에 높이 솟은 시계탑

콜로니얼 양식 건물의 전형적인 특징. 싱가포르, 말레이시아, 홍콩 등의 콜로니얼 양식 건물에서도 쉽게 찾아볼 수 있다.

4

아치 모양 창문과 발코니

프랑스인들이 자신들의 건축 양식은 최대한 보전하면서 고온다습한 동남아 지역 기후에 쉽게 적응하기 위해 발코니를 크게 만들었다.

5

양각 동상

건물 한가운데는 사나운 짐승을 길들이는 여성과 아이들이, 양옆에는 칼을 들고 있는 여성이 조각돼 있다.

Tip!

인민위원회 청사를 더 잘 볼 수 있는 '렉스 호텔 루프톱 가든 바'

칵테일 한 잔 마시며 인민위원회 청사와 광장을 한눈에 볼 수 있어 여행자들에게 인기 있다. 과거 베트남 전쟁 때는 장교 클럽으로도 이용됐을 만큼 유서 깊은 곳으로 세월의 흔적을 곳곳에서 느낄 수 있다. 그늘이 생기는 오후와 저녁 시간을 추천한다.
(2권 P.042)

3 노트르담 성당
Saigon Notre-Dame Basilica

관람 소요 시간 15분 • **볼거리** ★★★ (2020년까지 복원공사 예정)

로마네스크 양식으로 지어진 성당으로 호치민을 상징하는 랜드마크 건물이다. 프랑스 식민 시절, 포교를 위해 지었으며 시멘트, 강철은 물론 벽돌과 타일까지 거의 모든 재료를 프랑스에서 공수해와 건축했다. 특히 성당 외벽은 프랑스 마르세유에서 만든 붉은 벽돌을 이용했는데, 벽돌에 이끼가 끼지 않고 변색도 적어 지금도 건축 당시의 빛깔을 그대로 유지하고 있다. 성당 내부도 아름답다. 샤르트르에서 들여온 56개의 스테인드글라스, 베트남에서 가장 오래된 파이프 오르간, 성서의 한 장면을 묘사한 조각 등을 보면 '건축 비용이 당시 가격으로 2500만 프랑이나 드는 대공사였다'라는 것이 틀린 말은 아니구나 싶다. 지난 2005년, 성당 앞의 성모마리아 동상에서 원인 모를 눈물이 흘러내리는 '호치민의 기적'이 있었다고 하니 성모마리아 동상의 눈을 유심히 살펴보자. 일요일에는 영어 미사도 열려 실내 견학이 가능하다.

2권 Ⓘ **INFO** P.042 Ⓜ **MAP** P.033D Ⓖ **구글지도 GPS** 10.779594, 106.699216 Ⓣ **시간** 24시간/영어 미사 일요일 05:30~06:45, 08:00~09:30 Ⓓ **가격** 무료

4 사이공 중앙 우체국
Saigon Central Post Office

관람 소요 시간 20분 • **볼거리** ★★★

노트르담 성당 바로 옆에 자리한 우체국 건물. 프랑스 식민지 시절인 1866년 착공해 1891년 완공됐다. 프랑스 파리의 에펠탑을 설계한 구스타프 에펠(Gustave Eiffel)이 철골 설계를 했는데, 오르세 미술관을 모델로 해 더욱 유명세를 얻게 됐다. 실내 견학이 불가능하거나 제한돼 있는 다른 관광지와 달리 지금도 우편 업무를 보고 있어 엽서를 부치려는 여행자들도 많이 찾는다. 실내에는 1892년 호치민 지도와 전신선 지도가 걸려 있으며 나무 전화 부스도 있어 고풍스러운 분위기를 한층 돋운다.

2권 Ⓘ **INFO** P.043 Ⓜ **MAP** P.033D Ⓖ **구글지도 GPS** 10.779768, 106.699769 Ⓣ **시간** 월~금요일 07:00~19:00, 토요일 07:00~18:00, 일요일 08:00~18:00 Ⓓ **가격** 무료

5 오페라 하우스
Saigon Opera House

관람 소요 시간 15분 • 볼거리 ★★★

프랑스 파리의 '오페라 가르니에'를 본떠 만든 오페라 하우스. 화려하고 고풍스러워 당시 선풍적인 인기를 끌었던 '프랑스 제3 공화국(1870~1940)' 건축양식을 따랐다. 같은 해(1900)에 파리에 지어진 쁘띠빨레(Petit Palais)에서 힌트를 얻어 건물 외관 설계를 했으며 실내의 명문과 가구 등은 모두 프랑스에서 공수해와 장식했다. 도로의 소음을 방지하기 위해 도로보다 2미터 더 높이 건물을 지었으며 출입문을 이중으로 배치했다. 객석이 타원형으로 배치돼 있어 어떤 자리에 앉던 간에 무대가 잘 보인다. 또 극장 안에는 메아리가 울리지 않도록 설계해 어느 곳에서나 동일한 음질을 즐길 수 있다. 복장 규정이 엄격하지는 않지만 짧은 반바지, 민소매, 샌들이나 슬리퍼 등의 복장은 삼가자. 특히 저녁 공연 때는 차려 입고 오는 관객들도 많아서 자칫 민망할 수 있다.

2권 INFO P.036 MAP P.033G 구글지도 GPS 10.776570, 106.703136 가격 무료

Tip!

오페라 하우스 공연 예매와 관람 방법

티켓은 홈페이지 또는 매표소에서 구입할 수 있다. 편리한 것은 인터넷 발권이지만 현장 예매 시에는 공연에 대한 간략한 설명을 들을 수 있어 나쁘지 않은 선택이다.

STEP 1 오페라 하우스 정면을 마주 보고 왼쪽 방향으로 들어간다. 이곳에 현재 상영 중인 공연 매표소가 따로 마련돼 있다. 공연의 종류에 따라 매표소가 다르니 조심하자.

STEP 2 공연 날짜와 시간, 좌석을 선택하면 즉석에서 티켓을 발급해 준다. 공연에 따라 제휴 업체에서 사용할 수 있는 쿠폰을 받을 수 있다.

STEP 3 공연 시작 시간 40분 전에 오페라 하우스에 도착해 입장하자. 공연 시작 1시간 전, 30분 전에 평소에는 굳게 닫혀 있던 오페라 하우스 실내를 견학할 수 있는 프로그램이 열린다. 영어로 진행되며 사진을 찍을 수 있도록 배려해 여행자들에게 인기가 높다.

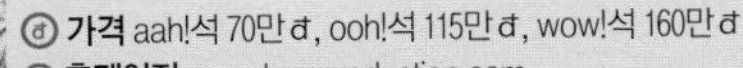

어떤 공연을 봐야 할지 모르겠다면 – 아오 쇼(Ao Show)

2013년 2월 첫선을 보인 후 지금까지도 꾸준히 인기 있는 비주얼 아트 쇼. 다양한 대나무 소품을 응용해 쇼를 이끌어 간다. 대사가 거의 없이 몸동작으로만 쇼를 진행해 누구나 즐길 수 있다는 것이 장점.

가격 aah!석 70만đ, ooh!석 115만đ, wow!석 160만đ
홈페이지 www.luneproduction.com

6 사이공 스카이덱
Saigon Skydeck

관람 소요 시간 1시간 • **볼거리** ★★★★★

사이공 스카이덱이 생기며 호치민 여행의 판도도 달라졌다. 내세울 만한 전망대가 없어서 야경을 보려면 고층 호텔에 묵거나 루프톱 바에 가야 했지만 세계 어디에 내놔도 좋을 전망대가 생긴 것. 호치민에서 두 번째로 높은 건물인 68층짜리 비텍스코 파이낸셜 타워(Bitexco Financial Tower) 49층에 전망대가 자리해 호치민 도심과 사이공강 풍경이 한눈에 들어온다. 시설 관리가 잘 되어 있고 삼각대 반입과 이용이 자유로워 사진을 찍기에도 좋은 환경이다.

2권 INFO P.036 MAP P.032F **구글지도 GPS** 10.771522, 106.704229 **시간** 09:30~21:45(마지막 입장 20:45) **가격** 성인 20만 đ, 어린이(4~12세) 13만 đ

Tip!

더 월드 오브 하이네켄

감히 '하이네켄의 모든 것'이라고 할 수 있는 '더 월드 오브 하이네켄'. 가이드의 설명에 따라 하이네켄 맥주의 특징을 다양한 전시물과 시각자료로 볼 수 있는 곳. 체험 마지막에는 참가자 전원에게 하이네켄 맥주와 안주를 무료 제공해 멋진 전망을 보며 술 한잔할 수 있는 시간도 주어진다. 입장료가 비싼 감이 있지만 맥주에 관심이 있다면 둘러보자.

7 벤탄 시장
Ben Thanh Market

관람 소요 시간 45분 • **볼거리** ★★★

호치민 중심가에 있는 재래시장. 1912년 문을 열어 100년이 넘는 시간 동안 사랑을 받고 있다. 베트남의 유명 먹거리들을 저렴한 가격에 맛볼 수 있는 노점상과 기념품점, 짝퉁 의류 매장 정도가 둘러볼 만하다. 여행자들도 많이 들르는 곳이다 보니 흥정은 필수. 괜히 어수룩한 모습을 보였다가는 바가지를 쓸 확률이 높아진다. 여러 매장을 다녀보면서 대충 시세 파악을 한 뒤 제시하는 금액에서 일단 반값 정도 깎는 것이 노하우. 하루에도 수십에서 수백 명을 상대하는 '밀당의 대가'답게 가격을 많이 깎는 것은 불가능할지라도 처음보다 가격이 확실히 착해진다. 시장 영업 시간이 끝나면 시장 옆 도로의 차량 통행을 막고 간이좌판이 깔리며 야시장이 배턴을 이어받는다.

2권 Ⓘ **INFO** P.061 ⓜ **MAP** P.046D Ⓖ **구글지도 GPS** 10.772506, 106.698043 Ⓣ **시간** 07:00~19:00

8 전쟁 유물 박물관
War Remnants Museum

관람 소요 시간 2~3시간 • **볼거리** ★★★★★

베트남 전쟁의 모든 것을 볼 수 있는 박물관. 전쟁 중에 찍은 사진들을 주제에 따라 전시해 놓아 부가 설명 하나 없이도 전쟁의 참혹함을 간접 체험할 수 있다. 전쟁이 남기고 간 흔적을 하나씩 되짚어가다 보면 '전쟁의 가장 큰 피해자는 평범한 사람들'이라는 생각이 드는 곳. 냉방 시설 하나 없는 다른 박물관에 비해 에어컨 바람까지 쐴 수 있어 쾌적하게 둘러볼 수 있다.

2권 Ⓘ **INFO** P.054 ⓜ **MAP** P.046A Ⓖ **구글지도 GPS** 10.779531, 106.692086 Ⓣ **시간** 07:30~18:00 Ⓓ **가격** 성인 4만₫, 어린이(6~15세) 2만₫, 6세 미만 무료

THEME 02
해변

ALONE ON A MIDDAY BEACH

Discover the Magical Beaches in Vietnam

인도차이나반도의 등뼈를 따라 이어진
3260킬로미터의 해안선.
그 곳곳마다 자리한 보석 같은 해변.
이를 마주하지 않고서
어찌 베트남을 제대로 여행했다 할 수 있을까.
이제 총천연색 매력을 뿜어내는 베트남의 바다로 가자.

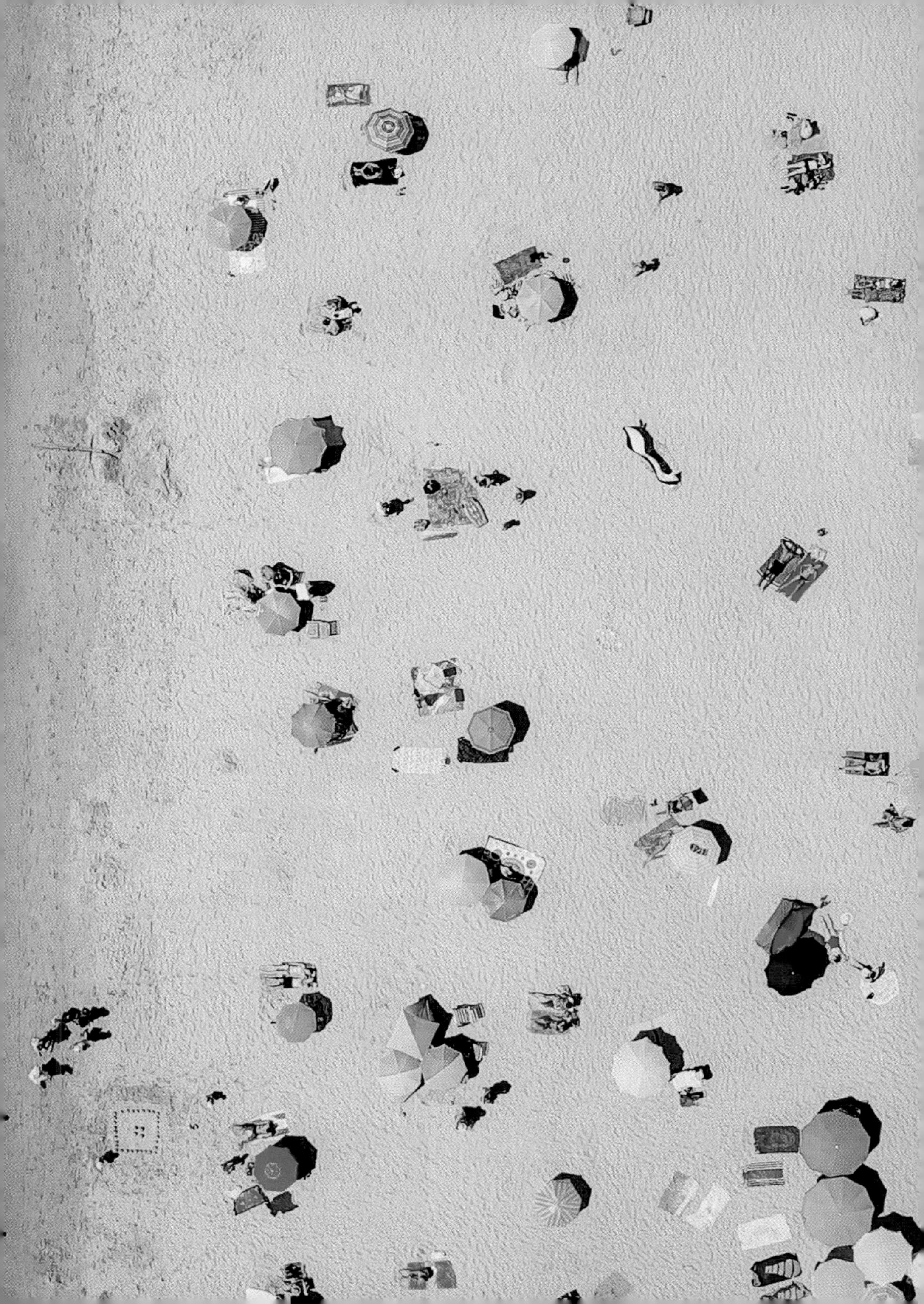

"베트남어 'sao'는 별을 뜻한다. 가루처럼 고운 해변 때문일까.
이따금씩 마주할 수 있다는 불가사리(starfish) 때문일까.
이런들 저런들 어때. 이 아름다운 쪽빛 바다를 마주할 수만 있다면."
야자수에 내걸린
그네에 올라 '인생샷'을
찍어보는 것도 필수!
NHÀ HÀNG
RESTAURANT
QUẦY NƯỚC - BAR
TỦ GỬI ĐỒ
LOCKER
TẮM NƯỚC NGỌT
SHOWER
LỄ TÂN PHONG
ROOM RECEPTION
NHÀ VỆ SINH - TOILET

싸오 비치
Sao Beach

1

별에서 온 그대, 별처럼 빛나는 곳

베트남의 진주라 일컬어지는 섬 푸꾸옥(Phú Quốc). 누군가 푸꾸옥 최고의 해변을 묻는다면 망설임 없이 싸오 비치라 대답할 것이다. 섬의 중심부로부터 동쪽을 향해 한참을 달린 뒤, 이어지는 비포장도로를 따라 덜컹거리며 또 한참. 그리고 그 끝에서야 겨우 마주할 수 있는 바다. 그 여정의 힘듦 때문에 이 바다가 더욱 아름답게 느껴지는 것인지는 몰라도, 싸오 비치가 곱고 아름답다는 것에 이의를 제기할 사람은 거의 없을 것 같다.

베트남어 'sao'는 별을 뜻한다. 눈부시게 반짝이는 해변의 백사장 때문인지 해변의 끄트머리에 이따금씩 출몰하는 불가사리 때문인지 알 수는 없지만, '별의 해변'이라는 그 이름이 부끄럽지 않을 만큼 충분히 눈부시게 아름다운 해변이다. 눈으로만 보아도 이 바다의 아름다움을 바로 알 수 있지만 그 투명한 바닷물 속으로 들어가 본다면 더 많은 매력을 발견할 수 있다. 베트남의 해변에서 쉽게 찾아보기 힘든 산호들과 이를 삶터 삼아 살고 있는 물고기가 많아 스노클링을 즐기기에도 제격이다.

여행자들은 물론, 현지인들에게도 인기가 많은 만큼 여유롭게 싸오 비치를 즐기고자 한다면, 조금이라도 이른 아침에 도착하는 것이 좋다. 화려하고 깨끗한 편의 시설을 기대할 수는 없지만 바로 앞에 식당과 상점을 겸한 비치하우스가 있어 편리하게 이용할 수 있다.

2권 INFO P.136 MAP P.128J

"냐짱의 해변은 특별하다.
사람 냄새 폴폴 풍기는 다이내믹한 도시와
총천연색의 바다가 어깨를 맞대고 있으니까."

냐짱 비치
Nha Trang Beach

2

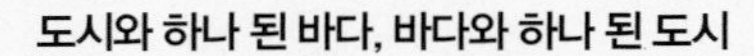

도시와 하나 된 바다, 바다와 하나 된 도시

마치 나만 알고 있는 것처럼 고즈넉한 해변에서의 여유로운 한때를 좋아하는 이도 있고, 북적거리는 도시 풍경을 병풍 삼은 해변의 활기를 좋아하는 이도 있다. 만일 당신이 후자에 속한다면 이제 여기 냐짱 비치를 주목해 보자. 인구 40만 대도시의 에너지와 다이내믹함을 오롯이 품은 도심 속 해변 냐짱 비치가 당신을 기다리고 있으니까.

냐짱의 해변은 마치 와이키키 해변과 비슷하다. 완만한 곡선을 그리며 남북으로 펼쳐진 5킬로미터의 해안선. 수심이 얕고 파도가 잠잠해 해수욕을 즐기기에 더없이 좋은 바다는 짙은 코발트 빛깔을 뽐내며, 이를 마주한 백사장은 엷은 아이보리색으로 햇살 아래 찬란히 빛난다. 바로 그 뒤로는 쉐라톤, 인터콘티넨털과 같은 세계적인 호텔 체인의 리조트들이 어깨를 나란히 한다. 또 한편에는 냐짱의 기차역과 시장, 쇼핑센터와 경기장 등이 빼곡히 들어서 있으니, 베트남에서도 유일무이한 이 해변은 와이키키의 그 활기를 상기시키고 남을 만큼 가득한 매력으로 무장하고 있다.

무엇보다 백사장을 따라 냐짱의 중앙공원이 길게 뻗어 있어 바다가 주는 시원함과 공원이 선사하는 여유로움을 함께 만끽할 수 있는 것이 이곳만의 독보적 매력이다. 마치 서로 경쟁이라도 하듯 바다와 공원이 제각각 뿜어내는 푸르름 사이로 점점이 자리 잡은 비치 바에서 시원한 베트남 맥주 한 잔의 여유를 즐긴다면 냐짱 비치만의 매력을 제대로 만끽할 수 있다.

2권 INFO P.108 MAP P.101D

롱 비치 Long Beach 3

베트남의 진주, 푸꾸옥의 첫 바다

푸꾸옥을 찾는 대다수의 여행자들은 롱 비치가 내다보이는 리조트에 묵으며 푸꾸옥의 '첫 바다' 롱 비치를 만나게 된다. 강남에서 김포공항에 닿는 거리를 채우고도 남는 20킬로미터의 길고 긴 해변. 그리하여 그 이름 또한 롱 비치, 말 그대로 긴 해변이란다. 롱 비치의 매력은 해변이 긴 만큼 그 풍광도 다채롭다는 것. 아득한 바다의 모습도, 호화스런 인피니티 풀 너머 프라이빗 비치의 모습도 모두 마주할 수 있다. 야자수 숲 사이로, 또는 어느 비치 바의 조각 작품 너머로 넘실대는 바다와 찬란한 석양을 만끽할 수도 있다.

2권 INFO P.136 MAP P.129K

"이쪽을 보아도
저쪽을 보아도
보이는 것은 푸른 바다와
끝도 없이 펼쳐진 백사장뿐."

"불과 5년 전까지만 해도
아무나 발을 들일 수 없었던
비밀의 바다."

켐 비치 Kem Beach 4

크림처럼 곱고 에메랄드처럼 영롱하다!

가루처럼 뽀얀 모래가 펼쳐진 해변. 모래를 밟는다. 곱디 고와서 밟아도 밟아도 계속 밟고 싶은 백사장. 저 멀리 보이는 바다 빛은 맑고도 투명하다. 바로 옆 싸오 비치의 명성을 따라갈 순 없어도, 그 모래의 고움과 바다의 맑음에 있어서는 한 치의 물러섬도 없다.

이토록 아름다운 바다와 해변을 가졌음에도 켐 비치가 많은 여행자들에게 생소한 이유는 2014년까지 군사보호구역으로 지정되어 있었기 때문. 대중에게 개방된 것도 불과 몇 년 전이니, 이 깨끗함과 맑음 또한 그 덕분인 셈이다.

때때로 에메랄드 베이라 불리는 켐 비치의 이름은 크림 비치라는 뜻을 가졌다. 크림처럼 곱고 부드러운 모래의 해변, 어찌 맨발로 밟아보지 않겠는가.

2권 INFO P.136 MAP P.128J

차오 비치 Chao Beach

PHU QUOC

5

오늘도 안녕, 태양도 안녕, 인사를 나누는 해변

'안녕'이라는 인사를 건넨다는 이름을 가진 이 고운 해변을 마주하려면 시간과 노력이 꽤 필요하다. 한 번 발을 들이기도 쉽지 않다. 베트남의 하와이 푸꾸옥, 그 안에 숨은 또 하나의 섬 혼똠(Hòn Thơm)에 들어가야만 겨우 이 비밀스런 해변을 마주할 수 있기 때문. 섬 자체가 하나의 테마파크인 혼똠섬으로 들어가기 위해서는 푸꾸옥 본섬으로부터 연결된 세계 최장 길이의 케이블카를 타야 한다. 그것으로 차오 비치로의 여행은 이미 시작된 것.

해변에는 낮과 밤이 조우하는 일몰 즈음에 닿는 것이 좋다. 단언컨대 그 시간이야말로 차오 비치가 가장 찬란히 빛나는 시간이니까. 서쪽 바다를 가득 채운 따뜻한 노을도 물론 당신의 것이다. 베트남어로 'chào'는 반가움을 표현하는 인사다. 태양과의 이별 장소인 이곳에 '차오 비치'라 이름 붙은 것이 역설적이지만, 붉은 노을에게 따뜻한 인사를 건네 보는 건 어떨까. 내일을 고대하는 마음으로. "Chào!"

2권 INFO P.137 MAP P.128J

"섬 속의 섬, 그 안에 숨겨진 비밀스런 해변.
해 질 녘 이 바다의 고즈넉함이 좋아서,
언제든 이 섬 속의 섬을 다시 찾게 될지도 모른다."

혼쩨 비치 Hon Tre Beach

6

빈펄 리조트가 자리 잡은 초승달 해변

냐짱 베이를 사이에 두고 육지로부터 떨어져 나온 섬 혼쩨(Hòn Tre). 베트남 최고의 리조트 그룹 빈펄(Vinpearl)이 세운 냐짱 최고의 리조트와 풀빌라, 워터파크와 18홀 골프장까지 호사스러운 '빈펄 왕국'이다. 그 속에서도 더없이 빛나는 것은 인공의 화려함을 무색하게 하는 쪽빛 바다와 금모래빛 해변. 수심은 얕고 물은 투명하며, 백사장은 넓고 넓으니, 해수욕과 일광욕을 제대로 즐기고자 하는 이에게도 제격이다.

리조트에 투숙하거나 빈펄 랜드에 입장하지 않더라도 자연이 주는 '공짜' 선물 혼쩨의 해변을 마음껏 즐길 수 있지만, 이왕 이곳을 찾기로 했다면 해외에서도 주목받는 냐짱 최고의 리조트와 테마파크를 함께 즐겨보는 것도 좋다.

2권 MAP P.100B

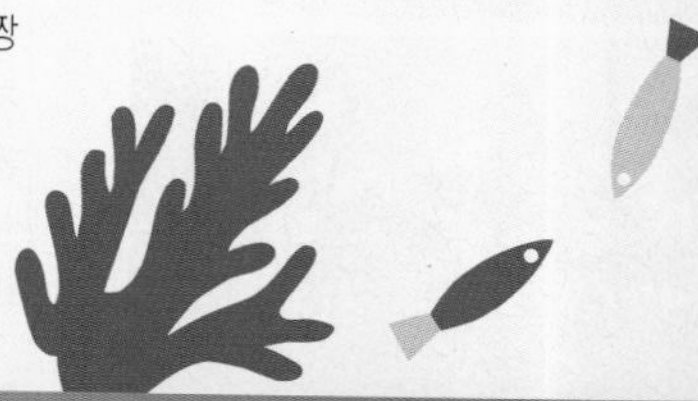

"냐짱 최고의 리조트가 선택한 바다.
수백의 풀빌라를 등지고 선 해변이 거기에 있으니,
오롯한 쉼을 원하는 이라면 결코 이곳을 놓쳐서는 안 된다."

"인피니티 풀로부터 바다까지 딱 스무 걸음쯤.
이토록 가까우니 더없이 좋은 무이네의 바다.
함티엔의 해변으로 가자."

함티엔 비치 Ham Tien Beach

7

무이네의 고즈넉함을 고스란히 간직한 해변

2만 명 남짓의 사람들이 어업으로 삶을 이어온 소박한 무이네. 1990년대부터 크고 작은 리조트가 하나둘 들어서더니, 이제는 12킬로미터에 달하는 해안선을 따라 100여 곳의 리조트들이 줄줄이 늘어선 베트남 대표 휴양지가 되었다.

누군가는 무이네의 함티엔 해변을 처음 마주한다면 힘이 쭉 빠질지도 모른다. 동남아시아의 바다라면 모름지기 에메랄드빛이어야 한다는 환상을 산산이 부숴버릴 테니 말이다. 그러나 실망은 금물! 이 바다의 매력은 그 빛깔의 아름다움에 있지 않으니까.

마치 대양을 갈망하듯 바다 쪽으로 기울어진 야자수 그늘 아래 백사장은 그 좁음이 매력이다. 리조트의 수영장으로부터 스무 걸음 정도면 바다에 닿는다. 인피니티 풀에 몸을 담근 후 지긋이 눈을 감고 철썩거리는 파도 소리를 듣는 일, 이야말로 함티엔 해변만의 매력이다. 무이네 어촌의 이채로운 풍경도 놓칠 수 없는 볼거리다. 베트남 전통 고깃배 뚱차이(Thúng Chai)의 군집과 이를 타고 여전히 옛 방식대로 고기를 낚는 이들의 평온한 삶을 훔쳐보자.

2권 INFO P.180 MAP P.174J

케미스트리 바가 추천하는 대표 칵테일
The Dean Collins
27만5000 đ+15%

디파트먼트 오브 케미스트리 바 Department of Chemistry Bar 1

푸꾸옥과 당신의 '케미'는 몇 점?

푸꾸옥에서, 아니 베트남 전체를 통틀어 가장 독특하고 콘셉츄얼한 비치 바를 찾는다면, 바로 여기 켐 비치로 달려와야 할 것이다. '크림 비치'라는 별명을 가진 아름다운 해변을 마주한 디파트먼트 오브 케미스트리 바, 그 이름을 있는 그대로 번역하자면 '화학과 바'쯤 될까. 화학실험실, 딱 그 콘셉트다. 마치 저명한 화학자처럼 흰색 가운을 걸쳐 입은 바텐더들이 건네는 도전적이고 실험적인 칵테일, 새로움에 대한 설렘이 이끄는 대로 크게 한 잔 들이켜 보자.

디파트먼트 오브 케미스트리 바에서는 바텐더 체험 수업인 'Mixology Class'를 운영하고 있다. 정말이지, 그 이름에 충실한 콘셉트랄까. 10명이 참가하는 1시간짜리 체험 수업을 통해 당신이 원하는 칵테일을 직접 만들어볼 수 있다. 신나게 흔들 준비가 되었다면 고민할 것 없이 도전해 보자!

2권 Ⓑ INFO P.141 Ⓜ MAP P.128J
Ⓖ **구글지도 GPS** 10.034364, 104.030170
Ⓣ **시간** 16:00~다음 날 00:30, Mixology Class 월 · 수 · 토요일 16:00~17:00
ⓓ **가격** 음료 6만 đ+15%~, 클래스 참가비 35만 đ(1인)

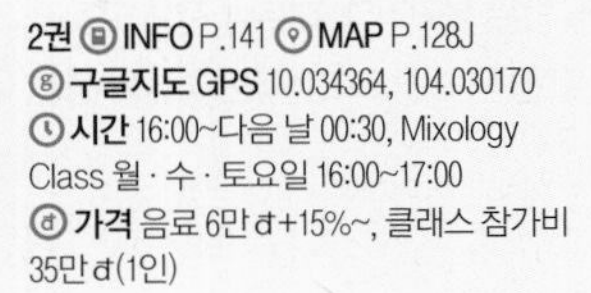

선셋 사나토 비치 클럽
Sunset Sanato Beach Club

2

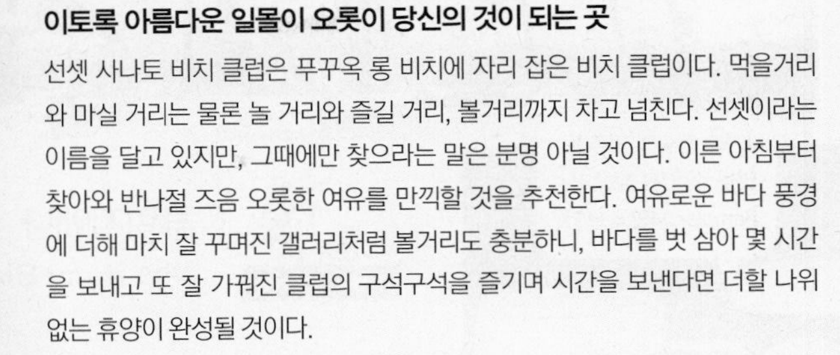

이토록 아름다운 일몰이 오롯이 당신의 것이 되는 곳

선셋 사나토 비치 클럽은 푸꾸옥 롱 비치에 자리 잡은 비치 클럽이다. 먹을거리와 마실 거리는 물론 놀 거리와 즐길 거리, 볼거리까지 차고 넘친다. 선셋이라는 이름을 달고 있지만, 그때에만 찾으라는 말은 분명 아닐 것이다. 이른 아침부터 찾아와 반나절 즈음 오롯한 여유를 만끽할 것을 추천한다. 여유로운 바다 풍경에 더해 마치 잘 꾸며진 갤러리처럼 볼거리도 충분하니, 바다를 벗 삼아 몇 시간을 보내고 또 잘 가꿔진 클럽의 구석구석을 즐기며 시간을 보낸다면 더할 나위 없는 휴양이 완성될 것이다.

2권 INFO P.140 **MAP** P.128F **구글지도 GPS** 10.153103, 103.973585
시간 09:00~21:00 **가격** 커피 4만đ+15%~, 맥주 4만5000đ+15%~

해산물이 듬뿍 들어간 볶음면 요리
Stir Fried Noodles Seafood 20만đ

아라비아따 소스로 맛을 낸 로브스터 반 마리가 통째로!
Lobster Linguini 55만đ+15%

옴브라
Ombra

3

5성급 리조트 인터콘티넨털의 격조를 품은 풀 사이드 바

이탈리아어로 '그림자'를 의미하는 옴브라는 인터콘티넨털 푸꾸옥 롱 비치 리조트(Intercontinental Phu Quoc Long Beach Resort)의 풀 사이드 바다. 롱 비치를 마주한 리조트, 그 안에 숨겨진 인피니티 풀. 이토록 멋진 풍경을 마주한 옴브라에서 수준 높은 이탈리안 푸드와 함께 푸꾸옥의 바다를 만끽하자.

이곳 옴브라의 모든 음식은 이탈리아인 메인 셰프 로베르토 만치니(Roberto Mancini)의 손을 거친다. 음식의 수준이야 두말하면 입이 아플 지경. 흠 잡을 데 없는 이탈리안 푸드와 함께라면 와인도 좋고, 칵테일도 좋다. 2~4명이 함께 즐기기 좋은 Sharing Cocktail(45만đ+15%)을 주문한다면 조금 더 합리적인 가격으로 옴브라의 칵테일을 즐길 수 있다.

2권 INFO P.141 **MAP** P.128F **구글지도 GPS** 10.112621, 103.982435
시간 07:00~19:00 **가격** 음료 6만đ+15%~, 푸드 25만đ+15%~

©louisianebrewhouse

루이지애나
Nhà Hàng Bia Tươi Louisiane

4

냐짱 비치를 안주 삼아 시원한 맥주 한 잔 어때!

가성비 비치 바를 찾고 있다면 이곳으로. 분위기 대비 맥주와 안주류가 저렴하다. 특히 수제 맥주 라인업이 꽤 탄탄해서 맥주 애호가들도 즐겨 찾는다. 여러 가지 맥주를 맛보고 싶다면 4가지 종류의 맥주를 맛볼 수 있는 샘플러를 주문하거나 작은 용량을 여러 번 주문하는 것을 추천. 손님이 많을 때는 음식이 나오는 시간이 길다는 점, 흡연자가 많다는 점은 아쉽다. 매일 밤 8시 30분에는 라이브 공연을 한다.

2권 INFO P.111 MAP P.101F 구글지도 GPS 12.231482, 109.198677 **시간** 07:00~다음 날 01:00 **가격** 샘플러 14만 đ

세일링 클럽
Sailing Club Nha Trang

5

냐짱에서 가장 흥겨운 밤을 보내고 싶다면

냐짱 해변에 있는 비치 클럽. 코앞에서 넘실대는 바다에 자꾸만 마음이 설렌다. 좋은 분위기하며 주기적으로 열리는 이벤트들로 여행 온 기분이 팍팍. 물가 대비 몇 배쯤 비싼 가격은 잊게 된다. 인생 사진을 남기고 싶다면 해 질 무렵에, 재미있게 놀고 싶다면 저녁에 찾는 것을 추천한다. 중국인 단체 여행객이 없다는 것도 플러스 요인.

2권 INFO P.111 MAP P.101F 구글지도 GPS 12.233957, 109.197860 **시간** 07:30~다음 날 02:30 **가격** 칵테일 18만 đ

©Sailing Club Nha Trang

©Sailing Club Nha Trang

©Sailing Club Nha Trang

데리야키 소스로 맛을 낸 월남쌈
Fresh Summer Rolls 23만 đ+15%

패션프루트와 와인의 환상 조합
Passion Fruit Sangria 18만 đ+15%
샌들스의 시그니처 칵테일
Mia Mule 16만 đ+15%

MUI NE

샌들스 레스토랑 & 바
Sandal's Restaurant & Bar

6

브리 치즈와 고수가 곁들여진
Tequila Lime Chicken Burger
25만 đ+15%

리조트 속에 숨은 아기자기한 비치 바

무이네 해변에 자리 잡은 미아 리조트 무이네(Mia Resort Mui Ne). 잘 가꾸어진 정원과 독채 빌라들 사이 숨겨진 오솔길을 따라 해변 쪽으로 한 걸음 두 걸음. 저 멀리로부터 함티엔 비치의 파도 소리가 철썩거리고 바로 앞 수영장의 여유로움이 한 움큼 밀려들어 온다.

분위기는 이쯤이면 합격점! 이제 그 분위기 속에 폭 빠져서 샌들스의 먹거리와 마실 거리를 즐겨볼 차례. 베트남에서만 만나볼 수 있는 로컬 브루어리의 수제 맥주도 좋고, 생과일을 그득 갈아 만든 칵테일도 좋다. 다양한 와인 셀렉션과 함께 패션프루트나 히비스커스를 곁들여 이곳에서만 맛볼 수 있는 상그리아는 강력 추천 메뉴. 퓨전 스타일의 베트남 로컬 메뉴와 함께 채식주의 메뉴도 많아서 서양의 젊은이들에게도 인기다.

2권 INFO P.181 MAP P.174J **구글지도 GPS** 10.943079, 108.196403
시간 07:00~22:30 **가격** 음료 5만 đ+15%~, 푸드 15만 đ+15%~

베트남의 바다에서 결코 놓쳐서는 안 될

포토제닉 포인트

Point 1 그네가 내걸린 해변을 찾아가자!

베트남 바다에 참 많은 그네 그리고 해먹.
이름난 해변이라면 어디든 그네와 해먹이 설치되어
'여기서 사진 한 장 안 찍고 배기나 보자'는 식으로
당신이 다가오길 기다리고 있다. 이제 당신도 SNS 스타가 되어 보자.

Point 2 바다를 향해 뻗은 피어를 찾자!

하늘 아래 바다, 바다 아래 모래뿐인 심심한 사진에
늘 실망만 하는 당신.
이제 프레임 안에 바다를 향해 뻗은 피어를 함께 담아보자.
저 멀리에, 함께 여행하는 누군가가 서 있다면 금상첨화다!

Point 3 온갖 고깃배가 가득한 바다로 가자!

예쁘고 아기자기한 풍경만이 답은 아니다.
때때로 날것 그대로의 풍경이 더 큰 감흥을 불러일으키는 법.
리조트 앞 프라이빗 비치를 벗어나
삶의 고단함이 묻어나는 어촌으로 가보자.
어쩌면 그곳에서 마주하는 베트남이 '진짜' 베트남일지도 모른다.

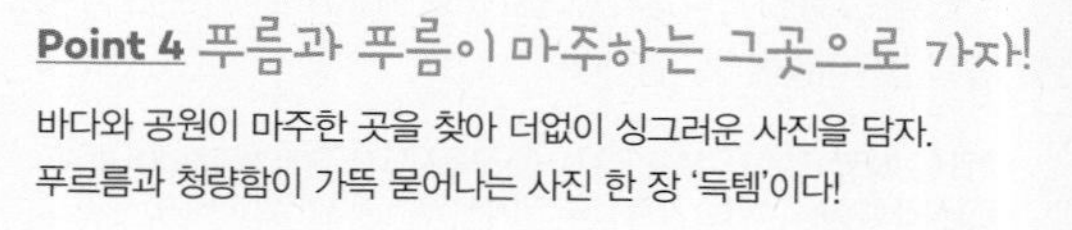

Point 4 푸름과 푸름이 마주하는 그곳으로 가자!

바다와 공원이 마주한 곳을 찾아 더없이 싱그러운 사진을 담자.
푸르름과 청량함이 가득 묻어나는 사진 한 장 '득템'이다!

내 여행 사진에 노하우를 담자!

나만의 바다 사진 팁

Point 1 전통 아이템을 활용하자!

#베트남 #무이네 라고 해시태그를 달 필요조차 없다.
프레임 속에 담긴 베트남의 전통 아이템 하나면
당신 여행의 목적지가 바로 이곳임을 그 누구든 알 수 있다.
베트남의 전통 밀짚모자 논(Nón)은 최고의 아이템!
시장에서 3만 đ이면 너끈히 구할 수 있다.

Point 2 매직 아워를 노려라!

매직 아워(Magic hour)는 세상이 가장 아름답게 빛나는 순간을
말한다고 한다. 일출과 일몰의 순간, 그리고 그 언저리.
맑고도 따뜻한 빛이 온 세상을 비추는 바로 그 순간,
당신의 사진은 더욱 특별해진다.

Point 3 누구나 부러워하는 여유로움을 보여주자!

베트남의 바다를 찾아온 여행의 목적을 프레임 안에 담자.
콘셉트면 어때. 해먹에 걸터앉아 베스트셀러 에세이 한 권쯤
들어보는 건 어떨까. 아니면 모래 위에 무심히 던져 놓은 맥주병도 좋다.

Point 4 시선을 낮추자!

시선을 낮추면 이제껏 보지 못했던 새로운 풍경이 펼쳐진다.
너무 쉽다고? 아마 그렇지 않을걸.
무릎을 꿇고 허리를 숙인 채로 카메라의 셔터를 누른다는 것은
생각보다 '많이' 귀찮은 일이니까. 그래도 한 번 도전해 보라.
지금까지와는 전혀 다른 사진이 당신의 카메라에 담길지도 모른다.

THEME 03
자연 경관

Go Back to Nature

CHAPTER 1

신이 주신
아름답고 장엄한 선물
랑비앙산

LangBiang Peak
랑비앙산

베트남 남부에도 산이 있다고? 고산 도시 달랏의 지붕

당신이 베트남에 대해 어떤 것을 기대했든,
베트남은 언제든 그 이상의 것을 보여주리라.
바다와 휴양지만 알고 왔더니 일순간 새하얀 모래 사막이 나타나고,
메콩강의 흙탕물만 기대하고 왔더니 이토록 장엄한 산과 폭포들이 불현듯 당신을 놀래킨다.
이제 신이 그린 그림과도 같은 베트남의 한 폭 자연 경관 속으로 들어가 보자.

많은 이들이 베트남의 이미지를 떠올릴 때에 빠지지 않고 등장하는 풍경이 가파른 산자락을 계단식으로 깎아 일군 다랭이 논의 모습이다. 하지만 그런 풍경의 대부분은 베트남 북부의 것이며, 남부 지방에는 메콩강 유역의 평평한 지대만 있을 뿐 이렇다 할 높은 산은 없다 생각하는 이들이 많은 것 같다.
그러나 호치민을 중심으로 하는 베트남 남부 지방에도 산다운 산은 분명 존재한다. 심지어 우리나라의 산보다 훨씬 높고 장엄하다는 것을 알게 된다면, 도시와 바다뿐이던 당신의 머릿속 여행 계획도 조금은 달라질지 모른다. 자 이제 베트남 남부의 대표적 고산 도시 달랏(Da Lat)으로 향하자. 그곳에서 달랏의 지붕, 랑비앙산을 마주하자.

달랏은 베트남 중남부를 대표하는 도시. 도시 전체가 해발 고도 1500미터 이상 고지대에 위치해 여름에도 무덥거나 습하지 않은 쾌적한 곳이다. 그래서 근대와 프랑스 식민지 시절로부터 왕족과 부유한 이들의 여름 휴양지 역할을 해 왔다. 이러한 달랏의 중심으로부터 불과 십여 킬로미터 남짓, 그곳에서 포근히 이 도시를 감싸 안고 있는 산이 바로 랑비앙이다.
그 높이는 자그마치 해발 2167미터. 한라산보다도 200여 미터 높은 고산이다. 높다 하여 지레 겁먹지는 말자. 약 1950미터 높이의 전망대까지 지프 투어를 이용해 쉽게 오를 수 있으니까. 랑비앙의 전망대에 오르면 발아래로 펼쳐진 달랏의 아기자기한 풍경을 오롯이 마주할 수 있는데, 마치 비단처럼 빛나는 강과 호수, 비옥한 황톳빛 대지와 푸르른 들판, 그리고 그 사이에 점점이 박힌 집들과 죽죽 그어진 거리들까지 모두 시선 안에 담아낼 수 있다. 이렇다 할 대단한 풍경은 아니지만 인공과 자연이 조화를 이루며 파노라마처럼 펼쳐지는 꾸밈 없는 풍경에 마음속 스트레스와 답답함도 조금씩 풀릴지 모른다.
랑비앙산은 달랏의 연인들에게 최고의 데이트 코스로 꼽히며, 웨딩 촬영 스폿으로도 높은 인기를 얻고 있다.

2권 **INFO** P.161 **MAP** P.150B
구글지도 GPS 12.019264, 108.424378
시간 08:00~18:00
가격 성인 3만 đ, 키 120센티미터 이하 어린이 1만 5000 đ

랑비앙산을 즐기는 방법 – 지프 투어 & 트레킹

랑비앙은 해발 고도 2000미터가 넘는 고산이다. 암벽 등반이나 캠핑 등도 가능하지만 일정이 짧은 여행자들에게 있어서 가장 효율적인 랑비앙 여행 방법은 다름 아닌 지프 투어. 매표소를 기점으로 해발 1950미터의 전망대까지 투어용 지프를 타고 쉽게 오를 수 있다. 모르는 이와 동승하는 것이 꺼려진다면 48만₫으로 한 대의 지프를 전세로 빌릴 수 있다. 일정에 여유가 있는 여행자라면 트레킹으로 정상까지 올라보는 것도 가능하다. 산세가 험하지는 않지만 날씨가 변덕스러우니 이에 대비해야 안전한 트레킹이 가능하다.

₫ **가격** 지프 투어 요금 성인 8만₫, 키 120센티미터 이하 어린이 무료

'끌랑'과 '호 비앙'의 슬픈 사랑 이야기

옛 소설 《로미오와 줄리엣》처럼 풋풋하고도 처절한 사랑의 주인공이 여기 달랏에도 있었으니, K'lang이라는 이름의 소년과 Ho Biang이라는 소녀가 바로 그들이다. 두 사람은 어린 시절부터 서로를 향한 애틋한 사랑을 키워나가지만, 수많은 '막장 드라마'가 그러하듯 두 사람의 사랑 앞에 커다란 장벽이 놓이게 된다. 소년의 부족과 소녀의 부족이 서로 적대 관계여서, 그들의 부모는 물론 양 부족의 모든 사람들이 나서서 그들의 혼인을 반대하기에 이르렀던 것. 결국 그들의 사랑 이야기는 비극으로 막을 내린다. 소년의 눈물이 강이 되어 달랏을 굽이쳐 흐르는 금 계곡과 은 계곡이 되었다고도 하는데, 슬픈 사랑 이야기를 접하고 나니 달랏과 랑비앙산의 풍경이 조금은 슬프고 애틋하게 느껴지는 것 같다. 아마 이미 눈치챘겠지만, 랑비앙이라는 이름은 끌랑이라는 소년의 이름과 호 비앙이라는 소녀의 이름으로부터 온 것이라고 한다.

CHAPTER 2

산이 높으면 높을수록
폭포는 더욱 깊고 아름다운 법

달랏이 자랑하는 3대 폭포

산이 높다는 것은, 그만큼 굽이굽이 깊은 골짜기가 많다는 것. 또한 깊은 골짜기가 많다는 것은 우렁찬 물소리의 폭포가 이곳저곳에서 당신을 기다리고 있다는 것. 높은 산, 깊은 골짜기, 우렁찬 폭포는 모두 달랏이 자랑하는 대표 풍경들이다. 달랏의 산을 둘러본 당신, 이제는 폭포다! 우렁찬 물줄기가 쉼 없이 흘러내리는 장엄한 폭포를 지금 마주해 보자!

Datanla Waterfalls
다딴라 폭포

2권 INFO P.161 MAP P.150B
구글지도 GPS 11.901946, 108.449846
시간 07:00~17:00
가격 성인 3만 đ, 키 120센티미터 이하 어린이 1만5000 đ

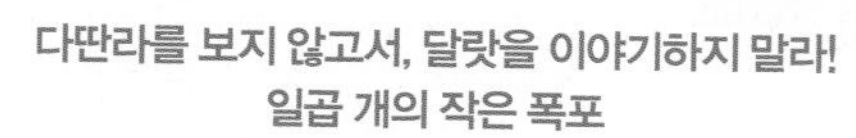

**다딴라를 보지 않고서, 달랏을 이야기하지 말라!
일곱 개의 작은 폭포**

이쪽저쪽에서 우렁차게 쏟아져 내리는 물소리의 향연. 이 물소리가 당신의 귀를 깨운다. 그도 그럴 것이 다딴라 폭포는 하나의 폭포가 아니라 크고 작은 일곱 개의 폭포가 군집을 이룬 곳이기 때문. 첫 폭포의 장대한 풍경과 우렁찬 물소리에 정신이 아득해질 즈음 두 번째 폭포가 당신에게 인사하고, 또 그 아래 폭포가 연달아 당신을 기다리는 그야말로 이곳은 폭포의 나라, 폭포들의 천국 같은 곳이다.

일곱 폭포를 모두 마주하려면 1000여 미터에 달하는 오솔길을 따라 계단을 걸어 내려가야 한다. 다행히 케이블카와 최고 시속 40킬로미터를 자랑하는 알파인 코스터가 산책로 사이사이에 자리 잡고 있어 이들과 함께 폭포 여행을 즐겨 보는 것도 좋다.

Prenn Waterfalls
프렌 폭포

이름처럼 우아한 단 하나의 폭포

왠지 모르게 우아한 이름, 프렌 폭포는 다딴라 폭포 남쪽 5킬로미터 지점에 위치한 또 하나의 폭포다. 당신이 마주할 첫 풍경은 유유히 흐르는 시냇물과 베트남 전통 가옥 형태의 매점, 기념품 상점의 모습. 그 뒤로 잘 가꿔진 정원과 난초 식물원이 있고, 코끼리와 타조 체험장까지 줄줄이 당신을 기다린다. 내가 무엇을 보러 온 건지 헷갈릴 즈음, 드디어 프렌 폭포의 우아한 모습이 눈앞에 나타난다. 많은 물들이 한 곳을 향해 일제히 쏟아지는 모습을 보고 있노라면, 답답한 마음이 순간 뻥 뚫려버린다.

폭포 위를 오가는 케이블카는 화려하진 않지만 프렌 폭포의 물줄기를 바로 코앞에서 볼 수 있으니 한 번쯤 타 보는 것도 좋다. 무엇보다 프렌 폭포가 특별한 이유는 물줄기가 쏟아져 내리는 폭포의 안쪽으로 직접 걸어 들어갈 수 있기 때문. 옷이 젖는 것은 각오해야 하지만, 폭포 안쪽에서 장엄한 낙수를 보는 것은 꽤나 색다른 경험! 프렌 폭포를 찾아간 여행자라면 그 속살까지 오롯이 들여다보고 오자.

2권 INFO P.161 MAP P.150F
구글지도 GPS 11.876684, 108.470246
시간 09:00~17:00
가격 성인 4만 đ, 어린이 2만 đ

Elephant Waterfalls
코끼리 폭포

2권 INFO P.162 MAP P.150E
구글지도 GPS 11.823976, 108.334684
시간 07:30~17:00
가격 2만đ

그 물줄기를 본다면,
'코끼리'라는 이름을 이해하게 될 거야!

달랏의 중심지로부터 꽤 멀어서 택시를 이용하거나 투어 프로그램에 참가하지 않고서는 방문하기 어려운 곳, 바로 코끼리 폭포다. 어마어마한 수량, 우레와 같은 물소리, 연기처럼 피어오르는 물안개까지. 그 모든 것이 코끼리 폭포의 장엄한 위용을 있는 그대로 보여준다. 이토록 먼 곳까지 달려와 준 것에 대해 보답이라도 하듯 제 매력을 쏟아내는 코끼리 폭포는 그렇기에 놓쳐서는 안 될 달랏의 3대 폭포 중 한 곳이다.
다딴라 폭포나 프렌 폭포 유원지처럼 화려한 관광지가 아닌 것이 이곳의 매력. 다만 물안개가 많이 피어오르면 철제 난간과 계단이 매우 미끄러우니 조심 또 조심하는 것을 잊지 말자.

'달랏의 3대 폭포를 즐기는 방법

❶ 택시 투어

달랏의 3대 폭포는 모두 달랏 중심지로부터 적잖이 떨어져 있다. '시간=돈'인 여행자들이라면 대중교통보다는 택시를 전세 내어 여러 폭포들을 한꺼번에 둘러보는 것을 추천한다. 특히 인원이 2~3명 정도라면 가성비가 극대화한다. 요금은 사전에 조율을 할 수도 있지만 미터기 요금을 내는 편이 여러모로 좋다.

ⓓ **가격** 90만đ 내외

❷ 캐녀닝 투어

달랏을 대표하는 익스트림 스포츠, 달랏 캐녀닝 투어에 참가해 보는 것도 좋다. 영어 가이드의 도움을 받아 사전 훈련을 받은 뒤, 로프에 의지해 폭포를 따라 하강한다. 특히 서양 젊은 여행자들에게 인기가 높은데, 최근 인명 사고가 발생해 인기가 조금 사그라들기도 했다. 공인된 안전한 투어 프로그램을 선택하는 것이 무엇보다 중요하다.

ⓓ **가격** USD 70 내외

CHAPTER 3

바다를 마주하여
더욱 빛나는 곳

무이네가 자랑하는 두 곳의 사구

산악 도시 달랏을 둘러보았다면, 이제 해안 도시 무이네의 차례다. 아름다운 해변과 사구가 마주쳐 인사하는 곳. 바다를 마주하여 더욱 빛나는 무이네의 모래 언덕을 지금 마주해 보자.

White Sand Dunes

화이트 샌드 듄

호수와 사구의 극강 '케미'를 보여주는 곳

머리 위의 하늘도, 발아래의 모래벌판도 모두 까맣게 물든 짙은 새벽. 이른 새벽잠을 물리치며 모래 언덕 위에 올라선 사람들. 새벽 네 시에 일어나 여기 선 이들은 모두 단 하나의 풍경을 기다리고 있다. 바로 동쪽 하늘을 깨우며 떠오를 오늘의 태양, 그리고 그 빛을 받아 하얗게 빛을 발할 화이트 샌드 듄의 순수한 풍경이다. 이내 하늘도 땅도 차차 밝아지고 발아래 카펫처럼 깔린 하얀 모래 대지 위에 스스로 발을 딛고 서 있다는 사실을 자각하게 될 즈음, 동쪽 하늘로부터 오늘의 태양이 인사를 전한다. 등 뒤로는 화이트 샌드 듄의 오랜 친구 로터스 호수(Lotus Lake)가 아침 햇살을 맞아 찬란히 빛을 발한다. '연꽃의 호수'라는 이름답게 수많은 수련이 만발한 모습도 함께 볼 수 있다.
아침이 밝아오자마자 모래 언덕에는 활기가 넘치기 시작한다. 언덕을 누비는 사륜구동 바이크의 강렬한 엔진 소리와 모래 썰매를 즐기는 여행자들의 재잘거림이 사구 한쪽을 채운다. 이렇게 화이트 샌드 듄의 하루가 시작된다.

2권 INFO P.180 MAP P.175D **구글지도 GPS** 11.064381, 108.427069

Red Sand Dunes

레드 샌드 듄

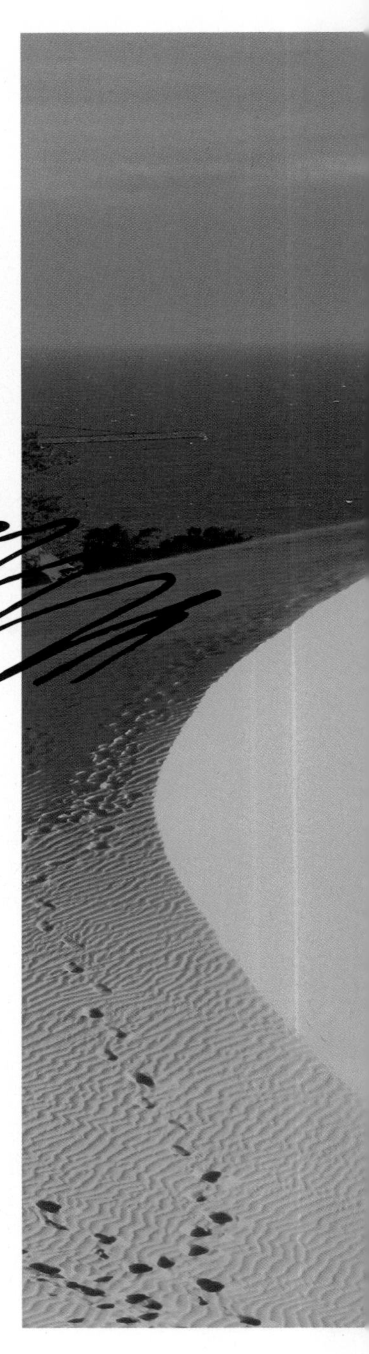

노랗게 노랗게 물들고, 빨갛게 빨갛게 물들었네

화이트 샌드 듄을 밟았으니 이제 레드 샌드 듄을 만나보아야 할 차례. 하얗고 하얀 모래 빛깔을 자랑하는 화이트 샌드 듄처럼, 노을 질 무렵이면 붉게 물드는 모래 언덕의 빛깔 덕분에 레드 샌드 듄이라 불린다. 실제 모래의 색은 짙은 노란색에 가까워서 옐로 샌드 듄으로도 불린다. 한낮에는 옐로 샌드 듄, 늦은 오후에는 레드 샌드 듄이 되는 셈.

레드 샌드 듄은 화이트 샌드 듄보다 면적은 훨씬 작지만 무이네 해변과 어촌에서 가까워 굳이 투어 프로그램에 참가하지 않아도 쉽게 찾을 수 있어, 여행자들에게는 더 인기가 많다. 모래의 빛깔도 더 아름다워서 사진가들도 많이 찾는 편이다.

모래 썰매를 제대로 즐기고 싶다면 한낮의 스콜(열대성 폭우) 직후에는 레드 샌드 듄을 방문하지 않는 것이 좋다. 고운 모래가 비에 젖어 썰매가 잘 미끄러지지 않기 때문.

2권 Ⓘ **INFO** P.180 ⓟ **MAP** P.175L ⓖ **구글지도 GPS** 10.948038, 108.296553

사구와 함께 즐기는

무이네의 하루

무이네의 사구를 즐기는 방법

선라이즈 & 선셋 투어

무이네의 두 사구를 즐기는 가장 편리하고 로맨틱한 방법. 하나는 모래 언덕 위에서 해돋이를 보는 선라이즈 지프 투어, 또 다른 하나는 모래 언덕 위에서 해넘이를 보는 선셋 지프 투어다. 무이네의 많은 여행사들이 운영하고 있는데, 대개 코스는 비슷해서 화이트 샌드 듄을 시작으로 레드 샌드 듄, 무이네 어촌, 요정의 샘(선셋 투어의 경우는 역순으로 이동)까지 지프를 타고 차례로 방문하게 된다. 세상이 가장 아름다워지는 시간으로 불리는 '매직 아워(일출과 일몰 전후 30분의 짧은 시간을 일컫는 말)'의 순간에 무이네의 모래 언덕 위에 올라 보자. 이보다 더 로맨틱할 수 없는 무이네의 풍경을 소유하게 될 테니까.

2권 INFO P.183 MAP P.175G **가격** 성인 USD 29~34 / 1인

사구가 있기에 이곳이 있다! 모래를 밟으며 샘을 찾아보자

요정의 샘 Fairy Spring

'요정의 샘'이라는 신비로운 이름의 냇물이 흐르는 곳. 레드 샌드 듄과 화이트 샌드 듄으로부터 불과 몇 킬로미터밖에 떨어지지 않아 지면 아래로 거대한 사암 지층이 형성되어 있기에, 사암 절벽과 곱디고운 퇴적토가 가득한 샘이 만들어졌다. 긴 세월 동안 흐르는 물과 휘몰아치는 바람이 깎아내고 또 깎아낸 사암 절벽의 기이하고 신비로운 모양새 때문에 이곳이 요정의 샘이라는 이름으로 불리게 된 것이리라.
졸졸거리며 흐르는 2킬로미터 남짓의 시냇물 옆으로 모래가 쌓여 만들어진 기암괴석들이 석벽처럼 둘러서고, 발아래에는 보드레한 고운 모랫길이 펼쳐져 있다. 맑은 시냇물의 깊이가 딱 무릎 아래에서 발목 사이 즈음이라 신발은 벗어두고 바짓단만 살짝 접고서 천천히 물길을 거슬러 오르기에 좋은 곳이다.
화이트 샌드 듄과 레드 샌드 듄을 누비느라 지친 당신의 두 발. 이곳 요정의 샘에서만 누릴 수 있는 발바닥 모래 마사지를 통해 지친 두 발에게 고마움을 전해 보자. 여행 최고의 일등공신은 다름 아닌 당신의 두 발일 테니까.

2권 Ⓘ INFO P.181 Ⓜ MAP P.175G
Ⓖ 구글지도 GPS 10.951003, 108.256399
Ⓣ 시간 06:00~18:00 Ⓓ 가격 1만5000đ

사막은 아는데 사구는 뭐죠?

사구(沙丘)는 이름 그대로 모래 언덕을 의미하며, 바람에 의해 모래가 쌓여 만들어진 작은 언덕을 일컫는다. 대개 사막의 한 부분을 말하며 모래나 암석 등이 섞인 사막과는 달리 고운 모래만으로 이루어져 있다.

THEME 04
랜드마크

❶ SAIGON ONE TOWER
195m | 42층

호치민을 대표하는 유령 빌딩이다. 2008년 공사를 시작하여 2014년 완공할 예정이었지만, 2012년 공사가 중단된 뒤 현재까지도 미완성인 상태다.

❷ BITEXCO FINANCIAL TOWER
263m | 68층

호치민에서 가장 유명한 마천루를 대자면 그 어떤 다른 빌딩도 감히 비텍스코 파이낸셜 타워를 따라올 수 없다. 유려한 곡선미와 아찔하게 매달린 헬리패드까지, 호치민의 경관을 한층 업그레이드한 것으로 평가받는다.

❸ SAIGON CENTRE 2
194m | 43층

호치민에서 빌딩의 키 높이 순위 5위를 차지하고 있지만, 여행자들에게는 거의 알려지지 않은 제2 사이공 센터 빌딩. 하지만 그 기단부에 호치민을 대표하는 백화점 타카시마야(Takashimaya)가 자리 잡고 있어, 실제로는 여행자들의 발길이 끊이지 않는 곳이다.

❼ HO CHI MINH MUSEUM

1863년에 지어진 예스러운 건축물. 현재는 호치민 박물관으로 쓰인다.

❽ NGUYEN HUE STREET

사이공강과 호치민 시청사를 잇는 대로로 그 길이가 800미터에 달한다. 양쪽 차도 사이에 넓은 광장이 뻗어 있어 퍼레이드나 야외 공연 등 다양한 이벤트가 열린다. 시청 앞에 서 있는 동상의 주인공은 호치 민 주석이다.

❾ MAJESTIC HOTEL

1925년에 문을 열어 이제 백 살을 바라보고 있는 유서 깊은 호텔. 당시 유럽에서 유행하던 신고전 양식으로 지어졌으며, 현재도 당시와 거의 같은 모습을 간직하고 있다.

호치민 랜드마크 완전 정복

❹ SAIGON TIMES SQUARE
165m | 39층

호치민을 대표하는 초호화 럭셔리 호텔 더 리베리 사이공(The Reverie Saigon)이 입주해 있다. 온갖 화려함으로 치장된 내부에 비해 그 외관은 단조로워서 크게 주목받지는 못했지만, LED 조명을 덧입혀 형형색색으로 빛을 발하는 야경만큼은 인상적이다.

❺ VIETCOMBANK TOWER
206m | 40층

은행은 어딜 가나 부자인가보다! 호치민에서 3등, 베트남 전체에서 7등의 높이를 자랑한다. 그 등수만큼이나 기념비적인 형태와 중후한 좌우 대칭의 정면 덕분에 많은 이들의 시선을 한 몸에 받고 있다. 쩐 흥 다오의 동상이 자리한 광장에 면하고 있다.

❻ SAIGON TRADE CENTER
145m | 33층

높이 경쟁에서는 한물간 '퇴물'이 되어버렸지만 여전히 그 독특한 모양새 때문에 시민들과 여행자들에게 사랑받고 있다. 1997년부터 2010년까지 베트남 전체에서 가장 높은 빌딩이라는 타이틀을 가지고 있었다.

❿ BACH DANG HARBOR GARDEN

호치민 교통의 중심으로, 이곳으로부터 7개의 대로가 방사형으로 뻗어 나간다. 광장 중앙에는 다이비엣 왕조의 황제였던 쩐 흥 다오(Trần Hưng Đạo)의 동상이 우뚝 솟아 있다.

⓫ SAIGON RIVER

800만 호치민 시민의 젖줄로 캄보디아 남동쪽에서 발원하여 남중국해로 흘러든다.

LAND MARK 1
빈컴 랜드마크 81
Vincom Landmark 81

호치민 높이 경쟁의 승리자

진짜는 여기에 따로 있었다. 2018년 완공으로 호치민과 베트남을 넘어 동남아시아 최고 높이라는 타이틀을 거머쥔 진짜 강자는 바로 빈컴 랜드마크 81. 베트남 최고의 리조트 빈펄과 빈펄 랜드는 물론, 부동산과 유통까지 꽉 잡은 거대 재벌 빈 그룹(Vin Group)이 소유한 초고층 빌딩이다. 그 이름 그대로 최고 층수는 81층에 달하며 그 높이는 무려 461미터! 서로 길이가 다른 기다란 막대기를 한데 모아놓은 것 같은 타워의 형상은 영국 건축가의 손에서 탄생했는데, 죽죽 뻗은 대나무 숲을 모티브로 했다고 한다.

저층부에는 명품 쇼핑몰, 42층과 77층 사이에는 5성급 호텔 빈펄 럭셔리 랜드마크 81의 호화로운 객실이 있다. 47층에는 인피니티 풀이, 75~77층에는 스카이 바가 함께 자리한다. 최상부 층인 79~81층에는 베트남에서 가장 높은 전망대, CGV IMAX 영화관, 아이스링크, 식당가가 들어섰다. 빈컴 랜드마크 81을 중심으로 그 주변으로는 지상 50층을 넘나드는 초호화 주상복합 아파트 20여 동이 그 위용을 뽐내며 죽죽 뻗어 있는데, 마치 왕과 그 왕을 에워싼 호위무사들 같기도 하다. 진짜 고수들은 무림에 숨어 있는 법! 호치민의 중심으로부터 멀찌감치 떨어져서 '조무래기' 빌딩들의 도토리 키 재기를 흐뭇하게 바라보고 있는 빈컴 랜드마크 81. 그 꼭대기에 올라 호치민의 가장 높은 하늘을 마음껏 누려보자.

2권 **INFO** P.080 **MAP** P.076I **구글지도 GPS** 10.795128, 106.721884 **시간** 09:30~22:00(시설, 매장에 따라 다름)

Where to Go 75~77F 01

빈펄 럭셔리 랜드마크 81 블랭크 라운지

Vinpearl Luxury Landmark 81 Blank Lounge

2019년 문을 엶과 동시에 호치민 최고 높이의 스카이라운지 타이틀을 거머쥔 곳이다. 날씨만 좋다면 타워 주변은 물론 호치민 도심부까지 눈에 담을 수 있다. 무엇보다 가성비가 매력인데, 전에 없던 조망과 럭셔리한 분위기에 비해 음료 가격이 부담스럽지 않다는 것. 그런 만큼 인기도 높아 다소 어수선하다는 점이 흠이다.

Where to Go 81F 02

빈컴 랜드마크 스카이뷰 전망대

Vincom Landmark Skyview Observatory

호치민의 가장 높은 곳에 오르고자 한다면 다름 아닌 이곳으로 향해야 한다. 81층이라는 높이는 이 도시에서 유일무이하기 때문. 여느 전망대에서는 쉽게 찾아볼 수 없는 야외 테라스는 절대 놓쳐서는 안 될 '킬링 포인트'다! 날것 그대로의 하늘 공기와 지상 400미터 위에서만 경험할 수 있는 칼바람도 마주해 보자.

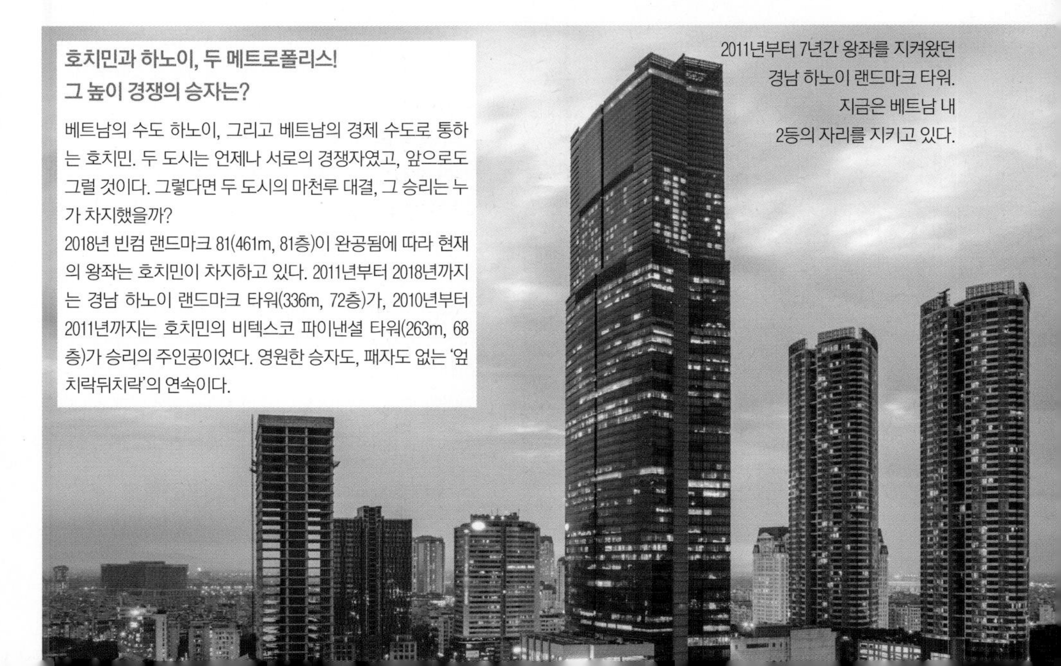

호치민과 하노이, 두 메트로폴리스! 그 높이 경쟁의 승자는?

베트남의 수도 하노이, 그리고 베트남의 경제 수도로 통하는 호치민. 두 도시는 언제나 서로의 경쟁자였고, 앞으로도 그럴 것이다. 그렇다면 두 도시의 마천루 대결, 그 승리는 누가 차지했을까?

2018년 빈컴 랜드마크 81(461m, 81층)이 완공됨에 따라 현재의 왕좌는 호치민이 차지하고 있다. 2011년부터 2018년까지는 경남 하노이 랜드마크 타워(336m, 72층)가, 2010년부터 2011년까지는 호치민의 비텍스코 파이낸셜 타워(263m, 68층)가 승리의 주인공이었다. 영원한 승자도, 패자도 없는 '엎치락뒤치락'의 연속이다.

2011년부터 7년간 왕좌를 지켜왔던 경남 하노이 랜드마크 타워. 지금은 베트남 내 2등의 자리를 지키고 있다.

LAND MARK 2

비텍스코 파이낸셜 타워
Bitexco Financial Tower

매끈한 곡선미를 자랑하는 타워

호치민에서 가장 섹시하고 포토제닉한 건축물을 이야기한다면 이 비텍스코 파이낸셜 타워를 빼놓을 수 없다. 높이와 크기로 등수가 결정되는 이 '더러운' 세상! 베트남 1등이라는 자리를 고작 1년 만에 내어주고 이미 4등까지 털썩 내려앉았지만, 비텍스코 파이낸셜 타워는 여전히 호치민에서 가장 주목할 만한 랜드마크이자 마천루인 것은 분명해 보인다.
우리가 이 건축물에 열광하는 이유는 누가 뭐래도 그 곡선미임을 부정할 수 없다. 베트남의 상징 연꽃으로부터 시작된 디자인은 베네수엘라 출신 건축가 카를로스 자파타(Carlos Zapata)의 손으로부터 탄생했다. 꽃잎의 완만한 곡선을 그대로 빼닮은 타워를 구현하기 위해 각 층을 이룬 68개의 바닥은 그 면적이 아주 조금씩 다르게 계획되었다고 한다. 마치 꽃잎이 포개지듯 바닥을 둘러싼 6천여 장의 벨기에산 유리 또한 모두 다른 폭과 기울기를 갖도록 설계되었다. 한마디로 말해, '섹시함'을 얻기 위해 '가성비'를 포기한 건축물이 바로 비텍스코 파이낸셜 타워이다.
이 타워에서 가장 눈에 띄는 부분은 누가 뭐래도 중간층에 걸려 있는 접시 모양의 공간이다. 마치 UFO가 날아가다가 콕 박힌 것 같은 이 부분의 용도는 다름 아닌 헬리패드. 위로 올라갈수록 점차 좁아지는 형태 때문에 꼭대기에 헬리패드를 둘 수 없어 이러한 아이디어가 탄생한 것. 헬리패드가 자리한 52층에는 호치민에서도 핫한 분위기를 자랑하는 스카이 바인 이온 52 헬리 바가 위치하고 있다. 49층의 사이공 스카이덱, 58~60층의 더 월드 오브 하이네켄과 함께 호치민의 하늘 위를 경험하기 위한 여행자들에게 인기가 높다.

2권 **INFO** P.036, 041 **MAP** P.032F **구글지도 GPS** 10.771607, 106.704520 **시간** 08:00~23:00(시설, 매장에 따라 다름)

Where to Go 49F 01

사이공 스카이덱
Saigon Skydeck

호치민을 대표하는 유료 전망대로 비텍스코 파이낸셜 타워 내 49층에 위치해 있다. 호치민의 한가운데에서 주변의 마천루들과 사이공강, 도시를 거미줄처럼 잇고 있는 거리들을 내려다볼 수 있다. 빈컴 랜드마크의 전망대에 비해 그 높이는 낮지만, 호치민의 심장부에 위치해 있다는 사이공 스카이덱만의 강점은 결코 무시할 수 없다.

Where to Go 52F 02

헬리패드
Helipad

191미터 상공에 매달린 비텍스코 파이낸셜 센터의 상징, 헬리패드! 그 위에서 나부끼는 베트남의 국기 금성홍기와 인사를 나누자. '분위기 깡패'라는 이온 52 헬리 바도 놓칠 수 없는 포인트. 발아래 호치민의 풍경을 안주 삼아 칵테일 한 잔의 호사를 누리자.

Where to Go 52F 03

이온 52 헬리 바
EON 52 Heli Bar

비텍스코 파이낸셜 타워의 상징인 헬리패드 옆으로 이어진 바. 52층 헬리패드와 이어져 있어 이온 52 헬리 바로 불린다. 분위기도 꽤 핫하기로 소문나, 현지 젊은이들과 여행자들로 늘 북적인다. 칵테일 한 잔과 함께 발아래 호치민의 풍경을 오롯이 만끽해 보자.

Where to Go 58~60F 04

더 월드 오브 하이네켄
The World of Heineken

가이드 투어를 통해 하이네켄 맥주의 브루잉 과정을 지켜보고, 4D 영화와 레이싱 게임도 즐길 수 있는 전망대이자 복합문화공간. 입장료만 지불하면 60층 높이의 공간에서 여유롭게 하이네켄 맥주를 즐기는 호사를 누릴 수 있다.

베트남 사람들은 어떤 신을 믿을까?
베트남의 종교에 대해 알아보자.

지구촌 70억 명의 사람 중 60억 명은 저마다 믿는 신을 마음속에 품고 있다. 그렇다면 1억 명의 사람이 모여 사는 인구 강국 베트남의 많고 많은 사람도 각자의 신을 믿고 있을 텐데, 과연 베트남 사람들은 어떤 종교를 믿고 어떤 신에게 기도를 드릴까?

45%

"우리 것이 좋은 것이여!"

토속 신앙

불교도, 유교도, 도교도 믿는다. 조상신도 믿고, 천지신명도 믿는단다. 좋은 게 좋은 거니까. 심지어 코코넛 밀크를 마시며 코코넛 수도승 생활을 하는 코코넛 왕국 종교도 있었다고 하니, 종교의 세계란 알다가도 모를 일이다.

"나는 나만 믿는다!"

무신론자

특정 종교를 믿지 않는 사람들 또한 2500만 명에 달한다. 하지만 사회적 · 문화적으로 깊숙이 자리 잡은 토속 신앙과 미신들은 오늘도 여전히 많은 이들의 삶을 좌지우지하고 있다.

28%

12%

"나무아미타불 관세음보살!"

불교

단일 종교로는 가장 큰 세력, 가장 많은 신도 수를 자랑한다. 조그만 불상 앞에 향을 피워 놓은 식당과 상점을 심심치 않게 볼 수 있다. 대도시에서든 작은 마을에서든, 또한 해변에서든 크고 작은 사원을 쉽게 만나볼 수 있는데, 우리나라의 사원과는 다른 건축물을 둘러보는 재미도 쏠쏠하다. 정토종과 달마의 선종이 우세하다.

"성부와 성자와 성령의 이름으로, 아멘!"

기독교

세계적 종교인 기독교 신도도 많은 편이다. 전체 인구수의 10%도 되지 않지만, 다른 동남아시아 국가들에 비하면 꽤나 높은 비율이라고. 이는 프랑스의 오랜 식민 지배로부터 기인한 것. 그래서 개신교보다는 로마 가톨릭의 교세가 훨씬 강하다.

8%

5%

"내 눈을 바라봐! 넌 행복해지고!"

까오다이교

적게는 440만 명으로부터 많게는 600만 명에 이르는 신도가 추종하고 있는 것으로 알려진 베트남의 민족 종교로 불교, 도교, 유교, 기독교 등 온갖 종교의 이론과 교리가 조금씩 섞여 있다. 까오다이교 사원마다 커다란 눈 그림이 제단 위에 그려져 있는데, 이는 그들의 신 까오다이의 왼쪽 눈이다.

"우리도 불교라구요!"

호아하오교

불교의 한 종파로 메콩 델타 지역에서 번창해, 많게는 200만 명의 신도가 있는 것으로 전해진다. 종교적 색채보다도 민족주의 성향이 강해서, 20세기 초 농민들의 신앙심으로 나라를 재건해야 한다는 선언적 강령을 설파했다.

2%

CHAPTER 1

여행자들의 눈길을 사로잡는

베트남 남부 사원 BEST 6

냐짱에서 만나는 또 하나의 앙코르와트

포 나가르 사원

Po Nagar Cham Tower

1

냐짱의 바다와 까이강(Cai River)의 물이 하나로 합쳐지는 곳. 그 언덕 위에 자리 잡은 기묘한 사원. 천 년을 거슬러 올라야 마주할 수 있는 그 사원의 시작을 향해 시간 여행을 떠나 보자.

포 나가르 사원을 건축한 이들은 천 년이 넘도록 인도차이나반도를 지배했던 참파 왕국과 그 민족이었다. 힌두교를 믿었고, 산스크리트어를 사용했던 그들, 손재주가 좋아 이토록 정교한 장식의 사원을 짓는 것이 가능했으리라. 포 나가르 사원이 이곳에 터를 잡은 것은 7세기 즈음. 사원 기둥의 기록에 의하면 781년에 이미 큰 규모의 복원 공사가 있었다고 하니, 포 나가르 사원의 기원은 그보다 훨씬 이전임을 짐작할 수 있다.

전설에 따르면 이 사원은 '참파의 어머니'로 불리는 얀 포 나가르에게 봉납된 것. 그녀는 이들에게 농사법과 직조술을 가르쳐준 여신으로 전해진다. 힌두교 3대 신위 중 하나인 시바(Shiva)신의 아내 파르바티(Parvati)로, 열 개의 팔이 달린 신으로 더욱 유명한 그녀. 25미터 높이의 위용을 자랑하는 사원의 중심 건물 탑찐(tháp Chính)의 문설주 장식에서 그녀의 모습을 찾아볼 수 있다. 참파 왕국의 멸망 이후, 오늘날에는 티엔이아나(Thiên Y A Na)라는 토착신을 모시고 있다.

2권 INFO P.112 **MAP** P.100A **구글지도 GPS** 12.019264, 108.424378
시간 06:00~18:00 **가격** 2만2000đ

얀 포 나가르, 시바신의 아내, 손이 열 개 달린 파르바티. 그녀가 바로 이 사원의 주인이다.

만다파(Mandapa). 사원의 진입 공간이자 의식 공간으로 14개의 기둥이 서 있다.

가우디의 걸작이 부럽지 않다!

린프옥 사원

Linh Phuoc Pagoda

2

입이 쩍 벌어질 화려함에 놀라지 마시라. 가우디의 구엘 공원에 대적할 만큼 정교하고 아름다운 모자이크 사원, 바로 달랏의 린프옥 사원이다. 달랏에서 관광 열차를 타고 30분쯤 달려 도착한 곳. 짜이맛(Trại Mát)역에서 나와 소박한 거리를 걷다 마주한 좁은 골목길, 그 길의 끝에서 린프옥 사원과 인사를 나누자. 햇살이 좋은 날이면 더욱 좋으리라. 수십만 조각의 모자이크들이 빛을 받아 쉼 없이 반짝거리고 있을 테니까.

1952년에 건축된 린프옥 사원은 가히 '기록의 사원'이라 불러도 좋을 것 같다. 사원 맞은편의 7층 종탑은 37미터로 베트남 최고 높이의 종탑이다. 1999년에 설치된 동종 역시 무게 8.5톤으로 베트남에서 가장 무거운 종이다. 무엇보다 사람들의 눈길을 사로잡는 것은 종탑 옆의 거대 불상. 불상 앞에 놓인 기네스북 인증서가 그 유명함을 스스로 증명하고 있는데, 높이 17미터의 불상에 65만 송이의 살아 있는 꽃으로 36일간 600명의 불자들이 일일이 손으로 꽂아 완성한 불상은 그 무게만 3톤에 달한다.

사원 정원에 똬리를 튼 거대한 용의 모자이크도 놓칠 수 없는 볼거리. 그 길이만 49미터에 달하는 용의 조각은 유리병 파편으로 만든 것이라고.

2권 Ⓑ INFO P.160 Ⓜ MAP P.150B Ⓖ **구글지도 GPS** 11.944601, 108.499672 Ⓣ **시간** 08:00~17:00 Ⓓ **가격** 무료

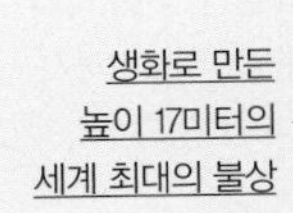

생화로 만든
높이 17미터의
세계 최대의 불상

3

푸꾸옥의 바다와 고즈넉함을 오롯이

호꾸옥 사원

Ho Quoc Pagoda

고즈넉한 산사의 경내에서 영롱히 빛나는 푸꾸옥의 바다를 내려다볼 수 있다면, 그 얼마나 행복한 여행의 순간일까. 푸꾸옥이 자랑하는 에메랄드빛 싸오 비치로부터 북쪽을 향해 십여 킬로미터. 그곳에 푸꾸옥의 동쪽 바다를 마주한 사원이 있으니, 그 언덕을 따라 올라 파노라마 같은 풍경을 만끽해 보라.

호꾸옥 사원은 2012년에 창건한 '젊은' 사원이다. 그래서 계단 하나, 불상 하나, 담장과 기와 하나하나까지 그 어느 곳에서도 예스러움은 찾아볼 수 없다. 그러나 그 예스러움을 대신할 볼거리들이 차고 넘친다. 십여 미터는 족히 넘을 관음불과 바다의 푸른빛처럼 영롱한 청옥의 불상, 아홉 마리 용이 살아 숨 쉬듯 꿈틀거리는 화강석 계단에 이르기까지. 그 모든 것이 새로운 모습으로 당신을 기다리고 있다.

2권 INFO P.136 MAP P.128F 구글지도 GPS 10.110416, 104.028335 시간 05:00~17:00 가격 무료

4

거대 좌불과 와불이 당신을 기다린다!

롱썬 사원

Long Son Pagoda

냐짱역 서쪽 짜이뚜이(Trại Thủy)산의 야트막한 산자락에 자리 잡은 불교 사원으로 100년이 넘는 역사를 자랑하는 고찰이다. 1886년 창건 당시에는 바로 옆 산자락에 자리해 있었는데, 1990년 불어닥친 거대한 폭풍에 사원이 크게 훼손되어 이를 복구하며 현재의 자리로 옮겨온 것이라 전해진다. 프랑스 식민 지배 시절, 레지스탕스 운동을 벌이기도 했던 띡 응오 지(Thích Ngộ Chí) 승려 등 세 명의 대승이 대대로 롱썬 사원을 지켜왔다.

사원 뒤쪽 언덕 위에는 24미터의 거대한 콘크리트 좌불상이 산자락에 걸터앉아 있어 멀리서도 눈에 잘 띈다. 냐짱역으로 들어오는 기차 안에서도, 시내로 들어오는 도로에서도 볼 수 있다. 냐짱으로 들어오는 많은 이들이 이 좌불상과의 조우를 통해 그 여정의 끝을 알 수 있다고 하니, 이 좌불상이야말로 냐짱의 '진짜' 랜드마크인 셈이다.

2권 INFO P.113 MAP P.101A 구글지도 GPS 12.251340, 109.180594 시간 07:30~17:00 가격 무료

5

사원과 등대의 컬래버레이션!

딘까우 사원

Dinh Cau Shrine

푸꾸옥의 투명한 바다를 마주한 거대 바위 위에 올라앉은 사원이다. 그 유일무이한 위치 덕분에 '바위 사원(Rock Shrine)'이라는 별칭이 붙기도 했는데, 그보다 더욱 흥미로운 것은 이곳이 절반은 바다의 신에게 봉헌된 사원이며, 나머지 절반은 항구의 밤을 지키는 등대라는 것이다. 스물아홉 돌계단을 오르면 바다를 향해 활짝 열린 사원이 당신을 환영하고, 고개를 들어보면 밤바다를 비추기 위해 우뚝 솟은 하늘색 등대가 당신에게 인사를 건넨다.

딘까우 사원은 푸꾸옥의 중심 즈엉동(Dương Đông) 항구 바로 앞에 우뚝 솟아 있다. 바다로 나아가 고기를 잡는 것은 예로부터 이들 생업의 전부였을 테고, 그 안전을 위해 사원을 짓고 또한 등대를 지었을 것이다.

즉, 딘까우 사원과 그 등대는 푸꾸옥과 즈엉동 뱃사람들의 무사귀환을 위한 수호신의 역할을 하는 건축물인 셈이다.

2권 INFO P.137 MAP P.129C **구글지도 GPS** 10.217327, 103.956422 **시간** 07:00~18:00 **가격** 무료

6

소나무 숲과 호수가 마주하는 곳

쭉람 선원

Truc Lam Temple

달랏 외곽, 소나무 숲으로 둘러싸인 고즈넉한 언덕 위의 선원(禪院)이다. 사원이라 하지 않고 선원이라 이름 지은 것은 이곳이 불교의 중요한 도인 선(禪)을 깨우치기 위한 수양의 공간이기 때문이다. 대웅전과 종루, 강의와 식사를 위한 전각들은 물론, 그 사이사이 펼쳐진 꽃과 나무의 정원이 특히 아름다워 뭇 여행자들의 발길을 사로잡는다.

7만 평에 달하는 선원은 공공 영역과 수행 영역으로 나뉘어져 있는데, 남녀 각각 50명의 수행 승려를 제외하고는 수행 영역으로의 출입을 제한하고 있다. 짧은 치마와 바지로는 선원 출입을 할 수 없으니, 입구에 비치된 가리개용 가운을 이용하도록 하자.

2권 INFO P.160 MAP P.150B **구글지도 GPS** 11.903676, 108.435682 **시간** 07:00~17:00 **가격** 무료

☑ 달랏 케이블카를 타자

달랏 케이블카를 타고 언덕을 올라 종점 바로 앞 선원을 먼저 둘러보고, 뒤편으로 이어지는 길을 따라 뚜옌람 호수로 향하자. 이곳에서 호수 표면에 반사되어 이지러지는 아름다운 일몰을 보고 다시 달랏의 중심부로 돌아온다면, 더없이 좋은 반나절 여행이 될 것이다.

CHAPTER 2

베트남 속 작은 유럽

베트남 남부 성당 BEST 4

1

베트남 최고의 가톨릭 성당

노트르담 성당

Saigon Notre-Dame Basilica

2권 INFO P.042 MAP P.033D 구글지도 GPS 10.779798, 106.699014 시간 08:00~11:00, 15:00~17:00 / 미사 월~토요일 05:30, 17:30, 일요일 05:30, 06:45, 08:00, 09:30(영어), 16:00, 17:30, 18:30

호치민에서 가장 이국적인 풍경을 꼽자면 여기 노트르담 성당이 단연 첫 번째일 것이다. 베트남의 도시 한가운데에서 마주하는 온전한 유럽풍 건축물, 또 그로부터 뿜어져 나오는 이채로움은 이 도시를 여행하는 당신의 여행 기분을 한껏 업시켜줄 것이다.

노트르담(Notre Dame), 즉 성모의 대성당이라 이름 지어진 곳. 비슷한 시기에 지어진 하노이 대성당을 예수의 아버지 이름을 따라 성 요셉 성당으로 이름 지은 것이 흥미롭다. 성당은 1877년 공사를 시작해 1880년 완공되었는데, 사실 베트남 최초의 성당은 이곳이 아니었단다. 사이공 강변의 응오 득 께(Ngô Đức Kế) 거리, 전쟁으로 폐허가 된 베트남 전통 탑의 터 위에 지어진 것이 베트남 최초의 성당이었던 것. 그리고 그 후에 지은 목조 성당이 흰개미들의 습격을 받아 기단부가 크게 파괴되어 지금의 노트르담 성당을 짓게 된 것이라고.

많은 이들에게 고딕 성당으로 알려져 있지만, 사실 그 이전의 양식인 로마네스크의 흔적이 훨씬 많이 남아 있다. 고딕의 상징인 첨두 아치(Pointed Arch, 상부에 꼭지점이 있는 아치)를 대신해 반원형 아치(Semicircular Arch)가 성당의 사면을 뒤덮고 있는 점이 바로 그 증거. 실제로 전면의 쌍둥이 첨탑을 제외하고는 고딕의 특징을 찾아보기 힘들다. 전면의 두 첨탑은 1895년에 덧붙여졌고 그 높이는 60미터에 이르러 1972년까지 베트남에서 가장 높은 건축물이기도 했다.

1962년 교황 요한 23세에 의해 대성당의 지위를 얻은 후 오늘날에 이르는 노트르담 성당. 매주 일요일이면 예배당은 물론이고 미처 자리를 잡지 못한 신자들이 성당 앞 정원에까지 자리를 잡고 미사를 드리는 모습을 마주할 수 있다. 정원에 위치한 성모 마리아상은 로마의 화강석을 재료로 하여 1959년에 세워진 것. 'Regina Pacis' 즉 '평화의 여왕'이라는 이름이 붙었다.

인자한 미소로 여행자들을 맞이하는 성모 마리아상. 2005년 눈물을 흘려 크게 화제가 되기도 했다.

노트르담 성당 제대로 보기

❶ 전면의 쌍둥이 첨탑은 프랑스 고딕 양식의 대표적 특징이다. 대조적으로 영국 고딕 성당에는 하나의 첨탑을 두는 것이 일반적이다.

❷ 성당의 평면은 일반적으로 십자가(Roman Cross) 형태를 띤다. 세로 방향의 긴 공간은 네이브(Nave), 가로 방향의 짧은 공간은 트란셉트(Transept)라고 불린다.

❸ 창문을 포함한 대부분의 개구부가 반원형 아치(Semicircular Arch)로 되어 있다. 고딕 양식보다는 로마네스크 양식에 더 가깝다.

❹ 제단 후면에 덧붙여진 공간들도 하나하나의 채플, 즉 예배당이다. 신도들이 모두 모이는 일요 미사가 아닌 작은 모임이나 기도회는 이곳에서 열린다.

❺ 건축물에서 가장 중요한 기단부. 특히 이 성당의 기단부는 성당 전체 하중의 열 배까지 견딜 수 있도록 설계되었다고 전해진다.

❻ 따뜻한 색감을 자랑하는 붉은 벽돌은 모두 프랑스 툴루즈 지방에서 수입해온 것이다.

말할 수 없는 비밀! 쌍둥이 첨탑은 사실 쌍둥이가 아니었다?

1880년 성당 완공 후 2년, 성당이 한쪽으로 기울어져 두 탑의 높이가 달라졌다는 것이 밝혀져 사이공이 발칵 뒤집혔다. 하여 급하게 기초 보강공사를 진행했지만, 이미 기울어져 높이가 달라진 탑을 어찌할 수는 없었다. 이러한 상황에 직면한 당시 성당의 건축 기술자들은 '눈 가리고 아옹'식의 눈속임을 벌이게 되는데, 서로 높이가 달라진 탑 위에 다른 높이의 첨탑을 얹어 그 높이를 맞추고자 했던 것. 결과적으로 양쪽 첨탑의 높이는 같아지게 되었지만, 그렇다고 그 기울어진 모습을 온전히 감출 수는 없었다고 한다. 지금도 여전히, 눈썰미가 좋은 사람이라면 양쪽 첨탑의 비율이 서로 다른 것을 미세하게나마 알아차릴 수 있다.

2

예스러운 고딕 성당

냐짱 그리스도 대성당

Christ the King Cathedral

냐짱의 그림 같은 해변을 마주한 야트막한 언덕 위에 자리한 예스러운 석조 성당. 1880년 노트르담 성당이 로마네스크 양식으로 지어졌다면, 1934년 냐짱 그리스도 대성당은 후기 고딕 양식인 네오고딕 양식으로 지어졌다. 꼭지점이 있는 첨두 아치로 개구부를 내어 그 사이에 영롱한 빛깔의 스테인드글라스를 채워 넣었고, 넓고 높은 공간을 만들어 내기 위해 첨두 아치가 교차하는 석조 리브 볼트(Rib Vault, 아치형 뼈대로 보강한 반달처럼 굽은 모양의 천장)가 가득 들어서 있다.

스테인드글라스 또한 절대 놓쳐서는 안 될 중요한 볼거리. 프랑스의 성인들과 예수의 생애를 그 안에 담고 있는데, 햇빛을 머금은 오색찬란한 빛이 말로 다할 수 없는 감동을 선사한다. 성당으로 올라갈 때에는계단보다 경사로를 이용하자. 양쪽으로 12사도의 조각상과 신자들의 이름이 새겨진 석판이 늘어선 언덕길을 오르다 보면 자연스럽게 성당을 한 바퀴 돌게 되기 때문.

2권 INFO P.113 MAP P.101G **구글지도 GPS** 12.246808, 109.188066 **시간** 07:00~11:00, 14:00~17:00(일요일 ~19:45) / **미사** 월~토요일 05:45, 17:15, 일요일 05:00, 07:00, 11:00, 16:30

3

내 마음속에 저장! 톡톡 튀는 '핫핑크' 성당

떤딘 성당

Tan Dinh Church

'핑크 마니아'라면 이제 여기를 주목하자. 그 유명한 다낭의 '핑크 성당'과 닮은 또 하나의 '핑크 성당'이 있으니 바로 여기 호치민의 떤딘 성당이 그 주인공. 다낭의 '핑크 성당'이 피치 핑크 톤이라면, 여기 호치민의 '핑크 성당'은 그야말로 '쨍한' 핫핑크 톤을 자랑하고 있다.

호치민의 떤딘 성당은 프랑스 식민 시대인 1876년에 완공되었다. 그 후 종탑은 1929년에 증축된 것. 이곳의 상징인 핑크색은 1957년에 덧입힌 것으로 전해진다. 화려한 색채도 색채지만, 떤딘 성당은 건축적으로도 높이 평가받는다. 이 성당에 대해 누구는 고딕 양식이라 하고 또 누구는 바로크 양식이라 하는데, 둘 모두 맞는 말이다. 그 이유는 고딕과 바로크는 물론 로마네스크와 르네상스의 요소까지도 혼재되어 있는 '퓨전 양식'의 건축물이기 때문이다. 높이 솟은 고딕 종탑, 로마네스크의 창과 바로크의 장식이 어우러진 외관을 훑어보고 화려한 코린티안 장식의 르네상스 기둥이 늘어선 예배당 안까지 꼭 둘러보자.

2권 INFO P.071 MAP P.066F **구글지도 GPS** 10.788540, 106.690759 **시간** 05:00~17:30 / **미사** 월~토요일 05:00, 06:15, 17:30, 19:00, 일요일 05:00, 06:15, 07:30, 09:00, 16:00, 17:30, 19:00

첩첩산중. 도시 전체가 해발 1500미터를 넘는 고산 도시 달랏. 이 산골짜기에도 백 년 역사의 가톨릭 성당이 자리해 있는 것이 놀랍지만, 사실 달랏은 그 천혜의 자연환경과 온화한 기후 덕분에 일찍부터 많은 프랑스인들이 모여 살았다. 이후 프랑스 선교회가 터를 잡게 되고, 이토록 아름다운 대성당이 건축되기에 이른 것.

달랏의 북적거리는 도시를 내려다보는 야트막한 언덕. 1932년부터 그 자리를 지키고 있는 옅은 황톳빛 성당. 첨탑을 얹은 정면의 종탑과 스테인드글라스는 고딕 양식을, 예배당 내부에서 지붕을 받치는 반원형 아치는 로마네스크 양식을 표방하고 있지만, 정작 이 성당의 구조체는 철근 콘크리트로 이루어져 있다는 사실! 예스럽게 보이는 그 모든 요소들은 결국 장식일 뿐이라고.

달랏의 성 니콜라스 대성당은 종종 '닭의 성당'으로 불리기도 한다. 이는 종탑 머리 위 십자가 꼭대기에 구리로 만든 닭 한 마리가 자리해 있기 때문. 꼭대기에 있어 그 모습을 쉽게 발견할 수는 없지만, 성 니콜라스 대성당의 주인공인 닭과 함께 인증샷을 남겨 보자.

2권 **INFO** P.160 **MAP** P.151L **구글지도 GPS** 11.936271, 108.437654 **시간** 화~일요일 08:00~11:15, 14:00~17:15 / **미사** 월~토요일 05:15, 17:15, 일요일 05:15, 07:00, 08:30, 16:00, 18:00

베트남에 성당이 많은 이유는 뭘까?

베트남과 가톨릭교와의 끈끈한 관계는 아마도 베트남의 문자와 연관이 있을 것이라는 게 많은 학자들의 주장이다. 영어와 불어, 독일어의 바탕이 되기도 한 라틴어를 기본으로 해 구두점을 찍어 표현하는 베트남 문자. 이는 17세기 베트남에서 선교 중이던 포르투갈 선교사들의 기나긴 연구의 결과물이라고 한다. 뭇사람들의 얼이라고 할 수 있는 문자의 영향력은 매우 큰 것이어서, 자연스레 로마 가톨릭의 영향력도 크게 지속되었던 것. 이후 다이 비엣 왕조의 황제였던 지아 롱(Gia Long)이 1802년 가톨릭으로 개종했으며, 19세기 후반부터 20세기까지 반백 년이 넘도록 프랑스의 식민 지배를 받은 것 또한 베트남 내 가톨릭 성장의 밑거름이 되었다고 한다.

THEME 06
갤러리 & 뮤지엄

Artistic Ho Chi Minh!

이제 남들 다 하는 틀에 박힌 여행에서 벗어나
조금 더 깊고 진하게 이 도시를 마주해 보는 것은 어떨까?
동서양의 문화가 공존하고,
사회주의와 자유주의의 흔적이 꿈틀대고 있는 도시.
바로 예술과 문화의 도시 호치민!
자 이제 호치민을 대표하는 갤러리와 뮤지엄으로 찾아가
이 도시의 예술 세계에 폭 빠져 보자.

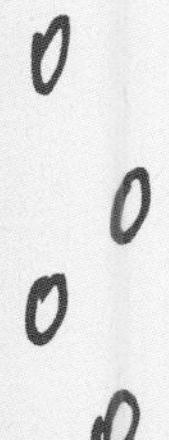

1 Ho Chi Minh City Museum of Fine Arts 호치민시 미술관

사이공 예술의 성지

동남아의 정취 속에서 호치민의 예술 세계를 오롯이 즐길 수 있는 곳. 베트남 전체에서도 큰 영향력을 미치는 대표적인 미술관으로, 그 규모와 소장품의 방대함에 비추어볼 때 가히 호치민의 예술이 집대성을 이룬 곳이라 할 만하다. 주로 호치민과 베트남 남부 지역의 미술품을 다루고 있다. 현재 약 2만천여 점의 소장품들을 보관하고 있는 세 채의 콜로니얼풍 건축물은 1920년대의 것으로 당대에 호텔과 병원까지 소유했던 중국인 거부 후이 본 호아(Hui Bon Hoa) 소유의 저택이었다. 프랑스 건축가가 설계해 동서양이 조화를 이루는 걸작으로 평가받는 건축물 안에서는, 통풍을 위한 테라스와 회랑, 화려한 스테인드글라스, 호치민에서 가장 오래된 것으로 알려진 옛 기계식 승강기를 만나볼 수 있다. 1관에서는 고대로부터 현대까지의 회화와 조각 작품들을, 2관에서는 미술관 소유의 고가구들을 만나볼 수 있다. 마지막 3관에서는 그 규모는 작지만, 베트남과 동남아시아의 예술적 색채감을 자랑하는 도자기, 목조와 철조의 예술품들을 만나볼 수 있어, 여행자들에게 인기가 높다. 하지만 우리나라와 비교해 소장품 관리도 철저하지 않고, 전시 시설 또한 열악하다는 것을 감안하자.

2권 INFO P.055 **MAP** P.046D **구글지도 GPS** 10.769702, 106.699258 **시간** 화~일요일 08:00~18:00
가격 성인 3만 đ, 학생(6~16세) 1만5000 đ

2

Craig Thomas Gallery
크레이그 토마스 갤러리

호치민 젊은 예술가들의 새로운 플랫폼

베트남의 예술을 사랑하여, 거기에 헌신한 이가 있으니 그의 이름 크레이그 토마스(Craig Thomas). 1995년 베트남으로 건너와 살면서부터 그는 이국적인 베트남 미술 세계에 매료되어 신진 작가들의 작품들을 수집·소장하기 시작했으며, 2002년부터는 실제 미술계에 몸담기 시작했다. 수집가로, 또 큐레이터로 수년의 시간을 보낸 후 그는 2009년 자신의 이름을 딴 갤러리를 개관하기에 이르렀으니, 그것이 오늘날 크레이그 토마스 갤러리의 시작이다. 미국인 변호사였던 그가 이역만리 타국에서 생경한 미술 세계에 발을 들이고 개인 미술관까지 갖게 되었으니, 처음 그의 눈에 비친 베트남의 미술 작품들이 얼마나 새로운 매력으로 다가왔을지는 쉽게 상상할 수 없을 것 같다. 크레이그 토마스 갤러리는 개관 이래 줄곧 호치민을 근거로 하는 젊은 작가들을 발굴하여 그들의 작품이 대중에게 더욱 가까이 갈 수 있도록 지원하는 데에 온 힘을 쏟고 있다. 2018년에는 소속 아티스트들과 함께 미국 예술의 심장 뉴욕으로 건너가 단체전을 열기도 했다.

2권 INFO P.071 MAP P.066E 구글지도 GPS 10.793305, 106.690251 시간 월~토요일 11:00~18:00, 일요일 12:00~17:00 가격 무료(프로그램에 따라 다름)

3
Apricot Gallery
아프리콧 갤러리

전직 미국 대통령 빌 클린턴도 주목한 미술관

미술관이라는 거창한 이름보다는 개인 화랑에 가까운 곳으로, '살구 갤러리'라는 이름처럼 앙증맞고 자그마한 갤러리이다. 이곳 호치민 외에 베트남의 수도 하노이에도 같은 이름의 갤러리를 보유하고 있다. 홍콩과 싱가포르에서 단체전을 개최했으며, 2010년에는 런던 아프리콧 갤러리를 열기도 했다. 베트남 신진 작가들의 회화 작품에 주목하고 있지만, 그 외에도 현대 조각 작품과 고전 불교 미술품도 상당수 보유하고 있다. 아프리콧 갤러리 또한 크레이그 토마스 갤러리처럼 베트남의 미술을 전 세계에 알리는 데에 그 목적을 두고 있지만 그 방법은 사뭇 달라서, 유명인과의 인맥을 이용해 전략적이고 공격적인 홍보를 하는 것으로 유명하다. 베트남과 미국 양국 간의 금수 조치를 해제하고 국교 정상화를 이끌어낸 빌 클린턴(Bill Clinton) 전 미국 대통령은 세 번이나 이곳을 방문하기도 했다.

2권 Ⓘ **INFO** P.037 Ⓜ **MAP** P.033K Ⓖ **구글지도 GPS** 10.775448, 106.704650 Ⓣ **시간** 프로그램에 따라 다름 Ⓟ **가격** 무료(프로그램에 따라 다름)

4
Lotus Gallery
로터스 갤러리

소박한 미술상(商)이 떠오르는 작은 갤러리

사실 이곳은 미술관이 아니다. 갤러리라는 이름을 달고 있지만, 편안히 그림을 감상하기 위한 곳은 분명 아니다. 오히려 옛 도시 어딘가에서 스치듯 마주할 법한 자그마한 미술상에 더 가깝다. 감상이 아닌, 사고팔기 위한 화랑. 좁고 긴 공간 안에는 한계치에 다다른 듯 수많은 그림들이 포개지고 또 포개진 채, 이름 모를 미술 애호가들을 기다리고 있다. 로터스 갤러리는 1991년 개관한 역사 깊은 개인 화랑이다. 미술관의 주인인 쑤안 프엉 여사가 36개의 작품을 가지고 파리 시청 별관 미술관에서 개최했던 조촐한 전시회가 이 갤러리의 시초라 할 수 있다. 오늘날의 갤러리는 베트남의 신진 작가 수십 명의 작품 3천여 점을 보유하고 있을 만큼 큰 성장을 이루었으며, 홍콩과 쿠알라룸푸르, 서울과 로마 등 전 세계 각지에서 특별전을 개최하며 세계의 이목을 집중시키고 있다.

2권 Ⓘ **INFO** P.037 Ⓜ **MAP** P.033C Ⓖ **구글지도 GPS** 10.774349, 106.699848 Ⓣ **시간** 프로그램에 따라 다름 Ⓟ **가격** 무료(프로그램에 따라 다름)

호치민에서 '열일'하는 대표 아티스트와 작품

베트남의 예술 세계는 전쟁의 참혹함이나 사회적 환란,
또 그 속에서 오롯이 드러나는 인간의 내면에 대한 깊은 호기심으로부터 시작되고 있다.
다소 어둡고 어려울 수 있지만 그것이 오늘날 베트남 예술계의 큰 흐름이다.
또한 호치민의 젊은 작가들은 베트남 내에서뿐만 아니라 해외에서도 차츰 그 영향력을 넓혀가고 있는 중이다.
특히 역사적으로 프랑스와 깊고 오랜 인연을 맺어 자연스레 그 예술적 흐름이 이어져 온 만큼,
베트남 내 프랑스 예술학교 출신 아티스트들이 두각을 나타내고 있다.

After Breakfast

일상의 평온함과 나른함을 표현하고 있다.

30 Minutes before the Wedding

결혼을 앞둔 여인의 초조함이 한껏 강조되고 있다.

Praying

투명한 신체, 텅 빈 가슴.
기도하는 여인의 절실함을 담고 있다.

응우옌 민 남

Nguyễn Minh Nam | 1978~

베트남 북부 하노이 근교의 박 닌 지방에서 태어나 하노이의 베트남 미술대학교를 졸업했으며, 줄곧 하노이를 근거지로 작품 활동을 이어가고 있다. 2017년 Viet Art Today 선정 올해의 아티스트 1위를 수상하기도 하였다. 응우옌 민 남은 본인만의 투시적 표현기법으로 각광받고 있는데, 이를 통해 피사체인 인간의 내면, 즉 마음속의 진실과 거짓, 순진함과 오만함 따위를 들여다보고자 했다고 한다.

무제 [작품번호 188]

2017년 발표된 작품으로 작가의 최근 작품 성향을 여실히 드러낸다. 자연스럽고 조화로운 구도의 초기 작품과는 달리, 매우 구성적이고 추상적인 구도 위에 정물을 나란히 늘어 놓는다. 배경을 아홉 개의 칸으로 나누고, 그 경계선상에 정물을 위치시켜 긴장감을 부여하고 있다.

레 응옥 뜨엉

Lê Ngọc Tường | 1970~

하노이 출신으로 후에 예술대학교를 졸업했다. 그의 초기 작품들이 어두운 배경과 그림자 속에서 피사체만 홀로 빛을 뿜어내는 정물화 위주였다면, 최근에는 조금 더 밝은 배경의 작품들을 선보이고 있다. 특히 흰 바탕 위에 붓질을 수차례 반복해 두꺼운 페인트의 질감을 만들어내고 있는데, 이를 통해 상처 난 과거의 흔적들을 은유적으로 보여준다.

판 린 바오 한

Phan Linh Bảo Hành | 1981~

베트남을 대표하는 젊은 여성 화가 판 린 바오 한의 작품은 공통적으로 베트남 전통 의상을 곱게 차려 입은 여인들의 초상을 다루고 있다. 정적인 자세와 몸짓, 정적인 표정과 눈빛은 따뜻하고 부드러운 색채감 안에서 더욱 도드라진다. 그러나 그 정적 속에 숨은 것은 바로 베트남 여성들의 내재된 불안감. 순진하나 단호한 눈빛은 그녀들의 순수함과 강인함을 동시에 표출하고 있다.

무제 [작품번호 222]

온화함과 강인함을 동시에 지닌 베트남 여성의 모습을 그려냈다.

무제 [작품번호 310]

강렬한 붓의 터치와 색채감을 자랑하는 레 보 뚜안의 최근작. 거친 붓질이 몰아치듯 그어진 배경 부분은 인간을 둘러싼 혼란과 소란을 의미한다. 두터운 윤곽선은 그 속에 자리 잡은 인간의 자아를 외부의 혼란으로부터 보호하며, 이를 통해 완전한 자유로움을 누리는 자아를 표현하고 있다. 마치 자궁 속 아이의 모습처럼 편안히 웅크린 모습이 이채롭다.

레 보 뚜안

Lê Võ Tuân | 1981~

로터스 갤러리와 협업하고 있는 형제 화가. 형 뚜안은 1981년, 동생 뚜옌은 1983년에 베트남 중부의 꽝 빈 지방에서 태어났다. 형인 뚜안의 작품은 강렬한 터치의 윤곽선이 강조되어 남성적 색채가 강하지만, 동생 뚜옌의 작품은 여린 색채와 부드러운 터치의 점묘화가 대세를 이룬다.

레 보 뚜옌

Lê Võ Tuyển | 1983~

응우옌 지아 뜨리

Nguyễn Gia Trí | 1908~1993

1993년 타계한 베트남의 대표 화가이자 만화가, 그래픽 아티스트. 베트남 전통 기법에 서양의 회화술을 접목한 옻칠 그림의 대가로, 그의 모든 작품은 국가 유산으로 지정되어 국외 반출이 금지되어 있다.

Spring Garden of North Centre South

응우옌 지아 뜨리의 대작으로 가로변 길이가 4미터에 달한다. 말년의 다른 작품들과 함께 서정적이며 낭만적인 풍경을 묘사하고 있다. 호치민시 미술관이 소장하고 있다.

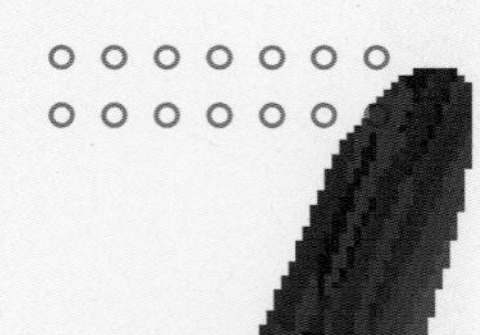

“

쯔 테 린

Trương Thế Linh | 1989~

1989년 꽝 빈 지방에서 태어난 작가. 밝은 분위기의 제목과는 달리 잔뜩 음침하고 어두운 그의 그림을 통해 인간 내면의 혼돈을 반어적으로 표현하고 있다.

”

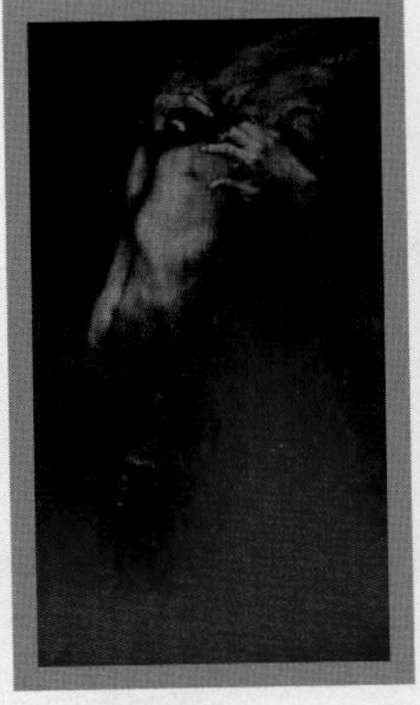

Happy Days

'Happy Days'라는 제목과는 달리 그림은 세상에서 가장 불행한 날을 표현하고 있는 듯한데, 피사체들의 눈은 거친 붓질로 지워지거나 가려져 있다. 이는 시선의 회피로써 내재된 혼란과 당혹감을 표현한 것이다.

Flash

그의 그림은 한눈에 봐도 어둡고 음침하다. 깊이를 알 수 없는 칠흑과도 같은 배경 속, 강한 터치로 그려진 피사체 또한 무표정한 얼굴과 잔뜩 움츠러든 자세로 등장한다. 플래시의 강한 불빛, 그러나 그것을 피하려는 듯한 피사체의 동작을 강한 대조로 보여준다.

Dream 연작

2018년 뉴욕에서 열린 'CTG Nomad 전'의 대표작으로 그의 다른 작품들처럼 백색과 흑색의 의상을 똑같이 차려 입은 일군의 사람들, 즉 고산 지대 여성들을 그리고 있다. 특히 군무와 같은 집단 행동의 순간을 포착하여 이를 화폭 안에 균형감 있게 담아내는데, 완성된 그림 위 단 한 번의 붓질로 통일감과 방향성을 부여하고 있다.

“

응우옌 쫑 민

Nguyễn Trọng Minh | 1982~

1982년 흥옌 지방에서 태어났다. 하노이를 주무대로 활동하며 해외에서도 주목받아 뉴욕과 헬싱키 등지에서 개인전을 열기도 했다.

”

문화의 도시 호치민이 자랑하는

뮤지엄 BEST 3

프랑스로부터 직접 들여온 기요탱(단두대)과 형틀

1 전쟁 유물 박물관
War Remnants Museum

미군이 베트남 전쟁 당시 400대 가까이 운용했던 M-48 전차

우리와 같은 상처를 간직한 곳

지금은 베트남 하면 박항서 감독이나 휴양지의 이미지가 먼저 연상되지만, 불과 얼마 전까지만 해도 베트남 하면 베트남 전쟁이 먼저 떠오를 만큼 베트남은 아픈 역사의 땅이었다. 동서양의 열강들로부터 연이은 침략을 받았던 베트남의 슬픈 역사. 우리의 역사와 닮아 있어서, 그들의 아픔이 더욱 뼈저리게 느껴진다. 1975년 설립된 전쟁유물박물관은 그러한 역사의 이면을 낱낱이 보여주는 곳. 1858년 프랑스의 다낭 침략을 시작으로 2차 세계대전 시기 일본의 점령, 이후 냉전 시기 미국과 벌였던 베트남 전쟁에 이르기까지, 이 땅에서 벌어진 수많은 전쟁 기록을 마주할 수 있다. 2층 WAR CRIMES관과 3층 REQUIEM관의 수많은 사진 자료들은 전쟁의 참혹함을 고스란히 전달하고 있다. 앞뜰에 마련된 외부 전시관에서는 당시에 쓰였던 장갑차와 전투기, 수송 헬기, 재현된 옛 수용시설과 프랑스로부터 직수입해온 단두대도 직접 확인할 수 있다. 미국을 상대로 한 전쟁에서 승리한 거의 유일한 나라로 그들의 자부심은 대단하지만, 전쟁의 승리란 그 상처에 비하면 참으로 보잘것없는 것. 내부의 전시 또한 전쟁의 승리보다 수많은 아픔과 상처에 초점을 맞추고 있다. 하지만 모든 역사는 승자의 기록이라 했던가. 전쟁 상대였던 미군의 모든 행위를 야만적이고 폭력적으로 묘사하고 있다는 것에 조금 머쓱해지는 것도 사실이다.

2권 INFO P.054 MAP P.046A 구글지도 GPS 10.779531, 106.692086 시간 07:30~18:00
가격 성인 4만đ, 6세 미만 무료

전후 폐군수품을 모아 만든 조각품, 작품명 '어머니'

2 호치민시 박물관
Museum of Ho Chi Minh City

호치민시의 어제와 오늘을 보여주는 곳

오늘날의 호치민이 어떻게 인구 800만 명의 대도시로 성장했는지를 보여주는 박물관으로, 박물관 소장품보다는 건물이 더욱 유명하다. 2층짜리 박물관 건물은 동양과 서양의 건축 양식을 모두 갖고 있다. 긴 주랑(柱廊; 벽 없이 기둥만 줄지어 서 있는 복도)과 1층 홀, 우아한 계단 등은 바로크 양식에서 힌트를 얻었고, 지붕 끝부분의 용, 잉어, 닭 조각은 동양 사상의 결과물이다. 1층은 호치민이 대도시가 되기까지 어떤 변화를 겪었는지, 호치민의 지질학적 · 생태학적인 특징을 간결하게 보여준다. 2층은 주로 프랑스 식민 시절부터 사이공 함락(1975)까지의 역사를 다양한 소장품을 통해 알려주고 있다. 워낙 광범위한 분야를 다루고, 소장품에 대한 설명자료가 빈약해 외국인 입장에서는 집중도가 떨어지는 것도 사실이다.

2권 ⓑ INFO P.037 ⓜ MAP P.033C ⓖ **구글지도 GPS** 10.775869, 106.699663 ⓣ **시간** 08:00~17:00 ⓟ **가격** 성인 3만₫(카메라 소지 시 대당 2만₫ 추가), 6세 미만 무료

☑ 하이랜드 커피 호치민시 박물관 지점

호치민시 박물관의 진짜 아름다움을 보려면 박물관 안보다는 박물관 밖을 봐야 한다. 이런 점에 있어 이곳은 백점짜리 위치. 박물관 회랑과 연결된 곳에 자리해 고풍스런 분위기를 느낄 수 있다. 절반은 에어컨 바람을 쐬며 박물관 건물을 볼 수 있는 실내석으로, 나머지 절반은 회랑에 앉아 쉴 수 있는 야외 공간으로 이뤄져 있는 것도 특별한 부분이다.

3 베트남 역사박물관
Vietnam History Museum

남부 베트남의 역사를 자세히 알 수 있는 곳

호치민을 비롯한 베트남 남부 역사를 주로 다루고 있는 박물관. 시내 중심에 있는 다른 박물관과 다르게 시내에서 조금 벗어난 곳에 자리해 언뜻 봤을 때는 박물관보다는 공원에 온 듯한 느낌도 든다. 전시실은 연대에 따라 구분돼 있으며 다낭과 호이안 일대에 번성했던 참파 왕국의 도자기와 힌두상, 후에에 도읍을 둔 베트남 마지막 왕조인 '응우옌 왕조'의 왕실 유물 등이 볼만하다. 바로 옆에 호치민 동 · 식물원이 있어 지나가는 길에 들를 수 있지만 일부러 찾아가기에는 많은 부분이 애매한 박물관이다.

2권 ⓑ INFO P.072 ⓜ MAP P.076G ⓖ **구글지도 GPS** 10.787999, 106.704788 ⓣ **시간** 08:00~11:30, 13:30~17:00 ⓟ **가격** 성인 3만5000₫(카메라 소지 시 3만2000₫ 추가)

THEME 07
루프톱 바

베트남의 밤을 로맨틱하게 보내는 방법

분위기 좋은 곳, 흥이 절로 나는 곳에서 마시고 싶었는데
얇은 지갑으로는 감당 못할 가격이 문제였던 자들이여.
이곳이 바로 천국일지도 모른다.
근사한 야경을 보며 칵테일 잔을 들 수 있는,
호치민의 밤이다.

호치민에서 나이트라이프 제대로 즐기기

01 술을 잘 못한다면 논알코올 음료를 주문하자
분위기를 즐기고는 싶은데 술을 잘 못한다면 알코올이 들어 있지 않은 논알코올(Non-Alcohol) 또는 목테일(Mocktail)을 주문하자. 술맛은 나지만 취하지는 않는다. 이름에 버진(Virgin)이 들어간 칵테일도 대부분 논알코올 칵테일이다.

02 술 한 잔 정도면 충분하다
외국인을 상대로 비싼 술이나 안주를 주문하도록 유도하는 일이 많다. 못 이기는 척 비싼 메뉴를 주문하면 계속해서 추가 주문을 유도하기도 하니 애초에 딱 잘라 이야기하는 것이 좋다. 분위기를 즐기려면 칵테일이나 맥주 한 잔으로도 충분하다.

03 드레스 코드를 확인하자
덥고 습한 날씨를 감안해 드레스 코드에 관대한 편이다. 슬리퍼, 샌들, 노출이 과한 의상, 남성의 경우 민소매와 러닝셔츠 정도만 피하면 된다.

04 비 오는 날에는 PASS
비가 오면 야외보다 전망이 좋지 못한 실내 좌석에만 앉을 수 있어 감동이 떨어진다. 게다가 손님이 적어 흥 발산도 쉽지 않다.

05 현지인을 조심하자
외국인, 특히 한국인 여행자에게 일부러 접근해 물건을 훔쳐가는 일이 많이 발생한다. 낯선 현지인이나 외국인이 말을 걸 때는 일단 의심부터 해야 하며 소지품을 남의 손에 맡기면 안 된다. 또, 낯선 사람이 주는 음료수, 술, 음식을 절대로 받아먹지 말자. 환각성이 강한 약물이 들어있을 위험이 있다. 외국인이 많이 모여드는 부이비엔 거리와 데탐 거리 주변은 더욱 경계해야 한다.

06 영수증은 두 번 세 번 확인하자
술에 취하면 경계심이 풀린다는 허점을 이용해 고의적으로 영수증 금액을 부풀리기도 한다. 계산하기 전에 영수증에 찍힌 금액이 맞는지 반드시 확인하자. 주류 주문 시 메뉴판 사진을 찍어 두면 훨씬 편리하다.

07 마약을 조심하자
외국인이 많이 모여드는 술집, 펍, 클럽에서 정체 모를 풍선이 자주 보이는데, 절대 가까이해서는 안 된다. 영어로 '해피벌룬(Happy Balloon)', 베트남어로는 '봉끄이(웃음 풍선)'라고 하는 환각성 화학 물질이다. 국내에서는 마약류로 분류돼 소지 및 흡입 시 3년 이하의 징역 또는 5000만 원의 벌금형에 처해질 수 있다. 나도 모르게 중독이 쉽게 되고 환각 증세가 심한 특징이 있는데, 최근에는 한국인 20대 청년이 해피벌룬을 과다 흡입해 사망한 사례도 있다.

HOCHIMINH

CHILL SKYBAR
칠 스카이바

2권 INFO P.058 MAP P.046D
구글지도 GPS 10.770436, 106.694319
시간 17:30~다음 날 02:00
가격 입장료(주말) 30만 đ, 칵테일 30만~ đ

호치민에서 가장 유명한 루프톱 바

호치민에서 가장 분위기 좋은 루프톱 바라는 것도, 전망이 가장 좋다는 것도 다 지난 영광이다. 그저 호치민에 루프톱 바가 많이 없던 시절에 얻은 유명세가 지금까지 이어졌을 뿐이다. 그래서인지 언제 가도 여행자들로 북적북적. 시끄러운 음악만 틀어 놓고 정작 손님은 별로 없는 루프톱 바에 비하면 생동감 있다는 게 오히려 장점이 됐다. 위치가 위치인 만큼 술값이 비싸지만 해피아워 행사를 이용하면 가격이 저렴하다. 주말에는 입장료가 있는데, 입장료에 술 한 잔이 포함돼 있어 술을 많이 마시지만 않으면 가격 부담은 덜하다. 좋은 자리를 선점하고 싶다면 미리 예약하자.

HOCHIMINH

BLANK LOUNGE
블랭크 라운지

나는 분위기파

요즘엔 이곳이 뜨고 있다. '가성비 좋은 루프톱 바'로 알려지면서부터다. 입장료만 우리 돈으로 약 4만 원에 달하는 '랜드마크 81 스카이 뷰 전망대(79층)'와 층수가 4층 차이밖에 나지 않는다. 저렴한 가격에 술 한잔하며 호치민의 야경을 즐길 수 있다. 그래서인지 오픈하자마자 호치민에서 가장 인기 있는 루프톱 바가 됐다. 특히 호치민 시내 전체를 볼 수 있는 야외 좌석은 누구나 가고 싶어 하지만 일찌감치 예약을 하지 않으면 앉기조차 힘들다. 야외석이 아니더라도 창문이 크게 나 있어 전망을 감상하기는 좋은 편인 게 다행이라면 다행. 칵테일 한 모금에 멋진 야경 한 번. 특별한 맛이 아닌데도 자꾸만 특별하게 느껴진다.

☑ 블랭크 라운지 찾아가기

찾아가기가 조금 힘든 게 단점인데, 그랩 이용 시 랜드마크 81 스타벅스(Landmark 81 Starbucks)를 검색하면 된다. 스타벅스 바로 옆 빈펄 럭셔리(Vinpearl Luxury) 호텔로 들어가 로비층까지 엘리베이터를 타고 올라간 다음, 다시 블랭크 라운지까지 엘리베이터를 갈아타면 된다.

2권 Ⓑ INFO P.081 Ⓜ MAP P.076I
Ⓖ **구글지도 GPS** 10.795027, 106.722066
Ⓣ **시간** 09:30~23:00
Ⓓ **가격** 맥주 15만 đ

HOCHIMINH

LEVEL23

레벨23

2권 ⓘ INFO P.042 ⓜ MAP P.033G
ⓖ 구글지도 GPS 10.775868, 106.703955
ⓣ 시간 12:00~다음 날 02:00
ⓓ 가격 칵테일 20만 đ

가성비를 따지는 사람에게 추천!

멋진 전망과 로맨틱한 분위기, 저렴한 술값까지 다 챙기고 싶은 사람에게 추천하는 바. 쉐라톤 호텔 23층에 입점한 바로 잔잔한 음악과 정돈된 분위기 덕분에 비즈니스 접대용 손님들도 꽤 많다. 호텔 바답지 않게 저렴한 가격도 큰 장점. 시내 유명 루프톱 바보다도 술값이 저렴하다. 칵테일 맛도 보통 이상이고 5성급 호텔 바답게 접객 수준과 영어 실력도 남다르다.

NHA TRANG

SKYLIGHT NHA TRANG

스카이라이트 냐짱

넘실대는 바다가 한눈에

휴양지의 밤은 너무 재미없다? 일단 이곳이라도 가보고 이야기 하자. 마시고 노는 것을 아무리 좋아하는 사람도 이곳에서 본 멋진 야경을 최고로 꼽는다. 전망층에 해당하는 스카이덱은 인증 사진 찍기 가장 좋은 곳. 손에 잡힐 듯 가까운 냐짱 앞바다와 해변을 따라 이어진 도시가 멋진 배경이 되어준다. 해가 지기 전에 입장해 야경을 보고 내려오는 것이 베스트. 저녁 시간을 넘기면 금세 손님이 너무 많아져 재미있게 놀기가 힘들다. 시간대별로 입장료 차이가 있으며 입장료에는 음료 한 잔이 포함돼 있다. 바 안으로 음식물과 물 등의 반입이 금지된다.

2권 **INFO** P.111 **MAP** P.101D
구글지도 GPS 12.243465, 109.196185
시간 전망대 09:00~14:00, 루프톱 바 16:30~24:00
가격 스카이덱 6만 đ(09:00~14:00) , 루프톱 비치 클럽 16만 đ(16:30~20:00), 25만 đ(20:00~24:00)

AMAZING TRAVEL DAY

'호치민은 참 좋은데 하루만 부지런히 다니면 둘째 날부터는 볼 게 없어!'
호치민을 여행하는 사람이라면 한 번쯤은 고민해 봤을 문제.
불행인지 다행인지는 몰라도 시내만 봤다면 이제 겨우 절반만 본 것이다.
시내에서는 결코 보지 못했을 것들이 호치민 주변 곳곳에 흩어져 있으니
내 취향에 맞는 곳을 골라 여행해 보자.

어떤 여행사를 선택할까?

호치민 근교 지역은 대중교통편이 없어 여행사의 투어 프로그램을 통해 다녀오는 수밖에 없다. 어떤 여행사의 투어를 선택하느냐에 따라 여행의 질이 달라지는데, 각각의 장단점이 명확하다.

	신투어리스트	소규모 여행사
가성비	호치민 대표 여행사로 박리다매식. 40인승 대형 버스에 여행객을 꽉 채워 투어를 진행하기 때문에 가격이 아주 저렴하다.	신투어리스트 대비 최소 2~3배는 더 비싸다. 대신 소규모 투어로 진행하며 낸 돈 이상의 서비스를 제공한다. 식사만 보더라도 반찬의 가짓수나 레스토랑의 급이 확실히 다르다.
가이드의 영어 실력	전형적인 베트남식 영어 발음. 대신 말하는 속도가 느려 알아듣기는 어렵지 않다. 한국인 여행객이 많을 때는 한국어를 간간이 섞어 쓰기도 한다.	신투어리스트보다 영어가 유창한 가이드들이 많다. 영어에 자신이 있다면 훨씬 알아듣기가 편하다.
픽업/드롭	데탐 스트리트에 있는 신투어리스트 사무실(MAP P.046F)에서 출발 · 도착한다.	숙박 시설이 밀집해 있는 1·3군 지역 안에서는 호텔 픽업 및 드롭 서비스를 제공하는 여행사가 많다.
친절도 및 서비스	손님 한 명 한 명에게 맞출 수 없어 무난한 서비스를 제공한다. 우리나라의 평범한 패키지 여행을 생각하면 된다.	여행자에게 필요한 것이 무엇인지 많이 고민한 흔적이 보인다. 인원이 적어 언제든 필요한 것을 요구할 수 있는 분위기이다.
장점	모객이 잘 되어 웬만하면 출발 가능하다. 특히 구찌 터널과 메콩 델타 당일치기 프로그램은 매일 출발한다고 봐도 된다. 주로 비영어권 국가 여행자들이 많이 참여해 영어에 대한 스트레스는 덜 받는다.	개인의 사정에 최대한 맞춰주려고 하는 편이다. 가이드가 사진을 찍어 주기도 하고, 자유시간도 많이 준다. 여행사마다의 특장점이 뚜렷하다.
단점	많은 인원이 한 번에 움직여야 하는 대규모 그룹 투어의 특성상 개개인에게 주어지는 시간이 한정적이다. 전형적인 패키지 여행.	주로 영어권 국가 여행자들이 많아 영어를 못하면 소통이 힘들 수 있다. 출발 가능 인원이 모이지 않는 경우도 있다.

근교 여행 어디로 갈까?

1. 구찌 터널

베트남 전쟁을 승리로 이끌었던 역사적인 장소. 터널의 길이가 무려 250킬로미터에 이르는데, 캄보디아 국경 인근부터 사이공(현재의 호치민)까지 광범위하게 땅굴이 뻗어 있었다고 한다. 게릴라전을 위한 전초기지뿐 아니라 미군의 폭격으로부터 피신하기 위한 목적도 있었기 때문에 땅굴의 깊이는 최소 3미터부터 최대 8미터 정도였다. 전쟁 초반에는 미군 기지 바로 아래에도 땅굴이 나 있었지만 그 사실을 알지 못했다. 늦게서야 지하에 땅굴이 있다는 사실을 알아차린 미군은 수차례 땅굴 파괴 작전을 폈지만 번번히 실패하고 만다. 구찌 인근의 토질은 비가 오면 부드러운 진흙이 되어 굴을 파기에 좋았고, 비가 그치면 다시 단단하게 굳어 엄청난 폭격에도 견딜 수 있었기 때문이다. 현재 7곳의 터널이 남아 있으며 그 중 2곳의 터널만 공개하고 있다.

2. 껀저

사이공강의 하류에 위치한 섬. 베트남 전쟁 기간 동안 섬 주위로 매일 30척이 넘는 미군 군수 물자 보급선이 지나다니던 중요 보급로로, 보급로를 끊으려는 베트콩과 필사적으로 막으려는 미군이 수시로 충돌했던 지역이었다. 전쟁 동안 섬의 맹그로브 숲은 미군의 폭격과 고엽제 살포로 완전히 파괴되었지만, 전쟁 이후 지속적인 노력을 통해 옛 모습을 되찾았다. 이런 역사적, 생태적 가치를 인정받아 2000년에 유네스코 자연 생태 보존구역으로 지정되었다.

3. 메콩 델타

티베트에서 베트남까지 총 4020킬로미터를 흐르는 메콩강의 하류 지역으로 면적이 4만제곱킬로미터(우리나라 영토의 절반 정도)에 달한다. 토질이 좋아서 농어업이 발달했는데, 지역 사람들의 삶을 누구나 체험할 수 있도록 여행 프로그램을 만들어 인기를 끌고 있다. 양봉, 나룻배 타기, 라이스페이퍼 공장 견학, 코코넛 캔디 공장 견학 등 메콩강 유역에 사는 사람들의 농사일 전반을 견학하고 체험하는 일정으로 짜여져 가족 단위 여행객도 많은 편. 여행사마다 일정이 획일화되어 비슷비슷하다.

근교 여행 한눈에 비교하기

지역		여행사	교통수단	이동 소요 시간(왕복)	가격
구찌 터널	벤딘	원트립	오토바이	6시간	$85
		신투어리스트	버스	5시간	11만9000 đ (입장료 11만 đ 별도)
	벤즈억	피시아이투어	스피드 보트	3시간	180만 đ
껀저		신투어리스트	버스	5시간	64만9000 đ
메콩 델타		사이공리버투어	스피드 보트	4시간 30분	230만 đ
		신투어리스트	버스	4시간	22만9000 đ

구찌 터널 단면도 보기

구찌 터널을 어떻게 만들었는지, 내부 구조에 숨은 비밀이 무엇인지 알면 견학이 훨씬 재미있다. 여행사 가이드가 구찌 터널에 대해 설명해주기는 하지만 영어 발음이 어눌해 알아듣기가 힘들거나 너무 간단히 설명해서 이해가 되지 않기도 하니 꼭 한 번 읽어 보자.

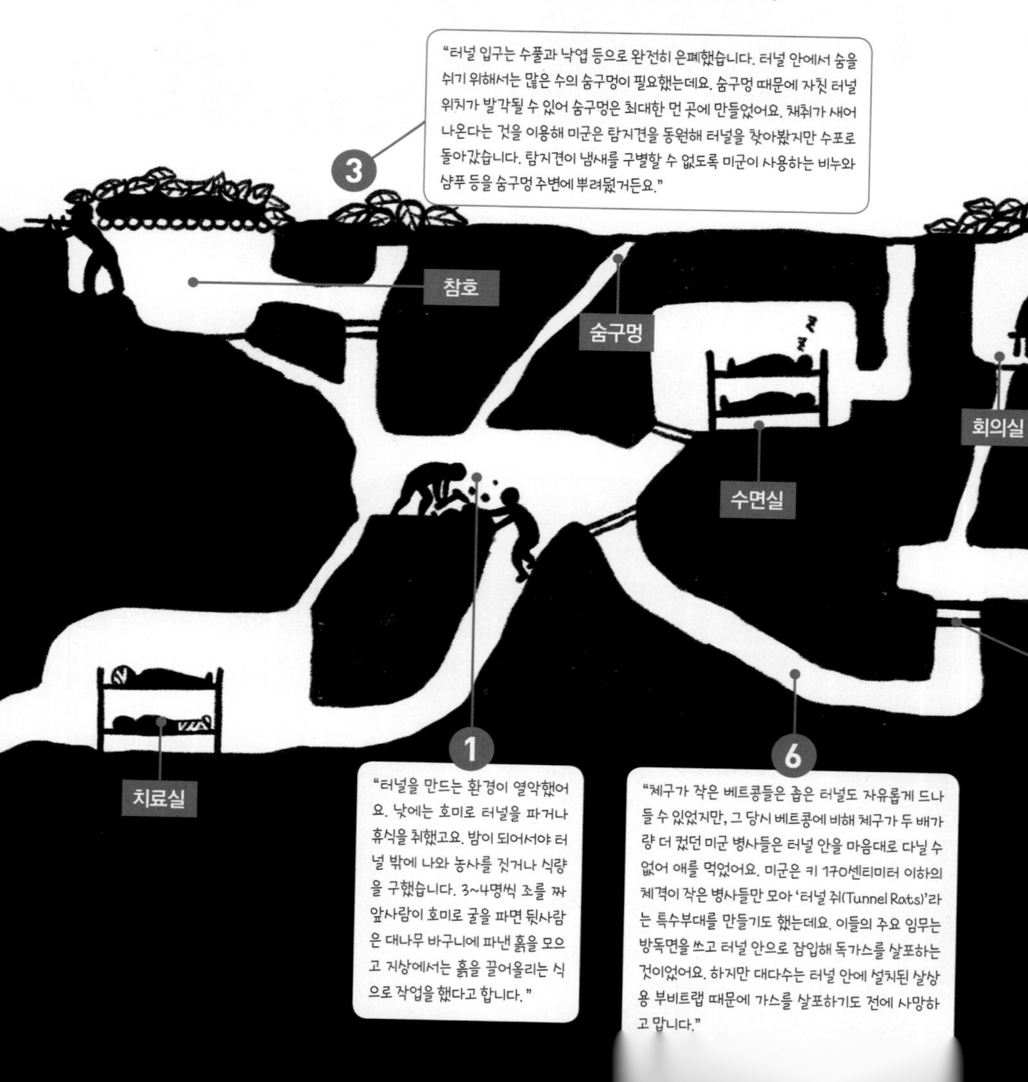

"부엌도 갖추고 있습니다. 주로 장작을 때 요리를 했는데요. 불을 지피면서 나오는 연기 때문에 터널의 위치가 발각될 수 있어 연기가 빠져나가는 통로는 따로 만들었습니다. 통로 중간마다 연기가 모이는 방을 만들어 극소량의 연기만 지상으로 빠져나갔는데요. 워낙 소량이라 안개와 구분이 잘 안 됐을 정도라고 합니다."

"미군 부대 가까이로 가서 곳곳에 함정과 지뢰를 몰래 심었습니다. 심지어는 대나무 꼭대기에 매달아 놓은 지뢰에 헬리콥터가 추락하는 일도 있었다고 해요."

4

5

헬기 소리를 증폭해 들을 수 있는 대피소

부엌

폭발, 가스, 물 보호벽

무기 및 폭발물, 식량 저장고

우물

2

"터널은 사이공강과 연결돼 있습니다. 비상시에 강물로 뛰어들기 위해서죠. 미군은 터널 안에 있는 베트콩을 모조리 수장시키기 위해서 모터펌프를 동원해 터널에 물을 넣기도 했지만, 이 역시도 실패로 돌아갑니다. 물을 넣는 족족 강으로 흘러가 효과를 볼 수 없었던 탓이죠."

추천 여행사 1

구찌 어드벤처

by 원트립

07:00

호텔 픽업. 가이드가 원트립(One Trip) 여행사 티셔츠를 입고 있어 쉽게 찾을 수 있다. 짐은 오토바이 탑박스에 싣고 안면 마스크와 헬멧을 착용 후 출발~!

07:40

현지인 식당에서 아침 식사. 반미와 커피, 열대과일이 푸짐하게 나온다.

08:30

라이스페이퍼, 쌀국수 생산 공장 견학. 운이 좋으면 라이스페이퍼와 쌀국수를 만드는 과정을 지켜볼 수 있다.

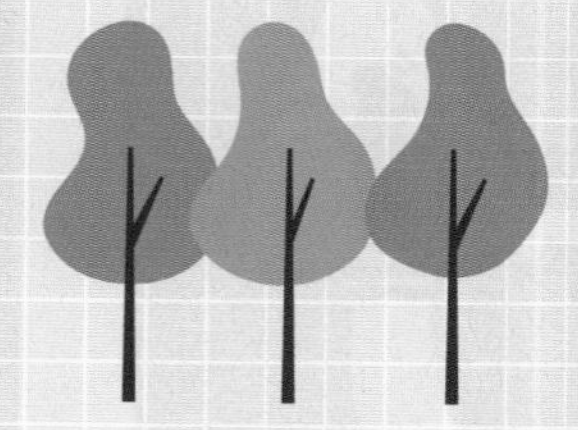

11:00

구찌 터널 견학. 다른 여행사와 달리 시내에서 더 멀리 떨어진 벤드억 구찌 터널을 방문한다. 견학 내내 가이드가 역사적인 배경, 베트남 전쟁 및 터널에 대한 설명을 자세히 해준다. 온몸을 구깃구깃 접어가며 땅굴을 헤집고, 정글을 누비다 보면 땀과 흙으로 범벅.

13:00

점심시간. 고기 반찬이라고는 구운 닭다리뿐이지만 어쩜 이렇게 입맛에 잘 맞는지, 매일 식사가 이랬으면 좋겠다 싶다.

16:00

원하는 장소에 드롭. 정들었던 가이드와 작별해야 할 시간.

호치민 시내에서 오토바이를 타고 구찌 터널을 다녀오는 프로그램이다. 20대 초중반의 남동생뻘 되는 가이드 겸 기사와 오늘 하루는 친구가 된 듯 오토바이 드라이빙을 즐기는 것이 가장 큰 매력이다. 예약 인원이 단 한 명이라도 단독 투어로 진행하는 것이 원칙. 생판 모르는 남들과 투어를 하지 않아도 돼 나 홀로 여행자에게 특히 인기 있다. 이것저것 하는 것이 많아 구찌 터널에서 보내는 시간은 상대적으로 짧다는 것이 유일한 흠. 오토바이 뒷자리에 앉아만 있는데도 체력 부담이 꽤 크다.

가격 198만₫(아침 및 점심 식사, 구찌 터널 입장료, 각종 간식, 보험료 포함) **홈페이지** www.christinas.vn/saigon/cu-chi-tunnels

09:00

시골길 드라이빙. 지금부터는 비포장도로를 따라 이동해 엉덩이는 비록 혹사당하지만 농촌 풍경이 끊임없이 지나가 눈은 즐겁다.

09:30

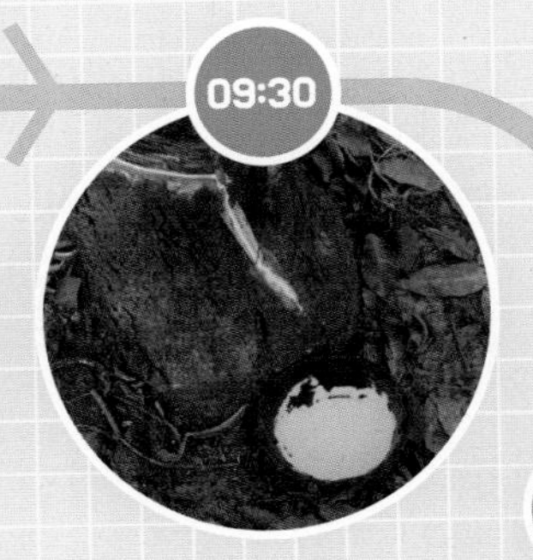

고무나무 플랜테이션 방문. 고무를 어떻게 수확하는지를 눈으로, 귀로 알아가는 시간이다. 아 참, 풍경이 아름다워 사진 찍기에도 더 없이 좋은 곳이니 인생 사진을 건져보자.

10:00

해먹 카페에서 게으름 부릴 시간. 해먹에 누워서 마시는 음료수에 더위가 싹 다 가신다.

10:50

목장길 드라이빙. 끝없이 펼쳐진 것만 같은 목장을 따라가다 보면 풀을 뜯는 소 떼들을 심심치 않게 발견한다.

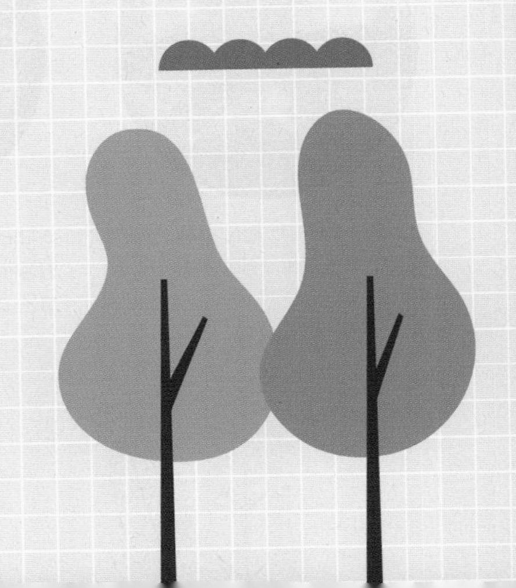

추천 여행사 2

하프데이 구찌 터널

by 피시아이 트래블

08:00

전용 차량으로 호텔 픽업.

08:20

박당 항구(Bến tàu Bạch Đằng)에서 가이드 미팅 후 스피드보트 승선. 구찌 터널로 출발한다. 보트 왼쪽이 사진을 찍기가 편하다.

08:25

호치민 도심의 스카이라인을 감상하는 시간. 비텍스코 파이낸셜 타워와 빈컴 랜드마크 81 등 유명한 건물을 모두 볼 수 있다.

11:20

베트콩들이 전쟁 때 먹었다는 타피오카와 차를 시식하는 시간. 이후에는 베트남 전쟁을 다룬 다큐멘터리를 보는 것으로 견학을 모두 마친다.

12:10

스피드보트를 타고 레스토랑으로 이동. 점심이 늦었다며 챙겨주는 열대과일과 빵은 고생 끝에 먹는 거라 그런지 꿀맛!

13:20

강가 레스토랑에서 점심 식사. 저렴한 패키지 여행 프로그램보다 식사의 질이 훨씬 좋다.

14:15

스피드보트를 타고 박당 항구로 돌아온다. 드롭 서비스를 이용하려면 가이드의 안내에 따라 차량에 탑승하면 되고, 주변을 둘러볼 예정이라면 이곳에서 작별하자.

스피드보트를 타고 구찌 터널을 다녀오는 투어 프로그램. 사이공강을 따라 이동해 이동 시간이 적게 들고 강을 따라 이동하며 볼 수 있는 풍경 역시 급이 다르다. 무선 헤드셋을 대여해줘 가이드의 설명을 제대로 들을 수 있다는 것이 가장 큰 장점. 호기심 많은 서양인들이 주로 참여하여 같은 설명을 해도 좀 더 자세히, 많이 해준다. 가이드의 영어 발음이 좋고 참여자 대부분이 영어권 국가에서 온 사람들이라 영어 회화 실력에 따라 투어에 대한 만족도에 차이는 있다. 1 · 3군 지역만 픽업 및 드롭 서비스를 해준다.

가격 성인 180만đ, 어린이(3~12세) 126만đ **홈페이지** fisheyetravel.com/speedboat-tours-cu-chi-tunnels-morning

사이공강을 따라 이동하며 강가 풍경을 감상하자. 가이드가 설명을 곁들여 훨씬 재미있게 둘러볼 수 있다.

09:40

구찌 터널 도착. 본격적인 체험에 앞서 베트남 전쟁이 왜 일어났는지, 전쟁이 어떻게 진행되었는지 매우 자세히 설명해준다. 다른 여행사와 달리 다양한 전쟁 자료를 보여줘 이해가 빠르다.

10:10

땅굴 입구가 얼마나 좁았는지를 체험해보는 시간. 직원의 시범 후에 땅굴 입구에 들어가기 체험을 할 수 있는 시간이 주어진다. 게릴라전에 이용됐던 참호와 진지 등을 보며 베트남 전쟁이 얼마나 치열하였는지 가늠할 수 있다.

10:30

베트콩들이 구찌 지역에 설치했던 살상용 부비트랩을 둘러보며 어떤 원리로 미군을 살상했는지 듣는다. 이후에는 군수 물자가 부족했던 베트콩들이 어떻게 지뢰와 트랩, 탄약을 만들었는지 배운다.

베트남 전쟁 때 사용됐던 총기로 사격 체험을 해보는 시간. 희망자에 한해 체험할 수 있으며 체험비(탄알 하나당 5만5000~6만đ, 10발 단위로 체험할 수 있다) 별도. 성인만 체험 가능.

11:00

땅굴 체험. 관광용으로 만든 것이라 실제 전쟁 때 사용했던 땅굴에 비해 넓다고 하니 그 당시에는 얼마나 좁았을지를 몸으로 체득하는 시간이다.

추천 여행사 1

껀저 당일치기

by 신투어리스트

07:00

신투어리스트 사무실에서 체크인. 예약 바우처를 보여주면 정식 티켓과 물 한 병을 준다.

07:30

가이드의 안내에 따라 버스에 탑승한다. 버스가 출발하면 가이드가 껀저에 대한 간단한 설명을 해준다.

09:50

껀저 몽키 아일랜드 도착. 원숭이와의 만남에 앞서 낚아채 가기 좋은 선글라스, 물병, 먹을거리 등의 개인 소지품은 보이지 않는 곳에 넣어야 한다. 원숭이에게 보이는 순간 내 것이 아니라고 생각하면 된다. 특히 여성과 어린이는 두 배, 세 배 주의하도록. 원숭이들도 사람을 봐 가며 덤빈다.

13:15

자유 시간. 근처 시장과 해변을 둘러볼 수 있다. 바다에서 수영을 할 수 있지만 해변 상태를 보면 수영하고 싶은 마음이 사라진다. 다소 아쉬웠던 식사는 시장에서 해결해도 좋다.

17:00

신투어리스트 사무실에 도착. 가이드에게 이야기하면 푸미흥 롯데마트(P.242) 앞에 버스를 세워 주기도 한다.

신투어리스트의 다른 당일치기 프로그램보다 갑절은 더 비싸지만 낸 돈이 아깝지 않을 만큼 일정이 알차다. 왕복 버스 요금과 가이드 비용, 입장료, 식사 요금, 보트 탑승 비용이 모두 포함돼 있어 추가로 돈을 낼 일이 거의 없다. 버스 이동 시간이 길지만 그 시간 동안 눈을 붙이면 체력 소모가 생각보다 높지는 않다. 최소 8명 이상 모객되어야 출발. 한국인 전용 투어를 운영해 언어적인 불편함이 없다.

ⓓ **가격** 64만9000 đ

10:10

모터보트를 타고 맹그로브 숲 사이를 지난다. 얼굴에 닿는 공기도, 시야 가득 펼쳐지는 맹그로브의 파도도 온통 푸른색. 왜 사람들이 껀저 여행의 하이라이트라 하는지 알 것 같다. 참고로 모터보트는 일찍 탈수록 좋다. 한눈팔지 말고 대기 줄 제일 앞에 서서 일단 보트부터 타자.

10:40

가이드의 설명과 함께 증싹 게릴라 기지를 둘러보는 시간. 야생 악어와 싸우고 있는 병사, 미사일을 조립하는 병사 등 당시 베트콩의 활약상을 보여주는 모형들이 있어 이해하기 쉽다.

11:10

타고 온 모터보트를 타고 다시 원숭이의 땅으로. 조금 전에 탔지만 타도 타도 재미있다.

11:40

베트콩들을 두려움에 떨게 했던 악어들을 만나볼 시간. 2만 đ만 내면 악어에게 먹이를 줄 수도 있다. 악어들이 한낮의 더위를 피해 그늘이나 물속에 있으면 악어를 보지 못할 수도 있다.

12:20

오전 내 움직였으니 배를 채워보자. 해산물 전문점에서 푸짐한 듯한데 뭔가 아쉬운 점심 식사.

메콩 델타(미토, 벤쩨) 당일치기

by 신투어리스트

07:45

신투어리스트 사무실에서 체크인. 예약 바우처를 보여주면 정식 티켓과 물 한 병을 준다.

08:15

가이드의 안내에 따라 버스에 탑승한다. 참가 인원이 많으면 여러 대에 나눠 타기 때문에 몇 번 차량인지 확인해야 한다. 탑승권의 'Bus Order No'란을 확인해보자.

10:00

미토 도착. 선착장에서 보트를 타고 이동하며 메콩강 풍경을 볼 수 있다.

14:20

코코넛 캔디 공장 견학. 어떤 과정을 거쳐 코코넛 캔디를 만드는지 처음부터 끝까지 시연해준다.

18:30

버스를 타고 호치민 신투어리스트 사무실에 도착.

동남아시아 최대의 곡창 지대인 메콩 델타(메콩강 하류)를 둘러보는 프로그램. 우마차 타기, 라이스페이퍼 공장 견학, 나무배 타고 정글 누비기 등 농촌 생활을 직접 체험해 볼 수 있는 일정으로 구성돼 가족 단위 여행객들에게 인기가 많다. 구찌 터널 다음으로 인기 있는 당일치기 패키지. 가격 대비 투어 내용이 무척 알차다. 기본 30~40명이 한 팀을 이뤄 자유 시간이 짧다는 것이 아쉽지만 낸 돈을 생각하면 이 역시 큰 단점은 아니다. 대형 버스로 이동해 오가는 동안 잠을 잘 수 있어 어린아이나 어르신이 있는 가족 여행자들에게 특히 추천.

가격 22만9000đ

10:30

라이스페이퍼와 코코넛 스낵을 만드는 공장 방문. 어떤 과정을 거쳐 라이스페이퍼를 만드는지 시연해 이해를 돕는다.

11:30

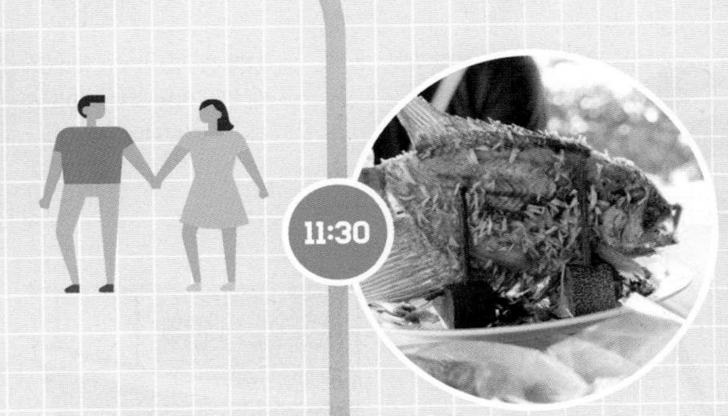

점심 식사. 메콩강에서 잡히는 까따이뜨엉 지엔 쑤(Cá tai tượng chiên xù) 생선 튀김을 비롯해 지역 특산 요리로 한 상 차린다.

12:40

마차를 타고 동네 한 바퀴. 열대과일을 먹으며 전통 공연을 관람한다. 커다란 뱀이나 벌집을 들고 기념사진을 찍는 시간도 주어져 아이들이 좋아한다.

13:30

나무배를 타고 정글 사이를 누벼보는 시간. 배경이 예쁘니 나도 모르게 카메라에 손이 간다.

추천 여행사 2

메콩 델타(미토, 벤쩨) 데일리 투어

by 사이공 리버 투어

07:20

전용 차량으로 호텔 픽업.

07:40

탄깡 항구(Bến tàu Tân Cảng)에 도착해 투어 비용 결제. 가이드의 안내에 따라 스피드보트에 승선한다.

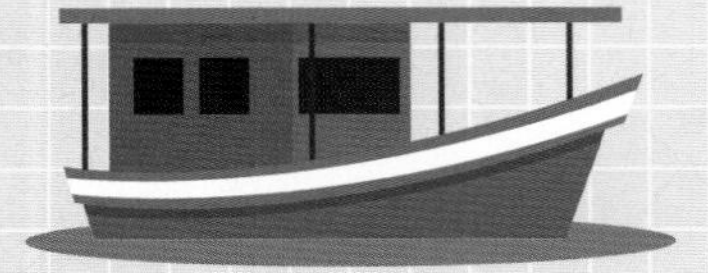

07:50

사이공강을 따라 이동하며 호치민의 스카이라인을 감상하는 시간. 보트 오른쪽이 사진 찍기가 편하다.

11:55

조각배를 타고 두근두근 정글 수로를 지나간다.

12:10

스피드보트를 타고 레스토랑으로. 메콩강에서 잡히는 까 따이뜨엉 지엔 쑤(Cá tai tượng chiên xù) 생선 튀김을 비롯해 지역 특산 요리로 한 상 차린다.

13:20

스피드보트를 타고 호치민으로 돌아가야 할 시간. 보트 안에 차려놓은 열대과일은 얼마를 먹든 공짜. 호치민까지는 2시간 정도 걸리니 눈을 좀 붙여도 좋다.

스피드보트를 타고 메콩 델타를 다녀오는 여행 프로그램. 대형 여행사와 다르게 소규모 인원으로 조인 투어를 진행해 일단 배움의 질이 한 단계 높아진다. 일반 관광객들은 쉽게 볼 수 없는 호치민의 색다른 모습을 볼 수 있어 호기심이 많은 여행자들에게 인기다. 빈민가를 지나는 동안 나는 악취를 재주껏 견딜 수 있다면 말이다. 점심 식사와 여행자 보험, 물, 과일, 호텔 픽업/드롭 서비스가 포함돼 있다. 4시간이 넘는 시간 동안 보트를 타야 해 은근히 체력 부담이 크다.

가격 성인 230만 đ, 어린이(8~12세) 161만 đ, (7세 이하) 115만 đ, 유아(3세 이하, 1명 한정) 무료
홈페이지 saigonrivertour.com

08:00

스피드보트를 타고 메콩 델타로 출발. 1군의 고층 빌딩 숲을 지나자마자 4 · 6 · 8군의 빈민촌이 거짓말처럼 펼쳐진다. 4군은 마피아의 본거지라는 소문이 돌았을 만큼 치안이 안 좋은 곳으로 유명했다고 한다. 빈민촌을 지나 높은 건물이 하나도 없는 강을 따라 1시간. 메콩강이 모습을 드러낸다.

10:00

농가를 방문해 벌집 들어보기 체험, 뱀을 목에 감아보기 체험을 차례로 한다. 체험 후에는 로열 젤리를 넣어 만든 꿀차와 건스낵을 맛볼 차례!

10:50

스피드보트를 타고 코코넛 캔디 공장이 있는 섬으로 이동. 코코넛 캔디를 만드는 과정을 눈으로 보고, 입으로 냠냠.

11:15

작은 삼륜 트럭을 타고 마을 골목길을 누비는 시간. 차 한 대가 겨우 지나다니는 좁은 길을 차 두 대가 아슬아슬 지나는 것이 나름의 매력!

11:35

푸짐하게 차린 열대과일을 맛보며 전통 공연 관람.

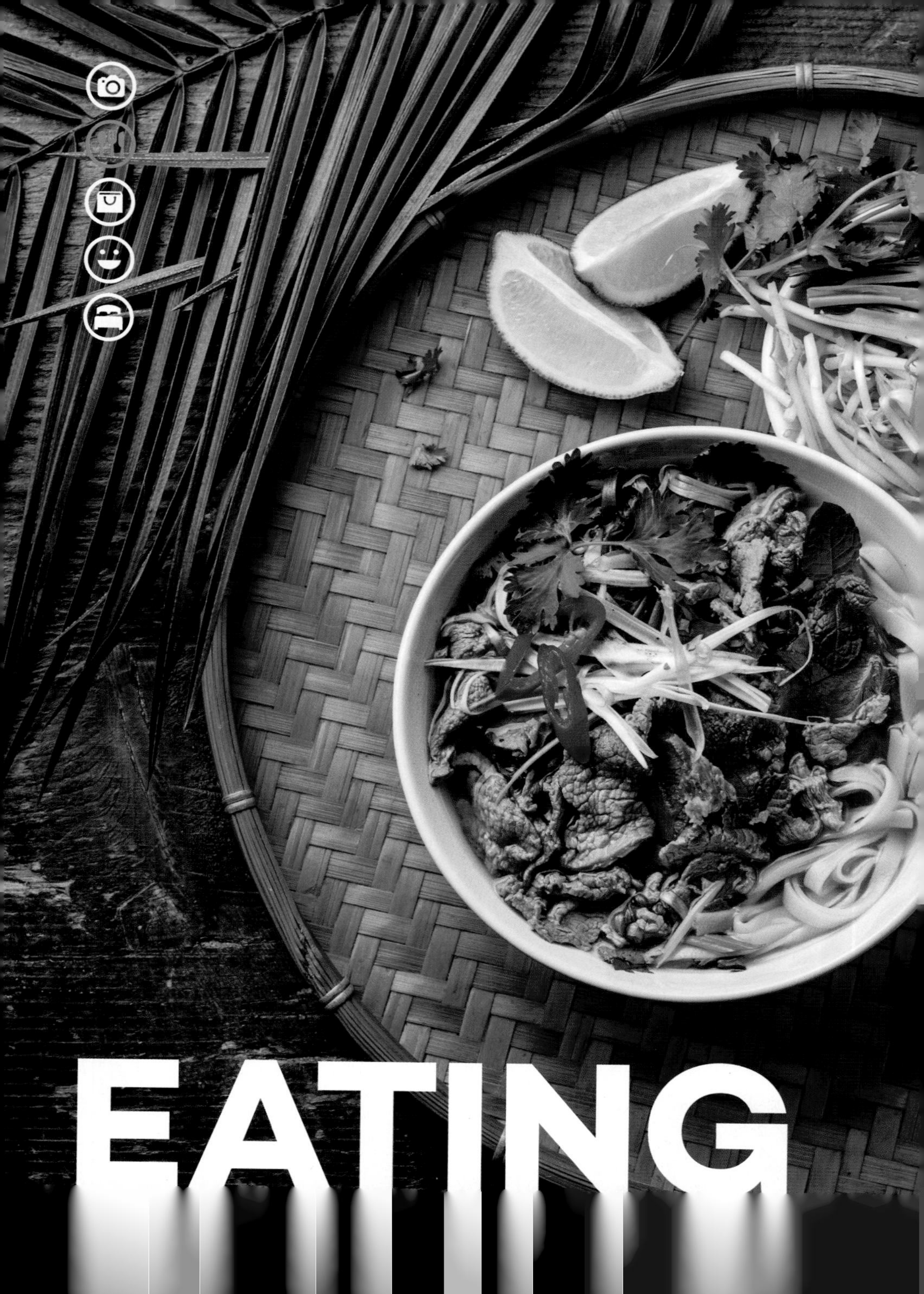
EATING

베트남 음식의 모든 것

우리와 같은 쌀 식문화권인 베트남이지만 은근히 우리와는 다른 식문화가 있는 곳이다.
베트남에서 식사를 할 때 어떤 것을 알아둬야 할까?

식당 이용팁

01 계산서와 거스름돈을 철저히 확인하자.
많이 찾는 레스토랑 중 일부는 고의로 거스름돈을 적게 주기도 한다. 계산 금액을 속이기 위해 계산서에 금액을 허위로 기재하거나 주문하지도 않은 음식이 계산서에 포함돼 있기도 하니 꼼꼼히 확인해 보자.

02 물티슈를 갖고 가자.
일부 로컬 레스토랑은 청결도가 떨어져 물티슈가 있으면 여러모로 유용하다.

03 베트남어 걱정은 No
현지인들만 오는 식당을 가는 것이 아니라면 의사소통을 하는 데 문제는 없다. 영어 메뉴판은 기본이고 메뉴판에 사진이 첨부돼 있기 때문.

04 물과 얼음을 조심하자.
장이 민감해 물갈이를 하는 사람이라면 음료를 주문할 때 얼음은 빼 달라고 하자. 간단하게 '노 아이스(No Ice)'라고만 말하면 된다. 생수를 사 마실 때도 조심해야 하는데 아쿠아피나(Aquafina)와 라비(LaVie) 제품을 추천. 참고로 베트남에서 수돗물을 그냥 마시면 절대 안 된다. 물에 석회질이 많기 때문인데, 양치를 할 때도 반드시 생수로 해야 한다.

05 가격 표기가 되지 않은 메뉴나 식당은 일단 거르자.
가격표가 없다는 점을 악용해 간혹 관광객 상대로 바가지를 씌우는 일이 있다. 시세를 잘 모르는 관광객 입장에선 당할 수밖에 없다.

06 현금을 준비하자.
신용카드 사용이 많이 보편화되었지만 여전히 현금 결제가 우선이다.

베트남 식사 예절

01 젓가락으로 밥그릇을 두드리면 안 된다.
베트남 사람들은 젓가락으로 밥그릇을 두드리면 주변에 있던 배고픈 귀신들을 불러 모은다고 생각한다. 특히 귀한 자리나 손님상에서는 더더욱 주의를 해야 한다.

02 젓가락을 밥에 수직으로 꽂으면 안 된다.
우리나라와 비슷한 이유. 그 모양새가 꼭 제사상에 향을 피우는 모습과 닮았기 때문이다.

03 생선 요리는 오른쪽이 위로 가도록 놓는다.
수상 가옥에 사는 사람들은 생선을 뒤집는 것을 배가 뒤집히는 것과 똑같다고 생각한다. 생선 요리는 오른쪽이 위로 가도록 놓고, 먹을 때도 한쪽으로만 먹고 뼈를 발라낸 다음, 생선을 뒤집지 않은 채로 나머지 한쪽을 먹는다.

04 밥은 남기지 말아야 한다.
전통적인 농업 국가였던 탓에 쌀이 아주 귀하게 여겨지는 것은 우리나라와 같다. 어떤 음식이든 남기지 말아야 하겠지만 밥만큼은 남기지 않는 것이 예의.

05 밥은 숟가락 대신 젓가락으로!
베트남 사람들은 젓가락으로 밥을 먹는다. 그래서 밥그릇을 들고 밥을 떠 먹는다.

06 반찬을 덜 때는 앞접시를 이용한다.
여러 명이 함께 식사를 할 때 반찬을 입으로 바로 가져가지 않고 앞접시에 덜어 먹고, 탕이나 찌개류 역시 개인 그릇에 덜어 먹는다.

07 음식을 먹을 때는 조용히!
음식을 먹을 때는 소리를 내면 안 된다. 또 배가 고파도 입에 많은 음식을 한 번에 넣는 것도 교양이 없다고 생각한다.

베트남의 향신 채소

베트남에서 소비되는 향신 채소가 하루 1170톤에 달할 만큼 베트남 사람들은 향신 채소를 즐겨먹는다. 우리 입맛에 잘 맞지 않을지 몰라도 경험 삼아 시도는 해보자.

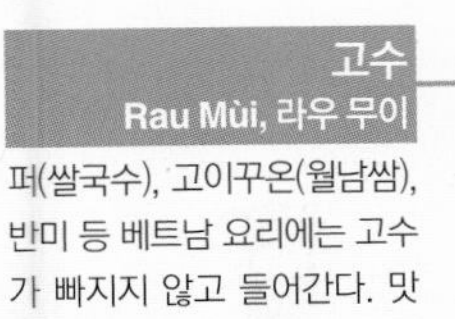

고수
Rau Mùi, 라우 무이

퍼(쌀국수), 고이꾸온(월남쌈), 반미 등 베트남 요리에는 고수가 빠지지 않고 들어간다. 맛을 풍부하게 해주고, 요리에 풍미를 더하기 때문이다. 특유의 향과 맛 때문에 우리 입맛에는 호불호가 확실히 갈린다. 베트남 사람들은 '응오(Ngò)'라고 하기도 한다.

베트남 고수
Rau răm, 라우 람

베트남 민트, 베트남 고수라고 불리며 쌀국수, 샐러드, 수프 등에 많이 사용한다. 매운 후추 향이 특징. 맛도 쓰고 맵다.

바질
Húng quế, 훙 꿰

퍼나 분보후에 등의 면 요리에 흔히 이용된다. 고수만큼은 아니지만 호불호가 갈린다. 줄기는 먹지 않고 잎만 먹는데 간혹 연보라색의 꽃대가 달린 채로 나오는 경우도 있다.

레몬그라스
Cây sả, 꺼이 사

레몬그라스를 빻아 가루로 만든 뒤 여러 재료를 섞어 만든 커리 페이스트를 생선, 소고기, 닭고기를 조리할 때 주로 사용한다. 향신료뿐 아니라 식재료로도 많이 쓴다. 향은 그렇게 강하지 않다.

쿨란트로
Ngò Gai, 응오 가이

볶음밥, 쌀국수와 특히 잘 어울리고 향도 고수보다는 진하지 않아 향신채가 처음인 사람이라도 시도해볼 만하다.

소엽 · 차조기
Tía Tô, 띠아 또

우리에게는 차조기로 잘 알려진 향신채로 독특한 향을 가지고 있다. 주로 분짜를 먹을 때 곁들여 먹는 것이 보통.

딜
Thì Là, 띠 라

잎을 잘게 썰어 손질한 생선에 뿌리면 잡내를 없앨 수 있어 신선한 생선 요리에 주로 쓰인다. 남부 베트남보다는 주로 북부 지역에서 많이 사용한다. 조리된 채 나오기 때문에 날것으로 맛볼 일은 많지 않다.

베트남의 양념

베트남 사람들도 음식을 할 때 양념을 많이 넣는다. 우리나라의 간장과 비슷한 베트남식 간장이 있는가 하면 칼칼한 맛을 내는 고추 양념도 있어 우리 입맛에도 잘 맞는다.
손님의 입맛에 따라 양념을 넣어 먹을 수 있도록 테이블에 다양한 양념을 비치해두고 있는데, 뭐가 어떤 양념인지 잘 구분되지 않는다면 참고하자.

뜨엉 엇 토이
Tương ớt tỏi

매운맛이 강한 칠리를 곱게 간 후 마늘과 생강, 식초를 넣은 것으로 주로 국수에 넣어 먹는다. 매콤 새콤한 맛이 있어 요리의 맛을 한층 끌어올린다. 한국인의 입맛에도 잘 맞는다.

엇 사 떼
Ớt sa tế

베트남식 고추기름. 곱게 빻은 고추, 설탕, 식용유에 볶은 마늘을 넣은 후 약한 불로 끓여서 만든다. 기성품을 사서 쓰는 집보다 직접 만드는 집이 많은데 집집마다 고추의 매운 정도가 달라서 조금만 넣어서 먹어보는 것이 좋다.

느억맘
Nước mắm

생선을 발효시켜 만든 어장이다. 느억맘을 어떻게 쓰느냐에 따라 음식 맛이 달라질 정도로 베트남 요리에서는 매우 중요한 요리의 기본이다. 디핑 소스로도 사용되고 음식의 간을 맞추기도 하는 전천후 만능 재료다.

느억 뜨엉
Nước tương

베트남 간장. 우리나라의 간장과 마찬가지로 콩을 발효시켜 만들어 맛이 깊고 담백하다. 고기보다는 채소와 궁합이 잘 맞아 채소 요리를 볶거나 간을 할 때 사용하며 뒷맛도 깔끔하다.

뜨엉 덴 퍼
Tương đen phở

우리에게는 해선장으로 더 유명한 소스. 콩을 발효시켜 짜고 달고 동시에 고소한 향이 나 한국 사람 입맛에도 잘 맞는다. 베트남에서는 주로 쌀국수에 넣어 먹는다. 작은 숟가락으로 반 숟갈이면 된다.

여우 하오
Dầu hào

굴소스. 생굴을 소금에 절여 발효시킨 뒤 밀가루나 전분을 넣어 걸쭉하게 만든 것으로 향미가 좋다. 채소보다 육류와 궁합이 잘 맞는다.

베트남 메뉴 읽기

베트남 식당들 대부분은 영어 메뉴판을 구비해 놓고 있어 베트남어를 몰라도 쉽게 주문할 수 있지만 베트남어를 알면 주문이 훨씬 쉽다. 음식 명사가 정해져 있는 우리와 달리 베트남 요리명은 음식 재료+조리법+사용하는 소스로 이뤄진 경우도 상당히 많다.

채소

짜인	Chanh	라임, 레몬
쭈오이	Chuối	바나나
더우후	Đậu Hũ	두부
넘	Nấm	버섯
망	Măng	죽순
까띰	Cà Tím	가지
꾸엇	Quất	금귤
(짜이)즈어	(Trái) Dừa	코코넛
하잉떠이	Hành Tây	양파

해산물

하이싼	Hải Sản	해산물
까	Cá	생선
꾸어	Cua	게
똠	Tôm	새우
믁	Mực	오징어
응헤우	Nghêu	조개
옥	ốc	우렁이

육류

보 · 틧보	Bò · Thịt Bò	소고기
헤오 · 틧헤오	Heo · Thịt Heo	돼지고기(남부)
런 · 틧런	Lợn · Thịt Lợn	돼지고기(북부)
가 · 틧가	Gà · Thịt Gà	닭고기
빗	Vịt	오리고기
승	Sườn	갈비
쯩	Trứng	달걀
짜	Chả	고기완자

조리 방법

찌엔	Chiên	볶다(기름에 볶거나 튀기는 방식)
랑	Rang	볶다(기름을 쓰지 않고 볶음)
싸오	Xào	볶다(국수를 볶을 때 쓰는 표현)
란	Rán	튀기다(튀김의 베트남 북부식 표현)
느엉	Nướng	굽다(숯불구이)
루옥	Luộc	삶다
너우	Nấu	(밥을)삶다
꾸온	Cuộn	말다(여러 가지 재료를 말아서 먹는 방식)
쭌	Trụng	데치다
헙	Hấp	찌다
쏭	Sống	날것
껌	Cơm	밥
분	Bún	쌀국수
므어이	Muối	소금
까인	Cahn	수프 · 찌개 (고기와 채소를 넣고 끓인 국물 요리)

인기가 많다는 데에는 다 이유가 있다.
소문난 잔치에 먹을 것 없다는 옛이야기가 때론 맞을 수도 있지만,
사실 소문난 잔치는 역시 소문날 이유가 차고 넘칠 때가 훨씬 많다.
수많은 로컬들과 여행자들이 직접 씹고, 뜯고, 맛보고, 즐기면서
그들의 경험으로 보장하는 호치민과 베트남의 인기 맛집들.
그 인기가 과연 거품인지 아닌지 지금 확인해 보자.

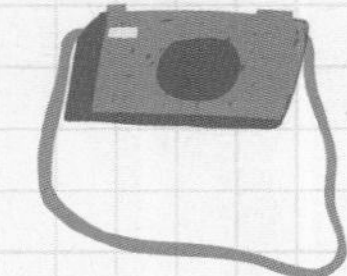
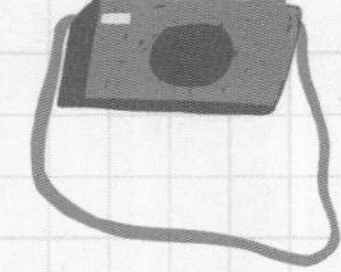

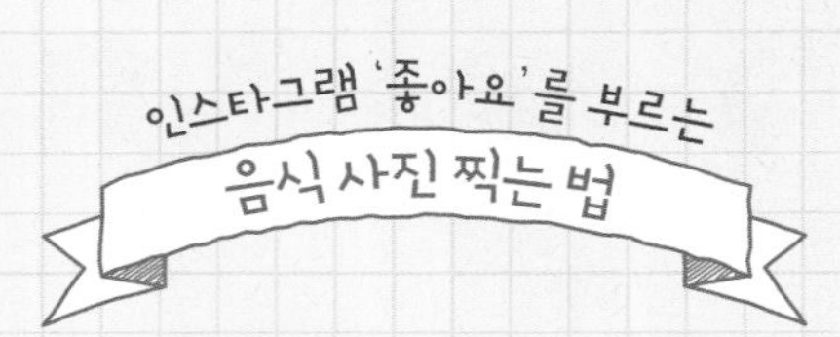

01. 나오는 즉시 찍어라!

모든 음식이 갓 서빙되어 나왔을 때 제일 맛있는 것처럼 모든 음식 사진 또한 그러하다.
이제 막 차려져 나온 따뜻한 음식이 뿜어내는 온기를 고스란히 사진에 담아보자.
이보다 더 음식을 돋보이게 하는 것은 없다.

02. 정확한 탑뷰(Aerial View)가 좋다.

흔히 '항공샷'이라고 하는 사진은
풍성하게 차려진 테이블을 담기에
가장 좋은 구도이다.
그러니 쑥스러워 말고 자리에서 벌떡 일어나
제대로 된 항공샷을 찍자.
정확한 각도를 표시해 주는
카메라 앱의 도움을 받는다면 더욱 수월해진다.

03. 잘라내라!

굳이 모든 것을 다 보여 줄 필요는 없다.
불필요하거나 지저분한 부분이 거슬린다면 과감히 잘라내자.
음식에 대한 집중도는 더욱 높아진다.

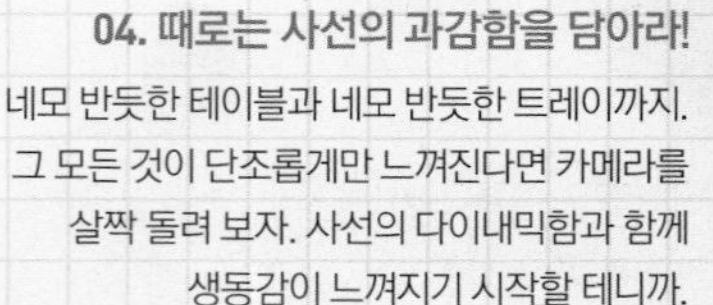

04. 때로는 사선의 과감함을 담아라!

네모 반듯한 테이블과 네모 반듯한 트레이까지.
그 모든 것이 단조롭게만 느껴진다면 카메라를
살짝 돌려 보자. 사선의 다이내믹함과 함께
생동감이 느껴지기 시작할 테니까.

05. 배경을 담아라!

특별히 뷰가 좋거나 분위기가 남다른 레스토랑을 찾아갔다면
음식과 함께 그 뷰와 분위기를 담아보는 것도 좋다.
초점은 음식에 맞추되 배경에 그 분위기를 살짝 담아보자.
당신이 맛본 그 먹음직한 음식과 함께 여행의 한 순간이 오롯이 담긴다.

06. 따뜻한 색감이 더 낫다.

따뜻한 색감은 식욕을 돋우어 준다고 알려져 있다. 그래서 같은 구도, 같은 대상의 사진이어도 따뜻한 색감이 담긴다면 거기 담긴 음식들도 더욱 맛있어 보인다는 사실. 휴대폰 카메라의 모드에서 색온도를 조절하면 따뜻한 색감의 음식 사진을 찍을 수 있다.

07. 나만의 플레이팅 센스를 보여주자!

베트남의 로컬 식당들. 비주얼 따위는 신경 쓰지 않는다. 그렇다면 필요한 것은 당신의 센스. 주 음식과 함께 차려진 고명을 활용해 허전함을 채우자. 3만đ짜리 음식이 10만đ짜리로 변하는 마법이 펼쳐질지도 모른다.

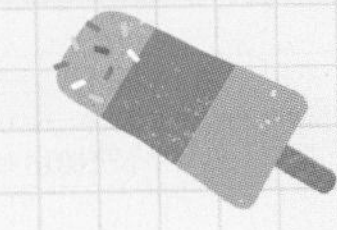

01. 숫자는 사실 생각보다 중요하다.

트립어드바이저든 맛집 비교 사이트든 평점순 정렬로 정보를 확인할 때 주의할 점은 그 점수를 준 리뷰어들의 수를 확인하는 것. 3명의 5점보다는 300명의 4.5점이 차라리 믿을 만하다. 특히 갓 오픈한 식당의 경우 트립어드바이저 평점을 높이기 위해 가짜 5점을 '구걸' 하는 경우도 있어 더욱 세심한 주의가 요구된다.

02. 맛에 방점을 찍어라!

우리가 식당을 평가하는 데에는 여러 평가 요소가 작용한다. 뷰가 좋아도, 분위기가 좋아도, 직원들이 친절하거나 위생이 깔끔해도 평점은 올라간다. 그러나 우리가 찾는 것은 바로 '맛'집 아니던가. 우리가 집중해야 할 것은 맛에 대한 평가다. 즉, '분위기는 좋았는데 제 입맛에는 조금 짰어요'보다는 '직원들의 서비스는 엉망이지만 맛 하나는 끝내줍니다'를 찾아야 한다는 것.

03. 진심 어린 솔직 후기를 찾아라!

고객들이 후기를 쓰는 이유는 여러 가지다. 무료로 서비스를 받기 위해서일 수도 있고, 식당 직원의 부탁을 받아서일 수도 있다. 그러니 우리가 찾아내어야 하는 건 다름 아닌 진심! 그 어떤 대가도 없이 진심으로 맛을 표현하는 이들의 표현은 특별할 수밖에 없다. 상세하게 느낀 것을 표현하며 두루뭉술하지 않은 리뷰를 찾자.

04. 현지인 맛집 vs 여행자 맛집. 선택은 당신의 몫

간혹 여행자들만 북적이는 맛집은 진짜 맛집이 아니라고 하는 이들도 있다. 물론 그러한 평도 틀린 것은 아니다. 그러나 중요한 것은 여행자들로 북적이는 데에도 다 이유가 있다는 것. 즉 여행자들의 입맛을 사로잡은 것일 수도, 또한 그들의 마음을 사로잡은 것일 수도 있다. 결국 선택은 당신의 몫이다. 현지인 맛집도, 여행자 맛집도, 모두 맛집은 맛집이다.

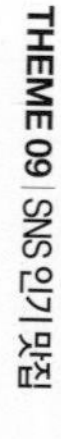

내 맘대로 만드는 생과일주스
Pick and Mix Your Juice – Kale, Orange & Fresh Mint
5만5000 đ +5%

한 끼 식사로 손색 없는 세트 런치 Choose Your Lunch
– Fresh Tofu Spring Roll, Sugarcane Chicken & Seasonal Fruit
12만5000 đ +5%

비앙 비스트로
Biang Bistro

DA LAT

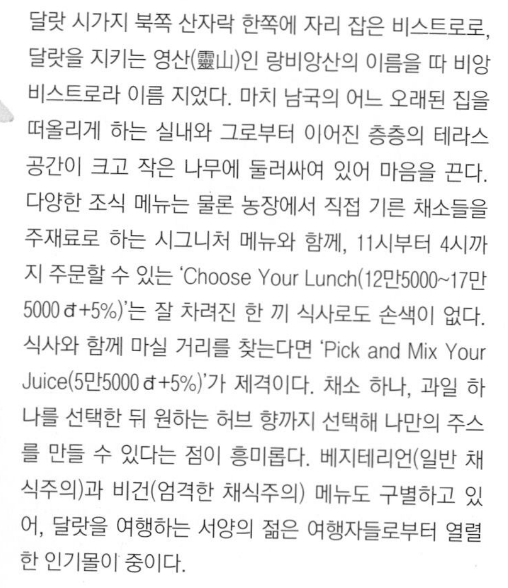

고산 도시 달랏의 여유를 오롯이

달랏 시가지 북쪽 산자락 한쪽에 자리 잡은 비스트로로, 달랏을 지키는 영산(靈山)인 랑비앙산의 이름을 따 비앙 비스트로라 이름 지었다. 마치 남국의 어느 오래된 집을 떠올리게 하는 실내와 그로부터 이어진 층층의 테라스 공간이 크고 작은 나무에 둘러싸여 있어 마음을 끈다. 다양한 조식 메뉴는 물론 농장에서 직접 기른 채소들을 주재료로 하는 시그니처 메뉴와 함께, 11시부터 4시까지 주문할 수 있는 'Choose Your Lunch(12만5000~17만5000 đ +5%)'는 잘 차려진 한 끼 식사로도 손색이 없다. 식사와 함께 마실 거리를 찾는다면 'Pick and Mix Your Juice(5만5000 đ +5%)'가 제격이다. 채소 하나, 과일 하나를 선택한 뒤 원하는 허브 향까지 선택해 나만의 주스를 만들 수 있다는 점이 흥미롭다. 베지테리언(일반 채식주의)과 비건(엄격한 채식주의) 메뉴도 구별하고 있어, 달랏을 여행하는 서양의 젊은 여행자들로부터 열렬한 인기몰이 중이다.

2권 ⓑ INFO P.163 ⓜ MAP P.151D ⓖ 구글지도 GPS 11.946432, 108.439111 ⓣ 시간 07:00~22:00

소고기 돌판 구이
Grilled Beef on Rock Salt
35만5000 đ+15%

홈 파이니스트 사이공
HOME Finest Saigon

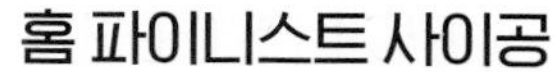

세대를 거슬러 변화를 거듭하는 곳

차분하지만 우아한 분위기, 친절하고 세심한 서비스, 어느 하나 흠잡을 데 없는 음식의 맛까지, 좋은 식당의 삼박자를 고루 갖춘 더할 나위 없는 곳이다. 자그마한 정원과 그 뒤로 이어진 작은 연못, 그리고 그 주변을 둘러싼 공간들. 서너 테이블씩 공간이 나뉘어져 있어 차분하고 여유롭게 식사를 즐길 수 있도록 한 배려가 가장 먼저 눈에 들어온다. 메뉴는 베트남 전통 요리에 기반을 두고 있는데, 과거에 머무르지 않고 세련되고 혁신적인 방식으로 현재와의 접점을 찾고 있다. 게다가 음식이 제공될 때마다 하나하나 음식에 대한 설명을 덧붙여 주며 시시각각 라이브 연주가 이어지기도 해, 오감이 모두 호사를 누릴 수 있는 곳이기도 하다.

2권 INFO P.056 MAP P.046A 구글지도 GPS 10.779832, 106.686844 시간 11:00~14:00, 18:00~22:30

굴구이 Grilled Oysters
– Spring Onion Salsa & Salted Egg Yolk
18만5000 đ+15%

사이고니즈 이터리
Saigonese Eatery

PHU QUOC

맛으로 승부하는 꾸밈없는 식당

푸꾸옥의 작지만 감각적인 식당 사이고니즈 이터리는 정말이지 괜찮은 식당이다. 차와 오토바이만이 빠르게 지나가는 외곽 도로 옆, 간판도 작아 쉽게 지나쳐버릴 것 같은 꾸밈없는 식당. 나만 알고 싶지만 이미 단골 고객층이 탄탄한 곳이다. 다소 촌스러운 간판 너머, 몇 개의 테이블이 있는 테라스와 커다란 공유 테이블이 있는 홀도 역시 소박하다. 사이고니즈 이터리, 즉 사이공 식당이라는 이름처럼 말이다. 그러니 마치 보고서처럼 보이는 정직한 메뉴판이야 더 말해 무엇할까. 그들이 수줍게 내어주는 음식 또한 잔재주를 부리지 않는다. 그러나 너무 훌륭하다. 메뉴판 속 음식의 이름들은 여느 브런치 레스토랑의 그것과 크게 다를 것이 없지만, 아래의 설명을 찬찬히 읽어보면 그들의 음식 하나하나에 어떤 정성이 담겼을지 충분히 상상이 되고도 남는다.

2권 INFO P.139 MAP P.129G 구글지도 GPS 10.206879, 103.962833 시간 08:00~22:00

돼지고기 꼬치 데리야끼덮밥
Grilled Port Skewers – Teriyaki Sauce and Brown Rice **15만 đ**

계절 과일 스무디 Seasonal Fruit Smoothie – Yogurt and Honey **6만 đ**

아이스 코코넛 커피
Ice Blended Coffee – Coconut **6만 đ**

돼지고기 번
Steamed Bun – Pork **4만 đ**

마운틴 리트릿 베트나미즈 레스토랑
Mountain Retreat Vietnamese Restaurant

HO CHI MINH

꽁꽁 숨어 있는 것이 매력

신기한 일이다. 외진 골목의 허름한 건물, 어두침침한 계단을 한참이나 딛고 올라야 겨우 모습을 보이는 레스토랑인 데도 사람들이 귀신같이 알고 찾아온다. 식사 시간이 아닐 때도 손님으로 꽉 차있다. 뜻하지 않은 운동을 실컷 해서인지, 아니면 탁 트인 전망이 멋져서인지는 몰라도 음식 맛만큼은 인정할 수밖에 없다. 세련되게 가다듬은 베트남 음식을 맛볼 수 있는데, 메인 요리 중에는 우리 입에 잘 맞지 않는 메뉴도 섞여 있어 인기 메뉴를 주문하는 것을 추천. 바로 옆이 지하철 공사 현장이라 당분간은 시끄럽다는 점, 오픈된 공간이라 냉방이 전혀 안 된다는 점은 아쉽다. 총금액에 VAT 10%가 가산된다.

2권 Ⓑ INFO P.038 Ⓜ MAP P.033C Ⓖ 구글지도 GPS 10.774289, 106.700482
Ⓣ 시간 10:00~21:30

전 세계 여행자들이 고르고 고른

트립어드바이저 맛집 BEST 4

새우크런치튀김
Crunchy Shrimp Wrapped – Green Ricey
9만5000 đ +10%

상그리아 Sangria
7만5000 đ +10%

망고 샐러드 Mango Salad – Grilled Shrimps
8만5000 đ +10%

특제 소스 돼지고기조림
Caramelized Pork – House Special Sauce
7만5000 đ +10%

덴롱 - 홈 쿡트 베트나미즈 레스토랑
Den Long–Home Cooked Vietnamese Restaurant

HO CHI MINH

호치민의 등불 같은 전통 레스토랑

'Đèn Lồng'은 '등불'을 뜻하는 베트남어로 맛이면 맛, 분위기면 분위기, 합리적인 가격까지 삼박자를 고루 갖춘 베트남 레스토랑이다. 전 세계 여행자들의 '바이블'이라 일컬어지는 트립어드바이저를 통해 그 명성을 이미 입증한 바 있다. 이곳의 주인장 마담 안은 베트남의 천년 고도 후에(Huế) 출신으로 예로부터 어머니의 영향을 받아 베트남 전통 음식에 조예가 깊었다고. 여기 덴롱은 45년을 넘나드는 베트남 가정식에 대한 그 열정의 산물이자 그녀의 삶 자체다. 형형색색 전통 등불로 장식된 홀이며, 테이블 세팅이며, 정갈하게 차려져 나오는 음식의 모양새며, 또한 가장 중요한 맛에 이르기까지, 어느 하나 허투루 된 것이 없는 훌륭한 식당, 덴롱을 찾아가 보자.

2권 INFO P.056 MAP P.046C 구글지도 GPS 10.769706, 106.690767
시간 11:00~22:00

마이 조 리파인드 레스토랑
Mai Jo Refined Restaurant

PHU QUOC

딸부자 아빠 주방장의 손맛

푸꾸옥섬 북쪽에 위치한 작은 식당으로 다섯 딸을 둔 아버지 주방장과 그 딸들, 그리고 세 명의 사위가 함께 꾸려나가는 따뜻한 가족 식당이다. 식당을 연 지 몇 년이 채 되지 않았지만 아버지의 음식 솜씨 덕분인지, 딸들의 친절함 덕분인지 트립어드바이저 지역 순위에서 몇 손가락 안에 꼽히는 유명 식당으로 자리매김했다. 마이 조 레스토랑의 음식들은 마치 엄마의 밥상처럼 푸짐하고 넉넉하다. 맛도 맛이지만, 과연 이게 1인분이 맞나 싶을 정도로 테이블을 양껏 채우는 접시와 그릇들을 보면 절로 만족의 미소가 지어질지도 모른다. 섬에 위치한 만큼 해산물 메뉴들은 그 신선함과 '가성비'가 매우 훌륭한 편.

2권 INFO P.139 **MAP** P.128F **구글지도 GPS** 10.263989, 103.937109
시간 09:00~22:00

스프링 롤
Fried Spring Rolls **7만 đ**

타이거 새우 버터구이
Garlic Butter Tiger Prawns **16만 đ**

웍 프라이드 에그 누들
Wok Fried Egg Noodles **9만 đ**

100% 망고주스
100% Freshly Squeezed Mango Juice
8만 đ

르 샬레 스페셜 옐로 누들
Le Chalet Special 6만9000 đ

오렌지 에너자이징 스무디
Orange Energizing Smoothie
5만5000 đ

르 샬레 달랏
Le Chalet Dalat

DA LAT

달랏의 고즈넉한 오두막

고산의 도시 달랏과 참으로 어울리는 식당으로 마치 자그마한 식물원 같은 아기자기함과 풋풋함이 매력을 뽐내는 곳이다. 'Le Chalet'는 프랑스어로 '오두막'을 뜻하는데, 꾸민 듯 안 꾸민 듯 공간을 가득 채운 화초와 나무들이 인테리어의 전부인, 진짜 오두막 같은 곳이다. 이곳이 여행자들에게 사랑을 받은 것은 평균 이상은 하는 음식의 맛 때문이기도 하지만, 무엇보다 푸짐하면서도 아기자기하게 담겨 나오는 매력적인 플레이팅 덕분이기도 하다. 사실 베트남의 물가 치고는 조금 비싼 편이지만 막상 그릇에 가득 담겨 나오는 음식의 양을 보고 나면 그런 생각도 금세 사그라진다. 한 종류에서 많게는 다섯 종류의 과일과 채소가 들어가는 이곳의 스무디와 디톡스 주스도 매력 만점! 달랏을 여행하다 조금의 비타민이 필요할 즈음, 여기 르 샬레 달랏을 머릿속에 떠올려 보자.

2권 INFO P.163 MAP P.151K 구글지도 GPS 11.935020, 108.430874
시간 월~금요일 09:00~21:00, 토~일요일 07:00~21:00

계란볶음밥 Fried Rice
– Eggs, Vegetable & Seafood **6만 đ**

베트남식 비빔쌀국수
분팃느엉 Bún Thịt Nướng
5만5000 đ

초이 오이
Chời Ơi

MUI NE

무이네 해변의 건강한 국숫집

무이네에서 막상 어떤 식당을 선택해야 할지 모르겠다면, 자그맣고 보잘것없는 이 국숫집 문을 두드리자. 담백하지만 건강한 한 끼가 당신을 기다리고 있을 테니까. 초이 오이 식당의 분위기는 한껏 밝고 명랑하다. 이곳에서 맛볼 수 있는 주메뉴는 다름 아닌 다양한 국수들. 국물 깊은 쌀국수부터 베트남 스타일의 비빔쌀국수까지 다양한 레시피의 베트남 국수들을 맛볼 수 있으니, 취향 따라 기분 따라 주문해 보자. 이곳에서는 쿠킹 클래스($30/1인)도 운영하고 있다. 요리에 관심이 있는 여행자라면 꼭 체험해 보자.

2권 **INFO** P.182 **MAP** P.174F **구글지도 GPS** 10.950957, 108.209484
시간 월~토요일 07:30~19:30, 일요일 08:30~16:00

현지인이 직접 추천하는 로컬 맛집 BEST 3

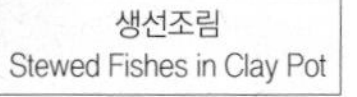
생선조림
Stewed Fishes in Clay Pot

에그 커피 Egg Coffee

그린 망고 수프와 새우
Green Melon Soup
- Shrimps

레몬그라스 치킨
Fried Chicken - Lemongrass

시클로 레스토
Cyclo Resto

HO CHI MINH

소박한 호치민 가정식 식당

크고 작은 식당들이 보물처럼 숨겨져 있는 막다른 골목 끝자락에 위치한 소박한 식당. 제철 재료를 가지고 제대로 된 가정식(16만đ/1인) 한 끼를 낸다. 그래서 푸짐한 한 끼 식사를 원하는 로컬들과 베트남의 일상적인 식탁을 궁금해 하는 여행자들 모두에게 두루 사랑받는 곳이다. 이곳에선 메뉴를 고를 필요가 없다. 식전 수프부터 메인 요리와 디저트인 에그 커피까지 모두 일곱 요리가 코스로 나온다. 소박하나 정성스레 차려져 나오는 음식들과, 이를 하나하나 설명해 주는 주인장의 마음 씀씀이가 따뜻하다. 당신 생애 최고의 만찬을 제공할 수는 없지만, 베트남 전통의 따뜻한 한 끼 식사를 대접하겠다는 이곳의 철학은 오늘도 여전히 진행 중이다.

2권 **INFO** P.057 **MAP** P.046D **구글지도 GPS** 10.772061, 106.693644 **시간** 11:00~22:00 **가격** 전체 코스(1인) 16만đ

돼지고기 야채볶음
Stir-fried Vegetable - Pork

스프링 롤
Cyclo Resto Spring Rolls

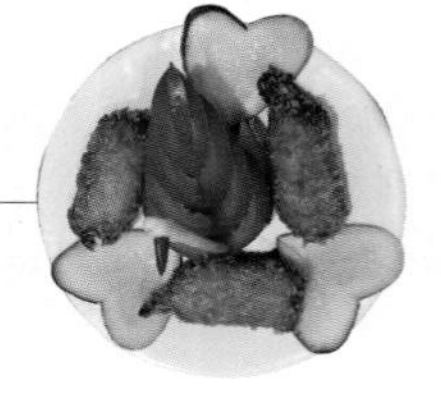

붑 레스토랑
Bup Restaurant

PHU QUOC

로컬들이 사랑하는 해산물 식당

푸꾸옥섬의 중심인 즈엉동에 위치한 해산물 레스토랑. 언어의 장벽, 더위, 소음이라는 삼중고에 시달려야 하는 곳이지만 로컬들과 어깨를 맞대고 푸꾸옥의 진면목을 마주할 수 있는 매력이 넘치는 곳이다. 푸꾸옥섬에 위치한 만큼 신선하고 다양한 해산물을 합리적인 가격으로 만나볼 수 있다는 점은 붑 레스토랑 최고의 장점. 달팽이, 갑각류, 생선 및 조개류 등 열거하기도 힘든 온갖 해산물을 다양한 조리법으로 만나볼 수 있다. 갯가재나 플라워 크랩 등 대부분의 갑각류는 시가(Market Price)로 판매하니 미리 가격을 확인할 것.

2권 INFO P.140 MAP P.129G 구글지도 GPS 10.214222, 103.966847 시간 11:00~23:30

마늘 소스를 곁들인 갯가재튀김
Stir fried Mantis Shrimp – Garlic (Tôm Tích Cháy Tỏi) Market Price

티엔리꽃 마늘볶음
Sauteed Thiên Lý Flower – Garlic (Bông Thiên Lý Xào Tỏi) 6만9000 đ

직화 해산물 스튜
Seafood on Fire(Hải Sản Khói Lửa) 17만9000 đ

곡하탄
Góc Hà Thành

DA LAT

소박함과 따뜻함이 느껴지는 식당

트립어드바이저와 론리플래닛에서의 인기를 자랑하는 곳이지만, 실제로는 로컬들에게도 큰 사랑을 받고 있는 달랏의 맛집. 달랏의 특산물을 주재료로 한 베트남의 전통 음식들을 메뉴로 하고 있는데, 외국인 여행자에 대한 세심한 배려 덕분인지 우리 입맛에도 부담 없이 잘 맞는다. 냐짱의 지역 음식으로 돼지고기구이와 튀긴 라이스 페이퍼, 각종 채소를 싸 먹는 넴느엉과 곡하탄의 자랑거리인 클레이 폿은 외국인의 입맛에도 잘 맞는 이곳의 대표 메뉴이다.

2권 INFO P.163 MAP P.151G 구글지도 GPS 11.943920, 108.434576 시간 11:00~21:30

넴느엉
Nem nướng 8만9000 đ

클레이 폿 돼지고기조림
Caramelized Pork Clay Pot 9만5000 đ

베트남 4대 로컬 푸드

'먹는 것이 있어야 도를 논할 수 있다'라는 베트남 속담처럼
베트남을 제대로 여행하기 전에 베트남 음식부터 맛봐야 한다.
그렇다고 아무것이나 먹지는 말자.
지금 먹는 이 한 끼의 식사가 어쩌면 눈으로 본 근사한 관광지보다,
온몸이 호강한 마사지보다 더 오래도록 기억될 수도 있는 일.
정신없이 내달리는 오토바이 떼로 기억될 뻔한
베트남의 첫인상을 새롭게 새길 차례다.

Phở
퍼

베트남 사람들에게 쌀국수는 일상 곳곳에 숨어 있다. 속에 부담을 주지 않는 아침 식사로도, 출출할 때 먹는 꿀맛 같은 간식으로도, 우리의 '치느님' 자리를 넘보는 야식 메뉴로도 쌀국수의 활약이 대단하다.

쌀국수는 생각보다 최근에 생긴 음식이다. 19세기 베트남은 프랑스의 식민 지배를 받게 된다. 농경 사회였던 당시 베트남에서는 소고기를 먹는 것이 금기시돼 있었는데, 프랑스식 육수 문화가 전파되면서 쌀로 만든 면을 소고기 육수에 끓여 먹기 시작했다. 실제 퍼의 육수 만드는 방법은 프랑스식 곰탕 요리인 '포토푀(pot-au-feu)'와 매우 유사한데, 당시만 하더라도 불에 볶은 향신료로 육수를 내는 것이 아시아에서는 매우 드문 조리 방식이었다. 따라서 쌀국수를 의미하는 '퍼'라는 이름도 포토푀에서 유래됐다고 보는 의견이 많다. 베트남 북부 지방을 중심으로 조금씩 퍼졌던 쌀국수는 베트남 전쟁을 통해 베트남 남부 지방까지 완전히 전파됐고, 긴 전쟁 후 전쟁 난민들이 세계 곳곳에 정착하면서 전 세계적인 요리가 됐다. 베트남의 자랑스러운 식문화이면서 슬픈 역사를 모두 담은 요리인 셈이다.

내 입맛에 꼭 맞는 쌀국수 주문하기

Step. 1

고기 토핑의 익힘 정도에 따라 주문하기

쌀국수 위에 올라가는 고기 토핑의 익힘 정도에 따라 명칭이 조금 달라지는데, 완전히 익힌 고기를 먹고 싶다면 퍼찐(Phở Chín)을, 뜨거운 육수에 살짝 담가 핏기가 도는 생고기로 즐기고 싶다면 퍼따이(Phở Tái)로 주문하자.

Step. 2

음식 양에 따라 주문하기

- 작은 사이즈 – 뇨 [nhỏ ; Small]
- 중간 사이즈 – 브어 [vừa ; Regular]
- 큰 사이즈 – 런 [lớn ; Large]
- 특대 사이즈 – 닥 비엣 [đặc biệ ; Special]

Step. 3

현지인처럼 쌀국수 먹기

반쯤은 아무것도 넣지 않고 서빙된 그대로 먹어보고,
나머지 반은 다양한 소스를 첨가해 먹는다. 칠리소스와
뜨엉 덴 퍼(TUONG DEN PHO/해선장), 느억 쯩(NUOC TUONG/간장)을
입맛에 따라 넣고 엇 사테(Ot Sate/고추씨기름)를 넣어 잘 섞어주면 끝.
맛이 더욱 진하고 감칠맛이 생긴다. 상큼한 맛을 원한다면 라임을 짜 넣자.

쌀국수 메뉴 읽기

Phở (thit) gà 퍼(팃)가

닭 가슴살이 들어간 쌀국수. 닭고기 쌀국수를 모두 통칭해 부른다.

Phở (thit) bò 퍼(팃)보

소고기 쌀국수를 모두 통칭해 부르는 명칭

Phở tái 퍼 타이

소고기 쌀국수. 작은 덩어리째 뭉쳐 있는 덜 익은 소고기와 고수, 향신료가 들어간다. 가게에 따라 소고기 비린내가 날 수 있어 호불호는 갈린다.

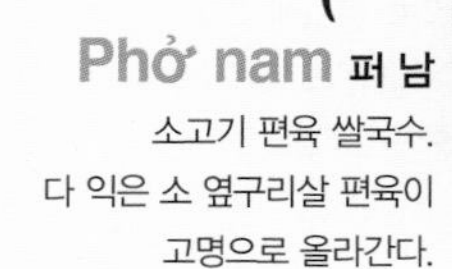

Phở nam 퍼 남

소고기 편육 쌀국수.
다 익은 소 옆구리살 편육이 고명으로 올라간다.

Phở gân 퍼 깐

도가니 쌀국수.
베트남 사람들은 몸보신용으로도 즐겨 먹는다.
국물 맛이 깊고 얼큰하다.

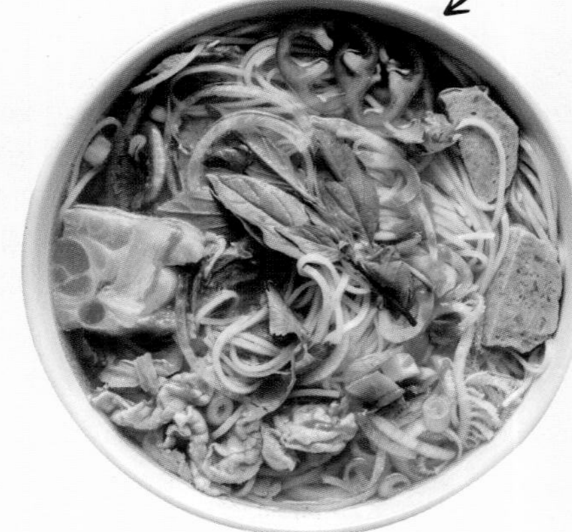

Phở tôm 퍼 똠

큼지막한 새우가 들어간 쌀국수

Phở Hải Sản 퍼 하이 싼

새우, 오징어, 게살 등 해산물이 푸짐하게 들어간 해물 쌀국수

phở bò Viên 퍼 보 비엔

소고기 미트볼이 들어 있는 쌀국수.
아이들도 먹기 부담스럽지 않다.

Phở gầu /chín 퍼 까우/친

소고기 양지머리(차돌박이) 쌀국수

Phở chay 퍼 짜이

두부, 양송이버섯 등이 들어간 쌀국수

• 쌀국수와 곁들이면 좋은 음식

XOI GA 쏘이 가 – 얇게 찢은 닭고기 살이 들어 있는 찹쌀밥

MIEN GA 미엔 가 – 닭고기 고명이 들어간 비빔국수

HO CHI MINH

BEST 1

시원 담백한 국물 맛이 예술

퍼호아 파스퇴르

Phở Hòa Pasteur

현지인과 관광객 모두가 사랑하는 집. 국물 맛이 너무 진한 감이 있는 로컬 퍼 집에 비해 간이 약하다는 것이 특징이지만 그 덕분에 국물까지 부담 없이 마실 수 있다. 특이하게 사이드 메뉴가 테이블마다 기본적으로 놓여 있어 주문을 거치지 않고 일단 먹고 나서 계산하는 시스템이다. 다른 집에 비해 1.5배 넘게 비싸고 냉방이 잘 안 된다는 것이 단점. 2층이 1층보다 훨씬 시원하다. 사진이 첨부된 영어 메뉴판이 있어 주문하기는 쉽다.

2권 INFO P.072 MAP P.066E
구글지도 GPS 10.786712, 106.689247
시간 06:00~24:00
가격 퍼 친 7만 đ

외국인 거주자가 많은 따오디엔 지역에서 입소문 나고 있는 집. 위치가 위치이다 보니 외국인 입에 맞는 쌀국수를 내놓는다. 맑은 국물에 파를 듬뿍 넣고 향신료와 조미료 사용은 줄여 첫맛은 깔끔하고 끝맛은 알싸하다. 돼지 미트볼을 넣은 퍼 비엔(Phở viên)과 소고기 양지머리가 듬뿍 들어간 퍼 친(Phở chin)을 추천. 실내가 청결하고 냉방도 잘 된다. 오후에 브레이크 타임이 있으니 주의하자.

HO CHI MINH

BEST 2

고기 고명부터 맛있어

퍼 부이지아

Phở Bùi Gia

2권 INFO P.082 MAP P.077G
구글지도 GPS 10.803048, 106.731681
시간 06:00~13:30, 16:30~22:00
가격 퍼 비엔 4만 đ

HO CHI MINH
BEST 3

빌 클린턴 대통령도 다녀간 곳

퍼 2000

Phở 2000

현지 젊은이들의 열렬한 인기에 힘입어 여행자들에게까지 입소문이 났다. 빌 클린턴 미 대통령이 방문해서 유명해진 것도 있지만, 이는 모두 기본기 탄탄한 이곳 쌀국수의 맛이 그 바탕에 깔려 있었기 때문이다. 기본 메뉴 소고기 쌀국수(Phở Bò)는 다른 로컬 쌀국수와 비교하면 다소 심심하게 느껴질 수 있겠지만, 부들거리는 면발과 얇게 저민 소고기와의 조화가 훌륭하다. 매장도 좁고 그다지 깨끗하지도 않으며 직원들 또한 불친절하지만, 맛 하나만큼은 부족함이 없다.

2권 INFO P.057 MAP P.046D 구글지도 GPS 10.771773, 106.697637
시간 07:00~22:00 가격 소고기 쌀국수 7만5000~8만5000đ

HO CHI MINH
BEST 4

위생이 중요한 당신께

퍼 24

Phở 24

맛보다는 시원함, 시원함보다는 청결을 우선 따진다면 이곳으로. 호치민 시내에만 16곳의 지점이 있는 퍼 체인점으로 뭘 먹어도 기본은 한다. 퍼와 음료가 포함된 콤보(Combo) 메뉴의 가성비가 뛰어나며 짜조나 고이꾸온 등의 사이드 디시는 1인분 양으로 나와 혼밥 하기도 적당하다. 목 좋은 곳마다 지점이 들어서 있지만 동커이 지점과 파스퇴르 지점의 접근성이 가장 좋다.

2권 INFO P.060 MAP P.046D
구글지도 GPS 10.774650, 106.698166
시간 06:00~22:00
가격 콤보2 7만9000đ

HO CHI MINH
BEST 5

24시간 영업하는 쌀국숫집

퍼 퀸

Phở Quỳnh

여행자 거리 인근에 자리한 퍼 전문점. 24시간 운영해 언제든 쌀국수를 먹을 수 있다는 것 정도가 장점일 뿐, 음식 맛이나 가격에 대한 만족도는 점점 내려가고 있다. 술을 진탕 마시고 해장을 할 목적이라면 추천. 술집이 밀집한 부이비엔 거리와 가깝고 택시를 잡아 타기도 좋은 위치다.

2권 INFO P.058 MAP P.046E
구글지도 GPS 10.767422, 106.690661
시간 24시간
가격 퍼 타이 6만9000đ

Bánh mì
반미

프랑스 식민 시절(1883~1945)을 겪으며 베트남에 프랑스식 식문화가 퍼졌고, 이런 시류를 따라 바게트도 자연스레 베트남에 알려지기 시작했다. 오븐에서 구운 바게트 안에 베트남 땅에서 나는 채소와 고기, 특제 소스를 넣어서 샌드위치처럼 먹기 시작한 것이다. 처음에는 반떠이(bánhtây)라는 이름이었는데, 참고로 반(bánh)은 빵을, 떠이(tây)는 서쪽을 의미해 '서쪽에서 온 빵'이라는 의미가 담겨 있다. 가장 큰 도시였던 사이공(지금의 호치민)에서 처음 유행해 '반미'라는 이름 대신 '사이공 바게트'라는 별칭으로도 불렸다고 한다. 베트남 전쟁 이후 식량난에 시달리면서 반미가 사라질 위기도 있었으나 경제 사정이 많이 나아지면서 베트남 사람들의 식탁에 화려하게 부활했다.

줄 서서 맛보는 반미

반미 후인 호아
Bánh mì Huỳnh Hoa

음식점 앞에 줄을 서는 일이 거의 없는 베트남에서 줄을 서 가며 먹는 집이라는 것만으로도 그 맛이 궁금해진다. 다른 반미집과는 다르게 소시지가 종류별로 들어가 식감과 풍미가 한층 더 풍부하며 매콤한 비밀 양념은 감칠맛이 돈다. 앉아서 먹을 수 있는 곳이 없어서 테이크아웃을 해 가야 하는데, 가게 맞은편에 서서 반미를 해치우는 사람이 부지기수다. 영업 시간 10분 전에 도착하면 기다리지 않고 반미를 사 갈 수 있다. 호불호가 확실히 갈리는 맛이라 자극적인 음식을 좋아하지 않는 사람에게는 비추천.

2권 **INFO** P.060 **MAP** P.046C
구글지도 GPS 10.771504, 106.692404
시간 14:30~23:00
가격 반미 4만2000đ

누구의 입에나 잘 맞는

반미 362
Bánh Mì 362

TV 프로에 소개되면서 이름을 알린 반미집. 외국인 손님이 특히 많아서 육류 특유의 비릿함이 나지 않는다는 것이 장점이다. 인기 메뉴는 일찌감치 동이 난다는 것과 테이크아웃만 가능하다는 것은 아쉬운 부분. 상호를 그대로 딴 '반미 362'와 미트볼이 푸짐하게 들어간 '반미 씨우마이'가 인기 메뉴. 추가 금액을 내면 토핑을 추가할 수도 있다.

2권 **INFO** P.082 **MAP** P.077D
구글지도 GPS 10.804593, 106.736712
시간 06:00~21:00
가격 반미 362 3만5000đ

반미에는 어떤 재료들이 들어갈까?

반미 속 재료로 매우 다양한 음식이 들어간다. 현지인들은 원하는 속 재료를 지정해서 주문하기도 하는데, 베트남 식재료에 대해 잘 모르는 외국인으로서는 주문이 어려운 것도 사실. 외국인이 많이 들르는 가게는 아예 들어가는 재료에 따라 메뉴를 구분해 쉽게 주문할 수 있다.

đồ chua
도 쭈어
무와 당근을 새콤하게 절인 것

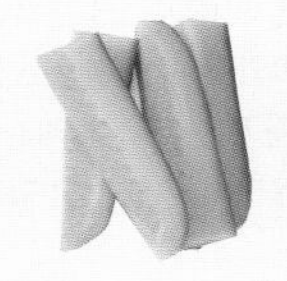

Dưa chuột
두어 쭈옷
얇게 썬 오이

cà chua
까 쭈어
토마토

xá xíu
싸 씨우
분홍색을 띠는 돼지고기 바비큐

giò thủ
지오 쑤
돼지 머리와 힘줄을
치즈 모양으로 넓적하게 만든 것

Rau mùi/Ngò
라우 무이/응오
고수. 특유의 향이 있으니
향신 채소가 입맛에 맞지 않는다면
주문할 때 고수를 빼 달라고 하자.

chả/chả lụa
차/차 루아
곱게 간 돼지고기를 바나나 잎에 감싼 후 찐 것

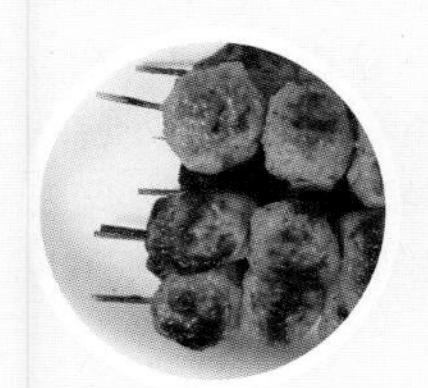

Nem Nướng
넴느엉
마늘 향이 강한 돼지고기 패티

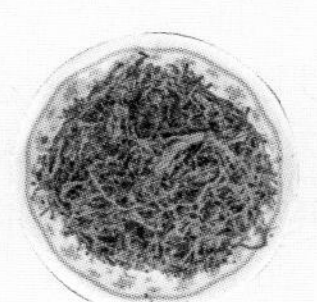

Chà bông
짜 봉
말린 돼지고기를
실처럼 가늘게 만든 것

trứng chiên
쯩 치엔
달걀 프라이

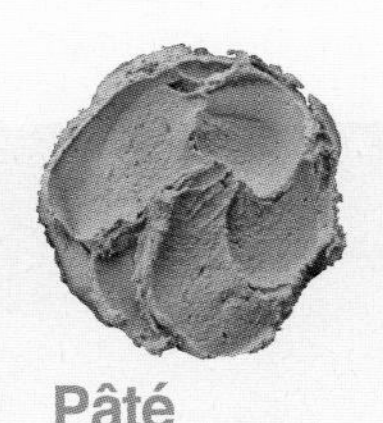

Pâté
파테
돼지의 간을 으깨서 만든 소스

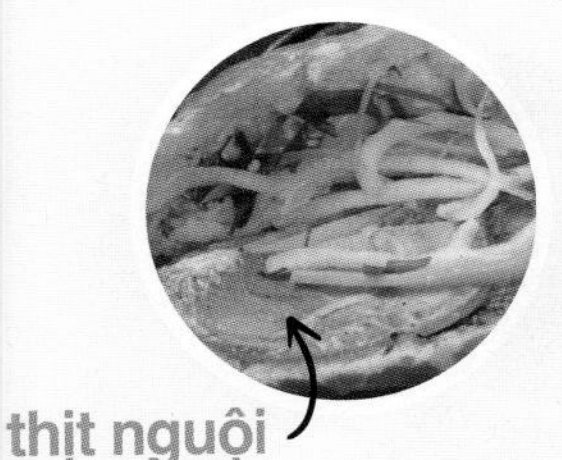

thịt nguội
팃 응어이
돼지고기 햄이나 소시지를
얇게 썬 것

Thịt nướng
팃 느엉
양념 돼지고기를 불에 구워
얇게 썬 것

Xíu mại
씨우 마이
돼지고기로 만든 베트남식 미트볼

Bún Chả
분짜

메콩강 하류의 너른 곡창 지대가 있는 베트남 남부와는 다르게 산악 지형이 발달한 북부 지방은 쌀이 귀했다. 그래서 쌀밥보다 쌀로 만든 면 요리를 활용한 음식을 많이 먹었는데, 그 대표적인 것이 분짜와 퍼(쌀국수). 북부 지역에서 서민 음식으로 널리 사랑받으며 베트남 전역으로 퍼졌는데, 지금은 베트남 어디를 가도 맛있는 분짜를 맛볼 수 있다. 특히 호치민을 비롯한 베트남 남부 지역에는 분짜와 비슷한 '분팃느엉(Bún thịt nướng)'이라는 면 요리가 있는데, 차가운 쌀국수 위에 숯불에 구운 돼지고기 완자와 짜조 등을 얹어서 먹는데 그 맛이 일품이다.

분짜 먹는 방법 기본적으로 일본의 소바 먹는 법과 비슷하다. 쌀국수 면을 느억맘 소스에 푹 찍은 뒤 쌈 채소 위에 쌀국수 면과 고기 완자, 채소를 넣고 쌈을 싸 먹거나 면과 고기만 먹는다. 입맛에 따라 양념을 더 뿌리기도 하지만 그냥 먹어도 충분히 맛있다.

HO CHI MINH
BEST 1

조금만 늦어도 앉을 자리가 없어
분짜 145
Bún Chả 145

외국인들이 좋아할 만도 하다. 깔끔한 인테리어에, 친절한 주인장, 위치 대비 저렴한 가격까지. 한국인 입맛에 웬만하면 맞을 법한 맛이 결정타를 날렸다. 분짜도 분명 맛있지만 분짜 못지않게 맛있는 사이드 디시도 골고루 인기 있다. 안 그래도 몇 좌석 안 되는데 인기만 높아져 시간이 지날수록 앉기 힘든 레스토랑이 된 것 같아 아쉬울 뿐. 가격 대비 양이 작아서 성인 남성 1명 기준으로 분짜와 사이드 디시 두 가지를 주문해야 한다. 손님이 몰릴 때는 계산 실수를 하기도 하니 계산서와 영수증, 잔돈을 반드시 확인하자.

2권 ⓘ **INFO** P.056 ⓜ **MAP** P.046E ⓖ **구글지도 GPS** 10.766363, 106.691729
ⓣ **시간** 월~금요일 12:30~20:00, 토 · 일요일 11:30~20:00 ⓓ **가격** 분짜 4만đ(면 추가 5000đ, 채소 추가 1만đ)

끼니 때마다 손님이 너무 몰려 전쟁통을 연상케 하는 곳. '시끄럽고 정신이 없는 분위기 속에서 식사가 될까?' 싶지만 음식 맛을 보면 고개가 끄덕여진다. 고기 완자는 따뜻하게 먹을 수 있도록 화로에 나오고, 고기가 완자와 슬라이스 모양으로 따로 나오는 것이 이곳만의 특징. 식사 시간에는 대기 줄이 꽤 길고, 접객 수준도 낮지만 오전 11시 30분 전이나 오후 1시 30분 이후에 가면 기다리지 않고 식사할 수 있다.

2권 INFO P.073 MAP P.067K 구글지도 GPS 10.785738, 106.701026
시간 10:00~22:00 가격 분짜 꽌넴 6만8000₫, 넴 끄어 비엔 5만8000₫

HO CHI MINH
BEST 2

CNN이 인정한
꽌넴
Quan Nem

HO CHI MINH
BEST 3

진짜 숨은 맛집
하이 호이 꽌
Hải Hội Quán

숨은 맛집의 조건을 완벽히 갖췄다. 찾기 힘든 위치에, 외국인의 시야에서 벗어난 것까지. 동네 사람들은 한 번쯤 가본 곳이지만 이곳을 아는 여행객은 드물다. 그 덕분에 때묻지 않은 가격에 푸짐한 양, 노련한 음식 솜씨까지 삼박자가 맞는다. 분짜 하노이와 넴잔 조합을 추천. 1만₫만 더 내면 곱빼기(닥비엣)도 해줘 양이 많은 사람도 부담 없이 식사할 수 있다. 냉방 시설이 잘 갖춰져 있지 않다는 것이 단점.

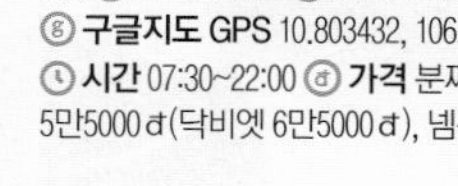

2권 INFO P.081 MAP P.077C
구글지도 GPS 10.803432, 106.732670
시간 07:30~22:00 가격 분짜 하노이 5만5000₫(닥비엣 6만5000₫), 넴잔 1만8000₫

HO CHI MINH

BEST 4

동네 맛집
꽌 호타이
Quán Hồ Tây

동네 주민들만 찾는 분짜 전문점. 허름한 외관에, 사방이 뻥 뚫려 있어 조금 누추해 보이지만 막상 들어서면 나름의 운치는 있다. 이 집의 메인 메뉴는 분짜와 반톰(새우튀김), 짜조. 새우 껍질째 튀긴 반톰은 우리 입맛에 안 맞을 수 있지만 짜조와 분짜는 '이 가격에 이런 맛이?'라는 생각이 절로 든다. 분짜 양이 좀 적은 게 흠인데, 양이 많은 사람은 애초에 2인분을 주문하자(그래 봐야 우리 돈으로 2천 원 차이다).

2권 INFO P.070 MAP P.066J
구글지도 GPS 10.784346, 106.697377
시간 08:00~14:00, 16:00~다음 날 02:00
가격 분짜 4만₫

Bánh Xèo
반쎄오

반쎄오가 어떻게 베트남 사람들의 식탁 위에 올라왔는지에 대한 명확한 근거는 없다. 다만 후에(Huế)를 중심으로 한 베트남 중부 지역을 통치했던 '응우옌 왕조'의 궁중 요리로 만들어졌다는 설과 프랑스의 크레이프 요리에서 영향을 받아 반쎄오를 만들게 됐다는 설이 가장 유력하다. 이유가 어떻든 지금은 베트남 전국의 노점과 레스토랑에서 가장 흔히 맛볼 수 있는 음식이 됐다.

지역마다 다른 반쎄오

베트남 중부 후에(Huế) – 후에에서는 반쎄오를 반코아이(Bánhkhoái)라는 이름으로 부른다. 남부 지역의 반쎄오보다 크기가 작고 간혹 반달 모양으로 접지 않고 우리나라의 부침개처럼 만들기도 한다.

베트남 남부 – 일단 반쎄오의 크기부터가 남다르다. 반쎄오를 크게 부치는 집은 스몰 사이즈 피자 한 판 크기와 맞먹는데, 여러 명이 나눠 먹어야 할 정도. 코코넛 밀크를 넣고 반죽하기 때문에 맛이 담백하고 식감은 바삭바삭하다.

베트남 남부 붕따우(VũngTàu) – 붕따우에서는 조금 독특한 반쎄오를 맛볼 수 있다. 바로 일본의 타코야키처럼 생긴 반콧(Bánhkhọt)인데, 동그란 틀 안에 반죽을 붓고 해산물을 넣는 것까지 타코야키와 흡사하다. 맛은 엄지척!

반쎄오 먹는 방법

Step. 1

라이스페이퍼를 한 장 펼치고 그 위에 상추 등의 잎이 넓은 채소를 올린다.

Step. 2

오이나 당근 등의 채소를 올린다. 고수나 바질 등 향이 많이 나는 채소는 기호에 따라 양을 조절해 넣으면 된다.

Step. 3

튀김을 올린 뒤 라이스페이퍼를 반쯤 돌돌 만다.

Step. 4

넴루이를 꼬치째로 올린 후, 나무 꼬챙이를 빼낸다.

Step. 5

완전히 만 반쎄오를 땅콩 소스에 푹 찍어 먹는다.

HO CHI MINH
BEST 1

이 많은 사람들이 다 어디서 왔대?

반쎄오 46A

Banh Xeo 46A

'이 많은 사람들이 다 어디서 왔을꼬?' 이곳에 가면 가장 먼저 드는 생각이다. 호치민 시내에서 조금 떨어진 주택가 골목인데도 늘 손님으로 북적인다. 여러 여행 책자에 소개되며 관광객들이 많이 찾는 집이 됐는데, 그만큼 음식 가격도 만만치 않은 것이 흠. 큼지막하게 부친 반쎄오와 짜조가 가장 인기 있는 메뉴다. 식사 시간을 조금만 피해서 방문하면 여유롭게 식사할 수 있다. 가까운 곳에 '핑크 성당'이라는 별칭으로 유명한 떤딘 성당이 있어 함께 둘러보기 좋다.

2권 INFO P.072 MAP P.066F 구글지도 GPS 10.789577, 106.691315
시간 10:00~14:00, 16:00~21:00 가격 반쎄오 9만 đ

DA LAT
BEST 2

바삭바삭! 반쎄오란 이런 것이다!

반쎄오 꾸에흐엉

Bánh Xèo Quê Hương

금방이라도 쓰러질 듯한, 위생 관념이라고는 내팽개친, 바로 그런 반쎄오 식당. 그러나 꽉찬 소의 바삭거리는 반쎄오 한 장으로 현지인과 여행자들을 사로잡은 불가사의한 곳이다. 시뻘건 숯불로 달궈진 다섯 개의 화덕에서는 쉴 새 없이 반쎄오 피가 구워지고, 그 위층은 반쎄오를 즐기려는 현지의 젊은이들로 북적거린다. 이곳에서 내놓은 메뉴는 단 두 가지! 일반 반쎄오와 특 반쎄오뿐. 일반 반쎄오도 충분히 풍성하지만, 이왕이면 특 반쎄오를 주문해 보자. 그렇대도 우리 돈 2천 원을 채 넘지 않는다.

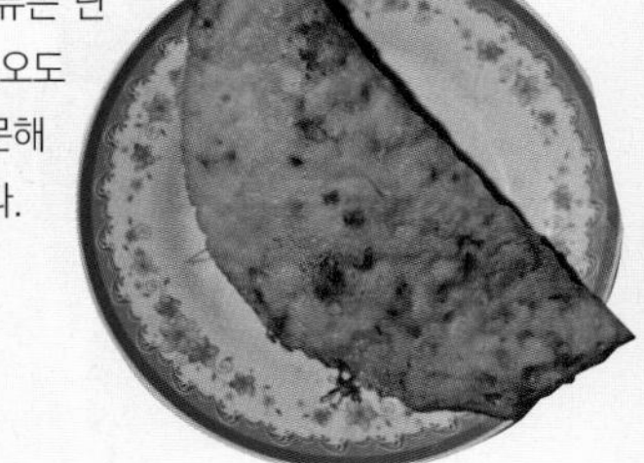

2권 INFO P.165 MAP P.150B
구글지도 GPS 11.957516, 108.442640
시간 15:00~21:00
가격 특 반쎄오 2만5000 đ

VUNG TAU
BEST 3

붕따우에 가면 반콧을 먹으세요

꽌 반콧 곡 부 스어

Quán Bánh khọt Gốc Vú Sữa

붕따우에서만 맛볼 수 있는 반쎄오인 '반콧'으로 유명한 곳. 여러 조각을 내 먹어야 하는 일반 반쎄오와 달리 한입에 먹을 수 있는 반콧을 선보이는데, 붕따우의 신선한 해산물이 들어가니 맛이 없을 리 없다. 그냥 먹는 것보다 느억미아(사탕수수 주스)를 곁들이면 맛이 배가 된다. 주방과 식당 건물이 따로 나눠져 있는데, 구글지도에 나온 곳은 주방 건물이니 주의하자. 식당 건물은 주방 건물 바로 맞은편에 있다. 아 참, 주방에 가면 아주머니 4명이 한 조가 되어 반콧을 만드는 진풍경을 볼 수 있으니 일부러라도 찾아가 보자.

2권 INFO P.189 MAP P.191
구글지도 GPS 10.340301, 107.078621
시간 07:00~20:00
가격 반콧 6만 đ

THEME 11
시푸드
WILL TRAVEL FOR SEAFOOD

시푸드 음식점 고르기

베트남은 주요 도시가 모두 해안에 접해 있어 어딜 가서 뭘 먹든 해물 천지다.
내 취향에 맞는 시푸드 음식점을 골라 맘껏 즐겨보자.
그 어떤 요리보다 베트남을 더욱 확실히 기억하게 될 것이다.

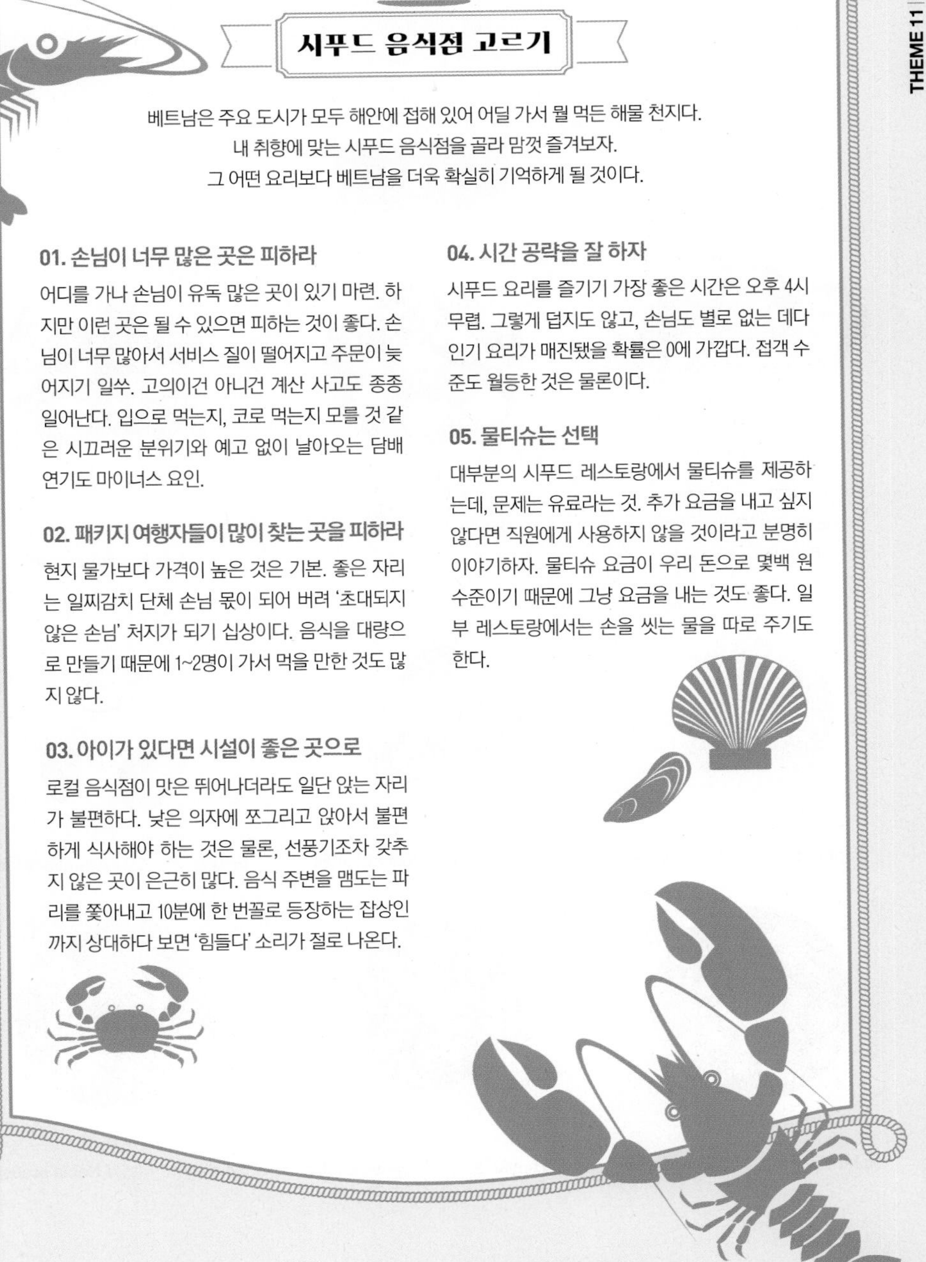

01. 손님이 너무 많은 곳은 피하라

어디를 가나 손님이 유독 많은 곳이 있기 마련. 하지만 이런 곳은 될 수 있으면 피하는 것이 좋다. 손님이 너무 많아서 서비스 질이 떨어지고 주문이 늦어지기 일쑤. 고의이건 아니건 계산 사고도 종종 일어난다. 입으로 먹는지, 코로 먹는지 모를 것 같은 시끄러운 분위기와 예고 없이 날아오는 담배 연기도 마이너스 요인.

02. 패키지 여행자들이 많이 찾는 곳을 피하라

현지 물가보다 가격이 높은 것은 기본. 좋은 자리는 일찌감치 단체 손님 몫이 되어 버려 '초대되지 않은 손님' 처지가 되기 십상이다. 음식을 대량으로 만들기 때문에 1~2명이 가서 먹을 만한 것도 많지 않다.

03. 아이가 있다면 시설이 좋은 곳으로

로컬 음식점이 맛은 뛰어나더라도 일단 앉는 자리가 불편하다. 낮은 의자에 쪼그리고 앉아서 불편하게 식사해야 하는 것은 물론, 선풍기조차 갖추지 않은 곳이 은근히 많다. 음식 주변을 맴도는 파리를 쫓아내고 10분에 한 번꼴로 등장하는 잡상인까지 상대하다 보면 '힘들다' 소리가 절로 나온다.

04. 시간 공략을 잘 하자

시푸드 요리를 즐기기 가장 좋은 시간은 오후 4시 무렵. 그렇게 덥지도 않고, 손님도 별로 없는 데다 인기 요리가 매진됐을 확률은 0에 가깝다. 접객 수준도 월등한 것은 물론이다.

05. 물티슈는 선택

대부분의 시푸드 레스토랑에서 물티슈를 제공하는데, 문제는 유료라는 것. 추가 요금을 내고 싶지 않다면 직원에게 사용하지 않을 것이라고 분명히 이야기하자. 물티슈 요금이 우리 돈으로 몇백 원 수준이기 때문에 그냥 요금을 내는 것도 좋다. 일부 레스토랑에서는 손을 씻는 물을 따로 주기도 한다.

베트남 시푸드 메뉴 알아보기

베트남 요리명은 주재료+조리법+부재료 · 조미료 조합으로 메뉴명이 정해진다.
관광객이 많이 가는 레스토랑은 영어 메뉴판을 갖추고 있지만 로컬 레스토랑은 베트남어를 할 줄 모르면
주문하기가 어려워 기본적인 메뉴명은 알고 가는 것이 도움이 된다.

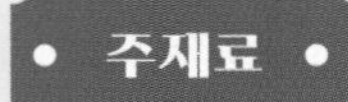

★표시는 한국인 입맛에 잘 맞는 요리

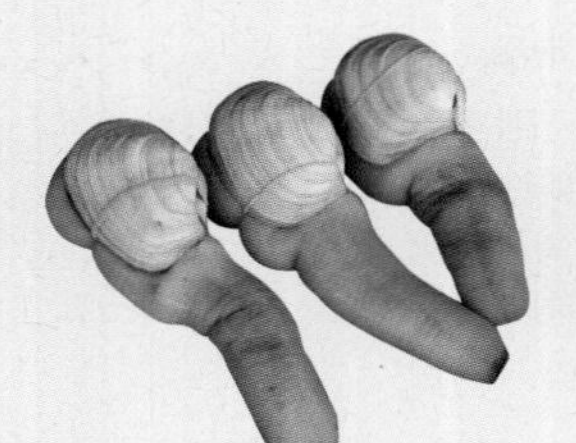

코끼리조개
ốc vòi voi [옥 보이 보이]
Panopea generosa

조개(주로 가리비나 대합)
Nghêu [응에우] / **Clam**

★새꼬막
Sò long [쏘 롱]
Anadara subcrenata

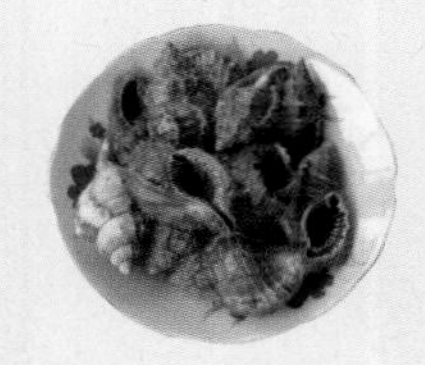

벨벳 달팽이
ốc nhung [옥 눙] / **Velvet snail**

코코넛 달팽이
ốc dừa [옥 즈어] / **Coconut snail**

★쌀 다슬기
ốc gạo [옥 가오] / **Assiminea lutea**

★골뱅이
ốc hương [옥 흐엉] / **Sweet snail**

★꼬막
Sò huyết [쏘 후옛] / **Blood cockle**

★가리비
Sò điệp [쏘 이엡] / **Noble scallop**

★키조개
Sò mai [쏘 마이] / Scallop

★농조개
Sò lụa [쏘 루아] / Paphia undulata

★홍합
Chem chép [쩸쩹] / Mussel

굴
Hào [하오] / Oyster

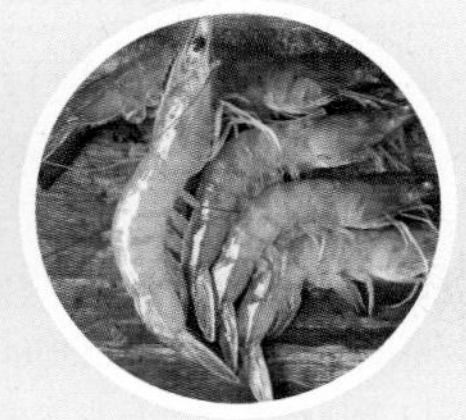
★새우
Tôm [똠] / Shrimp

★오징어
Mực [득] / Squid

★문어
Bạch tuộc [박 뚜엇] / Octopus

조리법

굽다 / **nướng** [느엉] / **Grilled**

삶다, 데치다 / **luộc** [르억] / **Boiled**

찌다 / **hấp** [합] / **Steamed**

볶다 / **Xào** [싸오] / **Stir fried**

부재료·조미료

고추 / **ớt** [엇] / Chilli

소금 / **muối** [므어이] / Salt

파기름 / **mỡ hành** [모 한] / Onion oil

레몬그라스 / **sả** [싸] / Lemongrass

마늘 / **tỏi** [또이] / Garlic

타마린드 / **me** [메이] / Tamarind

치즈 / **Phô mai** [퍼 마이] / Cheese

달걀 / **trứng** [쯩] / Egg

버터 / **bơ** [보] / Butter

PART 1
관광객들의 워너비
시푸드 맛집

현지인에게 아무리 인기 있는 곳이라도 내 입맛에 안 맞으면 말짱 도루묵. 가격은 좀 비싸도 누구나 맛있게 먹을 수 있다는 것이 장점이다. 시설이나 청결도도 좋은 편이다.

NHA TRANG

냐짱 제일가는 시푸드 레스토랑

코스타 시푸드
Costa Seafood

의외로 맛있는 해산물 요리를 먹기가 힘든 냐짱에서 맛 하나로 소문난 집이다. 그래서인지 식사 때마다 전쟁통을 방불케 하지만 그게 또 이 집의 매력이다. 한국인에게 인기 있는 메뉴는 타이거 프론(Tiger Prawn). 맛이 깔끔하고 향신료를 적게 사용해 베트남 요리를 잘 못 먹는 사람도 쉽게 먹을 수 있다. 2명 기준 메뉴 3~4가지를 주문하면 적당히 배부르다. 손님이 많을 때는 간혹 주문이 꼬이기도 하니 제대로 확인해 보자. 인터콘티넨털 냐짱 호텔 투숙객은 10% 할인 혜택이 있으며 계산 전에 객실 키를 보여줘야 한다. 영어 의사소통이 잘 되고 무료 와이파이, 유아용 의자도 갖추고 있어 가족이 함께 들르기도 좋다.

2권 INFO P.109 MAP P.101D 구글지도 GPS 12.244678, 109.196222
시간 06:00~22:00

추천 메뉴

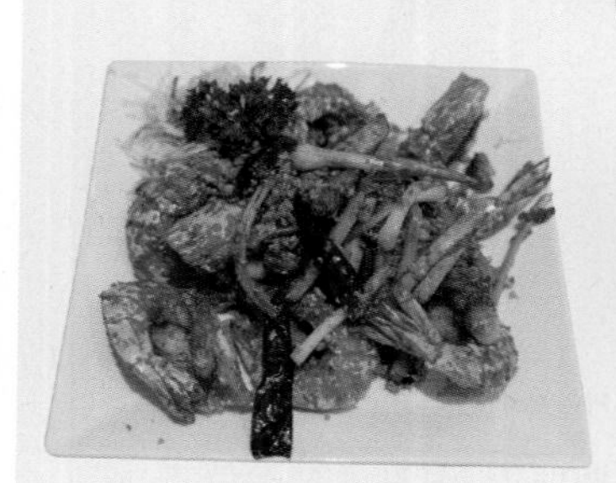

Fried tiger prawns with garlic
24만 đ

껍질을 벗기지 않은 타이거 새우와 마늘, 향신료를 함께 볶아낸 요리. 고소한 새우 껍질까지 같이 먹으면 밥도둑이 따로 없다. 짭조름한 맛 덕분에 술이 자꾸만 당겨 술안주로 좋다.

Fried tiger prawns with red curry Thai style 24만 đ

커리 안에 가지, 방울토마토, 새우, 파인애플 등이 들어가 식재료마다의 식감과 맛을 즐길 수 있으며 보기보다 맵지 않아 아이들 입맛에도 잘 맞는다. 밥은 별도로 주문해야 한다.

Costa's baked big tiger prawn with cream and cheese 30만 đ

어른보다는 아이들이 좋아하는 메뉴. 새우살에 크림과 치즈를 넣고 구운 요리로 담백하고 부드럽다. 맥주나 와인과 찰떡궁합을 자랑한다.

HO CHI MIN

편안한 분위기에 뛰어난 맛

록꼭

Ốc Bà Cô Lốc Cốc

그래, 이 정도라면 칭찬해줘야 한다. 분위기나 접객 수준, 음식 맛을 보면 이보다 가격을 더 받아도 장사가 잘 될 텐데, 참 착한 가격이다. '옆자리에 앉은 손님은 뭘 먹나?' 구경을 할 수 있을 정도로 테이블 간격이 좁은 다른 레스토랑에 비해 테이블 간격도 넓고 다이닝룸이 여러 개로 나눠져 쾌적하게 식사할 수 있다. 외국인이 많이 찾는 곳임에도 영어 메뉴판이 없다는 것은 아쉽다. 대신 점원들의 영어 실력이 괜찮아서 주문하는 데 큰 어려움은 없다. 2명 기준 5~6가지 메뉴를 주문하면 양이 맞다.

2권 **INFO** P.059 **MAP** P.046F **구글지도 GPS** 10.758971, 106.699113
시간 11:30~23:30

Tôm nướng muối ớt
6만8000 đ

새우소금구이. 고추로 간을 해 그냥 먹어도 맛있지만 함께 나오는 소스에 찍어 먹으면 꿀맛이다.

ốc hương Xào trứng muối
11만8000 đ

골뱅이소금달걀볶음. 달걀노른자와 소금으로 간을 한 고소하고 달콤한 양념이 맛을 한층 돋운다. 함께 나오는 칠리소스에 찍어 먹으면 색다른 맛. 애피타이저용으로도 손색없다.

cơm chiên hải sản thái dương
10만8000 đ

가성비 끝내주는 해물볶음밥. 일반 볶음밥과 다르게 큼지막한 달걀지단이 올라가 오므라이스처럼 먹을 수 있다. 밥 안에는 오징어가 듬뿍, 밥 위에는 커다란 새우튀김이 올라가 맛도 좋다. 양이 많아서 혼자서 다 먹기는 힘들고 두 명이서 하나 정도 주문하면 알맞다.

Ốc Cha Là nướng tiêu xanh
8만8000 đ

대추야자소라찜. 돌돌돌 돌려 꺼내 먹는 소라 살 한입에, 육수를 호로록 마시면 '캬 좋다' 소리가 절로 나온다.

PHU QUOC

안락한 분위기에서 즐기는 크랩, 크랩, 크랩!

크랩 하우스
Crab House

이곳에서 맛보아야 할 것은 갑각류계의 양대 산맥인 게, 그리고 로브스터. 특히 서로 다른 3종의 게를 취급하고 있어 선택의 폭이 넓다. 어떤 해산물을 먹어야 할지, 주문을 어떻게 해야 할지 고민이 된다면 주저 말고 콤보 메뉴를 선택하자. 해산물의 종류와 그 양에 따라 가격 또한 천차만별, 모두 14종의 콤보 메뉴가 당신의 선택을 기다리고 있으니 고민 말고 원하는 콤보를 택하면 된다. 깔끔하고 안락한 분위기, 영어도 잘 통하고 에어컨도 '빵빵'하다. 푸꾸옥의 신선한 해산물들을 양껏 담았으니 맛 또한 합격점. 모든 것이 완벽할 것 같지만 단 하나, 가격이 낙제점이다. 여행 물가 저렴하기로 유명한 베트남인 것을, 게다가 해산물 풍성한 푸꾸옥섬이라는 것을 감안한다면 상상하기 힘든 음식 값이다. 그러나 위생에 민감하거나 가족들과 함께 여행 중이라면, 여기 푸꾸옥의 크랩 하우스는 분명 좋은 대안이다. 비싸기는 해도 그 비싼 값을 톡톡히 하는 것은 분명하니까.

2권 **INFO** P.140 **MAP** P.129C **구글지도 GPS** 10.216722, 103.960071
시간 11:00~22:00

Combo 2 (Shrimp 500g+2 Blue Crabs+Potatoes+Corn)
115만 đ+5%

새우와 블루 크랩의 콤보 메뉴.
푸짐한 게와 새우도 좋지만 짙은 풍미의 소스는
감격스럽기까지 하다. 쌀로 만든 바게트를 손으로 찢어
찍어 먹으면 그 맛이 일품이다.

Soft Shell Crab
w/ Local Phu Quoc Green Peppercorn Salsa
14만5000 đ+5%

푸꾸옥 후추를 가미한 소프트 셸 크랩.
후추의 알싸한 향이 느끼함을 꽉 잡았다.

MUI NE

무이네에서 맛보는 신선하고 풍성한 해산물

미스터 크랩

Mr. Crab

관광객과 현지인들, 흥정꾼들까지 한데 뒤엉켜 식사 시간만 되면 도떼기시장 풍경을 방불케 하는 곳. '무이네에서 해산물을 먹으려거든 이곳으로 가라'는 말이 있을 만큼 유명한 해산물 맛집 거리인 보케(Bờ Kè) 거리에 자리 잡고 있는 식당으로, 그나마 깨끗하고 믿을 수 있는 곳이다. 해산물의 종류가 많아 주문이 쉽지는 않지만, 수조에서 직접 골라 주문하는 방식이니 즐거운 메뉴 선택과 흥정의 시간을 주저 말고 즐겨보자. 로브스터나 새우, 게 등의 갑각류는 다른 곳에서도 그렇듯 이곳에서도 인기가 높지만, 사실 이곳의 숨은 추천 메뉴는 조개류다. 버터와 함께 몇 가지 특제 양념을 덧입혀 매콤 짭조름하게 즐기는 맛조개나 가리비 등은 가격도 저렴해서 양껏 배를 불리기에도 제격이다. 한국인 여행자들이 많이 찾으면서 시가(Market Price)로 계산되는 해산물의 경우 터무니없이 높은 가격을 부르기도 하니, 애교가 섞인 '필살기'로 조금 더 저렴하게 해산물을 맛보도록 하자.

2권 INFO P.182 MAP P.174F 구글지도 GPS 10.954284, 108.221106
시간 15:00~23:00(유동적)

추천 메뉴

Ốc Móng Tay Xào Bơ Tỏi
약 9만 đ

모양은 이상해도 쫄깃함은 일품인 맛조개 버터구이.

Sò Điệp Nướng Mỡ Hành
약 4만 đ

부드럽고 쫄깃한 가리비구이. 마늘 향을 덧입혀서 느끼하지 않고 우리 입맛에 잘 맞는다.

Tôm Hùm Nướng Bơ Tỏi
Market Price

해산물의 왕 로브스터구이. 평소라면 비싸서 엄두도 내지 못할 로브스터를 푸짐하게 즐겨 보자.

PART 2

현지인들이 사랑하는 시푸드 맛집

여기가 한국인지, 베트남인지 모를 관광객용 맛집 말고, 베트남 사람들이 추천하는 맛집을 찾는다면 이곳을 주목해 보자. 안 그래도 저렴했던 가격이 훨씬 더 저렴해지는 것은 기본. 베트남 사람들의 식탁을 엿볼 수 있는 좋은 기회가 된다.

HO CHI MIN

마피아도 사랑했던 해산물 거리

빈칸 거리

phố ẩm thực vĩnh khánh

호치민 4군에 자리한 노점 거리. 약 650미터 거리에 해산물 전문점이 빼곡히 밀집해 있다. 2004년 총살되기 전까지 베트남에서는 '대부'라고 불렸던 마피아의 두목 '남깜(Năm Cam)'이 즐겨 찾던 곳으로도 유명하다. 예전에는 손꼽히는 우범 지역이었지만 호치민시의 적극적인 노력으로 지금은 호치민의 젊은이들이 가볍게 술 한잔하러 많이 찾는 곳이 됐다. 식당들이 문을 열기 시작하는 저녁이면 활기 넘치는 거리로 탈바꿈하는데 저녁 6~8시 사이가 피크 타임이다. 메뉴 구성과 가격이 음식점마다 거의 비슷하기 때문에 분위기 있어 보이는 곳으로 골라 가면 된다. 추천하는 집은 'Vu Seafood'. 간혹 외국인을 상대로 계산서 사기를 치기도 하니 조심하자.

2권 MAP P.046F **구글지도 GPS** 10.761445, 106.702581 **시간** 17:00~다음 날 01:00

추천 메뉴

Sò long nướng mỡ hành
6만 đ

새꼬막구이. 꼬막의 맛과 향을 잘 살려 계속 집어먹게 된다.

bạch tuộc nướng muối ớt
9만 đ

문어소금고추구이. 쫄깃쫄깃한 식감을 좋아하는 사람에게 추천한다. 몇 번 씹지도 못하고 사라져버리는 조개구이의 아쉬움을 한 번에 달래준다.

Tôm nướng sa tế
11만 đ

새우 사테구이. 맥주 안주로는 이만한 것이 또 없다. 껍질이 두껍지 않아 껍질째 먹어도 맛있다. 함께 나오는 소스에 찍어 먹으면 맛과 풍미가 두 배가 된다.

VUNG TAU

붕따우에 간다면 이곳부터 클리어

꽌 꼬 넨
Quán cô Nên

현지인이 많이 찾는 시푸드 레스토랑. 저렴한 가격으로 승부해 인기가 높다. 메뉴 가짓수가 엄청나게 다양한데, 어떤 것을 주문해도 실패하지 않는다. 문어와 오징어류가 무난히 먹기 좋은 메뉴. 여기에 볶음밥까지 추가하면 근사한 한 끼가 완성된다. 볶음밥은 2~3명이 먹을 수 있는 양으로 나온다. 2인 기준 메뉴 두 가지에 밥 하나면 알맞다. 야외 좌석이라 덥고 날파리가 많이 날아다닌다는 것은 감안하자. 영어 메뉴판이 있다.

2권 INFO P.190 **MAP** P.191 **구글지도 GPS** 10.352483, 107.064999 **시간** 월~금요일 16:00~22:00, 토 · 일요일 10:00~22:00

추천 메뉴

Grilled Octopus
8만 đ

구운 문어. 별다른 조리법 없이 만든 것인데도 재료 자체의 신선함 덕분에 기본 이상은 한다. 맥주 안주로도 좋고, 생각보다 밥과 찰떡궁합을 이룬다.

Fried rice with seafood
7만5000 đ

해물볶음밥. 새우와 오징어 살을 듬뿍 넣어 씹을 때마다 바다 향이 입안에 가득 전해진다. 좀 더 맛있게 먹으려면 간장을 조금 뿌려서 자작하게 먹으면 두 배는 더 맛있다.

Fried Baby squid with fish sauce
8만 đ

꼴뚜기튀김. 바삭하게 튀긴 꼴뚜기를 매콤한 칠리소스에 찍어 먹으면 입맛이 살아난다.

THEME 12
그릴 & 바비큐

베트남 음식도 좋지만 여행 내내 베트남 음식만 먹을 수는 없는 법.
베트남 음식이 슬슬 질릴 때 목에 기름칠하러 다녀오자.
우리나라보다 훨씬 저렴한 가격은 기본,
'베트남 바비큐가 이렇게 맛있었어?' 하는 감상은 그대에게 주는 선물이다.

삼겹살, 목살, 등심 같은 명칭에 더욱 익숙한 한국인의 입장에서는
바비큐 메뉴를 고르는 것이 생각보다 어려울 수 있다.
바비큐 부위별 명칭과 특징을 알면 주문이 조금은 쉬워질 것이다.

소 BEEF

가슴살 Brisket

차돌양지. 떡국에 올라간 손으로 찢은 소고기를 먹어봤다면 이해가 쉽다. 자칫 고기가 질겨질 수 있고 퍽퍽한 식감이 있어 바비큐 하기가 어렵지만 바비큐를 잘하는 집에 가면 육즙이 살아 있어 바비큐의 참맛을 만날 수 있는, 그야말로 '모 아니면 도' 같은 부위이다. 모험하는 심정으로 주문하는 것을 추천.

소갈비 Beef Back Ribs

돼지갈비 바비큐에 비해 양념을 적게 써서 조리하기 때문에 고기 본연의 맛을 느끼기에 좋다. 소갈비를 제대로 다루는 집이 많지 않아 그만큼 맛있는 소갈비 바비큐도 쉽게 만날 수 없는 것이 안타까울 뿐이다.

돼지 PORK

잘게 찢은 돼지고기 Pulled Pork

돼지 목살과 앞다릿살을 결대로 잘게 찢어 우리나라의 장조림과 비슷한 식감을 낸다. 고깃결마다 향과 소스가 배어 있어 먹다 보면 흰 쌀밥이 당기는 마성의 맛을 자랑한다. 다양한 디핑 소스에 찍어 먹으면 맛이 두 배가 된다.

돼지갈비 Spare Ribs

고기의 감칠맛을 제대로 즐길 수 있는 부위. 일부 식당에서는 포크립(Pork Ribs)으로 표기돼 있다. 오랜 시간 약한 불로 훈연해 굽기 때문에 굉장히 부드럽고 향미도 뛰어나다. 특히 아이들이 좋아한다.

소시지 Sausage

우리가 흔히 접하는 구운 소시지와 달리 2시간 이상 스모커에 넣어 천천히 구워 향이 가득 배어 있다. 소시지 재료에 따라 여러 종류로 나뉘는데, 어떤 것을 주문해도 평균 이상은 한다.

한국 사람 입에 딱 맞는 대중적인 맛

꽌 웃웃

Quán Ụt Ụt

미국식 그릴 요리 전문점. 푸짐한 양과 깔끔한 맛으로 사랑받고 있다. 바비큐 메뉴는 양에 따라 풀(Full)과 하프(Half)로 나뉘는데, 혼자라면 하프 사이즈, 2명은 풀 사이즈가 알맞다. 바비큐 메뉴 주문 시 두 가지 사이드 메뉴가 공짜. 맥주 메뉴도 매우 다양하다. 주당이라면 수제 크래프트 맥주를 주목할 것. 어떤 것을 주문해야 하나 모르겠다면 서버에게 문의하자. 바비큐와 궁합이 좋은 맥주로 추천해준다. 1 · 2 · 7군에 지점이 있는데 그중 접근성이 가장 좋은 곳은 1군 지점, 대기 시간이 짧은 것은 2군 지점이다. 남은 음식은 포장 가능. 와이파이도 무료로 이용할 수 있다.

2권 INFO P.059 MAP P.046F 구글지도 GPS 10.764592, 106.698402
시간 11:00~22:30 가격 비아크래프트 싸오 바 꼬 서머 에일 글라스 7만5000₫

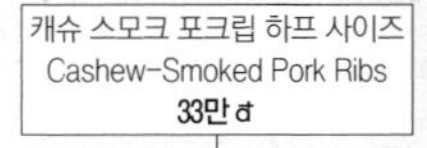

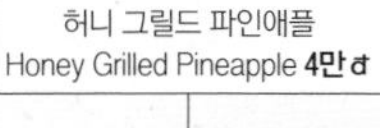

그릴드 오크라
Grilled Okra 4만₫

맥앤치즈 Mac & Cheese 5만₫

정통 미국식 바비큐

티엔티 BBQ

TnT BBQ

가게 이전을 준비 중이니 방문 전 미리 확인하자. (2019.12 기준)

미국인 사장님이 운영하는 그릴 요리 전문점. 제대로 된 미국식 바비큐를 선보이고 싶다는 일념으로 육우 90% 이상은 미국 수입산으로 사용하며 디핑 소스와 시즈닝을 매일 직접 만든다. 그릴 요리에 향을 입히기 위해 미국산 히코리(Hockory)나무와 사과나무만 고집하는 것도 남다르다. 포크립(돼지갈비)과 스모크 비프 브리스켓(소 가슴살), 사이드 메뉴 한 가지가 포함된 티엔티 스페셜(TnT Special)이 인기 메뉴. 메뉴마다 최소 주문 인원이 정해져 있으니 주의하자. 에어컨이 있어 시원하고 깔끔해 아이들을 데리고 가기도 좋다.

2권 INFO P.059 MAP P.046D 구글지도 GPS 10.772290, 106.694169
시간 월~금요일 16:00~22:00, 토 · 일요일 11:00~22:00

티엔티 스페셜 TnT Special
40만5000₫

문팁 Moon Tips 15만 đ

풀드 포크 Pulled Pork 15만 đ

인기 맛집은 뭐가 달라도 달라!

리빈 콜렉티브

LIVINcollective

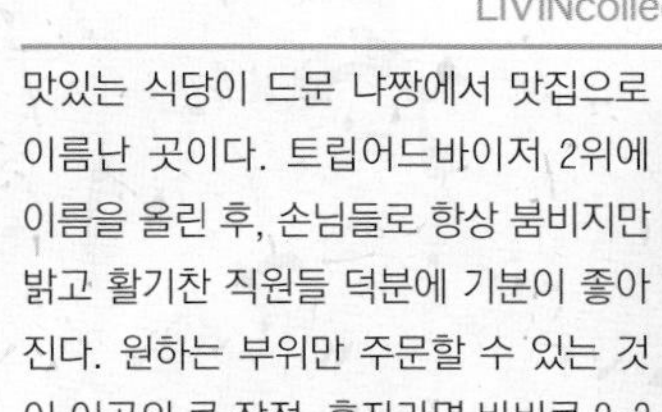

맛있는 식당이 드문 냐짱에서 맛집으로 이름난 곳이다. 트립어드바이저 2위에 이름을 올린 후, 손님들로 항상 붐비지만 밝고 활기찬 직원들 덕분에 기분이 좋아진다. 원하는 부위만 주문할 수 있는 것이 이곳의 큰 장점. 혼자라면 바비큐 2~3가지와 사이드 메뉴 한 가지, 2명 기준으로는 바비큐 3~4가지와 사이드 메뉴 1~2가지 정도면 알맞다. 수제 양조 맥주도 판매하는데 시원하지 않아 맛이 좀 반감되긴 한다. 야외라 더울 수 있다는 것도 감안해야 할 부분. 편집숍을 함께 운영해 식후에는 눈요기 삼아 둘러보기도 좋다.

2권 **INFO** P.108 **MAP** P.101D **구글지도 GPS** 12.240619, 109.191373
시간 10:00~22:00 **가격** 스페어립(싱글 사이즈) 20만 đ, 맥앤치즈 4만5000 đ

리스 그릴 시그니처
Lee's Grill Signature 55만 đ

여행 온 기분을 느끼고 싶을 때

리스 그릴

Lee's Grill

한국인이 운영하는 바비큐집. 한국인 입맛에 꼭 맞춘 음식들이 이곳만의 장점이다. 한국인에게는 김치를 무료로 내어주는 것은 기본. 메뉴 구성도 한국의 여느 야식집과 비슷하다. 밤이 되면 라이브 공연이 열려 여행 온 기분을 팍팍 느끼게 해준다. 인파를 피하고 싶다면 점심 시간 때가 제격. 에어컨이 설치된 개별룸도 있어 가족 단위의 여행자는 룸을 예약하는 것이 훨씬 낫다. 해산물이 들어간 메뉴는 평가가 좋지 못한 편이니 바비큐와 볶음밥 종류로 주문하자.

2권 **INFO** P.110 **MAP** P.101D **구글지도 GPS** 12.238071, 109.193825
시간 12:00~23:00

호치민에서의 근사한 한 끼 식사

호치민의 파인 다이닝은 지금이 가장 뜨겁다.
정부기관이 모여 있어 접대용 식사를 할 일이 많은 하노이에
파인 다이닝이 많았지만,
최근에는 호치민까지 그 영역을 넓혔기 때문이다.
제대로 된 서비스, 맛, 거기에 저렴한 가격까지.
호치민에서 파인 다이닝에 가봐야 할 이유는 많다.

호치민 파인 다이닝 제대로 즐기기

❶ 예약은 미리미리

파인 다이닝의 수요가 늘면서 인기 레스토랑은 미리 예약을 하지 않으면 기다려야 하는 일이 간혹 있다. 될 수 있으면 예약하는 것을 추천. 대부분은 홈페이지에서 간단하게 예약할 수 있다. 예약 시간은 반드시 지키자. 예약한 시간보다 10분 이상 늦으면 예약이 취소되는 것이 보통이다.

❷ 드레스 코드, 깐깐하지 않아요

덥고 습한 기후에 맞춰 드레스 코드가 그렇게 깐깐하지는 않다. 슬리퍼, 러닝, 노출이 심한 의상, 남성의 경우 민소매 복장만 피하면 입장할 수 있다.

❸ 1인 1메뉴 주문이 원칙

메인 요리만큼은 1인 1메뉴가 기본이다. 먹는 양이 많지 않은 어린이의 경우에도 예외는 아닌데, 서버에게 요리를 추천받아 주문하면 된다.

❹ 팁은 안 줘도 OK

팁 문화가 발달되지 않고, 서비스 차지를 별도로 받기 때문에 팁을 챙겨줄 필요는 없다.

❺ 현금 결제가 좋아요

신용카드를 받는 곳이 많이 늘어나기는 했지만 카드 수수료를 별도로 청구하는 곳들도 있어 아직까지는 현금 결제가 우선이다.

❻ 서비스 차지와 VAT 별도 부과

영수증을 받아 들고 바가지 썼다고 생각하지 말자. 서비스 차지와 VAT 15%가 추가 부과되어 총 지급액이 산정되기 때문.

❼ 모기 퇴치제를 챙겨가면 좋아요

파인 다이닝의 특성상 야외에 앉게 되는 경우가 많은데, 문제는 강가나 나무가 우거진 정원이라 모기가 많다. 특히 모기가 많아지는 저녁 시간은 조심, 또 조심!

모둠 롤
Khai vị Quán Bụi
18만9000 đ

해산물, 야자 순, 연 줄기, 땅콩을 넣은 샐러드
Gỏi quán bụi hải sản
14만9000 đ

벌꿀을 발라 구운 치킨
Ức gà xốt mật ong
8만9000 đ

시원한 실내 좌석도 있다.
현대적으로 꾸며
야외 좌석과는 다른 분위기를 풍긴다.

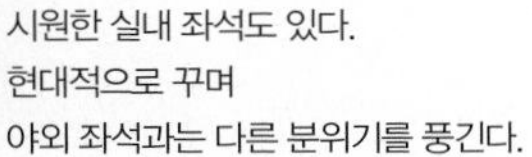

꽌부이 가든

Quán Bụi Garden

평화로운 정원에서 보내는 꿀 같은 시간

호치민에 5곳의 지점을 둔 체인 파인 다이닝. 체인 레스토랑이라는 것이 무색하게 지점마다 특색 있는 분위기를 자랑한다. 그중 '가든(Garden)'지점은 꽌부이의 장점을 한데 모은 곳. 실내는 현대적이고 개방감 있는 인테리어로, 야외는 청량한 느낌이 절로 드는 정원으로 이뤄져 분위기 좀 따진다 하는 현지인들에게 인기 있다. 레스토랑이 들어선 따오디엔 지역이 호치민에서 제일가는 부촌인 것을 감안하면 정말 착한 가격. 외국인 손님이 많다는 것을 고려해 접객 수준이나 영어 실력이 뛰어나 돈이 아깝지 않다. 음식은 평범한 듯 독특하다. 레스토랑의 모토인 '건강한 베트남 가정식 요리'에 충실하게 MSG를 첨가하지 않고 베트남 전통 소스와 견과류로 맛을 낸다. 대신 음식을 담는 그릇이나 데커레이션에는 두 배 이상의 공을 들여 젓가락보다 카메라에 먼저 손이 갈 지경. 아이들이 뛰어놀기 좋은 작은 놀이터와 그릇과 다기 전시 · 판매장도 함께 있어 식사하러 왔다가 시간을 보내는 사람들도 많다(봉사료와 VAT 15% 별도 부과).

2권 **INFO** P.081 **MAP** P.077D **구글지도 GPS** 10.805124, 106.735784
시간 08:00~23:00

더 찹스틱스 사이공

The Chopsticks Saigon

대통령의 자택에서 한 끼

베트남 남북 분단시절의 대통령 자택이 근사한 레스토랑으로 다시 태어났다. 커다란 대문을 밀고 들어가면 아늑하고 근사한 정원이 나오고, 실내로 들어서면 고풍스런 분위기가 반기는 곳. 더 찹스틱스 사이공이다. 베트남 파인 다이닝 외식 사업의 강자인 비엣 델리(Viet Deli)에서 야심 차게 준비한 곳답게 직원들의 접객 수준이나 메뉴 구성이 남다르다. 베트남 전통 음식에만 치중되어 있던 파인 다이닝의 틀을 과감하게 벗어던지고 서양식과 접목한 베트남 요리를 선보인다. 그중 인기 메뉴만 추려서 구성한 '베트나미즈 세트 메뉴'가 가장 인기 있다. 홈페이지에서 손쉽게 예약할 수 있으며 좌석 여유가 있어 가족 여행자들이 이용하기에도 좋다. 오후 2시부터 오후 6시까지 브레이크 타임이다.

2권 INFO P.070 **MAP** P.066I **구글지도 GPS** 10.783033, 106.689877 **시간** 점심 11:00~14:00, 저녁 18:00~22:00

베트나미즈 세트 메뉴 미리보기
Vietnamese Set Menu
99만 đ

❶ 소고기와 연꽃씨를 넣은 수프
Braised beef and lotus seed broth

❷ 그린망고 & 돼지고기 샐러드
Green Mango and crispy pork salad

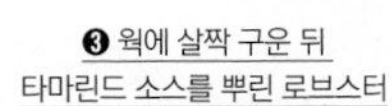

❸ 웍에 살짝 구운 뒤 타마린드 소스를 뿌린 로브스터
Wok-fried lobster with spicy tamarind sauce

❹ 궁중식 소고기 바비큐
Royal grilled beef

❺ 브로콜리 게살볶음
Steamed broccoli with crab meat sauce

❻ 해물볶음면
Stir-fried noodle with seafood

❼ 불에 구운 바나나와 바닐라 아이스크림
Banana flambe served with vanilla ice cream

야외 좌석이 더 인기 있다.
다소 투박한 느낌의 실내석보다 분위기가 더 좋은 덕분이다.

호아뚝 사이공

Hoa Tuc Saigon

캐러멜 라이즈드 생강치킨
Gà kho gừng với cơm và rau xào
13만5000 đ

낮은 낮대로, 밤은 밤대로 로맨틱

호치민 시내 한가운데에는 아는 사람만 아는 비밀 공간이 있다. 1800년대 후반, 중국 전역에 인도산 아편이 퍼질 때 물량이 달리자 동남아 각지에 아편 공장을 짓게 됐는데, 이곳이 바로 그 당시 지은 아편 생산 공장이 있던 곳. 그래서 이름도 '공장 앞뜰(The Manufacture Courtyard)'이라고 지었다. 아편 공장이던 곳에 파인 다이닝이 여럿 들어서 예전 분위기를 조금이나마 느낄 수 있다. 그중 호아뚝은 지역에서 생산한 철골 구조물과 가구를 이용해 고풍스럽고 로맨틱한 분위기, 누구에게나 잘 맞는 음식 맛으로 이름을 알린 곳이다. 베트남 전통 음식을 선보이는데 조미료와 향신료 사용을 줄여 누구나 부담 없이 식사할 수 있다는 것이 큰 장점. 에어컨이 빵빵한 실내보다 분위기가 좋은 야외 좌석이 유독 인기 있다.

2권 Ⓘ INFO P.037 Ⓜ MAP P.033G Ⓖ **구글지도 GPS** 10.778297, 106.703828 Ⓣ **시간** 11:00~22:30

꼴뚜기 튀김
Mực trứng chiên giòn
29만5000 đ

베트남식 스테이크
Bò lúc lắc Hoa túc
29만5000 đ

와규 비프 버거
Wagyu beef burger
29만5000 đ

더 덱 사이공
The Deck Saigon

사이공강의 시원한 경치가 예술

호치민에도 이런 곳이 있었나? 찾아가기가 어려울 뿐이지 레스토랑에 들어서면 일단 풍경에 압도된다. 어느 자리에 앉든 사이공강이 시선 가득. 음식을 맛보기도 전에 '잘 왔다' 생각이 먼저 든다. 외국인과 부유층이 많이 거주하는 지역답게 웨스턴 스타일의 요리를 다양하게 선보이고 있다. 생선 살이나 해산물을 얇게 잘라 라임즙에 재운 뒤 다진 채소를 곁들여 먹는 세비체(Ceviche)와 햄버거 종류가 인기 있다. 스타터는 여럿이 음식을 나눠 먹을 수 있도록 셰어를 해준다. 호치민 시내에서 프라이빗 보트를 타고 와 식사를 할 수 있도록 보트 대여 패키지가 따로 있으니 로맨틱한 시간을 보내고 싶다면 이용해도 좋다. 강가 자리는 경쟁이 꽤 치열해 예약을 해야 한다. 예약은 홈페이지에서 가능.

2권 INFO P.082 MAP P.077D **구글지도 GPS** 10.807026, 106.744569 **시간** 08:00~23:00

베트남에서 만나보는 세계의 맛! 맛! 맛!

진한 국물의 쌀국수도, 한입 가득 반미도, 바삭바삭 반쎄오도 삼시 세끼 먹을 수는 없는 노릇!
여행을 하다 보면 갑작스레 익숙한 음식이 그리워지는 것도 어찌 보면 당연지사!
그래서 준비했다. 베트남에서 만나보는 세계의 맛! 맛! 맛!
익숙함이 주는 편안함으로 여행의 피로도 날리고, 다시 힘을 얻어 보자!

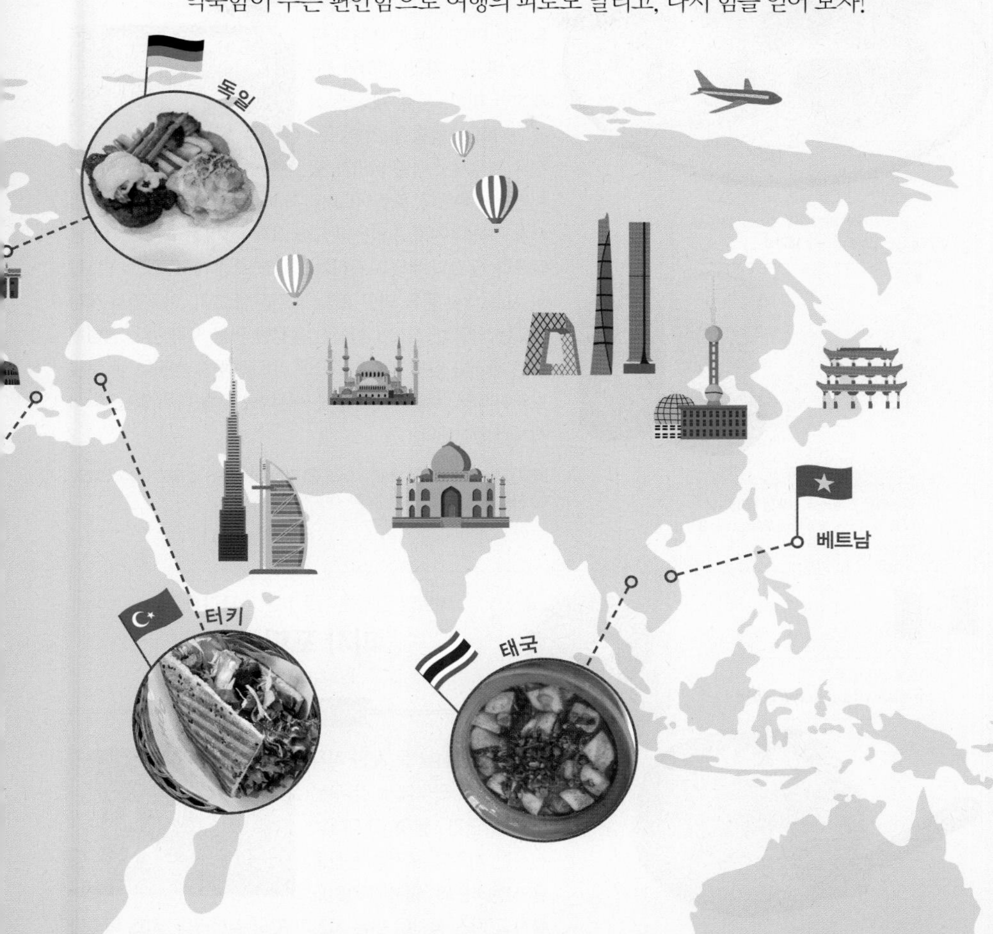

베트남이라는 나라, 그리고 그 안에서 만나는 세계 음식

베트남의 역사는 참으로 파란만장하다. 오래도록 자신들만의 문화와 정체성을 지켜 왔지만 지난 세기만큼은 환란의 시대였고, 프랑스, 일본, 그리고 미국에 이르기까지 동서양 가릴 것 없는 열강들의 침략으로 인해 유구한 역사도 함께 잠식당했다. 그래서 오늘날 베트남의 식문화는 오랜 자신들의 전통 위에 역사의 흔적들을 덧씌운 융합의 산물이다.

그러나 침략의 역사 뒤, 사회주의 국가로 지난 세기말을 보낸 만큼 새로운 문화를 받아들이는 데에는 소극적이어서, 이렇다 할 글로벌 푸드 스폿이 많지는 않다는 사실. 금세기 들어 베트남식 개혁 개방과 더불어 글로벌 트렌드를 좇기 시작했으니, 이국적이고 트렌디한 레스토랑들도 차차 늘어날 것으로 보인다.

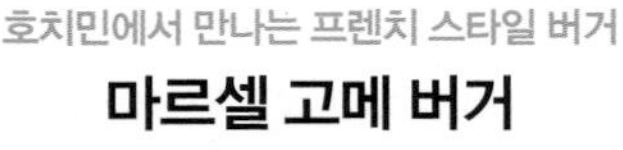

호치민에서 만나는 프렌치 스타일 버거

마르셀 고메 버거

Marcel Gourmet Burger

HO CHI MINH

두툼하게 썰어낸 통감자 프라이
Fries **4만 đ**

라끌렛 치즈와 비법 후추 소스로 맛을 낸
Le Signature Burger **18만 đ**

평범한 번과 지루한 패티의 미국식 버거는 가라! 번이면 번, 패티면 패티, 온갖 채소와 소스까지도 평범함을 거부하는 정통 프렌치 스타일 버거가 호치민에 상륙했다. 트립어드바이저와 각종 SNS에서 이미 유명세를 톡톡히 치르고 있는 마르셀 고메 버거는 그 재료부터 남다르다. 달걀과 버터의 풍미가 가득한 프렌치 브리오슈 번, 합성 사료 대신 풀을 먹인 100% 호주산 소고기, 이곳에서 직접 만드는 다양한 소스가 합쳐진 풍성한 맛을 자랑한다. 평범치 않은 버거와 함께 파스퇴르 스트리트 브루잉 컴퍼니 등 로컬 브루어리의 수제 맥주도 함께 맛본다면 더할 나위 없는 한 끼 식사가 완성된다.

파스퇴르 스트리트 브루잉 컴퍼니의
대표 맥주 Passion Fruit Wheat Ale **8만 đ**

2권 **INFO** P.057 **MAP** P.046F **구글지도 GPS** 10.769070, 106.698523
시간 화~일요일 12:00~22:00

베트남 전역을 사로잡은 피자의 매력

피자 포피스

Pizza 4P's

HO CHI MINH

미트볼 토마토 수프
Meatball Tomato Soup **6만5000 đ**

3가지 치즈로 만든 피자
3 Cheese Pizza **18만 đ**

하노이에 본점을 둔 체인 피자 전문점으로 화덕에서 갓 구운 피자로 인기. 달랏 고지대의 신선한 치즈와 유기농 농산물을 사용하는데, 일본 홋카이도 출신의 치즈 장인이 만든 치즈가 맛의 결정타다. 치즈 덕후라면 '3 · 4 · 5 Cheese Pizza' 메뉴를 놓치지 말자. 3~5가지 종류의 치즈가 어우러져 환상적인 맛을 낸다. 치즈와 토핑이 듬뿍 들어가지만 우리나라에 비해 저렴한 가격. 식사 시간마다 긴 대기를 감수해야 하는데, 홈페이지에서 예약을 하면 기다리는 시간을 줄일 수 있다.

불고기 피자 느낌의
소이 갈릭 비프 피자
Soy Garlic Beef Pizza **25만 đ**

2권 **INFO** P.057 **MAP** P.046D **구글지도 GPS** 10.773371, 106.697616
시간 월~토요일 10:00~다음 날 02:00, 일요일 10:00~23:00

원하는 소시지를 골라서 주문할 수 있는
Your Choice of Sausage **17만 đ**

육우의 풍미가 한껏 전해지는 소고기 안심 스테이크
US Beef OSCAR Tenderloin with Gratin Potatoes and Red Cabbage **61만 đ**

독일식 브로이 하우스의 흥겨움

가르텐슈타트 레스토랑

Gartenstadt Restaurant

HO CHI MINH

1992년 문을 연 이래로 30년 가까이 로컬들에게 사랑받아 온 독일 음식 전문점. 1층은 시끌벅적한 바, 2층은 칸이 나눠져 있는 단체 좌석으로 배치돼 있다. 실내 흡연이 자유로운 다른 바와는 달리 흡연석과 비흡연석이 구분돼 있는데, 딱 붙어 있어서 사실 큰 의미는 없다. 담배 연기가 싫다면 분위기를 좀 포기하더라도 2층으로 가자. 소시지와 독일식 돼지 족발 학세, 시원한 생맥주가 이 집의 효자 메뉴. 특히 맥주는 독일에서 크롬바커와 슈나이더 바이세 맥주를 수입해 판매하는 등 독일의 맛을 살리는 데 중점을 두고 있다. 결정적인 흠이 있다면 비싼 가격. 가게 위치가 위치이다 보니 한 사람당 2~3만 원은 우습게 나온다.

2권 INFO P.038 MAP P.033K **구글지도 GPS** 10.774536, 106.704856
시간 10:30~24:00

호치민에서 만나는 하와이의 맛

포케 사이공

Poke Saigon

HO CHI MINH

하와이의 대표 건강식 포케를 맛볼 수 있는 곳. 여행자들 사이에서 아파트 카페로 불리는 42 응우옌 후에 안에 위치해 있다. 기본 포케는 물론이요, 샐러드 대신 밥을 선택하거나 생참치 대신 연어나 새우 등을 선택해 나만의 포케를 주문할 수도 있다. 주문은 모두 다섯 단계를 거쳐야 하지만 생각보다 간단하다. 먼저 샐러드 또는 밥을 선택하고, 포케(주 해산물)를 선택한다. 그다음 소스, 토핑, 바삭거리는 크리스피까지 선택하면 끝!

2권 MAP P.033G **구글지도 GPS** 10.774109, 106.704091
시간 10:00~21:00

부드러운 생연어를 듬뿍 올린
Poke-Salmon **15만 đ**

풍성함과 신선함으로 입안을 가득 채우는 Döner Kebap **4만5000~6만5000 đ**

그리스풍 빵과 요거트 샐러드로 풍미를 살린 치킨 랩 Gyros with Chicken **6만 đ**

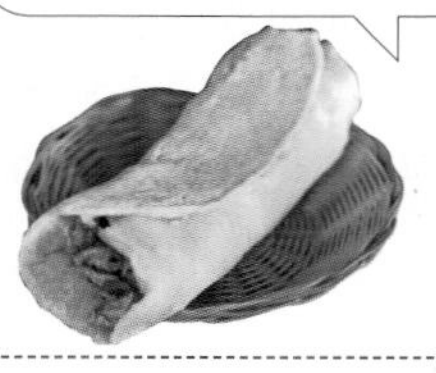

터키와 그리스의 만남

신드바드
Sindbad

MUI NE

SNS와 블로그 등을 통해 국내 여행자들에게도 두루 사랑받고 있는 무이네의 맛집 중 맛집. 케밥(Kebap)과 함께 짜지키(Tzaziki), 후무스(Hummus) 등 지중해 연안의 대표 음식들을 선보이고 있다. 신드바드의 매력은 재료 그 자체에 있다. 재료의 신선함, 그리고 풍성함. 그것으로 이미 상황 종료! 한입 베어 무는 순간 입안을 가득 채우는 건강한 기운이 배고픈 여행자들을 만족시키고도 남는다. 이곳의 주메뉴는 다름 아닌 케밥. 소고기와 닭고기, 채식 메뉴로 선택이 가능한데, 두툼한 피타 빵 안에 신선한 채소와 풍성한 토핑을 얹어 나온다. 크기는 선택할 수 있으며, 작은 것만으로도 웬만한 남자들의 배를 두둑히 채우고도 남을 정도.

2권 INFO P.181 **MAP** P.175G **구글지도 GPS** 10.955345, 108.232604
시간 11:00~다음 날 01:00

번 안에 알 라 크림, 닭고기, 베이컨, 새우 등으로 만든 속을 채운 요리 Folia **16만9000 đ**

식후에 나오는 디저트

그리스풍 건강한 레시피

피타고라스 레스토랑
Pita GR Restaurant

NHA TRANG

거리가 내려다보이는 그리스식 레스토랑. 음식의 양이 너무 많아 혼자서는 주문할 수 있는 메뉴가 많지 않을 정도! 혼자라면 메뉴 하나로도 충분하고, 세 명이 함께라도 두 가지 메뉴 정도면 딱 맞다. 식사가 끝날 즈음이면 직원들이 후식까지 챙겨주는 점에 엄지척. 다만 우리 입맛에는 조금 느끼할 수 있다는 점, 사방이 뻥 뚫려 있어 무더위와 매연에 노출될 수밖에 없다는 점은 좋은 점수를 줄 수 없는 부분이다.

2권 INFO P.110 **MAP** P.101F **구글지도 GPS** 12.234514, 109.195911
시간 08:00~23:00

힙한 멕시칸 레스토랑

디스트릭트 페더럴

District Federal

HO CHI MINH

따오디엔에 자리한 멕시칸 펍. 한 집 건너 두 집이 맛집인 따오디엔에서 독보적인 인기를 끌 수 있었던 것은 음식에 있다. 정통 멕시코 음식을 선보이기 위해 멕시코인 주방장을 들이고, 10종에 달하는 멕시코산 고추를 수입해 사용할 정도다. 음식 재료 대부분을 직접 만드는데, 소스는 물론이고 나초와 칩까지도 이들의 손을 거쳐 나온다. 음식에 이 정도 공을 들였으니 맛 없기가 더 힘들 수밖에. 퀘사디아와 타코, 나초는 어떤 것을 주문해도 평균 이상. 매달 바뀌는 셰프 스페셜 메뉴도 호평을 받고 있다. 음식의 양도 상당히 많은 편이며, 남은 음식은 포장도 가능하다.

돼지고기의 재변신! 포크 카니타스 나초
Pork Canitas Nachos **24만5000₫**

오리콩피의 담백함을 한입에 담아낸 타코
Duck Confit Tacos **16만₫**

2권 INFO P.081 MAP P.077C **구글지도 GPS** 10.803601, 106.733999
시간 11:00~23:00

제대로 된 타이 레스토랑

툭툭 타이 비스트로

Tuk Tuk Thai Bistro

HO CHI MINH

정갈한 맛의 태국 음식을 내놓는 레스토랑. 음식 맛이 자극적이기 쉬운 태국 요리를 깔끔하면서도 전통의 맛을 잘 살려 내놓는다. 그 덕분에 언제 가도 손님이 바글바글. 예약을 하지 않으면 좀 기다려야 하는 분위기다. 1층은 혼자서도 어색하지 않게 먹을 수 있는 카운터 좌석이고, 2 · 3층은 여럿이 앉을 수 있는 단체석으로 만들어져서 조용한 1층과 달리 시끄러운 경우가 많다. VAT와 봉사료 15%가 붙어 가격은 물가 대비 비싸다.

똠얌꿍 Creamy or Clear Tom Yom Soup with Prawns & Mushrooms **14만5000₫**

팟 끄라파오 무쌉 Steamed Rice & Stir-fried Minced Pork with Holy Basil & Egg **10만5000₫**

2권 INFO P.038 MAP P.033H **구글지도 GPS** 10.779950, 106.704255
시간 10:00~22:30

THEME 15
스트리트 푸드

추천 길거리 음식 BEST 6

원래 보석이란 찾기가 힘들수록 더욱 빛나는 법.
관광객들만 바글바글한 식당도 좋지만 한 번쯤은 길거리 음식들도 맛보자.
비록 지저분하고 불편하지만 일단 맛보고 나면 한마디 불평불만쯤은 저만치 달아난다.

1

반미 bánh mì

잘 구운 바게트 안에 다양한 속 재료를 넣은
베트남식 샌드위치. 은근히 양이 많아서
식사용으로도 제격이다.
앉아서 먹는 다른 길거리 음식과 달리
길거리에 서서 먹으면 맛이 두 배가 되는 신기한 음식이다.

2

반쎄오 bánhxèo

베트남식 부침개 요리. 쌀가루 반죽 위에
다양한 채소와 해산물, 고기를 넣고 부쳐
우리 입에도 잘 맞는다.
일반 음식점보다 잎채소를 넉넉하게 주고
바로 부쳐 내오기 때문에 훨씬 맛도 있다.

3

분팃느엉 Bún thịt nướng

베트남 북부에 분짜가 있다면 남부에는 분팃느엉이 있다.
베트남어로 분(Bún)은 국수를, 팃(thịt)은 고기,
느엉(nướng)은 굽는다는 뜻. 다시 말해 '구운 고기를 고명으로
얹은 국수'인 셈이다. 분짜도 좋아하고,
쌀국수도 좋아하는 사람이라면 반드시 맛보자.

4 미싸오 Mì xào

베트남 사람들이 가장 좋아하는 볶음면 요리.
길거리에서도 흔히 판매해 쉽게 접할 수 있다.
맛은 태국의 팟타이와 비슷한데 꼬들꼬들한 면과
부재료가 넉넉히 들어가 어느 집에서 먹든 평균 이상은 한다.

5 봇 찌엔 Bột Chiên

쌀가루와 카사바 전분을 섞은 뒤
기름에 살짝 튀긴 음식이다.
식감이 상당히 독특한데 두부보다는 딱딱하고
튀김보다 부드러워 입에 넣어 씹기도 전에 사라진다.
채 썬 파파야와 달걀부침, 간장 소스를 곁들여 먹으면
식욕이 살아난다.

6 박 뚜엇 느엉 므어이 bạch tuộc nướng muối ớt

문어소금고추구이. 겉은 짭조름한 양념 맛이 잘 배어 있고,
속은 쫄깃쫄깃해 안줏거리로 인기가 높다.
베트남 음식 특유의 향이 거의 없어
입이 짧은 사람도 부담 없이 시도할 수 있는 음식.
다른 해물 요리와 먹어도 맛있고,
볶음밥이나 볶음국수와 곁들여도 궁합이 좋다.

현지인이 추천하는

호치민의 길거리 음식 거리

BEST 3

호치민은 길거리 음식의 천국이다. 번화가마다, 인구 밀집 지역마다 노점상이 밀집된 거리가 형성돼 있다. 호치민 시내에 얼마나 많은 노상 음식점이 있는지 확인을 하기 힘들다고 하니, 이쯤이면 '호치민 전체가 거대한 부엌'이라는 이야기도 틀린 말은 아닌 셈이다. 길거리 음식을 이왕 체험해 보는 거, 현지인이 추천하는 곳으로 가보자. 어쩌면 이곳에서 '베트남의 진짜 맛'을 발견하게 될지도 모른다.

수반한 거리

Sư Vạn Hạnh

단 한 곳의 길거리 음식 거리를 가야 한다면 이곳부터 일단 클리어하자. 오후 네 시가 넘어가면 하루 종일 썰렁했던 거리에 간이 노점이 하나둘 생긴다. 총 300미터가 넘는 거리 전체가 지지고 볶고 튀기는 연기로 휩싸이면 수반한 거리의 진면목을 만날 차례. '베트남 요리는 종류별로 다 모아놨나?' 싶을 정도로 다양한 요리를 만나볼 수 있다. 그중 반드시 맛봐야 할 대표 요리는 '반쎄오'. 즉석에서 튀겨내 어느 집에서 먹든 엄지손가락이 절로 올라간다. 이곳을 즐기기 가장 좋은 시간대는 오후 4시부터 6시 사이. 저녁 시간은 손님이 많아 꽤 정신 사납다.

칸 호아

24세 | 호텔리어

제 고향이 생각날 때마다
한 번씩 들르는 곳인데요.
주말에 가면
시끌벅적해서 좋아요.

수반한 거리 추천 점포

1 봇 찌엔 반 헤
Bột Chiên Bánh Hẹ

봇 찌엔을 맛있게 한다고 소문난 맛집. 아주머니 세 명이 한 조가 되어 음식을 만드는 내공이 남다르다. 영어로 의사소통하기가 쉽지는 않지만 손동작으로 주문을 할 수 있다. 가벼운 식사로는 봇 찌엔(Bột Chiên)을, 간식으로는 불에 노릇하게 구운 부추 빵인 반 헤(Bánh Hẹ)를 추천.

2권 **MAP** P.046E
구글지도 GPS 10.762893, 106.672554
가격 봇 찌엔 2만2000 đ

2 타오 비
Thảo Vy

베트남의 대표적인 서민 음식을 판매하는 노점. 가족이 함께 운영하는 모습이 꽤나 인상적이다. 반쎄오, 넴느엉, 분팃느엉 등 어떤 요리를 주문해도 '와 맛있다' 소리가 절로 나온다. 양이 엄청 푸짐하니 한두 가지만 주문해 보고 추가로 주문하는 것이 낫다. 반쎄오의 경우 튀김의 개수만큼 주문해야 하는데, 한 명당 2~3개 정도면 양이 맞다.

2권 **MAP** P.046E
구글지도 GPS 10.762572, 106.672774
가격 반쎄오 1만 đ, 분팃느엉 4만 đ, 넴느엉 4만 đ, 느억미아 6000 đ

3 칸 비
Khánh Vy

베트남의 전통 디저트인 쩨를 판매하는 집. 순수 100% 베트남 현지식이기 때문에 우리 입에는 호불호가 좀 갈린다. 16가지 맛 중 원하는 재료를 고를 수 있는데, 문제는 아무리 봐도 어떤 맛일지 감이 안 오는 낯선 비주얼. 영어 소통도 전혀 안 되기 때문에 재료 선택부터 큰 난관이다. 이 책 218페이지를 참고해 주문하도록 하자. 다른 쩨 집에 비해 메뉴 하나의 양이 적기 때문에 여러 가지 쩨를 한번에 맛볼 수 있다는 것은 큰 장점이다.

2권 **MAP** P.046E
구글지도 GPS 10.761650, 106.673042
가격 쩨 6000 đ

데이브
27세 | 여행 가이드
친구들과 술 한잔하고 싶을 때
오토바이를 타고 가요.
음식 가격이 저렴하고
항상 서비스를 푸짐하게 줘서
좋아요.

2 반 키엡 거리
Vạn Kiếp

수반한 거리에 밥집이 많았다면 반 키엡 거리는 술 한잔하기 좋은 곳이다. 일단 손님의 나이대부터 차이 난다. 주로 가볍게 술 한잔하러 오는 청춘들, 오토바이 데이트 삼아 들르는 20대 손님이 많다. 그 덕분인지 거리 전체가 왁자지껄, 주말이면 어느 핫플레이스 못지않다. 꼭 맛봐야 할 음식은 해산물 구이와 꼬치. 가격이 저렴해 한 상 가득 주문해도 부담이 되지 않는다.

반 키엡 거리 추천 점포

1 꽌 104
Quan 104

이 주변에 노점이 얼마나 많은데, 유독 이 집만 손님이 바글바글, 새 의자와 테이블을 꺼내는 족족 자리가 채워질 정도다. 싹싹하고 밝은 짱(Trang)네 식구가 총동원돼 노점을 운영하는데, 주문 즉시 재료에 따라 직화와 그릴에 나눠 요리해 맛이 뛰어나다. 다른 건 몰라도 문어구이(bạch tuộc nướng)는 절대 놓치지 말자.

2권 INFO P.073 MAP P.066B
구글지도 GPS 10.798175, 106.693574
가격 박 뚜엇 느엉 10만đ, 믁 쭝 10만đ, 씨엔 꿰 9만đ

2 삽 짜이 꺼이 142
Sạp Trái Cây 142

과육 100% 신또를 판매하는 집. 주문하면 즉석에서 과일을 갈아 신또를 만들어 준다. 메뉴판에 과일 그림이 그려져 있어 주문은 쉽다. 테이크아웃도 가능.

2권 INFO P.073 MAP P.066B
구글지도 GPS 10.799597, 106.693519
가격 망고 신또 1만5000đ

3 빈칸 거리
Vĩnh khánh

호치민 시내에서 가까운 거리에 위치한 해산물 노점 거리. 예전에는 우범 지역이었으나 최근 호치민시의 노력 덕분에 번듯한 거리로 탈바꿈했다. 지금은 해산물에 술 한잔하기 위해 모여드는 곳. 주말 저녁에는 거리 공연도 열려 흥이 난다. 유명세를 타면서 음식 가격이 조금씩 오르고 잡상인들이 시도 때도 없이 말을 건다는 것이 아쉬울 뿐. 손님이 많은 가게를 선택하면 음식 맛은 보장한다.

루 응옥 안
26세 | 호텔 직원
근무하는 호텔과 가까워서 퇴근 후에 한 번씩 들러요. 혼자 가도 어색하지 않고, 주말에는 분위기가 활기차서 좋아요.

빈칸 거리 추천 점포

1 부 시푸드
Vu Seafood

빈칸 거리 초입에 위치한 해산물 전문점. 메뉴가 매우 다양한데, 조개구이 요리와 문어 요리가 인기 있다. 메뉴마다 사진이 첨부돼 있고 영어 메뉴명이 함께 적혀 있어 쉽게 주문할 수 있다. 완전히 개방된 공간이 아니어서 덥다는 것이 단점.

2권 MAP P.046F
구글지도 GPS 10.761457, 106.702580
가격 새꼬막구이 6만 đ

길거리 음식점, 이렇게 이용하자! YES or No!

01 화장실 이용 No
화장실 이용은 힘들다고 봐야 한다. 화장실을 반드시 이용해야 한다면 노점보다는 건물에 입점된 형태의 가게를 이용하자. 100%는 아니지만 화장실을 갖춘 곳이 더러 있기는 하다.

02 현금 결제 YES
카드 결제는 되지 않아 오로지 현금으로만 결제할 수 있다. 고액권보다는 소액권 위주로 가지고 있으면 편리하다.

03 청결함 No
청결한 곳이 많지 않다. 아니, 좀 더 솔직히 말하면 위생적이지 못하다. 청결함을 따지는 사람이 식사를 하기에는 적당하지 않다는 얘기다.

04 얼음 No
위장이 예민한 사람이라면 얼음은 절대로 먹지 말자. 수돗물로 얼음을 만들어 사용하는 집이 많아서 물갈이를 하기 십상이다. 음료를 주문할 때 얼음을 넣지 말아 달라고 하면 된다.

05 가격 확인 YES
바가지 쓸 것을 대비해 주문하기 전에 가격을 확인하는 습관을 들이자. 가게마다 다르지만 음식 가격을 매대나 간판에 써 붙여 놓는다. 가격표가 보이지 않을 때는 직원에게 물어보면 대답해 준다.

06 영어 YES or No
영어 소통이 안 되는 곳이 은근히 많다. 몸짓, 손짓과 발짓으로 소통을 하거나 스마트폰의 번역기 애플리케이션을 이용하는 것이 최선의 방책. 처음에는 조금 힘들어도 한두 번 해보면 어렵지 않게 소통할 수 있다.

REPUBLIC OF CÀ PHÊ, VIETNAM!

이 나라의 커피 사랑은 그 누구도 못 말린다.
웬만큼 큰 어린아이들도 커피를 마시기 시작해 남녀노소 누구나 커피를 즐긴다.
이들의 아침을 여는 것도, 한낮의 더위를 날려주는 것도, 저녁 만찬의 후식도 역시 커피다.
길거리에 앉아서도 즐기고, 달리는 오토바이 위에서도 즐긴다.
가히 '커피 공화국'이라 할 만하다.
그리고 이제 곧 베트남을 여행하게 될 당신도 아마 그렇게 되리라는 것.
자, 이제 안 마셔 본 사람은 있어도 한 번만 마셔 본 사람은 없다는
베트남의 커피 속으로 달콤하고 쌉싸름한 여행을 떠나보자.

TOPIC 1

베트남 커피의 역사

베트남에 커피가 전해진 것은 지금으로부터 약 160여 년 전, 1857년 프랑스 선교사들에 의해서였다. 초기에는 남부의 가톨릭 수도원을 중심으로 한 비상업적 재배가 대부분이었다. 이랬던 베트남이 오늘날 세계 2위의 커피 생산국이 된 데에는 1980년대 경제 부흥의 시작점이었던 베트남식 개혁개방 '도이모이(Đổi Mới)'의 영향이 크다. 베트남 전쟁 이후 이렇다 할 대외 수출 품목이 없었던 베트남은 커피의 대량 생산에 집중하기 시작했고, 이때부터 '베트남=커피 대국'이라는 공식 또한 생겨난 것이다.

TOPIC 2

숫자로 보는 베트남의 커피

2위

베트남은 세계 2위의 커피 생산국이다.
1위는 브라질, 3위는 콜롬비아가 차지했다.

40%

우리나라가 수입하는 커피 중 40%는 베트남산 커피라는 사실!

95%

베트남에서 생산되는 커피의 95%는 해외로 수출된다.
흥미로운 점은 매해 약 6만 톤의 커피를 수입하고 있다는 것.
그리고 당연하게도 수입 커피 원두가 훨씬 비싸다!

96%

베트남에서 생산되는 커피 품종은 대부분 로부스타(Robusta)종이며
전체의 96%를 차지한다. 나머지는 아라비카(Arabica)종이다.

1857년

프랑스 선교사들에 의해 베트남에 커피가 소개된 때는
지금으로부터 약 160년 전인 1857년이다.

6,450㎢

베트남 내 커피 재배지의 면적은 6,450㎢에 달한다. 이는 제주도
면적의 3.5배에 해당하는 어마어마한 면적이다.

1,700,000톤

베트남에서 생산되는 커피는 매년 170만 톤에 이른다.
참고로 커피 왕국 브라질의 연간 커피 생산량은
260만 톤 정도다.

베트남 커피 원두는 무엇이 다를까?

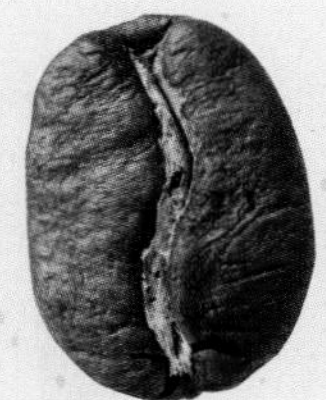
Arabica

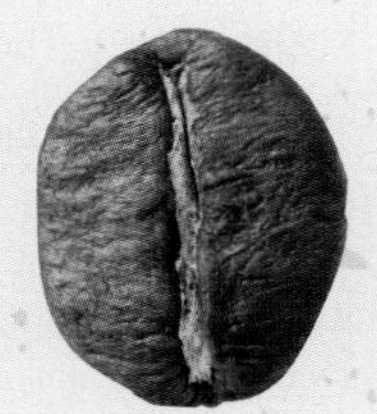
Robusta

베트남에서 생산되는 커피의 대부분은 로부스타 커피이다. 베트남 국내 생산량의 96%를 로부스타 커피가 차지하고 있으니 '로부스타의 왕국'이라 해도 과언이 아닐 정도. 아라비카종과 로부스타종은 맛과 향, 원산지와 재배 환경 등 모든 면에서 확연한 차이를 갖는다. 대개 아라비카종의 커피는 산미가 강하고 향미가 풍부하다고 하며, 로부스타종의 경우 강한 쓴맛과 구수함이 특징이라고 한다. 그런 맛과 향의 특징 때문에 아라비카는 주로 블렌딩 커피에, 로부스타는 주로 인스턴트 커피에 사용되어, 아라비카는 고급이고 로부스타는 저급이라는 이미지가 강하지만 엄밀히 말해 이는 사실이 아니다. 실제로 이탈리아에서는 강한 쓴맛의 에스프레소 커피를 만들기 위해 고급 로부스타 원두를 수입하기도 한다. 베트남이 '로부스타의 왕국'이 된 것은 기후 환경에 의한 것이라 할 수 있다. 아라비카는 기후와 토질, 병충해에 민감하지만 로부스타는 여러 환경적 요인에 강한 내성을 갖고 있기 때문. 무엇보다 베트남의 다습한 기후에서는 아라비카는 거의 재배가 어려우며, 로부스타만이 무리 없이 잘 자랄 수 있다고 한다.

TOPIC 4

베트남 커피 한 잔을 위해 무엇이 필요할까?

카페 핀 Cà Phê Phin

베트남 커피의 필수품! 카페 핀이 없다면 베트남 커피도 없다 할 만큼 중요한 베트남식 커피 드립퍼다. 대개 알루미늄이나 스테인리스로 되어 있는데 스테인리스로 된 것이 고급이다. 구멍이 송송 뚫린 필터에 원두 가루를 넣은 뒤 뜨거운 물을 부어 천천히 커피를 추출한다.

보 함 농 카페 Bộ Hàm Nóng Cà Phê

에그 커피를 위한 워머로 주로 도자기로 되어 있다. 단백질의 특성상 차가워지면 금세 응고되기 때문에 커피를 내릴 동안 열을 가해 달걀이 부드러움을 유지하도록 도와준다. 아래에 작은 초를 넣어 사용한다.

진하게 즐기는 진짜 베트남 커피

카페 덴농
Hot Black Coffee / Cà Phê Đen Nóng

로부스타 원두의 진한 쓴맛을 아낌없이 보여주는 커피로, 웬만한 에스프레소보다도 훨씬 쓰디쓴 만큼 마음 굳게 먹는 편이 좋다. 'Đen'은 '블랙', 'Nóng'은 '따뜻함'을 의미한다. 블랙이기는 하지만 브라운 슈가를 첨가해 마시는 것이 일반적이다.

이보다 깔끔한 여름 커피는 또 없을 거야!

카페 덴다
Iced Black Coffee / Cà Phê Đen Đá

카페 덴 농의 아이스 버전. 'Đá'는 '얼음'을 뜻한다. 얼음이 가득 든 잔을 아래에 두고 그 위에 카페 핀을 올려 커피를 추출한다. 약간의 브라운 슈가를 첨가해 마시면 생각보다 깔끔하고 목 넘김도 좋다. 연유의 텁텁함이 싫다면 카페 덴 다가 정답!

연유가 선사하는 달콤함과 부드러움

카페 쓰어농
Hot Black Coffee with Milk / Cà Phê Sữa Nóng

'우유'를 뜻하는 'Sữa'와 '따뜻함'을 의미하는 'Nóng'이 만났다. 즉 따뜻하게 마시는 연유 커피라는 뜻. 그 옛날 신선한 우유는 구하기도 힘들고 고온다습한 기후에 보관도 힘들었을 때 이를 대체하기 위해 사용한 것이 연유였다고. 진한 로부스타 원두와 부드럽고 달콤한 연유의 환상 궁합이 매력적이어서 이른 아침잠을 깨우기에 제격이다.

당신이 꿈꿔 온 달콤 시원한 커피!

카페 쓰어다
Iced Black Coffee with Milk / Cà Phê Sữa Đá

진짜가 나타났다. 달콤하고 또한 시원하다. 뜨거운 베트남 여행에 있어서 이만한 조력자가 없다 생각될 만큼. 얼음을 가득 담은 잔에 연유를 붓고 그 위에서 커피를 내린다. 새하얀 연유와 새카만 커피가 서로 섞여가는 모습을 보는 즐거움은 덤이다!

쌍화차도 아니고 커피에 달걀이?

카페 쭝
Egg Coffee / Cà Phê Trứng

카페 핀과 보 함 농(워머)을 함께 사용해 만드는 카페 쭝. 달걀노른자가 두 개나 들어간 하노이식 커피다. 비릴 것 같지만, 전혀! 부드럽고 풍성한 크레마가 입안을 감도는 마성의 커피. 커피에 달걀을 사용한 것은 그 옛날 신선한 우유를 구하기 힘들었기 때문. 커피를 내리는 동안 달걀이 굳는 것을 방지하기 위해 도자기로 된 워머를 사용한다.

가로수길까지 진출한 귀하신 몸! 코코넛 커피

카페 즈아
Coconut Coffee / Cà Phê Dừa

베트남의 매력을 잘도 담아낸 커피다. 카페 쓰어다를 기본으로 해 살얼음이 낀 코코넛 밀크를 더해 마신다. 코코넛 밀크의 풍성한 달콤함과 커피의 짙은 쌉싸래함이 만들어내는 조화란 굳이 말로 설명할 필요가 없을 듯하다.

안 어울릴 듯 너무 잘 어울리는 요거트 커피

카페 쓰어 쭈아
Yogurt Coffee / Cà Phê Sữa Chua

베트남 내에서도 흔한 커피는 아니지만, 그 특별함 덕분에 한 번쯤 마셔보아도 좋을 커피다. 순수한 플레인 요거트를 아래에 깔고 그 위에 진하게 추출한 커피를 부어 마신다. 진한 요거트가 마치 크림같이 커피와 잘 어울린다.

베트남 스타일 프라푸치노!

신 카페
Coffee Smoothie / Sinh Cà Phê

베트남의 국민 디저트인 신또(Sinh Tố)와 커피(Cà Phê)가 만났다. 우리가 흔히 마시는 프라푸치노와 흡사하지만, 설탕 시럽을 대신해 연유가 들어가기 때문에 조금 더 부드러운 맛이다. 대개는 커피와 연유, 얼음이 들어가지만 종종 코코넛이나 두리안 등 열대과일을 첨가해 마시기도 한다.

커피가 선사하는 여행의 순간

여행에는 참으로 많고 많은 아름다운 순간들이 있다.
분위기 좋은 카페에 앉아 풍미 가득한 커피 한 잔을 앞에 두고
망중한을 즐기는 순간도 그중 하나다.
커피의 나라 베트남의 톡톡 튀는 카페들을 찾아가 보자.
그네들의 커피를 그들만의 방법대로 마셔 보는 것은 기본,
여행자의 마음을 가뜩 일렁이게 할 로맨틱한 분위기는 덤이다!

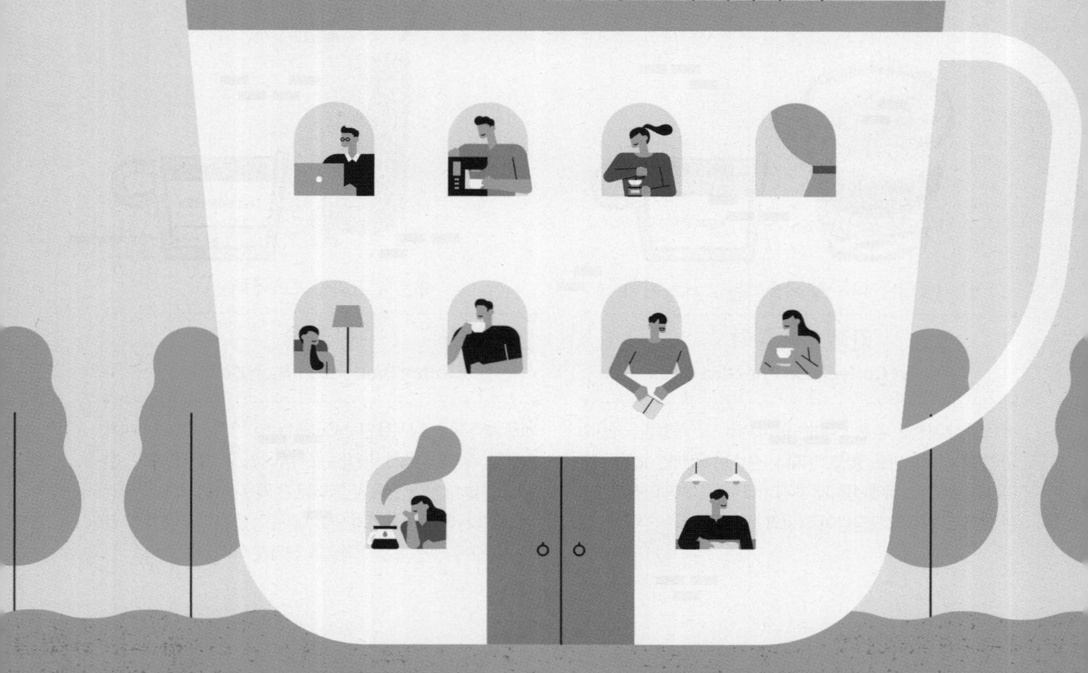

CHAPTER 1

베트남의 이색 카페 BEST 5

HO CHI MINH

아파트먼트 42 응우옌 후에

Apartment 42 Nguyễn Huệ

TIP 아파트 안으로 들어가면 낡은 엘리베이터가 있는데, 이를 이용하려면 상하 왕복 이용료(3000₫)를 경비원에게 지불해야 한다.

카페들이 모여 사는 아파트가 있다고?

몇 해 전 SNS에 등장하면서부터 호치민 여행자들의 버킷 리스트 0순위가 된 곳. 흔히 '아파트 카페'나 '더 카페 아파트먼트'로 불리지만, 그 주소를 따른 '아파트먼트 42 응우옌 후에'가 이곳의 진짜 이름이다. 사실 이곳은 여전히 사람들의 삶터인 '진짜' 아파트다. 광장과 마주 보고 있는 전면부에 여러 카페와 레스토랑이 들어서며 지금처럼 유명해진 것. 겉으로 보기에는 건물 전체가 하나의 카페 블록처럼 보이지만 대부분의 공간은 로컬들의 삶이 쓰여지고 있는 삶의 공간이다. 위층에는 십여 곳의 카페가 옹기종기 자리해 있는데, 커피를 파는 곳, 차를 파는 곳, 반미나 포케 따위의 가벼운 먹거리를 파는 곳도 있다. 어떤 곳은 전망 좋은 테라스가 있고, 또 어떤 곳은 아기자기한 인테리어를 뽐내고 있어 다양한 즐거움을 선사한다.

2권 Ⓑ INFO P.039 ⓘ MAP P.033G Ⓖ 구글지도 GPS 10.774114, 106.704089 ⓘ 시간 08:00~22:00(매장마다 다름)

DA LAT

안 카페

An Café

야트막한 언덕에 층층이 자리 잡은 테라스

좁은 이차선 도로가 갈라져 하나는 언덕 위쪽으로, 또 하나는 언덕 아래로 이어진다. 두 도로 사이 세모꼴의 경사진 땅에 카페 하나가 자리 잡았다. 마치 베트남의 계단식 논처럼 층층이 자리 잡은 테라스 공간과 그 사이를 채우는 크고 작은 나무와 꽃들. 보는 것만으로도 편안해지는 안 카페. 평화롭고 편안하라는 의미이다. 안 카페에서는 간단한 브렉퍼스트 메뉴나 샌드위치 등의 음식과 함께 다양한 베트남 스타일의 마실 거리들을 맛볼 수 있다. 커피나 차는 물론이고 신선한 과일을 바로 착즙해 낸 과일 주스나 베트남식 스무디인 신또도 맛볼 수 있다.

2권 Ⓑ INFO P.164 ⓘ MAP P.151G Ⓖ 구글지도 GPS 11.941725, 108.433853 ⓘ 시간 07:00~22:00

수박 주스
Watermelon Juice, Nước Ép Dưa Hấu
4만3000₫

NHA TRANG

레인포레스트
Rainforest

이름 그대로 열대 우림 속 카페가 있다면 레인포레스트

독특한 분위기로 단번에 냐짱 명소로 떠오른 카페. 층계와 바닥, 창틀, 미끄럼틀까지 모두 나무로 되어 있어 마치 밀림에 들어온 느낌이 든다. 사진이 잘 나오는 자리는 2~3층 난간. 다만 사진발 잘 받는 좌석이 많지는 않아서 눈치 싸움이 치열하다. 중국인 단체 관광객이 모여드는 순간 여유로운 분위기는 저 멀리 사라져버린다는 게 흠. 인기에 비해 음식에 대한 만족도가 낮은 편이니 간단하게 먹을 수 있는 디저트나 음료수만 주문하는 것을 추천한다.

2권 **INFO** P.108 **MAP** P.101D **구글지도 GPS** 12.240795, 109.192057
시간 07:00~23:00

클럽 샌드위치 Club Sandwich **8만5000 đ**, 프루트 요거트 Fruit Yogurt **5만9000 đ**

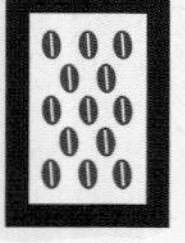

곡 하노이
Goc Ha Noi

호치민에서 만나는 하노이 에그 커피

호치민의 여행자 거리인 부이비엔(Bùi Viện) 거리에 숨겨진 작고 작은 카페. 좁다란 막다른 골목 끄트머리에 자리 잡고 있어서 찾는 일조차 쉽지 않은 비밀스런 곳이다. 1층에 주방이 있고, 가파른 계단을 따라 2층과 3층에 홀이 있다. 각 층마다 고작 테이블 한두 개가 놓여져 있을 뿐이라 마치 비밀 아지트와 같은 분위기다. 이곳의 대표 메뉴는 하노이 스타일의 에그 커피. 진한 베트남 커피 위에 크림을 대신해 달걀노른자를 휘핑해 얹은 에그 커피의 부드러운 매력에 빠져 보자.

2권 INFO P.060 MAP P.046E 구글지도 GPS 10.766088, 106.691440 시간 07:00~19:00

에그 커피 Egg Coffee **4만 đ**

더 노트 커피
The Note Coffee

수천 장의 포스트잇이 뒤덮은 카페

곡 하노이와 함께 부이비엔 거리에 둥지를 틀고 있는 작은 카페다. 수천 장의 포스트잇이 사방의 벽을 뒤덮은 것도 모자라 천장과 나무 테이블, 마루 바닥까지 점령해버린 이색적인 곳이다. 2층 테라스 자리는 볕도 잘 들고, 부이비엔 거리를 내려다보기에 좋아 인기가 많다. 커피 맛은 평범한 편이지만 하노이에도 매장을 둔 인기 카페다.

2권 INFO P.059 MAP P.046E 구글지도 GPS 10.766688, 106.691976 시간 08:00~24:00

블랙커피 Local Black Coffee **3만7000 đ**

에그 커피 Egg Coffee **3만5000 đ**

CHAPTER 2

분위기 좋은 카페 BEST 7

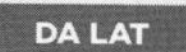

DA LAT

라비엣 커피
La Viet Coffee

성수동이 생각나는 핫하고 핫한 카페

커피의 도시 달랏에 숨겨진 또 하나의 보물과도 같은 카페로 도심으로부터 살짝 떨어진 외곽에 위치하고 있다. 양철 벽과 지붕으로 된 커다란 창고 같은 공간 안에 브루잉과 로스팅 룸, 커피 수업을 위한 세미나 룸 등과 함께 스타일리시한 카페가 있다. 공간만 멋스러운 게 아니고 커피 맛 좋기로도 소문이 자자하다. 좋은 커피를 향한 기술과 감각, 정성을 빼면 그 커피 맛에 별다른 비밀은 없다는 그들. 어쩌면 그것은 스스로의 커피에 대한 자부심의 표현인 것 같다. 베트남 스타일 드립 커피도 맛볼 수 있지만, 깔끔한 에스프레소 베이스의 커피나 콜드브루가 그리운 여행자라면 라비엣 커피로 향하자.

2권 ⓘ INFO P.164 ⓜ MAP P.150B ⓖ 구글지도 GPS 11.956850, 108.435164
ⓣ 시간 07:30~21:30

진토닉 콜드브루 Gin Tonic Cold Brew
6만5000 đ

NHA TRANG

루남 비스트로 카페

Runam Bistro Café

콘 케이크 Corn Cake 8만 đ

냐짱 최고의 분위기를 만끽하자!

냐짱에서 분위기 좋기로 입소문이 자자한 곳. 사진발도 잘 받아 SNS에서도 폭발하는 인기를 구가하는 중이다. 그래서 음료의 가격대는 상대적으로 높은 편이지만 음료의 맛과 직원들의 세심함, 고급스러움 덕분에 이쯤이야 하는 생각이 든다. 국내에서 생산한 아라비카 원두를 로스팅해 커피를 만들며, 이와 함께 곁들이기 좋은 케이크나 핑거 푸드도 제값을 할 만큼 맛있다. 이곳의 분위기와 참 잘 어울리는 앤티크한 소품들도 판매하고 있으니 관심이 있다면 함께 둘러 보자.

2권 INFO P.109 **MAP** P.101D **구글지도 GPS** 12.244638, 109.196169 **시간** 08:00~23:00

카페 쓰어
Café Sua 8만 đ

그릴드 포크 '반미'
Grilled Pork 'Bánh Mì'
9만5000 đ+15%

오렌지 & 오이 블렌디드 주스
Cool as a Cucumber
8만5000 đ+15%

HO CHI MINH

뤼진

L'usine

핫한 편집숍과 핫한 카페가 한곳에

요즘 호치민에서 가장 뜨겁다는 핫플레이스 중 핫플레이스. 아래층에는 톡톡 튀는 소품들을 판매하는 편집숍이, 위층에는 분위기 좋은 카페가 있어 로컬과 여행자들의 눈과 입을 만족시켜 준다. 서양 메뉴를 베트남 스타일로 현지화하거나, 반대로 베트남 전통 메뉴를 현대적으로 재해석한 퓨전 메뉴들이 특히 인기가 높다. 가격은 사실 조금 비싼 편이지만, 분위기에 죽고 사는 여행자에게는 결코 모자람이 없는 곳이다. 호치민에만 모두 세 곳의 숍과 카페를 두고 있으니 가까운 곳으로 가보자.

Lê Thánh Tôn 지점

2권 MAP P.033H
구글지도 GPS 10.779567, 106.703996
시간 07:00~22:00

Đồng Khởi 지점

2권 MAP P.033G
구글지도 GPS 10.775783, 106.703136
시간 07:00~22:00

Lê Lợi 지점

2권 INFO P.056 **MAP** P.046D
구글지도 GPS 10.773237, 106.699659
시간 07:00~22:00

HO CHI MINH

챗 커피 로스터즈 & 비스트로
Chất Coffee Roasters & Bistro

카페 쓰어다 Cà Phê Sữa Đá **3만5000 đ**

커피 한 잔도 그들처럼! 길거리 카페

호치민의 어느 고즈넉한 거리에 자리 잡은 소박한 카페. 트립어드바이저에서 핫하다는 카페가 과연 이런 곳에 있을까 싶다면 제대로 찾아온 것. 사실 이곳은 여행자들에게 입소문이 나 있기는 하지만, 그보다는 로컬들의 사랑방과 같은 곳이다. 그렇기에 꾸밈없고 군더더기 없는 모습이 오히려 매력적이다. 로컬들과 어깨를 맞대고 길거리 플라스틱 의자에 앉아 달콤한 연유 커피 카페 쓰어다 한 잔을 마시자. 복잡한 도시 속에서의 여유로운 찰나가 완성될 테니까.

2권 INFO P.059 MAP P.046E **구글지도 GPS** 10.768710, 106.697819 **시간** 07:00~24:00

HO CHI MINH

신 카페
Sinh Ca Phe

신 블렌디드
Shin Blended **9만 đ**

동커이에서 조용한 카페를 찾는다면?

이쯤 되면 동네의 재발견이다. 항상 여행자로 붐비던 동커이에도 이렇게 조용한 카페가 있었다니. 광장 옆 골목에 자리한 이곳은 아는 사람만 찾는 숨은 카페. 맛있는 스페셜 커피와 핸드 드립 커피가 유명해지며 커피 마니아들을 불러 모으고 있다. 커피 맛을 제대로 내기 위해 주인장이 일본으로 커피 유학을 다녀오기도 했다. 베트남에서 대중적으로 사용하는 로부스터 대신 아라비카 원두를 주로 이용한다. 또 커피로 유명한 케산(Khe Sanh)과 달랏(Đà Lạt), 썬라(Sơn La) 지역 커피콩을 직접 블렌딩한 신 블렌디드는 이곳의 철학이 담긴 대표 메뉴다.

2권 INFO P.039 MAP P.033G, 033K
구글지도 GPS 10.775219, 106.703326 **시간** 07:30~23:00

HO CHI MINH

카티낫 사이공 카페
Katinat Saigon Kafe

헤이즐넛 아이스 블렌디드
Ice Blended Hazelnut Coffee **4만8000 đ**

테라스에서 호치민을 내려다 보자!

인스타에서 요즘 핫한 카페. 이국적인 풍경을 배경으로 나만의 인생샷을 찍기 좋은 2층 테라스 좌석이 인기다. 자리 경쟁도 그만큼 치열해서 빈자리가 나기를 하염없이 기다려야 할 수도 있다는 게 문제. 오후보다는 오전 시간을 공략한다면 좋은 자리를 차지할 확률도 높아진다. 에어컨 '빵빵한' 실내 자리도 좋은 대안이다.

2권 INFO P.038 **MAP** P.033G **구글지도 GPS** 10.774751, 106.704357 **시간** 06:30~23:00

HO CHI MINH

후에 카페 로스터리
Huế Café Roastery

에그 커피
Egg Coffee **4만 đ**

소박하지만 제대로 된 커피를 만날 수 있는 곳

인근에서 커피 맛 좋기로 유명한 곳답게 항상 손님이 꽉꽉, 바로 옆에 유명 커피 체인점이 두 개나 더 있는데도 이곳만 손님으로 북적댄다. 폭신한 거품과 진한 커피 맛이 잘 어울리는 에그 커피와 코코넛 밀크와 커피를 섞어 슬러시하게 마시는 코코넛 커피가 인기. 항상 가게 문을 열어놓기 때문에 사람 수만큼이나 모기가 많다는 건 아쉽다.

2권 INFO P.081 **MAP** P.077C **구글지도 GPS** 10.803724, 106.733993 **시간** 06:30~22:00

CHAPTER 3

전망 좋은 카페 BEST 2

우유를 넣은 아라비카 커피
Arabica with Milk Coffee, Cà Phê Arabica Sữa Nóng
3만5000 đ

DA LAT

메린 커피 가든
Mê Linh Coffee Garden

초록의 커피 정원을 한눈에 담다!

이곳은 정말이지 특별하다. 베트남을 대표하는 커피의 도시 달랏, 그 짙은 매력을 오롯이 품은 곳이다. 사실 이곳은 카페이기 이전에 커피 농장이다. 달랏의 초록과 알알이 익어가는 빨간 커피 열매의 모습을 눈으로 직접 볼 수 있는 곳이며 갓 수확해 갓 볶은 커피를 바로 내려 마실 수 있는 곳이다. 커피 정원 사이로 우뚝 솟은 테라스 위에 올라서면 탁 트인 풍경이 당신의 눈길을 사로잡는다. 저 멀리는 산과 호수가, 가까이는 초록빛 커피나무 숲이 펼쳐진다. 자 이제 커피를 주문할 시간. 원두도, 추출하는 방식도 직접 선택한다. 당신의 눈앞에서 짙은 커피의 눈물이 똑, 똑, 떨어진다. 참으로 향기로운 시간이다.

2권 INFO P.164 **MAP** P.150E **구글지도 GPS** 11.899679, 108.347854 **시간** 07:00~18:30

PHU QUOC

촌촌 비스트로 & 스카이 바
Chuon Chuon Bistro & Sky Bar

바삭한 떡케이크
Crispy Rice Cake
– Beef & Teriyaki Sause,
Xôi Chiên
7만5000 đ

믹스드 베리 목테일
Mixed Berry Mocktail
– Berries & Pineapple
6만5000 đ

아이스 블렌디드 트로피카나
Ice Blended Tropicana
– Pineapple, Mango
& Passion Fruit
8만5000 đ

푸꾸옥의 바다가 내려다보이는 산속 카페

푸꾸옥의 야트막한 산 중턱에 자리한 스카이 바. 커다란 열대 나무들이 빼곡히 들어차 있어 마치 유리온실 같다. 테라스로 나가면 푸꾸옥의 고즈넉한 마을과 끝없는 바다 풍경이 파노라마처럼 펼쳐진다. 그래서 이른 아침부터 느지막한 저녁 때까지 많은 이들의 발길이 끊이지 않는다. 수많은 목 좋은 카페들이 제 본분을 잊고 음식의 수준이 기대 이하일 때도 많은데, 이곳 촌촌은 결코 그렇지 않다. 전통적 메뉴를 보기에도, 먹기에도 좋게 재해석한 핑거푸드가 특히 훌륭하며, 열대과일을 듬뿍 넣은 마실 거리들도 추천할 만하다.

2권 INFO P.140 MAP P.129G **구글지도 GPS** 10.209769, 103.966576 **시간** 07:30~22:30

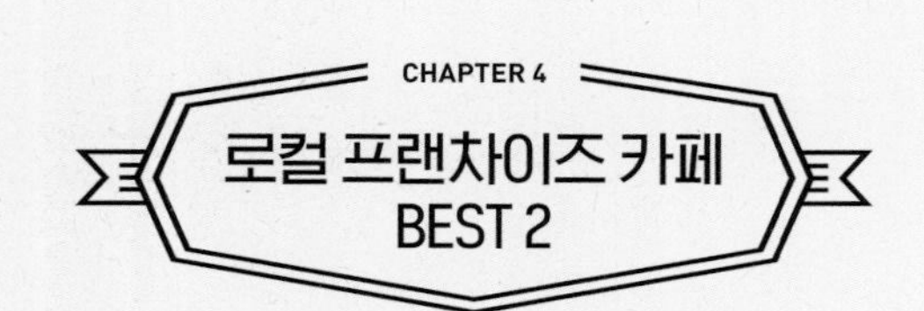

CHAPTER 4

로컬 프랜차이즈 카페 BEST 2

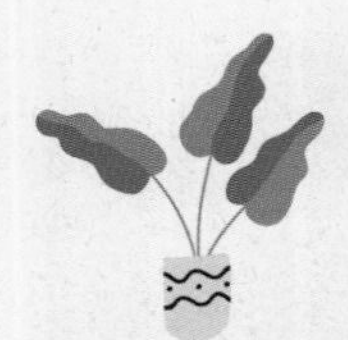

HO CHI MINH & NHA TRANG

하이랜드 커피
Highlands Coffee

베트남의 스타벅스가 바로 여기!

1999년을 시작으로 폭풍 성장을 거듭해 베트남 내 245곳의 카페를 운영하고 있는 베트남 최대의 프랜차이즈 카페. 호치민에만 97곳, 냐짱에도 9곳의 지점을 두고 있어 여행 중 쉽게 마주할 수 있는 곳이다. 주메뉴인 커피를 비롯해 로컬들이 좋아하는 로터스 티나 피치 티, 수제 반미 등도 함께 내놓고 있어 가벼운 식사도 가능하다. 베트남식 드립 커피인 핀 커피와 에스프레소 커피 중 선택이 가능하며, '가성비'도 좋아 여행 중 한 번쯤 들러 커피 한 잔 즐기기에 좋다.

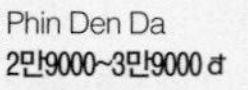

베트남 스타일 아이스 블랙커피
Phin Den Da
2만9000~3만9000 đ

아이스 라떼
Iced Latte
5만4000 đ~

시원한 연유 커피
Phin Sua Da
2만9000~3만9000 đ

HO CHI MINH

City Museum 지점

2권 MAP P.033C
구글지도 GPS 10.776061, 106.699560
시간 07:00~23:00

Independence Palace 지점

2권 INFO P.058 MAP P.046B
구글지도 GPS 10.778423, 106.696073
시간 07:00~22:00

Bitexco 지점

2권 MAP P.032F
구글지도 GPS 10.771462, 106.693680
시간 09:00~23:00

NHA TRANG

Nha Trang Center 지점

2권 MAP P.101D
구글지도 GPS 12.248122, 109.195791
시간 07:00~23:00

사이공 아이스 밀크 커피
Saigoneer Iced Coffee w/ Milk
3만5000 đ

하노이 아이스 블랙 커피
Hanoian Iced Black Coffee
3만 đ

코코넛 커피
Coconut Milk – Coffee
4만5000 đ

HO CHI MINH & NHA TRANG

콩 카페

Cộng Cà Phê

공산당이 싫어요! 하지만 여기에서라면?

베트남 공산당을 콘셉트로 한 베트남 커피 프랜차이즈. 공산당원 복장을 한 직원들과 레트로한 느낌의 인테리어 덕분에 유명해져 최근에는 서울 가로수길과 잠실에까지 진출한 바 있다. 부동의 인기 1위 코코넛 커피를 비롯해 다양한 메뉴들이 골고루 사랑받고 있다. 영업 시간이 길고 실내가 시원하며, 호치민과 냐짱 등지에 여러 매장을 두고 있으니 여행 중 꼭 한 번은 방문해 보는 것도 좋다.

HO CHI MINH

Đồng Khởi 지점

2권 INFO P.043 MAP P.033G
구글지도 GPS 10.778210, 106.700931
시간 07:00~23:00

Bùi Viện 지점

2권 MAP P.046E
구글지도 GPS 10.766439, 106.692114
시간 09:00~다음 날 02:00

NHA TRANG

Nguyễn Thiệt Thuật 지점

2권 INFO P.109 MAP P.101D
구글지도 GPS 12.238258, 109.193710
시간 07:30~23:30

따뜻한 차 한 잔!
오롯한 여유로움 한 잔!

최근 베트남과 중국 접경 지역의 한 숲에서 거대한 차나무가 발견되었다.
전문가들은 그 수령이 수백 년은 족히 넘을 것이라고 입을 모았다.
그렇듯 베트남과 차의 역사는 길고도 길다.
옛 베트남 사람들은 야생 차나무로부터 찻잎을 수확하거나
한두 그루씩 차나무를 재배해 차를 즐겼다.
이후 프랑스의 식민 지배와 더불어 차의 대량 재배와 생산이 시작되었다.
적절한 차 재배지를 물색하던 당시 프랑스인들의 눈에 들어온 땅은
베트남 북부와 중부의 고산 지대.
지금도 베트남의 최상품 차를 생산하는 타이 응우옌(Thái Nguyên) 지방과
람동(Lâm Đ`ông) 지방의 다원들 역시 그때로부터 시작된 것이다.
싱그러운 다원의 시작조차도 식민 역사에 기인한 것이라는 게 조금은 씁쓸하고 애달프다.

베트남 사람들은 이런 차를 마신다!

1. 꽃차
Flower Tea

많은 여행자들이 자연스레 들르게 되는 베트남의 재래시장. 말린 꽃을 쉽게 발견할 수 있는데 이것이 바로 꽃차다. 대개 장미과나 국화과의 꽃을 쓰는데, 말린 꽃 한 송이를 찻잔에 넣고 따뜻한 물을 부으면 만개하듯 활짝 꽃잎을 펼친다. 물론 그윽한 꽃 향도 함께 말이다.

2. 연꽃차 & 연잎차
Lotus Tea / Trà Hoa Sen

불교 문화가 꽃을 피운 나라답게 연꽃에 대한 사랑도 결코 가볍지 않다. 연꽃을 우려 마시는 연꽃차나 연잎을 우려 마시는 연잎차도 베트남에서 흔히 볼 수 있는 전통차 중 하나다. 마음을 진정시키는 효과가 있어 불면증에 큰 도움을 주는 것으로 알려져 있다.

3. 아티초크차
Artichoke Tea

국화과의 다년초로 지중해 연안이 그 원산지로 알려져 있는데, 기후가 비슷한 베트남 해안 지대에서도 많이 재배되고 있다. 꽃 부분을 식용으로 할 수 있고, 주로 건조시켜 차로 마신다. 간 기능 향상과 콜레스테롤 저하에 탁월한 효능이 있는 것으로 알려졌다. 재래시장이나 대형 마트 등에서 쉽게 구입할 수 있다.

4. 복숭아차
Peach Tea

베트남의 여름이면 흔히 만나볼 수 있는 차로 여름 과일의 대표 주자인 복숭아를 통째로 썰어 넣어 마신다. 중국을 비롯한 동남아시아에서는 기원전 약 1000년경부터 복숭아를 즐겨 먹었다는 기록이 있는 만큼 이 복숭아차 또한 오래도록 베트남 사람들의 여름 친구였으리라. 쌉싸래한 홍차를 바탕으로 복숭아 과육과 시럽을 넣어 달콤하고 시원하게 즐긴다.

5. 첨향차
Scented Tea

우롱차, 홍차 등 발효된 찻잎의 맛과 향으로만 즐기는 순수한 차를 대신해 베트남에서는 다양한 첨향차, 즉 향을 덧입힌 차를 즐겨 마신다. 이는 아마도 베트남의 차 재배술이 중국의 그것에 미치지 못해 그 맛과 향이 상대적으로 부족했기 때문이리라. 첨향차 중 가장 흔한 것은 재스민 꽃 향을 입힌 재스민 차로, 베트남 전역에서 즐겨 마신다.

6. 고과차
Bitter Gourd Tea

우리에게는 여주라는 이름으로 알려진 박과 식물을 말려 차로 우려 마신다. 중국식 이름 고과(苦瓜)를 따라 '꼬꽈'라고 발음한다. 베트남을 비롯해 동남아시아 전역에서 다양한 방법으로 먹고 마시는 고과. 최근에는 당뇨에 특히 효험이 있는 것으로 알려져 국내에서도 약용차로 종종 마신다. '쓰디쓴 오이'라는 어원처럼 쌉싸래한 맛을 가졌지만, 그게 또 매력이다.

똑같은 찻잎에서 나오는 다양한 차의 종류

1. 백차 White Tea

차나무의 어린잎을 수확한 뒤 덖지 않고 바로 건조시켜 만든 차. 찻잎의 솜털이 은백색을 띠어 'Silver Needles' 라는 별칭을 갖는다. 우려냈을 때 맑은 노란 빛깔이 아름답다.

2. 녹차 Green Tea

백차와 달리 가볍게 덖은 찻잎을 건조해 만든다. 따뜻한 물에 우려내면 찻잎의 형태가 온전히 드러난다. 짙은 녹황색을 띠며 카테킨이 풍부해 다소 떫은맛을 낸다.

3. 우롱차 Oolong Tea

수확한 찻잎을 햇볕에 말린 뒤 발효시켜 만든다. 잎새의 일부만 발효되어 붉은색을 띠고 나머지 일부는 옅은 녹황색이 유지되는 반(半)발효차로 녹차와 홍차의 중간 정도라고 볼 수 있다. 우리가 흔히 알고 있는 녹차는 대부분 우롱차라는 사실.

4. 홍차 Black Tea

찻잎의 색 때문에 블랙티로도 불리고, 차의 색 때문에 홍차로도 불리는 발효차. 건조와 덖음 과정을 모두 거친 찻잎을 완전히 발효시킨 뒤 센 불에 구워낸다. 그래서 이토록 검은 빛깔을 띠는 것. 여러 산지의 찻잎을 섞은 잉글리시 브렉퍼스트, 첨향을 한 얼그레이 등 그 종류가 매우 다양하다.

5. 보이차 Pu-Erh Tea

지방 분해 성분이 많이 함유되어 있어 다이어트에 특히 좋다고 알려진 발효차. 홍차 제조 과정에 더해 틀에 담아 증압 성형 과정을 거친다. 때문에 원반이나 벽돌 모양의 완제품으로 생산된다. 떫은맛이 덜하고 부드러운 맛을 자랑한다. 베트남 내에서는 흔하지 않다.

우아하게 즐기는 베트남의 차

Café de l'Opera

카페 드 르오페라

우아하게 즐기는 애프터눈 티 한 잔

분위기 있게 티타임을 가지고 싶은 사람에게 추천하는 곳. 특히 정오부터 오후 5시까지 주문 가능한 하이티(High Tea) 메뉴의 가성비가 괜찮다. 하이티 메뉴가 영국식과 베트남식으로 나눠지는 것도 흥미로운 부분. 베트남식 하이티는 주로 코코넛 쿠키, 라이스페이퍼 롤, 느억맘으로 맛을 낸 완자 등 베트남 전통 음식에 기반을 둔 메뉴로 이뤄져 있다. 라바짜 커피(Lavazza Coffee) 또는 로네펠트 차(Ronnefeldt Tea)는 제한 없이 즐길 수 있으며, 가격이 한 단계 더 비싼 것으로 주문하면 모엣 샹동 와인도 선택할 수 있다. 한 가지 큰 장점이자 단점이 있다면 오페라 하우스를 보며 하이티를 즐길 수 있다는 것. 그래서인지 관광객이 꽤 몰리는 편이고 전망 좋은 좌석에 앉기가 힘들다.

2권 INFO P.040 MAP P.033G **구글지도 GPS** 10.776168, 106.703443
시간 하이티 12:00~17:00 **가격** 하이티 38만đ

Phúc Long Coffee & Tea

푹롱 커피 & 티

베트남의 차를 시원하게 마시고 싶다면

호치민과 냐짱 등지에 마흔 개가 넘는 매장을 두고 있는 베트남 로컬 카페 프랜차이즈로 50년이 넘는 역사를 자랑하는 커피와 티 하우스이다. 1968년 람동 지방에 작은 다원을 설립한 것을 시작으로 최고급의 순수 전통차를 생산해 왔다. 베트남 고급 차를 바탕으로 다양한 열대과일을 얹어 시원하게 마시는 푹롱 칵테일 티(Phuc Long Cocktail Tea, 5만đ)나 리치 티(Lychee Tea, 4만5000~5만5000đ)는 현지인과 여행자 모두에게 두루 사랑받고 있는 최고 인기 메뉴! 무더운 호치민의 여름을 시원하게 여행하고 싶다면 살얼음이 녹아 있는 피치 티 프로즌(Peach Tea Frozen, 6만5000đ)을 선택하면 좋다.

HO CHI MINH

Takashimaya 지점

2권 MAP P.032F
구글지도 GPS 10.773195, 106.700917
시간 07:00~22:00

Mạc Thị Bưởi Express 지점

2권 MAP P.033G
구글지도 GPS 10.774718, 106.704311
시간 07:00~22:30

Nguyễn Thái Học Express 지점

2권 INFO P.057 MAP P.046F
구글지도 GPS 10.768042, 106.695117
시간 08:00~22:30

NHA TRANG

Trần Phú 지점

2권 MAP P.101L
구글지도 GPS 12.233015, 109.197688
시간 07:00~22:00

선물하기 좋은 베트남 티

랑팜 프리미엄 퀄리티 티

L'angfarm Premium Quality Tea

달랏의 특산품을 취급하는 랑팜 숍에서 내놓은 차 제품 중 프리미엄 라인의 티 세트다. 녹차, 우롱차 등 다양한 차의 퀄리티는 물론이고, 아름다운 풍경화가 그려진 틴트로 포장되어 있어 고급스러움이 배가된다. 호치민, 달랏의 랑팜 숍에서 구매할 수 있다.

가격 약 5~20만4000 đ

랑팜 티백

L'angfram Teabags

가성비와 고급스러움 두 마리 토끼를 모두 잡은 랑팜의 티백 세트. 녹차, 우롱차 등의 기본적인 차부터 아티초크차, 연꽃차 등의 베트남 특선 차와 각종 허브차, 꽃차, 곡류차에 이르기까지 20여 종의 제품을 내놓고 있다.

가격 약 3~5만1000 đ

티핀스 베트남 딜라이트

Teapins Vietnam Delights

오로지 선물을 위한 티 세트를 만들고 있는 티핀스의 고급 티백 세트. 홍차, 녹차, 퓨전, 허벌, 프리미엄 등 다섯 시리즈가 있으며 각각 다섯 종류의 차가 들어 있다. 총 25종의 차가 있는 셈. 포장지에는 베트남의 아름다운 풍경들이 고스란히 담겨 있다.

가격 약 24만9000 đ

티핀스 파머스 티

Teapins Farmer's Tea

파머스 티라는 이름답게 클로즈업한 농민들의 초상이 박스에 프린팅되어 있다. 모두 10종의 유기농 차가 출시되어 있으며 가장 기본적인 녹차, 보이차 등과 함께 레몬그라스, 페퍼민트 등의 허브차도 만나볼 수 있다. 농민들과의 직거래를 통해 차를 공급받는다.

가격 약 19만9000 đ

티핀스 아이 위시 유

Teapins I Wish You

가까운 친구들이나 동료들에게 가볍게 선물하기 좋은 감각적인 티백 세트. 'Money', 'Love', 'Sex' 등의 단어가 적힌 티백 10개가 들어 있으니, "I wish you!"를 외치면서 받는 사람에게 행운을 빌어주는 것도 좋다. 퓨전 티들의 맛과 향 또한 특별하다.

가격 약 19만9000 đ

푹롱 짜 다오

Phuc Long Peach Tea

베트남 대표 프랜차이즈 티하우스인 푹롱 커피 & 티에서 판매하는 티백 세트. 과일의 맛과 향을 덧입힌 차로 특히 인기가 높은 복숭아차다. 다른 브랜드 패키지에 비하면 소박한 편이지만 '가성비'가 매우 훌륭하고 맛도 뒤지지 않는다. 더운 여름에는 시원하게 마셔도 좋다.

가격 3만4000 đ

TIP 랑팜 제품은 호치민과 달랏의 랑팜 스토어에서, 푹롱 제품은 호치민 지역의 푹롱 커피 & 티 매장에서 구입할 수 있으며, 티핀스 제품은 마트에서 쉽게 만나볼 수 있다.

달콤함!
그거 하나면 충분해!

지금 이 순간에도 여행을 꿈꾸고 있는 당신.
당신의 여행은 분명 달콤할 것이고,
그 모든 순간이 아름다우리라.
그 달콤한 여행의 한가운데에서
신선한 과일 향 가득한 디저트 한 입 베어 물 수 있다면
이 얼마나 달디단 여행의 한 순간일까.

Vietnam Dessert Best 5

❶ 사탕수수 주스 느억 미아
Sugarcane Juice

달콤한 사탕수수를 압착해 만드는 사탕수수 주스 느억 미아는 재래시장이나 야시장에서 흔히 만나볼 수 있는 음료다. 주문과 동시에 바로 옆의 기계를 작동해 신선한 사탕수수 주스를 착즙해 준다. 달콤함은 기본, 청량감까지 품고 있어 여름 여행에 제격이다. 로컬들도 갈증 해소를 위해 즐겨 마신다. 가격 1만 đ~

❷ 두리안 주스 느억 엡 싸우 리엥
Durian Juice

누군가에게는 천상의 과일이지만 또 다른 누군가에게는 공포의 대상인 과일 두리안! 두리안을 파는 상점 옆을 지나치기만 해도 역한 냄새에 코가 찡그려진다. 처음에는 조금 힘들겠지만 차차 크림 치즈를 한껏 베어 문 듯 부드럽고 깊은 두리안만의 매력에 빠져버릴지도 모른다. 가격 4만 đ~

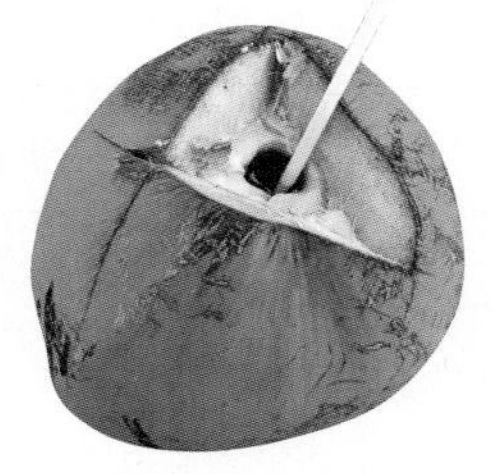

❸ 코코넛 워터 느억 두아
Coconut Water

맛은 생각보다 밍밍해서 마치 무설탕 이온음료 같지만 그런 만큼 갈증 해소에는 이보다 좋은 게 없다. 달콤한 맛을 원한다면 코코넛 워터 대신 과육을 함께 갈아 넣은 코코넛 스무디를 주문하자. 가격 2만5000 đ~

❹ 수제 요거트 포 마이
Yogurt

고산 지대인 달랏 일대는 예로부터 낙농업이 발달해 품질 좋은 유제품이 생산되는 곳이다. 이러한 달랏 유제품의 매력을 품고 있는 수제 요거트 포 마이는 거리나 야시장에서도 흔히 마주할 수 있다. 요거트와 치즈의 중간 즈음일까. 웬만한 요거트에서는 맛볼 수 없는 진한 부드러움이 일품이다. 가격 8000 đ~

❺ 아보카도 아이스크림 켐 보
Avocado Ice Cream

'Kem'은 크림을, 'Bơ'는 아보카도를 뜻하는 단어 'trái bơ'에서 온 것으로 '버터'라는 의미를 지녔다. 그러니 얼마나 부드러울지는 굳이 설명할 필요가 없을 듯. 대개의 경우 코코넛 밀크와 말린 코코넛 과육을 첨가해 달콤함까지 더해지니 이보다 더 매력적인 남국의 디저트는 없을 것 같다. 가격 3만 đ~

Chè

쩨

팥빙수도 아니요, 푸딩도 아닌,
너의 정체는 무엇?

베트남 국민 디저트인 쩨는 대개 '베트남 스타일 팥빙수' 정도로 표현된다. 하지만 그런 말로는 결코 쩨의 매력과 변화무쌍함을 다 담을 수 없다. 베트남 전통 음료인 쩨는 푸딩이나 죽에 가까운 음식으로 그 기원은 알 수 없지만, 중국 남부에서 먹는 동쉬(Tong sui)와 닮아 이의 한 부류로 여겨진다. 주재료는 곡물, 콩, 타피오카 등으로 기호에 따라 젤리, 과일, 각종 씨앗, 코코넛 밀크 등을 첨가해 다양한 방식으로 즐긴다. 그래서 수십 수백의 레시피로 커스터마이징할 수 있다는 게 쩨의 가장 큰 매력이다. 호치민을 비롯한 남부 지방에서는 팥빙수처럼 차갑게 먹지만, 북쪽에서는 팥죽이나 호박죽처럼 따뜻하게 즐기기도 한다는 쩨. 다양한 맛과 다채로운 모양새를 자랑하는 베트남 국민 간식 쩨를 놓치지 말고 꼭 맛보도록 하자.

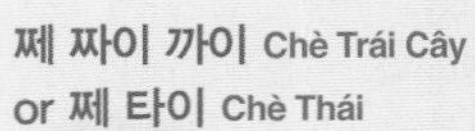

쩨 짜이 까이 Chè Trái Cây
or 쩨 타이 Chè Thái

다양한 과일이 듬뿍 들어간 모둠 과일 쩨.
우리나라의 화채와 닮았다. 용과, 파인애플, 망고 등
열대과일이 주인공이다.

쩨 핫 루 Chè Hạt Lựu

토란을 깍둑 썬 뒤 비트와 판단 등
천연염료로 염색해 삼색의 영롱한 알갱이들이
살아 움직이는 쩨.
'핫 루'는 석류 알갱이를 뜻한다.

• 어디서 먹을까?
베트남 대표 디저트 쩨는 길거리에서도, 로컬 카페에서도 두루두루 먹을 수 있다. 부담 없이 또 저렴하게 맛보고자 한다면 호치민 벤탄 시장 안쪽의 상점으로 향하자. 신기하게도 한국인의 입맛을 '거의' 정확히 알고 있다. 가격(재래시장 기준) 2만 đ~

• 어떻게 주문할까?
주문 참 어렵다. 제아무리 조그마한 가판대 상점이어도 쩨 메뉴는 열 가지를 훌쩍 넘는다. 여행자들이 자주 찾는 곳이야 사진이 있는 영어 메뉴를 주지만 그렇지 않은 곳이 더 많다는 사실. 그럴 땐 책에 소개된 대표 메뉴들과 그림을 참고해 주문해 보자.

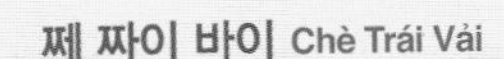

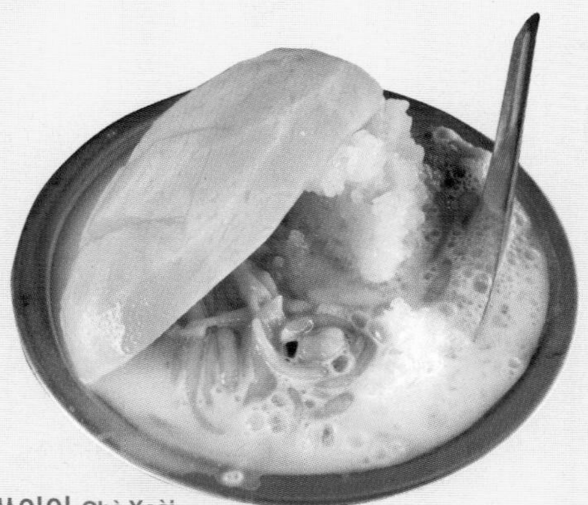

쩨 쏘아이 Chè Xoài

우리나라 여행자들이 베트남에서 가장 많이 먹는 과일 망고.
쩨 쏘아이는 망고가 주인공인 쩨의 한 종류다.
커다란 생망고를 듬뿍 썰어 넣고
말캉거리는 사고 알갱이와 코코넛 밀크 등을 곁들여 먹는다.

쩨 짜이 바이 Chè Trái Vải

열대과일 중 하나인 리치를 주재료로 해
다양한 색깔의 푸딩이나 젤리를
곁들여 먹는 쩨로, 아이들이나 여성들에게
특히 인기가 높다.

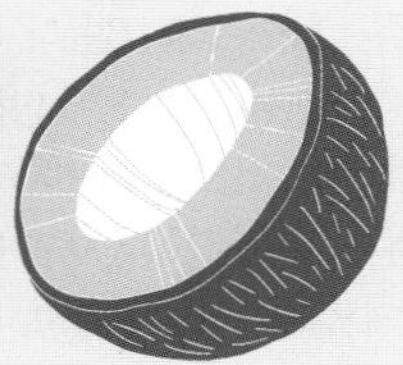

쩨 쭈어이 Chè Chuối

싫어하는 사람 찾기 힘들다는 바나나를 주재료로 한다.
바나나 특유의 부드러움이 매력.
잘게 부순 땅콩이나 견과류, 작은 타피오카 펄을
곁들여 먹는다.

쩨 다우 덴 Chè Đậu Đen

쩨 다우 덴은 베트남 사람들에게 가장 인기 있는 메뉴로
'쩨 중의 쩨'라고 할 수 있다. 제아무리 혁신적이고
새로운 팥빙수가 나온대도 결국은 단팥과 콩고물을 얹은
기본 팥빙수를 찾게 되는 것처럼,
로컬들의 쩨 다우 덴 사랑은 어마어마하다.
검은콩을 주재료로 각종 타피오카 펄을 곁들인다.

Sinh Tố
신또

과일의 달콤함과 연유의 부드러움이 조화를 이룬 디저트

쩨에 버금가는 또 하나의 국민 디저트 신또. 베트남어 'Sinh Tố'는 비타민이라는 뜻을 갖고 있는데, 영양가 높은 신선한 과일을 통째로 갈아 만드는 만큼 비타민이라는 뜻과 찰떡궁합이다. 신또는 우유나 요거트를 첨가해 만드는 일반적인 스무디와 달리 연유가 들어간다. 상대적으로 과일의 양이 많고 우유가 적게 들어가다 보니, 유제품이 과일 본연의 맛과 향을 가리지 않는다. 게다가 웬만한 신또 한 잔에 들어가는 생과일의 양은 당신의 기대에 차고도 넘친다. 물을 섞고 시럽으로 그 빈자리를 메우는 흔한 스무디나 과일 주스와는 그 유전자부터 다르다는 것. 초보 여행자들에게 있어서 호불호가 갈리는 쩨와 달리, 신또는 남녀노소 누구나 부담없이 즐길 수 있다.

신또보 Sinh Tố Bơ

아보카도를 주재료로 하는 신또다. 그 부드러움이 타의 추종을 불허한다. 당도가 높은 과일과 섞어 마시기도 한다.

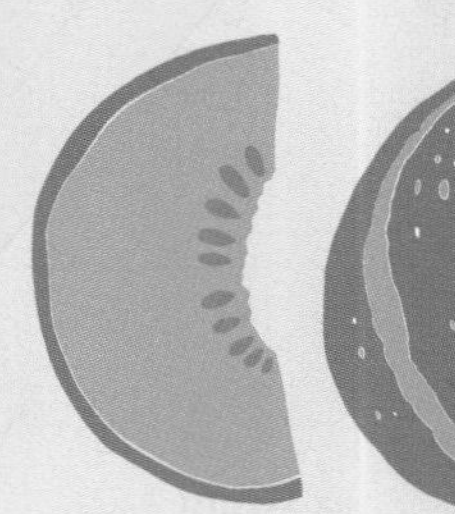

신또두두 Sinh Tố Đu Đủ

열대과일의 대표 주자 파파야가 그 주인공이다. 짙은 주황빛과 열대과일 특유의 청량함이 매력.

• 어디서 먹을까?

신또는 베트남 어디서든 먹을 수 있는 친숙한 음료다. 길거리 가판이나 호텔 레스토랑에서도, 재래시장의 상점이나 백화점의 카페에서도, 자그마한 로컬 식당이나 분위기 좋은 파인 다이닝에서도 먹을 수 있다. 가격(재래시장 기준) 2만 đ~

• 어떻게 주문할까?

쩨에 비하면 그래도 신또는 식은 죽 먹기. 그 재료가 열에 아홉은 과일로 한정되기 때문. 그러니 메뉴판에서 'Sinh Tố'라는 단어를 찾았다면, 그걸로 이미 반은 성공한 셈. 이제 그 뒤에 붙어 있는 과일들의 이름만 알아두면 된다.

신또즈하우 Sinh Tố Dưa Hấu

여름 과일의 대표 주자
수박으로 만든 신또.
우리나라의 밍밍한 수박 주스와
비교는 마시라.
서걱거리며 씹히는 과육이
어마어마하다.

신또싸우리엥 Sinh Tố Sầu Riêng

열대과일의 왕 두리안으로 만든 신또다.
호불호가 명확하지만 그 특유의 부드러움이 매력이다.

신또바이 Sinh Tố Vải

리치로 만들었다.
정말이지 달콤하고 맛있다.
리치 과육을 듬뿍 얹어
씹는 재미 또한 일품이다.

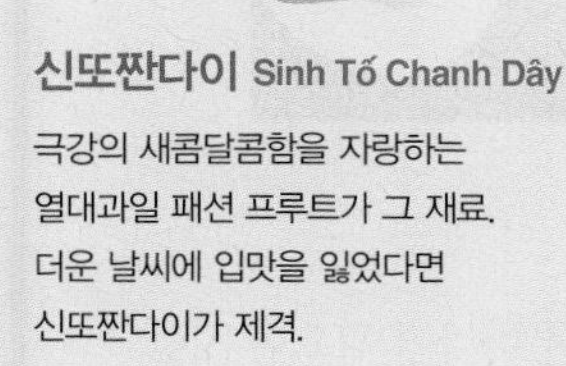

신또짠다이 Sinh Tố Chanh Dây

극강의 새콤달콤함을 자랑하는
열대과일 패션 프루트가 그 재료.
더운 날씨에 입맛을 잃었다면
신또짠다이가 제격.

TIP 최근 리치를 다량 복용한 어린이가 급사하는 불행한 일이 있었다. 이는 덜 익은 리치와 람부탄 등 열대과일에 함유된 히포글리신 성분 때문이다. 저혈당 증상을 야기하는 이 성분을 꼭 기억해 건강한 성인이라도 하루 열 개를 넘기지 말자. 아이들은 다섯 개 이하가 좋다.

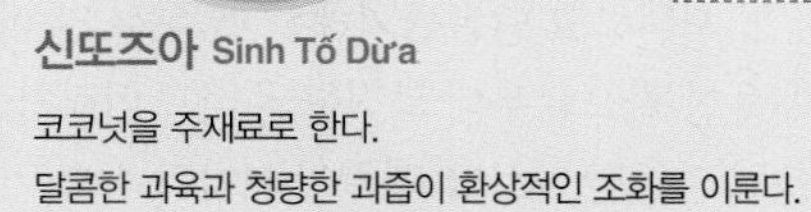

신또즈아 Sinh Tố Dừa

코코넛을 주재료로 한다.
달콤한 과육과 청량한 과즙이 환상적인 조화를 이룬다.

THEME 20
맥주

베트남의 달콤하고 쌉싸래한 시원함을 마시자!

여행의 길고 긴 하루, 그 끝자락의 시간.
많이 걷고 많이 보고 또 많이 먹느라 고생한 당신에게 작은 선물 하나가 필요한 시간.
가뜩 땀에 절고 한껏 목마른 당신에게 오늘 밤 최고의 선물은
시원하고 달콤쌉싸래한 맥주 한 잔 아닐까.
가볍고 청량한 캔 맥주 한 잔으로부터 묵직한 풍미가 일렁거리는 수제 맥주에 이르기까지,
다채롭고 다양한 베트남 맥주의 이야기 속으로 지금 떠나보자.

베트남 대표 브루어리 BEST 3

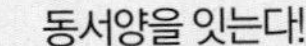

동서양을 잇는다!

이스트 웨스트 브루잉 컴퍼니

East West Brewing Company

맥주를 통해 문화를 엮는다는 슬로건의 브루잉 컴퍼니다. 호치민 최초의 브루잉 하우스 타이틀을 쥐고 있는 곳이기도 하다. 짙은 플로럴 향과 강렬한 아로마를 자랑하는 인디아 페일 에일(IPA)류의 맥주들은 이스트 웨스트의 보물이자 자랑거리. 동서양 최고의 재료를 기반으로 최상의 맥주를 만든다는 이들의 목표처럼, 이곳의 플래그십 맥주로 잘 알려진 이스트 웨스트 페일 에일(East West Pale Ale)은 독일로부터 들여온 몰트와 뉴질랜드, 미국으로부터 공수해 온 홉을 배합해 만들어진 것. 호치민의 벤탄 시장과 가까운 곳에 탭룸을 운영하며, 시내 곳곳의 편의점과 마트에서도 이스트 웨스트의 맥주를 쉽게 만나볼 수 있다.

베트남의 대표 주자는 나야 나!

파스퇴르 스트리트 브루잉 컴퍼니

Pasteur Street Brewing Company

호치민은 물론 베트남 전역에서도 가장 유명하고 탄탄한 저력을 지닌 브루잉 컴퍼니를 대자면, 아마 여기 파스퇴르 스트리트 브루잉 컴퍼니가 제격이다. 2014년 처음 문을 열어 이제 다섯 해가 조금 넘었을 뿐이지만, 호치민에만 네 곳, 하노이에까지 탭룸을 열 만큼 로컬들과 맥주 애호가들의 지지를 받으며 그 세를 확장 중이다. 독일과 벨기에 산 몰트, 호주와 미국산 홉이 어우러진 개성 짙은 바디감은 파스퇴르 스트리트 맥주만의 특징. 이제껏 200여 종의 맥주를 출시해 왔는데, 재스민차의 짙은 풍미를 담아 동양적 색채가 묻어나는 재스민 IPA(Jasmin IPA)나 열대과일 향이 그득 담긴 패션 프루트 휘트(Passion Fruit Wheat) 등 매력 넘치는 아로마를 자랑한다.

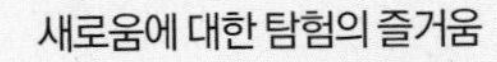

새로움에 대한 탐험의 즐거움

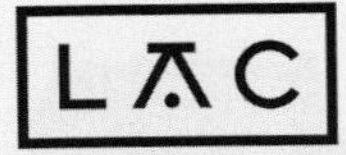

Sài Gòn Brewed Craft Bia

LAC 브루잉 컴퍼니

LAC Brewing Company

LAC는 '잃어버렸다'는 의미의 베트남어 'lạc'에서 기인한 것. 다시 말해, '길을 잃었을 때에야 비로소 새로운 것을 찾을 수 있다'는 의미란다. 그래서일까. LAC 브루잉 컴퍼니의 맥주들은 다분히 도전적이고 새롭다. 이곳의 브루잉 마스터 마이클 맥마흔(Michael McMahon)은 미국 오리건주에서 17년이 넘도록 브루어로 활약해 온 실력자. 오랜 경험을 바탕으로 호치민의 LAC 브루잉 컴퍼니를 만든 그는 아메리칸 스타일의 전통적 브루잉을 계승하면서도, 베트남과 동남아시아의 짙은 풍미를 덧입혀 전혀 새로운 맥주를 창조해 냈다. 휘트 에일이나 열대의 과일 향을 덧입힌 인디아 페일 에일 등의 맥주가 대표적이며, 호치민 벤탄 시장 인근에 감각적인 탭룸을 두고 있다.

베트남 대표 수제 맥주 탭룸

BiaCraft

여러 브랜드의 수제 맥주를 모두 맛볼 수 있는 곳!

비아크래프트

한 잔으로는 부족하다. 한 가지 맥주만으로는 턱도 없다! 언제 다시 올지 모를 베트남 여행, 이 나라 맥주란 맥주는 다 섭렵해버리겠다는 여행자라면 여기 비아크래프트로 향하자. 탭 맥주는 물론 캔과 병맥주까지, 베트남의 내로라하는 브루어리의 맥주 수십 종이 맥주 애호가인 당신을 기다리고 있으니까. 비아크래프트 탭룸에서는 이곳의 주인인 비아크래프트 아티산 에일(BiaCraft Artisan Ales)의 개성 강한 맥주들과 함께 이스트 웨스트, 파스퇴르 스트리트, LAC 브루잉 컴퍼니의 다양한 맥주까지 모두 만나볼 수 있다. 안주 삼기 좋은 수십 가지의 스몰 바이츠 메뉴도 함께 내놓고 있으니 배고픈 여행자들에게는 한 끼 식사로도 좋다.

2권 **INFO** P.039 **MAP** P.033C **구글지도 GPS** 10.774617, 106.699710
시간 11:00~23:00 **가격** 맥주 4만 đ~

Beer Flight가 뭐예요?

비어 플라이트는 많은 종류의 수제 맥주를 취급하는 비어 하우스나 탭룸에서 주로 볼 수 있는데, 작은 맥주잔 여러 개를 동시에 올릴 수 있도록 한 나무판을 말한다. 대개 넷부터 많게는 여덟 가지 원하는 맥주를 골라 주문하면, 귀여운 맥주잔마다 색색의 맥주들이 담겨 비어 플라이트 위에 올려져 나온다. 맥주를 마실 때에는 옅은 색부터, 낮은 도수부터, 또한 맑은 것부터 마시는 것이 좋다.

싸오바꼬 인디아 섬머 에일
Xạo Bà Cố India Summer Ale
by BiaCraft Artisan Ales
5만 đ~

테테 화이트 에일
Tê Tê White Ale
by Tê Tê Brewing Co.
6만 đ~

로그 콜드브루 IPA
Rogue Cold Brew IPA
by Roque Ales USA
15만 đ~

Pasteur Street Brewing Company

호치민에서 가장 핫한 탭룸

파스퇴르 스트리트 브루잉 컴퍼니

화려한 불빛을 뿜어대는 호치민 시청사의 왼편을 따라 좁은 길이 이어진다. 파스퇴르 스트리트, 바로 그 거리의 이름이다. 수십 개의 비어 탭, 테이블마다 놓인 형형색색의 맥주잔들 너머로 거나하게 취한 로컬들의 웃음이 번진다. 그중에서도 파스퇴르 스트리트 브루잉 컴퍼니의 오리지널 탭룸은 호치민의 젊은이들과 어깨를 맞대고 개성 가득한 풍미의 다양한 맥주를 맛볼 수 있는 곳. 짙은 아로마가 인상적인 맥주 맛에 취하고, 꾸미지 않은 흥겨운 밤 분위기에 취할 수 있어 더없이 좋다. 빛깔도, 맛도, 풍미도 다른 십여 종의 맥주를 175밀리리터의 Taster 잔으로부터 2000밀리리터의 대용량으로까지 주문할 수 있으니, 취향 따라 기분 따라 파스퇴르 스트리트의 맥주를 마음껏 즐겨보자. 호치민에만 네 곳의 탭룸이 있지만, 여행자들은 찾아가기 쉬운 Original 탭룸과 Hẻm 탭룸으로 향하자. 두 곳 모두 파스퇴르 스트리트와 맞닿아 있다.

Original 탭룸

2권 INFO P.039 MAP P.033G
구글지도 GPS 10.775148, 106.700855
시간 16:00~24:00
가격 맥주 5만đ~

Hẻm 탭룸

2권 MAP P.033G
구글지도 GPS 10.775148, 106.700855
시간 11:00~24:00
가격 맥주 5만đ~

스파이스 아일랜드 시즌
Spice Island Saison **6만 đ~**

패션 프루트 휘트 에일
Passion Fruit Wheat Ale **5만 đ~**

비엣 휘트 Viet Wit
5만 đ~

재스민 IPA
Jasmine IPA **5만 đ~**

시클로 임페리얼 초콜릿 스타우트
Cyclo Imperial Chocolate Stout **10만5000 đ~**

버닝 다운 더 하우스 더블 IPA
Burnin' Down the House Double IPA **6만 đ~**

치킨 바이트
Chicken Bites **13만5000 đ**

베트남 대표 캔 맥주 & 병맥주

비아 하노이
BIA HA NOI

베트남의 수도 하노이의 맥주다. 국영 기업인 하베코(Habeco)에서 생산하며 인천과 호치민 등지를 연결하는 베트남 항공에서 기내 음료로 제공한다. 경쾌하고 가벼운 맛이지만 치명적인 씁쓸함이 매력적.

333 익스포트
333 Export

비아 사이공과 함께 사베코(Sabeco)에서 생산하고 있는 또 하나의 호치민 대표 맥주. 도수는 높지만 다소 싱겁다 느껴질 만큼 깔끔하고 담백한 편이라 여성들에게도 인기가 높다. 원래 출시되었을 때의 이름은 33이었는데, 출시 100주년을 맞은 1975년에 333으로 개명했다.

비아 사이공 & 비아 사이공 스페셜
Bia Saigon & Bia Saigon Special

베트남 북부에 비아 하노이가 있다면, 남부에는 비아 사이공이 있다. 하베코와 달리 공영 기업인 사베코에서 생산한다. 덥고 습한 남부 지역의 대표 맥주답게 시원한 청량감을 자랑한다. 오리지널인 라거(Lager), 고급 라인인 스페셜(Special), 유럽 수출용 익스포트(Export) 등 세 라인이 출시되고 있는데, 깔끔한 맛을 좋아하는 이들에게 두루 사랑받고 있다.

'와인파' 여행자들을 위한 달랏 와인의 모든 것!

베트남의 와인이라, 머리를 갸우뚱할 여행자가 많을 테지만 베트남과 프랑스와의 관계를 다시 한 번 곱씹어 본다면, 금세 '아하' 하고 고개를 끄덕이게 된다. 19세기 중반 베트남 땅에 발을 들인 프랑스인들. 풍요로운 '정복자'의 삶을 영위하기 위해 그들의 모든 라이프스타일을 이곳으로 들여왔는데, 와인 또한 그중 하나였다. 무엇보다 질 좋은 와인을 직접 생산하기 위해서는 높은 해발 고도가 요구되었는데, 해발 1500미터를 넘나드는 달랏 일대가 그 대상지로 낙점되었다. 그로부터 달랏은 베트남 와인의 본산이 된 것이다. 그렇다면 달랏 와인의 맛은? 좋게 말하면 장난스럽고 다채롭다. 나쁘게 말하면 다소 어지럽고 정돈되지 않았다는 것이 대체적인 평이다.

비아 라루 & 비아 라루 스페셜

Bia Larue & Bia Larue Special

호랑이 얼굴이 그려진 캔이 인상적인 라루 맥주는 베트남 중부의 휴양지 다낭 지역 맥주로 하이네켄 베트남(Heineken Vietnam Brewery Company)에서 생산한다. 캔에서 느껴지는 거친 분위기처럼 짙은 몰트의 향과 씁쓸한 맛이 일품이다. 그래서 베트남 사람들은 얼음과 함께 마시기도 한다. 스페셜 라인이 도수는 높지만 덜 쓰고 더 깔끔한 편.

타이거 맥주 & 타이거 크리스털

Tiger Beer & Tiger Crystal

의아하게도 베트남에서 가장 흔하게 접할 수 있는 맥주는 싱가포르 맥주인 타이거 맥주다. 식당에서 주문할 때에도 굳이 브랜드를 꼽지 않는다면 열에 아홉은 타이거 맥주를 내어 준다. 전반적으로 깔끔한 편이지만 조금 더 청량한 맥주를 원한다면 도수도 낮고 목 넘김이 좋은 타이거 크리스털을 주문할 것.

SHOPPIN
BẢNG GIÁ
Tên Hàng : KẸO BẮP
Giá : 150.000
Ngày SX :
Hạn SD :
Xuất Xứ :
Tên Hàng :
Giá :
Ngày SX :
Hạn SD :
Xuất Xứ :

G
BẢNG GIÁ
Tên Hàng :
Giá :
Ngày SX :
Hạn SD :
Xuất Xứ :

호치민에서 쇼핑 똑똑하게 하기

베트남 가격표의 모든 것

01 베트남 사람들이 쓰는 숫자는 다르다?

베트남 사람들이 숫자 1과 7을 쓰는 방식이 우리와 달라서 자칫 오해가 생길 수 있다. 수기로 작성한 가격표는 다시 한 번 꼼꼼히 확인해 보자.

한국		베트남
1	··· ▸	1
7	··· ▸	7

02 환율 계산 쉽게 하는 꿀팁

베트남의 화폐 단위가 너무 커서 환율 계산을 하는데 애를 먹기 일쑤. 대략 20분의 1이라고 생각하면 되는데, 맨 뒤에 붙은 숫자 0을 떼고 나누기 2를 하면 정확한 금액이 나온다.

예) 50만đ (가격표 맨 뒤에 붙은 숫자 0 떼기)
··· ▸ 5만 (나누기 2) ··· ▸ 2만5000원

03 가격표에 적힌 알파벳 K는 뭔가요?

화폐 단위가 워낙 크다 보니 베트남 사람들 역시 돈 계산을 하는데 적지 않은 애를 먹고 있다. 이를 해결하기 위해 알파벳 K를 붙여 금액 표시를 간소화하고 있는데, 알파벳 K는 천 단위를 의미한다. 가격표에 K가 붙어 있으면 0을 3개 더 붙여 계산하면 된다. 예를 들어 25K는 2만5000đ이 된다.

바가지 쓰지 않는 방법

01 거스름돈을 꼭 확인하자.

간혹 거스름돈을 고의로 적게 주는 일이 있다. 10만đ을 받아야 하는데 1만đ을 받았다던지, 1만đ짜리 지폐를 9장만 받았는지 확인해 보자.

02 이동 판매원 물건은 구입하지 말자.

베트남을 여행하다 보면 이동 판매원들을 쉽게 만날 수 있는데, 외국인 여행자를 대상으로 영업을 하기 때문에 가격이 비싸다. 특히 선글라스나 마스크 등의 제품은 "이거 정말 잘 어울릴 것 같은데, 한 번만 착용해보세요"라고 말하는 경우도 많은데 절대로 손을 대거나 관심을 갖지 말도록. 손을 대는 순간 갑자기 태도가 돌변해 '만졌으니 돈을 내라'는 식으로 강매를 하기도 한다. 판매원이 자꾸 말을 걸더라도 관심이 없는 척 지나가면 된다.

03 돈 계산이 어렵더라도 남의 손에 맡기지 말자.

우리나라 사람들이 환율 계산을 어려워한다는 사실을 베트남 상인들도 잘 알고 있다. 특히 '0'이 많이 붙은 지폐 권종을 구별하지 못한다는 것을 이용해 일부 악질 상인들은 다짜고짜 돈 계산을 해주겠다고 하는데, 이것만 명심하자. 남의 손에 지갑을 맡기는 것은 대단히 위험한 행동이다. 순식간에 지갑 안에서 고액권을 슬쩍 훔쳐 가기도 한다.

04 좁은 곳을 지날 때는 조심 또 조심!

사람이 많거나 길이 좁아 지나가기 힘든 곳은 조심해야 한다. 진열대에 올려둔 제품을 떨어트려 제품이 파손되면 "네가 떨어트렸으니 보상을 해라"라는 식으로 이야기하는데, 보상가로 원가의 몇 배를 요구하기도 한다.

효과적인 흥정 방법

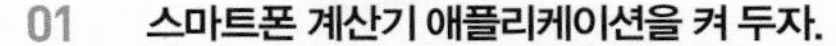

01 스마트폰 계산기 애플리케이션을 켜 두자.

금액 흥정을 할 때는 계산기만큼 편한 것도 없다. 원하는 제품의 가격을 가볍게 물어보자. 아마 계산기로 찍어줄 것이다. 보통 천 단위는 생략하므로 주의할 것. 원하는 금액을 찍어서 보여주기만 해도 의사소통 끝! 현지인들의 영어 발음을 힘들게 들을 필요도 없고, 머릿속으로 영어 단어를 생각할 필요도 없다.

02 웃는 얼굴이 좋아요.

그들도 다 먹고 살자고 하는 일. 같은 가격이라도 될 수 있으면 살살 웃으면서 흥정을 시도하는 것이 더 잘 먹힌다. 베트남 사람들은 자존심이 매우 세서 아무리 손님이라도 무시를 하거나 막무가내식으로 흥정을 하면 오히려 역효과를 볼 수 있다. 흥정이 끝나갈 무렵에는 조금의 애교가 필요할 수도 있다. 약간의 덤이나 서비스를 얹어줄지도 모르니까.

03 일단 절반으로 깎고 시작하자.

한국인은 통이 크고 부자라는 인식이 있어서 정가의 두 배 이상 바가지를 씌우는 일이 많다. 흥정가를 처음부터 높게 부르면 괜히 얕잡아 보여 흥정 진행이 힘들어진다.

04 가격이 도저히 내려가지 않는다면?

깎고 깎고 또 깎으려 해도 가격이 더는 안 내려갈 때는 '등 돌리기' 수법이 제법 잘 먹힌다. 이 가격에는 도저히 못 사겠다는 듯 일단 등을 돌리자. 만 원이었던 흥정가가 7000원이 되고, 또다시 한 발자국 떼면 5000원으로 내려가는 기적이 펼쳐진다. 하지만 유의할 점도 있다. 이 방법을 무턱대고 너무 많이 써먹으면 도리어 효과가 반감하기도 하니 정도껏, 요령껏 써먹자.

05 일행이 있다면 소근소근 수법을

흥정을 하는 도중에 "5만 đ인데 좀 비싸지 않아?", "여기는 너무 비싸다" 등의 대화를 하면 은근히 큰 효과를 볼 수도 있다. '싸다', '비싸다' 등의 기본적인 한국어는 웬만한 상인들도 잘 알아듣는 편이고 심리적으로도 압박을 줄 수 있기 때문. 물론 전혀 통하지 않는 상인들도 많다.

06 어설픈 것보다는 포기하는 것이 나을 때도 있다.

흥정에 소질이 없거나 취향이 아니라면 과감하게 포기하자. 괜히 바가지를 쓸 바에는 가격은 조금 더 비싸지만 대형 마트나 시내 기념품점에서 구입하는 것이 속 편하다. 음식물 · 건어물 냄새에 찌들고 사람 손때 묻어 제품의 질이 안 좋은 시장 제품보다 제품의 질도 괜찮은 편이고 쾌적하게 쇼핑을 할 수 있다는 장점도 있다.

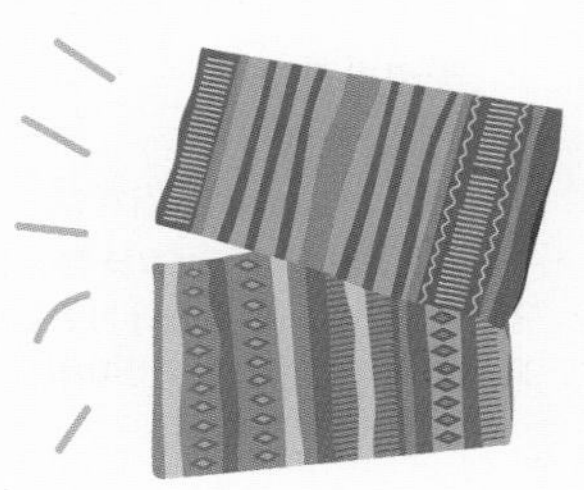

베스트셀러가 된 데는 다 그만한 이유가 있는 법.
여러 사람들의 입소문을 타고 장바구니의 왕좌에 오른 제품들만 골라 담아도
쇼핑이 두렵지 않다.

1 하오하오 라면 MI LY HAO HAO

한국 사람 입맛에 가장 잘 맞는 라면. 닭고기 & 연꽃씨, 돼지고기, 새우 중 우리나라의 새우탕 맛과 흡사한 새우(TOM CHUS CAY) 맛이 가장 인기 있다.

ⓓ **가격** 컵라면 67g 6900~7500₫, 봉지라면 76.5g 3400₫

2 코코넛 과자 Coconut Cracker

한 번 입에 대기 시작하면 쉬지 않고 먹는다는 마성의 크래커. 코코넛 향과 질감을 한입 가득 느낄 수 있어 따뜻한 차와 함께 먹기 좋다. 대형 마트에서는 거의 판매하지 않고 재래시장이나 로컬숍에서 주로 판매한다.

ⓓ **가격** 180g 2만₫

3 비나밋 Vinamit

굽거나 튀기지 않고 증발건조 방식으로 만든 바삭바삭한 건과일 칩. 인기만큼 맛에 대한 호불호도 갈리기 때문에 '믹스 프루트 칩' 한 봉지만 사서 먹어본 다음 추가 구매를 하는 것을 추천. 재고가 가장 넉넉한 곳은 롯데마트다.

ⓓ **가격** 500g 1만500₫

4 아치 카페 ARCH CAFE

딸기, 말차, 두리안 등 종류가 매우 다양하지만 '코코넛(Cappuccino Dua)' 맛의 인기가 독보적. 코코넛 커피 특유의 향과 맛이 더해져 평소 아메리카노를 좋아한다면 입맛에 안 맞을 수 있다.

ⓓ **가격** 12포 240g 5만8500₫

5 건망고 XOAI SAY DEO

비나밋에서 나온 건망고 제품(XOAI SAY DEO). 설탕을 적게 써서 망고 본연의 맛이 그나마 잘 살아있고 지퍼백 포장이 되어 있어 선물용으로도 많이 팔린다.

ⓓ **가격** 100g 4만5900₫

6 비폰 퍼 팃 보 쌀국수 VIFON PHO TIT BO

한국 사람들에게는 '보라색 쌀국수'로 불리는 제품. 큼지막한 소고기 건더기가 들어가 있고 국물 맛이 깔끔해 호불호가 덜 갈린다.

ⓓ **가격** 컵라면 120g 1만6000đ, 봉지라면 120g 1만4800đ

7 G7 커피 G7 Coffee

'베트남 믹스커피'라고 하면 가장 먼저 생각나는 그 이름. 3 in 1은 설탕과 프림, 커피가 모두 들어간 제품이고, 2 in 1은 설탕과 커피, 아무 표시가 없는 제품은 블랙커피이다.

ⓓ **가격** 20포 320g 4만7000đ

8 벨큐브 치즈 Belcube Cheese

정말 다양한 벨큐브 치즈를 우리나라의 딱 절반 가격으로 살 수 있다. 벨큐브 치즈와 맛은 비슷하지만 가격이 더 저렴한 '비나 밀크(Vina Milk)'사의 제품들도 인기 있다.

ⓓ **가격** 벨큐브 플레인 125g 6만5500đ, 래핑카우 240g 5만8000đ

9 선실크 트리트먼트 Sun Silk Treatment

손상된 머리카락에 효과가 좋은 헤어 트리트먼트. 가격이 매우 저렴하고 효과가 좋아 인기 있는 제품이다. 검은색과 노란색 제품이 있는데 노란색 제품이 사용감이 좋다.

ⓓ **가격** 170g 3만1000đ

10 커피 조이 Coffee Joy

따뜻한 커피와 함께 먹으면 그 맛이 두 배가 되는 커피 맛 과자. 가격 대비 양이 과할 정도로 많다. 많이 달지 않다.

ⓓ **가격** 142g 1만5800đ

선물용으로 좋은 아이템 BEST 10

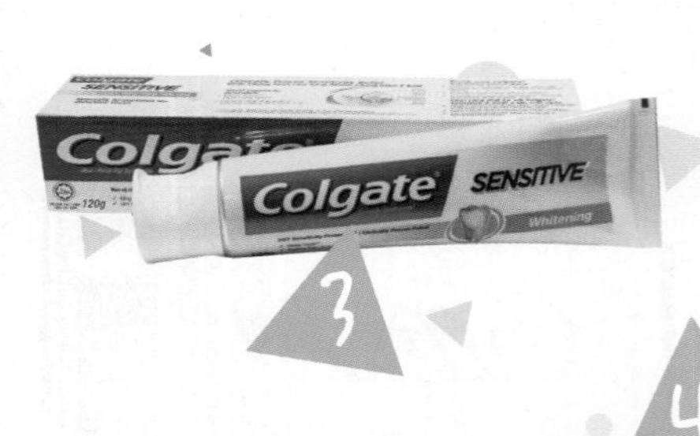

1 비엣코코 코코넛 오일
Vietcoco Coconut Oil

클렌징 · 마사지 오일, 스킨케어 마지막 단계에서 써도 좋은 오일. 보습성과 발림감이 뛰어나 선물로도 인기 있다.

ⓓ **가격** 150ml 3만5000 đ

2 피셔맨스 프렌드
Fisherman's Friend

감기, 독감, 콧물, 기침 등에 효과가 있는 독일 캔디. 입안에 넣는 순간 화한 느낌이 강하게 든다. 오리지널 〉체리 〉스피어민트 〉민트 순으로 화한 느낌이 강하다. 크기가 작아 여러 사람에게 선물을 돌리기에 좋다.

ⓓ **가격** 25g 2만 đ

3 콜게이트 치약 Colgate

우리나라에선 직구에 의존해야 했던 콜게이트 치약이 놀랍도록 저렴하다. 양치질 후 12시간 동안 잇몸과 치아에 보호막을 씌워주어 플라그와 박테리아 침투를 막는다고 한다.

ⓓ **가격** 콜게이트 센서티브 120g 4만3000 đ

4 달리 치약 DARLIE

치아 미백 효과가 있으며 양치 후 향긋한 민트 향이 입안 가득 남아 개운한 기분은 덤. 치약 맛이 맵지 않아 아이들이 쓰기에도 좋다.

ⓓ **가격** 160g 3만3800 đ

5 랏100 LOT100

과일 향 가득한 젤리. 망고 맛이 가장 인기 있다. 자이리톨 껌 대신 하나씩 먹기 좋은 제품.

ⓓ **가격** 150g 2만9000 đ

6 나바티 치즈 웨이퍼
nabati Cheese Wafer

맛있는 치즈가 든 웨이퍼. 고소한 맛에 끌려 하나둘 집어먹다 보면 금세 봉지를 비우게 된다. 밀크 바닐라 크림이 든 '화이트 White'도 만만치 않게 맛있다.

ⓓ **가격** 58g 6500đ

7 리치즈 아 Richeese Ahh'

치즈가 듬뿍 들어 있는 치즈 막대 과자. 한입 먹는 순간 치즈 향이 입안 가득 퍼지는 짭짤 고소한 맛 하며, 먹어도 먹어도 줄어들지 않는 양, 저렴한 가격까지 치즈 덕후를 제대로 홀린다.

ⓓ **가격** 160g 2만2000đ

8 프루트 플러스
Fruit Plus

우리나라의 마이쮸와 비슷한 맛과 식감을 가진 츄잉 캔디. 크기가 작아 하나둘 꺼내 먹다 보면 어느새 한 봉지를 비우는 중독성이 있다. 망고 맛이 가장 인기 있다.

ⓓ **가격** 150g 3만đ

9 게리 치즈 크래커
Gery Cheese Crackers

이 맛을 짧게 표현하자면 치!즈! 크래커 표면을 완전히 덮고 있는 치즈 맛이 예술이다. 너무 짜거나 강하지 않고 점점 스며드는 맛이라면 지나친 칭찬일까.

ⓓ **가격** 200g 3만6000đ

10 나바티 치즈롤
nabati Cheese Roll's

다양한 치즈롤 과자가 있지만 나바티 치즈롤이 한 수 위. 롤 안을 가득 메운 치즈 인심이 놀라울 따름이다.

ⓓ **가격** 140g 1만3600đ

1 벌꿀 강황 Mật Ong Nghệ

소화 불량, 속쓰림, 수족 냉증 등에 탁월한 효과가 있는 천연 위장약. 단맛이 첨가돼 먹기가 편하다. 뜨거운 물에 타 먹으면 강황의 좋은 성분이 모두 날아가기 때문에 미지근한 물에 타서 먹어야 효과가 크다.

ⓓ **가격** 100g 6만2000đ

2 캐슈너트 Cashew Nut

재래시장에서 파는 것 중 일부는 상한 것도 섞여 있어 비추천. 가격이 조금 더 비싸더라도 웬만하면 대형 마트에서 제조 및 유통기한을 확인 후 구입하자. 껍질에 옻 성분이 있어 민감한 사람은 알레르기 반응을 일으키기도 하니 조심하자.

ⓓ **가격** 500g 22만4100đ

3 노니 제품 Noni Products

'신이 선물한 열매'라는 별칭을 갖고 있는 노니. 고혈압, 관절염, 피부 재생, 면역력 증진, 항암 작용 등 효능을 듣기만 해도 몸이 절로 좋아지는 느낌이다. 롯데마트 자체 브랜드인 '엘 초이스 노니차'를 추천. 선물용으로는 환으로 되어 복용하기 편한 노니환 제품이 낫다.

ⓓ **가격** 엘 초이스 노니차 20포 3만9900đ

4 센소다인 치약 SENSODYNE

시린 이 증상에 탁월한 효과가 있어 50대 이상에게 인기를 얻고 있는 제품. 프레시 민트(Fresh Mint)가 대중적이다.

ⓓ **가격** 프레시 민트 160g 7만2500đ

5 이치 ICHI

딱 과자 봉지만 봐도 그 맛이 짐작된다. 우리나라의 유명한 쌀과자와 아주 비슷한 맛, 계속 먹어도 질리지 않으니 바닥이 보이는 것도 순식간이다.

ⓓ **가격** 180g 1만9000đ

6 솔라이트 판단 롤케이크 Solite Pandan Rollcake

미니 롤케이크. 부드러운 빵 안에 달달한 판단이 들어 있어 질리지 않게 먹을 수 있다. 개별 포장돼 있어 생각날 때마다 하나씩 꺼내 먹기 편하다.

ⓓ **가격** 18g 20개입 4만900đ

베트남 요리 재료 & 양념 BEST 7

1 SAFOCO 라이스페이퍼 SAFOCO Rice Paper

가정용 라이스페이퍼. 크기가 다양한데 지름 22센티미터짜리가 가장 인기 있다.

ⓓ **가격** 22cm 1만6900₫

2 비나 퍼 VINA PHO

쌀국수 면. 집에서도 쉽게 퍼(베트남식 쌀국수)를 만들어 먹을 수 있다.

ⓓ **가격** 400g 9200₫

3 소금과 후추 Salt & Black Pepper

우리나라 소금과는 조금 다른 맛. '맛에 따라 새우(shrimp), 칠리(chili) 등으로 나뉘는데 맛이 거의 똑같으니 아무 종류나 골라도 된다.

ⓓ **가격** 소금 120g 1만9500₫, 후추 100g 9500₫

4 칠리소스 Chili Sauce

베트남의 로컬 식당마다 놓여 있는 그 빨간 양념. 베트남 요리에서 칠리소스는 식욕을 한층 돋우는 역할을 한다. '국민 칠리소스'로 잘 알려진 '친수(CHIN-SU)'와 '롱비엣(RONG VIET)'이 가장 인기. 유리병에 담긴 것보다는 플라스틱 용기에 담긴 것으로 골라야 갖고 가기 편하다.

ⓓ **가격** 친수 칠리소스 250g 1만₫, 롱비엣 칠리소스 200g 5000₫

5 마기 간장 MAGGI Soy Sauce

'이걸로 달걀밥 해서 먹으면 맛있대' 하는 입소문이 퍼지더니 어느새 인기 쇼핑 아이템이 됐다. 그 맛이 궁금하면 사자. 달걀 요리 전용 간장이지만 간이 강하지 않아 다른 요리에 곁들여도 좋다.

ⓓ **가격** 200ml 2만9000₫

6 촐리맥스 느억맘 소스 Cholimex Nước mắm

분짜, 스프링롤, 반쎄오 등 베트남 요리를 먹을 때 반드시 있어야 할 젓갈 간장. 촐리맥스 제품이 가장 인기 있는데, 젓갈 특유의 비릿한 향이 적고 살짝 찍어 먹는 것뿐인데도 음식 맛이 두 배 세 배로 깊어진다.

ⓓ **가격** 500ml 1만3900₫

7 촐리맥스 스리라차 소스 Cholimex Sriracha

쌀국수를 먹을 때 곁들여 먹는 소스. 일명 '닭 그림 스리라차 소스'로 유명한 촐리맥스 제품이 가장 인기 있다. 시고 맵고 짠맛이 적절히 섞여 있어 맛의 볼륨을 한층 키워준다.

ⓓ **가격** 520g 1만8700₫

TIP 콘삭 커피 구분법

상자 색깔, 포장 방법에 따라 먹는 방법도 맛도 다르다. 비닐로 포장된 것은 뜨거운 물에 커피 가루를 타 마시는 '분쇄 원두' 제품, 박스 포장된 것은 1회용 드립퍼와 스틱이 포함된 필터 커피다.

❶ **갈색(헤이즐넛)** 필터 커피 개당 커피 함량이 10g으로 높아 풍미가 가장 좋다. 커피를 좋아하지 않는 사람도 쉽게 마실 수 있다.

❷ **남색(아라비카)** 커피 향이나 달콤한 맛보다는 커피 자체를 즐기고 싶은 커피 마니아들이 즐겨 찾는다.

❸ **하늘색(밀크)** 헤이즐넛과 아라비카의 중간. 헤이즐넛 향이 첨가된 분유가 별도로 들어 있어 입맛에 따라 분유 양을 조절해 마신다. 여러 가지 맛을 낼 수 있어 만족도가 가장 높은 제품. 그만큼 가격도 가장 비싸다.

1 콘삭 커피
Con Soc Coffee

우리에게 '다람쥐 똥 커피'로 잘 알려진 베트남 커피 브랜드. 사실은 헤이즐넛을 좋아하는 다람쥐를 마스코트 삼은 것이지 다람쥐 똥과 연관성이 전혀 없다고. 고도 1500미터 고산 지대에서 생산되는 고품질 아라비카와 로부스터 원두를 로스팅하는 과정에 헤이즐넛 향을 입히는데, 그 향이 좋기로 유명하다. 산미에 덜 익숙한 한국인 입맛에 딱. 맛만큼 포장도 고급스러워 선물용으로 인기 있다.

ⓓ **가격** 1회용 드립퍼와 용기가 들어 있는 선물용 필터 커피 10포 14g 11만7000đ

2 메짱 커피
ME TRANG MC CA PHE SACH

현지인이 선호하는 커피 브랜드. 아라비카와 로부스터를 황금 비율로 섞어 로스팅해 맛이 풍부하고 깊은 것이 특징이며 산미가 약해 커피 초보자도 쉽게 마실 수 있다. 입맛에 따라 연유를 첨가하거나 살얼음을 띄워 마시면 훨씬 맛있다. 제품 상자나 비닐에 적혀 있는 숫자 1, 2, 3은 부드러운 정도를 나타내는 것으로 숫자가 작을수록 맛과 향이 부드럽다. 크리미한 맛을 즐긴다면 1, 강한 맛을 더 선호한다면 3이 적당하다.

ⓓ **가격** 500g 9만9000~13만đ

3 족제비 커피
Ca Phe Xay HUONG CHON

요즘 뜨고 있는 고급 커피 브랜드. 남색 제품은 향이 아주 진한 것, 베이지색 제품은 향과 맛이 좀 더 부드러운 것으로 일반 사람에게는 베이지색 제품이 더 잘 맞는다. 달달한 믹스커피 맛에 익숙한 사람에게는 비추천. 마시는 방법에 따라 원두를 굵게 간 커피(Ground Coffee)와 종이 필터에 넣어 뜨거운 물에 우려내 마시는 페이퍼 필터 커피(Paper Filter Coffee)로 나뉜다.

ⓓ **가격** 종이 필터형 160g 19만5000đ, 그라운드 커피형 300g 85만3000đ

4 허니 커피 발렌티나
Honee Coffee Valentina

천연 비폴렌(꽃가루)이 함유된 커피로 달달한 맛이 특징이다. 커피 향과 맛보다는 단맛에 특화돼 커피를 즐기지 않는 사람도 부담 없이 마시기 좋다. 분말 타입이라 물에 잘 녹는데, 여름에 아이스커피로 만들어 먹으면 훨씬 맛있다. 꽃가루 알레르기가 있는 사람이라면 피하자.

ⓓ **가격** 20포 320g 8만5000 đ

5 카페 핀
Cà Phê Phin

베트남식 양철 커피 드립퍼. 사용법이 쉽고 가격이 저렴해 이색 선물로 인기 있다. 같은 카페핀이라도 손잡이 유무, 크기 등이 제각각이니 이것저것 따져보고 구입하자.

ⓓ **가격** 2만 đ~(크기별로 다름)

6 연유
Condensed Milk

커피에 넣기만 해도 베트남식 커피 맛이 나는 연유가 다양하다. 비나 밀크(Vina Milk)사에서 나온 엉또(Ong Tho) 제품이 가장 인기. 우리나라 연유보다 덜 달지만 부드러워 커피 맛을 한층 풍부하게 끌어올려 준다.

ⓓ **가격** 40g 6개입 2만2100 đ

베트남 유제품

베타겐 요구르트 Betagen

태국의 유명 요구르트.
양이 많아서 요구르트 마니아들의 사랑을 듬뿍 받고 있다. 상큼하고 청량감이 좋은 오렌지 맛을 추천.

ⓓ **가격** 400ml 2만7000 đ

비나 밀크 프로 뷰티 요거트
VINA MILK PRO BEAUTY

베트남에 왔다면 비나 밀크 요거트는 꼭 한번 맛봐야 한다.
그중 프로 뷰티 제품은 콜라겐이 들어 있어
여성들이 많이 찾는 제품.
작은 젤리가 들어가 씹는 재미도 있고,
요거트 자체의 맛도 뛰어나다.
우리나라에서 쉽게 맛볼 수 없는
석류 맛을 추천.

ⓓ **가격** 4개 묶음 7700 đ

TIP 베트남에서 유제품 제대로 사 먹기

우리나라 우유와는 달리 베트남의 유제품은 가당(설탕이 첨가) 제품이 많아 유제품 구입 시 조금 더 조심해야 한다. 몇 가지 간단한 단어만 알면 유제품 구입도 막힘없으니 다행이라면 다행! 뛰어난 맛과 품질, 저렴한 가격의 베트남 유제품을 한국으로 갖고 올 수 없으니 여행하는 동안 실컷 먹어두자.

설탕 첨가 여부에 따른 구분

가당 Có đường (꼬 드엉)
무가당 Không có đường (콩 꼬 드엉)
저가당 Ít đường (잇 드엉)

우유 종류에 따른 구분

흰 우유 sữa (쓰어)
딸기 우유 hương dâu (흐엉여우)
초콜릿 우유 hương Sô cô la (흐엉 소꼬라)

THEME 22
대형 마트

Ho Chi Minh MART

Tips you need
before **shopping at mart**

어느 마트에서 쇼핑할까?

어느 나라에서나 흔히 볼 수 있는 마트, 하지만 베트남의 마트는 그 의미가 남다르다.
눈에 띄는 것마다 두 눈이 똥그래지는 가격, 이 가격이 맞나 싶은 퀄리티.
싸다고 장바구니에 마구 담다 보면 어느새 카트 가득 쌓인다.
한국 사람에게는 롯데마트가 가장 인기 있고, 나머지 두 마트는 비슷하다.

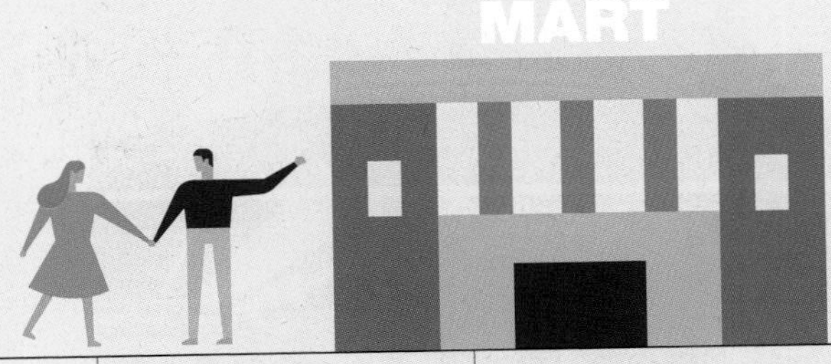

	롯데마트	꿉마트	빈마트
위치	7군	1 · 3군	빈탄군
가격	★★★★ 뭘 골라도 무난한 가격. 인기 제품은 박스 단위로 저렴하게 판매한다.	★★★ 생각보다 저렴하지 않다.	★★ 동네가 동네이다 보니 가격대가 조금 있는 편.
편의성	★★★★★ 한국인에게 최적화된 진열 방식. 규모가 커서 많이 걸어야 한다.	★★★ 다소 난해한 진열 방식. 동네마다 있는 중대형 마트 규모다.	★★★★ 인기 제품 매대가 따로 있어서 적게 걸어도 된다. 롯데마트보다는 작고 꿉마트보다는 크다.
쾌적함	★★★★ 저녁과 주말에는 손님이 바글바글. 교통 체증도 심각하다.	★★★ 전반적으로 노후화된 시설. 비가 오면 빗물이 새기도 한다.	★★★ 손님이 많고 계산대가 적어 오래 기다려야 한다.
물건 종류	★★★★★ 한국인이 살 만한 물건들은 모두 있다.	★★★ 기념품 종류가 다소 부족하다.	★★ 딱 인기 있는 제품만 갖다 놓은 느낌이다.
추천 대상	작정하고 쇼핑을 하고 싶거나 다른 한국인 여행자들의 장바구니를 훔쳐보며 쇼핑을 하고 싶다면.	현지인들은 뭐 먹고 사나 궁금하다면. 멀리까지 가고 싶지 않다면.	쇼핑에 관심 없고 소량만 구입하고 싶다면.

Lotte Mart

현지 거주 한국인의 밀집 지역인 푸미흥 지역에 들어선 대형 마트. 호치민 거주자이건 여행자이건 한국인이라면 무조건 한 번은 들른다. 그 이유가 이해는 간다. 한국어 안내 표시는 기본, 다른 마트에 비해 상품 종류가 다양한데도 진열 방법이 우리에게 익숙해 물건 찾으려고 헤맬 일도 없다. 또한 한국 제품들은 잘 보이는 곳에 따로 진열해 뒀다. 항상 교통 체증이 있는 곳이라 실제 거리보다 훨씬 멀게 느껴진다는 것이 단점.

2권 INFO P.060 MAP P.046F **구글지도 GPS** 10.740811, 106.702084 **시간** 08:00~22:00

롯데마트 알차게 이용하기

01 커피 시음 코너가 잘 갖춰져 있다. 한국인에게 비교적 덜 알려진 브랜드 커피 시음이 주를 이뤄 덜컥 사기 망설여졌던 제품을 맛볼 수 있다. 평일보다는 주말에 시음 행사가 더 많이 열린다.

02 롯데마트의 자체 브랜드인 '초이스 엘(Choice L)' 제품을 주목하자. 그중 노니차를 비롯한 티백차, 라이스페이퍼 등이 인기 있다.

03 아치 카페, 비폰 쌀국수, 하오하오 라면, 비나밋 등 한국인의 인기 쇼핑 품목들은 박스 단위로도 판매한다. 대용량으로 구입하는 것이 낱개를 여러 개 사는 것보다 싼 경우가 많으므로 반드시 체크해 보자.

04 롯데마트 주변은 아파트 밀집 지역. 저녁 시간이면 퇴근 차량과 오토바이 때문에 어마어마한 교통 정체가 생기기도 한다. 오전이나 오후 시간에는 좀 더 쾌적하게 다녀올 수 있다.

05 한국인 여행자들이 많이 찾는 지역이다 보니 여행자를 대상으로 한 소매치기 범죄가 많이 발생한다. 오토바이를 타고 소지품을 낚아채 갈 수 있으니 도로 가까이는 가지 말자.

06 원하는 제품이 없다고 해서 섣불리 포기하지 말자. 인기 제품은 여러 매대에 나눠서 진열하고 소진 시 즉각 새로 진열해 준다.

07 시간이 부족하다면 2층만 둘러봐도 좋다. 여행자들이 찾는 물건 대부분이 2층에 모여 있기 때문이다.

롯데마트의 서비스

01 환전 서비스

환율이 좋고, 믿을 수 있어 여행자들이 몰린다. 마트 영업시간 동안 운영해 사실상 언제든 환전을 할 수 있다는 것도 큰 장점.

환전 방법

Step 1 1층 마트 입구 옆 커스터머 서비스 카운터(Customer Service)를 찾아간다. 카운터 앞에 놓여진 외국인 환전 신청서(Foreign Currency Exchange Slip)에 이름과 여권번호, 서명을 기입하자. 예시를 붙여 놓고 있으니 참고하자.

Step 2 미국 달러(USD)와 신청서를 카운터에 제출한 다음 환전된 금액을 받는다.

Step 3 환전이 실수 없이 잘 됐나 다시 한 번 체크한다.

02 짐 보관 서비스

짐 보관도 가능하다. 작은 물건은 로커에, 부피가 큰 물건도 안전하게 보관해준다. 직원이 항상 위치해 있어 분실 염려도 적다. 매장 입구에 로커(Locker) 부스가 있다.

시간 07:00~22:00

03 물품 배달 서비스

내 차도 없는데 무거운 짐을 들고 다닐 수는 없는 일. 배달 서비스를 이용하면 두 손이 가볍다. 15만đ 이상 구입 시 반경 10킬로미터 내(호치민 시내 대부분 지역)에서는 배달이 무료다. 단, 배송까지는 최소 3~4시간부터 최대 12시간까지도 걸려 시간이 촉박한 여행자가 이용하기에는 부적절하다. 최근에는 스피드 엘(Speed L) 애플리케이션으로 주문 및 배송 접수도 할 수 있다.

배달 신청 및 수령 방법

Step 1 15만đ 이상의 물건을 구입한다.

Step 2 입구 바로 옆에 있는 자율 포장대에서 박스 포장을 한다. 포장이 힘들면 직원에게 도와 달라고 하자.

Step 3 배달 카운터(Delivery/Quầy Giao Hàng) 직원에게 영수증을 보여준 후 배달 전표(Delivery Form)를 작성한다. 짐을 수령할 장소란에는 묵고 있는 호텔을 적으면 된다. 호텔 주소와 전화번호, 방 번호, 수령인을 영어로 적거나 직원에게 보여준다. 배달 사고가 생길 수 있으므로 영수증을 반드시 보관하자.

Step 4 배달 전표를 받는다.

Step 5 약속된 시간에 호텔 로비로 배달이 되면 호텔 측에서 다시 연락을 해준다. 로비에서 방 번호 확인 후 물품을 수령한다.

Co.op mart

현지인들의 장바구니가 궁금하다면

꿉마트

여행자보다는 현지인들이 즐겨 찾는 대형 마트. 1·3군에 위치해 동네 마트 가듯 쉽게 다녀올 수 있는 곳이다. 기념품보다는 식료품과 생활용품을 주력으로 판매하고 있으며 상품 진열도 현지인의 편의에 맞춰져 있어 원하는 제품을 찾으려면 발품을 꽤 많이 팔아야 한다. 시내 중심가에 있어 가격은 롯데마트에 비해 조금씩 더 비싸지만 베트남스러운 분위기를 느끼기에는 이곳만 한 곳이 없다.

1군 지점
2권 INFO P.062 MAP P.046E
구글지도 GPS 10.767269, 106.686294
시간 07:30~22:00

3군 지점
2권 INFO P.070 MAP P.066J
구글지도 GPS 10.781391, 106.692555
시간 07:30~21:30

꿉마트 알차게 이용하기

01 과일 도시락을 주목하자. 망고, 잭프루트, 파파야 등 인기 열대과일은 물론이고 두리안도 먹기 좋도록 잘라 놓아 편리하다. 과일·신선 코너에 있다.

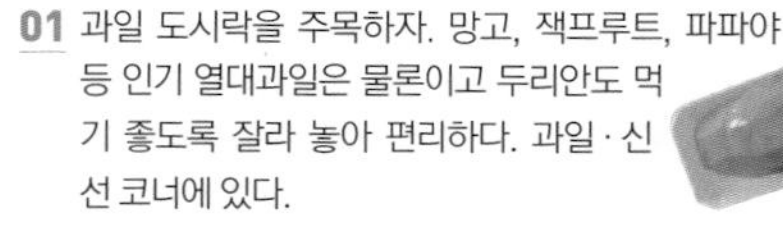

02 동네마다 꿉마트가 하나씩은 있기 때문에 택시를 탈 때 주소를 보여주는 것이 좋다. 여행자들이 들르기 가장 좋은 곳은 1군과 3군 지점. 그 외의 지점은 시내에서 멀어 차라리 롯데마트에 가는 것이 이득이다.

03 장바구니 부대가 들이닥치는 시간은 오후 세 시 이후부터. 그 전에 쇼핑을 모두 마쳐야 금방 계산을 끝낼 수 있다.

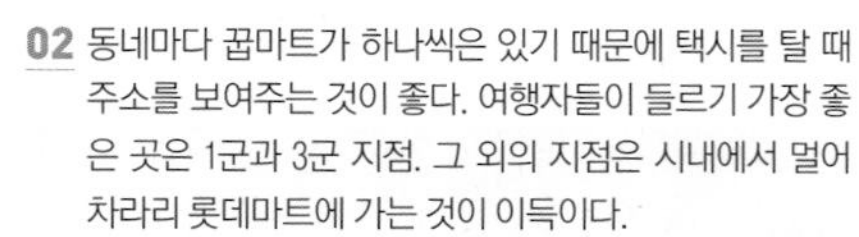

04 한국말이 거의 통하지 않고 영어 의사소통도 힘들다. 원하는 제품이 있을 때 말로 하는 것보다는 스마트폰으로 사진을 보여주는 것이 훨씬 편하다.

05 구색은 다양한데 진열돼 있는 수량이 한정적인 편. 사려는 물건이 있으면 우선 장바구니에 담자.

꿉마트의 서비스

01 짐 보관 서비스

핸드백 크기의 작은 짐을 무료 보관할 수 있다. 사물함처럼 열쇠로 여닫아 사용하는 식이라 안심하고 맡길 수 있다.

02 물품 배달 서비스

구매 금액에 따라 무료 물품 배달 서비스를 제공한다. 구매 금액이 20~100만đ까지는 10킬로미터 거리 내(호치민 시내), 100~200만đ은 15킬로미터 이내, 200만đ이 넘으면 20킬로미터까지 무료 배달을 해준다. 보통 4~12시간 이내로 배달이 되며 파손되거나 상하기 쉬운 제품은 배달이 불가능하니 유의하자. 접수 카운터는 1층 계산대를 나와 왼쪽 끝 롯데리아 매장 앞(3군 지점), 2층으로 올라가는 에스컬레이터 아래(1군 지점)에 있다. 기본적인 이용 방법은 롯데마트 (p.243)와 동일하다.

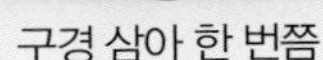

Vin Mart

구경 삼아 한 번쯤

빈마트

최근 생긴 랜드마크 81 빌딩에 들어선 대형 마트. 롯데마트, 꿉마트보다 최신식이다. 하지만 그게 유일한 장점. 가격이 좀 더 비싸고 손님이 많아 쾌적한 쇼핑을 기대하기는 힘들다. 물품 진열 방식이나 구조가 롯데마트와 흡사해 원하는 물건을 금방금방 찾을 수 있으며 다양한 판촉 행사가 열려 볼거리가 많은 편. 숙소가 이 근처이거나 랜드마크 81 빌딩 구경을 겸해서 들른다면 나쁘지 않은 선택이다.

2권 INFO P.080 MAP P.076I
구글지도 GPS 16.071701, 108.230493
시간 08:00~22:00

빈마트 알차게 이용하기

01 식사는 랜드마크 81 푸드 홀(Landmark 81 Food Hall)에서 해결하자. 새로 생긴 푸드코트라 시설이 깨끗하고 음식 가격도 이 동네치곤 저렴하다. 푸드 홀 입구의 캐셔(Cashier)에서 비용을 지불하면 푸드 홀 안에서 사용할 수 있는 카드를 발급해준다. 남은 금액은 카드를 반납하면 되돌려준다.

02 현지인에게는 실내 아이스링크가 피서지로 인기 있다. 아이스 스케이팅 부츠는 물론, 초보자도 쉽게 스케이트를 탈 수 있도록 도와주는 펭귄 · 물개 모양의 장비도 대여할 수 있다.

시간 09:30~22:00 **가격** 키 140센티미터 이하 10만 đ(주말 15만 đ), 키 140센티미터 이상 17만 đ(주말 22만 đ), 아이스 스케이팅 부츠 대여 3만 đ

03 한국과 비교해도 크게 다르지 않은 가격, 어떤 제품은 오히려 우리나라에서 인터넷으로 사는 것이 더 저렴하기도 하니 반드시 필요한 것이 아니라면 구입하지 말자.

04 생긴 지 얼마 되지 않은 곳이라 주말이면 엄청 붐빈다. 될 수 있으면 평일 오후 시간에 찾아가도록 하자.

빈마트의 서비스

01 짐 보관 서비스

유인 로커가 설치돼 있어 간단한 짐을 보관할 수 있다. 맡길 수 있는 짐의 양과 크기는 상관없지만 30만 đ이 넘는 귀중품은 보관이 불가능하다. 기본적으로 짐은 3일간 보관되며 오래된 짐은 임의로 폐기 처분이 될 수 있으니 조심하자.

시간 08:00~22:00

02 물품 배달 서비스

다른 마트에 비해 배달 서비스 이용 가능 금액이 높은 편이다. 50만 đ 이상 구매 시 반경 10킬로미터 내(호치민 시내)는 무료로 쇼핑한 물품을 배달해 준다. 소요시간은 보통 3~8시간가량. 물품 배달 신청 카운터는 마트 입구에 있다.

시간 08:00~22:00

THEME 23
재래시장

LOCAL MARKET

삶에 필요한 거의 모든 것을 마주할 수 있는 곳.
그리하여 그곳에서 살고 있는 사람들의 삶이 묻어나는 곳. 시장은 그런 곳이다.
호치민의 남대문 시장이라고 할 수 있는 벤탄 시장부터
저 멀리 외딴 섬 푸꾸옥의 야시장에 이르기까지,
당신의 여행에서 마주할 모든 시장들이 여기에 담겼다.
재래시장의 인심만큼이나 풍성한 시장의 이야기를 기대해도 좋다.

It Items @ Ben Thanh Market!
아오자이, 커피 원두, 커피 용품, 아티초크 차, 기념품

형형색색의 아오자이,
소박하고 아기자기한 공예품,
값싸고 맛 좋은 온갖 먹거리까지.
당신이 찾는 거의 모든 것이
벤탄 시장에 있다.

벤탄 시장 Ben Thanh Market

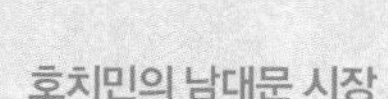

호치민의 남대문 시장

1912년 지금의 위치에 터를 잡은 뒤, 백 년이 넘도록 굳건히 자리를 지켜온 유서 깊은 시장, 바로 벤탄 시장이다. 이곳은 이 도시에 살고 있는 시민들에게는 삶의 일부인 곳이며, 여행자들에게는 호치민 여행의 하이라이트가 되는 곳이다.
1985년 개보수를 거쳐 오늘날에 이르는 시장 건물 안에 다양한 상점들이 빼곡히 들어차 있는데, 동서남북을 가로지르는 중앙 통로를 중심으로 상점들이 잘 구분되어 있어 길 찾기는 쉽다.
이곳을 찾는 여행자들이 구입하는 주요 물품으로는 커피 원두와 말린 찻잎, 베트남의 특산품인 아티초크 차 등이 있다. 여행의 기념이 될 만한 베트남 스타일 소품들도 구입하기 좋다. 다만, 여행자들에게 인기가 많은 시장이어서 로컬들이 주로 이용하는 다른 시장들에 비해 가격대가 높은 편. 일부 상품의 경우 대형 마트보다 비싼 경우도 있으니 가격 확인과 적당한 흥정은 필수다!
시장을 돌다 허기가 진다면 시장의 한가운데로 향하자. 쌀국수를 비롯한 로컬 음식부터 망고와 사탕수수 주스, 신또와 쩨 등 다양한 마실 거리를 값싸게 맛볼 수 있다.

2권 INFO P.061 **MAP** P.046D **구글지도 GPS** 10.772569, 106.698041
시간 07:00~19:00

It Items @ Da Lat Market!
꽃, 건과일, 아티초크 차, 찻잎

보는 것만으로도 달콤함이 가득!
물 좋고 공기 맑은 달랏의 농산품을
만나 보자.

달랏 시장에서 쉽게 마주할 수 있는 건과일. 여행 중 '단 게 당긴다'면 이게 제격!

Da Lat Market
달랏 시장

고산 도시 달랏 시민들의 삶터

달랏 시내 중심부에 위치한 시장으로, 고산 도시 달랏을 터전 삼은 많은 이들의 삶이 투영되는 곳이다. 여행자들이 주로 찾는 곳은 응우옌 티민 카이(Nguyễn Thị Minh Khai) 거리 북쪽 로터리와 마주한 시장. 1층에는 달랏의 특산품인 생화와 말린 과일 등을 주로 판매하며 2층에서는 가을과 겨울 의류를 판매하고 있어, 베트남에서 선선하기로 유명한 달랏의 기후를 다시금 실감케 한다.
이 건물 외에도 뒤쪽 거리를 따라 시장이 형성되어 있는데, 현지인들이 주로 찾는 곡물상, 야채상, 잡화상 등이 이어져 있어 보는 즐거움을 선사한다.

2권 INFO P.166 MAP P.151H **구글지도 GPS** 11.943049, 108.436870
시간 06:30~23:00

담 시장

Dam Market

It Items @ Dam Market!
건어물, 다기, 기념품

현지인들의 노곤한 삶과
여행자들의 호기심 어린 시선이
교차하는 곳.
시장이 좋은 이유다.

냐짱이 자랑하는 원형 재래시장

냐짱을 대표하는 시장으로, 마치 실내 체육관처럼 원형으로 된 건물이 더욱 유명한 곳이다. 예로부터 현지인들이 애용하는 시장이었지만, 워낙 많은 여행자들이 찾게 된 덕분(?)에 지금은 이들을 위한 기념품과 소품 등을 주로 판매하는 곳으로 변모했다. 해안 도시의 시장답게 해산물과 건어물을 손쉽게 구할 수 있으며, 비교적 질 좋은 다기를 합리적인 가격에 구입할 수도 있다.
조금 더 현지 분위기를 만끽하고자 한다면 담 시장 남쪽, 냐짱 그리스도 대성당과 인접한 쏨 모이 시장(Xom Moi Market/Chợ Xóm Mới)을 찾아가자.

2권 INFO P.113 MAP P.101B 구글지도 GPS 12.255024, 109.191786
시간 05:00~18:30

소박한 삶의 모습이 그대로 밴
푸꾸옥의 즈엉동 시장.
섬 사람들의 따뜻함 넘치는 삶을
눈에 담아보자!

It Items @ Duong Dong Market!
과일, 해산물, 건어물, 느억맘 소스, 후추

즈엉동 시장

Duong Dong Market

길거리 좌판 수준의 즈엉동 시장.
그러나 상품의 신선함과 싱싱함은
결코 뒤떨어지지 않는다.

섬 사람들의 일상을 훔쳐볼 수 있는 곳

푸꾸옥섬의 중심이 되는 즈엉동(Dương Đông), 이 소박한 마을을 가로지르는 즈엉동강을 따라 펼쳐지는 상설시장. 여행자들에게 친숙한 분위기가 결코 아니지만, 그렇기에 더더욱 날것 그대로의 모습을 마주할 수 있는 곳이기도 하다. 사면이 바다로 둘러싸인 섬마을 속 시장이어서 해산물이나 이를 주재료로 한 느억맘 소스 등을 값싸게 구입할 수 있다. 푸꾸옥의 특산품인 백후추, 흑후추도 이곳에서 구입할 수 있다.

2권 INFO P.142 MAP P.129C **구글지도 GPS** 10.221974, 103.957200
시간 03:00~19:00

베트남 시장에서 놓쳐서는 안 될 '잇' 아이템

여행자들이 재래시장에서 흔히 구입하는 제품 중 커피 원두, 차 종류, 식료품 등은 주변의 마트에서도 쉽게 구할 수 있는 아이템이다. 가격 변동이 심해서 딱 잘라 말할 수는 없겠지만, 대개 흥정을 잘할 경우 재래시장에서 구입하는 편이 조금 더 저렴한 것이 사실. 그러나 흥정의 결과에 따라 마트 쇼핑이 더 저렴한 경우도 비일비재하다. 1만 đ, 2만 đ에 울적해 하지 말고, 쇼핑을 즐기자.

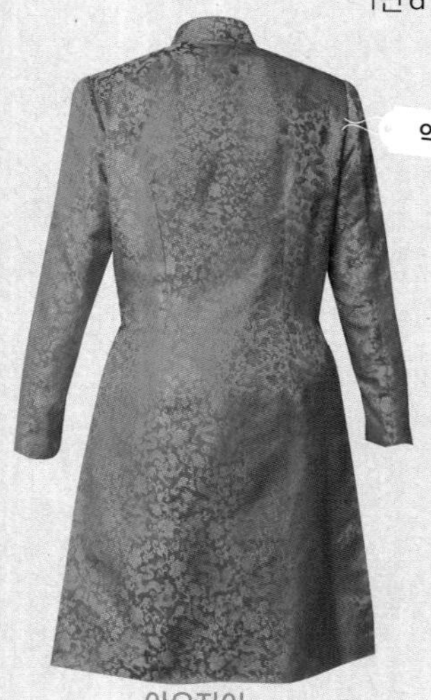

약 40만 đ~

아오자이

맞춤도 저렴하게! 베트남 여행을 기념하기에 이보다 더 좋을 수 없다!

커피 원두

다양한 종류의 커피 원두를 저렴하게! 연유만 있다면 이제 집에서도 카페 쓰어다 한 잔!

약 10만 đ~

약 10~15만 đ

건과일

망고밖에 모르는 당신에게 추천! 베트남의 달콤함을 다양하게 즐길 수 있다.

아티초크 티백

소화촉진, 해독작용에 도움을 주는 베트남의 특산품, 아티초크를 차로 즐기자!

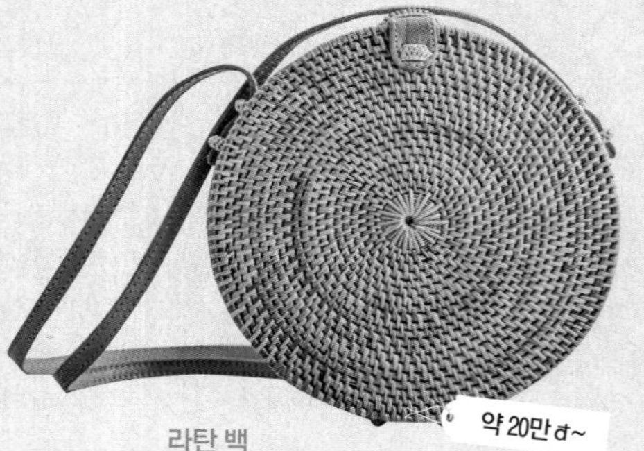

약 20만 đ~

라탄 백

스타일리시한 라탄 백 하나면 올여름 'OOTD'도 문제 없다!

약 10~20만 đ

논
이것 하나면 분위기 넘치는
셀피 완성!

약 3만 đ

카페 핀
베트남 커피는
여기에 내려야 제맛!
가볍고 편리한 커피 드리퍼.

약 8만 đ~

약 4~5만 đ

후추
푸꾸옥의 특산품 향이 짙은 통후추!
향신료에 관심이 많다면 이것만은 꼭!

도자기
여행의 추억을
오래도록 간직하기에
더없이 좋다.
흥정의 기술은 필수!

약 4만 đ~

느억맘 소스
베트남의 맛이 내 손안에 있소이다!
베트남의 밥상에서 빼놓을 수 없는
필수 소스 느억맘.

약 3만5000 đ

벤탄 시장에서 아오자이 맞추기

베트남의 여신이 되어 보자!

여행지에서 그 나라의 복장을 제대로 갖춰 입고 거리를 활보하는 것은 이제 유행이 아닌 필수! 재래시장에서는 베트남의 아름다움을 오롯이 담은 아오자이를 저렴한 가격에 맞춰 입을 수 있다. 사이즈와 원단은 물론, 소소한 디자인까지 내 마음대로. 자, 이제 여신이 될 준비는 끝났다!

01 아오자이 맞춤 상점 찾기
벤탄 시장의 2천여 점포 중에서 아오자이 맞춤 상점을 찾는 것이 첫 단계. 마네킹 위에 완성복이 걸려 있는 곳은 기성품 상점, 다양한 색깔과 무늬의 원단이 주욱 걸려 있는 곳은 맞춤 상점이다.

02 디자인 선택
원하는 디자인을 보여주거나, 상점의 팸플릿에서 선택할 수 있다. 큰 틀의 가격 확인은 이때 해두는 것이 좋다. 원단 가격과 제작비가 모두 포함되었는지 확인하자.

03 원단 & 세부 디자인 선택
옷깃 모양과 장식, 속바지 색깔까지 모두 선택할 수 있다. 일반적이지 않은 디자인의 경우 추가 금액을 부르기도 한다.

04 가격 흥정
결코 그냥 지나칠 수 없는 순서. 하지만 가장 중요한 순서이기도 하다. 호치민 벤탄 시장의 경우 지방의 소규모 시장에 비해 훨씬 비싼 값을 부른다. 30~80만 đ 정도면 적당하다.

05 사이즈 재기
다른 옷과 크게 다르지 않지만, 몸에 딱 붙는 옷이기 때문에 가슴과 허리, 엉덩이 둘레를 잴 때는 심혈을 기울이자. 그네들의 손은 빛의 속도로 움직이니까.

06 지불하기 & 영수증 챙기기
현금으로 금액을 지불하고 영수증을 받자. 아오자이가 완성되는 데에는 짧게는 반나절 정도, 길게는 꼬박 24시간이 걸린다. 약속시간은 생각보다 '장사꾼 마음대로'이니 너무 믿지는 말 것.

07 아오자이 받기
직접 찾아가서 받을 수도 있고, 호텔 로비로 배송을 요청할 수도 있다. 밤 비행기나 슬리핑 버스를 타고 이동할 예정이라면 여유 있게 시간을 잡는 것이 좋다.

외로운 밤이면 밤마다 생각나는 야시장 BEST 3

각 도시의 야시장은 대개 낮의 시장 주변에서 해 질 무렵 펼쳐진다.
재기발랄한 짝퉁 액세서리 하나도 좋고, 현지인들과 어울려 좌판에 앉아
사이공 맥주와 함께 불 향 가득한 꼬치 한입 베어 물어도 좋다.
길고 긴 여행의 밤이, 오늘만큼은 짧디짧게 느껴질지도 모른다.

1 벤탄 야시장 Ben Thanh Night Market

벤탄 시장 서쪽 판츄찐(Phan Chu Trinh) 거리와 동쪽 판보이쩌우(Phan Bội Châu) 거리에서 펼쳐지는 야시장. 수공예 액세서리와 짝퉁 티셔츠, 생과일과 오색 스티키 라이스 등을 판매한다. 다른 도시의 야시장에 비하면 규모도 작고 분위기도 밋밋한 편.

2권 INFO P.062 MAP P.046D 구글지도 GPS 10.772048, 106.697644

2 달랏 야시장 Da Lat Night Market

달랏 시장 앞 원형 광장을 기점으로 남쪽으로 이어진 응우옌 티민 카이(Nguyễn Thị Minh Khai) 거리 양쪽을 따라 펼쳐지는 야시장. 쇼핑할 거리보다는 먹거리가 풍부한 편. 길을 따라 플라스틱 의자를 깔아 놓아 거리 자체가 거대한 노천 식당으로 변신한다. 온갖 종류의 꼬치구이와 반짱 느엉, 반미와 후에식 쌀국수 등 그 메뉴도 가지가지다.

2권 INFO P.166 MAP P.151H 구글지도 GPS 11.942637, 108.436919

3 푸꾸옥 야시장 Phu Quoc Night Market

즈엉동 강변에서 펼쳐지는 야시장이다. 마을 규모에 비하면 야시장의 규모는 꽤 큰 편. 섬 속의 야시장인 만큼 노천 해산물 식당과 군것질 거리가 가득하다. 푸꾸옥의 특산품인 진주, 후추, 땅콩과 관련된 제품은 국내로 가져오기에도 좋은 살 거리들이다.

2권 INFO P.142 MAP P.129G 구글지도 GPS 10.215982, 103.960367

길고 긴 밤, 당신의 출출함을 채워줄 야시장 먹거리

반 짱 느엉

달랏 야시장의 명물, 베트남식 피자 반 짱 느엉.
바삭거리는 라이스페이퍼 안에 토핑이 한가득!

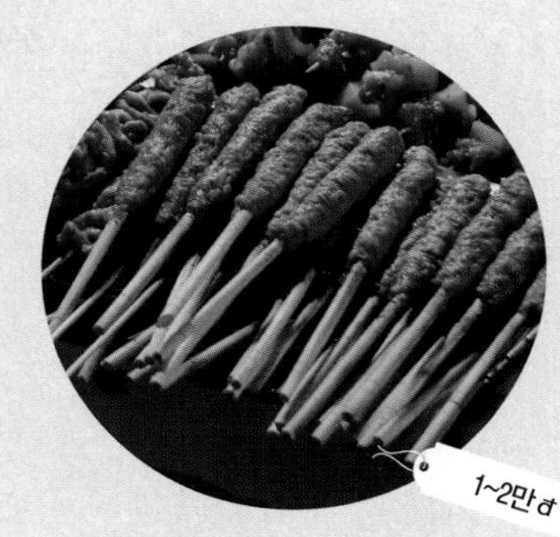

꼬치구이

노천에서 파는 꼬치구이 씨엔 느엉(Xiên Nướng)이야말로
야시장의 백미! 베트남식 소시지와 다양한 고기류,
피망과 오크라 등의 채소구이까지 없는 게 없다!

맛땅콩

서른 종류가 넘는 다양한 맛의 땅콩. 참깨 맛부터
커피 맛, 치즈 맛까지 있으니 고르는 재미는 덤.
맥주 안주로도, 선물로도 제격!

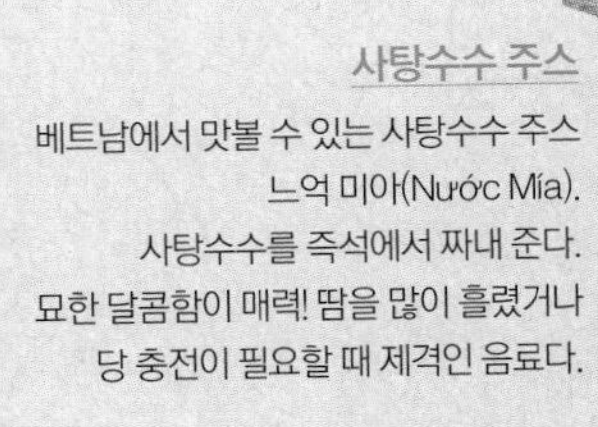

사탕수수 주스

베트남에서 맛볼 수 있는 사탕수수 주스
느억 미아(Nước Mía).
사탕수수를 즉석에서 짜내 준다.
묘한 달콤함이 매력! 땀을 많이 흘렸거나
당 충전이 필요할 때 제격인 음료다.

스티키 라이스

오색 빛깔 창연한 베트남 전통 찹쌀밥.
천연 재료와 함께 밥을 지어
서로 다른 다섯 가지 색깔을 만들어낸다.

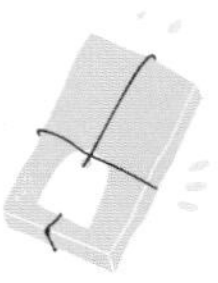

주는 사람도 좋은 베트남 여행 선물

아무리 고심해서 고른 선물도 주는 사람의 정성과 고생을 완전히 알아주지 않는 법. 가볍고 부피가 적은 것, 가격이 저렴하지만 싸구려 티 나지 않는 것으로 골라보자. 저렴한 가격에, 예쁜 것은 물론이다.

1

귀여운 그림이 그려진 세라믹 코스터
개당 25만 đ

2

베트남 사람들의 일상을 담은 마그넷
개당 4만 đ

3

비료 포대를 잘라 만든 가방
22만 đ

4

비료 포대로 만든 파우치
중간 것 8만5000 đ, 작은 것 7만 đ

5

비료 포대로 만든 책갈피
개당 3만5000 đ

6

유명 화가 '피슬러 사샤(Fishler Sasha)'의 나짱 풍경을 담은 포스터카드 개당 2만 đ

Kissa House
킷사 하우스

부부가 함께 운영하는 기념품 숍 겸 카페. 일본어로 킷사(喫茶)는 차를 마시는 곳을 뜻한다. 가게 외관이 카페처럼 생겨 커피숍인 줄 알고 잘못 찾아오는 사람들도 많다. 하지만 제대로 찾아왔다. 1층은 베트남 곳곳에서 공수해온 기념품을 판매하고, 2층은 조용한 분위기의 카페로 운영하고 있기 때문. 비록 규모는 작지만 직원의 영어 실력이 뛰어나며 다른 곳에서는 쉽게 찾아볼 수 없는 기념품들도 많아 한참을 머무르게 된다. 음료도 생각보다 맛있다.

쿠폰 2권 P.199
2권 INFO P.110 MAP P.101D
구글지도 GPS 12.239953, 109.19233 시간 08:00~22:00

7
바나나 모양이 프린트된 지갑 25만 đ
파우치 12만 đ

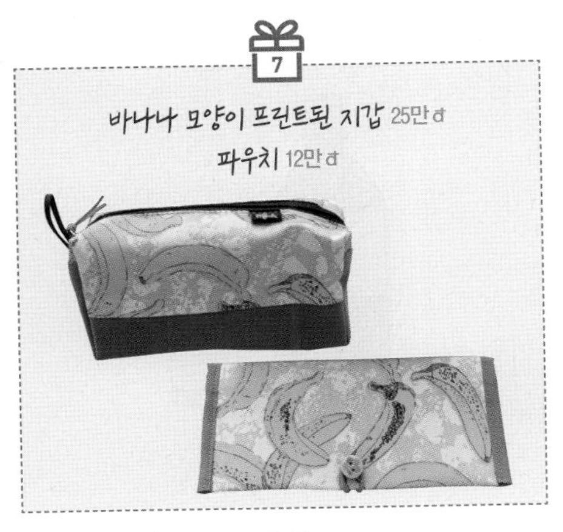

8
독특한 반원형 라탄 클러치 백
35만 đ

9
다양한 컬러의 태슬이 포인트인 라탄 숄더백
32만 đ

10
고급스러운 느낌의 라탄 핸드백
45만5000 đ

1
빨대 꽂이가 있는 일회용 컵홀더
2만9000 đ

2
보틀 백 13만5000 đ

3
대나무 칫솔과 세라믹 칫솔 꽂이
각 7만9000 đ

4
오가닉 화장품
대개 1g당 500 đ(종류마다 다름)

Laiday
레이데이

오가닉 화장품, 생활용품 전문 숍으로 각종 자연 성분으로 만든 화장품을 용량 단위(g)로 판매한다. 스킨·로션 등 기초 화장품은 물론이고 리무버, 샤워 젤, 선크림, 토너 등 종류가 매우 다양하다. 어떤 자연 원료로 만들었는지, 어떤 피부 타입에 잘 맞는 제품인지를 꼼꼼히 표시해두고 있으며 마음껏 시용해볼 수 있어 인기를 끌고 있다. 플라스틱 등 인공 화학 원료를 거의 사용하지 않은 생활용품들도 꼼꼼히 살펴보자. 1~2평 남짓한 가게 구석구석 살펴보면 사고 싶은 아이템이 어찌나 많은지, 왜 이 집만 유독 손님이 많은지 금세 알게 된다.

2권 INFO P.083 MAP P.077C
구글지도 GPS 10.804156, 106.734897 시간 08:00~22:00

The Craft House
더 크래프트 하우스

여행자로 붐비는 기념품점에 지쳤다면 이곳으로 가자. 가격이 조금 비싸기는 해도 기념품의 질은 확실히 좋다. 티셔츠, 에코백, 머그컵 등 흔한 기념품은 물론이고 지역 브루어리에서 만든 크래프트 맥주, 베트남 전통 과자 등도 판매해 차근차근 둘러보면 살 만한 제품들이 꽤 많다. 특히 벱 노이의 과자는 이곳의 인기 아이템으로 우리 입맛에도 잘맞는다.

2권 INFO P.061 MAP P.046C
구글지도 GPS 10.770931, 106.692574 시간 10:00~22:00

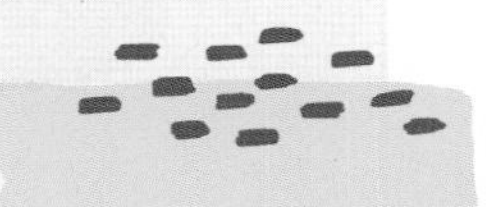

1

귀여운 캐릭터가 그려진 에코백 18만 đ

2

우리 입에도 잘 맞는 벱 노이의 과자
9~18만 đ

3

베트남 느낌이 팍팍 드는 코스터 세트
24만 đ

4

옛날 호치민 지도가 그려진 여권 케이스
24만 đ

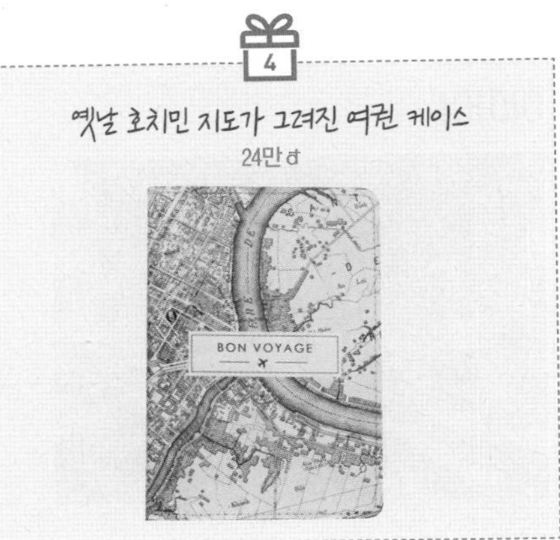

1
남녀 모두에게 잘 어울리는 핑크 에코백
25만 đ

2
귀여운 모양의 커피 드립퍼 & 커피잔 & 티스푼 세트
71만 đ

3
색감이 예뻐서 안 사고는 못 배기는 인도친 라이스볼
26만 đ

4
독특한 디자인의 인도친 스푼
작은 것 6만 đ, 큰 것 7만 đ

Amai
아마이

보면 볼수록 탐나는 그릇과 리빙 제품을 판매하는 숍. 벨기에와 독일 디자이너 손끝에서 탄생한 파스텔 색조의 그릇이 이곳의 베스트셀러다. 실용성과 내구성을 꼼꼼히 따져보기도 전에 홀린 듯 쇼핑을 할 수 있는 곳이니 일단 마음가짐을 단단히 먹자. 아직까지 분점을 내지 않아 색다른 쇼핑 스폿을 찾고 있다면 추천. 포장도 꼼꼼히 해줘 안심이 된다.

2권 INFO P.083 MAP P.077C
구글지도 GPS 10.804033, 106.735133 시간 08:00~22:00

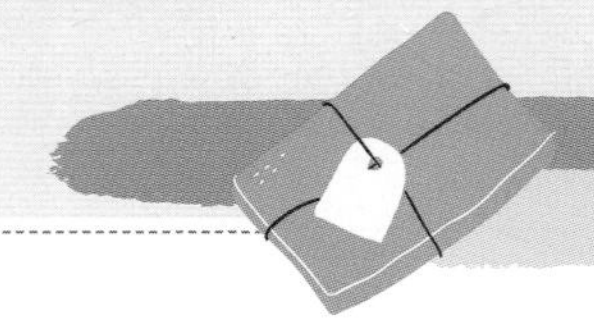

Starbucks 스타벅스

예쁜 기념품을 수집하는 취미가 있다면, 자칭 스타벅스 덕후라면 이곳부터 들러야 한다. 보기만 해도 소유욕이 생기는 스타벅스 머천다이즈 때문이다. 호치민에서만 구입할 수 있는 지역 한정 제품은 물론이고 하노이, 하이퐁, 다낭 등 베트남 전국의 머천다이즈를 모두 구입할 수 있어 베트남 여행을 추억하기에 좋다. 물건을 고르는 동안 직원이 따라붙지 않는다는 점도 한국 사람 취향에 딱 맞다. 단 하나 아쉬운 것은 호치민 물가 대비 몇 배는 더 비싼 가격. 스타벅스 물가가 따로 있다는 소리를 실감하게 되는 순간이다.

2권 INFO P.059 MAP P.046D
구글지도 GPS 10.771147, 106.693834 시간 08:00~22:00

1 플라스틱 텀블러 23만 đ

2 유아히어(You Are Here) 머그컵
개당 28~30만 đ

3 아오자이를 입고 있는 베어리스타 인형
개당 38만5000 đ

4 베트남의 주요 랜드마크가 그려진 텀블러
30만 đ

우리나라의 편집숍과 베트남의 편집숍은 **어떻게 다를까?**

신진 디자이너들의 작품만을 모은 톡톡 튀는 편집숍부터 명품 브랜드 제품들만 따로 모은 명품 편집숍까지, 온갖 종류의 편집숍이 범람하고 있는 우리나라와 달리, 베트남의 편집숍 문화는 아직 걸음마 단계라고 할 수 있다. 그래서 이렇다 할 편집숍을 쉽게 찾을 수 없는 것이 현실. 그렇다고 해도 실망은 말자. 그들의 숍에 찾아간다면 저마다의 색깔과 콘셉트를 가진 수준 높은 디자인 제품들을 어렵지 않게 만나볼 수 있으니까. 오히려 기득권을 쥐고 있는 기성 디자이너들이 아닌 톡톡 튀는 아이디어의 신진 디자이너들이 활발히 활동하고 있어, 거칠 것 없는 디자인이 마구 쏟아져 나오는 것이 무서울 정도. 무엇보다 동남아시아와 베트남의 문화적 밑바탕 위에 오늘날의 현대적 이미지를 덧입힌 퓨전 디자인은 세계적으로도 주목받고 있다. 어제와 오늘이 한데 뒤섞여 있기에 더욱 깊이 있는 베트남의 디자인. 아마 언젠가 동남아시아를 넘어 아시아의 디자인 문화를 이끌 날도 오지 않을까 싶다.

store
92-96
LE LOI ST.
Proudly
Made in
Vietnam

L'usine

호치민의 라이프스타일을 선도한다!
호치민에서 가장 핫한 편집숍
뤼진

호치민에서 가장 핫한 라이프스타일 숍, 호치민에서 가장 주목할 만한 편집숍을 꼽으라면 두말할 것 없이 뤼진이다. 그 어느 곳보다 세계적인, 또한 그 어느 곳보다 베트남스러운 디자인을 지향하는 뤼진. 이름만 대도 알 만한 아시아와 유럽의 디자인 브랜드와 함께 경쟁력 있는 로컬 브랜드를 모두 모아 감각적으로 진열하고 있어, 그 어느 곳보다 다양한 색깔과 이야기를 만날 수 있는 곳이다.

레탄통 지점

2권 MAP P.033H
구글지도 GPS 10.779567, 106.703996
시간 07:00~22:00

동커이 지점

2권 MAP P.033G
구글지도 GPS 10.775783, 106.703136
시간 07:00~22:00

레로이 지점

2권 INFO P.056 MAP P.046D
구글지도 GPS 10.773237, 106.699659
시간 07:00~22:00

뤼진에서 만나볼 수 있는 제품의 범주와 그 종류는 상상을 초월할 정도로 넓고도 많다. 느억맘 소스부터 꼼데가르송의 패브릭 제품까지 취급하니, 가히 '로컬'과 '글로벌'이 마주하는 곳이라 할 만하다. 감각적인 패키지가 돋보이는 볼루스파의 캔들과 호이안의 천연 향신료, 퀄리티 높은 라탄 백 등은 기념품으로도, 선물로도 손색없다.
뤼진은 호치민에만 세 곳의 숍(레탄통(Lê Thánh Tôn) 거리와 동커이(Đồng Khởi) 거리, 레로이(Lê Lợi) 거리)을 두고 있다. 모두 1층은 매장, 2층은 카페로 되어 있다. 상품만을 파는 것이 아니라, 자신들의 음식도 함께 파는 것. 이는 하나의 디자인 숍이기 이전에 호치민 사람들의 생활 양식을 선도하는 라이프스타일 숍임을 스스로 증명하는 것이다. 서양 스타일과 베트남 스타일이 묘하게 조화를 이루는 뤼진 카페의 메뉴는 그래서 뤼진 그 자체다.

135만 đ

라탄 백

조금 비싸면 어때?
이토록 예쁘고 이토록 퀄리티 높은
라탄 스퀘어 백이라면.
직조의 쫀쫀함에서 시장의 것과 비교를 불허한다.

호이안 스파이스 바다소금

고수나 녹차 향을 덧입힌 먹는 소금부터,
재스민 향의 목욕 소금까지.
먹는 소금과 바르는 소금을 헷갈리지 말자!

14만 đ~

52만 đ

뤼진 캔버스 백

L'USINE이라고 쓰인 타이포그래피로
단순하게 디자인한 뤼진의 캔버스 백.
여행 중에 들고 다니면 더 좋을걸?

볼루스파 향초

불을 붙여도 예쁘지만, 불을 끄고 뚜껑을 닫으면
더 예쁜 볼루스파의 향초.

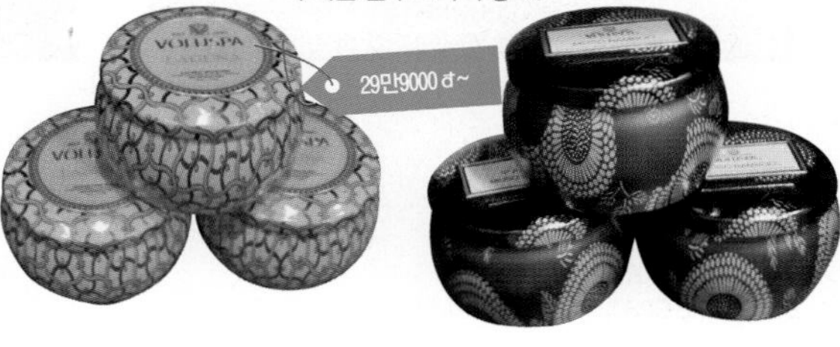

29만9000 đ~

Ginkgo

재기발랄 패턴과
아이디어 톡톡 프린팅의 천국
깅코

깅코의 시작은 2006년으로 거슬러 올라간다. 베트남을 여행하던 한 프랑스 청년은 깜찍한 프린팅의 질 좋은 티셔츠 한 장을 기념으로 구입하려 했지만 그런 티셔츠를 찾을 수 없었다. 적어도 그때까지는. 결국 본인이 직접 티셔츠를 만들어 팔기 시작했다. 겁 없는 프랑스 청년과 그 여자 친구가 함께 문을 연 호치민의 작은 숍, 6제곱미터의 공간이 바로 깅코의 시작이었다. 현재는 두 곳의 콘셉트 스토어를 포함해 전국적으로 아홉 곳의 스토어를 두고 있으며, 호치민에만 다섯 곳의 스토어가 성업 중이다.

레로이 콘셉트 스토어

2권 INFO P.061 MAP P.046D
구글지도 GPS 10.772757, 106.699268 **시간** 08:30~22:00

레로이 스토어

2권 MAP P.033G
구글지도 GPS 10.775126, 106.701245 **시간** 08:00~22:00

친환경적인 디자인, 공정한 거래와 무역, 베트남 문화에 대한 풍부한 상상력. 깅코는 그런 철학으로 오늘날까지 이어져 왔으며, 2013년 이후 현재까지 스물다섯 명이 넘는 베트남 로컬 디자이너와 손을 잡고, 더 나은 질과 더 좋은 디자인의 제품들을 대중에게 선보이고 있다.

또한 프랑스와 베트남 양국의 직원과 디자이너들이 지속적으로 협업하고 있는데, 이 점이 바로 깅코만의 강점이자 특별함이라고. 확실히 깅코의 제품들을 보고 있노라면 자국 문화에 대한 그들의 애정이 얼마나 큰지 쉽게 발견할 수 있다. 이곳에서 만나볼 수 있는 제품의 종류는 수없이 많은데, 베트남의 언어, 사람, 건축과 도시 풍경, 유산 등 일일이 꼽을 수 없을 만큼 다양한 베트남의 이미지를 고스란히 담아내고 있다. 현지인들에게는 자국에 대한 뜨거운 열정, 그리고 여행자들에게는 소중한 여행의 추억을 담아낼 수 있는 좋은 매개체가 될 듯하다. 그렇기에 깅코는 특별하고, 더없이 소중하다.

올드 보드 크로스 백

베트남의 문자로 쓰인 예스러운 간판이야말로
이 매력적인 여행지의 또 다른 상징! 오래도록 호치민으로의
여행을 떠올리게 해줄 감각적인 프린팅의 크로스 백.

사이공 스토리 백팩

베트남의 옛이야기가 만화로 담겼다.
백팩으로도 숄더백으로도
활용할 수 있는 투웨이 캔버스 백.

플립플롭

베트남 사람들의 일상이 일러스트로 표현된 플립플롭.
시원한 색감이 휴양지에 제격.

베트남 텔레콤 티셔츠

전봇대에 엉킨 듯 내걸린 전깃줄의 모습은
흉물일까, 예술일까? 호치민의 일상 풍경을
담아낸 독특한 프린팅 티셔츠.

베트남의 인테리어 디자인은 **어떤 스타일?**

베트남에서 마주할 수 있는 대부분의 건축물과 공간 디자인은 여전히 조악하고 거칠다. 디자인에 있어서 'World Standard'라는 것이야 있을 수 없겠지만, 아직까지도 이 나라에서 매력적이고 스타일리시한 공간 디자인을 마주하기란 결코 쉬운 일이 아니다. 이는 사회주의 체제 아래 억압되고 경직된 분위기가 사회와 문화 전반에 짙게 깔려 있기 때문. 하지만 2000년대에 들어서면서부터 베트남에도 분명 변화의 바람이 불고 있다. 잘 계획된 건축물과 잘 디자인된 공간을 심심치 않게 마주할 수 있게 된 것도 그 후의 일이다.

베트남의 디자인 속에서는 몇 가지 공통된 특징을 발견할 수 있다. 첫째로는 전통에 대한 경외에 있다. 자존심이 강한 민족성 때문인지는 몰라도 자신들의 문화를 사랑하고 이를 현대적으로 재해석하는 데에 매우 적극적이다. 둘째로 동남아 특유의 편안함과 자연스러움 또한 이들 디자인의 특징이다. 모던함으로 포장된 딱딱함을 대신해 휴양지적 여유가 공간 곳곳에서 배어난다. 마지막으로 모던 크래프트(Modern Craft, 현대의 획일적 디자인 경향에 반대하여 수공업적 특성을 산업 디자인에 도입하려는 경향. 디자인은 하나이나, 각각의 제품마다 결코 똑같지는 않은 미세한 다름에 집중)의 경향이 엿보인다. 단순히 인건비가 싸다는 수(數)의 논리 때문만은 아니다. 그들의 유구한 문화 곳곳에 깊숙이 밴 수공예적 감각들이 오늘날 그들의 디자인 전 분야에 걸쳐 묻어나는 것이다.

베트남의 인테리어와 디자인이 조금 더 궁금하다면?

1군에 자리 잡은 몇몇 숍들만 둘러보고 돌아가는 여행이 아쉬운 여행자라면, 호치민에서의 일정이 여유로워 이 도시를 조금 더 깊이 둘러보고자 하는 여행자라면, 따오 디엔(Thảo Điền)으로 향하자. 따오 디엔은 호치민의 떠오르는 부촌으로 서울의 청담동이나 한남동 정도 될 것 같다. 중산층 이상의 사람들과 외국의 주재원들이 주로 살고 있는데, 스타일리시한 디자인 숍과 편집숍, 카페나 레스토랑이 옹기종기 자리해 있어, 호치민의 젊은이들에게도 주목받고 있다.

Authentique Home

베트남 전통에 바탕을 둔 단아한 아름다움

오텐티크 홈

오텐티크 홈은 더할 나위 없이 아름다운 삶을 지향한다. 베트남 전통 공예에 뿌리를 두고 1995년 설립된 이래로, 그 전통에 대한 오롯한 집중과 올바른 계승에 힘쓰며 오늘에 이르고 있다. 예로부터 전통 공예가 발달해 온 베트남이지만, 전쟁과 산업화를 거치면서 이의 가치와 그에 대한 존경이 무색해진 오늘날 이를 바로잡는 것이 오텐티크 홈의 추구하는 바라고.
이곳은 세 명의 장인에 의해 운영되고 있는데, 도자기의 Cam Kim과 목가구의 Cam Ha, 그리고 섬유 제품의 Cam Giang까지, 오텐티크 홈의 모든 제품들은 그들의 손을 거쳐 탄생하고 있다. 질 좋은 재료와 대가의 손 기술이 만들어낸 정제된 디자인. 오텐티크 홈을 이루는 세 요소를 그들의 작품 안에서 만나볼 수 있다.
호치민 시청사와 인접한 오텐티크 홈 매장은 3개 층으로 이루어져 있는데, 1층에는 도자기 제품, 2층에는 목가구, 3층에는 섬유 제품들을 전시한다. 작품 하나하나도 물론 아름답지만 오텐티크의 다양한 제품들이 어우러져 전시되어 있는 모습을 보면, 마치 갤러리에 들어와 있는 것 같은 착각을 불러일으키기도 한다. 전통 다기 세트나 테이블웨어 등은 가격 부담도 적어 기념으로 구입하기 좋다.

2권 Ⓑ **INFO** P.040 Ⓞ **MAP** P.033C Ⓖ **구글지도 GPS** 10.774974, 106.700040 Ⓛ **시간** 09:00~21:00

청화 다기 세트

베트남의 맑은 차와 잘 어울릴 것 같은
단아한 꽃 그림의 청화 티포트 세트.
차를 즐기는 당신이라면 절대 놓치지 말자!

자수 캔버스 백

깔끔한 화이트 캔버스 백.
베트남 스타일의 자수가 생기를
불어넣는다.

80만 đ

수저받침

동양적인 색채를 자랑하는
깔끔한 수저받침.

핸드 크래프트 디시

자연스러운 붓질,
자연스러운 색감의 세라믹 접시.

세라믹 사각함

잃어버리기 쉬운 소품을 담아도 좋고,
양념통으로 사용해도 좋을 것 같은
소형 세라믹 사각함. 다양한 색깔 그림을
조합해 나만의 세트를 꾸릴 수 있다.

세라믹 조미료통

심플하지만 고급스러워
부엌의 품격을 한층 높여준다.

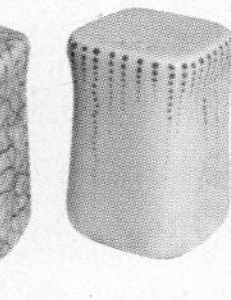

레더 숄더백

부드러운 가죽의 질감을 자랑하는
기본 스타일의 숄더백.
단순한 디자인이지만 강한 대비가
인상적인 배색 덕분에 결코 지루하지 않다.

자수 파우치

박음새가 꼼꼼한 자수가 인상적인 파우치.
선물로 주기도 좋다.

Sadéc District

재기발랄, 톡톡 튀는 소품들이 다 모였다!

사덱 디스트릭트

사람들의 삶에 지대한 영향력을 미치는 강, 메콩강의 영원함과 풍요로움에 영감의 원천을 둔 디자인 숍, 그리고 디자인 갤러리다. 수많은 종류의 제품들을 직접 디자인, 제작해 판매하고 있는데 도자기와 유리 제품으로부터, 목조와 섬유 그리고 금속 제품에 이르기까지 그 분야가 실로 방대하다. 오덴티크 홈이 전통에 대한 존경을 강조하고 있는데 반해, 이곳의 제품들을 조금 더 진취적이다. 물론 전통에 그 뿌리를 두고 있지만, 이를 현대적으로 재해석해 조금 더 정갈하고 담백한 작품들이 주를 이룬다.
동남아의 정취를 가뜩 담은 대나무 제품이나 테이블웨어는 실용적인 기념품으로 더할 나위 없이 좋다. 유리 제품들도 그 영롱한 아름다움으로 당신의 두 눈을 사로잡고도 남는다. 비행기에 실어서 안전하게 들여올 자신이 있다면 이들 또한 함께 '득템'해 보자.
호치민에 두 곳의 매장을 운영하고 있는데, 1호점은 1군에 위치하고 있어 여행자들이 방문하기에 좋고, 2호점은 호치민의 떠오르는 인테리어 디자인 거리인 2군의 따오 디엔(Thảo Điền) 지역에 자리 잡고 있다.

1호점

2권 **INFO** P.040 **MAP** P.033G
구글지도 GPS 10.774956, 106.704027 **시간** 09:00~21:00

2호점

2권 **INFO** P.083 **MAP** P.077C
구글지도 GPS 10.803587, 106.733226 **시간** 09:00~20:30

각 8만 đ

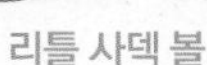

리틀 사덱 볼

파스텔톤 색상이 산뜻한 작은 볼.
바닥이 평평한 것은 컵받침으로,
볼록하게 들어간 것은 양념 종지나
작은 간식을 부어 먹는 용도로 적당하다.

웨스트 레이크 라운드 플레이트

블랙 앤 화이트의 정사각형 패턴이 예쁜
원형 플레이트. 등나무를 엮어 만들어
음식보다는 과일이나 빵, 다과를 담을 때 좋다.

각 32만 đ

각 18만 đ

화이트 플레이트

단단한 목재로 만든 플레이트.
그릇받침이나 수저받침으로
이용하기 알맞다.

왕골 가방

왕골을 엮어서 만들어 튼튼하고
크기가 적당해 쓰임새가 많다.

파우치

베트남스러운 기념품을 찾는다면 바로 이 제품.
전통 모자인 '농'을 쓴 여인으로 장식돼 있어
선물용으로도 좋다.

주방 장갑 겸 냄비받침

손을 넣을 수 있도록 디자인돼
주방 장갑으로도 활용할 수 있다는 것이 특징.
마감이 깔끔하고 가격도 저렴하다.

귀여운 방석

한 땀 한 땀 정성들여 만든 방석도 예쁘다.
디자인이 다양해서 고르는 맛도 있다.

Mekong Quilts

톡톡한 촉감의 퀼팅 제품을 찾는다면

메콩 퀼트

메콩 플러스(Mekong Plus)라는 NGO에서 활동하고 있는 호치민의 치과 의사 딴 쭝(Thanh Truong)에 의해 2001년 처음 문을 연 곳. 그 이름대로 수작업으로 만들어지는 퀼트 제품을 주로 만나볼 수 있다.

사실 이곳은 제품만큼이나 아름답고 따뜻한 마음을 느낄 수 있는 곳이다. 이곳의 모든 제품들은 베트남과 캄보디아의 소수 민족 여성들의 경제적 안정을 보장하기 위해 딴 쭝 여사가 직접 그녀들을 고용하여 손수 만들어낸 것이다. 실제로 지금도 200명 이상의 여성들이 메콩 퀼트에 소속되어 작품 활동을 하고 있다. 그 수익금으로 그녀들의 보수를 주는 것은 물론 지역의 위생과 보건을 위해 공익 사업을 벌이기도 한다니, 이 얼마나 아름답고 따뜻한 일일까. 깜찍한 패턴을 자랑하는 아이용 퀼트 이불, 퀼트 쿠션 커버나 동남아의 분위기를 자아내는 파우치 등은 메콩 퀼트에서 특히 주목할 만한 제품. 선물용으로 다량 구입하기에 좋은 소품들도 많으니 놓치지 말고 찾아가 보자.

2권 INFO P.062 MAP P.046D
구글지도 GPS 10.773282, 106.699751 시간 09:00~19:00

EXPERIE

ICE

안전하고 스마트하게 베트남을 체험하라!

눈으로만 보는 여행의 시대는 끝났다!
다섯 가지 감각 기관에 힘입어,
보고 듣고 맛보고 냄새 맡고 또한 느껴 보아야
여행은 비로소 완성된다.
수백 수천 가지 체험 프로그램과 액티비티로
여행자들에게 손짓하는 여행지 베트남.
이제 조금 더 안전하고 스마트하게 베트남을 체험해 보자.

너를 알고 나를 알아야 백전백승(百戰百勝)! 내게 꼭 맞는 프로그램 선택, 참 쉽조?

01 다른 이들의 기준 NO! 나만의 기준 YES!

푸꾸옥에서 이거 안 하면 바보래. 냐짱에서 그것도 안 했어? 이런 말들에 '팔랑귀'가 되는 실수를 저지르지 말자. 누군가에게는 최고의 추억이 또 다른 누군가에게는 최악의 기억이 될 수도 있다. 잊지 못할 스카이다이빙 경험이 누군가에게는 아름답겠지만, 또 누군가에게는 아찔할 수도 있는 법. 남들 다 한다고 해서 선택하기보다는 내가 꼭 하고 싶은 것, 내 마음을 잡아끄는 것을 선택하자. 여행의 주인공은 다름 아닌 '나야 나'이니까.

02 영어도, 베트남어도 모르겠다면?

한인이 운영하는 업체가 아닌 이상 투어 프로그램 중 열에 아홉은 영어나 베트남어로 진행된다. 별다른 설명이 중요하지 않은 액티비티나 보는 것 위주의 프로그램이라면 괜찮지만, 깊고 긴 설명이 이어지는 프로그램, 즉 역사 투어나 쿠킹 클래스 등은 자칫 지루해지거나 돈이 아깝다는 생각이 들기 일쑤. 언어에 자신이 없다면 이런 프로그램은 놓아주는 것이 좋다.

03 시기, 계절, 날씨에 따라 만족도는 천차만별

문화 체험 따위의 클래스가 아닌 대부분의 프로그램은 야외에서 진행된다. 그래서 시기와 계절, 매일매일의 날씨에 따라 체험의 만족도가 확연히 달라진다. 당장 오늘 비가 올지 안 올지에 대해서는 기상청도 알 수 없겠지만, 여행 기간 동안의 전반적인 일기에 대해서는 확인해 두는 것이 좋다. 참, 동남아라고 해도 겨울의 바다는 차디차다는 사실 또한 절대 잊지 말자.

04 그룹 투어 vs 프라이빗 투어, 당신의 선택은?

보트 투어(호핑 투어)를 비롯해 여러 체험 프로그램의 경우, 그룹 투어와 프라이빗 투어 중 선택이 가능하다. 대부분의 여행자는 값이 싼 그룹 투어를 선택하게 되는데, 여러 나라의 여행자들과 어울려 함께 시간을 보내야 한다. 가장 큰 문제는 아무래도 시간! 픽업과 드롭 오프, 대기 시간 등이 하염없이 길어지기도 하니, 일행이 많거나 시간이 금인 여행자라면 프라이빗 투어를 선택해 시간을 아끼자. 물론 체험의 질도 함께 올라간다.

기억해서 손해 볼 것 없다!

투어 진행 시 유의해야 할 5가지

01 예약 내역, 시간 확인은 필수

일주일 전 또는 한 달 전에 이미 끝내버린 예약. 잘 기억하고 있다고 생각되지만, 막상 여행지에 가면 헷갈리기 일쑤. 적어도 예약 시간, 픽업 장소 등은 두 번 세 번 확인해 두도록 하자. 돌다리는 자고로 두드리며 건너야 하는 법이니까.

02 비상 연락처를 꼭 확인하자!

상황에 따라 급한 연락이 필요한 경우가 참 많다. 이때에는 바로 연결이 가능한 직통 전화번호가 매우 유효하다. 국가번호, 지역번호와 함께 이들 번호를 휴대폰에 저장해 두는 것은 아주 좋은 방법. 요즈음에는 라인이나 카카오톡 등 SNS를 통해서 담당자와 메시지를 주고받을 수도 있으니 이를 십분 활용하는 것도 좋다.

03 내 몸과 내 짐은 내가 지켜야 해

사고는 한순간에 일어난다. 눈 깜짝할 시간이면 이미 모든 상황은 끝나 있다. 어떤 프로그램에 임하든 조심하고 또 조심하는 것이 최우선이다. 안전 수칙에서 강조하는 것들을 결코 가벼이 여기지 말자. 또한 체험 프로그램의 경우 업체에서 개인 물품을 보관해주기도 하지만, 우리나라처럼 보안이 확실하지는 않다. 여권이나 다량의 현금 등은 웬만하면 따로 보관하는 것이 좋다.

04 계획이 변경되었다면 최대한 빠른 연락이 답!

모든 것이 그렇지만 늦었다고 생각하면 정말 늦어버리는 수가 있다. 그러니 날짜나 시간을 바꾸거나 프로그램 취소를 하려거든 가능한 빠른 연락을 취하자. 개개의 프로그램과 각각의 상황마다 다르기는 하겠지만 빠르면 빠를수록 변경이나 환불 가능성이 높아지는 것이 불변의 법칙. 또한 급한 연락은 전화가 최선이다.

05 사진 & 동영상 패키지에 아낌없이 투자하자.

체험 도중 사진이나 동영상을 촬영해 주는 패키지가 있다면, 웬만하면 선택하기를 추천한다. 경험 많은 교관들이 직접 촬영해 주기 때문에 결과물의 질이 좋을 뿐더러, 무엇보다 체험 도중 사진 찍는 데 정신이 팔려 소중한 시간을 허비하지 않아도 되니 더욱 좋다.

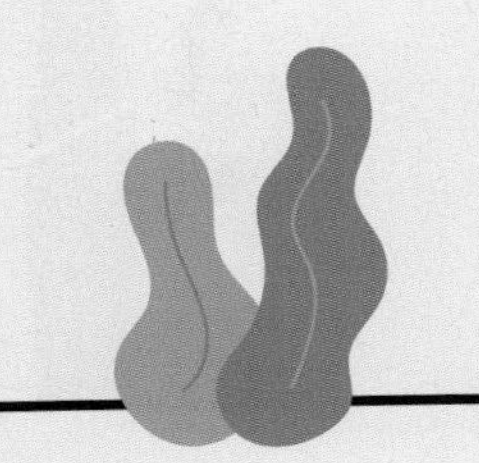

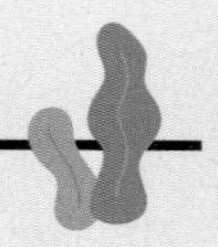

단 한 번의 선택이
여행을 좌우한다!

안전한 여행사, 체험 프로그램 선택하는 법

01 싼 게 비지떡일 수도 있다?

싼 게 비지떡일 수도 있고 아닐 수도 있다. 조금 더 스마트한 선택을 하고자 한다면 제목과 가격만 보지 말고 내용을 따져 보자. 최저가의 상품에는 옵션으로 포함된 내용이, 다른 상품에는 기본으로 포함된 경우가 다반사다. 또한 픽업 차량이나 투어 보트의 연식 등 세세한 부분에서도 차이가 날 수 있다는 점을 기억하자.

02 여행 예약 플랫폼을 십분 활용하자.

클룩(www.klook.com) 등 여행 상품 예약 플랫폼을 적극적으로 활용하면 시간과 비용을 함께 절약할 수 있다. 각 프로그램별 가격과 세부 내용에 대한 비교가 가능하며, 가격 할인도 받을 수 있다. 홈페이지 운영을 하지 않는 업체의 프로그램도 사전에 쉽게 예약해 이용할 수 있다는 것이 또 하나의 장점.

03 해외 여행자들의 생생한 후기 확인은 필수

트립어드바이저 등을 통하면 국내 여행자들은 물론 해외 여행자들의 가감 없는 후기를 확인할 수 있다. 단순히 프로그램의 만족도를 확인하는 것에 더해 업체의 대응, 시설의 낙후 정도와 위생, 프로그램의 상세한 내용까지 사진과 더불어 확인할 수 있다. 별점을 비교할 때에는 별점을 준 여행자들의 수도 중요하다. 표본이 많으면 많을수록 통계는 더 정확한 법이니까.

04 홈페이지 사전 예약 vs 현지 발품 팔기 예약, 장단점이 분명하다.

정답은 없다. 미리 예약을 해두면 내가 원하는 시간과 프로그램을 선점할 수 있고 할인을 받을 수 있는 경우도 많다. 다만, 유동적인 여행 일정에 유연하게 대응할 수 없다는 단점이 분명 존재한다. 현지에서 발품 팔며 예약을 한다면 이와는 정반대의 장단점이 따라오게 된다. 결국 정답은 없다. 내 성향과 일정에 따라 현명하게 선택하는 것이 답이다.

05 보험은 정말 중요하다!

어떤 프로그램이든 어떤 업체든 보험 가입은 필수다! 보험에 가입조차 하지 않았다는 것은 고객들의 안전에 대해 관심도 없고, 책임질 의사도 없다는 말과 같다. 출발 전 우리나라에서 가입하는 해외여행자보험의 경우, 스카이다이빙이나 캐녀닝 따위의 격렬한 활동 중 일어난 사고에 대해서는 보상하지 않는 경우가 대부분이다. 때문에라도 액티비티 도중 일어나는 일들에 대해 보상받을 수 있도록 보험에 가입한 업체 및 프로그램을 선택하는 것이 중요하다. 보험 가입 여부는 홈페이지 등으로 쉽게 확인할 수 있다.

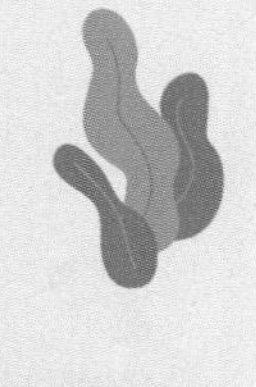

06 예약 대금을 법인 계좌로 받는지 확인하자.

개인 계좌로 입금받는 회사는 베트남 현지에서 여행사로 등록되어 있지 않은 경우가 대부분이다. 불법 여행사는 입금받은 여행사의 실무진이 갑자기 잠적하는 경우 예약금을 되돌려받기 힘들어진다.

07 베트남 현지에 사무실을 갖추고 있는 업체인지 확인하자.

국내에만 사무실을 갖추고 있거나 현지 사무실의 주소와 연락처를 명시하지 않는 여행사는 의심하는 것이 좋다.

08 투어 진행 시 쯔엉찐(Chương Trình)을 발급받는지 알아보자.

베트남에서 여행 가이드 투어를 진행하려면 '쯔엉찐'이라는 서류가 반드시 필요하다. 유명 관광지에서 공무원들이 불시 검문해 쯔엉찐이 있는지 확인하는데, 쯔엉진에 나와 있지 않은 차량을 이용하거나 신고되지 않은 여행객 또는 관광 가이드가 있는 경우 법적인 처벌을 받게 되어 있다. 따라서 투어 예약 시 여행사에서 쯔엉찐 신고를 위한 개인 정보(영문 이름, 여권 번호, 생년월일, 국적, 픽업 장소)를 요구하는지 확인해 보자. 쯔엉찐 정보를 확인하지 않는 여행사 대부분은 불법 투어를 하는 여행사라 봐도 무방하다.

09 가이드 동행 시 가이드 라이선스가 있는지 확인하자.

공인 가이드 라이선스를 발급받은 가이드인지 확인하자. 라이선스는 표찰로 만들어 목에 걸고 다니는 것이 일반적인데, 라이선스에는 이름과 ID(등록 번호), 가이드하는 언어 등이 적혀 있다. 왕궁, 사원 등 베트남의 역사적인 장소에서는 외국인이 설명하는 것을 금지하고 있고, 외국인에게는 투어 라이선스 발급도 거의 해주지 않는다. 따라서 국제 라이스선스가 없는 한국인 가이드는 설명을 할 수 없다(단, 베트남 가이드가 설명하는 것을 한국어로 통역할 수 있다). 만약 가이드 자격이 없는 외국인이 외국어로 설명하다 적발될 경우 심하면 베트남에서 추방당할 수 있어 가이드가 여행객을 버리고 도망가 투어를 망치는 사례도 빈번하다.

10 관광사업 등록증과 인허가 보증보험 증권 실물을 확인하자.

시·군·구청에서 발급하는 관광사업 등록증과 보증보험 주식회사에서 발급하는 인허가 보증보험 증권 실물을 요구하는 것이 가장 정확하다. 등록증 발급 기준일이 최근인지도 확인해 보자.

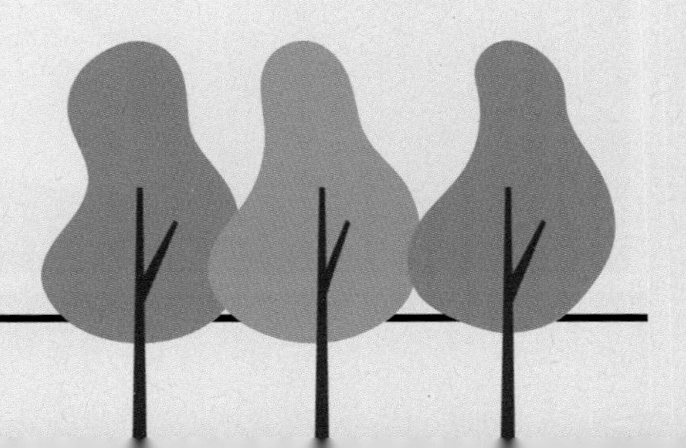

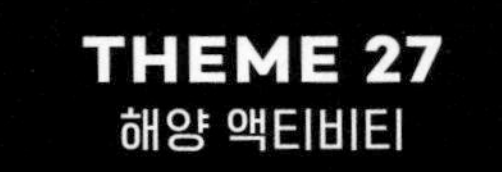

THEME 27
해양 액티비티

베트남의 바다를 오롯이 즐기자!

어떤 바다를 좋아할지 몰라 모두 다 준비했다!
구불구불한 해안선의 볼 것 많은 냐짱의 바다로부터,
파도 좋기로 유명한 무이네의 바다와 맑고 투명하기로 유명한 푸꾸옥의 쪽빛 바다까지.
바다 위면 바다 위, 또 바닷속이면 바닷속,
그 어떤 해양 액티비티도 가능한 베트남의 바다로 지금 달려가 보자.

베트남의 많고 많은 바다들!

각각 어떤 매력을 품고 있으며 무엇을 즐길 수 있을까?

• **냐짱** 도심과 맞닿은 바다는 그다지 맑지 않지만, 보트를 타고 조금 먼 바다로 나가거나 교외의 해변에서는 꽤나 맑은 바다를 만날 수 있다. 해안선이 복잡하고 다양한 바다 풍경을 갖고 있어, 스노클링을 즐기기에도 제격. 해양 액티비티의 성지로 다양한 프로그램을 누릴 수 있다.

주요 액티비티 보트 투어, 스노클링, 시 워킹, 제트 스키

• **무이네** 바닷물은 우리나라의 서해처럼 탁하다. 그러나 무이네에는 매력적인 바람이 있고, 파도가 있다. 바람과 파도를 이용한 거친 액티비티를 즐길 수 있다.

주요 액티비티 카이트서핑

• **푸꾸옥** 내륙과 떨어진 섬인 만큼 맑고 투명한 바다가 당신을 기다린다. 몇몇 해변에서는 남태평양의 바다를 떠올리게 하는 쪽빛 바다를 만나볼 수 있다.

주요 액티비티 보트 투어, 스노클링, 낚시

1

베트남의 바다와 함께 시원한 하루를

보트 투어 Boat Tour

바쁜 현대인들의 일상 속 여행, 그 빠듯함과 짧은 일정이 너무도 안타깝다. 다섯 시간이나 비행기를 타고 이곳에 왔을 텐데, 두어 밤 자고 나면 다시 일상 속으로 돌아가야 하는 여행자들. 그런 여행자들이라면 소위 '호핑 투어'라는 이름으로 널리 알려진 보트 투어에 참가해 보자. 시간은 반나절에서 한나절쯤. 이 바다와 저 바다, 이 섬과 저 섬을 빠르게 여행하고, 그 사이사이마다 스노클링을 즐기며, 맛있는 현지 식사와 맥주 한 잔의 여유까지 즐길 수 있다. 생각할 거리 많은 여행자들이라면 보트 투어에 한나절 몸을 맡기고 편안히 베트남의 바다를 만끽하자.

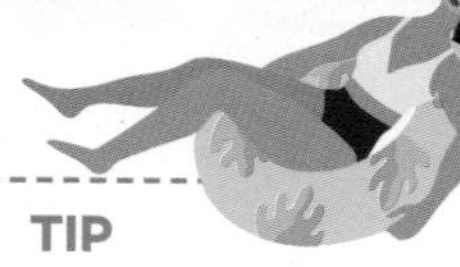

TIP

호핑 투어(Hopping Tour)? 보트 투어?

호핑은 '깡총깡총 뛰다'라는 뜻의 영어 단어 'hop'에서 유래한다. 여기저기를 점프하듯 뛰며 관광한다는 것인데, 이 섬 저 섬을 다니며 관광과 액티비티를 함께 즐기는 프로그램을 일컫는다. 동남아 일대에서 흔한데, 베트남에서는 대개 보트 투어라고 칭한다.

보트 투어 어디에서 하는 게 좋아요?

보트 투어는 물이 투명하여 스노클링 포인트가 많은 나짱과 푸꾸옥에서 가장 활발하다. 업체마다 세부 사항이 조금씩 다르지만 가격대와 전반적인 내용은 비슷한 편. 외국 여행자들의 객관적 평이 많고, 보험에 가입된 업체를 선택하는 편이 안전하다.

1-1

냐짱이 사랑하는 네 개의 섬을 한 번에 돌아본다!

냐짱 보트 투어 Nha Trang Boat Tour

냐짱의 보트 투어는 냐짱 베이 위에 점점이 수놓아진 몇 개의 섬을 돌아보는 투어로 이루어져 있다. 혼미에우(Hòn Miễu), 혼땀(Hòn Tằm), 혼못(Hòn Một), 혼문(Hòn Mun)까지 네 개의 섬이 그 배경인데 각각의 투어마다 방문하는 섬이 조금씩 다르다. 기본적으로 픽업과 드롭, 점심 식사, 스노클링과 해수욕 등은 포함되어 있지만, 아쿠아리움이나 양식장 방문 등은 각 투어마다 달라진다. 일부 입장료와 추가 액티비티(제트 스키, 패러세일링 등) 이용료는 투어 요금에 포함되어 있지 않다는 점에 주의하자. 이러한 옵션 사항의 경우 굳이 선택하지 않아도 무방하니, 여유 있게 해변에서 일광욕을 하거나 스노클링을 즐기는 편이 더 낫다.

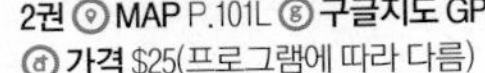

냐짱 보트 투어 추천 업체 냐짱 시 스타(Nha Trang Sea Star)
2권 MAP P.101L 구글지도 GPS 12.235006, 109.196796 시간 07:00~22:00
가격 $25(프로그램에 따라 다름)

냐짱 보트 투어 일정

08:00~08:45 호텔 픽업 → 09:00 까우다항 출항 → 09:30 혼미에우섬 아쿠아리움 → 10:30 혼미에우섬 싼 비치 → 12:00 점심 식사 → 13:00 혼못섬 → 14:00 혼못섬 스노클링 → 17:00 투어 종료

1-2

섬 속의 섬, 그 비밀스러운 바다 여행!

푸꾸옥 보트 투어 Phu Quoc Boat Tour

푸꾸옥의 보트 투어는 크게 두 포인트를 배경으로 한다. 푸꾸옥 본섬 남쪽에 군집해 있는 크고 작은 섬들을 하나씩 돌아보는 남부 투어와 본섬 북서쪽 캄보디아와 인접한 작은 섬들을 둘러보는 북부 투어로 나뉜다. 베트남에서 가장 맑고 투명한 바다를 자랑하는 푸꾸옥이므로 어느 쪽을 선택해도 후회가 없지만, 아무래도 볼거리는 남부 쪽이 월등하다. 프로그램에 따라 다르지만 푸꾸옥의 특산품인 진주 농장을 방문하고, 물이 맑기로 유명한 본섬 동부의 싸오 비치를 함께 돌아보는 코스가 가장 일반적. 대개의 프로그램은 오전에 픽업하여 한나절쯤을 보낸 뒤 투어가 종료되지만, 오후 프로그램에 참가한다면 멋진 석양을 본 뒤, 푸꾸옥의 명물인 오징어잡이 체험을 함께 즐길 수도 있다.

푸꾸옥 보트 투어 추천 업체 존스 투어(John's Tours)
2권 MAP P.129K 구글지도 GPS 10.194353, 103.967481 시간 07:30~21:00
가격 $15~72(프로그램에 따라 다름)

푸꾸옥 보트 투어 일정

08:00~08:30 호텔 픽업 → 09:00 진주 농장 → 10:00 출항 → 10:30 낚시 체험 → 11:00 스노클링 → 12:00 선상 점심 식사 → 14:00 싸오 비치 → 17:00 투어 종료

TIP

그룹 투어 vs 프라이빗 투어
당신의 선택은?

우리 돈 1~2만 원 정도의 저렴한 요금이 장점인 그룹 투어. 그러나 모르는 이들과 함께하는 것이 부담스럽다면 프라이빗 투어를 선택하는 것도 방법. 요금은 5~6배 비싸지만, 일정 조율도 가능하고 보트 상태도 더 낫다는 평.

2

베트남의 바다를 가장 순수하게 즐기는 법

스노클링 Snorkeling

베트남의 아름다운 바다를 오롯이, 그러나 가장 손쉽게 즐기는 방법이 있다면 그건 바로 스노클링. 스노클(snorkel, 얕은 물에서 호흡을 위해 사용하는 짧은 관)과 오리발, 수경 등 간단한 장비만 있다면 별다른 기술이나 교육 없이 즐길 수 있다. 물속 깊은 곳에 들어가지 않고도 바닷속 풍경을 볼 수 있고, 남녀노소 누구나 즐길 수 있는 모두의 해양 액티비티다. 사실 스노클링을 즐기는 데 있어서 장비보다 더 중요한 준비물은 맑고 투명한 바다다. 스노클링의 매력은 해수면 언저리를 유영하면서 저 아래 바닷속 세상을 내려다보는 즐거움에 있으니, 물고기와 산호들의 별세상 풍경을 오롯이 만끽하려면 그만큼 맑고 투명한 물빛이 중요하기 때문. 그러나 베트남의 바다는 필리핀이나 태국처럼 맑지 않은 것이 현실이다. 냐짱의 바이 다이 비치, 빈펄 랜드가 위치한 혼쩨섬이나 푸꾸옥 일대의 바다가 그나마 맑은 편이니, 스노클링을 즐기고자 한다면 이곳의 바다에 주목하는 것이 좋다. 수경과 스노클 장비만 있어도 즐길 수 있는 스노클링이지만, 안전을 위해 구명조끼 착용은 필수. 장비는 리조트 내의 비치 클럽이나 해변의 사설 렌트 업체에서 쉽게 대여할 수 있지만, 위생적으로 관리되는 편은 아니니 개인 장비를 가져가는 것을 추천한다.

TIP

냐짱 & 푸꾸옥 스노클링 지도

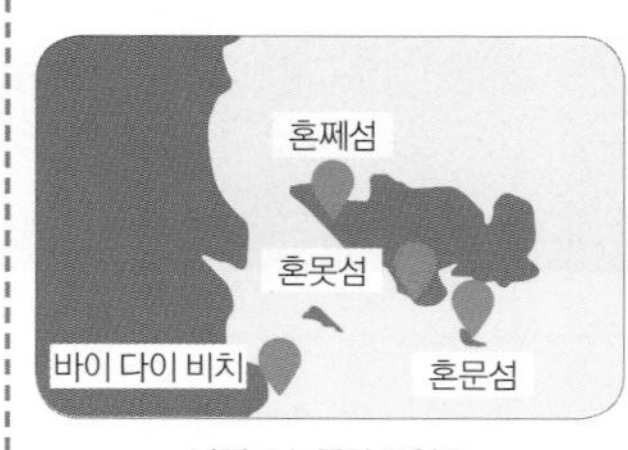

냐짱 스노클링 포인트
혼못(Hòn Một) & 혼문(Hòn Mun)섬,
혼쩨(Hòn Tre)섬 일대,
바이 다이(Bãi Dài) 비치

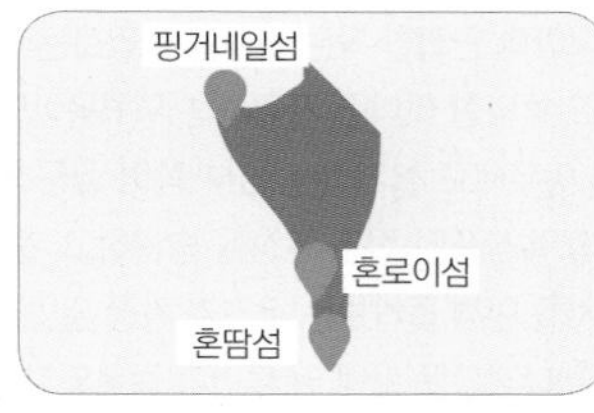

푸꾸옥 스노클링 포인트
핑거네일(Hòn Móng Tay)섬,
혼로이(Hòn Roy)섬,
혼땀(Hòn Tằm)섬 일대

3

베트남의 바닷속을 두 다리로 걸어보자

시 워킹 Sea Walking

시 워킹, 말 그대로 바다를 걷는 액티비티로 예수님처럼 바다 위를 걷는 것은 아니고 수 미터 깊이의 바닷속을 걷는 것이다. 이 바닷속 걸음을 가능하게 하는 것은 다름 아닌 특수 헬멧 때문. 잠수부들이 쓰는 헬멧과 그 모양새는 비슷하지만, 뒤쪽에 호스가 길게 연장되어 지상의 산소 탱크와 연결되어 있다는 점이 차이점이다. 이 특수 헬멧을 쓰고 바다로 들어가면 호흡이 자유로운 것은 물론 화장 하나 지워지지 않는다. 이는 종이컵을 엎어서 물속에 넣었을 때 안쪽 공기가 그대로 남아 있는 것과 원리가 같다. 스쿠버 다이빙이 조금 부담스럽거나, 물 공포증이 있는 여행자라면 시 워킹에 도전해 보자. 베트남의 바닷속을 걸어보았다는 인증샷은 필수다!

냐짱 시 워킹 추천 업체 **시 워커 냐짱(Sea Walker Nha Trang)**
2권 **MAP** P.101H **구글지도 GPS** 10.194353, 103.967481
시간 월~금요일 08:00~20:00 **가격** $90(픽업 및 보트 탑승, 간식 포함)

4

파도와 바람만 있다면 어디든 갈 수 있어!

카이트서핑 Kitesurfing

냐짱과 푸꾸옥에 비해 물이 맑지도 않고 이렇다 할 해양 액티비티도 없는 무이네. 그러나 무이네에는 카이트서핑이 있다. 연을 뜻하는 'kite'와 서핑의 'surf'가 합쳐진 액티비티, 즉 카이트서핑은 연을 타고 즐기는 서핑이라고 생각하면 될 듯하다. 실제로 바람 좋고 파도 좋은 날, 무이네의 메인 비치인 함티엔 해변에 가면 수많은 카이트서퍼들이 오롯이 바람에 의지해 거의 날듯이 서핑을 즐기고 있는 모습을 쉽게 볼 수 있다. 바람의 방향, 파도의 세기를 파악하고 낙하산과 닮은 연에 의지해 서핑을 즐기는 것. 한 줄 설명만으로도 그 어려움이 전해지는 것 같다. 실제로 카이트서핑은 난도가 매우 높은 액티비티여서, 인명 사고도 종종 일어나며 교관의 도움이나 교육 없이는 제대로 즐기는 것이 불가능하다. 무이네에는 카이트서핑을 가르쳐주는 일일 스쿨이 많이 있으니 이들의 도움을 받아 안전하게 즐기는 것이 좋다.

무이네 카이트서핑 추천 업체 **무이네 카이트서트 스쿨(Muine Kitesurt School)**
2권 **INFO** P.183 **MAP** P.174J **구글지도 GPS** 10.945526, 108.199136
시간 09:00~17:00 **가격** $60~(2시간 기초 레슨 포함)

어디에나 있다! 언제나 즐겁다!

빠지면 섭섭한 해양 액티비티 BEST 6

바나나 보트 Banana Boat

가평의 대명사! 대한민국 국민이라면 누구나 다 아는 수상 액티비티로 바나나 모양의 기다란 보트에 나란히 앉아 짜릿한 속도감을 즐길 수 있다. 보트 1대당 정원은 5~7명. 일행과 함께 즐길 수 있어 더없이 좋은 바나나 보트를 타고 베트남의 바다를 누벼보자.

ⓓ **가격** 15분 탑승, 약 80만 đ(1대)

패러세일링 Parasailing

'낙하산'을 뜻하는 'parachute'와 '항해'를 뜻하는 'sail'의 합성어. 패러세일링은 고속 모터보트가 이끄는 낙하산에 의지해 바다 위를 날아오르는 액티비티다. 모터보트의 속도가 빠를수록 패러세일링은 더 높이 하늘로 솟구치는데, 기술 좋은 스태프가 보트의 속도를 조절해 상승과 하강을 반복시켜 준다. 편히 즐길 수 있는 액티비티이지만 막상 그 짜릿함은 상상을 불허한다.

ⓓ **가격** 약 40만 đ

플라이보드 Flyboard

수년 전 TV 프로 〈무한도전〉 '니가 가라 하와이' 편에 등장해 선풍적인 인기를 끌었던 수상 액티비티. 괌이나 하와이는 물론 베트남 냐짱 일대의 해변에서도 즐길 수 있다. 특수 제작된 부츠(위쪽으로는 두 발을 끼게 되어 있고, 아래쪽으로는 강력한 수압으로 물을 내뿜도록 한 부츠)를 신고 수압의 힘을 빌어 수면 위로 솟구쳐 오른다. 난도가 꽤나 높은 액티비티로 악명(?)이 높다.

ⓓ **가격** 10분 이용, 약 90만 đ

카약 Kayak

에스키모인들의 생활 수단으로부터 시작해 이제는 전 세계인의 수상 액티비티로 자리 잡은 카약. 1~2인용의 무동력 보트를 타고 노를 저으며 이동한다. 비교적 안전한 편이지만, 구명조끼는 필수. 비치 클럽을 운영하는 리조트에서는 투숙객에 한해 무료 대여가 가능하기도 하다.

ⓓ **가격** 타 액티비티 이용 시 무료

제트 스키 Jet Ski

오토바이의 천국 베트남. 바다 위의 오토바이인 제트 스키도 베트남을 대표하는 해양 액티비티 중 하나. 보트 투어와 함께 옵션으로 즐기는 경우가 많다. 스태프의 도움을 받아 탑승할 수도 있고, 직접 조종해 볼 수도 있다.

ⓓ **가격** 15분 탑승, 약 65만 đ

패들 보드 Paddle Board

서핑 보드에 올라선 뒤 노를 저으며 바다 위를 유영하는 액티비티. 보기에는 매우 쉬워 보이지만, 보드 위에 올라서는 것도, 그 위에서 중심을 잡는 것도 생각보다 훨씬 어렵다. 수준급의 패들 보더들은 사납고 높은 파도를 넘나들며 보딩을 즐기기도 한다.

ⓓ **가격** 타 액티비티 이용 시 무료

※ 요금 및 이용 시간은 업체에 따라 다름

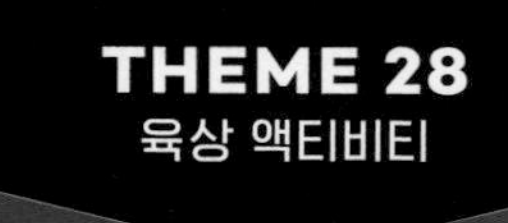

베트남을 눈으로만 즐기기에는 1% 아쉽다면 레포츠에 눈을 돌려보자.
우리나라에서 할 수 있는 레포츠라도 베트남에서는 반값 이하!
이국적인 풍경과 분위기는 덤으로 얻어갈 수 있다.
몸이 좀 고생스럽지는 않냐고? 이것만 기억하시길. '당신은 오늘이 가장 젊다.'

Muine Jeep Tour

지프차 타고 무이네 한 바퀴

무이네 지프 투어

지프차를 타고 화이트 샌드 듄, 레드 샌드 듄, 요정의 샘, 피싱빌리지 등 무이네의 주요 명소를 둘러보는 투어. 투어 일정과 순서를 내 입맛대로 바꿀 수 있어 사실상 교통수단(지프차)이 포함된 자유 여행이라고 봐도 된다. 새벽 일찍 출발해 화이트 샌드 듄에서 일출을 보는 선라이즈 투어(Sunrise Tour)와 오후 2시쯤 출발해 일몰을 보는 선셋(Sunset Tour)으로 나뉜다. 지프차가 사방으로 뚫려 있고 사구에 모래바람이 많이 불기 때문에 피부를 보호할 수 있는 마스크와 선글라스를 끼고, 긴 옷을 입는 것을 추천. 마실 물과 간단한 간식이 있으면 요긴하다. 모르는 사람들과 함께 투어를 하는 조인 투어와 우리 일행끼리 투어를 진행하는 프라이빗 투어가 있는데, 될 수 있으면 프라이빗 투어로 예약하자. 시간 약속을 잘 안 지키는 여행자가 한 명이라도 있으면 일정 전체가 꼬이기 십상이다.

2권 INFO P.183 **MAP** P.175G **가격** USD29~34/1인 **홈페이지** www.muine-explorer.com

선라이즈 투어 미리보기

04:30 호텔 픽업

05:00~06:30 화이트 샌드 듄에서 일출 보기. 사구까지 걸어가도 되지만 거리가 멀고 경사가 꽤 급하기 때문에 사구 입구에서 사륜구동을 타면 편하긴 하지만 가격이 비싸다. 가격 1인당 20만₫.

06:45~07:30 레드 샌드 듄 구경하기. 화이트 샌드 듄과는 또 다른 분위기. 비록 규모는 작지만 사진이 기가 막히게 잘 나오는 곳이다. 바로 옆의 바다 풍경도 꽤 근사하고, 모래 썰매는 별도 요금을 내야 한다.

07:45~08:30 요정의 샘 구경하기. 개울에 발을 담근 채 걸어야 하기 때문에 신발을 넣을 수 있는 비닐봉지가 있으면 요긴하다.

08:45~09:00 피싱빌리지 구경. 해변에 정박한 고깃배와 작은 수산시장을 볼 수 있다. 큰 볼거리는 없기 때문에 시간이 없으면 건너뛰어도 무방하다.

09:30 호텔 또는 원하는 위치에 드롭

Dalat Canyoning

캐녀닝 투어 미리보기

08:00 호텔 픽업

08:30 베이스캠프에 도착해 시작 전 간단한 문진과 건강 체크. 출발 전에 레펠 방법을 배우는 시간이 있다.

09:00 난이도가 쉬운 곳부터 시작해 점점 더 난이도를 높인다. 캐녀닝의 꽃은 7 · 9 · 11미터 레펠 수직 하강. 보기만 해도 아찔한 구간을 헤쳐 가는 재미가 남다르다. 코스 중간중간의 집라인, 다이빙 수영, 바위 미끄럼틀도 꿀잼 요소!

12:20 폭포 앞에서 점심 식사. 그 흔한 반미지만 이 아름다운 풍경 속에서 몸을 쓰고 난 후에 먹는 거라 더 맛있다.

13:00 호텔 드롭

심장이 쫄깃해지는 익스트림 레포츠

달랏 캐녀닝

쿠폰 2권 P.201

달랏의 폭포를 눈으로 한 번 즐겼다면 온몸으로 또 한 번 즐겨볼 차례. 캐녀닝은 수영과 암벽 타기, 레펠 수직 하강, 하이킹, 프리 점프 등이 포함된 익스트림 스포츠로 아름다운 폭포가 많은 달랏에서 반드시 해봐야 할 레포츠로 꼽힌다. 여러 업체에서 투어를 진행하지만 하이랜드 스포츠 트래블(Highland Sport Travel)을 추천. 안전을 최우선으로 하는 업체라는 점에서 일단 안심된다. 안전장비 착용법부터, 자세와 요령까지 친절하게 알려주기 때문에 초보자도 안전하게 이용할 수 있으며, 달랏에서 유일하게 최소 3명의 캐녀닝 전문 가이드를 배치하고 있다. 주요 스폿에서 사진을 찍어주며 한국어를 조금 할 줄 아는 가이드가 있다는 점도 반갑다. 안전을 위해 어린이는 키가 120센티미터 이상 되어야 하며 체험 전 음주나 약물 복용은 금지된다. 캐녀닝 이외에도 산악자전거, 트레킹 등도 진행하고 있다.

투어 추천 업체 **하이랜드 스포츠 트래블(Highland Sport Travel)**
2권 **INFO** P.167 **MAP** P.151K **구글지도 GPS** 11.937728, 108.428935 **가격** USD72
홈페이지 highlandsporttravel.com

하늘 위에서 본 무이네

무이네 벌룬 투어

쿠폰 2권 P.201

열기구를 타고 화이트 샌드 듄(White Sand Dunes) 주변을 둘러보는 투어 프로그램. 이른 새벽부터 움직여야 하지만 상상 이상의 풍경이 기다리고 있다. 투어의 하이라이트는 화이트 샌드 듄의 일출을 보는 것. 온 세상이 붉게 물드는 찰나의 순간을 보기 위해 새벽잠을 설쳤구나 싶다. 6~8명의 소규모 인원으로 투어를 진행하고 비행하는 동안 조종사가 자세한 설명을 해줘 지루하지 않다는 것도 매력적이다. 바람이 많이 불기 때문에 모자 달린 얇은 외투를 입고 가면 요긴하다. 투어 요금에는 픽업 및 드롭 서비스, 간단한 아침 식사와 샴페인 등의 비용이 포함돼 있다. 악천후 때문에 열기구 투어가 취소되는 경우 전액 환불 또는 다른 날짜에 신청할 수 있다.

투어 추천 업체 **베트남 벌룬즈(Vietnam Balloons)**
가격 1인당 $165 **홈페이지** www.vietnamballoons.com

벌룬 투어 미리보기

04:30~05:00 호텔 픽업. 예약을 하면 이메일로 픽업 시간과 장소를 전달받을 수 있다. 픽업 서비스는 판티엣과 무이네 어디든 가능하다.

05:20~06:00 열기구를 타고 하늘을 날아볼 시간. 조종사가 열기구와 무이네에 대한 설명을 곁들여 지루하지 않게 볼 수 있다.

06:20~07:00 착륙. 착륙 후에는 첫 비행을 기념하는 입문식이 열린다. 비행증명서 수여와 함께 스파클링 와인과 과일 등을 맛보는 시간도 있다.

07:30~08:00 호텔 또는 원하는 곳에 드롭

Saigon River Sunset Cruise

크루즈 투어 미리보기

16:10 전용 차량으로 호텔 픽업. 박당 부두로 간다.

16:30 강 위에 떠 있는 미에우 노이(Miếu nổi) 절로 출발, 가는 도중에 호치민 시내와 빈홈 지역 등 주요 야경 명소를 차례로 지나간다.

17:10 더 덱 사이공에 도착해 사이공강 풍경을 보며 저녁 만찬과 칵테일을 즐긴다.

18:00 사이공 브리지, 뚜띠엠 브리지 등의 역사적인 다리들을 지난다. 사진 찍기 좋은 포토 스폿에서는 사진을 찍을 수 있도록 잠시 멈춰주기도 한다.

18:15 부두로 돌아와 전용 차량으로 원하는 장소에 드롭

스피드보트 위에서 보는 호치민의 야경

호치민 사이공 리버 선셋 크루즈

스피드보트를 타고 사이공강의 일몰과 야경을 감상하는 투어 프로그램. 가격만 보면 비싸다고 생각할 수 있지만 투어 일정을 보면 납득이 간다. 스피드보트를 타고 호치민 도심과 빈홈 지역의 야경을 보는 것은 기본, 분위기 좋기로 유명한 더 덱 사이공(1권 P.179)에서 저녁 식사와 칵테일 한 잔 마시는 일정이 포함돼 있어 로맨틱한 시간을 보내기 좋다. 호텔까지 픽업과 드롭 서비스도 제공하는데, 1·3군 지역 호텔들만 이용 가능하다.

투어 추천 업체 **피시아이 트래블(Fisheye Travel)**
가격 성인 120만 đ, 어린이(4~12세) 84만 đ
홈페이지 fisheyetravel.com/speedboat-tours-saigon-river-sunse

THEME 29
사파리 & 테마파크

부모님부터 아이까지 3대가 만족하는 베트남 여행 플랜

베트남으로의 가족 여행을 꿈꾸는 이들이라면 이제 여기를 주목하자!
어트랙션과 워터파크를 함께 즐길 수 있는 테마파크부터,
아이들이 좋아하는 사파리와 어른들에게도 즐거움을 선사하는 온갖 탈 거리까지.
온 가족이 만족할 만한 베트남 여행, 그 완벽한 플랜이 여기 있다.

가족 여행을 위한 소소한 팁!

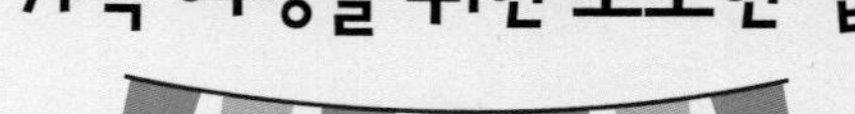

태양을 피하고 싶었어!

테마파크마다 보증금이나 예약금을 내고 유모차와 우산 등을 대여할 수 있다. 특히 우산은 비가 오지 않더라도 햇빛을 가리는 용도로 요긴하게 사용할 수 있으니 참고하자.

음식 걱정은 노! 음료 걱정은 예스!

아이들과 함께하는 여행이지만 음식 걱정은 크게 할 필요가 없다. 테마파크 안에서도 상대적으로 저렴하게 식사를 즐길 수 있으며, 메뉴 또한 다양하기 때문. 메뉴 선택이 어렵다면, 롯데리아를 찾아가는 것도 방법이다. 다만 분유나 이유식을 데울 수 있는 시설은 잘 갖춰져 있지 않은 편이다. 차가운 음료의 경우 비위생적인 얼음을 사용하는 경우도 있으므로, 배탈에 주의하자.

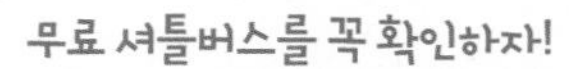

무료 셔틀버스를 꼭 확인하자!

각각의 테마파크와 여행지마다 무료 셔틀버스 서비스가 있는지 미리 확인해 두자. 대중교통으로의 접근이 어려운 푸꾸옥의 빈펄 사파리와 빈펄 랜드의 경우, 시내의 주요 리조트로부터 사파리와 빈펄 랜드를 잇는 무료 셔틀버스를 운행 중에 있다. 빈펄 랜드에서 빈펄 사파리로 가는 버스는 매일 오전 08:50, 09:20, 09:50, 10:20, 10:50, 11:20, 11:50, 오후 12:20, 13:20, 13:50, 14:20분에 출발하며, 빈펄 사파리에서 빈펄 랜드로 가는 버스는 매일 오후 13:30, 14:30, 15:30, 16:30분에 출발한다. 주요 리조트 출발 시각은 홈페이지 참고.

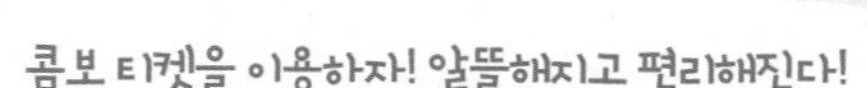

콤보 티켓을 이용하자! 알뜰해지고 편리해진다!

푸꾸옥의 빈펄 랜드와 빈펄 사파리를 모두 방문하고자 한다면 양쪽의 입장료를 할인해주는 콤보 티켓을 끊자. 인터넷을 이용해 사전 구매하거나, 먼저 방문하는 쪽의 매표소에서 구입하면 된다. 콤보 티켓은 하루에 양쪽 모두 방문하는 경우에만 유효하다. 폐장 시간이 이른 사파리를 먼저 방문한 뒤, 빈펄 랜드로 향하자. 콤보 티켓 성인 90만 đ(키 100~140센티미터 어린이 및 60세 이상 70만 đ)

Vinpearl Safari Phu Quoc

빈펄 사파리 푸꾸옥

호랑이와 사자는 기본! 기린과 코뿔소도 눈앞에!

호랑이와 인사를 나누고 코끼리에게 먹이를 주는 데에 관심이 없는 아이가 있을까? 플라밍고의 핑크빛 날갯짓과 하마의 힘찬 하품에도 심드렁한 아이가 있을까? 빈펄 사파리는 380헥타르의 광활한 면적, 150종의 동물 총 3천여 마리, 1천200종이 넘는 식물을 보유하고 있는 베트남 유일무이의 국제 규격 동물원. 그 면적으로 보나 동식물종의 수로 보나 이곳이 베트남 최대, 최고의 동물원임은 의심할 여지가 없을 것 같다.

열린 동물원과 야생의 공원을 지향하는 빈펄 사파리는 지금까지의 동물원과는 조금 다르다. 차가운 콘크리트 대신 자연 환경을 닮은 따뜻한 사육장, 깊은 물웅덩이와 자연 석벽으로 야생 동물과 관람객을 분리시키는 철조망 없는 동물원이다. 플라밍고와 공작은 마치 제집인 양 호수 위를 유유히 거닐고, 긴꼬리원숭이나 아라비아오릭스는 남국의 햇살을 피해 나무 아래로 기어든다. 동물들의 자연스러운 일상이 곧 푸꾸옥 사파리의 일상이다.

동물원을 지나 안쪽 내밀한 곳에 다다르면 이곳의 핵심 공간인 사파리를 마주하게 된다. 전용 버스를 타고 사파리를 한 바퀴 도는 데에 약 30분이 소요되는데, 호랑이와 사자, 코뿔소처럼 사납고 거대한 동물들을 눈앞에서 볼 수 있는 것은 물론 얼룩말이나 영양 등 온순하고 귀여운 동물들의 군집을 함께 볼 수 있어서 지루함을 느낄 틈이 없다. 보는 동물원을 넘어 경험하는 동물원인 빈펄 사파리. 기린과 코끼리 먹이 주기 체험은 물론 다양한 쇼도 이어지니 이 또한 아이들에게는 최고의 경험과 선물이 될 것이다.

2권 Ⓘ **INFO** P.143 Ⓜ **MAP** P.128A Ⓖ **구글지도 GPS** 10.337034, 103.891066
Ⓣ **시간** 09:00~16:00(사파리 입장 09:30~13:20) Ⓓ **가격** 성인 65만 đ, 키 100~140센티미터 어린이 및 60세 이상 50만 đ

빈펄 사파리의 마스코트 기린 인형 25만 đ

빈펄 사파리에서 꼭 만나보아야 할

동물 BEST 5

기린

기린은 당신의 생각보다 키가 훨씬 크고 멋지다. 사파리의 마지막 코스에서 차창 너머로 기린의 늘씬한 걸음걸이를 마주할 수 있다. 사랑스러운 기린을 조금 더 자세히 보고 싶다면 사파리 출구 앞 지라프 레스토랑으로 향할 것.

코뿔소

코뿔소를 보유한 동물원은 생각보다 많지 않다. 코뿔소의 뿔은 언제나 인간들 탐욕의 대상이어서, 20세기 들어 그 개체 수가 급감했기 때문. 사파리 버스 바로 옆, 그 거대한 위용을 뽐내는 코뿔소를 절대 놓치지 말자.

플라밍고

동물원 입구 바로 건너편에 위치한 호수. 그 호수의 주인은 다름 아닌 플라밍고, 즉 홍학 떼다. 그 말간 색채감만으로도 존재감 '뿜뿜'이라고 하니, 플라밍고들이 주인인 호수에서 그 핑크빛 아름다움에 빠져 보자.

아라비아오릭스

하늘을 찌를 듯 솟아오른 두 뿔이 매력적인 동물. 아라비아반도 일대에 서식하는 귀하신 몸으로 사파리 중간에서 만날 수 있다.

벵골호랑이

사자가 더 세냐, 호랑이가 더 세냐. 둘의 싸움을 직접 보지 않고서는 결코 알 수 없겠지만, 그 존재감만큼은 호랑이의 완승이다. 이곳에서는 사파리와 동물원 양쪽 모두에서 벵골호랑이를 만나볼 수 있다.

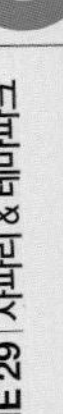

빈펄 사파리에서 꼭 가봐야 할

장소 BEST 5

1

지라프 레스토랑
Giraffe Restaurant

사파리 출구 바로 앞에 위치한 식음료점이다. 이곳에서는 사람도, 기린도 먹고 쉰다. 기린 먹이 주기 체험(3만 đ)이 바로 이곳에서 가능하기 때문. 당근과 바나나가 들어 있는 박스를 들고 있으면 눈치 빠른 기린들이 당신에게 구애를 시작한다. 그들의 애교와 사랑스러운 눈빛을 만끽하자.

2

프라이메이트 월드
Primate World

'Primate', 즉 영장류들을 모아 놓은 곳이다. 다른 동물들의 영리함과는 차원이 다른 침팬지와 오랑우탄의 모습을 보고 있노라면 저 녀석들이 나를 보는 건지, 내가 저 녀석들을 보는 건지 싶을 정도다.

3

플라밍고 레이크
Flamingo Lake

동물원 초입에 위치한 인공 호수. 플라밍고 떼의 서식지이자 온갖 새들의 안식처이다. 멀리서 바라볼 수밖에 없지만, 그 거리감이 새들의 우아함과 아름다움을 결코 반감시키지 못한다.

4

키드 주
Kid Zoo

아이들의 눈높이에 딱 맞는 놀이를 통해 동물원을 체험할 수 있는 곳. 다람쥐나 낙타 같은 온순한 동물들을 가까이에서 마주할 수 있어, 예쁜 기념사진을 찍기에도 더없이 좋다.

5

애니멀 퍼포먼스
Animal Performance

매일 오전 10시, 오후 2시(오후 퍼포먼스는 목~월요일에만 진행)에 열리는 동물 쇼다. 컬러풀한 앵무새, 알비노 비단뱀처럼 쉽게 볼 수 없는 동물들을 만나볼 수 있다. 쇼가 끝난 직후에는 동물들과의 기념 촬영(5만 đ)도 가능하다.

Vinpearl Land Phu Quoc

빈펄 랜드 푸꾸옥

빈펄 랜드 없는 푸꾸옥 여행은 없다!

진주 양식과 소규모 어업으로 생계를 유지해 온 소박한 섬 푸꾸옥. 그러나 빈펄 랜드와 리조트가 문을 열면서 그 작고 소박한 섬마을이 일순간 해외에서도 주목하는 휴양지로 발돋움했다. 제각각 머무는 숙소는 달라도, 여행자의 나이대와 취향은 달라도, 푸꾸옥을 찾는 여행자 중 열에 아홉은 아마 빈펄 랜드로 향할 것이다.
베트남 전국 네 곳의 빈펄 랜드 중 가장 최근에 오픈한 푸꾸옥의 빈펄 랜드. 냐짱의 빈펄 랜드보다는 상대적으로 작지만, 17만 제곱미터의 테마파크 안에 자리한 최신식 어트랙션은 당신과 아이들의 시선을 이끌기에 충분하다. 빈펄 랜드와 빈펄 사파리는 차로 10분 거리에 위치해 있는데, 무료 셔틀버스와 콤보 티켓(당일 입장)을 이용하면 조금 더 저렴하게 두 곳의 테마파크를 즐길 수 있다. 사파리의 폐장 시간이 더 이르므로, 오전 일찍 사파리를 방문한 뒤 오후에 빈펄 랜드로 향하는 것이 좋다.

2권 INFO P.143 MAP P.128A **구글지도 GPS** 10.334398, 103.857104
시간 09:00~21:00(각 존과 어트랙션에 따라 운영 시간 다름) **가격** 케이블카 왕복 포함 입장료 성인 50만 đ(키 100~140센티미터 어린이 및 60세 이상 40만 đ)

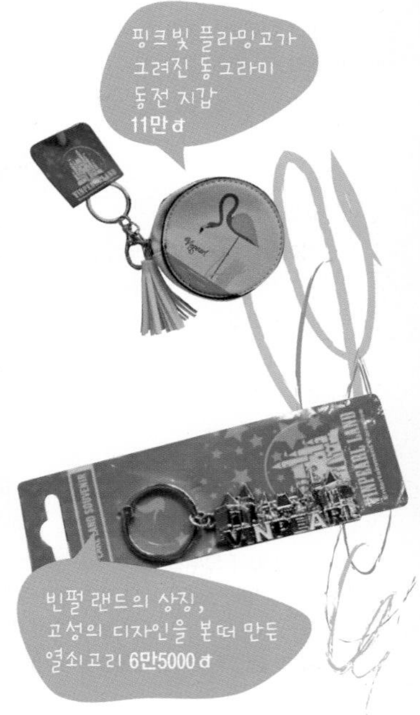

빈펄 랜드 푸꾸옥

포인트 & 어트랙션

1 키즈 풀
Kid's Pool

단순히 미끄럼틀 몇 개가 아니다! 수많은 놀이기구를 한데 합쳐 놓은 거대 물놀이터가 여기 있다. 우리나라 웬만한 워터파크보다 훨씬 규모가 커서 아이들의 시선과 시간을 모조리 빼앗는 악마의 놀이기구다.

2 자이언트 부메랑
Giant Boomerang

'U'자형 슬라이드의 한쪽 끝 높은 곳에서 중력에 의해 아래로 미끄러졌다가 반대쪽 끝으로 미끄러져 올라간다. 시시해 보이지만, 뚝 끊겨버린 슬라이드 끝까지 미끄러져 올라갈 때에는 심장이 잔뜩 쪼그라든다.

3 아쿠아리움
Aquarium

공짜 워터파크에 이어 공짜 아쿠아리움도 즐겨 보자. 귀여운 펭귄, 수중 터널 속 상어와 인사를 나누고, 똬리를 틀고 있는 백사도 만나 보자. 매일 오전 11시, 오후 3시에는 인어 쇼가, 오전 10시와 오후 5시에는 물고기 먹이 주기 시간이 관람객들을 기다린다.

4 분수 쇼
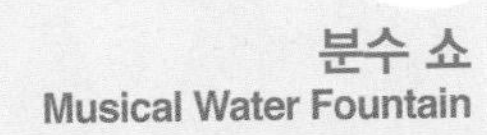
Musical Water Fountain

매일 밤 7시와 8시 정각부터 25분 동안 마법과도 같은 분수 쇼가 펼쳐진다. 음악과 함께 춤추듯 이지러지는 물줄기를 보고 있노라면 25분도 짧디짧게 느껴진다.

5 디스크오 코스터
Disk'O Coaster

보기에는 별것 아닌 것처럼 보이지만 막상 타보면 꽤나 스릴 넘치는 어트랙션. 특히 레일을 따라 달리는 방향과 회전 방향이 일치할 때에는 어마어마한 속도감을 오롯이 만끽할 수 있다.

Vinpearl Land Nha Trang

빈펄 랜드 냐짱

바다를 건너야 만날 수 있는 테마파크!

베트남 전역에 자리한 네 곳의 빈펄 랜드 중 자타공인 최고로 손꼽히는 곳, 바로 냐짱의 빈펄 랜드다. 아름다운 냐짱 베이를 사이에 두고 도시와 마주하고 있는 섬 혼쩨(Hòn Tre). 그 광활한 섬이 모두 냐짱 빈펄 랜드에 속한 것이라면 그 어마어마한 규모를 짐작할 수 있을까. 워터파크를 포함한 테마파크, 18홀의 골프장, 초호화 리조트와 풀빌라가 모두 함께 혼쩨섬을 채우고 있다.

자, 먼저 3천여 미터의 길이를 자랑하는 해상 케이블카에 오르자. 몇 분간의 바다 위 여행을 마치고 나면 이제 '빈펄 왕국'의 온갖 어트랙션을 마음껏 즐겨볼 시간. 바다 위라도 좋고, 물속이어도 좋다. 하늘 위로 오르는 놀이기구는 물론, 온갖 동물들을 마주할 수 있는 동물원도 놓치지 말자.

수십여 종의 놀이기구, 4D 영화를 상영하는 무비 캐슬, 5만 제곱미터의 해변 워터파크, 방대한 동식물원과 3천 제곱미터의 아쿠아리움까지 한곳에 자리하고 있다. 웬만한 체력의 여행자가 아니고서야 이곳을 다 둘러보는 것조차 힘들 지경. 어트랙션의 종류와 그 방대함은 이미 값비싼 입장료에 상심한 마음을 녹이고도 남는다.

2권 INFO P.120 MAP P.100B **구글지도 GPS** 12.216846, 109.240492 **시간** 08:30~21:00(각 존과 어트랙션에 따라 운영시간 다름) **가격** 케이블카 왕복 포함 입장료 성인 88만đ(키 100~140센티미터 어린이 및 60세 이상 70만đ), 16:00 이후 성인 45만đ(키 100~140센티미터 어린이 35만đ)

빈펄 랜드 냐짱에서 결코 놓쳐서는 안 될

포인트 & 어트랙션

1 멀티 슬라이드 Multi Slides

여섯 개의 무지갯빛 워터 슬라이드가 나란히 붙어 있다. 빨리 내려가기 경주를 하는 아이들로 늘 인산인해!

2 스플래시 베이 Splash Bay

추억의 프로 〈출발 드림팀〉을 떠올리게 하는 해상 액티비티. 바다 위의 놀이터와 같다. 바람을 불어 넣은 징검다리, 미끄럼틀, 터널 등이 물 위에 띄워져 있는데, 하늘 위에서 보면 'VINPEARL'이라는 글씨임을 알 수 있다고.

3 마인 어드벤처 Mine Adventure

빈펄 랜드 냐짱을 대표하는 롤러코스터. 그 이름처럼 탄광 속 갱도를 달리는 열차를 모티브로 하고 있다. 얼핏 보면 우리나라의 T-익스프레스와 닮았지만, 목재가 아닌 철재 롤러코스터다.

5 스카이 휠 Sky Wheel

빈펄 랜드는 물론 혼쩨섬 전체와 냐짱 베이 맞은편 도시의 중심부까지 내려다볼 수 있는 거대 관람차. 푸꾸옥의 그것보다 훨씬 크기 때문에 더 높이, 더 멀리 볼 수 있다.

4 스윙 카로셀 Swing Carousel

유럽 도시 속 작은 테마파크를 떠올리게 하는 놀이기구. 로프에 매달린 1인용 의자 위에서 회전에 의한 원심력이 만들어내는 속도감을 만끽할 수 있다. 어린아이들에게도 인기 만점!

6 온실 Africa Desert & Temperate Garden

거대한 유리 돔으로 구현한 온실이다. 이곳에만 다섯 개의 돔이 있으며, 식물들의 종류에 따라 나뉘어져 있다. 아프리카의 사막을 구현한 Africa Desert의 인기가 높다.

타는 것만으로도 여행이 되는

베트남의 탈 것 BEST 3

푸꾸옥 케이블카의 거대한 캐빈.
넓은 창 너머로 드넓은 바다 풍경이 펼쳐진다.

PHU QUOC

섬에서 섬으로, 세계 최장의 케이블카가 여기에!

푸꾸옥 케이블카

Phu Quoc Cable Car

푸꾸옥으로부터 혼두아와 혼로이, 혼똠(Hòn Thơm)에 이르기까지 네 개의 섬을 잇는다. 출발 지점인 푸꾸옥섬에서부터 도착 지점인 혼똠섬까지는 족히 30분이 필요하다. 총연장 7899미터! 이것이 바로 세계 최장 케이블카의 위엄이다. 캐빈 안에서의 황홀한 시간이 지나면 당신은 비밀스런 해변이 이어지는 혼똠섬에 다다른다. 그 아름다움에 힘입어 2018년 섬 전체가 테마파크로 조성되었다는 바로 그곳이다.

30분씩이나 케이블카를 탄다니, 지루할 것이라는 생각은 금물. 북적이는 거리와 고기 잡는 마을, 산과 바다, 큰 섬과 작은 섬을 하나로 잇고 있는 만큼 30분 내내 끊임없이 변화하는 풍경을 선사해 지루할 틈이 없다. 20명은 거뜬히 태울 초대형 캐빈, 섬과 섬 사이를 단번에 연결할 만큼 높디높은 높이. 단순히 '길다'는 형용사를 넘어 다양한 즐거움을 선사하는 푸꾸옥 케이블카를 타고, 베트남의 쪽빛 바다를 마음껏 만끽하자.

2권 Ⓘ **INFO** P.143 Ⓜ **MAP** P.128J
Ⓖ **구글지도 GPS** 10.028150, 104.008202
Ⓣ **시간** 07:30~12:00, 13:30~15:00, 16:30~17:30, 19:00~19:30
Ⓓ **가격** 성인 50만 đ(키 100~130센티미터 어린이 35만 đ)

예스런 기차를 타고 떠나는 30분의 시간 여행

달랏 - 짜이맛 관광 열차

Dalat - Trai Mat Train

1932년 개통한 달랏 철도. 베트남 전쟁으로 폐허가 되었던 일부 구간을 복원하면서 약 7킬로미터 구간을 관광 열차로 달릴 수 있게 되었다. 한 세기 전 이 구간을 실제로 달렸던 열차를 타고 저 유명한 린프옥 사원(Linh Phuoc Pagoda)이 있는 짜이맛(Trại Mát)까지 다녀올 수 있다. 옛 디젤 기관차를 필두로 부드러운 가죽 좌석으로 된 1등석과 딱딱한 나무 좌석으로 된 2등석 객차를 연결해서 달리는데, 그 어느 하나도 빠짐없이 깊은 예스러움을 자아낸다. 달랏역을 출발해 30분쯤 달려 짜이맛역에 도착한 관광 열차는 약 30분간 정차한 후 다시 달랏으로 돌아온다. 대부분의 여행자들은 이 짧은 시간 동안 린프옥 사원을 마주하고 돌아온다. 짧은 시간이므로 정확한 돌아오는 편 출발 시각을 확인하는 것은 필수.

2권 INFO P.167 MAP P.150B **구글지도 GPS** 11.941496, 108.454509 **시간** 05:40, 07:45, 09:50, 11:55, 14:00, 16:05 달랏역 출발(각 1시간 후 짜이맛역 출발) **가격** 달랏역 입장료 5000đ, 달랏-짜이맛 왕복 티켓 1등석 15만đ, 2등석 13만5000đ

케이블카를 타고 마주하는 산사(山寺)의 고즈넉함

달랏 케이블카

Da Lat Cable Car

산세가 험하여 풍광이 좋기로 유명한 고산 도시 달랏. 천혜의 환경을 품은 도시답게 이를 오롯이 만끽할 수 있는 방법 또한 많은데, 달랏 케이블카 역시 그들 중 하나다. 달랏의 어느 언덕 위에서 출발한 케이블카는 울창한 산을 넘어 어느 산사 앞에 다다른다. 그 이름 쭉람 선원(Truc Lam Temple). 아름다운 호수와 소나무 숲 사이에 자리 잡은 고즈넉한 사원이다. 시내와 동떨어져 있어 쉽게 가기 어려운 곳이지만 케이블카로는 한결 편하게 사원에 닿을 수 있다는 점을 기억할 것. 무엇보다 산을 오르는 내내 아기자기한 도시 풍경을 볼 수 있어, 달랏을 여행하는 이라면 한 번쯤 타보는 것도 좋다.

2권 INFO P.167 MAP P.150B **구글지도 GPS** 11.923030, 108.443688 **시간** 07:30~17:00 **가격** 성인 왕복 8만đ, 편도 6만đ(키 120센티미터 이하 어린이 왕복 5만đ, 편도 4만đ)

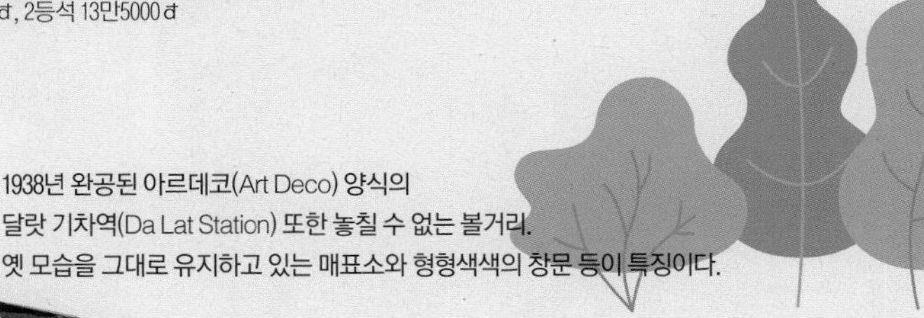

1938년 완공된 아르데코(Art Deco) 양식의
달랏 기차역(Da Lat Station) 또한 놓칠 수 없는 볼거리.
옛 모습을 그대로 유지하고 있는 매표소와 형형색색의 창문 등이 특징이다.

THEME 30
쿠킹 클래스

Cooking Class

내 손으로 만드는 한 끼 식사

베트남 음식을 먹는 것은 누구나 할 수 있는 일.
베트남에 왔으니 특별하게 베트남 요리를 직접 만들어 보자.
기껏 할 수 있는 요리라고 해봐야 라면이 전부인 요리 초보자도
차근차근 따라 하기만 하면 셰프가 차린 듯한 근사한 한상차림이 완성된다.
기똥찬 맛에 잊지 못할 추억은 덤이다.

쿠킹 클래스 선택 방법

1. 쿠킹 클래스 위치를 알아두자.

호치민 시내에서 쿠킹 클래스를 진행하는 업체가 있는 반면 호치민에서 자동차로 1시간가량 떨어진 곳에서 진행하는 곳도 있다. 이동 시간이 길수록 소요 시간과 체력 소모가 늘어나므로 위치를 알아두자.

2. 참여 인원수에 따라 만족도가 달라진다.

인원수가 너무 많으면 배움의 질이 나빠지고 진행이 더뎌지기도 하는 반면 소수 인원으로 진행하면 좀 더 알차게 배울 수 있다. 여러 사람들과 어울리는 것을 좋아한다면 대규모 프로그램을, 조용한 분위기를 선호한다면 소규모 프로그램을 선택하자.

3. 가족이라면 프라이빗 클래스를 주목!

우리 가족끼리 쿠킹 클래스 참여를 하고 싶다면 프라이빗 클래스를 예약하자. 가격은 조금 더 비싸도 우리 가족의 입맛에 맞춰 진행하기 때문에 만족도가 더 높다. 프라이빗 클래스는 일부 업체만 진행하므로 미리 알아보자.

4. 한국인의 후기를 참고하자.

아무래도 같은 한국인끼리는 알게 모르게 취향이 비슷하다. 서양인들이 많이 찾는 업체를 선택했다가 언어 소통이 안 되거나 분위기에 적응하지 못하는 일도 잦다. 한국인이 남긴 후기를 찬찬히 훑어보면 도움이 된다.

5. 오후보다는 오전 투어를 추천

같은 프로그램도 1일 2~3회 진행하는 것이 일반적인데, 그나마 햇빛이 약하고 습기가 낮은 오전 시간 투어의 체력 소모가 덜하다.

쿠킹 클래스 Q & A

Q. 필수 준비물이 있다면?

시장 방문이나 농장 체험 등의 야외 활동이 많은 투어라면 멀미약, 자외선 차단제 또는 쿨 토시, 휴대용 선풍기는 꼭 챙겨가세요. 마실 물 정도는 업체에서 주기도 합니다. 농사 시범을 보여주는 농부나 운전기사 등에게 팁을 줘야 하는 경우가 있을 수 있으니 소액 미국 달러를 챙겨가면 요긴해요. 팁은 $1~5 정도면 적당합니다.

Q. 픽업과 드롭 서비스는 무료인가요?

무료입니다. 약속된 시간에 호텔 로비나 약속된 장소에 나와 있으면 가이드와 만나는 식이에요. 호치민 시내에서 진행하는 업체는 픽업과 드롭 서비스를 제공하지 않기도 해요.

Q. 주의할 점이 있다면요?

여러 명이 함께하는 투어이고, 일정이 빡빡해 종료 시간이 예상보다 늦어지기도 합니다. 될 수 있으면 이후의 일정은 잡아두지 않는 것이 좋아요. 쿠킹 클래스 장소가 구찌 터널 등 유명 관광지 주변이라면 투어 종료 후에 돌아보는 것이 효율적입니다.

Q. 음식 알레르기나 못 먹는 음식이 있으면 어떡하나요?

쿠킹 클래스 시작 전에 투어 진행자가 못 먹는 음식이 있는지, 채식주의자인지 물어봅니다. 이때 특이 사항을 알려주면 다른 식재료로 음식을 만들어 먹도록 배려해 줍니다. 채식주의자의 경우 채식주의자용 프로그램을 따로 갖추고 있는 업체들도 많으니 예약 전에 확인해 보면 됩니다.

유명 맛집의 비결을 배워보자

사이공 쿠킹 클래스

할인 쿠폰 2권 P.199

호치민의 유명 맛집인 '호아툭(Hoa Tuc)'에서 운영하는 쿠킹 클래스. 호아툭의 요리 비법을 아낌없이 전수해 주고 있어 뜨거운 반응을 얻고 있다. MSG를 일절 사용하지 않은 '건강한 맛'에 중점을 두는데, 요리하는 것이 서툰 참가자를 위해 1:1 과외식으로 알려주기도 한다. 요리 배우는 것에 집중하고 싶은 사람은 기본 코스인 '쿠킹 클래스(Cooking Class)'를, 베트남 식재료에 대해 폭넓게 배우고 싶은 사람들은 셰프와 함께 벤탄 시장에서 장을 본 뒤에 요리를 배우는 '마켓 투어 앤드 쿠킹 클래스(Market Tour & Cooking Class)'를 추천한다. 호치민 시내 한가운데 있어 오가기가 편하고, 셰프의 영어 회화 수준이 수준급이라 의사소통도 원활하다.

가격 기본 쿠킹 클래스 성인 1인당 $39.5, 마켓 투어 앤드 쿠킹 클래스 성인 1인당 $45, 어린이(12세 이하) $28 **홈페이지** saigoncookingclass.com

클래스 미리보기

마켓 투어 앤드 쿠킹 클래스
Market Tour & Cooking Class

08:45~09:45 벤탄 시장 견학. 벤탄 시장 입구에서 셰프와 만나 벤탄 시장 곳곳을 다니며 베트남 요리에 들어가는 채소와 향신료에 대해 배운다. 장보기가 모두 끝나면 택시를 타고 쿠킹 클래스 장소로 복귀한다.

10:00~12:30 요리 시간. 조미료와 MSG를 넣지 않고 어떻게 맛을 살릴 수 있는지 차근차근 배운다. 요리법은 물론 요리에 사용되는 각각의 재료들을 어떻게 손질하는지, 요리 팁은 어떤 것이 있는지를 하나하나 설명해준다. 셰프의 시범을 보고 따라하는 식으로 진행하며 요리는 총 4가지를 만든다.

12:30~13:00 내가 만든 요리를 맛보는 시간. 오전 내 장을 보고 요리하느라 출출했는지 두 배는 더 맛있다.

내 입맛에 맞는 음식을 만들어 보자

호치민 쿠킹 클래스

할인 쿠폰 2권 P.201

베트남의 식재료가 어떤 과정을 통해 수확되는지 몸으로 경험하고 싶은 사람에게 추천하는 쿠킹 클래스. 시장에서 식재료를 사서 음식을 만드는 다른 쿠킹 클래스와 다르게 버섯, 채소, 허브 등은 직접 수확하고 양계장과 양식장에 들르는 일정이 포함돼 있는 것이 특징이다. 예약 시 만들고 싶은 음식을 지정할 수 있으며 픽업 방법은 차량, 시내버스, 오토바이 등 3가지 중에서 고를 수 있다. 호치민 시내에서 자동차로 1시간 넘게 걸려 오가기가 힘들다는 것이 단점. 구찌 터널(p.114)과 가까이 있어 구찌 터널과 라이스페이퍼 공장, 고무나무 농장 견학이 포함된 쿠킹 클래스 & 구찌 터널 프로그램(HCM Cooking Class & Cu Chi tunnels)도 운영한다. 그룹 인원이 적은 경우 1:1 과외식으로도 배울 수 있어 배움의 질이 높다.

가격 쿠킹 클래스&구찌 터널 프로그램 $54, 하프데이 쿠킹 클래스 조인 투어 성인 1인당 $55, 어린이(6~11세) 1인당 $40 **홈페이지** www.hochiminhcookingclass.com

클래스 미리보기

하프데이 쿠킹 클래스
Half Day Cooking Class

07:30~08:30 호텔 픽업 후 농촌 마을로 이동.

08:30~09:00 농촌 마을 도착. 소와 버팔로를 가까이에서 만져보는 체험, 양계장 견학 등 아이들이 좋아하는 체험 거리가 줄을 잇는다.

09:00~10:00 버섯 재배를 어떻게 하는지, 어떤 버섯을 골라야 하는지 눈으로 보고 몸으로 체득하는 시간. 주인 부부가 직접 가꾼 텃밭에 나가 허브와 향신료를 수확한다.

10:00~13:00 즐거운 요리 시간. 베트남 요리에 대한 기본적인 설명부터, 조리법, 셰프의 요리 철학을 배운다. 만들고 싶은 요리가 있다면 요청하자.

13:00~13:30 내 손으로 수확하고 만든 요리를 맛볼 시간. 식후에는 증명서 수여식이 단출하게나마 열린다.

14:30 원하는 장소에 드롭. 호치민 시내까지는 약 1시간이 걸린다.

여행도 체력이 있어야 한다.
잠깐의 휴식 시간이 필요하다면 마사지가 최고의 선택.
생각보다 저렴한 가격에 놀라고,
가격보다 훌륭한 마사지에 또 한 번 놀란다.
마사지만으로 성에 안 찬다면 이발소와 네일 숍으로 발길을 돌려보자.
'이렇게 좋은 걸 왜 이제야 알게 됐을까?'하는 생각이 들지도 모른다.

마사지, 이건 꼭 알아두자

1

반드시 예약하세요.

인기 마사지 숍은 하루 종일 예약이 꽉 차 있어서 손님을 못 받는 경우가 종종 있어요. 최소 1~2일 전에 예약을 해야 원하는 시간에 마사지를 받을 수 있는데요. 요즘은 카카오톡 등의 메신저로 예약을 받는 곳이 많아서 편리해요.

2

팁을 준비해가세요.

마사지 팁 지불은 자율이라서 마사지가 마음에 들지 않았다면 팁을 주지 않아도 됩니다. 팁 금액은 $1~2 또는 3~6만đ 정도면 적당해요. 마사지가 아주 마음에 들었거나 마사지를 받는 시간이 긴 경우, 체격이 큰 사람이라면 조금 더 챙겨줘도 좋아요. 마사지를 자주 받을 예정이라면 $1짜리 지폐를 넉넉히 갖고 있는 것이 편하겠죠?

3

아침 시간이 좋아요.

오후 3~4시부터 영업이 끝날 때까지는 손님이 가장 몰리는 '황금 시간대'입니다. 마사지사도 사람이다 보니 마사지 압력이 들쑥날쑥하기도 하고, 악력이 달리기도 합니다. 만족스러운 마사지를 원한다면 오전 일찍 찾아가보세요. 손님이 없어서 조용한 것은 기본이고 마사지의 질이 달라지기도 한답니다.

샤워와 짐 보관이 쉽지 않아요.

마사지 숍 대부분이 실내가 좁아 마사지 이후에는 짐 보관을 잘 해주지 않는 편이에요. 짐은 호텔에 맡기고 오는 편이 오히려 덜 번거롭답니다. 마사지 전후 샤워는 요청을 할 때만 가능한 편입니다.

퇴폐 마사지를 조심, 또 조심하세요!

여행자들이 많이 몰리는 데탐 거리나 부이비엔 거리 등에는 퇴폐 마사지가 성행하고 있습니다. 길을 걷다 보면 젊은 여성이 동양인 남성을 주 타깃으로 치열한 호객 행위를 하는데요. 이런 마사지 숍들 중 다수는 퇴폐 마사지라고 봐도 무방합니다. 또, VIP 마사지를 한다고 간판을 걸어 놓은 숍들도 의심해볼 필요는 있어요. 베트남에서는 성매매가 불법행위라는 것 잊지 마세요.

6

임산부와 아이용 마사지도 있어요.

일부 숍에서는 임산부와 아이용 마사지를 제공하고 있습니다. 키 성장에 좋은 마사지라던가, 산모의 배를 자극하지 않으면서 팔과 다리, 어깨 등을 중점적으로 마사지하는 식이죠.

7

인원이 많거나 자주 이용할 거라면 바우처 구입도 좋아요.

호치민의 유명 마사지 숍 중 '바우처(Voucher)'라는 제도를 실행하는 곳이 많습니다. 바우처는 일종의 묶음이용권으로 일반가에 비해 10~20% 저렴한데요. 대부분은 10매로 이뤄져 있으며 유효 기간 안에 이용만 한다면 발급자에 관계없이 여러 명이 나눠서 이용할 수 있습니다.

호치민 인기 스파 BEST 4

© miumiuspa

1 골든 로터스 스파 앤드 마사지 클럽 (1군 지점)
Golden Lotus Spa & Massage Club

호치민의 마사지 마니아들은 다 아는 마사지 숍. 가격대가 비싸지만 마사지를 받아보면 비싸다는 소리가 쏙 들어간다. 그 비법은 직원 교육 방식에 있다. 한 명의 신입 마사지사가 손님을 받는데 최소 6개월 걸린다. 또 전담 마사지 선생님이 있어 매일 아침 마사지 교육을 하고, 컴플레인이 들어오면 재교육을 깐깐히 하고 있다. 그 덕분에 마사지사 간의 실력이 어느 정도 평준화되어 있으며 만족도도 높다. 태국과 일본, 중국식 마사지 기법이 섞인 '보디 마사지'가 이곳에서 가장 인기 있다. 좀 더 저렴한 마사지를 원한다면 90분짜리 발 마사지도 좋은 선택이다. 등 마사지를 하지 않고 스트레칭 동작이 없을 뿐 전신 마사지와 비슷하게 진행해 가성비를 따지는 사람에게는 최선이다. 1군 지역에서 찾기 힘든 사우나 시설을 갖춘 곳으로 출국하기 직전에 찾아와 몸을 푸는 손님들도 있다. 한국인 직원이 있어 의사소통이 원활하다. 최소 3시간 전에는 전화로 예약해야 한다.

2권 ⓑ INFO P.041 ⓜ MAP P.033H ⓖ **구글지도 GPS** 10.779209, 106.704497 ⓣ **전화** 28-3822-1515 ⓒ **시간** 09:00~23:00 ⓗ **홈페이지** goldenlotussp.vn

추천 프로그램

시그니처 골든 로터스 보디 마사지 Signature Golden Lotus Body Massage 90분 ⓓ **가격** 49만5000đ
타이 보디 마사지 Thai Body Massage 90분 ⓓ **가격** 55만đ
시그니처 골든 로터스 풋 마사지 Signature Golden Lotus Foot Massage 90분 ⓓ **가격** 39만5000đ

2 미우미우 스파
Miu Miu Spa

고급화 전략이 제대로 통했다. 보통의 마사지 숍보다 가격이 조금 비싼 대신에 분위기가 뛰어나다. 호치민 시내에 총 네 곳의 지점이 있는데 분위기는 3호점, 마사지 실력은 1호점이 가장 낫다는 평가. 찾아오는 손님의 수만큼 마사지사가 많은데, 마사지사의 실력 차이가 꽤 커서 어떤 마사지사를 만나느냐에 따라 만족도가 널뛰기한다는 점은 아쉽다. 최소 방문 12시간 전에는 예약해야 원하는 시간에 마사지를 받을 수 있다.

2권 ⓑ INFO P.041 ⓜ MAP P.033L ⓖ **구글지도 GPS** 10.781794, 106.704767 ⓣ **전화** 28-6659-3609 ⓒ **시간** 09:30~23:30 ⓗ **홈페이지** miumiuspa.com/ #pgBooking

추천 프로그램

발 마사지 Foot Massage 90분 ⓓ **가격** 40만đ
아로마 마사지 Aroma Massage 120분 ⓓ **가격** 63만đ
타이 마사지 Thai Massage 120분 ⓓ **가격** 65만đ

© miumiuspa

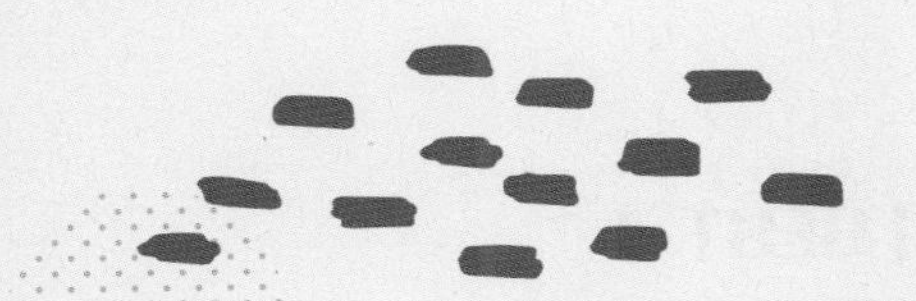

3 골든 로터스 힐링 스파 월드(3군 지점)
Golden Lotus Healing Spa World

스파 · 마사지 시설, 족욕 시설, 찜질방, 사우나를 모두 갖춘 복합 스파랜드다. 1군 지점이 마사지와 사우나에 중점을 뒀다면 3군 지점은 찜질방과 마사지, 세신, 사우나 등이 두루두루 호평을 받고 있다. 한국식 찜질방을 모티브로 한 것이 특징인데 총 4층 규모의 건물 안에 식당과 키즈 카페, 휴게 공간, 식당, 캠핑장 등의 편의 시설도 함께 운영해 가족 단위의 손님이 많다. 가격이 비싸도 직원들의 친절도와 시설은 호치민에서 손꼽히는 수준이라 돈이 아깝다는 생각은 들지 않는다. 한국에서 먹는 것과 거의 비슷한 한식을 내놓는 식당들도 이곳의 자랑거리. 밤늦은 시간까지 영업해 여행 마지막 날에 들러 피로를 풀기 좋다. 평일(월~금요일) 오전 10시부터 12시까지는 해피아워로 20% 할인 혜택을 받을 수 있다.

2권 INFO P.070 **MAP** P.066J **구글지도 GPS** 10.783663, 106.693567 **전화** 28-3823-9000 **시간** 08:00~23:00 **홈페이지** goldenlotussp.vn

추천 프로그램

찜질방 Jjim Jil Bang **가격** 33만5000đ
세신 Body Peeling **가격** 29만đ
시그니처 골든 로터스 보디 마사지 Signature Golden Lotus Body Massage 90분 **가격** 49만5000đ
시그니처 골든 로터스 풋 마사지 Signature Golden Lotus Foot Massage 90분 **가격** 39만5000đ

4 목흐엉 스파
Moc Huong Spa

일부러 찾기에는 먼 거리인데도 멀리서 찾아오는 손님들이 많다. '가격이 싼 것도 아닌데 왜?'라는 궁금증은 탈의실에 들어서면 느낌표로 변한다. 고급스런 시설 덕분이다. 개인 물품 보관함을 열면 일회용 속옷과 샤워 가운, 수건이 들어 있다. 마사지 전에 샤워와 사우나를 먼저 하라는 배려다. 근육이 풀어진 상태로 마사지를 받으니 잠이 솔솔. 뭉친 곳, 아픈 곳 위주로 만져주니 '좋다' 소리만 입안에서 맴돈다. 마사지 요금에 팁이 포함돼 있다는 것을 알면서도 더 주고 싶은 마음이 저절로 생기는 곳. 인기가 많아 반드시 예약해야 한다.

2권 INFO P.083 **MAP** P.077C **구글지도 GPS** 10.803610, 106.733368 **전화** 28-3519-1052 **시간** 09:00~22:30 **홈페이지** mochuongspa.com

추천 프로그램

목흐엉 시그니처 보디 마사지 Moc Huong Signature Body Massage 90분/120분 **가격** 50만đ/65만đ
핫 스톤 Hot Stone 90분/120분 **가격** 55만đ/65만đ

나짱 인기 스파 BEST 4

1 센 스파
Sen Spa

내 눈에 좋은 곳은 빨리 소문나니 그게 문제다. 조금씩 입소문이 나나 싶더니 어느새 예약 없이는 마사지 받기가 힘든 집이 됐다. 마사지 전에 건강 상태를 체크하는 것은 기본, 마사지 시간을 체크할 수 있는 타이머를 준다는 것부터 신뢰도가 수직 상승한다. 마사지 실력도 노련하다. 모든 마사지사가 전담 트레이너에게 주기적으로 훈련을 받고 있어 마사지사 간 실력 차이가 크지 않다. 마사지 중에는 수신호로 마사지사와 의사소통을 할 수 있도록 해줘 언어적인 불편함도 덜었다. 샤워실이 많지 않지만 프라이빗룸을 예약하면 마사지 전후로 샤워를 할 수 있다. 워낙 손님이 많아 어딜 가든 북적북적, 마사지실도 여러 명이 함께 써야 한다는 것은 아쉬운 부분이다(침대마다 커튼이 설치돼 있기는 하다). 임산부 & 키즈 마사지 메뉴도 있으며 더말로지카(Dermalogica) 제품을 이용한 페이셜 트리트먼트도 인기 있다.

2권 Ⓑ INFO P.115 Ⓜ MAP P.100A Ⓖ 구글지도 GPS 12.268588, 109.187241 Ⓣ 전화 090-825-8121 Ⓗ 시간 09:00~20:30 Ⓚ 카카오톡 ID senspanhatrang

추천 프로그램

아로마테라피 전신 마사지
Aromatherapy Body Massage 90분 Ⓓ 가격 50만₫
딥 티슈 마사지 Deep Tissue Massage 90분 Ⓓ 가격 50만₫
센 스파 전신 마사지 Sen Spa Body Massage 90분
Ⓓ 가격 55만₫

2 코코넛 스파
Coconut Spa

한국인 여행자들에게 입소문을 타더니 예약이 필수인 집이 됐다. 한국어가 가능한 직원이 있어 의사소통이 쉽다는 것에서 일단 가산점. 구석구석 한국어 표기가 되어 있으니 손짓 발짓 할 필요도 없다. 마사지 종류는 발 마사지와 전신 마사지, 단 두 가지뿐이다. 한국인에게 가장 인기 있는 마사지는 90분 코코넛 스페셜 마사지. 얇게 썬 오이를 얼굴에 올려 피부를 진정시킨 뒤 온몸을 지압하는 순으로 마사지를 하는데 지압점을 제대로 짚어줘 압력이 센 마사지를 선호하는 한국 사람에겐 인기가 있을 수밖에 없겠다 싶다. 코코넛으로 만든 마사지 오일을 사용해 피부 진정을 돕는다. 영업 시간 동안은 무료로 짐을 보관할 수 있다.

2권 Ⓑ INFO P.115 Ⓜ MAP P.101D Ⓖ 구글지도 GPS 12.248080, 109.196100 Ⓣ 전화 258-625-8661 Ⓗ 시간 09:00~23:00 Ⓔ 이메일 coconut.footmassage@gmail.com

추천 프로그램

코코넛 스페셜 마사지 Coconut Special Massage 90분
Ⓓ 가격 40만₫

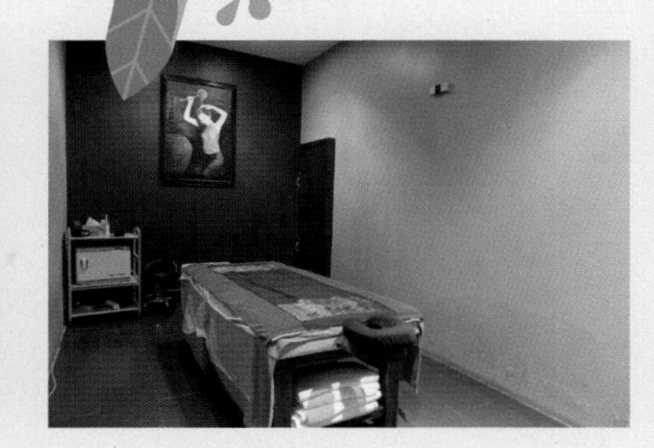

3 카사 스파
Casa Spa

마사지, 네일, 왁싱, 페이셜 트리트먼트 등을 서비스하는 토털 뷰티 숍이다. 새로 생긴 마사지 숍치고는 마사지 만족도가 높은데, 압력이 강한 것을 좋아하는 한국 사람들은 아로마 테라피 보디 마사지를 선호한다. 다른 마사지와 달리 정자세로 누운 채 얼굴과 머리 마사지를 하고, 얇게 썬 오이를 얼굴 위에 올려 피부의 진정을 돕는다. 이후에는 마사지 오일을 발라 가며 지압한 뒤 오일을 따뜻한 수건으로 닦아내는 식으로 진행되는데 엉덩이도 마사지를 하기 때문에 조금 민망할 수 있다. 어린이 · 임산부용 마사지 프로그램도 있다. 샤워룸이 하나뿐인 것은 아쉬운 부분. 실내로 들어갈 때 신발을 벗고 들어가야 해 비싼 신발은 비닐봉지에 넣어 들어가는 것이 마음 놓인다. 한국어 메뉴판이 있다.

2권 INFO P.111 **MAP** P.101D **구글지도 GPS** 12.241196, 109.194880 **전화** 093-589-7186 **시간** 10:00~23:00 **카카오톡 ID** casaspa

추천 프로그램

아로마 테라피 보디 마사지
Aroma Therapy Body Massage 90분 **가격** 46만 đ
카사 보디 마사지 Casa Body Massage 90분 **가격** 46만 đ

4 퓨어 베트남
Pure Vietnam

마사지 숍 서비스가 거기서 거기라고 생각했다면 이곳부터 찾아가 보자. 가격이 비싸지만 돈값 제대로 하는 서비스 덕분에 단골손님이 많다. 엎드려 누웠을 때 발등 부분에, 그냥 누웠을 때는 무릎 뒤쪽에 발 베개를 대주는 등 세심한 부분까지 신경 써 준다. 마사지 후에는 신고 온 신발까지 세팅해 주어 대접받고 있다는 느낌이 절로 든다. 한 방에 여러 개의 침대를 놓고 영업하는 공장형 마사지 숍과 달리 대부분 1~2인실로 이뤄져 있으며 귀중품을 보관할 수 있는 물품 보관함까지 설치돼 있다. 가장 인기 있는 마사지는 하와이 전통 마사지 기법인 '로미로미 마사지'. 팔꿈치에 체중을 실어 마사지를 하는 부분이 있는데 약하게 해달라고 이야기하면 강도를 조절해준다. 전체적인 마사지 강도가 강한 편이라 보통의 한국 사람이라면 강하게, 강한 마사지가 싫은 사람은 보통 세기면 알맞다. 한국어 메뉴판이 있다.

2권 INFO P.115 **MAP** P.101B **구글지도 GPS** 12.254368, 109.195373 **전화** 258-381-0010 **시간** 10:00~23:00 **홈페이지** www.purevietnam. com.vn/index.php/make-a-booking

추천 프로그램

로미로미 마사지 Lomi Lomi Massage 90분/120분
가격 52만 đ/69만 đ
2시간 30분 패키지(설탕 보디 스크럽+초콜릿 전신 팩+로미로미 마사지) 2 1/2 Hour Package **가격** 103만 đ

호치민 대표 네일 숍 & 이발소

1 오리 네일 앤드 스파
Ori Nail & Spa

외국인들이 많이 찾는 네일 숍. 다른 네일 숍에 비해 가격은 조금 더 비싸지만 그만한 결과물을 낸다. 전문 분야는 큐티클 제거와 기본 관리, 컬러 매니큐어. 손톱에 장식을 붙이는 네일 아트도 다양하게 준비돼 있지만 비추천. 장식이 잘 떨어져서 낭패를 봤다는 사람이 더러 있다. 한국어를 할 줄 아는 직원도 없고, 한국어 메뉴판도 없지만 여러 나라의 손님을 대해 봐서인지 의사소통에는 큰 문제가 없다. 오후는 손님이 많기 때문에 오전에 찾아가면 질 높은 관리를 받을 수 있다.

2권 INFO P.063 MAP P.046D **구글지도 GPS** 10.771294, 106.695877 **전화** 28-3915-8878 **시간** 08:00~22:00 **홈페이지** orinailspa.com

추천 프로그램

- **네일 케어** **가격** 12만 đ
- **일반 매니큐어/페디큐어** **가격** 21만 đ/31만 đ
- **컬러 매니큐어** **가격** 35만 đ

2 지네일
Ji Nail

할인 쿠폰
2권 P.201

한국인이 운영하는 네일 숍으로 벤탄 시장과 통일궁 중간 지점에 있어 오가며 들르기 좋다. 한국에는 정식 수입이 안 되는 CND 젤 제품을 사용하여, 네일 젤 컬러 발색이 좋다. 네일 아트에 들어가는 부자재는 한국에서 공수해와 퀄리티가 높은 편. 경력이 오래된 디자이너 2~3명이 한 팀이 되어 시술을 하기 때문에 시술 시간이 상대적으로 짧고 시술 전에 발 마사지와 각질 제거를 해주는 것도 별 것 아니지만 확실한 장점. 위치가 스쳐 지나가기 쉬운 곳에 있으니 눈을 크게 뜨고 찾아야 한다.

2권 INFO P.062 MAP P.046D **구글지도 GPS** 10.775033, 106.696606 **전화** 097-526-3564 **시간** 09:00~22:30 **홈페이지** jinailart.com **카카오톡 ID** Jinailart

추천 프로그램

- **큐티클 제거 + 손발 젤 컬러** **가격** 49만 đ
- **젤 네일(크레이티브 젤 컬러 CND 브랜드 사용)** **가격** 28만 đ

3 브이아이피 64 이발소
VIP64

호치민의 모든 이발소가 이 집만큼만 하면 얼마나 좋을까? 기계적으로 손님을 대하는 다른 곳과 달리 손님 응대에 공을 많이 들인다. 일하는 중에 휴대폰을 보거나 잡담을 하지 않는 것은 기본, 주기적으로 직원 교육을 한다. 호치민의 이발소 중에서도 손님의 평가가 꾸준히 좋은 곳은 손에 꼽는데, 서비스 만족도가 항상 일정한 것이 이 집의 최대 장점. 언제 가도 만족스러운 서비스를 받을 수 있으니 단골손님들이 많다. 면도, 귀 청소, 손발톱 깎기, 마사지, 샴푸를 차례로 해주는데, 원치 않는 서비스는 직원에게 이야기하면 된다. 주말에는 전화나 카카오톡으로 예약을 해야 기다리지 않고 서비스를 받을 수 있다(전화와 카톡 모두 한국어 대응 가능). 10회 방문 시 1회 무료 바우처도 있으니 참고하자.

2권 INFO P.063 MAP P.046F **구글지도 GPS** 10.769005, 106.699257 **전화** 091-631-9064 **시간** 08:00~21:00

추천 프로그램

귀 청소+페이셜+손발톱 정리+면도+샴푸 **가격** 28만 đ

4 응안하 이발소
Ngân Hà

한국인이 운영하는 이발소로 문을 연 지 오래되지 않았지만 벌써부터 입소문을 타고 있다. 중심가에서 조금 떨어져 있지만 그만큼 시설이나 분위기가 좋다. 서비스 내용에 따라 5가지 콤보 메뉴가 있는데, 원치 않는 서비스는 그 시간만큼 다른 서비스로 대체할 수 있어 손님들의 반응도 좋다. 사실 이 집이 인기 있는 가장 큰 이유는 친절한 사장님 때문이다. 항상 손님들의 요구사항을 그때그때 들어주며 이발소 주변 지도를 만들어서 무료로 배포하고, 여행에 어려움을 겪는 손님들에게 도움을 주기도 한다. 주말에는 하루 종일 예약이 꽉 차기도 하니 카카오톡이나 전화로 반드시 예약을 해야 한다. 여성용 콤보 메뉴도 있다.

2권 INFO P.063 MAP P.046E **구글지도 GPS** 10.762406, 106.691475 **전화** 077-414-9969 **시간** 09:00~21:00 **홈페이지** blog.naver.com/eunsungra **카카오톡 ID** seanrakor

추천 프로그램

여성용
콤보F(페이셜+마사지+매니큐어+ 페디큐어+샴푸 90분)
가격 60만 đ(팁 포함)
남성용
콤보A(면도+귀 청소+페이셜+손발톱 정리+ 마사지+샴푸 90분)
가격 35만 đ(팁 포함)

안 그래도 더운 베트남에서 온천욕이 웬말인가 싶겠지만
그건 아직 경험해보지 못해서 하는 소리!
한 번만 경험해 보면 그 매력에 빠져들고 만다.
바다도 좋지만 이왕이면 냐짱에서만 할 수 있는
머드 스파를 체험해보는 것은 어떨까?

Mud Spa

머드 스파란?

진흙 온천이라고 생각하면 이해가 쉽다. 냐짱의 천연 진흙에는 무기질(미네랄) 광물이 풍부해 물을 쉽게 흡수한다고 한다. 냐짱의 질 좋은 진흙에 따뜻한 물을 섞어 온천수로 사용하는데 사람의 체온과 비슷한 온도를 유지하고 있어 누구나 쉽게 이용할 수 있다.

머드 스파의 효능

아토피 등 피부 질환에 탁월한 효능이 있으며 피부 재생을 돕고 혈액 순환을 촉진시켜준다. 이외에도 체내의 PH를 안정적으로 잡아주고 스트레스 해소와 류마티스 관절염에도 좋다. 단, 심장 질환이나 하지정맥 등의 질환이 있다면 전문의와 상담 후 이용하도록 하자.

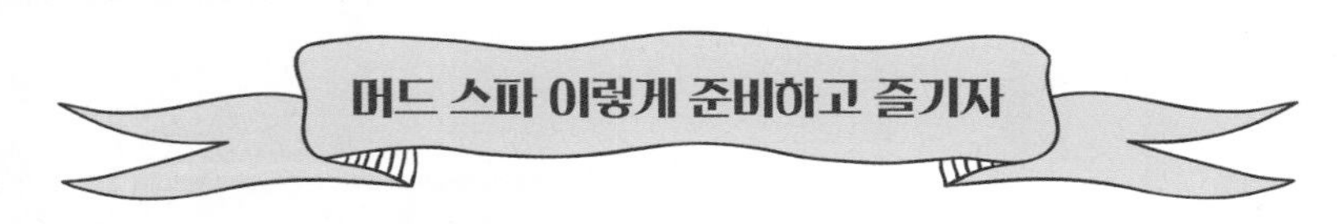

STEP 1 스파 선택하기

패키지 프로그램은 탑바온천이 낫고, 일반 입장권은 아이리조트가 탑바온천보다 낫다. 기본 입장권으로 저렴하고 간단하게 즐기고 싶은 사람은 아이리조트를 풀패키지로, 스페셜하게 즐기고 싶은 사람은 탑바온천을 선택하자.

STEP 2 교통편 예약하기

머드 스파는 교통편을 미리 예약하면 좀 더 편하게 오갈 수 있다. 스파에서 운영하는 셔틀버스와 현지 여행사인 신투어리스트 셔틀버스가 대표적인 교통수단. 하루 전에 미리 예약해야 하니 주의하자. 교통편 예약이 불편하다면 돈이 좀 더 들더라도 택시나 그랩카를 이용하면 된다. 대신 시내로 돌아올 때는 택시 잡기가 어려워 조금 애를 먹을 수는 있다.

구분	아이리조트 셔틀버스	탑바온천 셔틀버스	신투어리스트 셔틀버스 (아이리조트, 탑바온천 모두 운행)
픽업 위치	냐짱센터, 노보텔, 쉐라톤 등 냐짱 시내 주요 호텔에서만 픽업 가능	호텔(예약 시 문의)	호텔(예약 시 문의)
차종	14인승 버기카(에어컨 없음)	소형 밴	중형 밴
운행 시간 (시즌에 따라 변동 가능)	1일 5~8회 운행 정해진 시간에만 탑승 가능 (시내→리조트 08:00~15:00 1일 7~8회 운행, 리조트→시내 12:30~16:30 1일 5~8회 운행)	1일 7회 운행 정해진 시간에만 탑승 가능 (시내→온천 08:00~16:00, 온천→시내 10:30~18:30)	1일 8회 운행 운행 시간 동안 언제든 탈 수 있음 (시내→탑바온천/아이리조트 08:00~16:00, 탑바온천/아이리조트→시내 10:30~17:30)
요금	1인당 편도 2만₫	1인당 편도 3만₫	왕복 교통비+스파 입장권 1인당 35만9000₫
예약 방법	1일 전 전화 예약	1일 전 전화 예약	1일 전 신투어리스트 방문 예약

신투어리스트 냐짱
MAP P.101D
구글지도 GPS 12.236003, 109.195416
시간 06:00~22:00

STEP 3 준비물 챙기기

필수 준비물

• **개인 세면 용품** 세면·샤워 용품은 개인이 챙겨가야 한다. 현장에서 구입할 수도 있지만 내가 쓰던 제품이 내 몸에 가장 잘 맞는 법. 호텔 객실에 비치된 일회용 어메니티(샤워젤, 샴푸 등)를 갖고 가도 좋다.

• **슬리퍼나 플립플롭** 바닥이 항상 젖어 있어 미끄럽다. 특히 어린아이라면 필수.

• **할인쿠폰** 머드 스파 3곳의 경쟁이 치열해 할인쿠폰을 구하기가 더 쉬워졌다. 묵고 있는 호텔에 문의하면 할인쿠폰을 얻을 수 있다. 할인율은 대략 5~10%선. 할인율이 크진 않아도 챙겨가면 쏠쏠하다.

선택 준비물

• **방수 카메라** 다른 사람의 사진을 허락 없이 찍지 않는 이상 온천 안에서 사진 찍는 것이 자유롭다. 여행의 순간을 사진으로 남기려면 방수 카메라를 갖고 가는 것이 좋다.

• **수건** 수건은 무료로 대여해주거나 소정의 대여료만 내면 대여할 수 있지만 수건 크기가 작아서 물기를 다 닦아내기 힘들다.

• **어두운 색깔의 수영복** 수영복을 무료로 대여해주지만 디자인이 한정되어 있다. 머드 스파를 하면 진흙물이 들 수 있어 어두운 색깔의 수영복이나 래시가드를 챙겨가는 것을 추천한다. 청바지, 원피스, 티셔츠 등은 온천 이용이 제한될 수 있다.

• **방수팩** 스마트폰, 티켓, 현금 등을 보관할 수 있는 방수팩이 있으면 요긴하다.

• **튜브** 미취학 아동이 있다면 챙겨갈 만하다. 구명조끼는 무료로 대여해준다.

STEP 4 머드 스파 제대로 즐기기

1. 아침 시간을 적극 활용하자

오전 10시가 넘어가면 중국·러시아 패키지 여행객들이 한꺼번에 몰려 조용한 분위기를 기대하기 어렵다. 시간이 이를수록 온천의 질이 달라진다는 것만 명심하자.

2. 옷을 갈아입을 때는 샤워실을 이용하자

탈의실에는 도난 방지를 위해 CCTV가 구석구석 설치되어 있어 원치 않게 알몸 공개를 할 수 있다.

3. 머드 스파 티켓을 잘 보관하자

매표소에서 두 장의 입장권을 주는데, 그중 한 장은 스파 입장권, 나머지 한 장은 머드 스파 입장권이다. 머드 스파를 하기 위해서는 머드 스파 입장권이 있어야 하므로 잘 보관하자. 머드 스파를 한 뒤 온천을 즐기는 것이 좋다.

4. 비 오는 날이 좋다

맑은 날보다는 비가 조금 내리는 날이 온천을 하기 더 낫다. 손님이 적어 한산하고, 온천을 즐기기에 딱 좋은 기온이 되기 때문. 살이 그을리지 않는다는 장점도 있다.

5. 동선을 잘 짜보자

아이리조트와 탑바온천은 포 나가르 사원과 가까워 함께 둘러보기 좋다.

6. 음식물 반입은 금지

외부 음식물 반입이 금지된다. 온천 안에도 간단한 먹을거리와 스낵, 음료수 등을 판매하므로 이유식이나 의약품을 제외하고는 아예 가져가지 말자.

Thap Ba Hot Spring

커플 여행자들에게 강추!

탑바온천

선구자의 자리는 늘 위태로운 법이다. 탑바온천이 바로 그런 곳. 냐짱에서 처음 문을 연 머드 스파이지만 최근 경쟁 업체가 많이 들어서 예전만 한 인기를 누리지는 못하고 있다. 대신 특색 있고 다양한 패키지 프로그램을 내세워 가족 단위의 여행자들이 늘고 있는 추세. 특히 누이 스파(Núi Spa)라는 프리미엄 스파를 함께 운영하는데 온천 수영장과 마사지실을 제외한 모든 시설이 독채로 이뤄져 조용히 온천을 즐길 수 있다. 인원수에 따라 요금이 달라지는데, 2~4명일 때 가성비가 높다.

2권 Ⓘ **INFO** P.115 Ⓜ **MAP** P.100A Ⓖ **구글지도 GPS** 12.270194, 109.177604 Ⓒ **시간** 07:00~19:00 Ⓓ **가격** 마운틴 스파 릴랙스 패키지 1명 190만đ, 2명 280만đ, 4명 410만đ, 6명 510만đ / 온천만 이용-온천 수영장욕 성인 10만đ, 어린이 5만đ / 공용 머드배스 추가-공용 미네랄 머드 목욕 성인 20만đ, 어린이 10만đ / 프라이빗 머드배스 추가-1인용 싱글 나무 욕조 40만đ, 2인용 더블 나무 욕조 70만đ

TIP

이용할 수 있는 시설, 서비스에 따라 요금이 달라진다. 요금 체계별 이용할 수 있는 시설과 혜택은 매표소의 팸플릿에서 확인 가능. 한국어 가격표도 있으니 직원에게 문의하자. 요금은 크게 기본 입장권과 마운틴 스파 패키지, 머드 릴랙스 & 스파 패키지로 나뉜다.

각 프로그램 별 특징

- **기본 입장권**-탑바 온천의 공용 온천탕을 이용. 개별 여행자에게 추천
- **마운틴 스파 패키지**-누이 스파의 프라이빗 온천탕을 이용. 연인, 가족, 프라이빗한 휴식을 즐기고 싶은 여행자에게 추천
- **머드 릴렉스&스파 패키지** -누이 스파의 프라이빗 온천탕+개인실 배정. 가족 여행자에게 추천

추천 온천 프로그램

마운틴 스파 릴랙스 패키지 하이라이트

1

오로지 우리를 위한 스파 공간에서 온천을 즐길 시간. 머드 스파와 허브 온천을 차례대로 즐기고 선베드에 누워 열대과일을 먹다 보면 신선놀음이란 게 별것 없다 싶다. 수건과 수영복, 과일, 물 한 병, 차가 기본적으로 제공된다.

2

마사지를 받으며 뭉친 근육을 풀 차례. 무선 전화기로 스파 리셉션에 전화를 하면 마사지사가 찾아와 마사지실까지 안내해준다. 마사지사가 팁을 당당히 요구하는 게 아쉬울 뿐, 근육이 뭉친 곳을 집중적으로 마사지해줘 '아이고 좋다' 소리가 절로 나온다. 마사지는 전신 마사지 50분과 발 마사지 65분 중에 고를 수 있다.

3

하이드로 테라피와 자쿠지, 온천 수영장을 마음껏 즐겨볼 차례. 한정된 인원의 손님만 이용해 다른 곳보다 훨씬 조용하고 아늑하다. 배가 고프면 매표소에서 받은 패키지에 포함되어 있는 무료 피자 쿠폰을 내자. 따뜻한 피자 한 판이 테이블에 차려진다. 맛은 좀 떨어져도 주린 배를 채우기엔 충분한 양이다.

4

누이 스파 이용자는 공용 온천을 무료로 이용할 수 있다. 온천 풀장은 총 3개로 나눠져 있으며 수심이 깊은 곳은 1.7미터, 얕은 곳은 0.8미터로 다양해 어른과 아이 모두 즐길 수 있다. 선베드 경쟁이 은근히 심해 목 좋은 곳에 일단 자리부터 맡아놓고 온천을 즐기는 것을 추천.

i-resort Spa

가장 인기 있는 머드 스파

아이리조트 스파

최근 문을 열어 대중적인 인기를 얻고 있는 스파. 이곳을 다녀간 우리나라 사람들의 칭찬이 자자하다. 같은 가격이라도 이왕이면 '최신', 비슷한 온천이라도 '이쁜 것' 좋아하는 한국 사람 취향에는 이곳이 딱이다. 온천탕의 종류가 다양하고 추가 요금만 내면 워터파크도 이용할 수 있어 하루 종일 시간을 보내도 지겹지 않다. 마실 물 한 병을 무료로 제공하며 수건과 수영복도 무료 대여해준다.

2권 **INFO** P.115 **MAP** P.100A **구글지도 GPS** 12.273087, 109.175791
시간 08:00~18:00 **가격** 핫 미네랄 머드배스(머드배스+온천 이용) 1~3인 성인 1명당 30만đ, 4~5인 성인 1명당 25만đ, 6명 이상 성인 1명당 23만đ, 어린이 1명당 15만đ

추천 온천 프로그램

핫 미네랄 머드배스 하이라이트

1

가장 먼저 머드 스파부터 즐기자. 탈의실에서 나오자마자 정면에 보이는 곳이 머드 스파 카운터. 직원에게 머드 스파 입장권을 제출하면 욕조를 배정해주고 욕조에 진흙을 가득 채우기 시작한다. 보들보들 고운 진흙탕에 온몸을 담그고 있으면 절로 피부가 매끌매끌해지는 기분이다. 입욕 시간이 끝나면 맞은편의 샤워실에서 구석구석 샤워를 하면 된다.

2

본격적으로 온천을 즐겨볼 시간이다. 수온과 깊이가 조금씩 다른 온천탕을 순례하듯 즐기기만 해도 시간이 훌쩍 지나간다. 성인 남성 어깨 높이까지 오는 성인 전용 온천탕부터, 무릎 깊이 정도 되는 얕은 온천탕도 있어 아이들과 함께 즐기기도 좋다.

3

스파 안쪽에는 폭포탕과 작은 워터 슬라이드가 설치된 탕도 있어 가족 여행자들이 많이 찾는다. 선베드와 평상이 곳곳에 설치돼 휴식을 취하기도 좋다.

4

온천물에 삶은 달걀도 한 번 맛보자. 우리가 알던 것과 크게 다르지 않은 맛이지만 이곳에선 좀 더 특별하다. 한 알당 5000đ으로 가격도 매우 저렴하다.

5

온천 안에서 피로를 모두 풀었다면 미네랄 워터파크로! 추가 입장료(성인 17만đ, 어린이 9만đ)만 내면 워터파크 안의 모든 어트랙션을 마음껏 이용할 수 있다. 이용객이 거의 없어서 썰렁한 분위기는 들지만 대기 시간도 그만큼 짧다. 대부분의 기구는 키가 130센티미터 이상 되어야 해 어린아이와 함께 즐길 만한 것은 많지 않다.

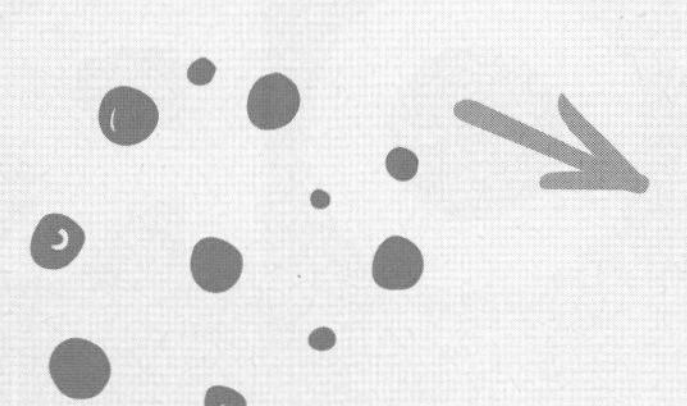

HOTELS
&RESORT

S

요즘 뜨는 호캉스 여행, 호치민이 딱!

가성비 좋은 호텔을 찾아 여행을 떠나던 사람들이 호치민을 주목하고 있다. 저렴한 가격에 그 이상의 서비스를 내놓는 호텔들이 경쟁하듯 대거 들어서며 생긴 변화다. 호텔을 선택하기 전에 일단 위치부터 정해보자. 호텔 위치별로 특징이 다 달라서 생각보다 쉽게 인생 호텔 하나쯤은 찾을 수 있다.

AREA 1 1군 벤탄 시장 주변

3·4성급 호텔이 많지만 오래된 호텔이 많아 룸 컨디션이 제각각이다. 일부 호텔은 룸 컨디션이 엉망인 경우가 많고 지은 지 오래된 건물이라 방이 좁다.

접근성	★★★★★
방음	★★
가성비	★★★★★
서비스	★★★

AREA 2 1군 동커이

4·5성급 고급 호텔이 밀집한 지역. 호치민 시내에서 숙박비가 가장 비싸다. 유명 관광지와 가까워 여행하기 편하다.

접근성	★★★★★
방음	★★
가성비	★★★
서비스	★★★★★

AREA 3 1군 부이비엔 거리 주변

호스텔과 1·2성급 호텔이 대부분이다. 청결함은 기대하지 않는 편이 좋다. 신투어리스트 등 여행사가 많다. 외국인 대상 소매치기, 사기 범죄가 간혹 일어난다.

접근성	★★★★
방음	★
가성비	★★★★
서비스	★

AREA 4 2군

외국인이 많이 거주하는 지역. 고급 빌라와 전원주택이 밀집한 부촌이다. 다른 지역보다 조용하고 부촌이라 안전하다.

접근성	★
방음	★★★★★
가성비	★★★
서비스	★★

AREA 5 3군

가성비가 좋은 4성급 호텔들이 모여 있다. 1군보다 룸 컨디션이 좋은 호텔들이 많다. 출퇴근 시간대에는 러시아워가 생기기도 한다.

접근성	★★★
방음	★★★
가성비	★★★★
서비스	★★★★

AREA 6 빈홈

한인이 많이 거주하는 럭셔리 아파트 단지. 주거용 건물이라 에어비앤비 숙소가 대부분이다. 관광보다 휴양으로 묵는 사람들이 많다.

접근성	★★★
방음	★★★
가성비	★★★
서비스	★★★★

혼행족에 추천! 혼자 묵기 좋은 호텔 BEST 3

어차피 혼자 떠나는 여행인데, 넓은 침대와 로맨틱한 분위기가 웬 말.
숙박비에 비싼 돈 안 들이고도 여행하기 편리한 호텔들만 모았다.

Novotel Saigon Centre

★★★★

못해도 기본! 믿고 예약하는 노보텔

노보텔 사이공 센터

항목	평점	평가
분위기	3.5	로비는 실망, 객실은 평균 이상
가성비	4	가성비 짱짱!
접근성	3.5	걷기는 멀고 택시는 애매
인기도	4.5	미리 예약 필수!
조용함	4	밤에는 조용해요.
친절도	4	무엇이든 도와주려는 분위기

전 세계 곳곳에 둥지를 튼 글로벌 호텔 체인다운 정형화된 서비스와 평균 이상의 룸 컨디션을 자랑한다. 좁은 공간을 똑똑하게 극복한 인테리어, 호텔 등급 대비 훌륭한 침구류는 '역시 노보텔'이라는 소리가 나온다. 호치민 중심지에 해당하는 1군 지역이 아닌 자동차로 10분 거리의 3군 지역에 위치해 교통 체증이나 도로 소음이 적어 숙면을 취할 수 있다는 것이 가장 큰 장점. 공항에서 비교적 가까워 여행 첫날의 피로를 풀기에도 적당하다. 샤워실이 통유리로 되어 있는데 샤워실 벽면의 'press for more privacy' 버튼을 누르면 유리가 불투명하게 바뀐다.

2권 ⓞ MAP P.066J ⓖ **구글지도 GPS** 10.774974, 106.700040 ⓢ **찾아가기** 떤손녓 국제공항에서 택시 12분 ⓣ **시간** 체크인 24시간, 체크아웃 12시까지 ⓓ **가격** 디럭스룸 12만 원~

Ho Chi Minh City Bay Hotel

객실만 잘 고르면 이만한 곳 없어요

호치민 시티 베이 호텔

분위기 2.5	호텔 바로 앞이 공사장
가성비 3	시설 대비 결코 저렴하지는 않은 가격
접근성 4	중심가에서 적당히 떨어진 위치
인기도 3	공실이 많아 예약이 어렵지 않아요.
조용함 4	조용하지만 객실 간 소음은 좀 있어요.
친절도 3.5	직원에 따라 평가가 갈려요.

호치민에서 흔치 않게 골목길 안쪽에 자리한 호텔. 도로와 떨어진 만큼 소음이 적다는 장점이 있다. 방의 크기나 시설이 동급 호텔에 비해 뒤떨어지는 것도 사실이나 숙박비가 저렴해 하룻밤 잠만 자기에는 괜찮다. 객실 중 상당수가 창문이 없거나 옆 건물 벽만 보이는 경우가 많은데, 전망이 있는 객실인지 반드시 확인해본 뒤 예약을 해야 실망하지 않는다. 의외로 돈값을 하는 곳은 루프톱 수영장. 사이공 강과 호치민의 스카이라인이 한눈에 들어와 수영하는 사람보다 기념사진을 찍는 사람이 더 많을 정도의 인기를 누리고 있다. 호치민의 4성급 호텔 중 수영장 전망만큼은 이곳이 최고다.

2권 MAP P.033L **구글지도 GPS** 10.774974, 106.700040 **찾아가기** 떤손녓 국제공항에서 택시 20분 **시간** 체크인 14:00부터, 체크아웃 12:00까지 **가격** 디럭스 트윈룸(시티뷰, 조식 불포함) 9만 원~

Paragon Saigon Hotel

좋은 위치에 좋은 가격이 장점

파라곤 사이공 호텔

분위기 3	다소 오래된 실내 인테리어
가성비 4	위치 대비 숙박비가 저렴한 편
접근성 4	주변에 인기 맛집과 마사지 숍이 많아요.
인기도 3	예전에 비해 인기가 식었어요.
조용함 4	조용하지만 객실 간 소음이 있어요.
친절도 4	숙박객의 요구를 잘 들어주려고 하는 편

한때는 호치민에서 알아주는 가성비 호텔이었지만 이제는 여행 첫날 밤 묵어갈 만한 호텔이 되어 버렸다. 주변에 더 높은 건물이 생기면서 가장 큰 장점이던 수영장 뷰를 잃어버렸다. 잃은 것이 있으면 얻은 것도 있는 법. 많은 숙박객들로 몸살을 앓는 다른 호텔에 비해 조용하다는 이점이 생겼다. 통행량이 많지 않은 도로와 인접해 도로 소음이 적고 주요 명소와 가깝다는 것은 누구나 인정하는 부분. 아침 식사도 괜찮다. 저층 객실 중 일부는 창문이 없으니 예약을 할 때 조심하자.

2권 MAP P.033H **구글지도 GPS** 10.774974, 106.700040 **찾아가기** 떤손녓 국제공항에서 택시 15분 **시간** 체크인 14:00부터, 체크아웃 12:00까지 **가격** 디럭스 트윈룸 9만 원~

여기가 내 집이면 싶은 호텔 BEST 2

사람들이 입을 모아 칭찬하는 호텔들은 다 그럴 만한 이유가 있는 법이다.
그 이유가 궁금하다면 일단 한번 가보자. '도대체 왜?'라는 물음표가 비로소 느낌표로 바뀔 것이다.

항목	점수	평
분위기	4.5	꿈 같은 분위기!
가성비	5	이왕 비슷한 가격이면 조건이 좋은 이곳으로
접근성	3.5	시내까지는 조금 먼 거리
인기도	5	인기 정말 많아요.
조용함	4.5	소음 차단이 잘 되어 있어요.
친절도	5	직원들 이마 위에 '친절'이라고 쓰여 있어요.

Silverland Sakyo

★★★★

내 마음을 들었다 놨다, 놨다 들었다

실버랜드 사쿄

호텔이란 이래야 한다. 손님 한 명 한 명 정성을 다해 맞이하는 직원들의 태도부터, 사람 마음을 어떻게 하면 홀리는지 제대로 알고 있는 듯한 서비스까지 감동의 연속이다. 호치민 도심에서 치안이 좋고 그나마 조용한 리틀 도쿄(Little Tokyo; 일본인 타운) 지역에 자리하며 길 건너에 24시간 편의점이 있다는 점도 반갑다. 일본인을 겨냥한 호텔답게 실내 인테리어와 서비스도 수준급이다. 베트남에서는 은근히 찾기 힘든 전자동 비데와 자쿠지 욕조가 설치돼 있고, 5성급 호텔에서나 제공하는 턴다운 서비스도 제공한다. 전 객실에 전자레인지가 비치돼 있어 유아가 있는 가족 여행자에게 인기 있다. 객실 수 대비 엘리베이터가 부족하고 짐(Gym)이 작다는 것은 아쉽다. 홈페이지에서 주기적으로 프로모션을 진행해 시기만 잘 맞으면 더욱 저렴하게 예약할 수 있으니 체크해 보자.

2권 MAP P.033L **구글지도 GPS** 10.781630, 106.7005442 **찾아가기** 떤손녓 국제공항에서 택시 17분 **시간** 체크인 14:00부터, 체크아웃 12:00까지 **가격** 디럭스룸 10만 원~

무료 애프터눈 티

애프터눈 티 서비스에 감동을 받았다는 사람이 한둘이 아니다. 열대과일과 차, 커피, 다과, 디저트를 마음껏 맛볼 수 있는 것은 물론, 주말에는 클래식 연주회를 보며 애프터눈 티를 즐길 수 있다. 요금이 얼마냐고? 놀라지 마시라. 숙박객은 공짜! 여유롭게 즐기기만 하면 된다.

위치 호텔 1층(G층) 사쿄 로비 바(SAKYO LOBBY BAR)
시간 15:00~17:00

루프톱 자쿠지

일본 스타일의 호텔답다. 널찍한 수영장 대신 야외 자쿠지 온천이 들어섰다. 온천욕을 즐기다가 선베드에 누워 시간을 보내도 좋고, 두 가지 종류의 사우나에서 피로를 풀어도 좋다. 체크아웃 이후에도 자쿠지와 사우나 시설은 얼마든 이용할 수 있다.

위치 호텔 루프톱
시간 05:30~22:00

조식

은근히 조식 맛있는 호텔이 드문 호치민. 이곳에선 조식 걱정을 하지 않아도 된다. 서양식과 베트남 요리, 일식 코너가 따로 마련되어 베트남 음식이 입맛에 안 맞는 사람도 맛있게 먹을 수 있다. 달걀 요리와 쌀국수는 앉은 자리에서 주문할 수 있어 편하다.

Caravelle Saigon

호캉스 한번 제대로 즐겨보자

카라벨 사이공

항목	평점	평가
분위기	4.5	고풍스럽고 우아한 분위기
가성비	3.5	5성급 호텔치고는 저렴해요.
접근성	5	유명 관광지들도 걸어서 5분이면 갈 수 있어요!
인기도	5	서양 관광객들에게 인기가 높아요.
조용함	5	시내 중심인 것치고는 정말 조용해요.
친절도	5	5성급 호텔다운 고객 응대

5성급 호텔에 묵고는 싶은데 무시무시한 숙박비가 부담이라면 카라벨을 주목하자. 시설과 서비스는 5성급 호텔인데 숙박비는 4성급 호텔 수준. 거기다 걸어 다니며 여행하기 더없이 좋은 위치다. 그 좋은 위치 덕분에 1959년 호텔이 개장한 뒤부터 월남(남베트남) 외교 · 정치의 중요한 장소로 우뚝 섰다. 1960년대 들어 뉴질랜드와 호주 대사관, 미국의 NBC, ABC, CBS 방송국이 둥지를 틀었던 것. 전쟁 중 부서진 부분과 노후화된 시설만 재단장했을 뿐, 개장 당시의 모습을 대부분 유지한 채 호텔을 운영하고 있다. 자칫 촌스럽고 투박해 보일 수 있는 호텔이 고풍스럽고 우아해 보이는 이유다. 하지만 긴 세월에 장사 없다고 2019년 연말까지 오페라 윙(Opera Wing)의 객실 리노베이션 공사를 한다. 모든 객실이 금연실이며 높은 등급의 객실에는 전자레인지, 개수대, 전기레인지 등을 갖춘 주방도 있어 온 가족이 함께 묵기 좋다.

2권 MAP P.033G **구글지도 GPS** 10.776169, 106.703506 **찾아가기** 떤손녓 국제공항에서 택시 16분 **시간** 체크인 14:00부터, 체크아웃 12:00까지 **가격** 디럭스룸 17만 원~, 시그니처룸 28만 원~

카라벨 시그니처 익스피어리언스 혜택

Caravelle Signature Experience

시그니처(Signature) 등급 이상 객실에 머무는 숙박객 전용 혜택이 매우 다양하다. 이 혜택들만 꼼꼼히 챙겨도 숙박비 본전은 뽑고도 남을 정도. 일반 객실과 숙박비 차이도 크게 나지 않으니 이왕이면 높은 등급 객실에 묵어보는 것은 어떨까?

나인틴 레스토랑(Nineteen Restaurant) 조식

대부분의 음식을 가져다 먹어야 하는 일반 조식 레스토랑과 다르게 기본적인 음식만 뷔페식으로 가져다 먹고 메인 디시는 주문식으로 맛볼 수 있다. 메뉴 가짓수도 훨씬 다양하고 주문 이후에 요리를 해서 맛도 좋다.

위치 오페라 윙(Opera Wing) 1층 나인틴 레스토랑
시간 06:00~10:30

이브닝 카나페와 식전주

카나페와 식전주도 무료 제공된다. 말이 카나페지 간단한 저녁 식사로도 손색이 없을 정도. 주류도 입맛에 따라 주문할 수 있다. 손님 대부분 차려 입고 오는 분위기라 드레스 코드를 지켜줘야 민망하지 않다. 드레스 코드는 스마트 캐주얼. 슬리퍼나 러닝셔츠, 운동복 등은 입장이 제한된다.

위치 헤리티지 윙(Heritage Wing) 3층 마티니 바(Martini Bar)
시간 17:30~19:30(식전주는 20:00까지)

논알코올 음료 무료 제공

마티니 바의 음료와 다과가 하루 종일 무료! 손님마다 전담 직원이 배정돼 있고 직원들의 영어 실력과 응대 수준도 매우 뛰어나다.

위치 헤리티지 윙(Heritage Wing) 3층 마티니 바(Martini Bar)
시간 08:00~22:00

낭만 뿜뿜 가성비 호텔 BEST 3

최대한 적은 돈으로도 여행의 낭만을 느낄 수는 없을까?
넓은 수영장과 눈앞에서 출렁이는 파도만 포기하면 얼마든 멋진 호텔이 많다.
가격 대비 효용성을 중요시한다면 체크해 보자.

Fusion Suites Saigon

분위기 3.5	모던하고 깔끔해요!
가성비 4	조식, 스파 포함이 이 가격?
접근성 3.5	유명 관광지와는 살짝 거리가 있어요.
인기도 3.5	아직 유명하지 않은 것도 장점
조용함 4.5	저녁이 되면 매우 조용해요.
친절도 4.5	친절하고 따뜻해요.

★★★★

오로지 편안함에 초점을 맞췄다!

퓨전 스위트 사이공

호치민의 허파와도 같은 따오단 공원(Tao Dan Park)과 맞닿아 있는 자그마한 호텔로 71개의 객실이 모두 스위트룸으로 된 'All-suite Hotel'이다. 퓨전 스위트 사이공은 작고 화려함은 없지만 저렴한 숙박료를 유지하면서도 결코 부족함 없는 시설과 서비스를 자랑한다. 비교적 넓은 객실 면적과 깨끗하고 안락한 시설, 게다가 모든 투숙객을 위한 무료 스파 서비스까지 제공해 많은 여행자들에게 열렬한 호응을 얻고 있다.

2권 **MAP** P.046C **구글지도 GPS** 10.774974, 106.700040 **찾아가기** 떤손녓 국제공항에서 택시 30분 **시간** 체크인 14:00부터, 체크아웃 12:00까지 **가격** 더블스위트룸 12만 원~

POINT 1

객실

소박한 나무 오두막을 떠올리게 하는 아늑하고 따뜻한 느낌이다. 모든 객실이 스위트룸인 퓨전 스위트 사이공은 특급 호텔 스위트의 호화로운 인테리어와 별스러운 시설과는 다소 거리가 있지만, 그래도 분명 스위트는 스위트! 객실마다 넓은 침대와 안락한 소파, 비즈니스 데스크와 간이 주방도 딸려 있어, 조금 더 넉넉한 공간에서 편안한 시간을 누릴 수 있다.

POINT 2

무료 스파

베트남 자국 호텔 브랜드인 퓨전 호텔 & 리조트(Fusion Hotels & Resorts). 그들이 야심 차게 내놓은 'All-spa-inclusive' 서비스를 이곳 퓨전 스위트 사이공에서도 즐길 수 있다. 모든 투숙객에게 1박당 1회씩 무료 스파 서비스를 제공하는데, 사전 예약만 해두면 하루 언제든 이용할 수 있다.

POINT 3

코너 스위트 욕실

코너 스위트의 경우 커다란 전면 창을 품은 욕실이 압권이다. 무엇보다 해먹 형태의 욕조가 시선을 끈다. 거품 가득 입욕제를 풀고 몸을 누인다면, 한껏 분위기 넘치는 여행 사진 한 장쯤 얻게 될지도 모른다.

SILA Urban Living

분위기 3	평범한 레지던스
가성비 4	가족 여행자라면 최고
접근성 3.5	시내까지는 거리가 있어요.
인기도 3.5	평소에는 객실에 여유가 있어요.
조용함 5	정말 조용하고 소음도 별로 없어요.
친절도 3	소통이 조금 어려워요.

★★★★

내 집처럼 편안한 분위기

실라 어반 리빙

3군에 위치한 레지던스형 호텔. 아직 알려지지 않아서인지 관광객들이 많이 찾는 곳은 아니다. 그 덕분인지 손님 받느라 정신없는 인기 호텔에 비해 조용하다는 것이 가장 큰 장점. 가격 대비 룸 컨디션이 좋고 객실이 넓어 장기 체류자와 가족 여행자들이 즐겨 찾는다. 하지만 객실 창문이 통유리라 개폐가 불가능하고, 맞은편 건물과 꽤 가깝다는 것이 단점. 아 참, 아침 식사는 맛이 없기로 꽤 유명하니 밖에서 사 먹는 게 낫다.

2권 **MAP** P.066J **구글지도 GPS** 10.780832, 106.690626 **찾아가기** 떤선녓 국제공항에서 택시 30분 **시간** 체크인 14:00부터, 체크아웃 12:00까지 **가격** 더블룸 12만 원~

POINT 1

수영장

호텔 규모 대비 수영장이 넓다. 수영장이 넓은 만큼 선베드도 꽤 넉넉해 가족 여행자들의 사랑을 받는다. 구명조끼나 튜브 등 물놀이 용품은 개별로 챙겨가야 하며 타월은 짐 카운터에서 수령 후 반납하면 된다.

위치 호텔 1층 야외
시간 06:00~20:00

POINT 2

사우나와 짐

수영장 바로 옆에 사우나와 짐이 있다. 건식 · 습식 사우나와 거품이 보글보글 올라오는 자쿠지, 샤워 시설이 함께 있어 물놀이나 운동 후 피로를 풀기에 제격이다. 운동 마니아라면 짐으로 가자. 규모가 크고 운동 기구가 다양하다.

위치 호텔 1층 실내
시간 짐 24시간, 사우나 06:00~20:00

POINT 3

주방

가족 여행자라면 일단 감탄부터 한다. 객실 주방에 조리대, 전자레인지, 전기레인지 등의 기본적인 조리 기구는 물론이고 수저, 포크, 다양한 크기의 칼, 볼(Bowl), 프라이팬, 냄비 등 조리 용품과 식기류도 종류별로 구비해 두고 있다.

Liberty Central Saigon Centre Hotel

★★★★ 1군 동커이

접근성 갑!

리버티 센트럴 사이공 센터 호텔

분위기 2.5	창문이 없는 객실이 많아요.
가성비 4.5	가성비 극강!
접근성 5	유명 관광지까지 걸어갈 수 있어요.
인기도 5	조금만 늦어도 원하는 객실을 못 잡을 수 있어요.
조용함 2	도로 옆이라 하루 종일 소음이 있어요.
친절도 3.5	응대는 좋지만 시설에 대한 설명이 부족해요.

호치민의 목 좋은 곳마다 지점을 둔 체인 호텔. 접근성 하나는 특급 호텔 부럽지 않다. 걸어서 10분 반경 안에 벤탄 시장, 통일궁, 인민위원회 청사 등 유명 관광지가 모두 모여 있어 뚜벅이 여행자들의 사랑을 받고 있다. 숙박비에 비해 객실 크기와 룸 컨디션도 좋은 편. 책상이 넓고 인터넷도 빨라 비즈니스용 숙소로도 제격이다. 도로와 가까운 객실은 도로 소음이 있고, 도로에서 떨어진 객실은 창문이 없거나 창문을 열면 바로 옆 건물만 보인다는 것은 감안해야 할 부분이다.

2권 ⓜ MAP P.046D ⓖ **구글지도 GPS** 10.773616, 106.698748 ⓢ **찾아가기** 떤손녓 국제공항에서 택시 20분 ⓣ **시간** 체크인 14:00부터, 체크아웃 12:00까지 ⓓ **가격** 디럭스룸(조식 불포함) 7만 원~

Special page
호치민의 게스트하우스

빌라420 Villa420

분위기 2	별다른 분위기는 없어요.
가성비 5	정말 착한 가격
접근성 2	시내까지 오가는데 시간이 꽤 걸려요.
인기도 3.5	입소문 나고 있는 중!
조용함 5	동네 자체가 조용해요.
친절도 5	말해 뭐해요.

한국인이 운영하는 한인 게스트하우스로 일단 위치부터 남다르다. 한 번 들어오면 나가기가 싫은게 매력. 여행자들은 잘 찾지 않는 따오디엔 지역인데 외국인과 재력가들이 모여 사는 고급 빌라촌으로 어떨 땐 '이곳이 정말 호치민이 맞나?' 싶을 정도로 동네 자체가 조용하다. 높은 대문을 밀고 들어가면 넓은 수영장과 정원이 나오고, 정원을 가로질러 들어가야 건물에 도착한다. 인정 많고 따뜻한 사장님의 애정이 이곳을 특별하게 만든다. 하지만 호치민 중심가에서 떨어져 오가기가 번거롭다는 것이 단점이다.

2권 ⓜ MAP P.077G ⓖ **구글지도 GPS** 10.774974, 106.700040 ⓢ **찾아가기** 떤손녓 국제공항에서 택시 30분 ⓣ **시간** 체크인 14:00부터, 체크아웃 12:00까지 ⓓ **가격** 1인실 2만5000원~

냐짱을 여행하는 첫 번째 방법

넘실넘실 바다가 보이는 수영장,
한 번 누웠다 하면 옴짝달싹하기 싫어지는 침대,
집돌이 집순이도 문밖으로 등 떠미는 호텔 자체 액티비티가 있는
냐짱에서는 하루가 유달리 짧다.
냐짱을 마음 깊숙이 사랑하려거든
호텔 선택이 무엇보다 중요할 수밖에 없는 이유다.

AREA 1 냐짱 북부 해변

3~5만 원대 저가형 호텔과 '아미아나 리조트'로 대표되는 대형 리조트가 들어선 지역. 공항에서 멀어서 여행 첫날에 묵기는 부담이지만 휴양 여행이라면 이곳보다 좋은 곳은 없다.

접근성	★★
방음	★★★★★
가성비	★★★★
서비스	★★★★

AREA 2 냐짱 시내

4·5성급 유명 호텔들이 대거 밀집한 지역. 다른 지역에 비해 숙박비가 높은 편. 맛집과 여행자 편의 시설이 밀집돼 여행하기 편리하다. 대신 어딜 가도 사람이 많다.

접근성	★★★★★
방음	★★★
가성비	★★★
서비스	★★

AREA
3 구공항 주변

해변 리조트와 3·4성급 호텔들이 밀집한 지역. 위치 대비 숙박비가 저렴하다. 최근에 문을 연 호텔이 많아서 잘 고르면 가성비가 뛰어난 곳도 더러 있다.

접근성	★★★★
방음	★★
가성비	★★★★
서비스	★★

AREA
4 혼쩨섬

빈펄 계열의 대형 호텔이 들어선 지역. 4~5성급 호텔뿐이라 숙박비가 비싸다. 테마파크인 빈펄 랜드에서 마음껏 놀고 싶은 사람이라면 강력 추천.

접근성	★★
방음	★★★★
가성비	★★★★
서비스	★★★

AREA
5 깜란(남쪽 해변)

대형 리조트가 해변을 따라 쭉 늘어선 지역. 대체적으로 숙박비가 비싸다. 편의 시설도 많지 않고 그랩카를 타기도 힘들어 불편하다는 점은 감안하자. 교통비를 많이 쓸 수 있다.

접근성	★★★
방음	★★★★★
가성비	★★
서비스	★★★★★

위치가 끝내주는 시티 호텔

아무리 좋은 호텔이라도 매번 택시를 타고 들락거리기가 번거로웠다면 위치 좋은 곳에 머무는 게 답. 편의점, 마트는 물론이고 여행자들이 많이 찾는 곳이 가까워 돈과 시간을 절약할 수 있다.

Diamond Bay Hotel

★★★★ 냐짱 시내

코앞이 바다

다이아몬드 베이 호텔

분위기 2.5	바다 전망 하나로도 충분해요.
가성비 4.5	미친 가성비
접근성 5	냐짱에서 접근성 최고인 호텔
인기도 4.5	단체 손님이 꽤 많아요.
청결도 4	기대했던 수준이에요.
친절도 2	손님이 많아서 그런지 호의적이지는 않아요.

위치 하나는 냐짱에서 최고다. 다른 호텔 투숙객은 일부러 셔틀버스를 타고 오는 냐짱 센터와 같은 건물. 걸어서 5분 거리 안에 유명 레스토랑과 스파 숍 등이 모여 있어 여행하기 편리하다. 냐짱 앞바다가 시원하게 보이는 수영장과 냐짱 최대 규모의 짐(Gym) 등의 부대시설도 숙박비 대비 훌륭하다. 돈을 좀 더 내더라도 시 뷰(Sea View) 객실을 예약하자. 낸 돈보다 훨씬 멋진 풍경을 볼 수 있다. 조식에 대한 만족도가 낮은 편인데 중국인이 많이 묵는 호텔이라 우리 입맛에 맞는 음식이 적고, 시끄러운 분위기에서 식사를 해야 한다는 것은 좋은 점수를 주기 힘들다.

2권 MAP P.101D **구글지도 GPS** 12.248323, 109.196116 **찾아가기** 깜란 국제공항에서 택시 50분(**셔틀버스** 없음) **시간** 체크인 14:00부터, 체크아웃 12:00까지 **가격** 그랜드룸 9만 원~

Alana Nha Trang Beach Hotel

★★★★

위치 좋은 곳에 생긴 신상 호텔

알라나 냐짱 비치 호텔

가격은 낮고 시설과 서비스는 고급 호텔 못지않는 수준을 유지하고 있다. 가격 대비 객실이 넓고 신축 호텔답게 모든 것이 새것. 시설 유지도 아직까지는 잘 되고 있어 낸 돈 이상의 값어치는 한다. 직원들의 친절도도 칭찬할 만한 부분. 단 하루 묵는 손님도 환영받고 있다는 생각이 절로 들게끔 응대에 공을 들인다. 샤워기 옆에 커튼 대신 작은 칸막이만 설치돼 있어 샤워 한 번이면 욕실이 물바다가 된다는 점, 아침 식사 메뉴가 다소 부실하다는 것은 아쉽다. 아 참, 명칭은 '비치' 호텔인데, 바로 옆에 신축 고층 호텔이 들어서며 바다 전망은 볼 수 없게 됐다.

2권 **MAP** P.101F **구글지도 GPS** 12.233447, 109.196715 **찾아가기** 깜란 국제공항에서 택시 45분(**셔틀버스** 없음) **시간** 체크인 24시간, 체크아웃 12:00까지 **가격** 슈피리어 트윈룸 10만 원~

항목	점수	평가
분위기	3	정돈된 객실 분위기가 좋아요.
가성비	4	누구나 만족할 만한 가격
접근성	4.5	주변에 맛집이 많아요.
인기도	5	입소문이 벌써 났는지 인기 많아요.
청결도	5	관리에 신경을 쓰고 있어요.
친절도	5	프렌들리해요.

신경 쓸 것 많은 가족 여행자 추천 호텔

가족 여행은 준비해야 할 것도, 신경 쓸 것도 참 많다. 이런 여행자들의 고민을 덜어줄수록 가족 여행자들은 반가울 수밖에 없다. 비슷한 가격이라면 우리 가족 모두가 만족할 만한 곳으로 가자.

Novotel Nha Trang

★★★★

아이를 둔 가족이라면 여기 찜

노보텔 나짱

분위기 4.5	코앞에 보이는 냐짱 해변이 예술!
가성비 5	요모조모 다 따져보면 정말 착해요.
접근성 5	맛집도 많고, 교통도 정말 편해요.
인기도 4	인기 있는 호텔이지만 방을 못 잡을 정도는 아니에요.
청결도 4	깨끗하고 시설 관리도 잘 되어 있어요.
친절도 4.5	리셉션 직원들이 친절하고 영어 의사소통도 편해요.

'역시 노보텔'이라는 소리가 절로 나온다. 여행하기에 가장 좋은 위치, 동급 호텔들과 비교하면 가격 대비 만족도가 뛰어나다. 만 12세 미만을 어린이로 규정하고 있는 다른 호텔들과 달리 만 16세 미만을 어린이로 규정해 중학생까지 어린이 요금으로 묶을 수 있다는 점은 가족 여행자의 마음을 흔든다. 동급의 다른 호텔 객실은 23~27제곱미터인데 반해 노보텔의 가장 낮은 등급 객실도 36제곱미터가 넘어 널찍하고, 모든 객실에 발코니가 딸려 있어 냐짱 해변을 좀 더 가까이서 감상할 수 있다. 수영장이나 짐(Gym)이 좁아서 만족도가 낮다는 점은 여러모로 아쉽다. 부대시설보다 객실 만족도를 따지는 여행자라면 만족할 것이다.

2권 ⓥ MAP P.101D ⓖ **구글지도 GPS** 12.237837, 109.196582 ⓢ **찾아가기** 깜란 국제공항에서 택시 약 45분(**셔틀버스** 냐짱 국제공항→호텔 6인승 58만 đ(예약 필요)) ⓣ **시간** 체크인 14:00부터, 체크아웃 12:00까지 ⓓ **가격** 스탠더드 트윈룸 8만 원~

무료 사우나

POINT 1

숙박객은 3층 인밸런스 스파에 있는 사우나를 무료로 이용할 수 있다. 사용 방법은 한국식 대중 목욕탕과 동일하다. 오후 시간대에는 이용객이 거의 없어 전세 낸 듯 이용할 수 있으니 참고하자.

시간 09:00~22:00

POINT 2

인밸런스 스파

호텔 스파치고 저렴한 가격이며 냐짱 시내에 있는 호텔 중 바다가 가장 가까이 보인다. 한국인이 선호하는 마사지는 릴렉싱 보디 테라피, 아로마 보디 테라피, 핫 스톤 보디 테라피.

가격 릴렉싱 보디 테라피 60분 75만đ, 아로마 보디 테라피 70분 85만đ, 핫 스톤 보디 테라피 90분 110만đ

전용 비치

POINT 3

길만 건너면 냐짱 해변. 길을 건널 때는 직원이 에스코트 해주고, 전용 해변에 설치된 선베드는 숙박객이라면 얼마든 공짜로 이용할 수 있다. 비치 타월도 대여해 줘 수건을 챙겨갈 필요가 없다.

Intercontinental Nha Trang

인터콘티넨털을 이 가격에?

인터콘티넨털 나짱

항목	점수	평
분위기	5	객실이 정말 예뻐요. 셀카도 잘 나와요.
가성비	3.5	인터콘인 것을 감안하면 저렴한 편
접근성	4.5	택시를 탈 필요가 거의 없어요.
인기도	4	미리미리 예약해야 해요.
청결도	5	매일 꼼꼼히 청소해줘요.
친절도	3	손님이 많아 도움받기가 어려워요.

럭셔리 호텔 체인인 인터콘티넨털(이하 인터콘). 그간 인터콘의 높은 숙박비의 문턱 때문에 여러 번 망설였던 사람이라면 분명 희소식이다. 다른 인터콘 호텔에 비해 저렴한 숙박비, 5성급의 다른 호텔들과 비교해봐도 가격 차이가 크지 않기 때문이다. 객실의 크기가 크고 룸 컨디션이 좋아 온 가족이 함께 머무르기 좋은데, 전망을 중히 여긴다면 '이그제큐티브 스위트룸(Executive Suite Room)'을 선택하자. 층수가 낮지만 코너 객실이라 해변 전체를 조망할 수 있으며 객실 크기가 넓다. 객실 등급에 따라 숙박비 차이가 크지 않다는 것도 이곳만의 장점. 이왕이면 숙박비를 조금 더 내더라도 혜택이 다양한 높은 등급의 객실에 머무는 것도 나쁘지 않은 선택이다.

2권 ⓒ **MAP** P.101D ⓖ **구글지도 GPS** 12.244951, 109.196149 ⓢ **찾아가기** 깜란 국제공항에서 택시 약 50분(**셔틀버스** 없음) ⓣ **시간** 체크인 15:00부터, 체크아웃 13:00까지 ⓓ **가격** 디럭스룸 14만 원~

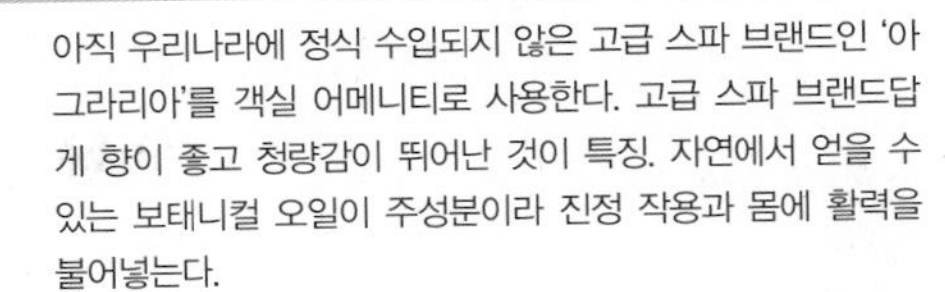

POINT 1 아그라리아 어메니티

아직 우리나라에 정식 수입되지 않은 고급 스파 브랜드인 '아그라리아'를 객실 어메니티로 사용한다. 고급 스파 브랜드답게 향이 좋고 청량감이 뛰어난 것이 특징. 자연에서 얻을 수 있는 보태니컬 오일이 주성분이라 진정 작용과 몸에 활력을 불어넣는다.

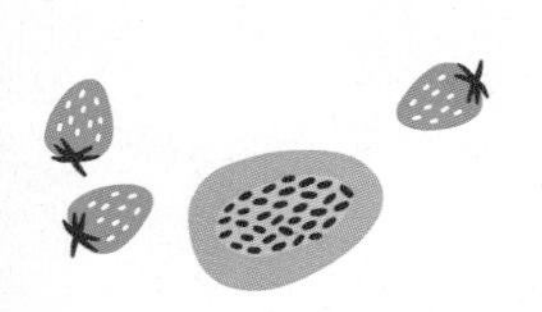

POINT 2 클럽 인터콘티넨털

클럽룸 객실 이상의 투숙객 전용 라운지로 18층에 자리한다. 프라이빗 체크인, 올 데이 음료 및 스낵 제공, 무료 세탁 서비스, 무료 애프터눈 티 등 여러 혜택을 제공한다. 일반 객실과 클럽룸 숙박비 차이가 크게 나지 않아 저렴한 가격에 호캉스를 즐길 수 있다는 것이 장점. 12세 미만 어린이는 보호자와 함께 입장해야 하며 드레스 코드는 스마트 캐주얼.

시간 조식 06:30~10:30, 애프터눈 티 14:30~16:30, 이브닝 칵테일 17:30~19:30, 올 데이 인클루시브(커피, 차) 06:00~22:00

POINT 3 수영장

해변이 보이는 메인 풀, 건물 아래에 있어 하루 종일 그늘이 드리우며 유아용 풀장 등으로 나눠져 기호에 따라 수영을 즐길 수 있다. 수영장 바로 옆에 짐(gum)과 키즈 클럽, 스파 시설이 들어서 온 가족이 함께 시간을 보내기에도 최적화돼 있다.

시간 06:00~20:00

The Anam

★★★★★
깜란

휴양지 여행의 로망을 찾고 싶다면

디 아남

분위기 5	휴양지 온 기분 물씬! 바다 풍경도 좋지만 조경이 잘 되어 있어요.
가성비 4	의외로 숙박비가 아주 저렴해요.
접근성 1.5	공항에서는 가깝지만 시내까지는 멀어요.
인기도 5	인기 있는 객실은 일찌감치 예약이 되는 편이에요.
청결도 4.5	깨끗해요.
친절도 4	환영해주는 분위기

아남은 특별하다. 손에 잡힐 듯 가까운 바다, 3천 그루의 야자수와 푸른 잔디밭이 만든 초록빛 풍경에 일단 압도된다. 풍경 좋은 곳마다 자리한 3개의 공용 수영장과 아이들이 마음껏 뛰어다녀도 좋은 보들보들한 잔디밭, 호텔 투숙객만 접근할 수 있는 프라이빗 비치의 여유로움은 이곳을 거쳐간 모든 이들이 입을 모아 칭찬하는 부분. 중국과 러시아인 숙박객이 많아 음식이 우리 입맛에 맞지 않는다는 것이 치명적인 단점이긴 하다. 간단한 먹을거리는 마트에서 장을 봐오거나 밖에서 해결하는 게 낫다. 공항에서 가까운 대신 냐짱 시내에서는 멀리 떨어져 있어 관광보다는 휴양에 더 적합하다.

2권 MAP P.100E **구글지도 GPS** 12.100219, 109.191542 **찾아가기** 깜란 국제공항에서 택시 약 10분(**셔틀버스** 호텔→냐짱 시내(빈컴 플라자) 1일 3회 운행, 무료) **시간** 체크인 14:00부터, 체크아웃 12:00까지 **가격** 트윈룸 17만 원~

3개의 수영장과 프라이빗 비치

그늘 아래에서 수영을 할 수 있는 라군 풀(Lagoon Pool), 조용한 분위기의 센터 풀(Center Pool), 바다와 가깝고 키즈 클럽, 비치 바와 붙어 있어 가족 여행자들의 사랑을 받는 비치 풀(Beach Pool) 등 특색 있는 3개의 수영장과 숙박객만 이용할 수 있는 프라이빗 비치가 있어 하루가 부족하다. 운영 시간이 길다는 것도 무시 못할 장점.

시간 06:00~18:30

POINT 2

액티비티

요일별 액티비티가 매우 다양하다. 요가 클래스, 베트남어 수업, 비치발리볼, 와인 테이스팅, 마사지 배우기 등 누구나 쉽게 배우고 체험할 수 있는 것들로 이뤄져 숙박객의 반응이 좋다. 일부 액티비티 프로그램은 추가 비용을 지불해야 이용할 수 있다.

가격 카약 10만 đ

빌라형 객실

전체 객실 중 27개 빌라형 객실에만 프라이빗 풀장이 있다. 높은 등급의 객실은 공항 픽업(왕복), 세탁 서비스, 일반 손님보다 우선 체크인 서비스, 무료 애프터눈 티, 매일 생화와 과일을 교체해 주는 등의 혜택도 다양하다.

첨벙첨벙 물놀이하기 좋은 호텔 BEST 3

휴양 여행에서 빠질 수 없는 물놀이! 방 안에서 보내는 시간보다도 푸른빛 수영장에서,
예쁜 해변에서 지내는 것이 더 좋은 여행자들을 위한 호텔이다.

Amiana Resort

그 유명한 아미아나

아미아나 리조트

분위기 5	볼 때마다 가슴 설레는 풍경
가성비 3.5	한 번은 망설이게 되는 숙박비
접근성 2	공항에서 너무 멀고, 시내까지도 꽤 멀어요.
인기도 5	여기가 한국인지 베트남인지
청결도 4.5	청소 상태 좋아요.
친절도 4	무엇이든 도와주려는 분위기

냐짱에서 단 하나의 리조트에 가야 한다면 이곳이 정답이다. 부담 덜한 가격에 격이 다른 휴식을 취할 수 있어 가성비를 따지는 여행객 사이에 입소문이 난 지 오래다. 냐짱 어딜 가나 중국인뿐이던 것도 이곳만큼은 예외. 그 덕분인지 한국 사람들이 가장 많이 묵는 리조트가 됐다. 직원의 응대나 서비스 수준은 더할 나위 없고, 리조트를 감싸 안은 바다 풍경은 봐도 봐도 질리지 않는다. 공용 시설이 잘 정비돼 있어 하루 종일 리조트 안에서 보내도 좋다. 패밀리 빌라 이하의 낮은 등급 객실들은 벽을 사이에 두고 2개의 객실이 붙어 있는 구조라서 소음이 있을 수 있다는 것이 아쉬울 뿐이다. 체크인 시 보증금 100만 đ이 있다.

2권 MAP P.100B **구글지도 GPS** 12.295385, 109.233832 **찾아가기** 깜란 국제공항에서 택시 약 1시간(**셔틀버스** 리조트↔냐짱(냐짱 센터, 1일 4회, 무료, 2시간 전 예약 필수), 리조트↔냐짱 국제공항(1인 50만2000 đ, 1일 전 예약 필수)) **시간** 체크인 14:00부터, 체크아웃 12:00까지 **가격** 디럭스 트윈룸 28만 원~

POINT 1

3개의 공용 풀

수영장이 총 3개가 있는데, 수영장마다 분위기 차이가 있어 서로 비교해보는 재미가 있다. 선베드가 넉넉히 설치돼 있으며 비치 타월을 나눠준다. 어린아이부터 성인용까지 다양한 치수의 구명조끼와 흙장난용 장난감을 무료로 대여할 수 있고 수영장마다 안전 요원이 항시 대기해 안전하게 물놀이를 즐길 수 있다. 수영장 개장 시간이 넉넉한 것도 장점이다.

시간 06:00~18:30

POINT 2

프라이빗 비치

라군(Lagoon)이라고도 불리는 프라이빗 비치는 낭만을 원하는 여행자들이 가장 사랑하는 공간이다. 백사장은 맨발로 뛰어다녀도 발바닥이 아프지 않을 정도로 부드럽고, 파도가 잔잔한 편이라 바다 밖이든 안이든 가족 여행자가 만족할 수밖에 없다.

POINT 3

인룸 다이닝

식당까지 갈 엄두가 안 난다면 인룸 다이닝을 이용하자. 로컬 식당에 비하면 가격이 있는 편이지만 수고로움을 덜 수 있고, 웬만한 식당 못지않은 맛을 자랑한다. 조식 만족도도 높다. 반미, 쌀국수, 에그 스테이션을 따로 두고 있으며 음식의 양과 질도 괜찮다.

가격 월남쌈 19만₫, 아미아나 비비큐 포크립 20만₫, 과일주스 8만₫

POINT 4

무료 액티비티

액티비티 종류가 매우 다양한데, 그중 하루 4가지씩만 무료로 리조트 곳곳에서 열린다. 바구니 배 타기, 요가, 다이빙, 자갈 색칠하기, 카약, 조개로 액자 만들기, 비치발리볼, 스노클링 등 매우 다양하게 준비돼 있으며 요일마다 구성이 바뀐다. 최소 하루 전에 예약해야 하며 날씨에 따라 프로그램이 취소될 수 있으니 유의하자.

Vinpearl Discovery

★★★★★

혼쩨섬

수영장 하나만 보고 가도 오케이

빈펄 디스커버리

분위기 4.5	고풍스러운 인테리어. 그림 같은 바다 뷰!
가성비 3.5	예전에 비해 가성비가 떨어지고 있는 중
접근성 1	차 타고 배 타고 버기카 타고. 호텔에 들어오면 기진맥진
인기도 5	중국인 정말 많아요.
청결도 5	청결을 위해 빨래도 못 널게 하는 수준이니…
친절도 2	모든 직원들이 기계적이에요.

내 눈에 좋은 곳은 남들도 똑같이 좋게 느끼는 법. 깨끗하고 고풍스러운 객실과 넓은 수영장, 기가 막히는 전망까지 갖추었으니 유명해질 만도 했다. 하지만 유명세를 좇아 손님이 물밀 듯 들이닥치면서 직원의 친절함은 쉽게 찾아볼 수 없게 됐다. 호텔의 시설은 어떻게 이용하는지, 어디서 식사할 수 있는지, 버기카는 어디서 탈 수 있는지 하나하나 설명해 주는 직원 하나 없어서 모든 것은 손님이 나서서 알아봐야 할 정도. 이래저래 5성급 호텔치고는 부족한 서비스와 응대는 곱씹어도 아쉬운 부분이지만 객실과 시설 관리 상태가 좋고, 빈펄 랜드, 골프장과 가까워 가족 모두가 묵기에 적당하다는 점에서는 '역시 빈펄'이다 싶다. 욕조 이외의 장소에 빨래를 널면 벌금을 부과하니 조심하자.

2권 MAP P.100B **구글지도 GPS** 12.218126, 109.254776 **찾아가기** 깜란 국제공항에서 택시 45분. 빈펄 리조트 선착장에서 페리를 타고 10분. 다시 버기카로 5분(**셔틀버스** 리조트↔냐짱 빈펄 랜드(08:25~19:45 20분 간격으로 1일 35회 운행, 무료)) **시간** 체크인 14:00부터, 체크아웃 12:00까지 **가격** 디럭스 더블룸 12만 원~

POINT 1 풀 보드 식사

식사 한 번 하러 배 타고, 택시 타고 섬 밖으로 나가려니 골치 아프다? 세 끼 식사가 포함된 풀 보드로 예약을 하면 식사 걱정을 덜 수 있다. 세 끼 식사 모두 뷔페식이며, 매 끼니마다 메뉴 구성이 조금씩 바뀌어 질리지 않는다. 점심과 저녁에는 아이스크림도 맛볼 수 있다. 중국인 단체가 있으면 분위기가 소란스러워진다는 것이 아쉬울 뿐이다.

가격 숙박비에 포함

POINT 2 수영장과 전용 해변

해변이 가장 잘 보이는 위치, 규모도 커 언제든 여유롭게 이용할 수 있다. 전용 해변은 파도가 세지 않아 아이들과 시간을 보내도 좋다. 그늘이 없어서 한낮에는 이용하기가 힘들다는 것은 아쉽다.

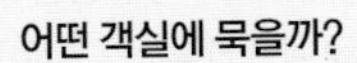
시간 06:00~19:00

어떤 객실에 묵을까?

❶ 디럭스룸(Deluxe Room) 기본적인 룸 타입. 필요한 것만 갖춰 놓은 느낌이다. 전망에 따라 일반 디럭스룸과 바다가 보이는 오션 디럭스룸으로 나뉜다. 공용 수영장 등 호텔 부대시설 이용이 주목적이라면 가장 만족스러운 룸 타입이다.

❷ 빌라(Villa) 방의 구조와 크기, 어메니티 구성 차이가 있을 뿐 디럭스룸과 큰 차이가 없는 오션 빌라와 4명까지 함께 묵을 수 있는 2베드룸 패밀리 빌라로 나뉜다. 패밀리 빌라에는 전자레인지, 개수대 등을 갖춘 주방이 딸려 있어 가족들에게 인기가 높다.

❸ 풀빌라(Pool Villa) 로맨틱한 분위기의 1베드룸 풀빌라는 신혼여행객과 커플에게, 너른 주방과 3개의 객실을 갖춘 3베드룸 오션 풀빌라는 대가족에게 인기 있는 룸 타입. 두 곳 모두 너른 프라이빗 플런지 풀(Private plunge pool)을 갖추고 있다.

Diamond Bay Resort & Spa

★★★★

깜란

가성비 있는 휴양을 원하는 사람에게 강추

다이아몬드 베이 리조트 & 스파

분위기 5	객실 안은 글쎄. 객실 밖은 'WOW'
가성비 5	가성비 최강!
접근성 2	공항과 시내 한가운데. 일단 움직였다 하면 몇십 분은 그냥 지나가요.
인기도 4	서양인 관광객들이 많아요.
청결도 3.5	나쁘지 않은 수준이에요.
친절도 4.5	부담스럽지 않게 친절해요.

숙박비가 비싼 호텔이 좋은 것은 당연한 일. 저렴한 가격에 만족도까지 높아야 입소문이 나기 마련이다. 휴양지인 냐짱에서도 보기 드물게 프라이빗 비치와 대형 수영장을 모두 갖춘 저렴한 리조트라는 점에서 일단 가산점. 리조트의 분위기나 직원들의 친절함은 되레 5성급 호텔과 비교해도 뒤지지 않는다. 키즈 클럽, 짐, 2개의 레스토랑, 스파 등 부대시설도 짱짱하게 갖추고 있어서 하루 종일 호캉스를 즐기기도 좋다. 지어진 지 오래된 호텔이라 객실에 대한 만족도는 호불호가 갈리는 편. 투박한 인테리어나 일정하지 않은 화장실 수압, 다소 좁은 객실 크기는 아쉬운 부분이다. 공항과 가까운 대신 시내에서는 꽤 멀어 관광보다는 휴양에 중점을 맞춘 사람에게 인기가 높다.

2권 ⓜ **MAP** P.100C ⓖ **구글지도 GPS** 12.163155, 109.200473 ⓢ **찾아가기** 깜란 국제공항에서 택시 약 25분(**셔틀버스** 리조트↔냐짱 시내(냐짱 센터), 1일 5회 운행, 무료) ⓣ **시간** 체크인 24시간, 체크아웃 12:00까지 ⓓ **가격** 슈피리어룸 10만 원~

POINT 1

수영장과 프라이빗 해변

2400제곱미터(약 726평) 넓이의 수영장은 보기만 해도 입이 떡 벌어진다. 풀바와 2개의 레스토랑이 함께 있어 이용하기 편리하다. 투숙객은 무료로 비치타월을 대여할 수 있으며 수영장에서 조금만 더 걸어 들어가면 호텔 투숙객에게만 접근이 허용된 프라이빗 해변도 숨어 있다.

시간 06:00~20:00

POINT 2

누 띠엔 해변

다이아몬드 만(Diamond Bay)이라는 별칭으로 더 유명한 누 띠엔 해변까지 무료 셔틀버스를 운행한다. 좁은 길을 따라 한참을 들어가야 나오는 누 띠엔 해변은 여행자들은 거의 찾지 않는 숨은 해변. 파도가 높지 않고 수심이 얕아 물놀이하기에 최적의 조건이다.

시간 버기 운행 06:30~17:30(30분에 한 대씩 운행)

POINT 3

자전거 대여

다이아몬드 베이 리조트를 즐기는 또 하나의 방법은 자전거를 타는 것. 열대 정원 사이를 자전거를 타고 달리는 기분은 말로 다 표현할 수 없다. 리조트 안에서만 탈 수 있다.

가격 시간당 4만đ, 6시간 18만đ, 12시간 26만đ

THEME 35
푸꾸옥 호텔 & 리조트

푸꾸옥에서의 하룻밤

'베트남의 하와이', '베트남의 몰디브'로 통하는 베트남 최서단의 섬 푸꾸옥.
이 나라 사람들에게는 최고의 신혼여행지로,
수많은 여행자들에게는 떠오르는 휴양지로 주목받고 있는 진주 같은 섬.
그 섬의 쪽빛 바다를 오롯이 품고서 휴양객들을 기다리고 있는
최고의 호텔과 리조트를 지금 만나보자.

TIP 푸꾸옥 추천 호텔 & 리조트! 이것만은 잊지 말자.

새롭게 주목받고 있는 베트남 최고의 휴양지 푸꾸옥. 내로라하는 해변들 주변으로는 이미 수십의 리조트들이 위치해 있고, 이 수는 계속 늘고 있다. 새로 지어지는 리조트도 많아 최신식의 시설을 마음껏 누릴 수 있다는 점은 푸꾸옥의 최대 강점! 주요 리조트들은 섬의 서쪽 해변, 롱 비치를 따라 자리해 있는데, 객실 안에서도 노을을 만끽할 수 있으니 웬만하면 오션 뷰 객실을 선택하는 것이 좋다. 해변을 마주한 인피니티 풀에서 분위기 있는 시간을 보내는 것 또한 놓칠 수 없는 버킷 리스트. 섬 전체를 보아도 대중교통은 전무하다시피 하므로 리조트의 위치도 매우 중요하다. 매일 아침 저녁으로 택시를 이용하다 보면 자칫 숙박비로 절약한 비용을 아까운 택시비로 날리게 될지도 모른다. 공항이나 시내까지 무료 셔틀을 운행하는지 미리 확인해 두자.

최고의 호캉스를 완성해 줄 럭셔리 리조트

베트남 최고의 휴양지로 떠오르는 푸꾸옥. 그중에서도 최고만 골랐다.
완벽한 휴양을 완성해 줄 초호화 럭셔리 리조트들을 지금 만나 보자.

Intercontinental Phu Quoc Long Beach Resort

항목	점수	평가
분위기	5	이보다 더 감각적일 수는 없다!
가성비	3	조금 비싸지만 서비스에 비하면 괜찮아!
접근성	4	이 정도면 그나마 가까운 편
어메니티	5	사운드 바, 아일랜드 욕조까지 취향 저격!
다이닝	5	선택의 폭도 넓고, 맛도 수준급!
아기 동반	4	편의 사항은 많지만, 분위기로는 글쎄

롱 비치를 마주한 보석 같은 인피니티 풀을 누려라!

인터콘티넨털 푸꾸옥 롱 비치 리조트

2018년 롱 비치에 새로이 문을 연 특급 리조트. 1946년부터 이어진 인터콘티넨털 호텔 그룹의 오랜 경험과 명성을 그대로 푸꾸옥으로 옮겨 왔다고 해도 좋을 만큼 세심한 서비스와 격조 높은 시설, 최고의 휴양을 경험할 수 있는 곳이다. 개관한 지 얼마 되지 않아서 깔끔하고 청결한 시설을 자랑하며, 모던한 분위기의 여유로운 공간으로 여행자들을 맞고 있다. 459개의 모든 객실이 롱 비치를 바라보고 있으며, 각각의 객실마다 최고의 조망을 갖춘 욕실을 품고 있다. 뷔페 레스토랑과 풀사이드 바 등 다이닝 레스토랑 또한 수준급이다. 무엇보다 인터콘티넨털이 자랑하는 '힙'한 분위기의 인피니티 풀이 있어 로맨틱한 분위기를 만끽하고자 하는 젊은 커플과 신혼여행객들에게 특히 인기가 높다.

2권 MAP P.128D **구글지도 GPS** 10.774974, 106.700040 **찾아가기** 푸꾸옥 국제공항에서 택시 15분(**셔틀버스** 없음) **시간** 체크인 15:00부터, 체크아웃 12:00까지 **가격** 더블룸 23만 원~

POINT 1 최고의 조망을 갖춘 욕실

인터콘티넨털의 이름값은 그 객실에서 시작되고 완성된다. 보유하고 있는 459개의 객실은 모두 동급 이상의 면적을 자랑하며, 해변이나 라군을 면한 개별 발코니를 보유하고 있다. 무엇보다 거대한 아일랜드 욕조를 창가에 배치해 두고 있어, 멋진 석양과 함께 여유롭게 반신욕을 즐길 수 있다.

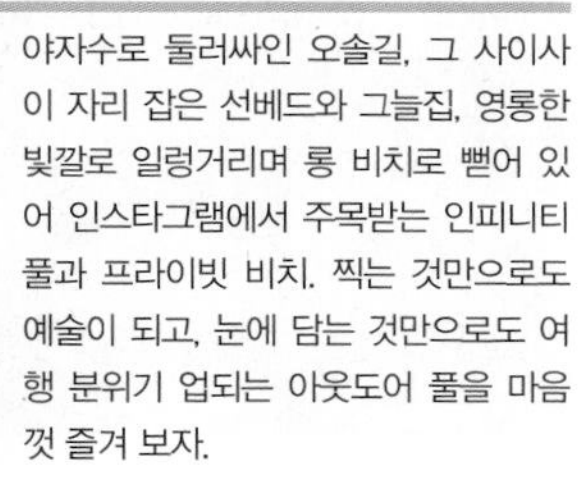

POINT 2 인피니티 풀

야자수로 둘러싸인 오솔길, 그 사이사이 자리 잡은 선베드와 그늘집, 영롱한 빛깔로 일렁거리며 롱 비치로 뻗어 있어 인스타그램에서 주목받는 인피니티 풀과 프라이빗 비치. 찍는 것만으로도 예술이 되고, 눈에 담는 것만으로도 여행 분위기 업되는 아웃도어 풀을 마음껏 즐겨 보자.

시간 계절 및 날씨에 따라 다름

POINT 3 한 헤리티지 스파

태국의 하이엔드 스파 브랜드 한 헤리티지 스파. 푸꾸옥의 특산품인 천연 진주와 후추, 코코넛 등의 식물 성분을 주조로 한 시그니처 트리트먼트는 이곳의 자랑거리. 멋진 라군 조망의 마사지룸에서 최고의 호사를 누려 보자.

가격 150만 đ~

POINT 4 격조 높은 다이닝

아침에는 조식 뷔페로, 점심과 저녁에는 일식과 베트남 요리 전문 레스토랑으로 탈바꿈하는 소라 & 우미(Sora & Umi), 휴양지 분위기 물씬 넘치는 풀사이드 바 옴브라(Ombra), 스카이 바 잉크 360(Ink 360)까지 모든 다이닝 스폿 또한 수준급이다.

JW Marriott Phu Quoc Emerald Bay Resort & Spa

분위기	5	리조트 전체에 흐르는 럭셔리함
가성비	3	최고인 만큼 가격 또한 최고인 게 흠
접근성	3	시내, 공항으로부터 다소 떨어져 있다.
어메니티	5	메리어트 중에서도 최고급인 JW 라인!
다이닝	5	분위기와 맛, 두 마리 토끼를 모두 잡았다.
아기 동반	4	아기와 동반하기보다는 커플 여행에 제격!

에메랄드 베이를 가득 채운 초호화 리조트

JW 메리어트 푸꾸옥 에메랄드 베이 리조트 & 스파

푸꾸옥섬 내에서도 가장 내밀한 곳, '에메랄드 베이'라는 별칭을 지닌 켐 비치 바로 앞 광활한 대지 위에 자리 잡은 대규모 리조트. 메리어트 호텔 중에서도 최고급 브랜드인 JW 계열로, 베트남 내에서는 얼마 전 북미정상회담 당시 도널드 트럼프 미국 대통령의 숙소로 유명세를 치른 하노이의 JW 메리어트 호텔에 이어 두 번째로 문을 열었다. 리조트의 마스터플랜은 '이국적인 럭셔리 리조트의 왕'이라 불리며 호텔 건축계의 이단아로 통하는 빌 벤슬리(Bill Bensley)의 손으로부터 탄생했다. 20세기 초 지금의 자리에 세워졌다가 폐교된 옛 대학교를 디자인 모티브로 삼아, 매력적인 콜로니얼풍으로 각각의 공간과 객실을 단장했다. 혁신적인 파인 다이닝과 투숙객을 위한 다양한 체험 프로그램도 선보이고 있어, 완전히 새로운 호캉스를 계획 중이라면 JW 메리어트 리조트를 추천한다.

2권 MAP P.128F **구글지도 GPS** 10.774974, 106.700040 **찾아가기** 푸꾸옥 국제공항에서 택시 25분(**셔틀버스** 푸꾸옥 국제공항에서 무료) **시간** 체크인 15:00부터, 체크아웃 12:00까지 **가격** 더블룸 36만 원~

POINT 1

라마르크 대학교(Lamarck University) 콘셉트

푸꾸옥의 JW 메리어트 리조트는 정말 독특하게도 어느 '대학교'를 그 모티브로 삼고 있다. 20세기 초, 리조트가 자리한 에메랄드 베이 주변에 실제로 존재했던 라마르크 대학교가 그 주인공. 대학교 콘셉트에 따라 각각의 객실 동은 '식물학 동', '천문학 동', '해양학 동' 등의 별칭이 붙어 있으며, 다이닝 스폿들도 '화학과', '건축학과' 등 저마다의 콘셉트로 꾸며져 있는 점이 흥미롭다.

POINT 2

빌 벤슬리가 디자인한 객실

우아하지만 모던하고, 화려하지만 결코 부담스럽지는 않은 244개의 객실이 당신을 기다린다. 벽의 색깔부터 가구 하나하나, 조명과 소품 하나하나까지 살뜰히 챙긴 공간 디자이너 빌 벤슬리의 감각이 돋보인다. 리조트의 기본이 되는 가장 작은 면적의 객실인 Emerald Bay View Room도 50제곱미터를 넘는 크기를 자랑한다.

POINT 3

레스토랑, 카페 & 바

온갖 다양한 시도들이 돋보이는 레스토랑과 카페, 바 또한 JW의 혁신을 아낌없이 보여준다. 베트남과 프렌치 퀴진은 물론, 세계 곳곳의 미식을 경험할 수 있는 템퍼스 푸짓(Tempus Fugit), 화학과의 연구실을 떠오르게 하는 디파트먼트 오브 케미스트리 바(Department of Chemistry Bar) 등 투숙객의 오감을 자극하고 감동시킬 스폿들이 곳곳에 자리해 있다.

POINT 4

루 드 라마르크(Rue de Lamarck)

리조트의 규모가 커서 마치 하나의 마을이나 작은 도시를 떠올리게 되는데, 리셉션 홀과 객실 동을 잇는 루 드 라마르크(Rue de Lamarck) 거리는 이러한 느낌이 가장 강렬히 뿜어져 나오는 곳이다. 거리를 따라 자리 잡은 각각의 공간마다 베트남 전통 무예, 쿠킹 클래스 등 JW 메리어트가 선보이는 다양한 액티비티를 만나볼 수 있는 부티크로 꾸며져 있다.

Vinpearl Resort & Discovery & Vinoasis

분위기 3	한국인이 북적북적! 여기는 푸꾸옥인가 제주도인가
가성비 3	리조트 선택에 따라 가성비가 오락가락
접근성 2	공항은 멀지만, 빈펄 랜드와 사파리가 코앞에
어메니티 3	럭셔리하진 않지만 실속 있게 갖춰져 있다.
다이닝 4	선택의 폭이 넓다.
아기 동반 5	아기와 함께라면 빈펄이 정답!

빈펄의 이름으로 푸꾸옥을 누려라!

빈펄 리조트 & 디스커버리 & 빈 오아시스

푸꾸옥섬의 북서단, 그곳에는 이 섬을 찾는 이들이라면 누구나 알고 있는 이름 빈펄의 왕국이 자리 잡고 있다. 베트남 최고의 테마파크와 사파리, 여섯 개의 럭셔리 리조트가 천혜의 풍광을 자랑하는 다이 비치(Dai Beach)를 마주하고 푸꾸옥의 여행자들을 기다린다. 리조트 타입의 빈펄 리조트 & 골프와 빈펄 리조트 & 스파, 빈 오아시스와 함께 풀빌라 타입의 빈펄 디스커버리 1, 2, 3이 자리해 있고 그 사이사이를 골프장과 빈펄 랜드, 잘 가꾸어진 정원과 드넓은 라군이 채운다. 여섯의 리조트를 모두 합한 대지는 남북 방향으로 4킬로미터에 달하며 객실의 수는 3천을 훌쩍 넘는다고 하니, 가히 왕국이라는 말도 과장은 아니다. 규모가 큰 만큼 여러 부대시설을 이용하는 데에 있어서도 선택의 폭이 넓으니, 푸꾸옥에서 제대로 '호캉스'를 즐기고자 한다면 빈펄이라는 이름을 다시 한 번 기억해 보자.

2권 MAP P.128A **구글지도 GPS** 10.331271, 103.852171 **찾아가기** 푸꾸옥 국제공항에서 택시 50분(**셔틀버스** 푸꾸옥 국제공항에서 무료) **시간** 체크인 14:00부터, 체크아웃 12:00까지 **가격** 디럭스 더블룸 14만 원~

POINT 1

빈펄 리조트 & 스파

빈펄 리조트의 여섯 숙박 시설 중 맏형 격인 빈펄 리조트 & 스파는 7층 규모에 600여 객실을 자랑한다. 객실과 욕실의 면적이 넓고 빈펄 랜드와 가까이에 위치해 있어 아이들과 함께 묵기에 안성맞춤이다.

POINT 2

빈펄 리조트 & 골프

빈펄 리조트 & 스파보다 북쪽에 자리 잡은 빈펄 리조트 & 골프. 골프 여행을 위한 중년 투숙객을 주 타깃층으로 하고 있어 인테리어가 매우 화려하고 격조 높다. 다이 비치를 마주한 거대한 리조트 건물과 럭셔리한 수영장이 특히 유명하다.

POINT 3

빈펄 디스커버리

빈펄 디스커버리는 풀빌라 타입의 독채형 객실로 되어 있다. 1차부터 3차를 합한 객실 수가 600실에 달한다. 각각의 빌라마다 프라이빗 풀을 보유하고 있고, 빌라 사이사이에 라군이 자리 잡고 있어 프라이버시 보장도 탁월하다. 객실에 따라 최대 16명까지 묵을 수 있다.

POINT 4

빈 오아시스

빈펄 리조트의 가장 남쪽 구역에 오픈한 최신상 리조트로 1300개 객실을 자랑한다. 빈 오아시스 바로 앞에 위치한 메인 풀은 마치 워터파크처럼 각종 놀이기구를 갖추고 있어, 아이들과 함께 여행하는 가족 여행자들에게 인기가 높다. 최신식의 어메니티를 자랑함에도 불구하고 가성비가 좋다는 것도 강점.

POINT 5

빈펄 랜드 & 사파리

당신이 푸꾸옥의 빈펄 리조트에 묵기로 했다면, 빈펄 랜드와 사파리도 그 선택에 큰 몫을 했음이 틀림없다. 무엇보다 리조트 로비에서 빈펄 랜드와 사파리를 연결하는 무료 셔틀을 이용할 수 있다는 점이 최고의 장점.

POINT 6

다이닝과 부대시설

남다른 규모와 함께 다양한 부대시설과 다이닝 스폿 역시 빈펄의 자랑이다. 전체 구역을 통틀어 서른 곳에 달하는 다이닝과 나이트 스폿이 리조트 곳곳에 자리한다. 아코야 스파도 주목하자. 라군 위에 떠 있는 독채 룸 안에서 여유롭게 스파를 즐길 수 있다.

Premier Village Phu Quoc Resort

분위기 **4**	따뜻하고 편안한 분위기가 매력적!
가성비 **2**	넉넉한 객실 면적만큼 넉넉한(?) 요금이 흠!
접근성 **1.5**	멀어도 너무 멀다!
어메니티 **4**	여행의 편리함이 완성되는 넉넉한 어메니티
다이닝 **2**	수준급 다이닝 레스토랑
아기 동반 **3**	가족들과 여행하기 좋지만, 아이들과 함께라면…

★★★★★

푸꾸옥의 오롯한 자연 속으로

프리미어 빌리지 푸꾸옥 리조트

푸꾸옥 끝자락에 위치한 럭셔리 리조트로 섬이 지닌 바다의 아름다움을 오롯이 간직한 곳이다. 바다를 향해 길게 뻗은 곶을 따라 늘어선 227개의 풀빌라 객실. 어떤 곳은 해변과 맞닿아 있고, 또 어떤 곳은 바위 위에 우뚝 솟아 있으며, 또 어떤 곳은 푸꾸옥 남쪽 바다의 풍경을 오롯이 담고 있다. 그래서 바다가 그리워 푸꾸옥을 찾은 여행자들에게는 이만한 곳이 또 없다. 객실은 저마다 개별 인피니티 풀을 보유하고 있으며, 2층으로 된 빌라 안에는 넓은 다이닝 & 리빙 룸과 함께 여러 개의 침실이 있으니, 무엇보다 가족 여행의 숙소로 제격이다.

2권 MAP P.128F **구글지도 GPS** 10.774974, 106.700040 **찾아가기** 푸꾸옥 국제공항에서 택시 30분(**셔틀버스** 없음) **시간** 체크인 15:00부터, 체크아웃 12:00까지 **가격** 1베드룸 빌라 37만 원~

POINT 1

바다를 눈앞에!

프리미어 빌리지는 여행자들의 발길이 거의 닿지 않는 곳, 섬의 끝자락에서 바다를 향해 뻗어 나간 엉또이 곶(Mũi Ông Đội) 주변에 자리해 있다. 무엇보다 푸꾸옥에서도 둘째가라면 서러운 투명한 쪽빛 바다가 리조트 전체를 에워싸고 있으니, 그것만으로도 프리미어 빌리지를 찾아야 할 이유는 충분하다.

POINT 2

객실 & 인피니티 풀

프리미어 빌리지는 모두 227개의 객실을 보유하고 있다. 모든 객실은 독채형 풀빌라로 되어 있으며 단독으로 이용할 수 있는 인피니티 풀을 갖고 있다. 즉 227개의 객실과 그에 딸린 227개의 인피니티 풀이 있는 셈. 푸꾸옥의 바다와 이어진 인피니티 풀 안에서 당신의 휴양을 완성해 보자.

POINT 3

풀빌라

프리미어 빌리지의 객실은 모두 2층의 빌라로, 저마다 3~4개의 침실을 갖추고 있다. 객실은 모두 네 가지 타입으로, 해변과 맞닿은 Beachfront Villa, 기암괴석 위에 올라선 On the Rock Villa 등이 특히 인기! 그 어떤 객실에서도 바다로 열린 풍광을 만끽할 수 있다.

최고의 가성비를 자랑하는 리조트

'특급'이라는 등급에 걸맞은 부대시설. 그러나 요금만큼은 착하고 착하다.
푸꾸옥의 여유를 부담 없이 누려 보자.

Novotel Phu Quoc Resort

모던함 속에서 발견한 안락함과 쉼!

노보텔 푸꾸옥 리조트

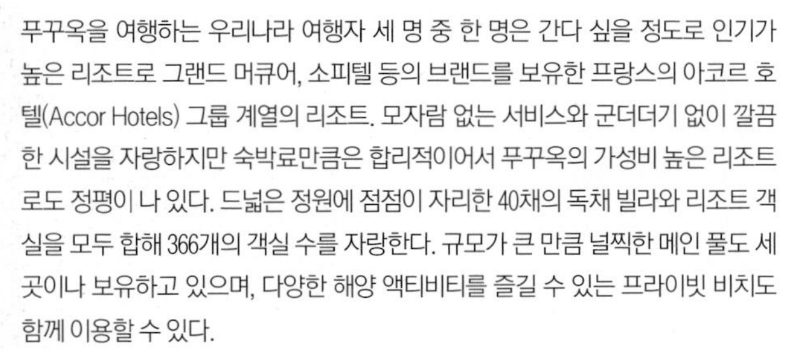

푸꾸옥을 여행하는 우리나라 여행자 세 명 중 한 명은 간다 싶을 정도로 인기가 높은 리조트로 그랜드 머큐어, 소피텔 등의 브랜드를 보유한 프랑스의 아코르 호텔(Accor Hotels) 그룹 계열의 리조트. 모자람 없는 서비스와 군더더기 없이 깔끔한 시설을 자랑하지만 숙박료만큼은 합리적이어서 푸꾸옥의 가성비 높은 리조트로도 정평이 나 있다. 드넓은 정원에 점점이 자리한 40채의 독채 빌라와 리조트 객실을 모두 합해 366개의 객실 수를 자랑한다. 규모가 큰 만큼 널찍한 메인 풀도 세 곳이나 보유하고 있으며, 다양한 해양 액티비티를 즐길 수 있는 프라이빗 비치도 함께 이용할 수 있다.

2권 MAP P.128D **구글지도 GPS** 10.774974, 106.700040 **찾아가기** 푸꾸옥 국제공항에서 택시 15분(**셔틀버스** 무료) **시간** 체크인 14:00부터, 체크아웃 12:00까지 **가격** 더블룸 9만8000원~

항목	점수	평가
분위기	4	프랑스 스타일의 모던함! 나쁘지 않은데?
가성비	5	가성비 좋은 리조트를 찾는다면 여기가 제격!
접근성	5	위치도 괜찮고, 무료 셔틀도 운행
어메니티	3.5	나무랄 데 없는 어메니티!
다이닝	3	모자랄 것은 없지만, 특별할 것도 없다.
아기 동반	3.5	아기 동반 투숙객을 위한 기본 어메니티 보유

POINT 1

다양한 객실 타입

366개의 객실은 리조트 동에 속한 리조트 타입 객실과 정원에 위치한 빌라와 방갈로 객실로 나뉘는데, 양쪽 모두 인기가 높은 편이다. 리조트 객실은 좁은 편이어서 동행이 많다면 Family Room이나 별도의 리빙룸이 있는 Superior Suite를 선택하는 것이 좋다. Deluxe Villa나 Deluxe Bungalow 객실은 타입에 따라 최대 9명까지도 묵을 수 있다.

POINT 2

아웃도어 풀 & 프라이빗 비치

리조트의 로비부터 롱 비치까지 약 240여 미터! 그 사이에 초록의 정원과 세 개의 아웃도어 풀, 넓은 라군과 연못이 자연스레 자리한다. 공간이 넓은 만큼 여유로운 휴양이 가능하다.

시간 계절 및 날씨에 따라 다름

휴양지 분위기 물씬 풍기는 리조트

늘 남들과는 다른 선택을 하는 유니크한 당신!
저마다의 독특한 콘셉트를 내세운 특별한 리조트에서 새로운 휴양을 즐기자.

Fusion Resort Phu Quoc

분위기 **5**	휴양지 분위기가 넘실넘실!
가성비 **4**	가격대는 높지만, 그만한 가치가 충분!
접근성 **3**	공항과는 다소 떨어져 있다.
어메니티 **4**	작은 것 하나하나, 품격과 실속을 갖췄다.
다이닝 **3.5**	휴양에 집중하도록 하는 다이닝 서비스
아기 동반 **4**	어떤 구성의 가족 여행도 가능하다!

독채 풀빌라가 주는 온전한 편안함

퓨전 리조트 푸꾸옥

베트남의 떠오르는 로컬 부티크 호텔 브랜드, 퓨전 호텔 & 리조트(Fusion Hotels & Resorts)의 럭셔리 리조트이다. 빈펄 리조트를 제외하고 이렇다 할 숙박 시설이 없었던 푸꾸옥 북부 해안에 자리 잡아, 빈펄 랜드나 빈펄 사파리를 함께 여행하려는 여행자들에게 새로운 선택지가 되고 있다. 산뜻한 자연스러움이 물씬 풍겨나는 건축물과 인테리어는 휴가지의 여유로움을 발산한다. 광활한 대지 위를 수놓듯 자리한 빌라들은 널찍한 개별 수영장과 개별 정원을 품고 있어, 일상으로부터 분리된 완전한 휴식을 취할 수 있다는 점 또한 퓨전 리조트 푸꾸옥의 강점이다. 모든 투숙객에게 무료 스파를 제공하며, 때와 장소의 제약 없이 조식을 제공받을 수 있는 독보적인 서비스를 내세워 스마트한 젊은 여행자들을 공략하고 있다.

2권 MAP P.128C **구글지도 GPS** 10.774974, 106.700040 **찾아가기** 푸꾸옥 국제공항에서 택시 50분(**셔틀버스** 푸꾸옥 국제공항에서 무료(예약 필수, 프라이빗 셔틀은 유료 65만 đ(1~2인))) **시간** 체크인 14:00부터, 체크아웃 12:00까지 **가격** 1베드룸 풀빌라 33만 원~

POINT 1

광활한 면적, 여유로운 공간

퓨전 리조트에 발을 딛는 순간, 일상에 찌든 당신의 숨통이 탁 트일지도 모른다. 널찍널찍한 초록의 정원, 거리낄 것 없이 죽 죽 뻗은 도로, 충분한 간격을 두고 점점이 놓인 풀빌라들의 군집. 그 여유로움 속에서 '진짜' 쉼을 만끽해 보자.

POINT 2

무료 스파 서비스

퓨전이 자랑하는 '올 스파 인클루시브 리조트' 서비스는 가히 독보적이다. 베트남 전국에 걸쳐 아홉 곳에 달하는 퓨전의 호텔과 리조트마다 각각의 투숙객을 위해 무료 스파 서비스를 제공한다. 그것도 투숙 기간 중 한 번이 아닌 매일 한 번씩 말이다! 스파 트리트먼트 자체도 수준급이지만, 스파 서비스가 제공되는 마이아 스파(Maia Spa)의 공간 자체도 멋스럽다.

시간 09:00~22:00

POINT 3

107개의 독채 빌라

각각의 빌라는 각각의 정원과 수영장을 갖춘 'All-Pool-Villa'로 되어 있다. 하나의 빌라가 나만을 위한 하나의 리조트처럼 느껴질 만큼 공간 또한 여유롭다.

POINT 4

Breakfast Anywhere, Anytime!

이른 아침의 조식은 '계륵'과도 같다. 거르자니 아깝고, 먹자니 귀찮은 게 바로 조식. 이러한 여행자들의 고심을 알았던지, 퓨전 리조트는 '브렉퍼스트 에니웨어, 에니타임'이라는 서비스를 제공한다. 미리 예약만 해두면 언제든 원하는 시간에 원하는 곳으로 조식을 가져다 준다. 이제 때와 장소의 구애를 받지 않고, 여유로운 조식 시간을 누려 보자.

분위기 4	푸꾸옥에서 만나는 또 하나의 남유럽!
가성비 4	이리저리 따져봐도 훌륭!
접근성 5	푸꾸옥 중심지와 공항 사이 딱 중간!
어메니티 2	온전한 쉼을 위해 객실 TV까지 없앤 과감함
다이닝 3	종류가 많진 않지만, 음식은 수준급!
아기 동반 2.5	'부모님과 함께'가 더 어울리는 곳

Cassia Cottage Resort

작지만 강한 리조트, 편안한 쉼이 있는

카시아 코티지 리조트

이제껏 만나본 초대형 초호화 리조트와는 분명 다르다! 작고 소박하다. 스페인 남부 어느 소도시에 위치한 작은 '펜지온' 같기도 하다. 오렌지색 기와를 덧붙인 경사 지붕과 콜로니얼풍의 테라스로 장식된 2층짜리 별채들이 정원과 나무들 사이에 점점이 자리 잡고 있는 카시아 코티지 리조트. 58개의 크고 작은 객실이 12채의 건물을 채우고, 자그마한 풀과 비치가 당신에게 손짓한다. 이 작고 소박한 카시아 코티지 리조트는 미국인 무역상 마크 바넷(Mark Barnett)이 향신료를 사들이기 위해 처음 푸꾸옥을 찾았다가 이 섬의 매력에 흠뻑 빠져 문을 연 곳. 화려하기보다는 따뜻하며, 웅장하기보다는 소박한 카시아 코티지 리조트에서 오롯한 휴양을 만끽해 보자.

2권 ⓞ MAP P.129E ⓖ **구글지도 GPS** 10.774974, 106.700040 ⓢ **찾아가기** 푸꾸옥 국제공항에서 택시 15분(**셔틀버스** 없음) ⓣ **시간** 체크인 14:00부터, 체크아웃 12:00까지 ⓓ **가격** 더블룸 11만 원~

POINT 1

온전한 '쉼'을 강조하는 서비스

우리말로 '계수나무 오두막'을 일컫는 카시아 코티지. 럭셔리함과 화려함을 강조하는 여타 리조트와는 그 이름과 콘셉트부터 다른 셈. 흥미로운 점은 매일 리조트 청소 시 계피 오일을 사용해 투숙객들이 언제나 은은한 계피 향을 맡을 수 있도록 한 것. 객실 안에서 TV를 찾아볼 수 없는데, 온전한 쉼을 방해하는 TV 시청을 원천적으로 차단하고자 한 것이라고.

POINT 2

푸꾸옥의 자연스러움을 닮은 객실

자연스러움으로 점철되는 푸꾸옥의 매력을 오롯이 담아낸 안락한 객실은 보는 것만으로도 편안함을 자아낸다. Garden Cottage 객실은 마치 숲속에 숨겨진 작은 오두막 같고, 2016년에 추가로 건축된 Modern Room 객실은 롱 비치의 석양을 볼 수 있는 멋스런 테라스가 있다. 천편일률적인 객실 타입에 지루함을 느낀다면 카시아 코티지가 제격이다.

POINT 3

더 스파이스 하우스

트립어드바이저를 통해 이미 그 가치가 증명된 더 스파이스 하우스는 카시아 코티지 리조트에서 결코 놓쳐서는 안 될 다이닝 스폿이다. 향신료 무역상으로부터 시작된 리조트인 만큼 더 스파이스 하우스에서는 베트남 향신료에 대한 깊은 이해를 바탕으로 한 지중해풍 메뉴로 많은 미식 여행자들에게 좋은 평을 받고 있다.

THEME 36
무이네 호텔 & 리조트

무이네의 파도를 벗 삼은 꿈 같은 하룻밤

TIP 무이네 추천 호텔 & 리조트! 이것만은 잊지 말자.

무이네는 이미 수십 년 동안 베트남 남부를 대표하는 휴양지로 유명했다. 리조트의 수로 보나 그 다양함으로 보나 휴양 여행자들에게는 천국과도 같은 곳이며, 무엇보다 숙박료의 저렴함에 있어서 으뜸인 곳이다. 무이네의 리조트 중 열에 아홉은 함티엔 해변과 마주해 있지만, 이를 벗어나 위치해 있는 리조트들도 저마다의 강점을 가지고 여행자를 기다리고 있다.

무이네의 함티엔 해변을 따라 늘어선 수십의 리조트들.
파도를 벗 삼은 그곳에는 형형색색 저마다의 오롯한 쉼이 있다.
화려함을 대신한 편안함이, 번듯함을 대신한 넉넉함이 살아 숨 쉬는
무이네의 호텔과 리조트들. 오직 쉼을 위해 이 먼 곳까지 달려온 여행자들에게
넉넉한 편안함을 선사할 무이네의 호텔과 리조트를 지금 만나보자.

무이네가 자랑하는 천상의 럭셔리 리조트

여유로운 분위기에 더해 모자람 없는 편의 시설까지 두루 갖춘
최고의 리조트에서 오롯한 쉼을 누려 보자.

Anantara Mui Ne Resort

분위기 **5**	편안한 시설, 갖출 것은 다 갖췄다!
가성비 **2.5**	무이네치고는 조금 비싼걸?
접근성 **5**	무이네 해변에 위치해 있다.
어메니티 **5**	어디 하나 나무랄 데 없다!
다이닝 **4**	무이네에서의 특별한 한 끼
아기 동반 **3.5**	모자람 없는 시설과 서비스

무이네에서 만나는 천상의 럭셔리함!

아난타라 무이네 리조트

아난타라 리조트는 베트남 내 세 곳의 리조트를 비롯해 몰디브와 두바이, 코사무이와 발리 등 세계적인 휴양지에 70여 리조트를 두고 있는 태국계 럭셔리 호텔 & 리조트 브랜드이다. 격조 높은 시설과 세심한 서비스로 충성도 높은 고객을 다수 보유하고 있는 휴양 리조트계의 절대 강자 중 하나다. 이곳 무이네의 아난타라 리조트는 함티엔 해변의 서쪽 끄트머리에 위치해 있다. 해변으로부터 다섯 발자국 즈음, 그곳에 바다를 향해 활짝 열린 인피니티 풀이 자리하고, 그 주변으로는 푸름을 담은 야자수와 풀밭 사이로 독채 풀빌라들이 자리 잡고 있어 고즈넉한 휴양지의 분위기를 깊게 만끽할 수 있다. 수준급의 서비스를 자랑하는 아난타라 스파를 함께 이용할 수도 있으니, 무이네에서의 오롯한 쉼을 원하는 여행자라면 여기 아난타라를 선택하자.

2권 MAP P.174J **구글지도 GPS** 10.774974, 106.700040 **찾아가기** 함티엔 해변과 인접(**셔틀버스** 없음) **시간** 체크인 14:00부터, 체크아웃 12:00까지 **가격** 더블룸 14만 원~

호텔형 객실 vs 빌라형 객실

POINT 1

아난타라의 90개 객실은 넉넉함과 안락함을 자랑하는 70개의 호텔형 객실과 나만의 정원과 수영장을 품은 20개의 빌라형 객실로 나뉜다. 동급과의 비교를 불허하는 널찍한 객실 면적과 모자람 없는 어메니티, 발리의 어느 리조트를 떼다 놓은 듯한 풀빌라의 럭셔리함과 고급스런 분위기를 모두 품고 있다. 무이네에서의 최고의 밤을 원한다면 이곳이 답이다.

POINT 2

다이닝 바이 디자인 서비스

아난타라의 독보적인 다이닝 서비스인 '다이닝 바이 디자인'은 세상에서 가장 멋진 한 끼 식사를 꿈꾸는 당신을 위해 존재하는 서비스다. 당신의 상상을 이야기해 준다면, 아난타라의 드림팀이 당신의 꿈을 이룰 수 있도록 세세한 모든 것을 준비한다. 아난타라 무이네에서의 프러포즈나 결혼기념일도 이들과 함께라면 이 세상 최고가 될 수 있다.

ⓓ **가격** 100만đ~

The Cliff Resort & Residences

무이네에서도 모던함을 찾을 수 있다!

더 클리프 리조트 & 레지던스

항목	점수	평가
분위기	5	모던한 분위기에 시설도 수준급!
가성비	3.5	아, 이게 분위기 값인가?
접근성	2	함티엔 해변과 다소 멀다.
어메니티	4	시설만큼이나 번듯하다.
다이닝	3	전망은 최고, 맛은 무난
아기 동반	4	얕고 넓은 키즈 풀은 꼬마 아이들의 천국!

무이네에서 가장 모던하고 현대적이며 깔끔한 시설을 자랑하는 리조트다. 무이네의 메인 비치인 함티엔 해변을 따라 늘어선 수십의 리조트들은 하나같이 자연스러움을 강조한 발리풍 리조트 일색인데 반해, 여기 더 클리프 리조트에서만큼은 딱딱 떨어지는 수직 수평의 새하얀 건축물과 각 잡힌 정원, 넓디넓은 수영장을 만나볼 수 있다. 편안하고 여유로운 분위기가 반복되는 무이네이기에, 더 클리프만이 가진 모던함은 더욱 빛을 발한다. 해변을 바라볼 수 있는 복층 객실부터 방갈로 타입의 정원 전망 객실, 모던함으로 무장한 121개의 모든 객실이 깔끔하게 단장을 마치고 여행자들을 기다리고 있다. 무엇보다 멋진 풀사이드 바를 품은 낭만적인 수영장과 깔끔한 분위기의 스파도 매력. 무이네에서의 힙한 하룻밤을 꿈꾸는 여행자라면 바로 이 이름, 더 클리프를 꼭 기억해 두자.

2권 MAP P.174I **구글지도 GPS** 10.774974, 106.700040 **찾아가기** 함티엔 해변 중심부에서 택시 10분(**셔틀버스** 호치민 국제공항에서 유료(USD160~170, 차량에 따라 다름) 이용(예약 필수)) **시간** 체크인 14:00부터, 체크아웃 12:00까지 **가격** 더블룸 12만 원~

POINT 1

12개 타입의 121개 객실

더 클리프 리조트는 모두 121개의 객실을 보유하고 있다. 가장 기본이 되는 아줄룸(Azul Room)은 정원 조망, 수영장 조망, 해변 조망 객실로 나뉘며, 독채 빌라 형식의 객실도 그 면적과 위치, 조망에 따라 Bungalow Beach Front, Luxury Duplex 등 다양한 타입으로 세분화하여 선택의 폭을 넓혔다. 단, 베르데 콘도(Verde Condos) 타입 객실은 내부 복도 쪽을 향한 작은 창만 있으니 주의하자.

POINT 2

아웃도어 풀

더 클리프 리조트의 진면목은 편안한 분위기와 클리프만의 모던함이 어우러진 수영장에서 발휘된다. 무엇보다 수영장의 한 쪽 끝이 언덕 아래쪽으로 붕 떠 있고, 마치 야자수의 숲을 따라 무한히 연장되는 인피니티 풀 같아서, 더 클리프 최고의 포토 스폿으로 사랑받고 있다.

시간 계절 및 날씨에 따라 다름

POINT 3

비스타 레스토랑

조식당인 비스타 레스토랑은 전망이 유명하다. 메인 동 2층에 자리 잡은 식당은 반(半) 외부 공간으로 되어 있는데, 그 전면 테라스를 따라 푸른 수영장과 야자수의 숲, 해변의 백사장과 무이네의 바다가 층층이 파노라마처럼 펼쳐지고, 저 멀리 바다로부터 들려오는 파도 소리는 자연스레 음식 맛을 돋우어 준다. 다만 음식은 무난한 편이다.

시간 06:30~22:00

POINT 4

제스트 스파

더 클리프 리조트는 스파 서비스도 수준급이다. 독채 빌라로 되어 있어 프라이빗한 것은 물론, 조용하고 깔끔한 스파룸 안에서 제대로 된 스파 서비스를 누릴 수 있다. 무이네의 다른 스파와 비교하면 가격대가 높은 편이지만, 투숙객에게 할인을 제공하고 있어 부담스럽지도 않다.

시간 09:00~21:30 **가격** 제스트 스파 패키지(2시간) 84만 đ

모든 게 만족스러운 가성비 호텔

시설도 좋고 서비스도 좋은데 요금까지 착하다면 얼마나 좋을까.
여기 그런 호텔과 리조트가 당신의 선택을 기다리고 있다.

Sea Links Beach Hotel

분위기 3.5	현대적인 분위기를 원한다면 바로 여기!
가성비 3	이쯤이면 나쁘지 않은 가성비인 듯
접근성 2	택시 없이는 아무 데도 갈 수가 없다.
어메니티 3	딱 필요한 만큼, 딱 적당한 만큼
다이닝 3.5	다양하고, 다양하고, 다양하다!
아기 동반 4	남녀노소 모든 투숙객의 눈높이를 맞췄다!

무이네 최대, 최고를 누려라!

시 링크 비치 호텔

함티엔 해변의 서쪽 끝자락에 자리 잡은 18홀의 시 링크 골프 컨트리 클럽(Sea Links Golf Country Club). 이와 이웃하여 자리 잡은 대형 리조트로 총 188개의 객실을 보유한 무이네 최대 리조트이다. 대규모의 종합 리조트를 거의 찾아보기 힘든 무이네에서 유일무이한 곳이며, 독보적인 스케일과 부대시설의 다양함으로는 타의 추종을 불허하는 곳이기도 하다. 골프 코스를 사이에 두고 해변과는 조금 멀리 떨어져 있지만, 무이네 최대 면적을 자랑하는 아웃도어 풀이 있어 아이들과 함께라면 더없이 좋은 선택이 될 것이다. 골프 코스를 둘러싸고 다섯이 넘는 리조트가 옹기종기 모여 있는 레저 단지의 일부인 시 링크 비치 호텔. 이곳에서 다양한 레저와 액티비티를 만끽하며, 어제와는 다른 새로운 무이네 여행을 완성해 보자.

2권 ⓞ **MAP** P.174I ⓖ **구글지도 GPS** 10.774974, 106.700040 ⓢ **찾아가기** 함티엔 해변 중심부에서 택시 10분(**셔틀버스** 없음) ⓣ **시간** 체크인 14:00부터, 체크아웃 12:00까지 ⓓ **가격** 더블룸 11만 원~

무이네 최대 리조트의 부대시설

다닥다닥, 옹기종기 모여 앉은 무이네의 리조트들과는 달리 시 링크 비치 호텔은 널찍널찍한 시원함을 자랑한다. 188개라는 객실 수가 말해주는 거대한 규모, 장르를 넘나드는 다이닝 스폿, 연회와 스파 서비스를 아우르는 부대시설까지, 광범위한 서비스와 다채로운 시설들이 당신을 위해 준비되어 있다.

200미터 길이의 아웃도어 풀

건물만 거대한 것이 아니다. 200미터에 달하는 객실 동 앞에는 200미터의 길이를 자랑하는 아웃도어 풀이 자리 잡았다. 서로 다른 깊이와 콘셉트를 가진 다섯 개의 풀은 기본, 그 사이사이에 자리 잡은 자쿠지와 아이들에게 인기 만점인 슬라이드까지. 200미터의 숫자를 넘어서는 즐거움이 깃든 이곳의 수영장을 마음껏 즐기자.

시간 계절 및 날씨에 따라 다름

RD 와인 캐슬

호텔과 멀지 않은 곳에 자리한 RD 와인 캐슬은 미국의 나파 밸리(Napa Valley)로부터 영감을 받아 만들어진 와이너리이자 와인 갤러리이다. 유럽의 고성을 모티브로 한 고풍스런 건물 내 테이스팅룸에서는 샤도네이와 카베르네쇼비뇽 등 다양한 품종의 와인을 맛볼 수 있다.

시간 08:00~16:30
가격 입장료 10만 đ(와인 1잔 테이스팅 포함)

Sea Links Ocean Vista

분위기 **3**	깔끔함을 원하는 여행자라면 이곳이 답!
가성비 **4**	가성비로는 최고의 선택지 중 하나!
접근성 **2**	택시가 필요해.
어메니티 **4**	레지던스 타입의 편리함을 누려라!
다이닝 **2.5**	특별함이 필요해.
아기 동반 **3**	어린이 시설도 모자람 없이 충분하다.

무이네 최고의 골프장과 바다를 한눈에 다 담다!

시 링크 오션 비스타

시 링크 비치 호텔의 모든 것이 마음에 들지만, 무이네의 바다를 품지 못한 것이 마음에 걸린다면 시 링크 오션 비스타를 선택하자. 골프 코스와 바다가 마주한 곳에 신기루처럼 자리 잡은 대형 리조트로 다양한 레저 프로그램과 해양 액티비티를 두루 즐길 수 있어 더없이 좋은 곳이다. 무엇보다 깨끗하고 모던한 레지던스 타입의 객실이 주류를 이루고 있어, 아이를 동반한 여행자나 일행이 많은 여행자들에게는 더욱 편안하고 합리적인 여행이 될 수 있다.

2권 Ⓜ MAP P.174J Ⓖ **구글지도** GPS 10.774974, 106.700040 Ⓢ **찾아가기** 함티엔 해변 중심부에서 택시 10분(**셔틀버스** 없음) Ⓣ **시간** 체크인 14:00부터, 체크아웃 12:00까지 Ⓓ **가격** 1베드룸 아파트 10만 원~

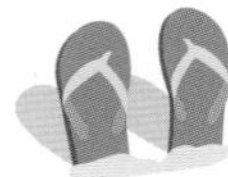

POINT 1

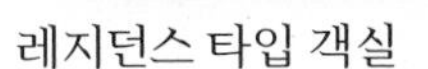

레지던스 타입 객실

바다를 마주한 언덕 위로 7개 층의 객실 동이 위치해 있다. 무이네의 바다를 향한 전망 하나는 끝내주니, '오션 비스타'라는 이름값은 충분히 한 셈. 각각의 객실은 1개부터 3개까지의 침실과 더불어 거실과 주방이 딸린 레지던스 타입으로 되어 있다. 기본이 되는 Garden View Room의 면적이 80제곱미터에 달하는 만큼 각각의 객실마다 넉넉한 공간감을 자랑한다. Family Cozy Sea View Room의 경우 면적이 140제곱미터에 달하며, 3개의 침실을 보유하고 있다.

POINT 2

테라스형 아웃도어 풀

객실 동 뒤쪽으로는 단정하고 모던한 분위기의 아웃도어 풀이 있다. 언덕을 따라 리조트가 자리해 있는 만큼 수영장 또한 높은 곳에 위치해 있어, 마치 테라스에 면한 듯 난간 아래로 펼쳐진 무이네의 바다 풍경을 시원하게 조망할 수 있다.

시간 계절 및 날씨에 따라 다름

SNS '좋아요'를 부르는 매력 만점 리조트

로맨틱한 분위기와 함께 사진발 잘 받는 수영장까지 갖춘
사랑스런 리조트를 만나 보자.

항목	점수	평가
분위기	4	소박함, 고즈넉함, 여유로움, 그거면 충분해!
가성비	4	이쯤이면 합리적인걸?
접근성	5	무이네 해변과 맞닿아 위치는 최고!
어메니티	3	대단한 것은 기대하지 말자!
다이닝	4	편안한 분위기의 다이닝을 만나 보자.
아기 동반	2.5	너무 여유로워서 아이들은 지루할지도!

Mia Mui Ne Resort

조용하고 소박한 곳에서의 온전한 쉼

미아 무이네 리조트

함티엔 해변과 맞닿은 곳에 자리 잡은 작고 소박한 리조트. 그 규모와 편의 시설의 수만 보자면 실망할지도 모르지만, 이는 미아 무이네 리조트의 진면목을 보지 못했기에 나오는 반응이다. 작지만 알차고, 화려하진 않지만 꾸밈없는 안락함이 있는 곳. 그래서 무이네와 참 많이도 닮아 있는 곳. 바로 그것이 미아 무이네 리조트의 진짜 모습이다. 편안한 분위기를 자아내는 로비 너머로 이어지는 오솔길을 따라 열 채 남짓의 독채 빌라들이 점점이 자리 잡고, 그 길의 끝에 조그마한 수영장과 풀사이드 바가 당신을 환영한다. 조금만 더 걸으면 무이네의 맑은 바다와도 만날 수 있으니, 그 작음과 소박함은 금세 대체 불가한 매력으로 당신의 마음을 채울 것이다.

2권 MAP P.174J **구글지도 GPS** 10.774974, 106.700040 **찾아가기** 함티엔 해변과 인접(**셔틀버스** 없음) **시간** 체크인 14:00부터, 체크아웃 12:00까지 **가격** 더블룸 15만 원~

POINT 1

작음이 선사하는 오롯한 쉼

오롯한 '쉼'에 대한 동경이 있기에 무이네를 선택한 당신. 비교적 규모가 작은 편인 미아 무이네 리조트의 객실 종류는 고작 여섯, 객실의 수도 서른을 넘지 않는다. 조용함과 고즈넉함은 자연스레 따라오는 셈. 자연과 하나가 된 꾸밈없는 객실 또한 미아 무이네의 매력을 배가하고 있다.

POINT 2

아웃도어 풀

정원 너머에는 자그마한 아웃도어 풀이 자리 잡았다. 열 발자국 즈음이면 해변에 닿을 만큼 가깝기도 하다. 수영장의 크기는 작지만 이용객도 적으니 걱정은 금물. 오색찬란한 모자이크 타일로 장식되어 있어 밤이라면 더욱 아름다운 빛을 발하게 되니, 이 시간 또한 놓치지 말자.

시간 계절 및 날씨에 따라 다름

POINT 3

풀사이드 바, 샌들스 레스토랑 & 바

리조트 끄트머리에 자리 잡고 있는 작은 풀사이드 바. 한쪽으로는 수영장, 또 한쪽으로는 바다와 맞닿아 있어 어느 곳에서든 휴양지의 넉넉한 여유를 만끽할 수 있다. 다양한 채식주의 메뉴와 퓨전 베트남 스타일 퀴진에 더해, 혁신적인 상그리아와 다양한 베트남 수제 맥주가 당신을 기다린다.

시간 07:00~22:30
가격 음료 5만đ+15%~, 푸드 15만đ+15%~

DAY-90

무작정 따라하기 디데이별 여행 준비

D-90

여권과 보험 체크하기

1. 여권 만들기

해외여행을 준비할 때 가장 중요한 것이 여권이다. 출입국 시 필요할 뿐 아니라, 해외에서는 신분증 역할을 하기 때문. 여전히 여권을 발급받는 데 짧게는 3일, 길게는 일주일 정도 걸리는 만큼 시간적 여유를 두고 만들어두는 편이 좋다.

① 여권 종류

일정 기간 횟수에 상관없이 사용할 수 있는 '복수여권'과 딱 한 번만 이용할 수 있는 '단수여권'으로 나뉜다. 이번 해외여행이 마지막이라면 모를까, 이왕이면 10년짜리 복수여권을 발급받도록 하자. 성인은 본인이 직접 방문해서 신청해야 하며, 미성년자는 부모나 법정대리인이 대리 신청할 수 있다. 24세 이하의 병역 미필자의 경우 최장 5년 복수여권 또는 단수여권만 발급된다.

② 여권 발급 시 필요 서류

- 여권발급신청서
- 여권용 사진 1매(6개월 내에 촬영한 사진)
- 25~37세 병역 미필 남성의 경우 국외여행허가서 필요
- 신분증
- 수수료 : 10년 복수여권 5만3000원, 5년 복수여권(8~18세) 4만5000원, (8세 미만) 3만3000원, 1년 단수여권 2만 원

③ 여권 발급 장소

전국의 240개 도 · 시 · 군 · 구청 민원과에서 발급 가능.

④ 여권 유효기간

일반적으로 여권의 유효기간이 6개월 이상 남아 있어야 출입국이 가능하다. 여권이 있다고 하더라도 유효기간이 얼마 남지 않았을 경우에는 재발급받거나 유효기간을 연장해야 한다. 단, 전자여권만 가능하며, 구여권은 유효기간 연장이 불가능하다. 이외의 더욱 자세한 사항은 외교부 여권 안내 홈페이지(www.passport.go.kr)를 참고하자.

Plus Info. 비자는 필요 없나요?

한-베트남 비자 협정에 따라 15일 이하의 단기 체류자는 무비자로 방문할 수 있다. 15일 이상 장기 체류할 예정이거나 최근 한 달 이내에 베트남 입국을 한 경우, 베트남과 비자 협정을 체결하지 않은 국가의 국민(미국, 중국, 캐나다, 호주 등)은 베트남 비자를 발급받아야 한다.

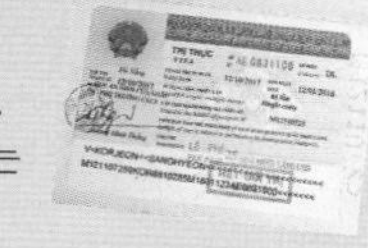

비자 종류

비자의 종류는 크게 두 가지가 있다. 업무(비즈니스)를 목적으로 입국하는 경우에는 상용비자(DN)를, 여행 목적으로 입국할 때는 관광비자(DL)를 발급받는 등 방문 목적에 맞게 비자를 발급받아야 뒤탈이 없다. 목적 이외의 활동을 하다가 적발되면 벌금, 강제 추방 등의 법적인 처벌을 받을 수 있으니 조심하자.

비자 가격

관광비자 기준 1개월 단수 1만2000원~, 3개월 복수 4만5000원~

※현지 공항의 스탬프 발급 비용 별도(스탬프 발급 비용은 무조건 미국달러(USD)로만 지불 가능하니 주의하자)

비자 발급 방법

비자는 대사관에 직접 방문해 발급받거나 국내 전문 여행사에서 도착비자를 대행 발급받는 방법이 있다. 하지만 대사관 비자는 발급까지 소요시간이 길고 가격이 비싸 대부분의 여행자들은 여행사의 도착비자를 이용하는 추세. 가격이 저렴하고 생각보다 간편해 누구나 쉽게 비자를 발급받을 수 있다. 자세한 비자 발급 방법 및 절차는 여행사에서 친절히 알려주기 때문에 걱정하지 않아도 된다.

2. 해외여행자 보험 가입하기

해외여행을 떠날 때 혹시나 일어날지 모르는 사고를 처리하기 위해 가입하는 것으로, 장기 여행에는 필수다. 여행을 떠나는 누구나 가입할 수 있으며 보험사 홈페이지나 공항 보험사 부스, 스마트폰 등으로 손쉽게 가입할 수 있다. 여행 중 상해 사고, 질병으로 인한 사망, 치료비를 위한 의료비 보상, 타인에게 손해를 끼친 경우 배상금, 휴대품 도난 및 파손 등 보험마다 약관 내용과 보상 범위가 다르니 꼼꼼히 확인하자.

D-80

항공권 구입하기

여행의 첫 단계이자 무시할 수 없는 비용이 드는 항공권 구입. 어떻게 하면 여행 경비를 조금이라도 아낄 수 있을까?

1. 한국↔호치민/냐짱/푸꾸옥/달랏 항공권

최근 베트남 남부 주요 도시에 취항하는 항공사와 항공편이 많아져 여행 일정과 목적지에 따라 항공편을 골라 탈 수 있다. 대부분은 호치민 딴손녓 국제공항으로 입국하지만 냐짱 깜란 국제공항, 달랏, 푸꾸옥에도 직항편이 생겼다. 소요시간은 약 5시간 20분에서 6시간 내외이며 대부분은 밤늦게 한국에서 출발해 새벽 시간에 도착한다. 요즘은 지방 출발 항공편도 많이 취항해 지방 거주 여행자들의 편의성이 좋아졌다.

Plus Info. 스케줄 변동 주의

베트남은 항공 스케줄 변동이 잦다. 특히 부정기편의 경우, 단항과 복항(재취항)을 반복하기도 하는데,
각 항공사 및 공항 사정상 정기편이라고 할지라도 감편 또는 단항이 될 수 있으니 주의하자!

호치민

① 인천↔호치민
국내 항공사 - 대한항공, 아시아나항공, 제주항공, 티웨이항공
해외 항공사 - 베트남항공, 비엣젯항공

② 김해↔호치민
해외 항공사 - 베트남항공

냐짱

① 인천↔냐짱
국내 항공사 - 대한항공, 제주항공, 티웨이항공, 이스타항공
해외 항공사 - 베트남항공, 비엣젯항공

② 김해↔냐짱
해외 항공사 - 비엣젯항공

③ 대구↔냐짱
국내 항공사 - 티웨이항공

④ 무안↔냐짱
해외 항공사 - 젯스타퍼시픽항공(부정기편)

달랏

① 인천↔달랏
국내 항공사 - 대한항공(부정기편)

② 무안↔달랏
해외 항공사 - 비엣젯항공(부정기편)

푸꾸옥

① 인천↔푸꾸옥
국내 항공사 - 이스타항공
해외 항공사 - 비엣젯항공

2. 항공편 선택하기

① 저가 항공편을 이용하자

동남아 노선은 저가 항공편의 경쟁력이 높다. 특히 호치민이나 냐짱 노선의 경우 운항편이 많고, 운항사도 아주 다양해서 여행 스케줄과 예산에 따라 얼마든지 골라 탈 수 있다.

② 수하물 규정을 반드시 체크하자

저가 항공편을 이용할 경우 수하물 규정을 반드시 체크해보자. 항공사에서 정해놓은 무료 수하물 크기나 무게를 초과하면 kg 당 추가 비용을 지불해야 한다. 특히 두 손 무겁게 돌아올 예정이라면 필수 중의 필수. 자칫 항공권 가격보다 더 비싼 수하물 요금을 내야 할 수 있다.

③ 일찍 예약하자

일찍 예약하면 항공권 가격이 저렴한 경우가 많다. 특히 주말, 연휴, 명절 등의 성수기 항공편은 순식간에 팔리므로 일찍 예약하는 것이 안전하기도 하다. 하지만 비수기의 경우에는 무조건 일찍 예약하는 것보다는 가격 동향을 살펴보자. 팔리지 않는 항공권은 출발 4~8주 전쯤 가격을 내리므로 이때 구입하면 저렴하다.

④ 프로모션, 이벤트를 노리자

저가 항공사에서 실시하는 프로모션이나 이벤트를 이용하면 훨씬 저렴한 가격에 티켓을 득템할 수도 있다. 하지만 그만큼 경쟁률이 높아서 운이 따라줘야 한다.

3. 저렴한 항공권 구매 시 주의 사항

① 요금 규정을 반드시 살펴보자

항공권이 저렴한 만큼 요금 규정이 이용자에게 불리할 수 있다. 예를 들면 마일리지 적립이 안 된다거나, 여정 변경 불가, 스톱오버 불가, 환불 불가 등의 규정이다. 특히 저가 항공사에서 판매하는 '이벤트 운임 항공권'은 위탁 수하물 발송 비용이 별도 청구되기도 해 꼼꼼히 살펴봐야 한다.

② 체류 조건을 살피자

항공권에도 체류일이 있다. 짧게는 3일, 길게는 3개월 이상이나 무제한까지. 여행 일정에 맞춘다면 문제가 없겠지만, 무턱대고 체류일이 짧은 항공권을 사는 것은 지양하자.

Plus Info. 항공권 어디에서 구입할까?

각 항공사 홈페이지와 항공권 가격 비교 사이트 (스카이스캐너, 인터파크 투어 등)를 비교해가며 구입하는 것이 좋다. 저가 항공사는 공식 홈페이지 가격이 가장 저렴한 편이다.

	기내반입 수하물	무료 수하물	초과 수하물 요금
대한항공 (이코노미)	12kg 이하	23kg 이하	개당 100USD 24~32kg 7만5000원
아시아나항공 (이코노미)	10kg 이하	23kg 이하	개당 6만 원 24~28kg 5만 원, 29~32kg 8만 원
에어부산	10kg 이하	15kg 이하 (이벤트 항공권, 번개특가 항공권은 유료 제공)	개당 8만 원 16~23kg 7만 원, 24~32kg 8만 원
진에어	12kg 이하	15kg 이하	1kg 당 1만2000원
제주항공	10kg 이하	20kg 이하 (할인 운임 항공권은 15kg , 특가 운임 항공권은 유료 제공)	개당 8만 원 16~23kg 7만 원, 24~32kg 8만 원
이스타항공	7kg 이하	15kg 이하 (이벤트 운임 항공권은 편도 5만 원에 구입)	1kg 당 1만6000원
티웨이항공	10kg 이하	15kg 이하 (이벤트 운임 항공권은 유료 제공)	15kg 이하 8만 원 15kg 초과 시 1kg 당 1만6000원 추가
에어서울	10kg 이하	15kg 이하 (특가 운임 항공권은 유료 제공)	개당 8만 원 16~23kg 6만 원, 24~30kg 8만 원

D-35
숙소 예약하기

항공권 예약을 마친 이후의 가장 큰 관문은 여행 기간 중 묵을 호텔을 예약하는 것. 요즘은 해외 호텔 예약 사이트가 잘 되어 있어 클릭 몇 번이면 누구나 쉽게 예약할 수 있다.

1. 아고다
www.agoda.com/ko-kr

싱가포르에 본사를 둔 곳답게 동남아 호텔은 아고다가 꽉 잡고 있다고 봐도 무방하다. 회원용 적립금의 일종인 '기프트 카드'가 있으며 항공사 마일리지로 적립할 수 있는 '포인트 맥스' 제도도 도입했다. 고급 호텔 할인율이 높은 편이고, 비수기에는 특가 행사를 상시 진행한다고 봐도 된다. 단, 할인율이 높은 호텔은 환불 불가 조건이 붙은 경우가 많으니 조심할 것.

2. 익스피디아
www.expedia.co.kr

항공권, 호텔을 함께 예약할 수 있는 곳으로 자체적으로 실시하는 할인 이벤트가 많고 매달 할인 코드를 발급하는 등 시기만 잘 맞추면 저렴한 가격에 호텔을 예약할 수 있다. 호텔 예약 시 원화 결제만 가능하고 현지 통화로 결제가 안 되기 때문에 해외 결제 수수료(DCC)가 많이 든다는 단점이 있는데, 후불 결제를 선택하면 현지 통화로 결제할 수 있어 수수료를 조금이나마 절약할 수 있다.

3. 부킹닷컴
www.booking.com

매달 할인 코드를 발급하며 회원 가입 후 카드 번호를 등록하면 쉽게 예약 및 결제할 수 있어 편리하다. 해외 출장 고객을 위해 조식 제공 여부, 무료 무선 인터넷 등 비즈니스 여행객을 위한 검색 서비스도 제공한다. 다른 사이트에 비해 예약할 수 있는 호텔의 수가 제한적인 것이 아쉽다.

4. 호텔스닷컴
kr.hotels.com

10박을 하면 1박을 공짜로 묵을 수 있는 쿠폰제를 시행해 해외여행을 자주 다니는 사람이라면 쏠쏠하다. 매달 할인 코드를 발급하며 자체적인 할인 행사도 자주 진행한다. 단, 할인이나 쿠폰 적립이 되지 않는 곳도 많기 때문에 예약 전에 꼼꼼히 확인해보는 것이 안전하다.

5. 한인 여행사
cafe.naver.com/zzop

한국어 응대가 되고 피드백이 빠르다는 것이 가장 큰 장점이다. 상담을 통해 원하는 호텔을 추천해주기도 하며 호텔별로 최저가 프로모션도 자주 실시한다. 네이버 카페 회원 등급별 다양한 혜택이 있어 만족도가 높다.

D-25
예상 경비 계산하기

여행 경비는 체류일이나 여행 스타일, 소비 습관에 따라 천차만별이다. 초저가 배낭여행을 한다면 1일 100만₫ 선에서 충분히 해결되겠지만, 남들만큼 먹고 즐기려면 넉넉하게 1일 120만₫ 정도 잡는 것이 마음 편하다.

1. 항목별 지출 예상 경비

① 항공권 - 30~70만 원
성수기(방학, 휴가철, 연휴 등)와 비수기 요금 차이가 심한 편인데, 비수기에 저가 항공편을 이용하면 항공권에 드는 비용을 줄일 수 있다. 항공권이 가장 저렴한 시기는 3~5월과 10~11월이다.

② 숙박비
어떤 곳에 묵느냐에 따라 천차만별로 달라진다. 3~4성급 호텔은 4~8만 원대, 5성급 호텔은 12~20만 원대, 특급호텔이나 풀빌라는 최소 20만 원은 잡아야 한다. 보통 7~8월을 제외한 우기(6월, 9~10월)의 숙박비가 가장 저렴하다.

③ 식비 - 1일 50만₫
다행히 고급 레스토랑을 가지 않는 이상은 큰 차이가 나지 않는다. 식사당 10~20만₫ 수준으로 잡으면 되고, 저녁 식사 때 맥주 한 잔 마시는 경우 20~40만₫ 정도면 충분하다.

④ 체험 비용과 입장료
쿠킹 클래스, 에코 투어 등의 체험 비용과 관광지 입장료도 생각해 봐야 한다. 빈펄 랜드, 전망대, 구찌 터널 등의 유명 관광지는 입장료를 징수하고 있으니 참고하자. 다행히 부담될 정도의 금액은 아니다.

⑤ 간식 비용 – 1일 30만₫

날씨가 더워 커피, 음료 등 자잘한 간식 비용이 꽤 들어간다. 특히 어린아이들이 있을수록, 여행 일정이 빡빡할수록 여기에 드는 돈이 만만찮다. 하루 최소 30만₫은 비상금을 겸해서 별도로 갖고 다니자.

⑥ 교통비 – 1일 60만₫

여행 일정에 따라 차이가 나지만 택시와 그랩카 요금이 저렴해 부담 없이 택시를 탈 수 있다. 호치민 시내 1·3군 안에서 움직이는 경우 20만₫을 넘지 않고, 가까운 거리는 요금이 10만₫ 넘기가 어려울 정도. 출퇴근 시간대에는 차량 정체로 요금이 많이 나오기도 한다.

⑦ 여행 준비 비용

유심칩, 포켓 와이파이 대여료 또는 데이터 로밍 요금, 쇼핑 비용 등 기타 비용과 여행자보험 가입, 공항↔집 교통비, 여행 물품 구입 비용 등의 여행 준비 비용도 잘 따져봐야 한다.

2. 1일 체류비

항공편과 숙박비를 제외한 1일 체류비는 대략 140~2000만₫ 선(약 7~10만 원)

3. 4박 6일 예상 비용

저렴한 항공편을 이용하고, 3~4성급 호텔에서 지낸다고 가정했을 때의 평균적인 여행 비용이다. 5성급 이상의 고급 호텔에 묵거나 비싼 항공편을 이용하는 경우, 성수기에는 비용이 더 든다.

항공 요금 50만 원

4박 숙박비(4성급 호텔 숙박) 10만 원 X 4 = 40만 원

체류비(교통비+입장료+식비+기타 비용) 8만 원 X 4= 32만 원

합계 50만 원 + 40만 원 + 32만 원 = 122만 원

※총비용 122만 원의 10~20% 수준(12~25만 원)은 비상금으로 가져가자.

D-20

여행 계획 세우기

1. 여행 정보 모아보기

여행을 앞두고 하나하나 준비를 하자니 막막하다면? 책과 온·오프라인에서 호치민을 만나는 방법들을 소개한다.

① 여행 블로그

네이버, 티스토리, 다음 등 포털사이트를 기반으로 하는 블로그를 참고하는 것도 좋은 방법. 자신의 여행 취향과 비슷한 블로그를 참고하면 여행 계획을 수립하는 데 많은 도움이 된다.

② 여행 가이드북

커뮤니티와 블로그를 통해 입맛에 맞는 스폿을 찾아봤다면, 가이드북으로 전체적인 동선과 밑그림을 그려볼 차례다. 개개인의 취향이 반영된 블로그에 비해 좀 더 객관적인 관점의 여행 정보와 매력을 기술한다는 부분도 가이드북을 참고해야 하는 이유.

2. 도움될 만한 애플리케이션

• **구글맵** : 현지에서 지도 대신 이용 가능해 인기 있는 앱. GPS를 이용해 현재 위치와 방향을 가늠할 수 있으며, 목적지까지의 실시간 교통편도 쉽게 검색할 수 있다.

• **환율계산기** : 물건을 사고 싶은데, 도저히 환율 계산이 안 된다면? 환율계산기를 켜자. 전 세계 주요 화폐를 한국 원화로 계산해줘서 편리하다. 오프라인 상태에서도 이용 가능.

• **네이버** : 홈 화면의 검색바 마이크를 터치해 '영어'를 선택한 다음, 번역이 필요한 곳 사진을 찍으면 자동으로 번역해준다. 베트남어 사용 불가. 온라인에서만 이용 가능.

• **구글번역** : 음성인식 또는 카메라 촬영을 하면 번역해준다. 베트남어 오프라인 번역 파일을 다운로드하면 오프라인 상태에서도 번역 기능을 사용할 수 있다.

• **파파고** : 네이버에서 개발한 번역 애플리케이션. 다른 애플리케이션에 비해 한국어 번역이 매끄럽다는 평가를 받는다. 베트남어 번역도 가능하다.

D-15

면세점 쇼핑

면세점은 크게 공항 면세점, 기내 면세점, 시내 면세점, 인터넷 면세점으로 나뉜다. 각각 장단점이 다르기 때문에 본인에게 맞는 면세점을 선택해서 이용하자.

1. 인터넷 면세점

중간 유통비와 인건비 등의 비용이 절감되어 공항 면세점에 비해 10~15% 더 저렴하게 구입할 수 있어서 알뜰 여행객들에게 인기 있다. 모바일을 이용해 적립금 이벤트나 각종 쿠폰 등을 활용하면 정가보다 훨씬 더 저렴하게 구입할 수도 있다. 또 인터넷 면세점에서 구입한 다음, 출국 공항 인도장에서 직접 수령하기 때문에 시간 여유가 없는 사람들이 이용하기에도 좋다. 대부분 출발 이틀 전에 구매를 완료해야 하지만 신라/롯데면세점은 출국 당일 숍이 따로 있어 출국 3시간 전까지도 구입이 가능하다.

• **신라면세점** www.shilladfs.com
• **롯데면세점** www.lottedfs.com
• **신세계면세점** www.ssgdfs.com
• **워커힐면세점** www.skdutyfree.com
• **동화면세점** www.dutyfree24.com

2. 시내 면세점

출국 60일 전부터 출국일 전날 오후 5시까지 이용 가능해 시간에 쫓기지 않고 쇼핑할 수 있어 인기 있다. 대신 주요 도시 이외의 지역 거주자라면 이용하기가 쉽지 않다는 단점이 있다. 출국 사실을 증명할 수 있는 서류(여권, 출국 항공편 E-티켓)를 지참해야 하며, 간단하게 출국일과 시간, 비행 편명만 메모해도 된다. 구입한 면세품은 출국하는 공항 면세점 인도장에 상품 인도증을 내고 수령하면 된다.

3. 공항 면세점

공항 출국장에 위치하고 있어서 탑승 대기 시간 동안 이용할 수 있으며 면세품을 바로 수령할 수 있다. 방학이나 휴가철, 연휴 등의 성수기에는 여유로운 쇼핑이 어려울 수 있다는 단점이 있다.

Plus Info. 면세점 알뜰 이용 꿀팁!

인터넷 면세점의 적립금을 공략하라!
오프라인이건 아니건 사실 가격 차이는 거의 없다. 그러나 인터넷 면세점에는 타임 세일이 있어 특정 품목을 저렴하게 구입할 수 있다. 게다가 적립금을 후하게 주어 추가 할인 혜택을 기대할 수 있다.

면세점을 분산 활용하라!
가장 유명하고 물건이 많은 롯데면세점을 비롯해 신세계면세점, 동화면세점, 신라면세점, 워커힐면세점, 그랜드면세점 등이 있다. 이곳들은 대개 비슷한 규모의 적립금을 주고 있으므로 여러 면세점을 분산 이용한다면 한 면세점을 이용할 때보다 훨씬 저렴하게 쇼핑을 즐길 수 있다. 단, 여러 인도장으로 찾으러 가야 하는 정도의 수고로움은 감수해야 한다.

모바일 적립금을 노려라!
인터넷 면세점 전용 애플리케이션을 설치하면 모바일 적립금이 생기는데, 대략 5000~1만 원 선으로 다른 적립금과 중복 사용이 가능하다.

4. 기내 면세점

말 그대로 항공기 안에서 면세품을 구입할 수 있다. 품목이 가장 제한적이지만 인기 있는 제품을 판매하는 경우가 많다.

D-10

환전하기

베트남 동(đ)을 한국에서 환전하는 것보다는 미국 달러(USD) 고액권으로 환전 후, 베트남 현지에서 다시 베트남 동(đ)으로 재환전하는 것이 더 유리하다.

1. 어디에서 환전할까?

① 시중 은행

은행마다 현찰 매도율이 제각각 다르기 때문에 무작정 찾아가기보다는 인터넷 커뮤니티나 블로그 등을 참고해서 환율이 조금이라도 좋은 은행을 찾아가는 것이 요령. 은행별 환전 수수료 우대 쿠폰을 발급해주기도 하니, 이왕이면 우대 쿠폰을 반드시 챙기자. 보통 주거래 은행의 환율 우대율이 더 좋다.

② 사설 환전소

서울, 부산 등의 대도시라면 사설 환전소를 이용하는 것이 이득인 경우가 많다. 서울의 경우 서울역이나 명동, 이태원 등에 사설 환전소가 밀집해 있다.

③ 공항 내 은행

미처 환전을 하지 못했을 때 쓸 수 있는 마지막 카드다. 그만큼 공항 내 은행은 시중 은행보다 환전율이 낮아 고액일수록 손해를 많이 본다. 소액 환전은 큰 차이가 없다.

2. 현금과 신용카드 비율은?

호텔을 제외하고 신용카드는 찬밥 신세. 대부분은 현금 결제만 고집하기 때문에 여행 경비 전액을 현금으로 준비해 가는 것을 추천. 단, 여행 일정이 길거나 고액을 갖고 가기 껄끄럽다면 한국의 시중 은행 계좌와 연결된 현금카드를 발급받아 가자. 현지에서 현금이 부족할 때마다 ATM 기기로 현금을 인출해서 쓰면 편리하다. 단, 번화가, 유명 관광지에서 주변 ATM 기기는 종종 불법 카드 복제 장치가 설치돼 피해를 볼 수 있다.

Plus Info. 여행 경비 아끼는 환전 꿀팁!

환전율 비교하기!

마이뱅크(www.mibank.me) 홈페이지에서 은행 및 환전소별 환율을 비교할 수 있다. 환전율 비교 후 가장 가까운 환전소나 은행을 찾아가면 된다.

사이버 환전(인터넷 환전)으로 집에서 환전하기!

세상 참 좋아졌다. 은행 홈페이지의 '사이버환전' 서비스를 이용하면 굳이 은행에 방문할 필요가 없으니 말이다. 신청 과정에서 외화 수령 지점을 출국하는 공항점으로 선택하면 훨씬 편한 데다, 방문 환전보다 환전 수수료 우대율이 높아서 고액인 경우 비용을 아낄 수 있다. 해당 은행의 공항점 위치와 수령 가능 시간을 숙지하도록.

3. 많이 사용되는 국제 카드사는?

그나마 가장 폭넓게 쓸 수 있는 것은 '비자카드'다. 카드 결제가 가능한 곳에서 대부분 쓸 수 있다고 보면 된다. 상점 입구에 사용 가능한 카드사 로고가 붙어 있는 경우가 많다.

Plus Info. 해외 이용 가능한 카드 구분하기!

카드에 '씨러스(Cirrus)'나 '플러스(Plus)' 로고가 있다면 해외 ATM 기기나 카드 결제 기기 이용이 가능하다. 좀 더 확실한 방법은 해당 카드사 고객센터를 통해 확답을 얻는 것!

4. 체크카드 발급받기

거래 은행 계좌와 연결되어 있기 때문에 잔고 이상으로는 쓸 수 없어 불필요한 과소비를 막을 수 있다. 돈이 다 떨어졌을 때는 한국에 있는 지인에게 계좌로 입금만 해달라고 하면 곧바로 이용할 수 있어 비상시를 대비해서 가져가기 좋다. 또 현금이 필요할 때는 ATM 기기로 인출할 수도 있다. 가능하다면 비자(Visa)와 마스터(Master) 두 군데 국제 카드사 카드를 모두 발급받자. 체크카드의 단점이라면 한국에서 현금을 환전할 때보다 환율이 좋지 않고, 1일 인출 금액이 정해져 있다는 것.

D-9
유심 구입하기

1. 로밍 방법 선택하기

베트남에서 구글맵 애플리케이션을 이용하고 틈틈이 인터넷 검색도 해야 한다면 무선 인터넷 대책을 세우자. 각각의 서비스마다 장단점이 확실하므로 취향과 상황에 따라 고르면 된다.

구분		상세 내용	가격	장단점
포켓 와이파이 (쿠폰 2권 P.199)		3G/4G 무제한 이용 (하루 500Mb 사용 후 속도 저하)	1일당 5500원~ (보조 배터리 대여비 별도, 장기 대여 시 할인)	현지 통신망을 이용해 속도가 가장 빠르고 안정적이다. 최대 5명까지 동시 이용 가능하며 한국 전화 및 문자도 그대로 이용 가능. 단말기와 보조 배터리를 항상 갖고 다녀야 하고, 분실 시 배상 책임이 있어 조심해야 한다. 사전에 예약해야 이용 가능하며, 업체마다 이용 가능한 공항이 정해져 있음.
한국 통신사 데이터로밍 (SKT 기준)	T로밍 아시아패스	5일간 LTE/3G 데이터 2GB (소진 시 속도 제어)	2만5000원	한국 통신사 유심을 그대로 이용하게 되어 한국에서 오는 전화, 문자 수신이 가능. 가격이 가장 비싸고 베트남 통신사의 통신망을 빌려 쓰는 방식이라 속도가 가장 느리며 지역별 편차가 심함.
	T로밍 아시아패스 YT (만 29세 이하 가입 가능)	5일간 LTE/3G 데이터 3GB (소진 시 속도 제어)	2만5000원	
	T로밍 OnePass300	LTE/3G 데이터 1일 300Mb (소진 시 속도 제어)	1일 9900원	
베트남 데이터유심	베트남 모바일 7일	7일간 3G 데이터 무제한 (APN 자동 설정)	2900원~ (정상 판매가 7400원~)	한국 인터넷에서 구입 시 할인가 적용(판매처에 따라 가격이 다름). 가격이 가장 저렴하다. 한국 유심칩을 제거해야 하고, 베트남 현지 번호가 임의 개통되지 않기 때문에 오로지 SNS, 인터넷만 사용 가능. 전화 및 문자 이용 완전 불가. 핫스팟(테더링)으로 여러 명 사용 시 배터리 소모가 많고 속도 저하. 건물 안이나 지하에서는 속도 저하 현상. 컨트리락이 설정된 기기의 경우 이용 제한.
	모비폰 30일	30일간 LTE 6GB, 소진 후 3G 무제한 (APN 자동 설정)	7900원~ (정상 판매가 1만2900원~)	

Plus Info. 호치민 국제공항에서 유심 살 때 주의점

호치민 국제공항에서도 유심을 살 수 있다. '데이터 완전 무제한'이라고 이야기하지만 실상은 최대 데이터 사용량이 정해져 있는 것이 대부분. 데이터를 소진한 이후에는 추가 결제를 해야 사용할 수 있는 경우가 많아 데이터 사용량이 많은 사람은 불편할 수 있다. 심카드를 구입하면 한국 통신사 심카드를 빼고 베트남 통신사의 심카드를 장착해주는데, 한국 심카드를 잘 보관하자.

가격 1~2일 4$, 3~5일 5$, 6일 6$, 7~8일 7$

D-2
짐 꾸리기 체크리스트

- ☑ 여권과 복사본 1부
- ☐ 항공권(e티켓의 경우 프린트)과 복사본 1부
- ☐ (도착비자를 발급받아야 하는 경우)비자 승인서 및 비자 신청서, 여권용 사진 1장, 비자 발급비 50$
- ☐ 여행자보험 최종 확인
- ☐ 여행 경비, 신용카드, 국제현금카드
- ☐ 항공권 복사본 1부(여권 및 항공권 분실 시 유용)
- ☐ 집 → 공항 소요시간 및 이동수단
- ☐ 캐리어 또는 여행용 배낭
- ☐ 작은 가방 또는 가벼운 배낭
- ☐ 카메라, 사진 촬영 용품, 배터리
- ☐ 옷가지, 수영복 및 래시가드, 물놀이 용품
- ☐ 세면도구(수건, 칫솔, 샴푸, 린스, 보디클렌저, 비누, 면도기 등)
- ☐ 화장품(기초 화장품, 자외선 차단제, 립밤, 수면팩 등)
- ☐ 신발(운동화 필수, 샌들 또는 아쿠아 슈즈 중 택 1)
- ☐ 상비약(두통약, 진통제, 1회용 밴드, 연고, 종합 감기약 등)
- ☐ 여성 용품
- ☐ 식염수
- ☐ 우산

D-DAY
출국하기

1. 탑승 수속 및 수하물 부치기

최소 출발 2시간, 성수기에는 3시간 전에는 공항에 도착하는 것이 안전하다. 이티켓에 적힌 항공편 명을 공항 내 안내 모니터와 대조해 항공사 카운터를 찾아가자. 여권과 이티켓을 제출한 다음, 짐을 부치는 것이 첫 번째 순서. 창가 · 복도 · 비상구석 등 원하는 좌석이 있을 경우에는 미리 얘기하자. 별도의 요청 사항이 없는 경우에는 임의로 자리 배치를 해주기 때문에 뜻밖의 불편함을 겪을 수 있다.

Plus Info. 수하물 규정

100ml 미만의 용기에 담긴 액체(화장품, 약) 및 젤은 투명한 지퍼 백에 넣어야 반입이 허용된다. 용량은 잔여량에 상관없이 용기에 표시된 양을 기준으로 하기 때문에 쓰다 만 치약이나 화장품의 경우 주의해야 한다. 용량 이상의 물품을 소지했을 경우, 그냥 짐을 부치는 것이 좋다. 부칠 수 있는 수하물 크기와 개수는 항공사와 노선마다 다르므로 반드시 확인하자.

2. 출국심사

탑승 수속 후 받은 탑승권과 여권을 챙겨 출국장으로 들어간다. 세관 신고 및 보안 검색을 마친 후, 출국심사대로 가서 여권과 탑승권을 보여주면 된다. 출국심사가 빠르게 진행되지만 대기 시간을 줄이려면 자동 출입국심사나 도심 공항터미널을 이용하자.

Plus Info. 세관 신고

보석이나 귀금속, 고가의 물건 등 미화 1만$ 이상의 물품 또는 현금을 반출하는 경우 세관에 미리 신고를 해야 귀국 시 불이익을 받지 않는다. 입국 시 1인당 면세 금액은 미화 600$ 이하이며, 가족과 함께 입국하는 경우 가족 중 한 명이 세관신고서를 한 장만 대표로 작성하면 된다.

3. 면세점 쇼핑

출국심사가 모두 끝나면 면세점 쇼핑을 할 수 있다. 시내 면세점이나 인터넷 면세점에서 구입한 제품이 있을 경우에는 면세품 인도장에 가서 받으면 된다. PP카드 등 멤버십 카드가 있는 경우 항공사 라운지에 가서 휴식을 취하거나 음료나 간식을 먹을 수 있다.

4. 비행기 탑승

보통 출발 시간 20~30분 전부터 시작된다. 탑승 시작 시간에 맞춰 탑승구(Gate)를 찾아가면 되는데, 인천 국제공항에서 출국할 경우 저가 항공사는 셔틀 트레인과 연결된 별도의 탑승동에서 출발하므로 시간을 넉넉하게 잡는 것이 좋다.

INDEX

무작정 따라하기

A

ㄱ

ㄴ

ㄷ

ㄹ

ㅁ

ㅂ

ㅅ

ㅇ

나만의 베트남 지갑 만들기

돈 단위가 크다 보니 지폐에도 '0' 천지. 차라리 지폐 권종에 따라 디자인이라도 다르면 쉽게 구분하는데, 하나같이 호찌민 아저씨 얼굴만 그려져 있다. 1만₫짜리 지폐를 줘야 하는데 실수로 10만₫을 주기도 하고, 거스름돈도 제대로 받았는지 구분하기 어렵다면 베트남 지갑을 직접 만들어 사용하는 것이 속 편하다.

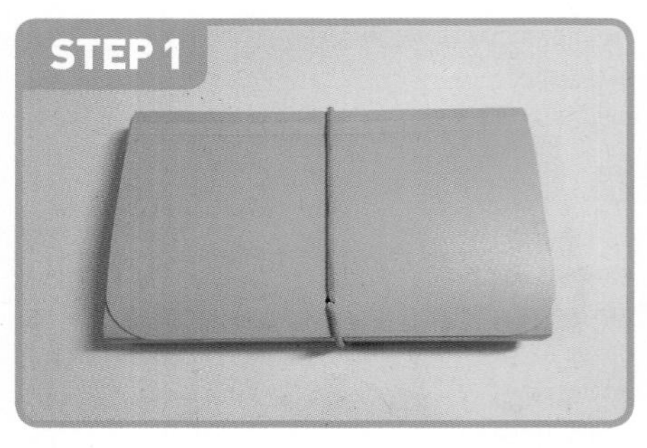

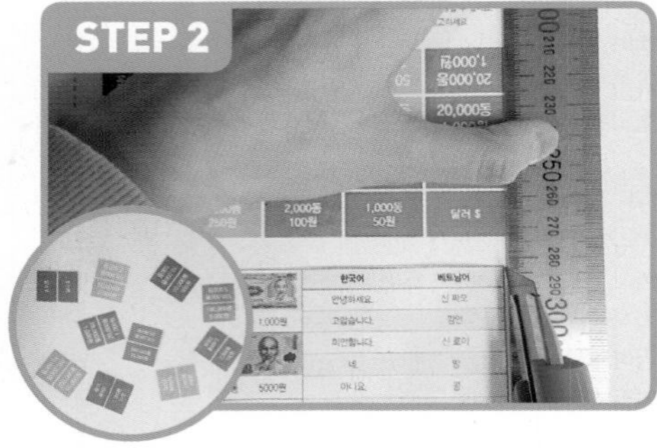

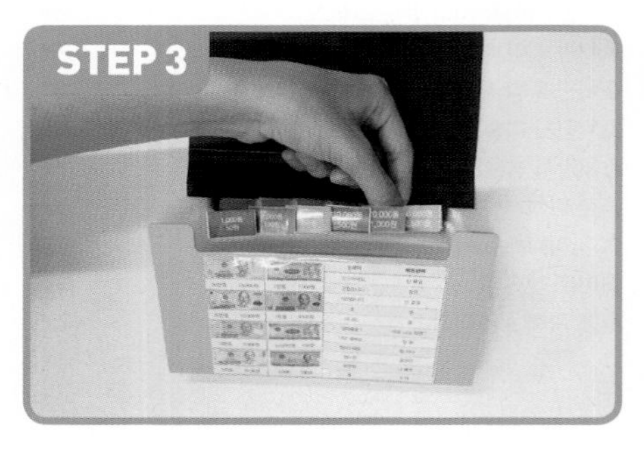

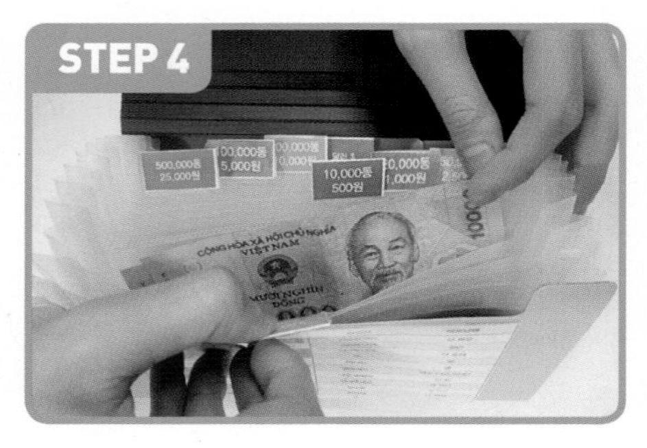

STEP 1 미니 포켓 파일을 준비합니다.

STEP 2 권종표를 오린 다음 접어요.

STEP 3 권종에 따라 분리해 붙입니다. 풀보다는 투명 테이프로 붙여야 더 오래 쓸 수 있어요.

STEP 4 갖고 있는 지폐를 권종에 따라 분류해 넣습니다.

STEP 5 여행지에서 빠르고 쉽게 계산하면 끝!

권종별로 우리 돈으로 얼마 정도 가치인지 구분해뒀기 때문에 계산이 쉬워요.
아래 권종표와 표를 가위로 잘라서 사용하세요.

500,000đ 25,000원	200,000đ 10,000원	100,000đ 5,000원	50,000đ 2,500원	20,000đ 1,000원

500,000đ 25,000원	200,000đ 10,000원	100,000đ 5,000원	50,000đ 2,500원	20,000đ 1,000원

10,000đ 500원	5,000đ 250원	2,000đ 100원	1,000đ 50원	달러 $

10,000đ 500원	5,000đ 250원	2,000đ 100원	1,000đ 50원	달러 $

50만đ 25,000원	2만đ 1,000원
20만đ 10,000원	1만đ 500원
10만đ 5,000원	5,000đ 250원
5만đ 2,500원	2,000đ 100원

한국어	베트남어
안녕하세요.	신 짜오.
고맙습니다.	깜언.
미안합니다.	신 로이.
네.	방.
아니요.	콩.
얼마예요?	바오 나오 띠엔?
너무 비싸요.	닷 꽈.
깎아주세요.	잠 쟈디.
영수증	호아던.
화장실	냐 베씽.
물	느억.